GÖLDNER

Übungsaufgaben aus der Technischen Mechanik

Statik · Festigkeitslehre · Dynamik

HANS GÖLDNER

Übungsaufgaben aus der Technischen Mechanik

Statik · Festigkeitslehre · Dynamik

für Studierende an Technischen Hochschulen

und an Ingenieurschulen

10. Auflage
Mit 270 Aufgaben mit Lösungen

 SPRINGER FACHMEDIEN WIESBADEN GMBH

1975
© Springer Fachmedien Wiesbaden 1975
Ursprünglich erschienen bei VEB Fachbuchverlag Leipzig 1975
Softcover reprint of the hardcover 10th edition 1975
Lizenzausgabe für Friedr. Vieweg & Sohn

Verlagsgesellschaft mbH. Braunschweig

ISBN 978-3-528-24887-1   ISBN 978-3-322-89470-0 (eBook)
DOI 10.1007/978-3-322-89470-0

Vorwort

Für die Studierenden an den Technischen Hochschulen und gleichgestellten Ausbildungsstätten gab es bisher keine Zusammenfassung von Aufgabenstellungen aus dem Gebiet der Technischen Mechanik, die den Studierenden zur Erleichterung ihres Studiums und vor allem zur Prüfungsvorbereitung vorgelegt werden konnte. Das Fehlen einer solchen Aufgabensammlung hatte zur Folge, daß die Studienergebnisse nicht immer den Erwartungen entsprachen, und es wurde deshalb immer wieder der Wunsch nach Schaffung einer Sammlung von Übungsaufgaben geäußert. Mit dem vorliegenden Buch hofft der Verfasser, diesem Wunsche entsprochen und gleichzeitig den Studierenden ein Hilfsmittel in die Hand gegeben zu haben, das ihnen ihre Vorbereitung für die Prüfung erleichtert. Er ließ sich bei der Auswahl der Aufgaben von dem Gedanken leiten, die Arbeit der Studierenden zu verbessern und zu vertiefen.
Der Sammlung wurde eine Anleitung zum Lösen von Aufgaben aus den Gebieten Statik und Festigkeitslehre vorangestellt. Es folgen 270 Übungsaufgaben aus den Gebieten der Statik, Festigkeitslehre und Dynamik, die in den vergangenen Jahren meist als Klausuraufgaben gestellt wurden. Der erste Teil enthält die Aufgabenstellung, im zweiten Teil werden die Lösungswege aufgezeigt. Dabei sind die Lösungen so gebracht, daß der Studierende zum Mitdenken gezwungen wird. Der Fachmann wird in vielen Aufgaben eine Wiederholung sehen. Der Studierende steht erfahrungsgemäß jedoch auch bei ähnlichen Aufgaben vor neuen Problemen, und er soll durch die vorliegende Sammlung die Möglichkeit zur Übung bekommen.
Die Formelzeichen entsprechen der DIN 1304, deren letzte Ausgabe die Veröffentlichungen der IUPAP berücksichtigt. Die Anwendung der SI-Einheiten wurde konsequent eingehalten. Innerhalb der einzelnen Gebiete sind die Aufgaben nach Schwierigkeitsgraden geordnet und ermöglichen damit dem Studierenden eine schrittweise Vertiefung seines Wissens.

Verfasser und Verlag

Inhaltsverzeichnis

Anleitung zum Lösen von Aufgaben

Die Anleitung soll Sie dazu anhalten, bei der Lösung jeder Aufgabe der Technischen
Mechanik systematisch vorzugehen. Sie unterstützt Sie gleichzeitig beim Verständnis der Vorlesungen, Übungen und Lehrbücher. An vielen Stellen wird auf die jeweiligen Seiten des Lehrbuches Göldner „Leitfaden der Technischen Mechanik",
4. Aufl., VEB Fachbuchverlag Leipzig (abgekürzt Gö) hingewiesen.

Die Anleitung besteht aus den Teilen
    Leitblätter zum Lösen von Aufgaben der Statik
    Musterbeispiele zum Lösen von Aufgaben der Statik
    Leitblätter zum Lösen von Aufgaben der Festigkeitslehre
    Musterbeispiele zum Lösen von Aufgaben der Festigkeitslehre
    Ergänzungsblätter

Leitblätter geben die Schrittfolge bei der Lösung von Aufgaben eines Teilgebietes
der Technischen Mechanik an.

Musterbeispiele zeigen die Lösung von Aufgaben, die für ein bestimmtes Teilgebiet
der Technischen Mechanik typisch sind.

Ergänzungsblätter erklären in den Leitblättern und in der Vorlesung benutzte Begriffe.

Bei der Lösung jeder beliebigen Aufgabe sind neben den vorgeschriebenen Lösungsschritten folgende Grundsätze zu beachten:

1. Bilden Sie sich stets vor Lösungsbeginn eine deutliche Vorstellung von der Aufgabe! Undeutliche Vorstellungen führen zu falschen Lösungswegen und Lösungen.
2. Formulieren Sie in kurzer schriftlicher Form die Analyse und Klassifikation der
   Aufgabe und die der Lösung zugrunde liegenden Gedankengänge! Sie gewinnen so
   klare Vorstellungen als Ausgangspunkt des Denkprozesses.
3. Gehen Sie schrittweise vor! Das Überspringen von Lösungsschritten, bevor eine
   ausreichende Fertigkeit beim Lösen von Aufgaben erreicht ist, kann sich rächen;
   der zunächst geringe Zeitgewinn wird bei der Fehlersuche mehrfach zugesetzt.
4. Bemühen Sie sich um deutliche Schrift! Sie erleichtern sich die Arbeit und schließen z. B. Übertragungsfehler aus.
5. Stellen Sie den Lösungsgang in einer übersichtlichen Anordnung dar! Heben Sie
   dabei Zwischen- und Endergebnisse hervor (unterstreichen, einrahmen)! Gute Anordnung und Schaffung von Blickpunkten erleichtern den Lösungsprozeß.
6. Numerieren Sie wichtige Gleichungen, Formeln u. ä.! Man findet sich dadurch bei
   deren Gebrauch schneller zurecht.
7. Fertigen Sie saubere, deutliche, vollständige und ingenieurgerechte Skizzen und
   Diagramme an! Sie beseitigen dadurch eine weitere Fehlerquelle.

Leitblatt zum Lösen von Aufgaben der Statik

Lösungsschritte			Hinweise
Analyse und Klassifikation der Aufgabe	1	Ermitteln des Modells, falls es nicht unmittelbar gegeben ist. Ermitteln der Bauelemente des Modells (Balken, Stäbe, Stützungen) usw. Ermitteln der am Modell angreifenden äußeren Kräfte und Momente.	E 1
		Prüfen des Systems auf statische Bestimmtheit.	E 30
Festlegung des Lösungsweges	2	Allgemein: analytisch grafisch grafo-analytisch — Speziell: CREMONA-Plan Schnittverfahren usw.	

Im folgenden wird der typische Rechengang für statisch bestimmte, **ebene** Systeme gezeigt. Die Lösung erfolgt analytisch.

Ermitteln der Stützreaktionen	3	Freimachen einzelner Tragwerke bzw. mehrerer verbundener Tragwerke. Die Richtung der angenommenen Kräfte und Momente in den Stützungen ist zunächst beliebig.	E 22
	4	Aufstellen der Gleichgewichtsbedingungen.	E 23
	5	Berechnen der unbekannten Kräfte und Momente aus den Gleichgewichtsbedingungen. Zusammenstellen der Ergebnisse.	
	6	Gegebenenfalls Diskussion des Lösungsweges und der Ergebnisse.	
Ermitteln der Schnittgrößen	7	Belasten der freigemachten Tragwerke durch die unter 5. errechneten Kräfte und Momente. Unterteilen der Balken in Bereiche und Wahl der Koordinatensysteme.	E 28 E 29
	8	Schnitt der Balken in jedem Bereich. Herauszeichnen eines der durch den Schnitt entstandenen Balkenteile und Antragen der Schnittgrößen (Längskraft, Querkraft, Biegemoment). Aufstellen der Gleichgewichtsbedingungen. Berechnen der Schnittgrößen aus diesen Gleichungen. Zusammenstellen der Ergebnisse.	E 24
	9	Grafische Darstellung der Verläufe der Schnittgrößen, wobei ausgezeichnete Werte und u. U. auch Zwischenwerte zu berechnen sind. Es ist der Zusammenhang zu beachten: $$\lvert M'' \rvert = \lvert F_Q{'} \rvert = \lvert q \rvert \qquad ' \triangleq \frac{\mathrm{d}}{\mathrm{d}z}$$	
	10	Gegebenenfalls Diskussion des Lösungsweges und der Ergebnisse.	

Lösungsschritte		Die Aufgabe und ihre Lösung

Aufgabenstellung

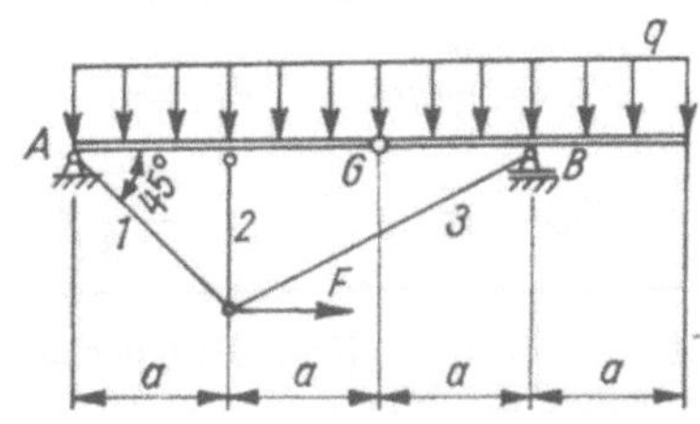

Gegeben:

$q, a, F = qa$

Gesucht:

1. Auflagerreaktionen, Stab- und Gelenkkräfte.
2. F_L-, F_Q-, M-Verlauf für die Balken (analytische Lösung und Skizzen).

Analyse und Klassifikation der Aufgabe

1 Die Aufgabe liegt bereits als Ersatzsystem vor.
Es besteht aus: 2 geraden Balken, 3 Stäben, 1 Festlager, 1 Rollenlager, 1 Gelenk.

Die Belastung erfolgt durch eine Einzelkraft F und durch eine konstante Streckenlast q.
Beim Freimachen treten 8 Unbekannte auf:

F_{Ax}, F_{Ay}, F_B, F_{Gx}, F_{Gy}, F_{S1}, F_{S2}, F_{S3}.

Die Anzahl der Gleichgewichtsbedingungen beträgt ebenfalls 8 (je 3 für Balken, 2 für Knotenpunkt). Das Ersatzsystem ist statisch bestimmt.

Festlegung des Lösungsweges

2 Analytische Lösung für Auflagerreaktionen, Gelenk- und Stabkräfte und auch für die Schnittgrößen. (Spezielle Lösungsverfahren sind nicht gefordert und werden auch nicht benötigt.)

Ermitteln der Stützreaktionen

3 Freimachen der Balken und des Knotenpunktes:

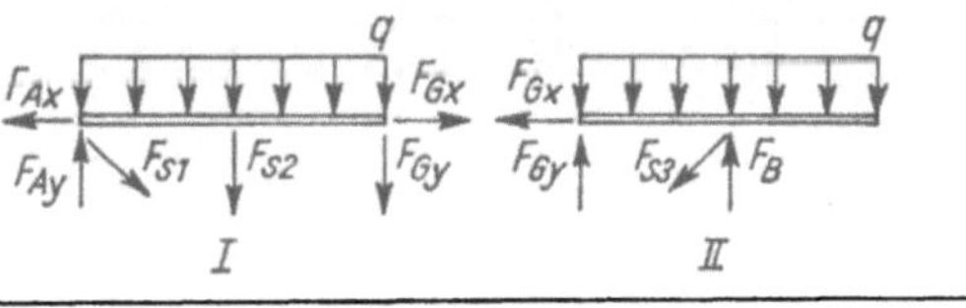

4 Gleichgewichtsbedingungen:

$$\text{I:} \rightarrow -F_{Ax} + F_{Gx} + \frac{\sqrt{2}}{2} F_{S1} = 0 \qquad \text{II:} \rightarrow -F_{Gx} - \frac{2}{5}\sqrt{5}\, F_{S3} = 0$$

$$\uparrow F_{Ay} - \frac{\sqrt{2}}{2} F_{S1} - F_{S2} - F_{Gy} \qquad\qquad \uparrow F_{Gy} - \frac{1}{5}\sqrt{5}\, F_{S3} + F_B - q \cdot 2a = 0$$

$$- q \cdot 2a = 0$$

$$\overset{\curvearrowleft}{A} - F_{S2} \cdot a - F_{Gy} \cdot 2a - q \cdot 2a^2 = 0 \qquad \overset{\curvearrowleft}{B} - F_{Gy} \cdot a = 0$$

$$\text{III:} \rightarrow -\frac{\sqrt{2}}{2} F_{S1} + \frac{2}{5}\sqrt{5}\, F_{S3} + F = 0$$

$$\uparrow \frac{\sqrt{2}}{2} F_{S1} + F_{S2} + \frac{1}{5}\sqrt{5}\, F_{S3} = 0$$

Musterbeispiele zum Lösen von Aufgaben der Statik

Lösungs-schritte	Die Aufgabe und ihre Lösung

5   Aus den Gleichgewichtsbedingungen folgen:

$$F_{Ax} = qa \qquad F_B = \frac{7}{3}\,qa \qquad F_{Gy} = 0 \qquad F_{S2} = -2qa$$

$$F_{Ay} = \frac{5}{3}\,qa \qquad F_{Gx} = \frac{-2}{3}\,qa \qquad F_{S1} = \frac{5}{3}\,\sqrt{2}\,qa \qquad F_{S3} = \frac{\sqrt{5}}{3}\,qa$$

6   **Diskussion:** Es ist auch möglich, die Gleichgewichtsbedingungen für das gesamte System aufzustellen:

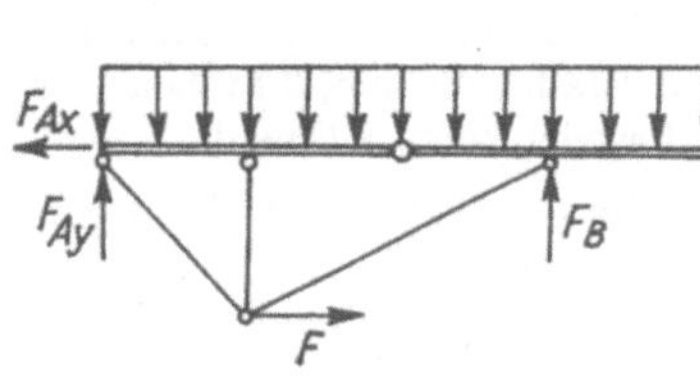

$$\rightarrow -F_{Ax} + F = 0$$
$$\uparrow F_{Ay} + F_B - 4qa = 0$$
$$\curvearrowleft A\ F_B \cdot 3a + F \cdot a - 4qa \cdot 2a = 0$$

Hieraus folgt unmittelbar:

$$F_{Ax} = F = qa \qquad F_{Ay} = \frac{5}{3}\,qa$$
$$F_B = \frac{7}{3}\,qa$$

Die nun noch unbekannten Stab- und Gelenkkräfte lassen sich aus den Gleichgewichtsbedingungen für die Teilsysteme bestimmen.

Ermitteln der Schnitt-größen	**7** Die beiden Balken werden freigemacht und durch die unter 5 berechneten Kräfte belastet. Nach Unterteilen der Balken in Bereiche werden die Koordinatensysteme festgelegt.

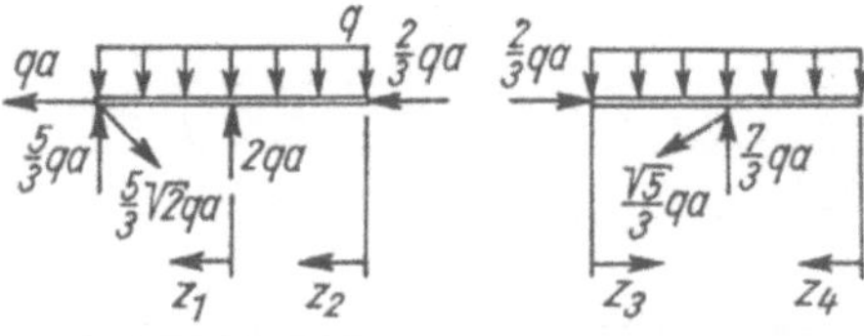

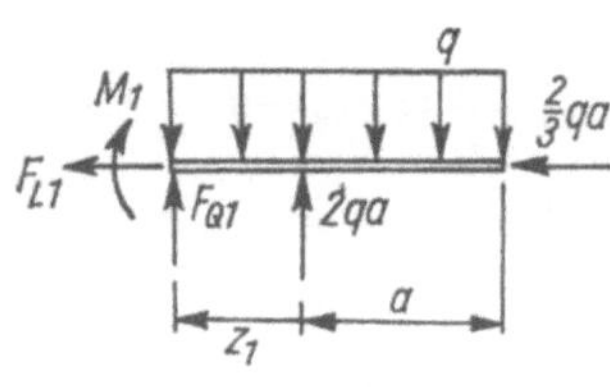
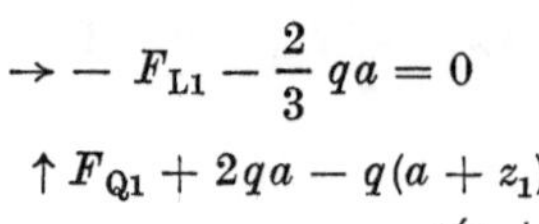

Gleichgewichtsbedingungen   Schnittgrößen

$$\rightarrow -F_{L1} - \frac{2}{3}\,qa = 0 \qquad\qquad F_{L1} = -\frac{2}{3}\,qa$$

$$\uparrow F_{Q1} + 2qa - q(a + z_1) = 0 \qquad F_{Q1} = -q(a - z_1)$$

$$\curvearrowleft -M_1 + 2qaz_1 - \frac{q(a + z_1)^2}{2} = 0 \qquad M_1 = \frac{-q(a - z_1)^2}{2}$$

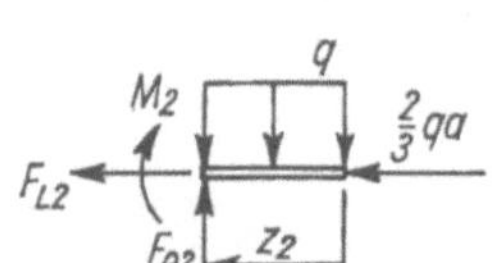

$$\rightarrow -F_{L2} - \frac{2}{3}\,qa = 0 \qquad\qquad F_{L2} = -\frac{2}{3}\,qa$$

$$\uparrow F_{Q2} - qz_2 = 0 \qquad\qquad F_{Q2} = qz_2$$

$$\curvearrowleft -M_2 - \frac{qz_2^2}{2} = 0 \qquad\qquad M_2 = \frac{-qz_2^2}{2}$$

Lösungs-schritte	Die Aufgabe und ihre Lösung

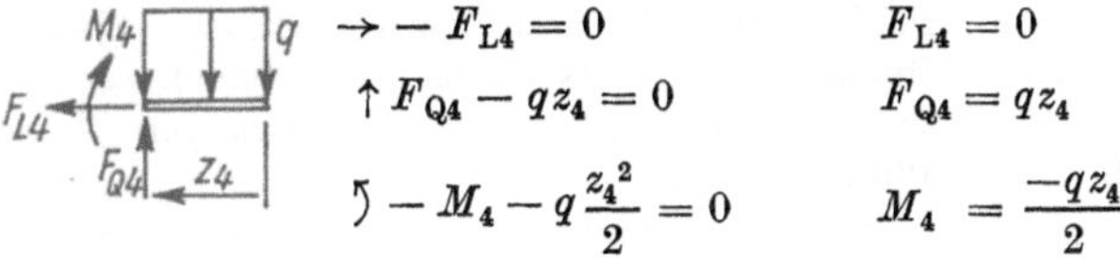

$$\rightarrow F_{L3} + \frac{2}{3}\,qa = 0 \qquad F_{L3} = -\frac{2}{3}\,qa$$

$$\uparrow -F_{Q3} - qz_3 = 0 \qquad F_{Q3} = -qz_3$$

$$\circlearrowright M_3 + q\,\frac{z_3{}^2}{2} = 0 \qquad M_3 = -\frac{qz_3{}^2}{2}$$

| 8 | Gleichgewichtsbedingungen Schnittgrößen |

$$\rightarrow -F_{L4} = 0 \qquad\qquad F_{L4} = 0$$

$$\uparrow F_{Q4} - qz_4 = 0 \qquad F_{Q4} = qz_4$$

$$\circlearrowright -M_4 - q\,\frac{z_4{}^2}{2} = 0 \qquad M_4 = \frac{-qz_4{}^2}{2}$$

| 9 | Grafische Darstellung der Schnittgrößenverläufe: (das Biegemoment wird auf der Zugseite der Balken aufgetragen) |

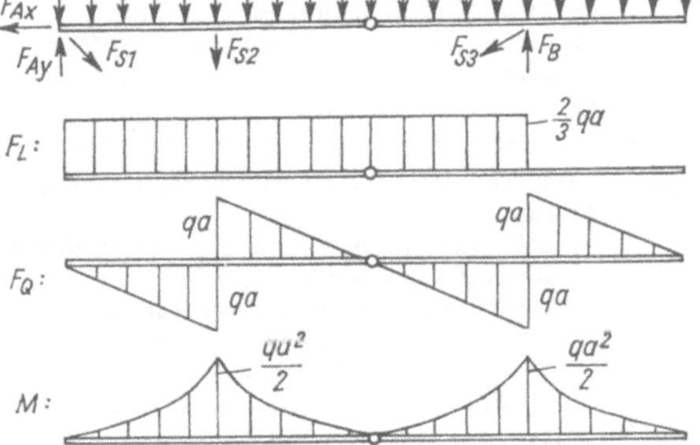

| 10 | Der Momentenverlauf bestätigt unsere Kenntnis davon, daß im Gelenk kein Moment übertragen werden kann. Daß die Querkraft im Gelenk ebenfalls Null wird, ist nicht gesetzmäßig und tritt in dieser Aufgabe wegen $F_{Gy} = 0$ auf. |

Durch eine Extremwertbetrachtung für das Biegemoment erhält man

$$\frac{\mathrm{d}M_1}{\mathrm{d}z_1} = qz_1 \qquad \frac{\mathrm{d}M_1}{\mathrm{d}z_1} = 0 \Rightarrow z_1 = 0$$

Dieses Ergebnis ist richtig, der gefundene Extremwert ist jedoch ein Minimum. Das uns interessierende Maximum tritt bei $z_1 = a$ auf.
Um die Momentenverläufe besser darstellen zu können, wurde ein Zwischenwert errechnet:

$$z_1 = \frac{a}{2} \Rightarrow M_1 = -\frac{qa^2}{8}$$

Leitblatt zum Lösen von Aufgaben der Festigkeitslehre

Lösungsschritte			Hinweise
Analyse und Klassifikation der Aufgabe	1	Ermitteln des Ersatzsystems, falls es nicht unmittelbar gegeben ist. Ermitteln der Bauelemente des Ersatzsystems (Balken, Stäbe, Stützungen usw.). Ermitteln der am Ersatzsystem angreifenden Kräfte und Momente.	E 1
		Ermitteln der vorliegenden Beanspruchungsart (Zug, Biegung, Torsion usw.).	E 32
		Prüfen des Systems auf statische Bestimmtheit. Qualitative Untersuchung der Bauelemente des Ersatzsystems auf mögliche Formänderungen (Längenänderung, Winkeländerung usw.).	E 30
Festlegung des Lösungsweges	2	Zur Lösung der Aufgaben stehen folgende Ansätze zur Verfügung: — Gleichgewichtsbedingungen — Belastungs-Formänderungs-Beziehung — Spannungs-Belastungs-Beziehung Mit diesen Ansätzen können im Gegensatz zur Statik (nur Gleichgewichtsbedingungen) auch statisch unbestimmte Systeme berechnet werden.	Tabelle
Ermitteln der gesuchten Größen	3	Ermitteln der Auflagerreaktionen, Gelenk-, Stab- und Seilkräfte — bei **statisch bestimmten Ersatzsystemen** mittels der Gleichgewichtsbedingungen, — bei **statisch unbestimmten Ersatzsystemen** mittels Gleichgewichtsbedingungen und geometrischer bzw. Belastungs-Formänderungs-Beziehungen.	
	4	Ermitteln der gesuchten bzw. benötigten Schnittgrößen.	
	5	Ermitteln der restlichen gesuchten Größen (Formänderungen, Spannungen usw.) mittels der Belastungs-Formänderungs-Beziehungen und der Spannungs-Belastungs-Beziehungen.	
	6	Gegebenenfalls Diskussion des Lösungsweges und der Ergebnisse.	

Besteht die vorgegebene Aufgabe aus mehreren Teilaufgaben, dann sind die Lösungsschritte 1···6 wiederholt zu durchlaufen.

Lösungs-schritte	Die Aufgabe und ihre Lösung

Aufgaben-stellung	**1. Aufgabe:**

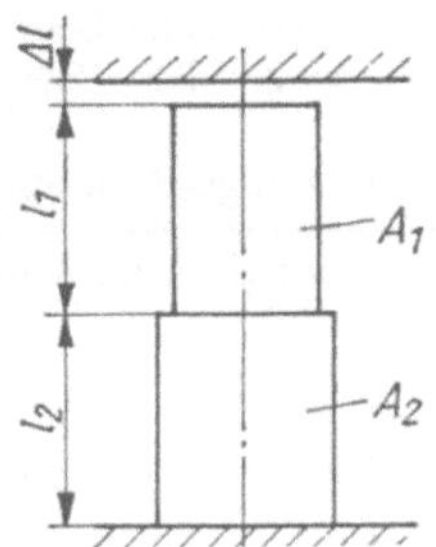

Masselos gedachter Balken mit axialem Spiel zwischen starren Begrenzungen.

Gegeben: $l_1 = 40$ cm, $\quad l_2 = 60$ cm,

$\qquad A_1 = 40$ cm², $\quad A_2 = 60$ cm²

$\qquad \Delta l = 0{,}4$ mm,

$\qquad E = 2{,}1 \cdot 10^5$ N mm⁻²

$\qquad \alpha_{\text{th}} = 16 \cdot 10^{-6}$ K⁻¹

Gesucht: 1. Gleichmäßige Temperaturerhöhung ΔT_1, damit Spiel $\Delta l = 0$ wird
2. Größte Spannung im Balken bei $\Delta T_2 = 50$ K

Analyse und Klassifika-tion der Aufgabe	1	Die Aufgabe ist bereits als Ersatzsystem gegeben. Es liegt ein gerader, abgesetzter Balken vor. Solange der Balken axiales Spiel hat, bewirkt die Temperaturerhöhung eine Verlängerung; auf den Balken wirkt keine Kraft. Wenn das obere Ende an der starren Begrenzung anliegt, ist trotz weiterer Temperaturerhöhung keine Verlängerung mehr möglich; am oberen und unteren Balkenende wirkt je eine Auflagerkraft, zu deren Bestimmung nur eine Gleichgewichtsbedingung in Achsrichtung zur Verfügung steht. In diesem Fall ist das Ersatzsystem statisch unbestimmt.
Festlegung des Lösungs-weges	2	Zur Lösung der Teilaufgabe 1. wird die Belastungs-Formänderungs-Beziehung für Temperaturbelastung benutzt.
Ermitteln der gesuchten Größen	3	entfällt
	4	entfällt

5	Belastungs-Formänderungs-Beziehung für Temperaturbelastung (Wärmedehnung):

$$\Delta l = \alpha_{\text{th}} \cdot \Delta T_1 \cdot l$$

$$\Delta T_1 = \frac{\Delta l}{\alpha_{\text{th}} \cdot l} = \frac{0{,}4 \text{ mm}}{16 \cdot 10^{-6} \text{ K}^{-1} \cdot 1 \text{ m}} = 25 \text{ K}$$

6	Bei gleichmäßiger Temperaturerhöhung des Balkens um 25 K hat er sich um $l = 0{,}4$ mm verlängert. Bei weiterer Temperaturerhöhung wirken Auflagerkräfte.

Lösungs- schritte		Die Aufgabe und ihre Lösung Variante
Festlegung des Lösungs- weges	2	Die größte Spannung im Balken erhält man, sobald die im Balken wirkende Längskraft bestimmt ist. Das System ist jedoch statisch unbestimmt. Zur Bestimmung der Längskraft muß daher außer der Gleichgewichtsbedingung noch eine geometrische Bedingung benutzt werden. Beide werden unter Einbeziehung der Belastungs-Formänderungs-Beziehung ausgewertet. Die Spannung folgt aus der Spannungs-Belastungs-Beziehung.
Ermitteln der gesuchten Größen	3	Nach dem Freimachen erhalten wir die Gleichgewichtsbedingung: $$\uparrow F_B - F_C = 0$$ Die geometrische Bedingung für eine Temperaturerhöhung über ΔT_1 hinaus lautet: $$\Delta l_{\text{ges}} = \Delta l_{\text{el}} + \Delta l_{\text{th}} = \Delta l_{1\text{el}} + \Delta l_{2\text{el}} + \Delta l_{\text{th}} = 0$$ Die Anwendung der Belastungs-Formänderungs-Beziehung führt zu $$\Delta l_{\text{ges}} = \frac{F_B \cdot l_1}{E A_1} + \frac{F_C l_2}{E A_2} + \alpha_{\text{th}}(l_1 + l_2)(\Delta T_2 - \Delta T_1) = 0$$ Daraus folgt: $$F_B = F_C = -\frac{E A_1 \alpha_{\text{th}}\left(1 + \dfrac{l_2}{l_1}\right)(\Delta T_2 - \Delta T_1)}{1 + \dfrac{l_2}{l_1} \cdot \dfrac{A_1}{A_2}}$$
	4	Im gesamten Balken herrscht eine konstante Längskraft $$F_L = F_B = F_C$$
	5	Die größte Spannung bei $\Delta T_2 = 50\ \text{K}$ tritt bei konstanter Längskraft im schwächeren Querschnitt auf. Sie folgt aus der Spannungs-Belastungs-Beziehung zu $$\sigma_1 = \frac{F_L}{A_1} = -\frac{E \alpha_{\text{th}}\left(1 + \dfrac{l_2}{l_1}\right)(\Delta T_2 - \Delta T_1)}{1 + \dfrac{l_2}{l_1} \cdot \dfrac{A_1}{A_2}}$$ $$\sigma_1 = -1,05 \cdot 10^2\ \text{N mm}^{-2}$$
	6	Das negative Vorzeichen zeigt, daß eine Druckspannung für $\Delta T_2 > \Delta T_1$ vorliegt. Die Kerbwirkung am Querschnittsübergang wurde nicht berücksichtigt. Die Bewertung der berechneten Spannung erfolgt durch Vergleich mit den Werkstoffkennwerten, die aus TGL-Blättern, Taschenbüchern oder Forschungsberichten erhältlich sind.

Lösungs- schritte	Die Aufgabe und ihre Lösung

2. Aufgabe:

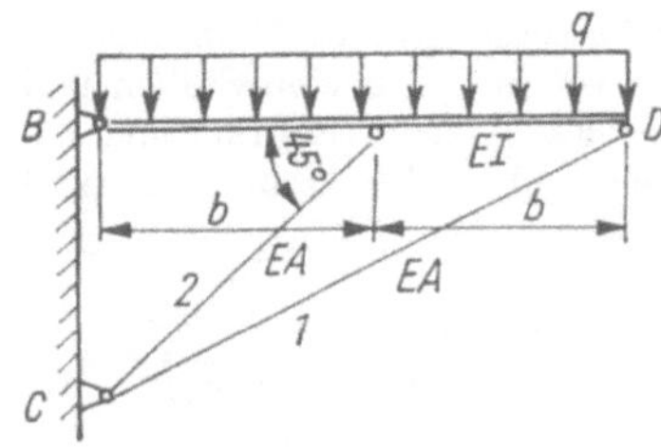

Gegeben: q, b, W_b (Widerstands-
moment des Balkens),

$$EA = \frac{5 \cdot EI}{b^2}$$

Gesucht: 1. Auflagerreaktionen,
Stabkräfte
2. Größte Biegespan-
nung im Balken
3. Durchbiegung v_D

Analyse und Klassifikation der Aufgabe	1	Die Aufgabe liegt bereits als Ersatzsystem vor, bestehend aus 1 Balken und 2 Stäben, die miteinander durch Gelenke verbunden sind, sowie aus 2 Festlagern. Die Belastung erfolgt durch eine konstante Streckenlast. Der Balken wird auf Biegung beansprucht, die Stäbe auf Zug bzw. Druck. Als Auflagerreaktionen und Stabkräfte sind 6 unbekannte Größen F_{Bx}, F_{By}, F_{Cx}, F_{Cy}, F_{S1}, F_{S2} zu bestimmen. Dafür stehen 5 Gleichgewichtsbedingungen (3 für den Balken, 2 für den Knotenpunkt C) zur Verfügung. Das Ersatzsystem ist also einfach statisch unbestimmt. Der Balken erfährt eine Durchbiegung, die Stäbe ändern ihre Länge.
Festlegung des Lösungsweges	2	Da das System statisch unbestimmt ist, wird zur Ermittlung der Auflagerreaktionen und Stabkräfte neben den Gleichgewichtsbedingungen auch die Belastungs-Formänderungs-Beziehung benötigt. Die größte Biegespannung wird mit Hilfe der Spannungs-Belastungs-Beziehung ermittelt. Die Durchbiegung folgt aus der Belastungs-Formänderungs-Beziehung. Da die Durchbiegung nur an einer Stelle gefragt ist, wird der Satz von CASTIGLIANO verwendet.

Ermitteln der gesuchten Größen   3   Da an der Stelle D, an der die Durchbiegung gesucht ist, keine äußere Einzelkraft angreift, wird an dieser Stelle eine Hilfskraft in Richtung der interessierenden Verschiebung angetragen.

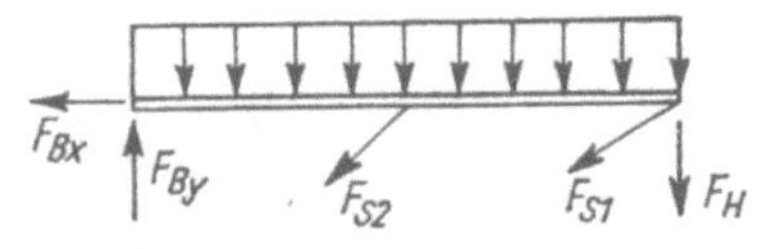

Nunmehr werden die Gleichgewichtsbedingungen am freigemachten Balken aufgestellt:

$$\rightarrow \; - F_{Bx} - \frac{1}{2}\sqrt{2}\,F_{S2} - \frac{2}{5}\sqrt{5}\,F_{S1} = 0 \tag{1}$$

$$\uparrow \; F_{By} - \frac{1}{2}\sqrt{2}\,F_{S2} - \frac{1}{5}\sqrt{5}\,F_{S1} - q \cdot 2b - F_H = 0 \tag{2}$$

$$\overset{\curvearrowright}{B} \; \frac{1}{2}\sqrt{2}\,F_{S2} \cdot b + \frac{1}{5}\sqrt{5}\,F_{S1} \cdot 2b + 2qb^2 + F_H \cdot 2b = 0 \tag{3}$$

(3 Gleichungen für 4 Unbekannte F_{Bx}, F_{By}, F_{S1}, F_{S2})

Lösungs-schritte	Die Aufgabe und ihre Lösung

3   Nach dem Verfahren von CASTIGLIANO wird die Ableitung der Formänderungsarbeit nach jeder statisch Unbestimmten Null. Bei der vorliegenden Aufgabe setzt sich die Formänderungsarbeit zusammen aus der Längskraftarbeit in den beiden Stäben und der Biegearbeit in den beiden Bereichen des Balkens. (Beiträge anderer Formänderungsarbeiten sind dagegen klein und werden deshalb vernachlässigt.)
Man erhält:

$$W = \frac{F_{\mathrm{L1}}^2 \cdot \sqrt{2}\, b}{2EA} + \frac{F_{\mathrm{L2}}^2 \cdot \sqrt{5} \cdot b}{2EA} + \int_0^b \frac{M_1{}^2}{2EI}\, \mathrm{d}z_1 + \int_0^b \frac{M_2{}^2}{2EI}\, \mathrm{d}z_2$$

Wir benötigen also die Längskräfte F_{L1}, F_{L2} in den Stäben und die Biegemomente M_1, M_2 in den beiden Bereichen des Balkens.

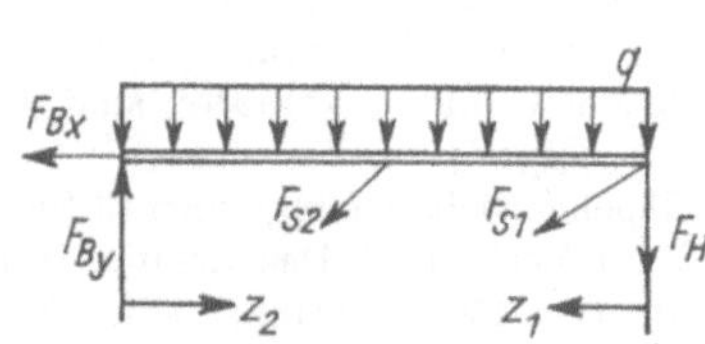

$$F_{\mathrm{L1}} = F_{\mathrm{S1}}$$

$$F_{\mathrm{L2}} = F_{\mathrm{S2}}$$

$$M_1 = \frac{1}{2} q z_1{}^2 + \frac{\sqrt{5}}{5} F_{\mathrm{S1}} z_1 + F_{\mathrm{H}} z_1$$

$$M_2 = \frac{1}{2} q z_2{}^2 - F_{By} z_2$$

In den 4 Schnittgrößen erscheinen als Unbekannte F_{S1}, F_{S2} und F_{By}.
Wir wählen F_{S1} als statisch Unbestimmte. Damit müssen wir nach dem Verfahren von CASTIGLIANO die anderen, noch in den Schnittgrößen enthaltenen Unbekannten mit Hilfe der Gleichgewichtsbedingungen durch die äußere Belastung und die statisch Unbestimmte ausdrücken.
Man erhält so:

$$F_{\mathrm{L1}} = F_{\mathrm{S1}}$$

$$F_{\mathrm{L2}} = -\frac{2\sqrt{10}}{5} F_{\mathrm{S1}} - 2\sqrt{2}\, q b - 2\sqrt{2}\, F_{\mathrm{H}}$$

$$M_1 = \frac{1}{2} q z_1{}^2 + \frac{\sqrt{5}}{5} F_{\mathrm{S1}} z_1 + F_{\mathrm{H}} z_1$$

$$M_2 = \frac{1}{2} q z_2{}^2 + \frac{\sqrt{5}}{5} F_{\mathrm{S1}} z_2 + F_{\mathrm{H}} z_2$$

Außer den Schnittgrößen werden die Ableitungen nach der statisch Unbestimmten F_{S1} und nach der Hilfskraft F_{H} benötigt.
Die folgende Tabelle gibt eine Übersicht über die Schnittgrößen und ihre Ableitungen.

Lösungsschritte	Die Aufgabe und ihre Lösung		

3

$F_{\mathrm{L}i}$ oder M_i		$\dfrac{\partial F_{\mathrm{L}i}}{\partial F_{\mathrm{S1}}}$ oder $\dfrac{\partial M_i}{\partial F_{\mathrm{S1}}}$	$\dfrac{\partial F_{\mathrm{L}i}}{\partial F_{\mathrm{H}}}$ oder $\dfrac{\partial M_i}{\partial F_{\mathrm{H}}}$
$F_{\mathrm{L}i}$	F_{S1}	1	0
F_{L2}	$-\dfrac{2\sqrt{10}}{5}F_{\mathrm{S1}} - 2\sqrt{2}qb - 2\sqrt{2}F_{\mathrm{H}}$	$-\dfrac{2\sqrt{10}}{5}$	$-2\cdot\sqrt{2}$
M_1	$\dfrac{1}{2}qz_1^2 + \dfrac{\sqrt{5}}{5}F_{\mathrm{S1}}z_1 + F_{\mathrm{H}}z_1$	$\dfrac{\sqrt{5}}{5}z_1$	z_1
M_2	$\dfrac{1}{2}qz_2^2 + \dfrac{\sqrt{5}}{5}F_{\mathrm{S1}}z_2 + F_{\mathrm{H}}z_2$	$\dfrac{\sqrt{5}}{5}z_2$	z_2

Bei der folgenden Auswertung wird von der Beziehung

$$EA = \frac{5EI}{b^2}$$

Gebrauch gemacht. Zur Bestimmung von F_{S1} benutzt man

$$\frac{\partial W}{\partial F_{\mathrm{S1}}} = 0 = \frac{F_{\mathrm{L2}}}{EA}\cdot\frac{\partial F_{\mathrm{L1}}}{\partial F_{\mathrm{S1}}}\cdot\sqrt{2}\,b + \frac{F_{\mathrm{L2}}}{EA}\cdot\frac{\partial F_{\mathrm{L2}}}{\partial F_{\mathrm{S1}}}\cdot\sqrt{5}\,b + \int_0^b \frac{M_1}{EI}\cdot\frac{\partial M_1}{\partial F_{\mathrm{S1}}}\,\mathrm{d}z_1$$

$$+ \int_0^b \frac{M_2}{EI}\frac{\partial M_2}{\partial F_{\mathrm{S1}}}\,\mathrm{d}z_2$$

Die Auswertung liefert

$$F_{\mathrm{S1}} = \frac{-15(32 + \sqrt{5})}{4(15\cdot\sqrt{2} + 24\cdot\sqrt{5} + 10)}\,qb \qquad F_{\mathrm{S1}} = -1{,}513\,qb$$

Mit Hilfe der Gleichgewichtsbedingungen (1) bis (3) erhält man

$$F_{\mathrm{S2}} = -0{,}911\,qb \qquad F_{Bx} = +1{,}998\,qb \qquad F_{By} = +0{,}677\,qb$$

Die Gleichgewichtsbedingungen am Knotenpunkt C lauten

$$F_{Cx} + \frac{\sqrt{2}}{2}F_{\mathrm{S2}} + \frac{2\sqrt{5}}{5}F_{\mathrm{S1}} = 0$$

$$F_{Cy} + \frac{\sqrt{2}}{2}F_{\mathrm{S2}} + \frac{\sqrt{5}}{5}F_{\mathrm{S1}} = 0$$

Daraus folgen:

$$F_{Cx} = +1{,}998\,qb \qquad F_{Cy} = +1{,}323\,qb$$

4

Die Verschiebung v_{D} erhält man aus

$$v_{\mathrm{D}} = \frac{\partial W}{\partial F_{\mathrm{H}}} = \frac{F_{\mathrm{L1}}}{EA}\cdot\frac{\partial F_{\mathrm{L1}}}{\partial F_{\mathrm{H}}}\sqrt{2}\,b + \frac{F_{\mathrm{L2}}}{EA}\frac{\partial F_{\mathrm{L2}}}{\partial F_{\mathrm{H}}}\sqrt{5}\,b + \int_0^b \frac{M_1}{EI}\cdot\frac{\partial M_1}{\partial F_{\mathrm{H}}}\,\mathrm{d}z_1$$

$$+ \int_0^b \frac{M_2}{EI}\cdot\frac{\partial M_2}{\partial F_{\mathrm{H}}}\,\mathrm{d}z_2$$

Lösungs- schritte	Die Aufgabe und ihre Lösung

Die Auswertung liefert

$$v_{\mathrm{D}} = 0{,}956\,\frac{q\,b^4}{E\,I}$$

Zur Ermittlung der größten Spannung wird das maximale Biegemoment im Balken benötigt. Da der Biegemomentenverlauf in beiden Bereichen gleich ist, genügt die Betrachtung eines Bereiches.
Die Extremwertbetrachtung führt zunächst zur Stelle des maximalen Moments:

$$\frac{\partial M_1}{\partial z_1} = q\,z_{1M} + \frac{\sqrt{5}}{5}\,F_{\mathrm{S1}} = 0 \qquad z_{1M} = -\,\frac{\sqrt{5}}{5}\,\frac{F_{\mathrm{S1}}}{q} = 0{,}677\,b$$

Der zugehörige Extremwert des Biegemoments beträgt:

$$|M_{\max}| = |M_1(z_1 = z_{1M})| = 0{,}229\,q\,b^2$$

---

5   Die größte Biegespannung im Balken erhält man aus der Spannungs-Belastungs-Beziehung

$$|\sigma_{\mathrm{bmax}}| = \frac{|M_{\max}|}{W_{\mathrm{b}}} \qquad \sigma_{\mathrm{bmax}} = \frac{0{,}229\,q\,b^2}{W_{\mathrm{b}}}$$

---

6   Die vorliegende Aufgabe kann auch mit Hilfe der Gleichung der elastischen Linie gelöst werden. Dieser Lösungsweg ist aber aufwendiger, da zuerst die Gleichung der elastischen Linie $v = v(z)$ aufgestellt werden müßte, aus der sich die Durchbiegung des Balkens an **jeder** Stelle berechnen läßt. In die zu formulierenden Randbedingungen müßte auch die Verformung der Stäbe eingehen.
Bei dieser Aufgabe wurde vorausgesetzt, daß die Stäbe 1 und 2 unter der vorhandenen Belastung nicht knicken. Im allgemeinen muß das durch eine Stabilitätsbetrachtung nachgewiesen werden.
Die im Lösungsschritt 5 berechnete Spannung bedarf im allgemeinen noch einer Bewertung. Bei der vorliegenden Aufgabe sind keine Zahlenwerte gegeben, so daß eine Bewertung entfällt.

	Begriff	Erklärung/Erläuterung	Hinweise
1	Ersatzsystem	Aus einer praktischen Aufgabe abgeleitetes, vereinfachtes System in symbolischer Darstellung. Bei Übungsaufgaben der Technischen Mechanik ist das Ersatzsystem meist von vornherein gegeben; bei praktischen Problemen ist die Bildung des Ersatzsystems der erste Lösungsschritt. Wichtige Bauelemente des Ersatzsystems: Balken Stäbe } Linientragwerke Seile, Ketten Schalen Platten } Flächentragwerke Scheiben Einspannungen Festlager } Lagerungen Rollenlager } Stützungen Gelenke Verbindungen	
2	Linientragwerk	Tragwerk, das in Achsrichtung groß gegenüber den Querschnittsabmessungen ist.	
3	Flächentragwerk	Tragwerk, dessen flächenhafte Ausdehnung groß gegenüber der Dicke ist.	
4	Stützung	Bauelement, das das betrachtete Bauteil mit anderen Bauteilen oder der Umgebung verbindet.	
5	Balken	Gerades oder gekrümmtes Linientragwerk, das beliebig belastet wird.	
6	Stab	Gerades Linientragwerk, das nur in Stablängsrichtung belastet wird. Falls in der Literatur von „gekrümmten Stäben", „Stabknickung" o. ä. geschrieben wird, handelt es sich nicht um Stäbe im eben beschriebenen Sinn, sondern um schlanke Balken.	Gö 20
7	Seil, Kette	Biegeschlaffes Linientragwerk, das nur durch Zugkräfte belastet wird.	Gö 20 Gö 72
8	Schale	Gekrümmtes Flächentragwerk, das beliebig belastet wird.	Gö 30 Gö 120
9	Platte	Ebenes Flächentragwerk, das durch Kräfte senkrecht zur Plattenebene belastet wird.	Gö 30 Gö 306
10	Scheibe	Ebenes Flächentragwerk, das durch Kräfte in der Scheibenebene belastet wird.	Gö 30
11	Einspannung	Lagerung, die Kräfte und Momente in beliebiger Richtung aufnehmen kann.	Gö 30
12	Festlager	Lagerung, die Kräfte in beliebiger Richtung, jedoch keine Momente aufnehmen kann.	Gö 30

	Begriff	Erklärung/Erläuterung	Hin-weise
13	Rollen-lager	Lagerung, die nur Kräfte in **einer** Richtung aufnehmen kann (senkrecht zur Bewegungsrichtung)	Gö 30
14	Gelenk	Bauelement, das Linien- und (oder) Flächentragwerke verbindet und Kräfte in beliebiger Richtung, jedoch keine Momente überträgt.	Gö 52
15	Knoten-punkt	Reibungsfrei gedachtes Gelenk (keine Momentenübertragung), das mehrere Stäbe miteinander verbindet.	Gö 61
16	Einzel-kraft	Idealisierte Vorstellung von einer äußeren Kraft, die nur in einem Punkt des Ersatzsystems angreift.	Gö 16
17	Strecken-last	Idealisierte Vorstellung von einer äußeren Kraft, die entlang einer Linie (Schneide) wirkt.	Gö 34
18	Flächenlast	Äußere Kraftwirkung auf eine Fläche (z. B. Flüssigkeitsdruck).	
19	Moment	Ersatz für ein Kräftepaar.	Gö 22
20	Äußere Kraft	Kraft, die von außen auf das betrachtete System einwirkt.	Gö 16
21	Innere Kraft	Kraft, die im Innern des betrachteten Systems wirkt. Innere Kräfte treten stets paarweise auf. Sie können durch einen Schnitt und Betrachtung eines der dadurch entstandenen Teilsysteme zu äußeren Kräften werden.	Gö 35
22	Freimachen	Lösen des betrachteten Systems (gesamtes Ersatzsystem, Teilsystem oder einzelnes Bauelement) von den benachbarten Bauteilen oder der Umgebung. Das Freimachen hat stets durch einen geschlossenen Schnitt zu erfolgen.	
2 3	Gleich-gewichts-bedingungen	Für jedes **ebene** und nur in dieser Ebene belastete Ersatzsystem sowie für jedes Teilsystem und Bauelement gelten 3 Gleichgewichtsbedingungen:	Gö 19 Gö 25

$$\sum_i F_{xi} = 0$$

$$\sum_i F_{yi} = 0$$

$$\sum_i M_i = 0$$

Die Bezugsachse (Drehpunkt) für das Momentengleichgewicht legt man so, daß möglichst wenig Unbekannte in der Momentengleichgewichtsbedingung auftreten.

	Begriff	Erklärung/Erläuterung	Hin-weise
24	Schnitt-größen	Schnittgrößen sind die an einer beliebigen Stelle vorhandenen inneren Kräfte, die die Wirkung der äußeren Kräfte zu den Stützungen leiten. Bei dem durch den Schnitt entstandenen Balkenteil treten an der Schnittstelle folgende Schnittgrößen auf, die mit den äußeren Kräften im Gleichgewicht stehen: Längskraft F_L Querkraft F_Q (ebenes System) Biegemoment M Die Bezugsachse (Drehpunkt) für das Momentengleichgewicht wird in die Schnittstelle gelegt; die 3 Gleichgewichtsbedingungen liefern je eine Gleichung für F_L, F_Q, M.	Gö 35
25	Längskraft	Schnittgröße, deren Wirkungslinie senkrecht auf der Querschnittsebene steht. Die Längskraft wird als Zugkraft angenommen; ergibt die Rechnung ein negatives Vorzeichen, handelt es sich um eine Druckkraft.	Gö 36
26	Querkraft	Schnittgröße, deren Wirkungslinie in der Querschnittsebene liegt. Die Vorzeichenfestlegung erfolgt nach Vereinbarung.	Gö 36
27	Biege-moment	Schnittgröße, deren Bezugsachse senkrecht auf der Ebene steht, in der das betrachtete System liegt und belastet wird. Die Bezugsachse wird in die Schnittstelle gelegt (siehe 24). Die Vorzeichenfestlegung erfolgt nach Vereinbarung.	Gö 3
28	Bereich	Schnittgrößen sind i. allg. keine stetigen Funktionen über die gesamte Balkenlänge, Unstetigkeiten entstehen durch den Angriff von Einzelkräften und Momenten, unstetige Änderung von Streckenlasten oder durch Änderungen der Balkenachse. Die zwischen zwei benachbarten Unstetigkeitsstellen liegenden Gebiete mit stetigen Funktionen der Schnittgrößen nennt man Bereiche.	Gö 37
29	Wahl der Koordinaten	Im allgemeinen wird für jeden Bereich i eine Koordinate q_i verwendet, insbesondere für Bereiche mit geradem Balkenteil z_i und für Bereiche mit kreisbogenförmig gekrümmtem Balkenteil φ_i.	
30	Statisch bestimmt	Anzahl der Unbekannten = Anzahl der Gleichgewichtsbedingungen.	Gö 51
31	Statisch unbestimmt	Anzahl der Unbekannten > Anzahl der Gleichgewichtsbedingungen. Die Einbeziehung der Formänderung bei der Lösung ist notwendig (Problem der Festigkeitslehre).	

	Begriff	Erklärung/Erläuterung	Hinweise
32	Beanspruchung	Beanspruchungsart: — Zug — Druck; — Torsion — kreisförmiger Querschnitt / beliebiger Querschnitt; — Biegung — gerade Biegung / schiefe Biegung; — Querkraftschub; — zusammengesetzte Beanspruchung; — Knickung	
33	Zug—Druck		Gö 129
34	Torsion	Kreisförmiger Querschnitt	Gö 137
35	Biegung		Gö 163
36	Querkraftschub	Zur Beanspruchung durch Biegemomente kommt noch eine Beanspruchung durch Querkräfte hinzu. Für schlanke Balken mit Vollquerschnitt kann der Einfluß der Querkräfte vernachlässigt werden.	Gö 181
37	Zusammengesetzte Beanspruchung	Es sind gleichzeitig mehrere Beanspruchungsarten vorhanden.	Gö 195
38	Knickung	Stabilitätsproblem, das bei schlanken, auf Druck beanspruchten Linientragwerken auftritt.	Gö 270
		Die Belastungs-Formänderungs-Beziehung und die Spannungs-Belastungs-Beziehung werden anhand einer Tabelle für verschiedene Beanspruchungsarten (siehe S. 25) erläutert. Der Satz von CASTIGLIANO stellt eine spezielle Form einer Belastungs-Formänderungs-Beziehung dar.	
39	Satz von CASTIGLIANO	$v_i = \dfrac{\partial W}{\partial F_i} \qquad \varphi_i = \dfrac{\partial W}{\partial M_i} \qquad W = \text{Formänderungsarbeit}$ Zweckmäßige Anwendung, wenn nur an einzelnen Stellen Formänderungen gesucht sind. Vorteilhaft bei zusammengesetzter Beanspruchung.	Gö 245

	Begriff	Erklärung/Erläuterung	Hin-weise
40	Hilfskraft/ Hilfs- moment	Um den Satz von CASTIGLIANO zur Berechnung der Durch- biegung bzw. Neigung an Stellen, an denen keine äußeren Kräfte bzw. Momente angreifen, benutzen zu können, wird an einer solchen Stelle eine Hilfskraft in Richtung der inter- essierenden Verschiebung bzw. ein Hilfsmoment angetragen und formal wie eine äußere bekannte Belastung durch die ganze Rechnung mitgeführt. Da Hilfskraft und Hilfsmoment in Wirklichkeit Null sind, werden sie am Ende der Rechnung wieder Null gesetzt.	Gö 248

	Zug — Druck	Torsion (Kreis- querschnitt)	Biegung (gerade)
Belastungs- Formände- rungs-Bezie- hung	$\varepsilon = \dfrac{\Delta L}{L} = \dfrac{F_\mathrm{L}}{EA}$	$\vartheta = \dfrac{\varphi}{z} = \dfrac{M_\mathrm{t}}{GI_\mathrm{p}}$	$v'' = -\dfrac{M_x}{EI_{xx}}$
Spannungs- Belastungs- Beziehung	$\sigma = \dfrac{F_\mathrm{L}}{A}$	$\tau = \dfrac{M_\mathrm{t}}{I_\mathrm{p}} \cdot r$	$\sigma = \dfrac{M_x}{I_{xx}} \cdot y$

	Begriff	Erklärung/Erläuterung	Hin-weise
41	Momente zweiten Grades	Geometrische Größen des Querschnittes. Axiale Flächenträgheitsmomente: $$I_{xx} = \int\limits_{(A)} y^2 \, \mathrm{d}A \qquad I_{yy} = \int\limits_{(A)} x^2 \, \mathrm{d}A$$ Zentrifugalmoment (Deviationsmoment): $$I_{xy} = -\int\limits_{(A)} xy \, \mathrm{d}A$$ Polares Flächenträgheitsmoment: $$I_\mathrm{p} = \int\limits_{(A)} r^2 \, \mathrm{d}A$$	Gö 150
42	Haupt- trägheits- achsen	Koordinatenachsen durch den Schwerpunkt, für die das Zentrifugalmoment Null wird und die axialen Flächenträg- heitsmomente Extremwerte annehmen. Symmetrieachsen und dazu senkrecht verlaufende Achsen durch den Schwerpunkt sind Hauptträgheitsachsen.	Gö 158
43	Satz von STEINER	Transformationsgleichung für Trägheitsmomente und Zentri- fugalmoment. Gilt zwischen Schwerpunktachsen und dazu parallelen Achsen.	Gö 151

1. Aufgaben

1.1. Statik

1.1.1. Kräfte an einem Punkt

1. Ein Wagen vom Gewicht G wird durch ein Seil auf einer schiefen Ebene mit dem Neigungswinkel α festgehalten. Wie groß ist die Seilkraft F_S, und welche Kraft F_N wirkt auf die Unterlage? Reibungskräfte sollen nicht berücksichtigt werden.

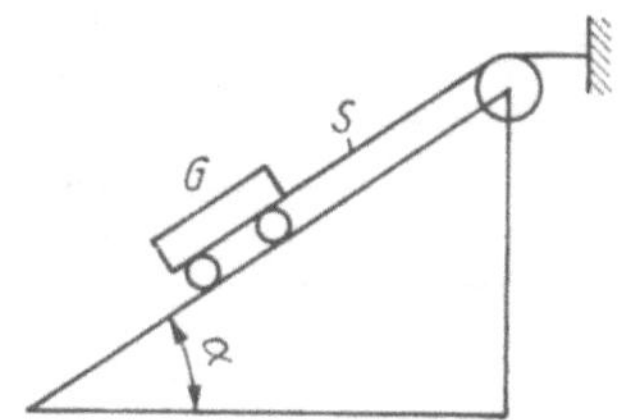

2. Zwischen zwei rechtwinklig aufeinanderstehenden glatten Flächen AB und BC liegt eine Kugel vom Gewicht $G = 60\,\mathrm{N}$. Welche Kräfte wirken in den Punkten D und E?

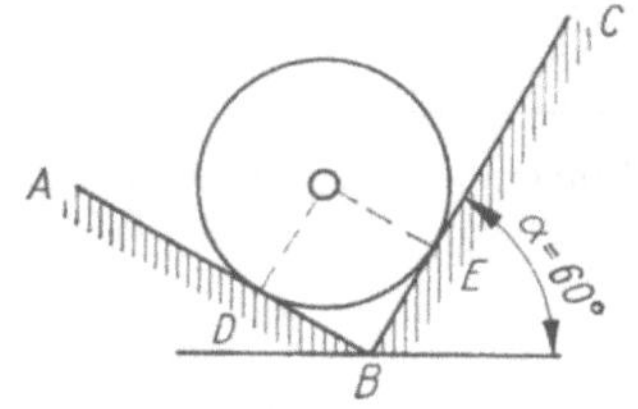

3. Über eine Rolle, die an einer Pendelstange hängt, soll unter einem Winkel von $60°$ eine Last $F_Q = 4 \cdot 10^3\,\mathrm{N}$ hochgezogen werden.

   a) Mit welcher Kraft F muß man ziehen?

   b) Wie groß ist die Kraft in der Pendelstange, und welchen Winkel bildet die Pendelstange mit der Vertikalen?

(Die Gewichte von Rolle und Stange sowie Reibungskräfte bleiben unberücksichtigt.)

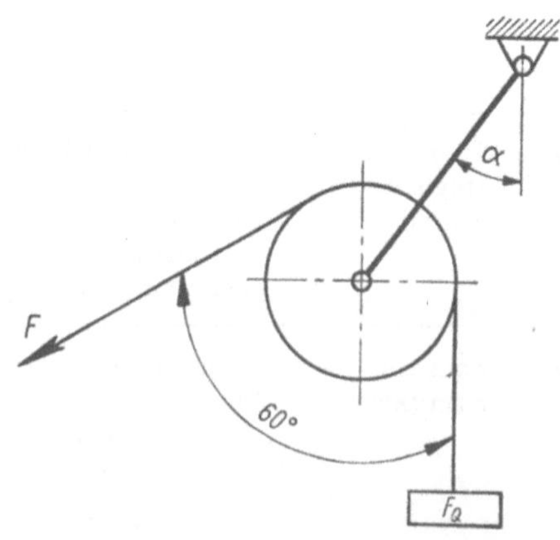

4. Wie groß muß die Zugkraft F sein, damit eine Walze vom Gewicht $G = 2 \cdot 10^4$ N und vom Radius $r = 60$ cm über ein Hindernis der Höhe $h = 8$ cm gezogen werden kann, und welche Kraft tritt dann an der Kante auf?

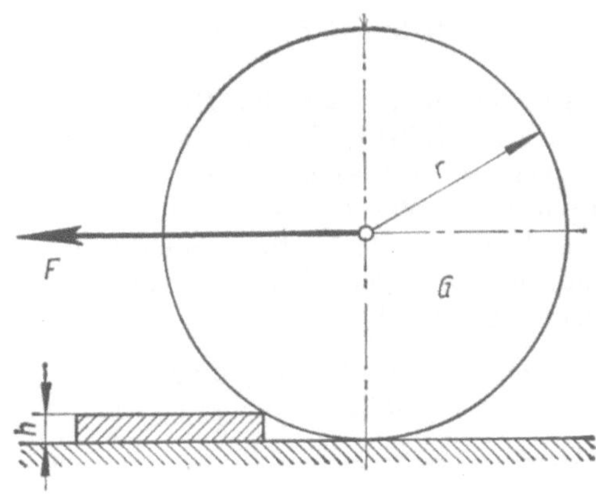

5. Für das skizzierte Bockgerüst sind die Stabkräfte F_{S1}, F_{S2}, F_{S3} zu ermitteln.

Gegeben: $F_1 = 10^3$ N;

$\qquad F_2 = 2 \cdot 10^3$ N

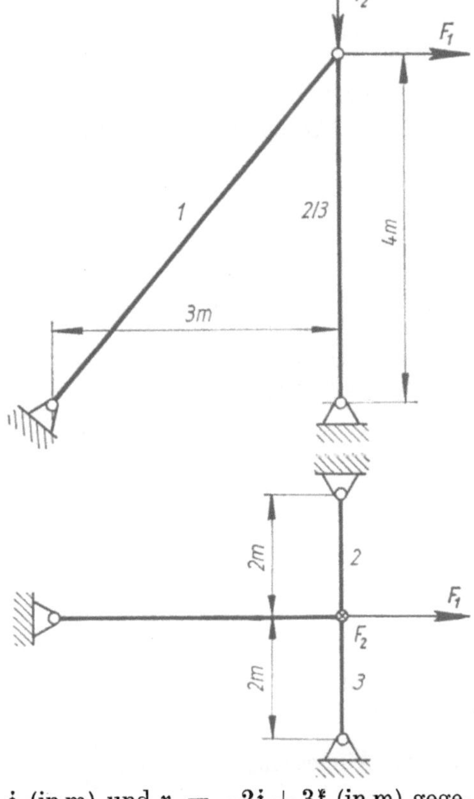

6. An den durch die Ortsvektoren $\mathfrak{r}_1 = 4\mathfrak{i} - \mathfrak{j}$ (in m) und $\mathfrak{r}_2 = -2\mathfrak{j} + 3\mathfrak{k}$ (in m) gegebenen Punkten greifen die Kräfte $\mathfrak{F}_1 = 3\mathfrak{i} + \mathfrak{j} + \mathfrak{k}$ (in N) und $\mathfrak{F}_2 = 2\mathfrak{i} - 3\mathfrak{k}$ (in N) an.

    a) Man gebe die resultierende Kraft und deren Betrag an.

    b) Man bestimme das resultierende Moment um den Koordinatenursprung sowie dessen Betrag.

    c) Man gebe die Kraftschraube an.

7. Ein Seil wird über eine Rolle vom Radius R geführt und durch die Kräfte F belastet. Auf einer Seite wird es durch eine Rolle (Gewicht G und Radius r), die mit der ersten Rolle durch eine masselose Pendelstange (Länge l) verbunden ist, abgelenkt.

Gegeben: $F = 10^2$ N; $G = 40$ N;

$\qquad r = 3$ cm; $R = 4$ cm;

$\qquad l = 10$ cm

Zu bestimmen sind:

  a) der Winkel, den die Pendelstange mit der Vertikalen bildet,

  b) die Kraft in der Pendelstange

(Reibungskräfte bleiben unberücksichtigt)

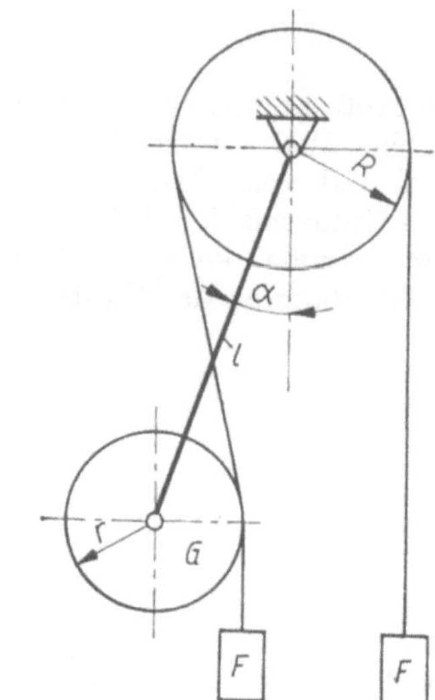

8. Wie groß ist bei dem gezeichneten Spannrollentrieb in der angegebenen Lage die Riemenkraft F_S?

Gegeben: $G = 3 \cdot 10^2$ N; $a = 60$ cm;

$\qquad b = 30$ cm; $\quad \alpha = 20°$

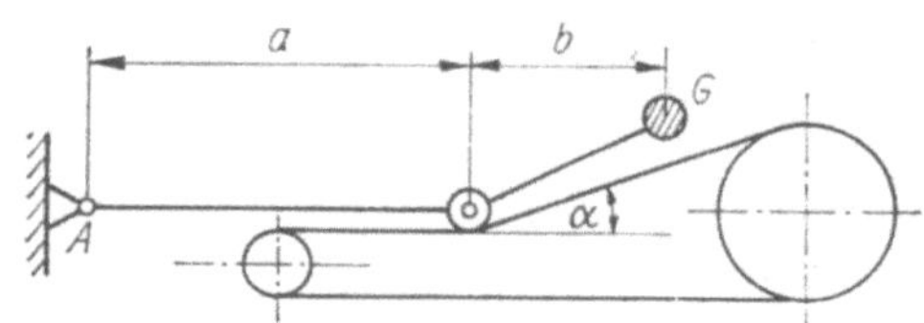

9. Für die skizzierte Dezimalwaage sind die Abmessungen $\dfrac{b}{a}$ und $\dfrac{c}{b}$ so festzulegen, daß für jede Laststellung $G_2 = 10\,G_1$ ist.

Gegeben: $g = 5f$

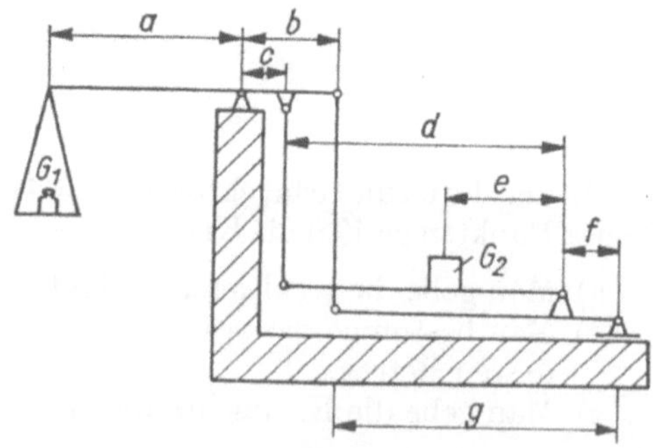

10. Für den skizzierten Träger, der durch die Kräfte $F_1 = 5 \cdot 10^3$ N, $F_2 = 2 \cdot 10^3$ N und $F_3 = 5 \sqrt{2} \cdot 10^3$ N belastet ist, sind die Auflagerreaktionen in A und B analytisch und mit Hilfe des Seileckverfahrens zu ermitteln.

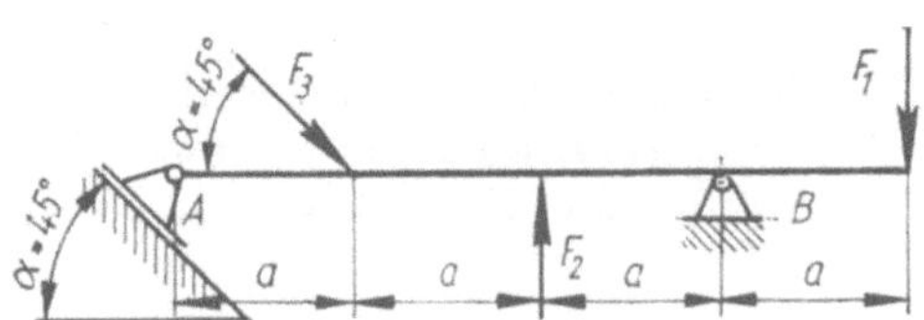

11. Eine homogene Scheibe vom Gewicht $F_Q = \dfrac{F}{2}$, die die Form eines gleichseitigen Dreiecks hat, wird durch drei Stäbe gehalten. Man bestimme die Stabkräfte für die Belastungsfälle a) und b).

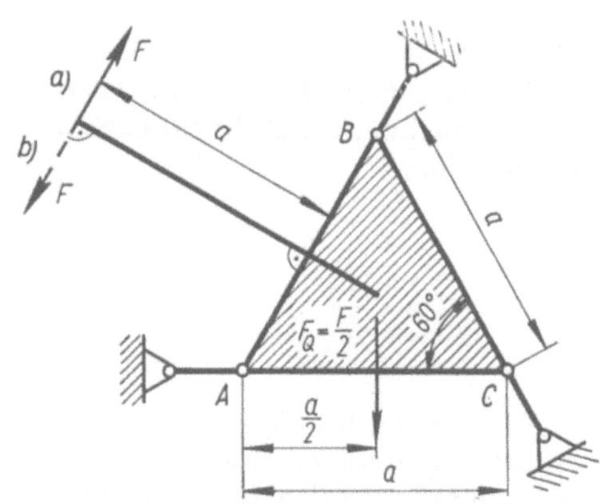

12. Eine starre, homogene Rechteckscheibe (Gewicht $G = 10^3$ N, $a = 20$ cm, $b = 40$ cm) ist in den Punkten A, B und C durch die Stäbe S_1, S_2 und S_3 mit dem Fundament verbunden und im Punkte D durch eine horizontale Kraft $F = 10^3$ N beansprucht. Man ermittle grafisch und analytisch die Stabkräfte F_{S1}, F_{S2} und F_{S3}.

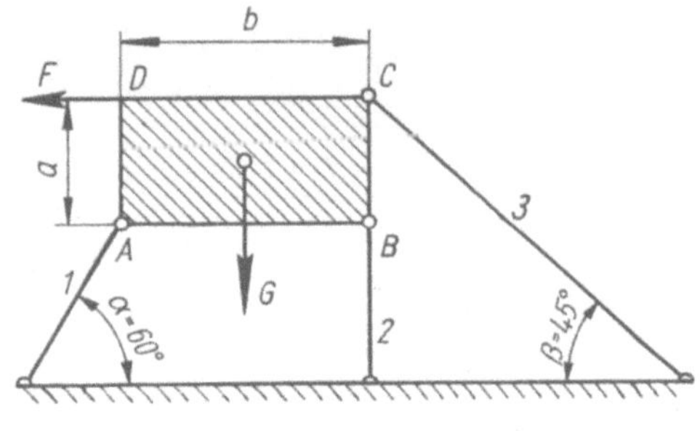

13. Für das skizzierte Fachwerk sind die Stabkräfte $F_{S1} \cdots F_{S9}$ anzugeben.

Gegeben: $F = 10^3$ N

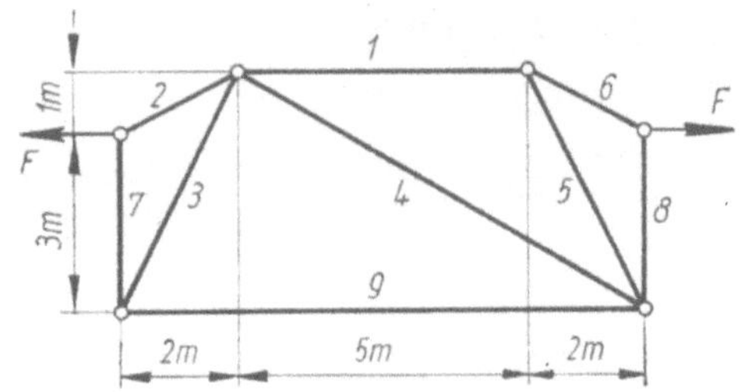

14. Für das skizzierte Fachwerk sind die Auflagerkräfte F_A und F_B sowie die Stabkräfte $F_{S1} \cdots F_{S9}$ anzugeben.

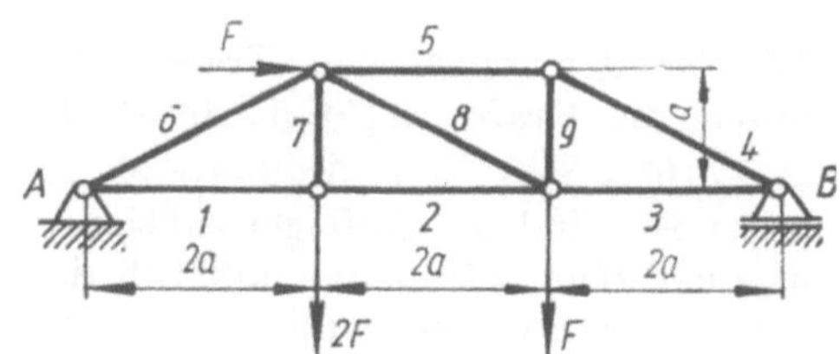

15. Für das durch die Last F_Q beanspruchte Fachwerk sind die Stabkräfte zu ermitteln.

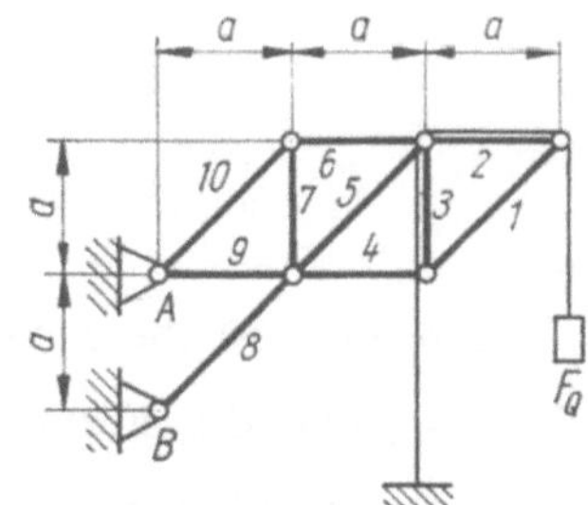

16. Für das Fachwerk sind die Auflagerkräfte grafisch und analytisch und alle Stabkräfte mit dem CREMONA-Plan zu bestimmen.

Gegeben: $F = 10^4$ N

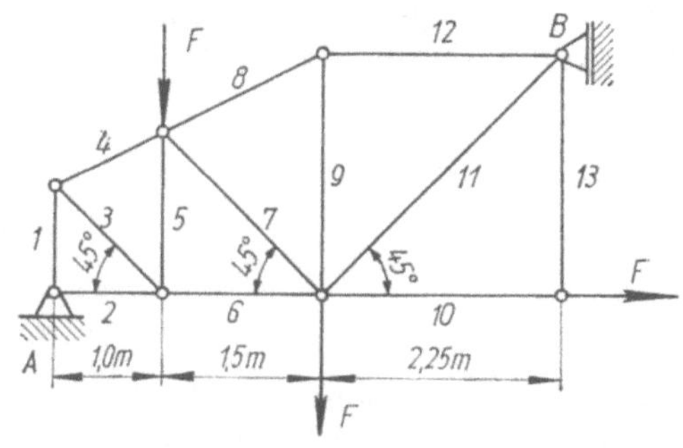

17. Für das skizzierte Fachwerk sind die Stabkräfte $F_{S1} \cdots F_{S13}$ anzugeben.

Gegeben: $F = 10^4$ N

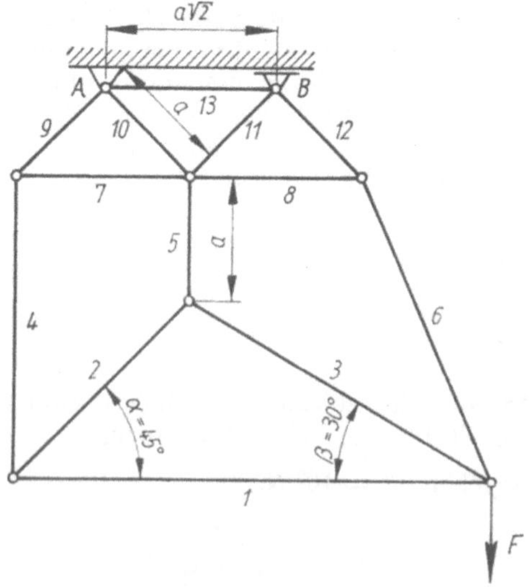

18. Für das skizzierte Fachwerk bestimme man die Stabkräfte $F_{S1} \cdots F_{S8}$

   a) mit dem Verfahren des unbekannten Maßstabes,

   b) mit dem Stabvertauschungsverfahren,

   c) mit dem Doppelschnittverfahren

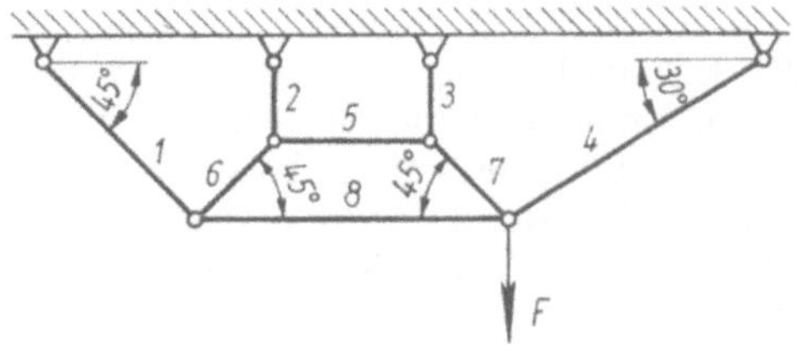

1.1.3.   Auflager- und Schnittgrößenermittlung für ebene Tragwerke

19. Für den skizzierten Träger sind gegeben:

$$F_1 = 5 \cdot 10^3 \, \text{N}; \quad F_2 = 1{,}5 \cdot 10^4 \, \text{N};$$

$$F_3 = 10^4 \, \text{N}; \quad a = 2 \, \text{m}$$

Gesucht: a) Auflagerreaktionen,

          b) Längskraft-, Querkraft-, Momentenverläufe

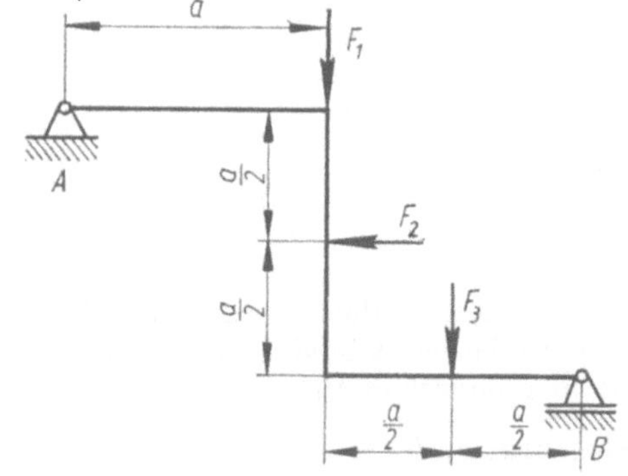

20. Ein mehrfach gekröpfter Träger ist bei B gelenkig, bei A auf Rollen gelagert und durch die Kräfte $F_1 \cdots F_3$ belastet. Man bestimme die Auflagerkräfte, den Längskraft-, Querkraft- und Momentenverlauf (Skizze).

Gegeben: $F_1 = F_2 = 2 \cdot 10^3 \, \text{N};$

        $F_3 = 4 \cdot 10^3 \, \text{N};$

        $a = 1 \, \text{m}$

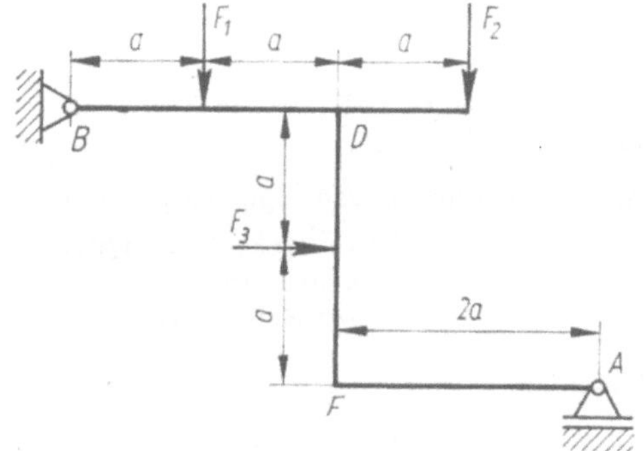

21. Ein Balken der Länge $3a$ ist an einem Ende gelenkig gelagert und am anderen Ende mit einer Kraft F belastet. Im Abstande a von den Balkenenden ist ein Seil befestigt und über eine Rolle geführt.

Gesucht: a) Auflagerreaktionen (F_A, F_S),

b) Längskraft-, Querkraft- und Momentenverlauf

Die Verläufe sind analytisch zu formulieren und zeichnerisch über der Balkenachse darzustellen.

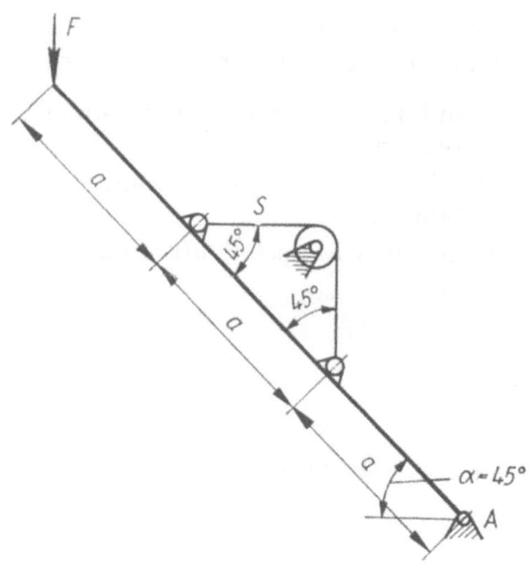

22. Für den zweifach gelagerten Träger mit Dreieckslast sind Querkraft- und Momentenverlauf anzugeben.

Gegeben: q_0, l

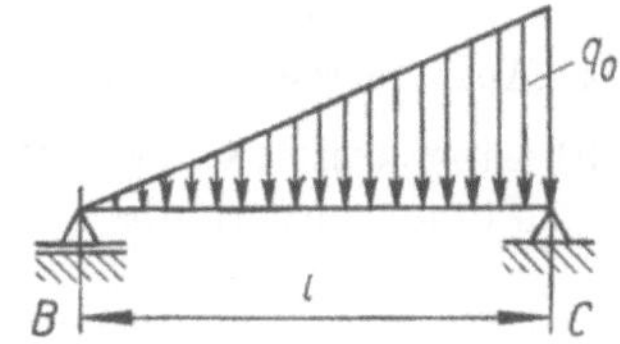

23. Ein Balken ist wie skizziert gelagert und belastet.

Man bestimme: a) Auflagerreaktionen,

b) Längskraft-, Querkraft- und Biegemomentenverlauf

Gegeben: $a = 1$ m; $F = 5 \cdot 10^3$ N;

$\qquad q = 2 \cdot 10^3$ N m^{-1}

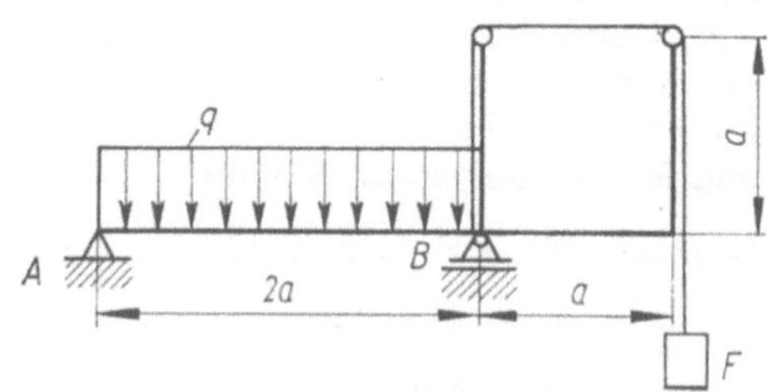

24. Ein Träger ist in A gelenkig gelagert. Das Rollenlager B ist gegenüber
der Horizontalen um 30° geneigt. Die
Belastung erfolgt durch die Einzelkraft $F = 5 \cdot 10^3$ N sowie durch eine
horizontale Last von der maximalen
Intensität $q_0 = 6 \cdot 10^3$ N m^{-1}. Es sind die
Auflagerkräfte, die Längskraft-, Quer-
kraft- und Momentenverläufe anzugeben.

Gegeben: $a = 1$ m

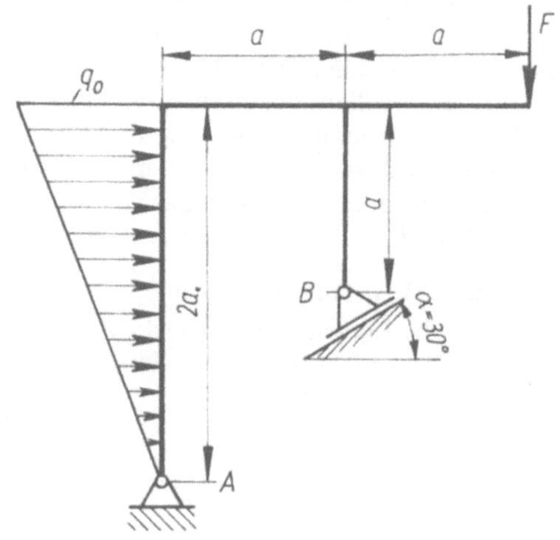

25. Für den bei A gelenkig und bei B
auf Rollen gelagerten Träger, der durch
eine Dreieckslast mit der maximalen
Intensität q_0 belastet ist, sind die Auflagerreaktionen zu ermitteln. Außerdem ist der Längskraft-, Querkraft-
und Momentenverlauf anzugeben.

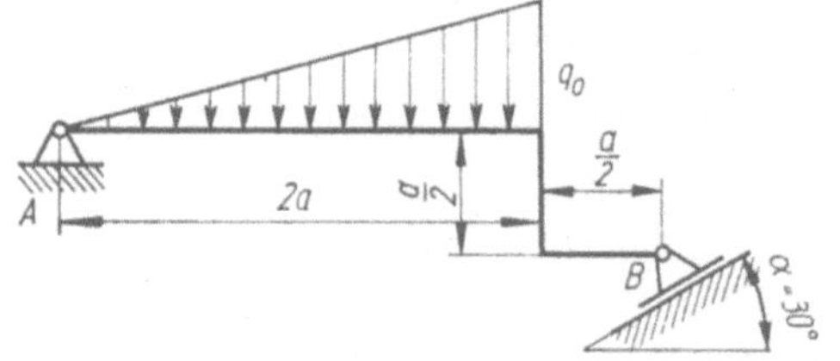

26. Für den skizzierten Träger sind die
Auflagerkräfte zu ermitteln und der
Längskraft-, Querkraft- und Momenten-
verlauf anzugeben.

Gegeben: $F = 10^4$ N;

$\qquad q = 2 \cdot 10^4$ N m^{-1}

$\qquad a = 2$ m

Anmerkung: Die Kraft F wirkt an einem
Seil, das über eine sehr kleine Rolle geführt
wird. Das Seil ist mit dem anderen Ende am
Balken befestigt.

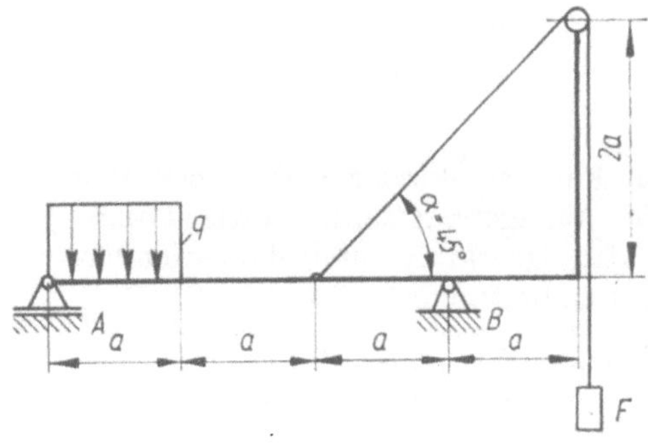

27. Zwei Balken sind in G gelenkig miteinander verbunden. Der linke Balken ist bei B eingespannt, der rechte bei A auf Rollen gelagert. Die Last wirkt im vertikalen Teil des rechten Balkens durch die über $a = 1\,\mathrm{m}$ horizontal angreifende Streckenlast $q = 5 \cdot 10^4\,\mathrm{N\,m^{-1}}$.

Gesucht: a) Auflagerreaktionen,

          b) Längskraft-, Querkraft- und Momentenverlauf (mit Skizze)

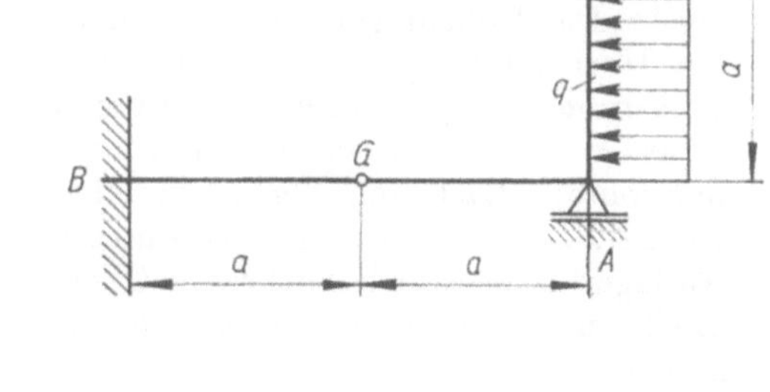

28. Zwei Träger sind in G gelenkig miteinander verbunden, bei A und B gelenkig gelagert und wie skizziert belastet. Man gebe die Auflagerreaktionen, die Gelenkkräfte und die Längskraft-, Querkraft- und Momentenverläufe an (Skizze).

Gegeben: $2F_1 = F_2 = 8qa$

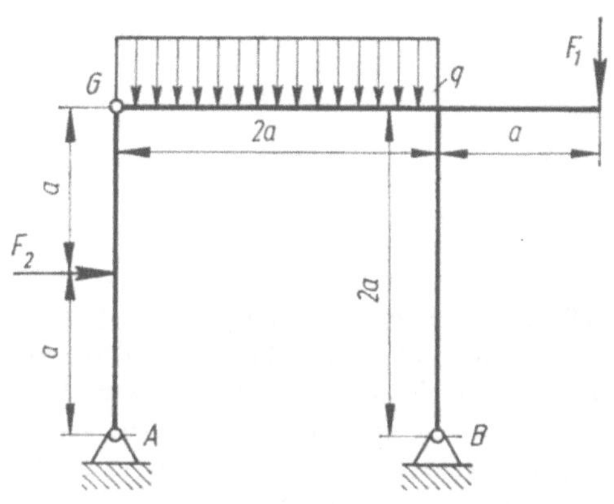

29. Für den skizzierten Träger sind zu ermitteln:

     a) Auflagerkräfte und Gelenkkraft,
     b) Längskraft-, Querkraft- und Momentenverlauf

Gegeben: $F = 2 \cdot 10^4\,\mathrm{N}$;

           $q = 10^4\,\mathrm{N\,m^{-1}}$;

           $a = 1\,\mathrm{m}$

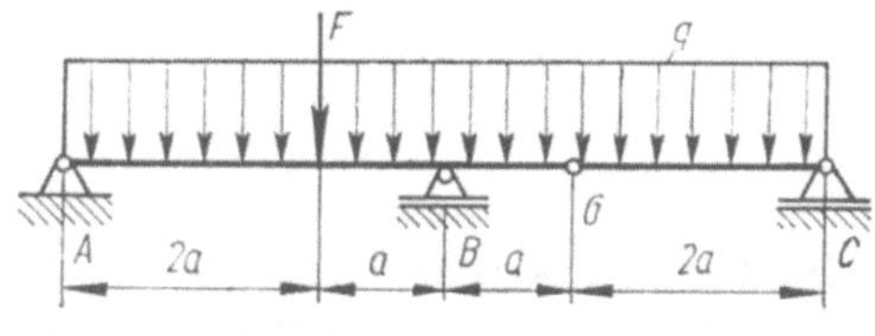

30. Für das skizzierte Tragwerk sind die Auflagerreaktionen sowie Längskraft-, Querkraft- und Momentenverlauf zu bestimmen.

Gegeben: $F_1 = 1{,}5 \cdot 10^3\,\mathrm{N}$

           $F_2 = 0{,}75 \cdot 10^3\,\mathrm{N}$;

           $a = 1\,\mathrm{m}$

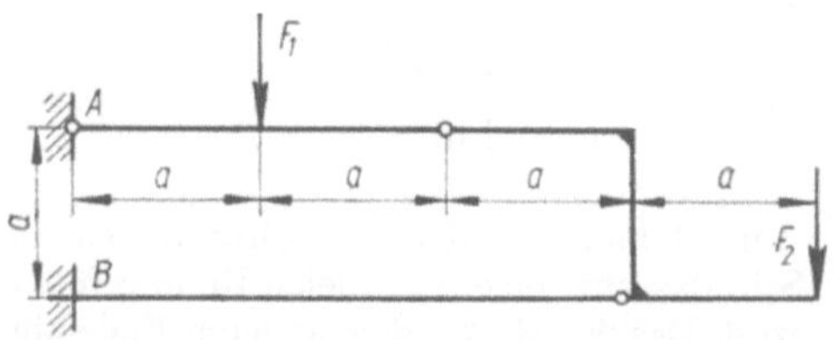

31. Für das skizzierte Tragwerk sind gesucht:

a) Auflagerreaktionen, Seilkraft und Gelenkkraft,

b) Längskraft-, Querkraft- und Momentenverlauf

(analytische Formulierung und grafische Darstellung).

Gegeben: $a = 1$;   Streckenlast
$$q = 2 \cdot 10^4 \, \mathrm{N \, m^{-1}}$$

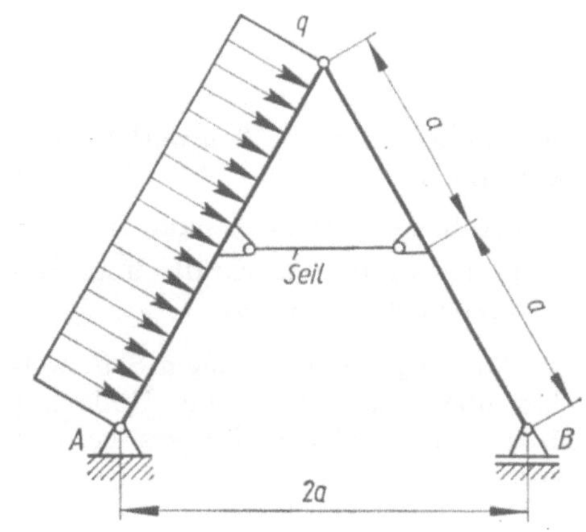

32. Für die Leiter, die durch die Kräfte F belastet ist, sind zu bestimmen:

a) Auflagerkräfte F_A und F_B, Gelenkkraft F_G, Seilkraft F_S,

b) Längskraft-, Querkraft- und Biegemomentenverlauf

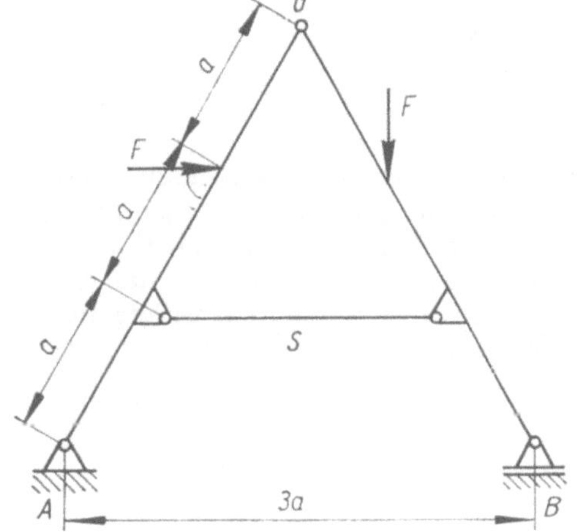

33. Für den abgebildeten Rahmen sind zu ermitteln:

a) Auflagerkräfte F_A und F_B, Gelenkkraft F_G, Seilkraft F_S,

b) Momentenverlauf

Gegeben: $F_1 = 2 \cdot 10^3 \, \mathrm{N}$ $F_2 = 1{,}5 \cdot 10^3 \, \mathrm{N}$;
$$a = 1 \, \mathrm{m}$$

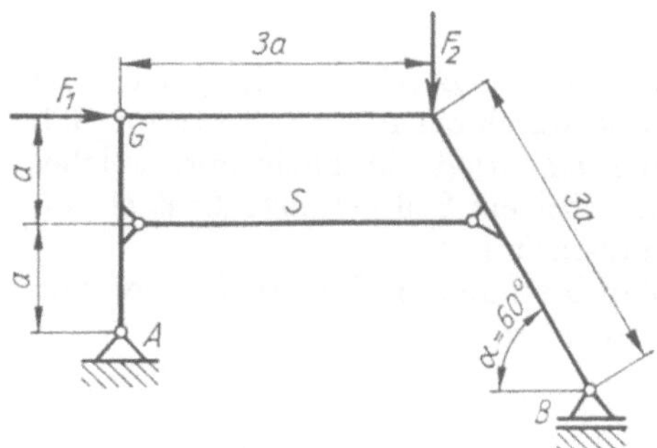

34. Für das skizzierte Tragwerk sind zu bestimmen:

  a) Auflagerkräfte, Gelenkkraft,

  b) Längskraft-, Querkraft- und Biegemomentenverlauf

Die Last F_Q hängt an einem Seil, welches über eine sehr kleine Rolle zur Mitte des vertikalen Trägers geführt wird.

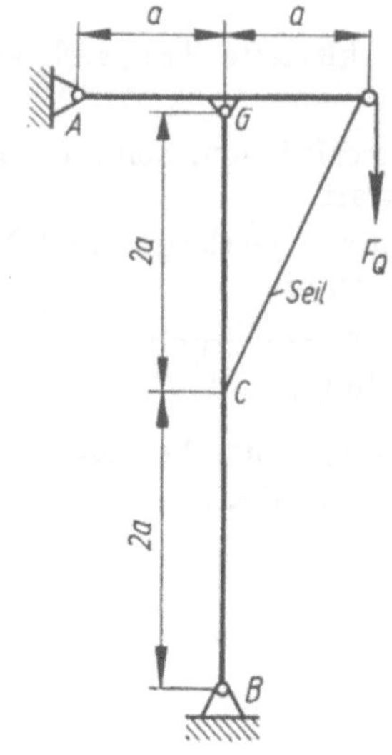

35. Für den skizzierten Belastungsfall sind die Auflagerkräfte F_A, F_B und F_C sowie die Gelenkkräfte F_{G1} und F_{G2} grafisch zu ermitteln. Außerdem sind die Querkraft- und Momentenverläufe aufzuzeichnen.

Gegeben: $F = 10^3$ N; $\quad a = 1$ m

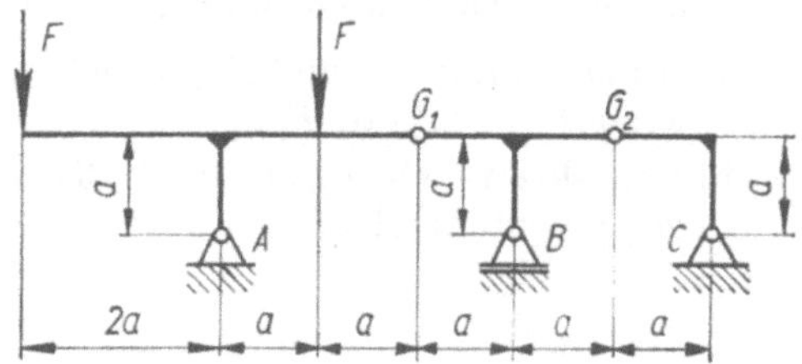

36. Ein bei B gelenkig gelagerter und bei C durch einen Stab gestützter Balken BD trägt ein Fachwerk, welches die über ein Seil geführte Last G aufzunehmen hat.
Man bestimme Auflagerreaktionen und Stabkräfte.

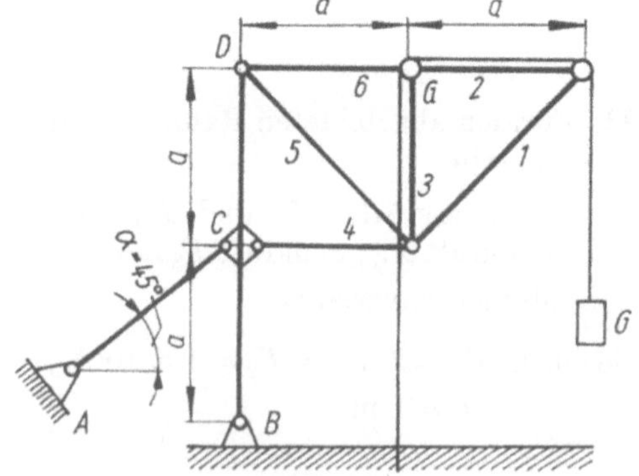

37. Für den skizzierten Belastungsfall
sind gesucht:

a) Auflagerreaktionen,
b) Längskraft-, Querkraft- und Momentenverlauf (mit Skizze)

Gegeben: $F = 10^3\,\text{N}$; $\quad a = 1\,\text{m}$

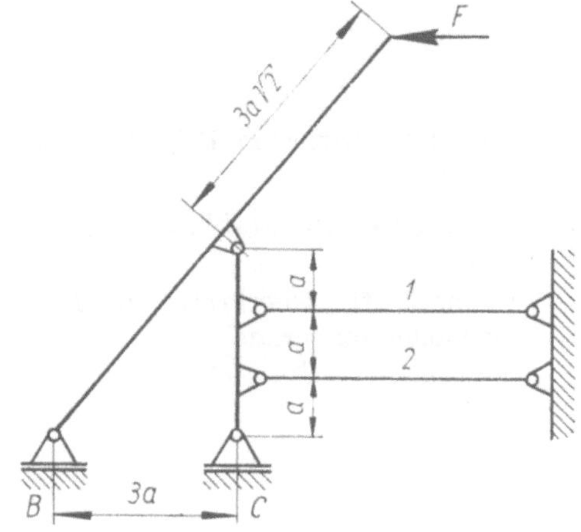

38. Für das skizzierte Tragwerk sind zu
bestimmen:

a) Auflagerreaktionen und Gelenkkraft,
b) Stabkräfte $F_{S1} \cdots F_{S6}$

Gegeben: $F = 10^3\,\text{N}$; $\quad a = 1\,\text{m}$

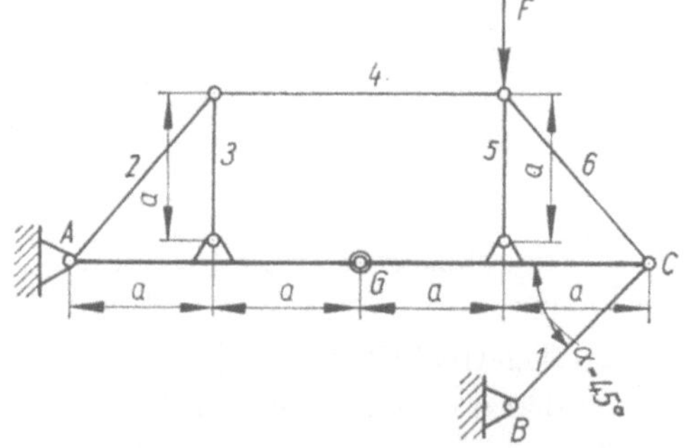

39. Auf einem Balken, der bei A auf
Rollen und bei B gelenkig gelagert ist,
baut sich ein Fachwerk auf. An einem
Seil, das über kleine, reibungsfrei gelagerte Rollen geführt wird, hängt die
Last G.

Man bestimme: a) Auflagerkräfte,
b) Stabkräfte $F_{S1} \cdots F_{S6}$,
c) Längskraft-, Querkraft- und Momentenverlauf

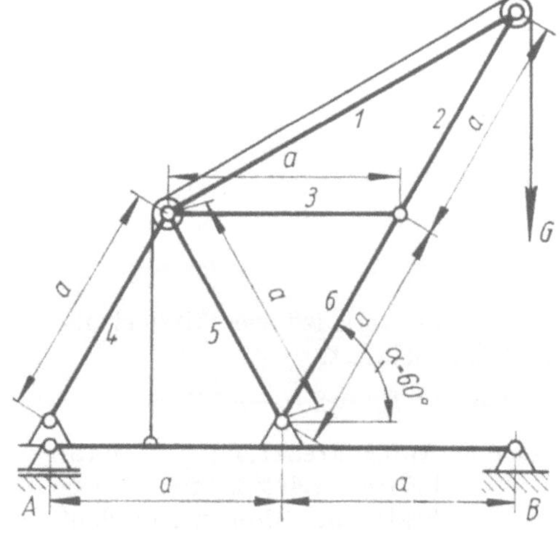

40. Für den skizzierten Belastungsfall
sind gesucht:

   a) Auflagerkräfte, Stabkräfte F_{S1},
      F_{S2},

   b) Längskraft-, Querkraft- und Bie-
      gemomentenverlauf

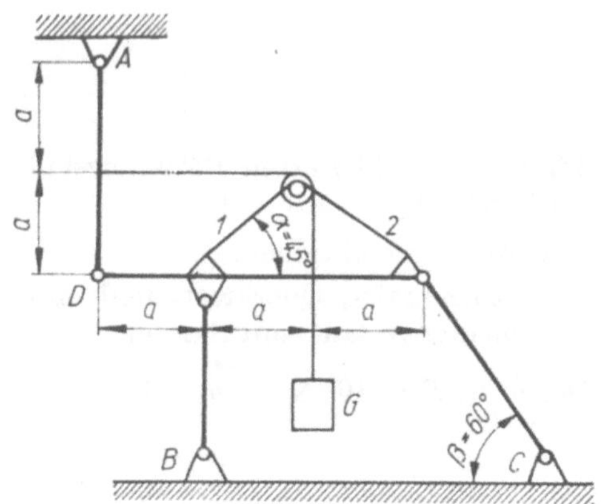

41. Für das skizzierte Tragwerk sind zu
bestimmen:

   a) Auflagerreaktionen,

   b) Stabkräfte und Gelenkkräfte,

   c) Längskraft-, Querkraft- und Mo-
      mentenverlauf (Skizze)

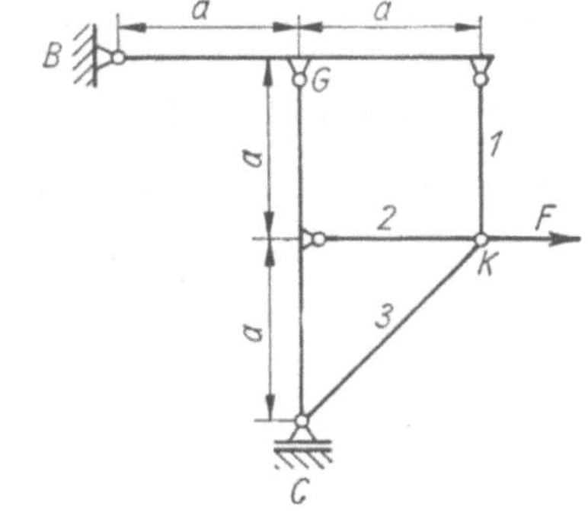

42. Ein Tragwerk ist wie skizziert gelagert und belastet.

Gegeben: a; $F_1 = 2F_2 = 2F$

Gesucht: Auflagerreaktionen,   Stab-
         kräfte, Längskraft-, Quer-
         kraft- und Momentenverlauf

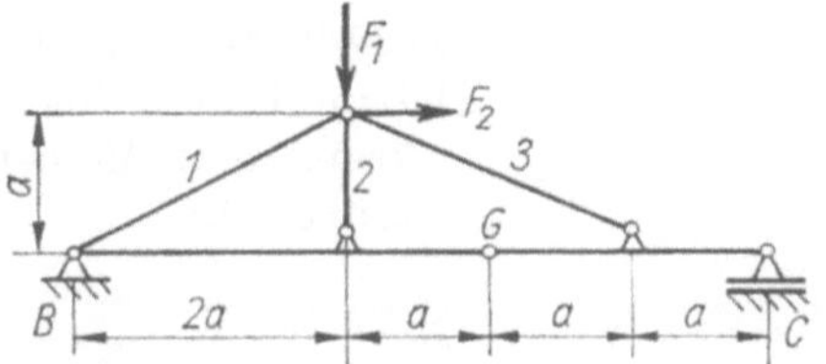

38

43. Ein Tragwerk ist wie skizziert gelagert und belastet.

Gegeben: a; $F_1 = 2F_2 = 2F$

Gesucht: Auflagerreaktionen, Stabkräfte, Längskraft-, Quer-
kraft- und Momentenverlauf

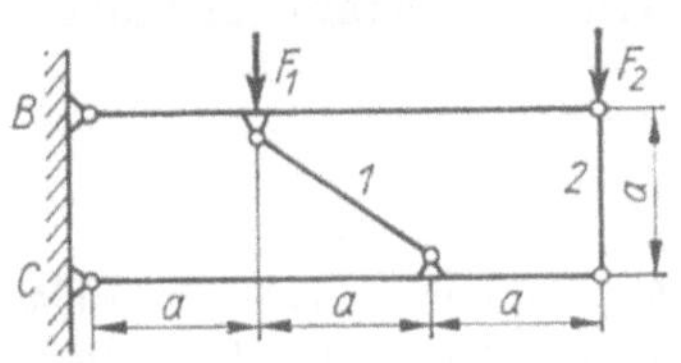

44. Für das skizzierte Tragwerk sind zu
bestimmen:

a) Auflagerkräfte F_A und F_B, Stabkräfte F_{S1} und F_{S2},
b) Längskraft-, Querkraft- und Biegemomentenverlauf

Gegeben: $F_1 = 0,5 \cdot 10^3\,\text{N}$;
$\qquad F_2 = 1,2 \cdot 10^3\,\text{N}$; $a = 2\,\text{m}$

Die Lösung soll grafisch und analytisch
gefunden werden.

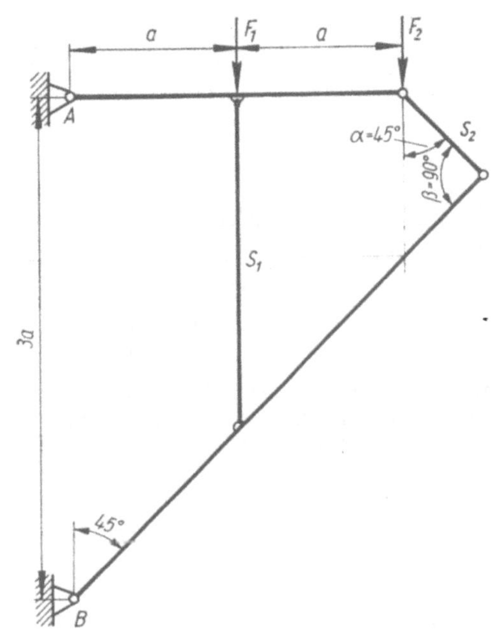

45. Ein Seil der Länge L ist in den
Punkten A und B befestigt. Man bestimme die Seilkurve und die Seilkraft
allgemein und gebe die maximale Seilkraft sowie den größten Durchhang an.

Gegeben: $L = 250\,\text{m}$; $a = 200\,\text{m}$;
$\qquad b = 50\,\text{m}$; $q = 40\,\text{N m}^{-1}$ (Seil-
gewicht je Längeneinheit)

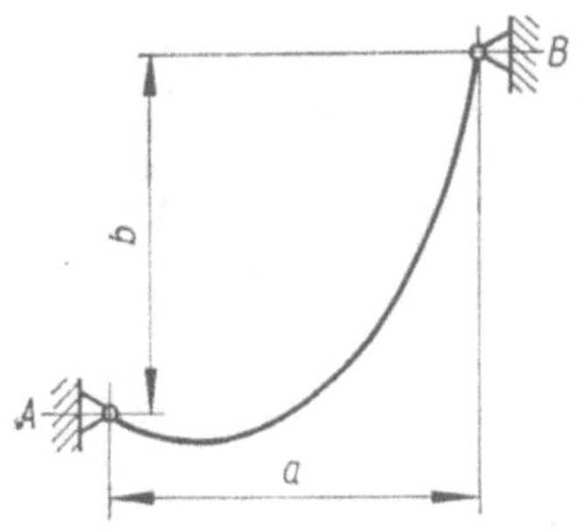

46. Für den skizzierten Belastungsfall sind die Auflagerreaktionen anzugeben.

Gegeben: $F_1 = 3 \cdot 10^4\,\text{N}$; $a = 4\,\text{m}$;
$\qquad\quad F_2 = 4 \cdot 10^4\,\text{N}$; $b = 4\,\text{m}$;
$\qquad\quad F_3 = 4 \cdot 10^4\,\text{N}$; $c = 3\,\text{m}$;
$\qquad\quad d = 1\,\text{m}$; $\qquad e = 2\,\text{m}$

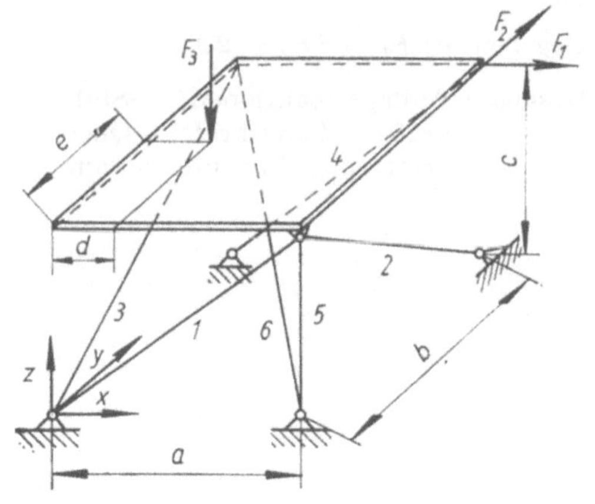

47. Für das skizzierte Tragwerk sind zu ermitteln:

   a) Auflagerreaktionen,
   b) Längskraft-, Querkraft- und Momentenverlauf (mit Skizze)

Anmerkung: Das Auflager A ist ein Kugelgelenk und kann Kräfte in jeder Richtung aufnehmen; B kann in x-Richtung ausweichen.

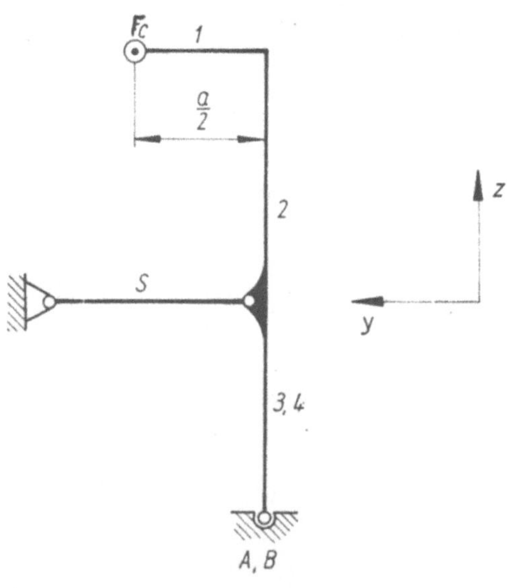

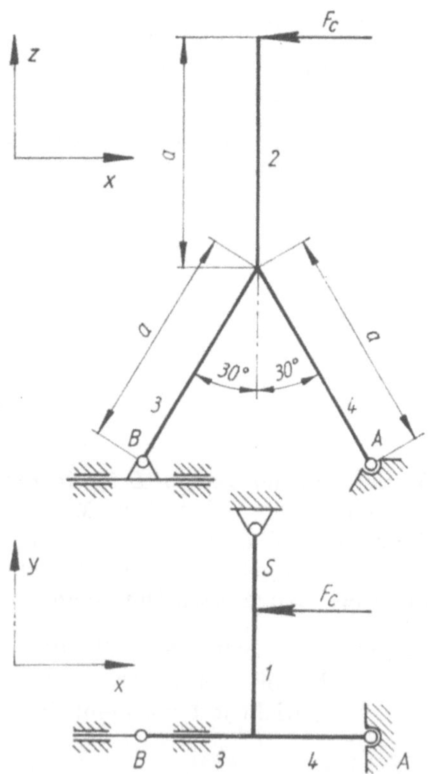

48. Für den gekrümmten, ebenen Träger sind die Schnittreaktionen anzugeben.

Gegeben: F_x, F_y, F_z, R, l

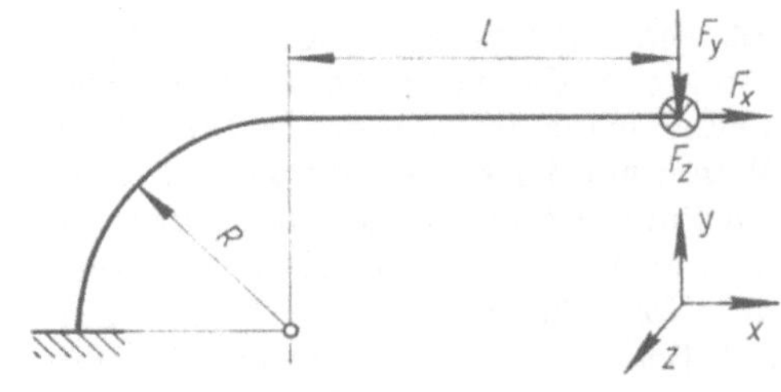

49. Für den gekröpften Träger sind die Schnittreaktionen im gekrümmten Teil anzugeben.

Gegeben: F_x, F_y, F_z, R, a

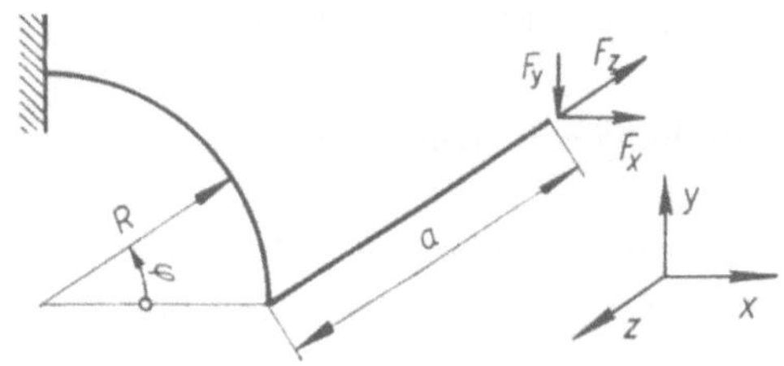

1.1.5. Reibung

50. Ein Balken ruht bei A auf einer rauhen horizontalen Unterlage (Reibungszahl der Ruhe μ_0), mit der er einen Winkel $\alpha = 45°$ bildet. Das Balkenende B wird von einem Seil gehalten. Bei welchem Winkel φ rutscht der Balken?

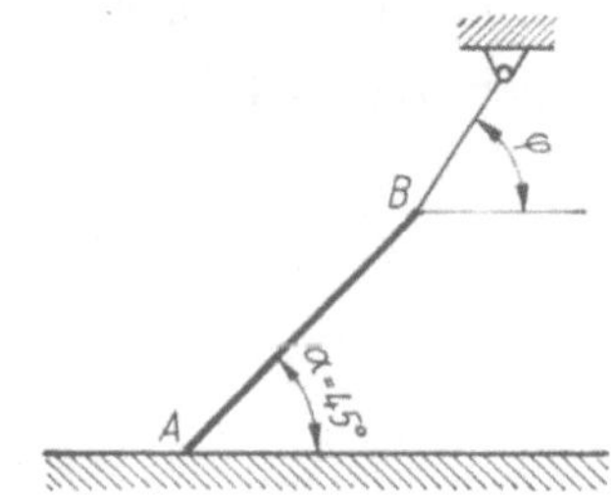

51. Eine Stange ist wie skizziert gelagert und belastet.

Gesucht: Auflagerreaktionen und kleinster Reibwert für mögliches Gleichgewicht bei masseloser Stange. Kann der Reibwert kleiner sein, wenn das Gewicht der Stange berücksichtigt wird?

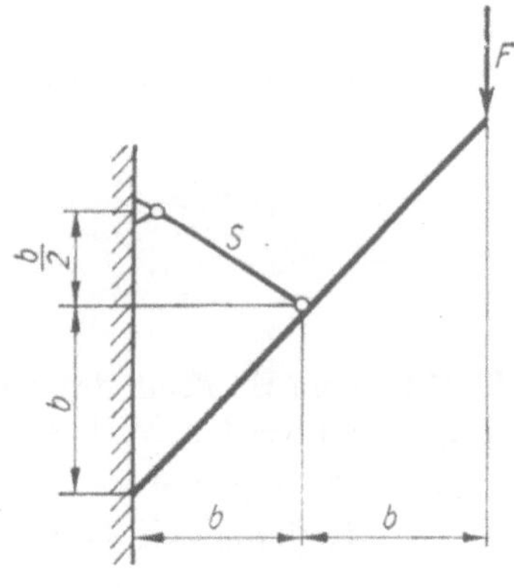

52. Eine Leiter der Länge a trägt im Punkte S die vertikale Last F. Die Leiter lehnt im Punkte A an einer Wand, mit der sie den Winkel α bildet. Im Punkte B stützt sich die Leiter auf dem ebenen Boden ab. Man bestimme die Normalkräfte an der Wand und am Boden sowie den für ein Gleichgewicht erforderlichen Winkel α.

Gegeben: F, a

Reibungszahl Leiter—Wand

μ_1

Reibungszahl Leiter—Boden

μ_2

Das Leitergewicht soll vernachlässigt werden.

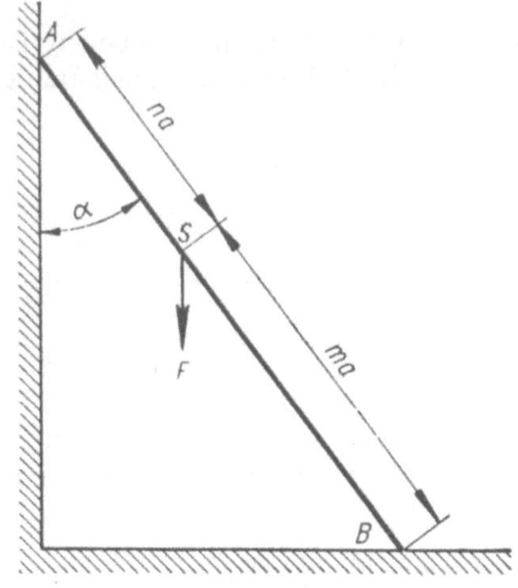

53. Wie groß muß eine horizontal angreifende Kraft F mindestens sein, damit eine Last G eine schiefe Ebene vom Neigungswinkel α hinaufbewegt werden kann?

Gegeben: $G = 10^3\,\text{N}$; $\alpha = 20°$; $\mu = \tan \varrho = 0,1$ (Reibwert)

54. Auf einer schiefen Ebene (x, y-Ebene), die gegenüber der Horizontalen um den Winkel α geneigt ist, liege ein Klotz vom Gewicht G. Welche Kraft F darf in dieser x, y-Ebene auf den Klotz wirken, ohne daß er rutscht?

Gegeben: G; $\sin \alpha = 0,1$; $\mu_0 = 0,2$

55. Mit einem Hanfseil, das n-mal um einen Pflock geschlungen wurde, soll eine Last F_{S0} gehalten werden. Welche Kraft F_{S1} ist am anderen Seilende erforderlich?

Gegeben: $F_{S0} = 2 \cdot 10^4\,\text{N}$;

Reibungszahl Hanfseil—Pflock $\mu = 0,25$; $n = 3,5$

1.2. Festigkeitslehre

1.2.1. Spannungstransformation

1. Für einen dreiachsigen Spannungszustand sind bekannt:

$$\sigma_x = 17{,}5 \ \mathrm{N\,mm^{-2}} \qquad \tau_{xy} = 22{,}1 \ \mathrm{N\,mm^{-2}}$$
$$\sigma_y = 20 \ \mathrm{N\,mm^{-2}} \qquad \tau_{xz} = 27{,}0 \ \mathrm{N\,mm^{-2}}$$
$$\sigma_z = 30 \ \mathrm{N\,mm^{-2}} \qquad \tau_{yz} = 24{,}5 \ \mathrm{N\,mm^{-2}}$$

Man ermittle die Hauptspannungen σ_1, σ_2, σ_3.

2. Bekannt sind die Spannungen

$$\sigma_x = 80 \ \mathrm{N\,mm^{-2}}$$
$$\sigma_y = -40 \ \mathrm{N\,mm^{-2}}$$
$$\tau_{xy} = -40 \ \mathrm{N\,mm^{-2}}$$

Man gebe die Hauptspannungen und
deren Richtung an.

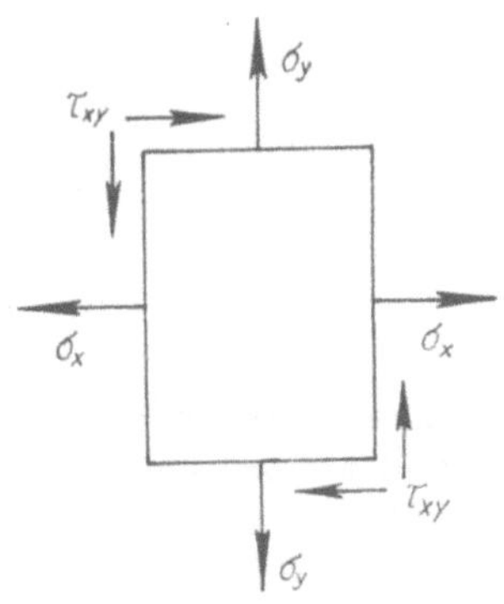

3. Gegeben sind die Hauptspannungszustände

  a) $\sigma_y = 80 \ \mathrm{N\,mm^{-2}}$
      $\sigma_x = 40 \ \mathrm{N\,mm^{-2}}$
  b) $\sigma_y = -60 \ \mathrm{N\,mm^{-2}}$
      $\sigma_x = 30 \ \mathrm{N\,mm^{-2}}$

Man ermittle die Spannungen unter
dem Schnittwinkel $\alpha = 30°$.

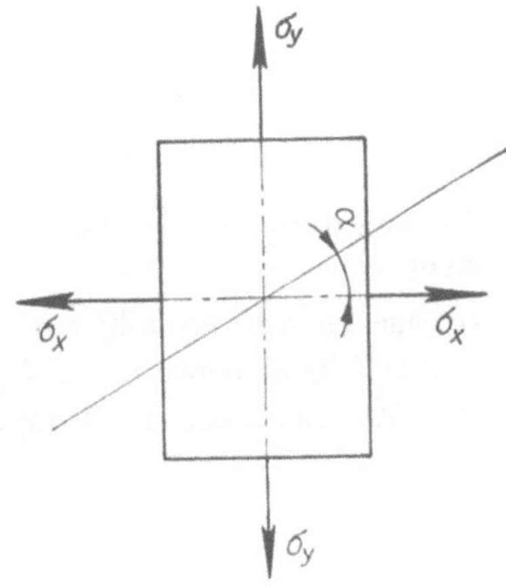

4. Für den skizzierten Querschnitt sind
folgende Flächenträgheitsmomente zu
ermitteln:
I_ξ, I_η; Hauptträgheitsmomente I_1, I_2;
Trägheitsmomente I_u, I_v, I_{uv} für den
Schwerpunkt unter einem Winkel $\alpha =$
45°. Die Bestimmung soll analytisch
und mit dem Trägheitskreis erfolgen.
Ferner ermittle man den Kernquerschnitt.

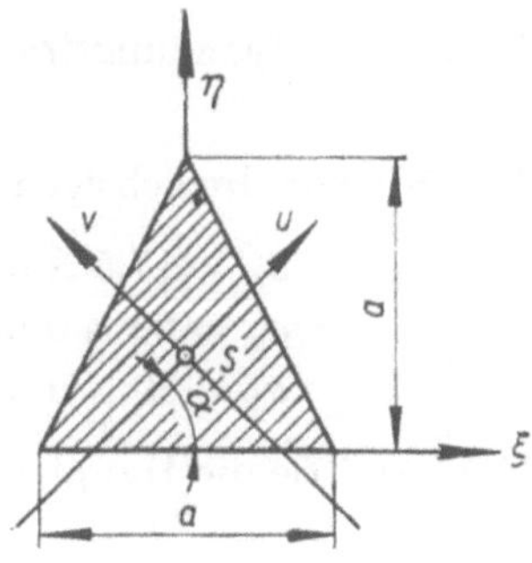

5. Man bestimme die Hauptträgheitsmomente für ein regelmäßiges Sechseck mit der
Kantenlänge a.

6. Es sind die Hauptträgheitsmomente
der skizzierten Figur zu bestimmen.

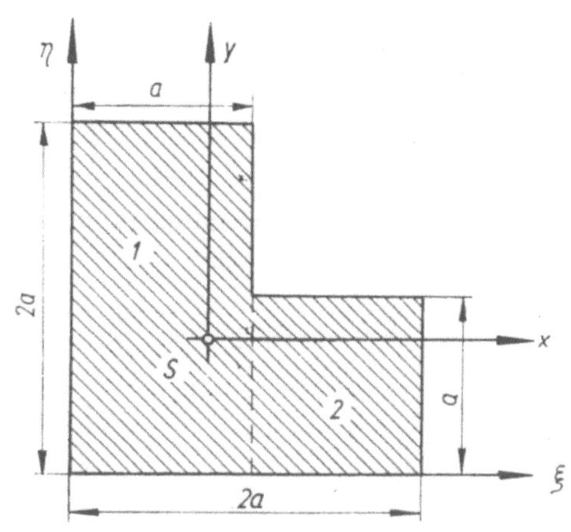

7. Für den skizzierten Querschnitt sind
gesucht:

  a) Lage des Schwerpunktes S,

  b) Trägheitsmomente I_x, I_y, I_{xy}

  c) Größe und Lage der Haupträg-
     heitsmomente

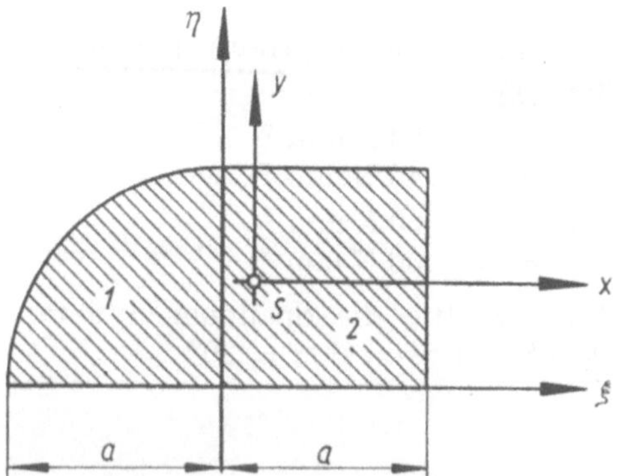

8. Ein Querschnitt setzt sich zusammen
aus folgenden Profilen:

Winkelprofil $60 \times 60 \times 6$
Winkelprofil $30 \times 60 \times 6$
Rechteckprofil 150×5

Gesucht: a) Lage des Schwerpunktes,
          b) Trägheitsmomente I_x, I_y, I_{xy}.
          c) Lage der Hauptträgheitsachsen,
          d) Hauptträgheitsmomente

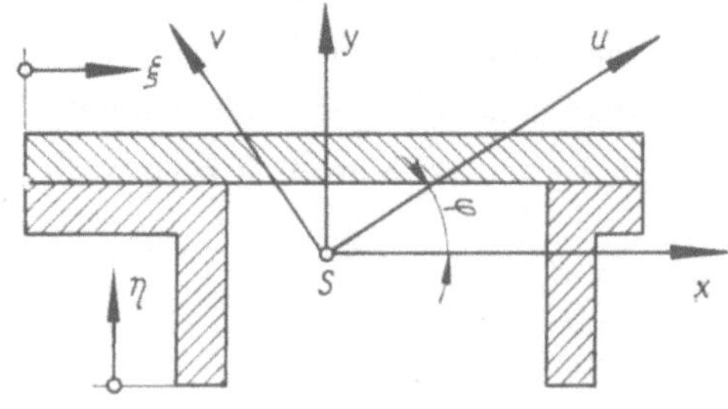

9. Ein Querschnitt setzt sich aus folgenden Profilen zusammen:

Rechteckprofil: 150×6
2 Winkelprofile: $50 \times 100 \times 6$

Gesucht: a) Lage des Schwerpunktes,
          b) Trägheitsmomente I_x, I_y, I_{xy},
          c) Lage der Hauptträgheitsachsen und
          d) Hauptträgheitsmomente

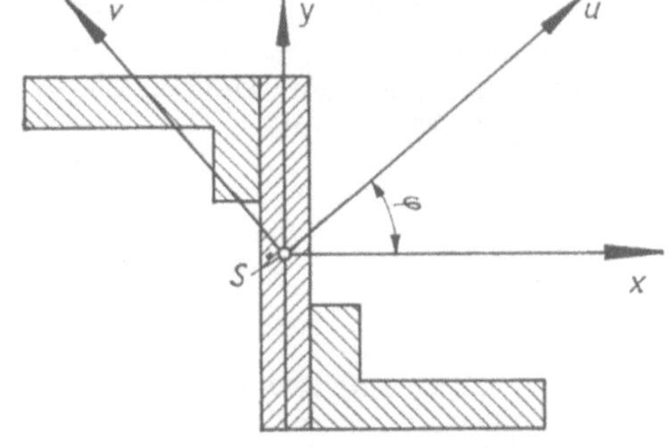

10. Für das skizzierte Schienenprofil
ermittle man grafisch das Trägheitsmoment I in bezug auf die Horizontale
durch den Schwerpunkt.

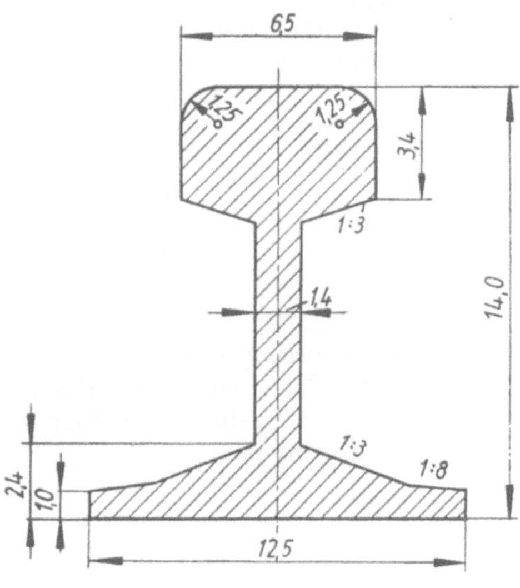

11. Aus einem Baumstamm vom Durchmesser d soll ein Balken mit rechteckigem Querschnitt und

   a) maximalem Trägheitsmoment,

   b) maximalem Widerstandsmoment

gesägt werden. Wie groß ist h zu wählen?

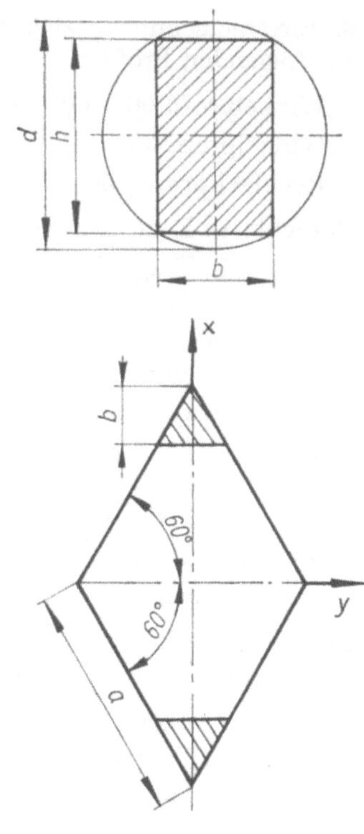

12. Für den skizzierten Rautenquerschnitt mit abgetrennten Ecken sind das Trägheitsmoment und das Widerstandsmoment in bezug auf die y-Achse zu bestimmen. Für welchen Wert b wird W_y ein Maximum?

1.2.3.   Zug und Druck

13. Ein Stab, der an den Enden die Massen m trägt, rotiert mit der Winkelgeschwindigkeit ω um die z-Achse. Nach welcher Funktion muß sich der Stabquerschnitt ändern, damit auf der ganzen Stablänge die gleiche Zugspannung herrscht?

Gegeben: m, ϱ, ω, a

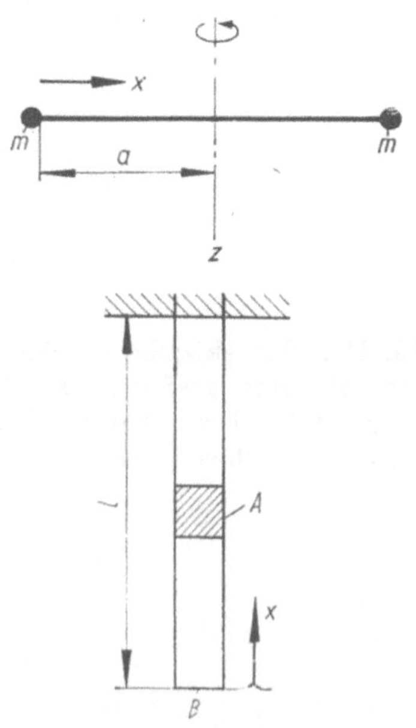

14. Für einen prismatischen Stab der Länge l ist die Verschiebung des Punktes B, hervorgerufen durch sein Eigengewicht, zu bestimmen.

15. Für eine dreieckige homogene Scheibe konstanter Dicke ist die Verschiebung des Punktes A infolge des Eigengewichts gesucht.

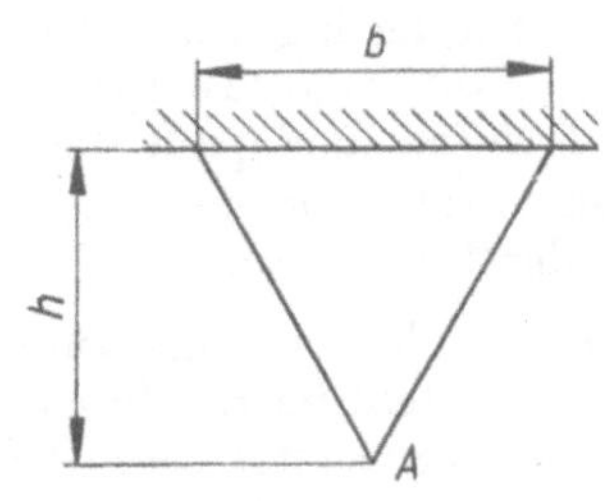

16. Ein Zugstab von der Dichte ϱ wird am freien Ende mit einer Last F_0 beansprucht. Man bestimme die Querschnittfläche $A(x)$ so, daß die Zugspannung in jedem Schnitt konstant ist.

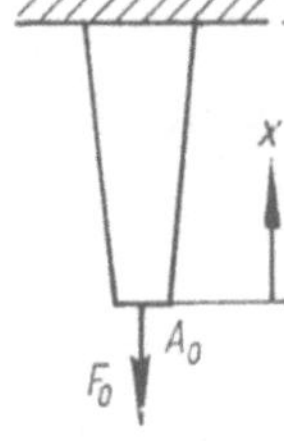

17. Auf eine Stahlschraube (A_1) ist eine Kupfergewindebuchse (A_2) aufgeschraubt. Die Schraubenverbindung ist bei 20 °C spannungsfrei. Man ermittle die Längsspannungen in Welle und Buchse bei $t = 250$ °C.

Gegeben: $A_1 = 7\ \text{cm}^2$; $A_2 = 10\ \text{cm}^2$;

$$E_1 = 2{,}1 \cdot 10^5\ \text{N mm}^{-2}$$
$$E_2 = 1{,}1 \cdot 10^5\ \text{N mm}^{-2}$$
$$\alpha_1 = 12{,}7 \cdot 10^{-6}\ \text{K}^{-1};$$
$$\alpha_2 = 16{,}5 \cdot 10^{-6}\ \text{K}^{-1}$$

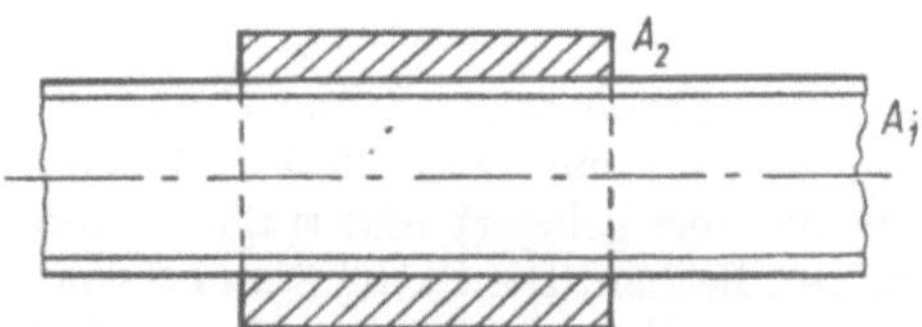

18. Ein Kupferring ($\alpha_1 = 16 \cdot 10^{-6}$ je K) wird auf eine Temperatur von $100°$ C erwärmt und paßt dann genau auf eine Stahlwelle ($\alpha_2 = 12 \cdot 10^{-6}$ je K) mit der Temperatur von $20\,°$C.

Gesucht: a) Welche Ringspannung entsteht im Kupferring, wenn er ebenfalls eine Temperatur von $20\,°$C angenommen hat?

b) Welche Spannung stellt sich im Ring ein, wenn die gesamte Verbindung auf $-60\,°$C abgekühlt wird?

c) Welche gemeinsame Temperatur löst die Verbindung?

Gegeben: $E_1 = 1{,}1 \cdot 10^5$ N mm^{-2}

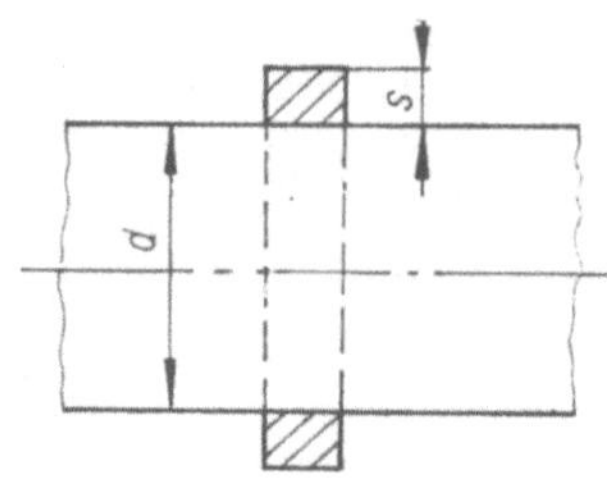

19. Eine Säule besteht aus einem Kern (A_1) und einem Ring (A_2). Sie wird durch eine gleichmäßig verteilte Flächenlast beansprucht. Man ermittle die Spannungen in Kern und Ring sowie die Zusammendrückung der Säule.

Gegeben: $q = 10$ N mm^{-2}; $h = 50$ cm; $r = 5$ cm; $r_2 = 15$ cm; $r_1 = 10$ cm; $E_1 = 2 \cdot 10^5$ N mm^{-2}; $E_2 = 10^4$ N mm^{-2}

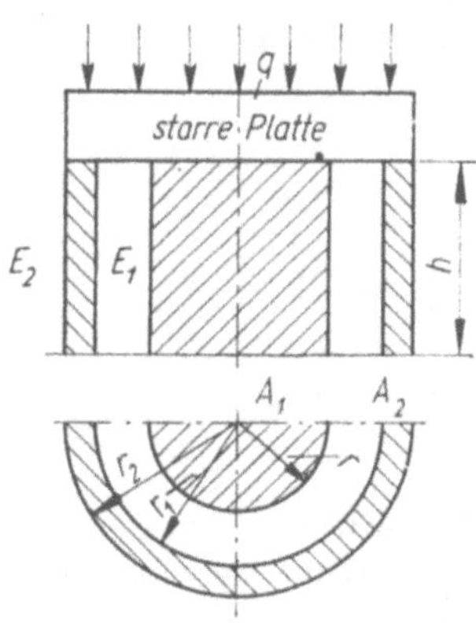

20. Drei gleich lange Stäbe (Länge l) von konstantem Querschnitt A sind wie skizziert gelagert und tragen einen starren Balken. Die Stäbe *1* und *3* sind aus dem gleichen Werkstoff. Stab *2* hat einen anderen E-Modul und einen anderen Wärmeausdehnungskoeffizienten. Man bestimme das maximale Biegemoment im Balken, falls das ganze System um $\varDelta t$ erwärmt wird.

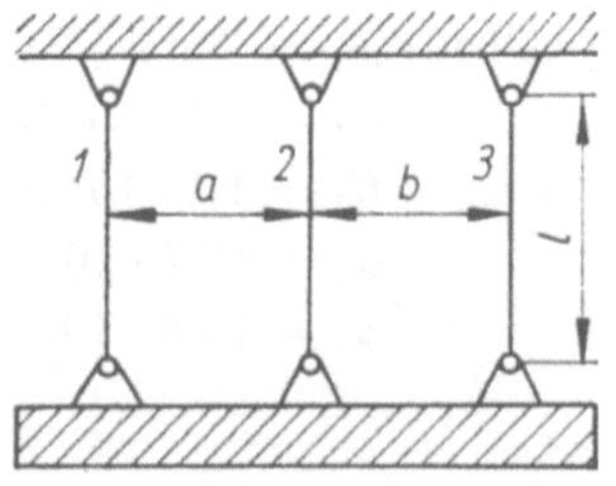

21. Für den skizzierten Stabverband
sind die Stabkräfte $F_{S1} \cdots F_{S3}$ und die
Verschiebung des Lastangriffspunktes
zu ermitteln.

Gegeben: F; $l_2 = a$; $\alpha = 30°$; $\beta = 60°$;
$$E;\ A_1 = A_3 = 2A_2$$

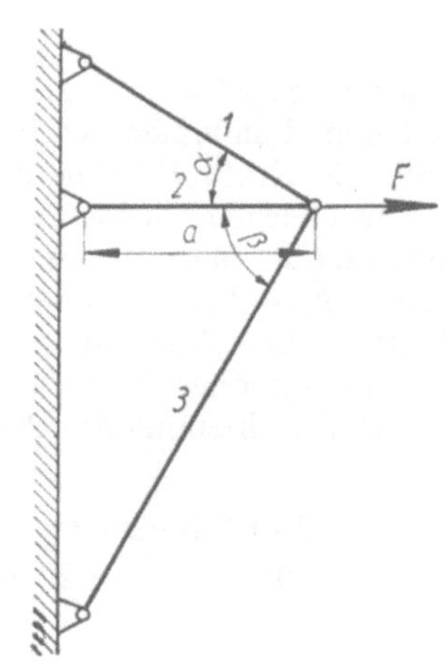

22. Für das skizzierte Stabwerk sind
die Stabkräfte $F_{S1} \cdots F_{S3}$ zu ermitteln.

Gegeben: $F = 5 \cdot 10^3$ N

$$\varphi_1 = 30°;\ \varphi_2 = 60°;$$
$$A_1 = A_3 = 2\ \text{cm}^2;$$
$$A_2 = 3\ \text{cm}^2;$$
$$E_1 = E_2 = E_3$$

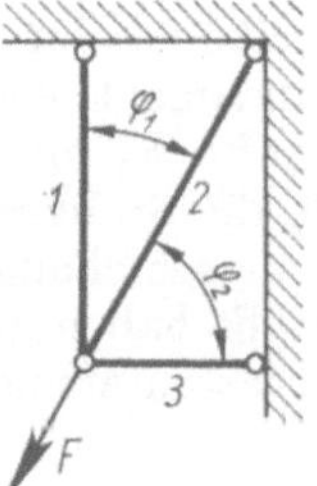

23. Für das skizzierte Stabsystem sind
die Stabkräfte $F_{S1} \cdots F_{S3}$ zu ermitteln
für die Fälle:

  a) Horizontalkraft $F = 5 \cdot 10^3$ N

  b) Stab 2 wird um 30 K erwärmt.

Gegeben: $A = 1\ \text{cm}^2$; $a = 50$ cm;
$$E = 2 \cdot 10^5\ \text{N mm}^{-2};$$
$$\alpha_{\text{th}} = 1{,}7 \cdot 10^{-5}\ \text{K}^{-1}$$

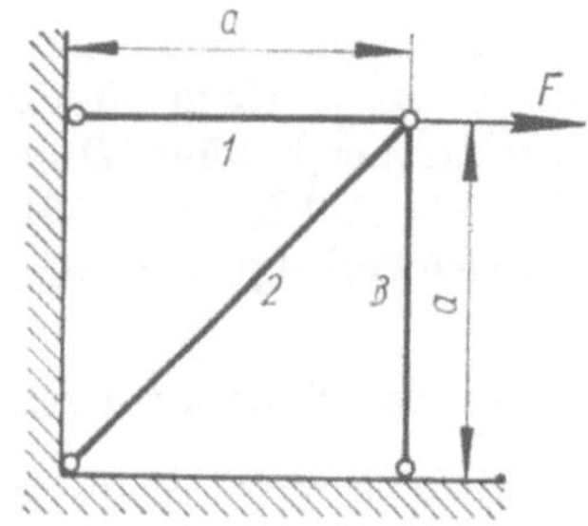

24. Die starre Scheibe ist durch vier
Stäbe mit dem Fundament verbunden
und durch die **Kraft** F belastet. Alle
Stäbe haben gleichen Querschnitt und
Elastizitätsmodul. Man bestimme die
Stabkräfte $F_{S1}\cdots F_{S4}$, ermittle die
Querschnittsfläche, ohne daß eine zu-
lässige Spannung überschritten wird,
und gebe die Verschiebung des Punktes
A an.

Gegeben: $E = 2 \cdot 10^5\ \text{N mm}^{-2}$;

$\qquad F = 10^4\ \text{N};\quad a = 20\ \text{cm};$

$\qquad \sigma_{\text{zul}} = 10^2\ \text{N mm}^{-2};$

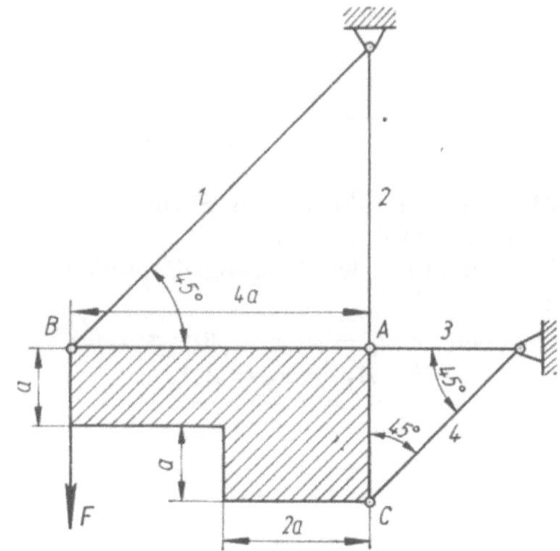

25. Eine Scheibe ist durch fünf Stäbe
mit dem Fundament verbunden und
durch die Kräfte F_1 und F_2 belastet.
Man ermittle die Stabkräfte $F_{S1}\cdots F_{S5}$
und gebe die Verschiebung des Punktes
C an. Alle Stäbe haben gleichen Querschnitt und Elastizitätsmodul.

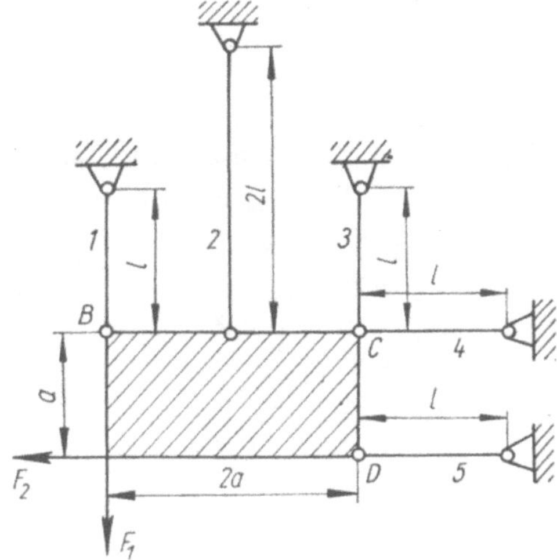

1.2.4. Torsion

26. Am freien Ende einer Welle mit Kreisquerschnitt sitzt ein Rad vom Durchmesser $D_R = 1{,}2$ m, an dessen Umfang eine Kraft von $2 \cdot 10^4$ N wirkt. Der Wellen-
durchmesser beträgt $D = 100$ mm, die Wellenlänge $l = 5$ m und der Schubmodul
$G = 8{,}3 \cdot 10^4\ \text{N mm}^{-2}$. Man berechne die maximale Schubspannung sowie den
Verdrehwinkel je Längeneinheit.

27. Zu berechnen ist der Durchmesser d einer Triebwelle.

Gegeben: $n = 500\ \text{U min}^{-1}$; $P = 10\ \text{kW}$; $\tau_{\text{zul}} = 20\ \text{N mm}^{-2}$

28. Der skizzierte dünnwandige Querschnitt wird auf Torsion beansprucht. Man gebe den Schubspannungsverlauf und den Drehwinkel an.

Gegeben: R, h, l, M_t, G

Zu benutzen sind die BREDTschen Formeln.

29. Der skizzierte dünnwandige Kastenträger wird auf Torsion beansprucht. Man gebe den Spannungsverlauf an und bestimme den Drehwinkel je Längeneinheit.

Gegeben: M_t, a, b, l, h, G

Anzuwenden sind die BREDTschen Formeln.

1.2.5. Biegung

30. Ein einseitig eingespannter $\llcorner$-Träger ist durch eine Streckenlast beansprucht. Man gebe die Spannungsverteilung im Träger allgemein an und bestimme die maximale Spannung (Zahlenwert).

Gegeben: $a = 3\ \mathrm{cm}$; $\qquad d = 1\ \mathrm{cm}$;

$\qquad q = 10^3\ \mathrm{N\ m^{-1}}$; $\quad l = 100\ \mathrm{cm}$

31. Für den skizzierten Träger sind die Auflagerreaktionen anzugeben. Man trage außerdem die Längskraft-, Querkraft- und Momentenverläufe über der Balkenachse auf und bestimme das erforderliche Widerstandsmoment so, daß die zulässige Spannung nicht überschritten wird.

Gegeben: $a = 2\ \mathrm{m}$; $\quad F = 5 \cdot 10^3\ \mathrm{N}$;

$\qquad q = 10^3\ \mathrm{N\ m^{-1}}$;

$\qquad \sigma_{\mathrm{zul}} = 1{,}2 \cdot 10^2\ \mathrm{N\ mm^{-2}}$.

Es sollen nur die Biegespannungen berücksichtigt werden.

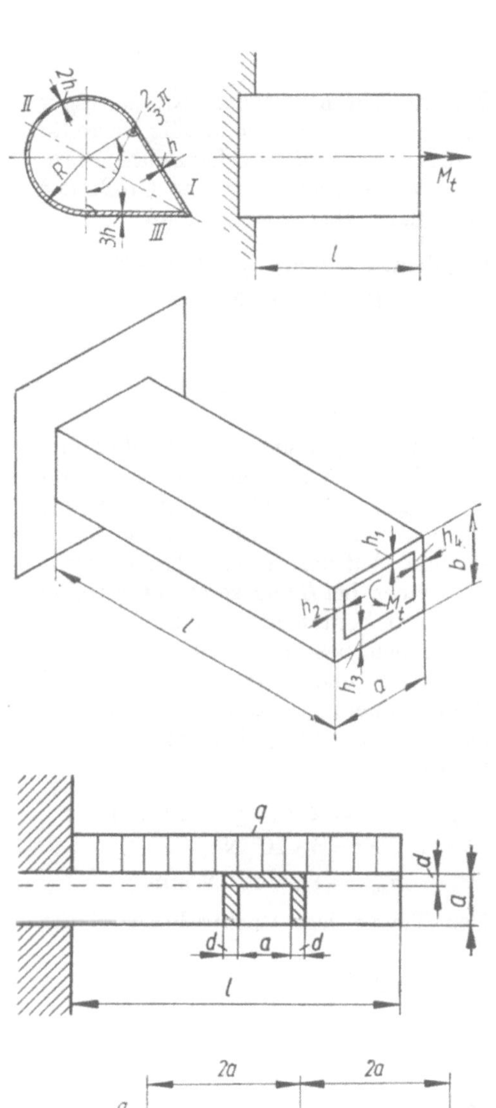

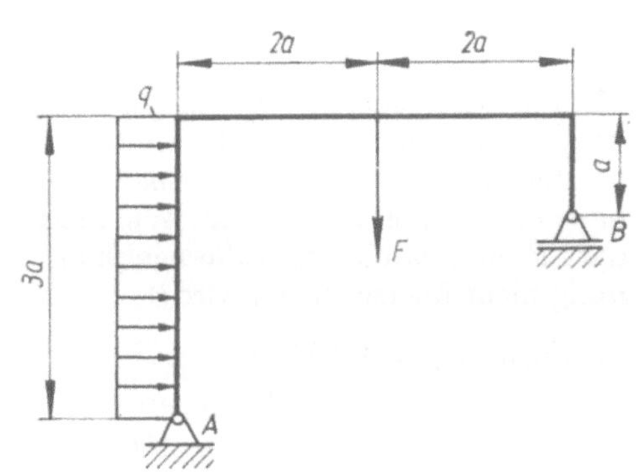

32. Ein symmetrischer Kastenträger wird durch eine gleichmäßig verteilte Streckenlast und eine Einzellast beansprucht. Man gebe Ort und Größe der maximalen Biegespannung an.

Gegeben: $l = 5$ m; $q = 0,9 \cdot 10^3$ N m^{-1}
$F = 2 \cdot 10^3$ N

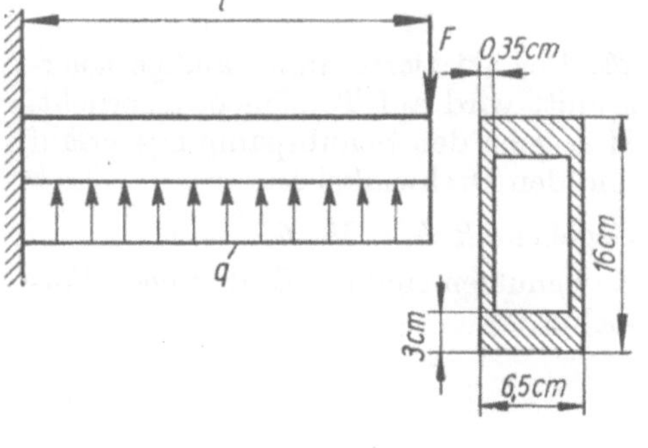

33. Zwei Träger sind in G gelenkig miteinander verbunden und bei A, B und C gelagert. Der linke Träger ist mit einer konstanten Streckenlast beansprucht. Auf den rechten Träger wirkt über einen bei B angeschweißten Hebel die Kraft F. Man ermittle die Auflagerreaktionen, bestimme den Längskraft-, Querkraft- und Momentenverlauf und dimensioniere den Balken so, daß die zulässige Spannung nicht überschritten wird.

Gegeben: $a = 2$ m; $q = 10^3$ N m^{-1};
$F = 5 \cdot 10^3$ N;
$\sigma_{\text{zul}} = 1,2 \cdot 10^2$ N mm^{-2}.

Der Träger hat Rechteckquerschnitt mit $b = \dfrac{1}{2}\, h$.

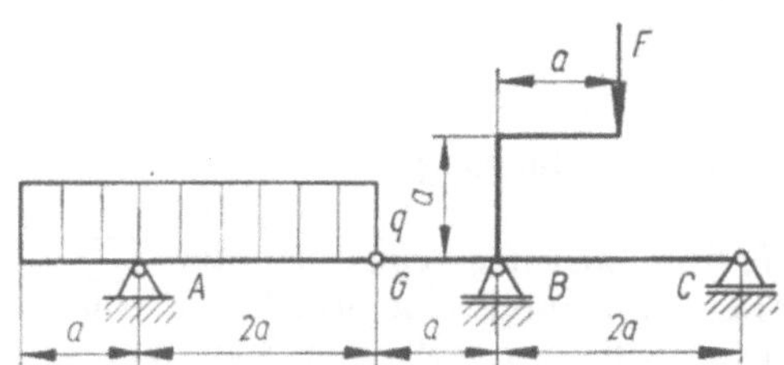

34. Für den skizzierten Träger von veränderlichem Rechteckquerschnitt ist der Ort der maximalen Spannung ($\sigma = \sigma_z + \sigma_b$) zu bestimmen. Wie groß darf F sein, damit eine zulässige Spannung nicht überschritten wird?

Gegeben: $\sigma_{\text{zul}} = 10^2$ N mm^{-2};
$b = 5$ cm (Trägerbreite);
$a = 10$ cm; $l = 100$ cm

Querkraftschub ist zu vernachlässigen.

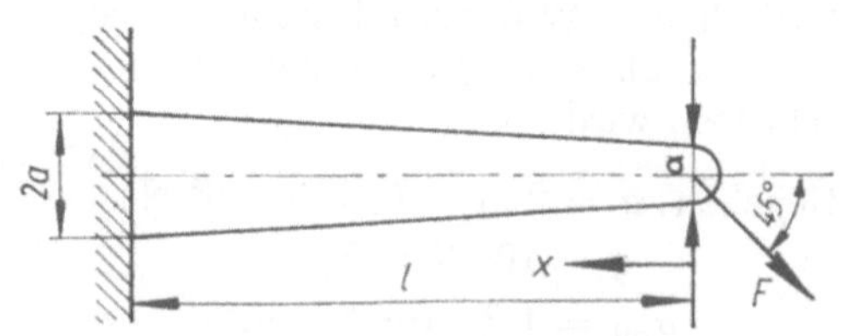

52

35. Auf eine Rechtecksäule mit Mittel-
bohrung wirkt parallel zur Säulen-
mittellinie eine Kraft F. Man ermittle
den Spannungsverlauf.

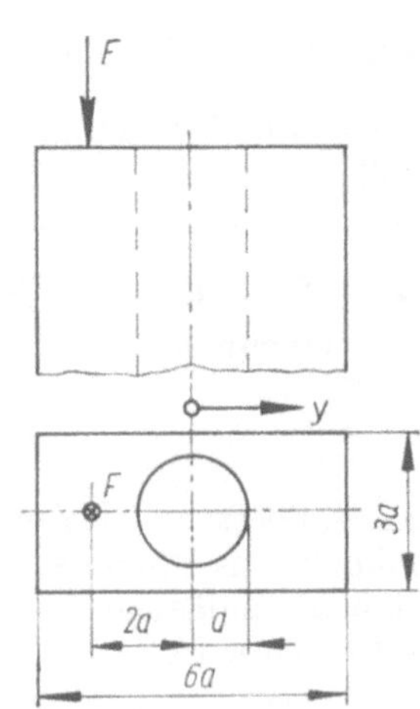

36. Eine Rechtecksäule wird außer-
mittig gedrückt. Man gebe die Lage der
Spannungsnullinie an.

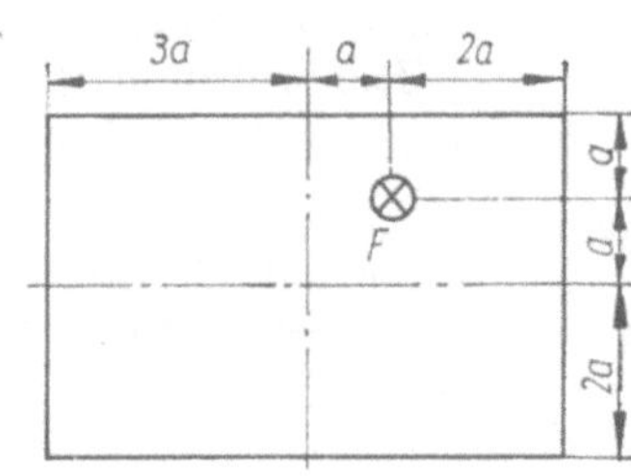

37. Ein $\sqsubset$-Profil wird wie skizziert
beansprucht. Man bestimme die Spannungen in den Eckpunkten A, B, C,
D und gebe die Lage der Spannungsnullinie an.

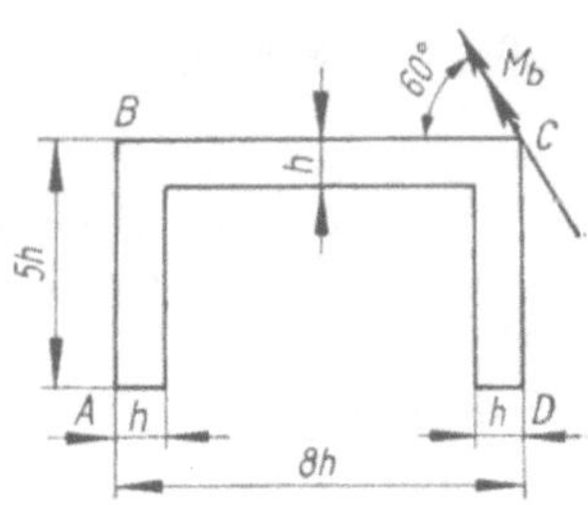

38. Der skizzierte I-Träger wird unter
einem Winkel von $\alpha = 45°$ zu seinen
Symmetrieachsen durch ein Moment
M_0 beansprucht.

Man bestimme: a) die maximale Spannung,

b) die Lage der Span-
nungsnullinie.

Gegeben: $M_0 = 2,5 \cdot 10^3$ N m;

$d = 2$ cm; $e = 8$ cm; $f = 10$ cm

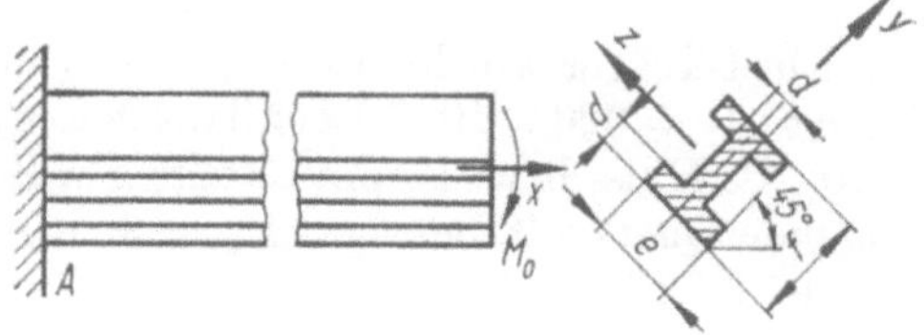

39. Ein Kragträger mit $\llcorner$-Profil ist durch eine Kraft F beansprucht. Man bestimme die maximale Spannung nach Ort und Größe.

Gegeben: $F = 2{,}5 \cdot 10^3$ N; $\quad l = 1$ m;
$\qquad a = 120$ mm; $\qquad b = 9$ mm;
$\qquad c = 60$ mm

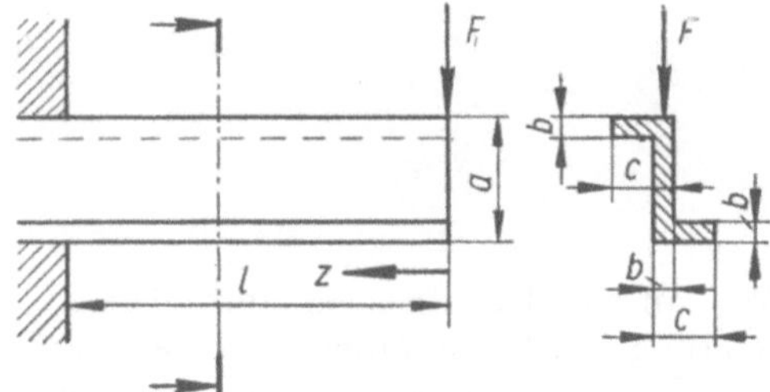

40. Für den skizzierten Belastungsfall ist die Wanddicke des Rohres so zu bestimmen, daß die zulässige Spannung nicht überschritten wird.

Gegeben: $F = 10^4$ N; $\qquad l = 800$ mm;
$\qquad a = 690$ mm; $D_\mathrm{a} = 200$ mm;
$\qquad$ (Rohraußendurchmesser)
$\qquad \sigma_\mathrm{zul} = 10^2$ N mm^{-2}

Anmerkung: Es soll nach der Hypothese der Gestaltänderungsarbeit gerechnet werden. Querkraftschubspannungen bleiben unberücksichtigt.

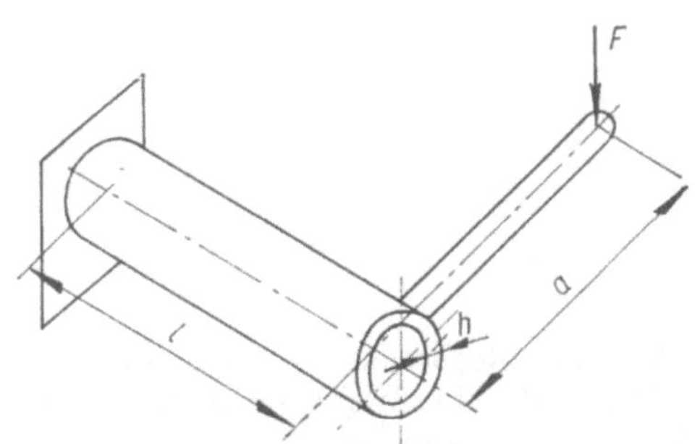

1.2.6.   Schub

41. Ein Stab mit dreieckigem Querschnitt wird durch eine Querkraft in y-Richtung belastet.

Gegeben: F_Q, b, h

Gesucht: Schubspannungsverteilung

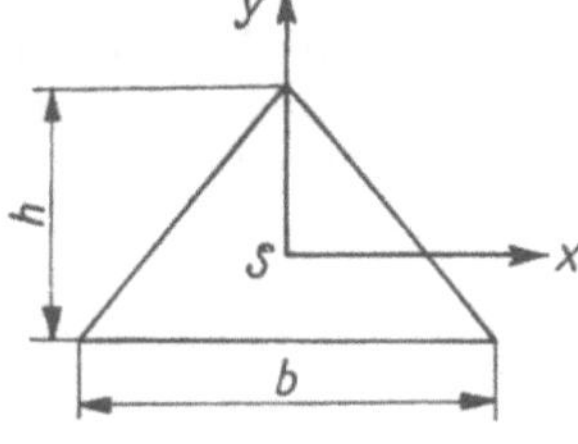

42. Ein I-Träger wurde aus folgenden Einzelprofilen zusammengebaut: 1 Steg $A_1 = 320 \times 10$, 2 Deckflansche $A_2 = 170 \times 10$ und 4 Winkel $A_3 = 80 \times 80 \times 10$. Als Hals- bzw. Kopfnietteilung wurde $t_\mathrm{H} = t_\mathrm{K} = 5$ cm gewählt. Die zu übertragende Querkraft beträgt $F_\mathrm{Q} = 8 \cdot 10^4$ N, die zulässige Schubspannung $\tau_\mathrm{zul} = 1{,}4 \cdot 10^2$ N mm^{-2}.

Gesucht: a) Halsnietdurchmesser

$\qquad$ b) Kopfnietdurchmesser

43. Ein zylindrischer Behälter wird durch Böden abgeschlossen, deren Meridian einen Korbbogen vom Achsenverhältnis $5:7$ bildet.

Gegeben: $\varrho_{1A} = 360$ mm; $a = 280$ mm; $b = 200$ mm; $h = 2$ mm; $p = 1$ N mm^{-2} Überdruck

Gesucht: a) Hauptspannungen in A,
b) Hauptspannungen in B,
c) Nullstellen der Tangentialspannung,
d) Hauptspannungen in C,
e) Spannungsverlauf längs A, B, C, D,
f) MOHRsche Spannungskreise im zylindrischen Teil

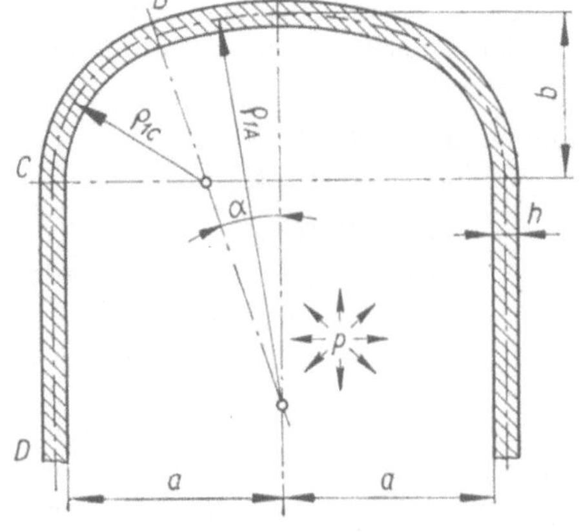

44. Für den skizzierten Ringbehälter sind gesucht:

a) Längs- und Tangentialspannungsverlauf,
b) maximale Schubspannung

Gegeben: $p = 0{,}5$ N mm^{-2} Überdruck;
$a = 100$ mm;
$r_0 = 200$ mm;
$h = 5$ mm

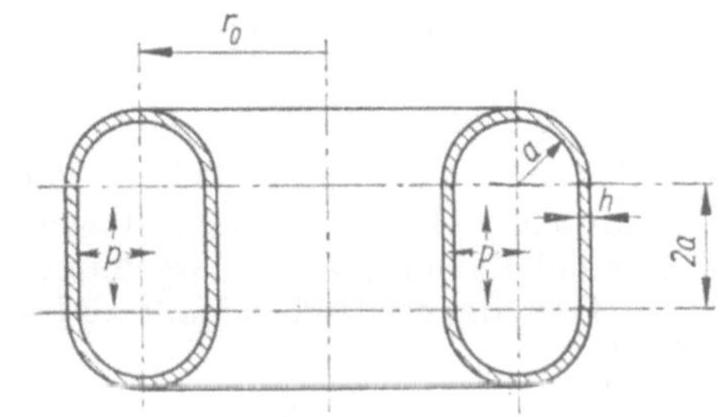

1.2.8.   Elastische Linie

45. Für den skizzierten Träger gebe man die Einflußzahlen in den Punkten *1* und *2* allgemein und mit den Werten

$$l = 4a; \quad x_1 = a; \quad x_2 = 2a \text{ an.}$$

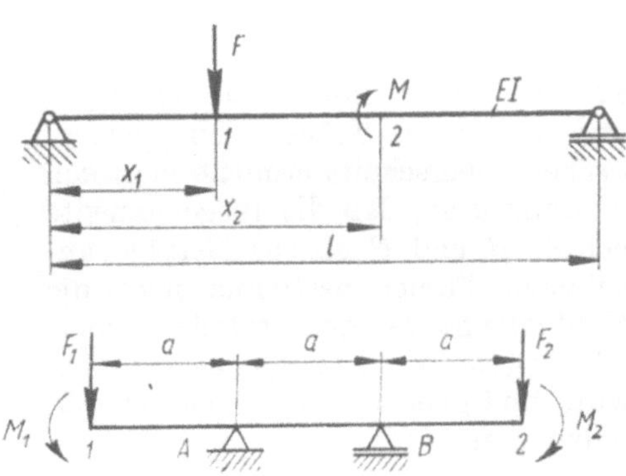

46. Für den skizzierten Belastungsfall sind die Einflußzahlen zu bestimmen.

47. Für den skizzierten Belastungsfall sind gesucht:

  a) die Gleichungen der elastischen Linie,
  b) die maximale Durchsenkung,
  c) der Querkraft- und Momentenverlauf,

Gegeben: $F_1 = 8 \cdot 10^3$ N;

$\qquad F_2 = 5 \cdot 10^3$ N;

$\qquad q = 10^3$ N m^{-1};

$\qquad a = 1$ m; $\quad I = 9800$ cm^4;

$\qquad E = 2 \cdot 10^5$ N mm^{-2}

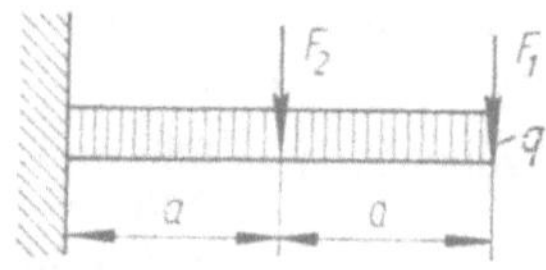

48. Für den skizzierten Träger stelle man die Gleichungen der elastischen Linie auf und berechne die Durchbiegung unter der Kraft F

  a) durch Auswertung der Differentialgleichung der elastischen Linie,
  b) mit bekannten Formeln.

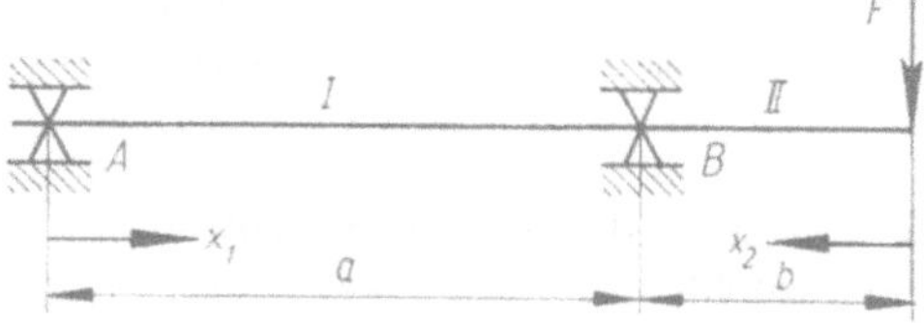

49. Für den skizzierten Träger mit konstantem $\sqsubset$-Profil sind die Auflagerkräfte und die Durchsenkung im Punkte C mit Hilfe der elastischen Linie zu ermitteln.

Gegeben: $q = 0{,}8 \cdot 10^3$ N m^{-1};

$\qquad b = 1$ m; $\quad h = 1$ cm;
$\qquad$ (Steg- und Flanschdicke);

$\qquad a = 3$ cm;

$\qquad E = 2{,}1 \cdot 10^5$ N mm^{-2}

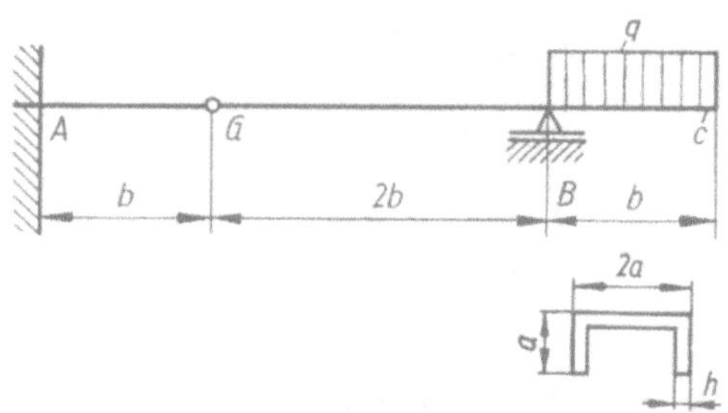

50. Für den symmetrisch gelagerten und belasteten Träger von quadratischem Querschnitt ermittle man den Abstand a so, daß die Biegemomente bei A, B und C gleiche Beträge annehmen. Ferner bestimme man die Kantenlänge des quadratischen Querschnitts, damit σ_{zul} nicht überschritten wird, und gebe die maximale Durchsenkung an.

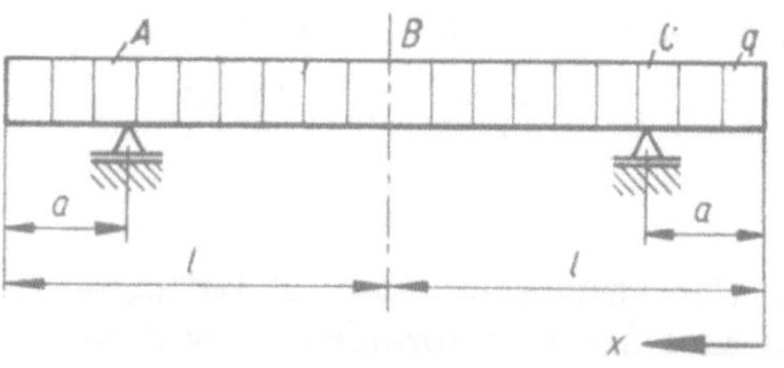

51. Für den skizzierten Balken mit konstanter Biegesteifigkeit EI sind die Gleichungen der Biegelinie und die Neigung am linken Auflager zu ermitteln. Ferner bestimme man a/b so, daß die Neigung bei A Null wird.

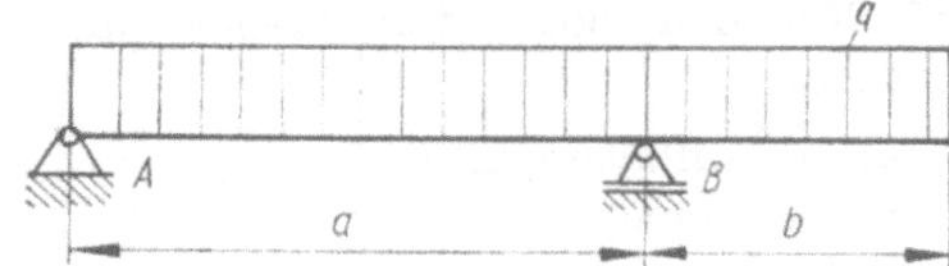

52. Für den skizzierten Winkelträger, der im vertikalen Teil durch eine horizontale, dreieckförmige Streckenlast beansprucht ist, sind gesucht:

a) die Auflagerkräfte,
b) der Momentenverlauf,
c) der Durchbiegungsverlauf.

Gegeben: $q_0 = 10^3 \text{ N m}^{-1}$; $\qquad a = 1 \text{ m}$

Die Biegesteifigkeit ist konstant.

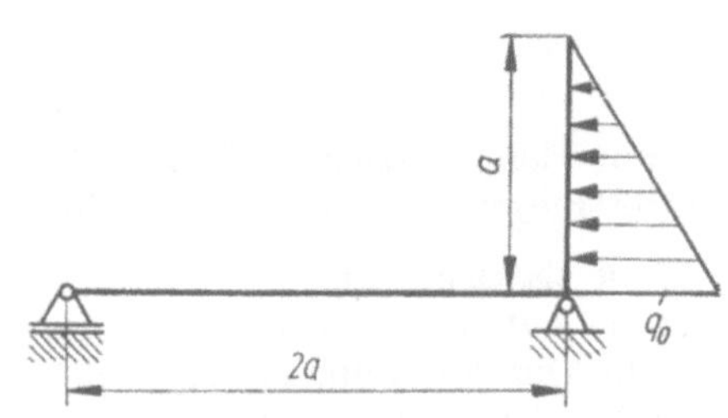

53. Für einen Träger mit konstantem Rechteckquerschnitt sind gesucht:

a) die Auflagerkräfte,
b) die Gleichungen der elastischen Linie,
c) die Querschnittsabmessungen, damit die zulässige Spannung nicht überschritten wird, und
d) die Verschiebung des Auflagers A.

Gegeben: $b = 2h$; $\quad a = 80 \text{ cm}$;
$$q_0 = 10^4 \text{ N m}^{-1};$$
$$E = 2 \cdot 10^5 \text{ N mm}^{-2};$$
$$\sigma_{\text{zul}} = 80 \text{ N mm}^{-2}$$

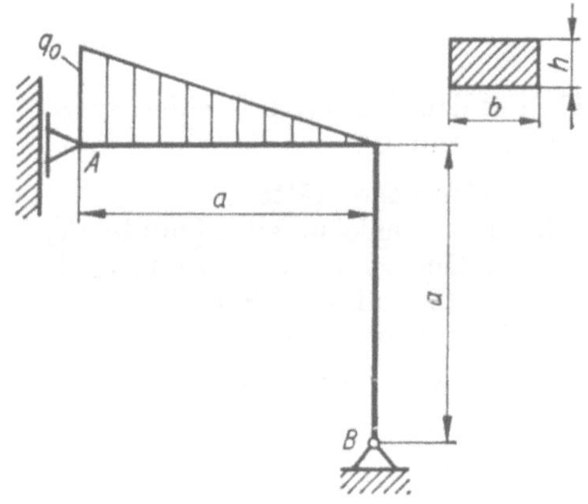

54. Für den skizzierten Träger sind gesucht:

a) die Auflagerkräfte,
b) die Gleichungen der elastischen Linie,
c) die Verschiebung des Punktes C.

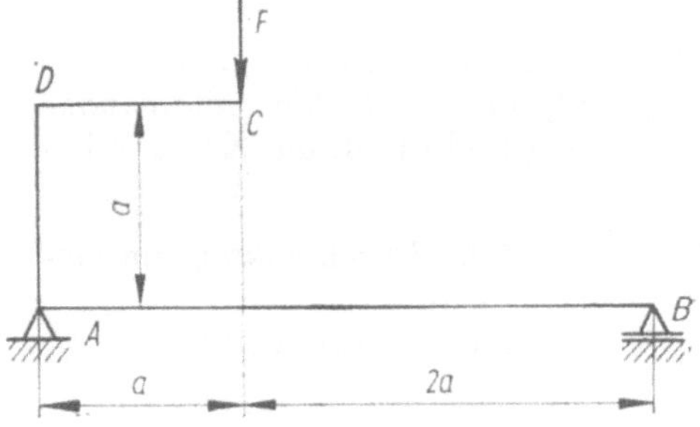

55. Für den skizzierten Träger sind gesucht:

a) die Auflagerkräfte,
b) die Gleichungen der elastischen Linie,
c) die Durchsenkung des Punktes D und die maximale Durchsenkung des Balkenteiles ADB.

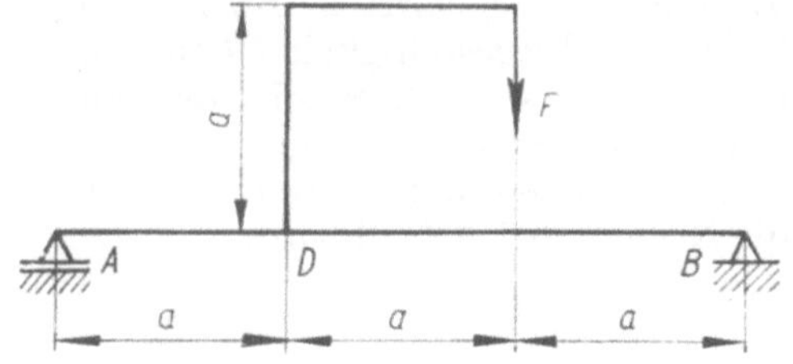

56. Für den skizzierten Träger konstanter Biegesteifigkeit sind gesucht:

a) die elastische Linie,
b) die Auflagerreaktionen,
c) die Durchsenkung an der Stelle C.
d) Wieviel müßte man das Lager A senken, um alle drei Lager gleichmäßig zu belasten?

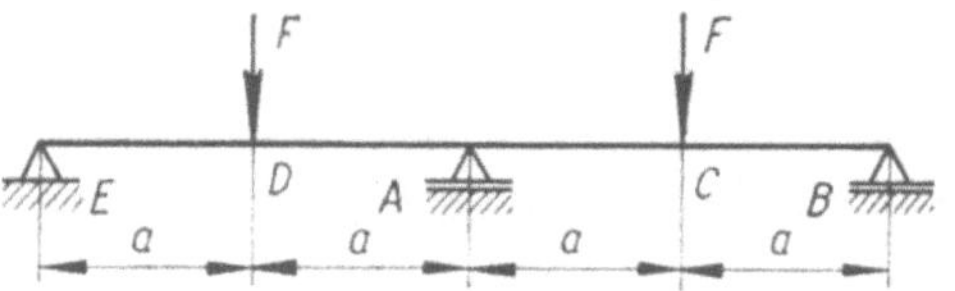

57. Für den skizzierten Rechteckträger sind zu ermitteln:

a) die Auflagerkräfte,
b) die Verschiebung des Punktes K,
c) die Querschnittsabmessungen, damit die zulässige Spannung nicht überschritten wird.

Gegeben: $q = 10^3\ \text{N m}^{-1}$; $\quad a = 1\ \text{m}$;
$\qquad\quad b = 2\,h$; $\quad \sigma_{zul} = 80\ \text{N mm}^{-2}$

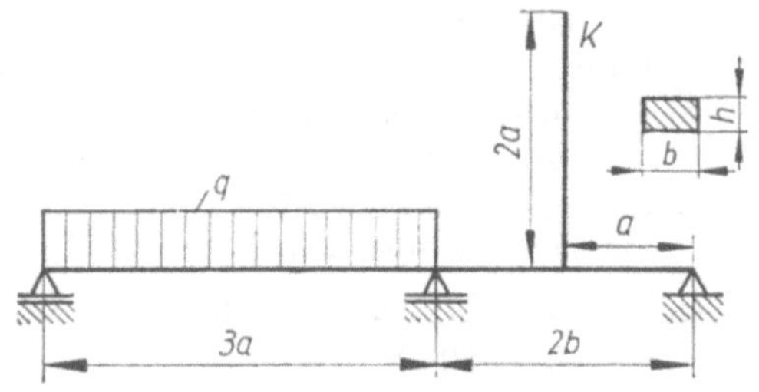

58. Zwei Träger sind in A und B eingespannt, in C gelenkig miteinander verbunden und durch die Kraft F belastet.

Gesucht: a) die Durchsenkung im Gelenk C
$\qquad\quad$ b) die Auflagerreaktionen

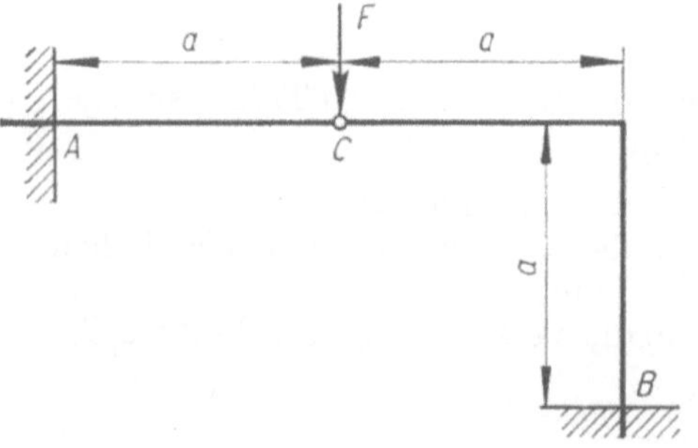

59. Ein Träger ist mit einer Streckenlast belastet, die zwischen A und B parabolisch (Parabel 2. Ordnung) verteilt ist. Die maximale Intensität q_0 liegt bei A, und $q(B)$ ist Null.

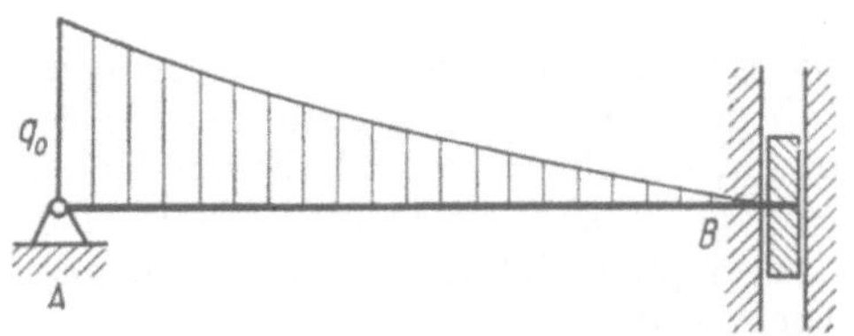

Gesucht: a) Genügt es, den Träger bei A gelenkig und bei B in einem frei beweglichen Gleitstein eingespannt zu lagern?

b) Falls die angegebene Lagerung nicht genügt, füge man bei B eine weitere Lagerbedingung hinzu.

c) Man gebe die Gleichung der elastischen Linie an.

60. Für den skizzierten Träger mit dreieckförmiger Streckenlast sind die Auflagerreaktionen und die größte Durchsenkung zu bestimmen.

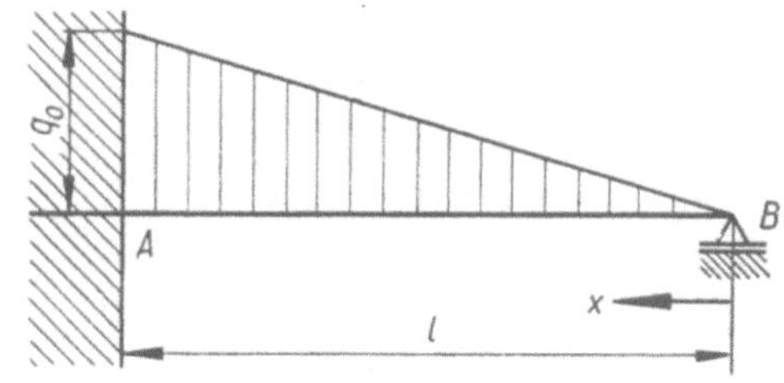

61. Für den skizzierten Träger mit einer Lastverteilung nach dem cos-Gesetz sind mit Hilfe der elastischen Linie die Auflagerreaktionen und der Momentenverlauf anzugeben.

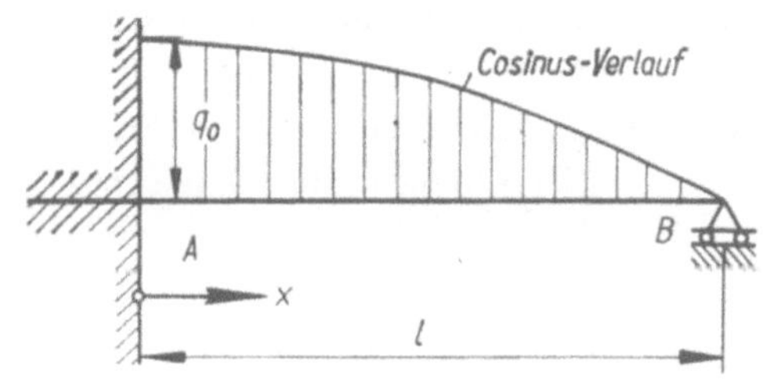

62. Ein Träger mit I-Profil wird durch eine parabolisch verteilte Streckenlast beansprucht. Mit Hilfe der elastischen Linie sind die Auflagerkräfte zu ermitteln. Außerdem ist das entsprechende Profil gesucht, damit die zulässige Spannung nicht überschritten wird.

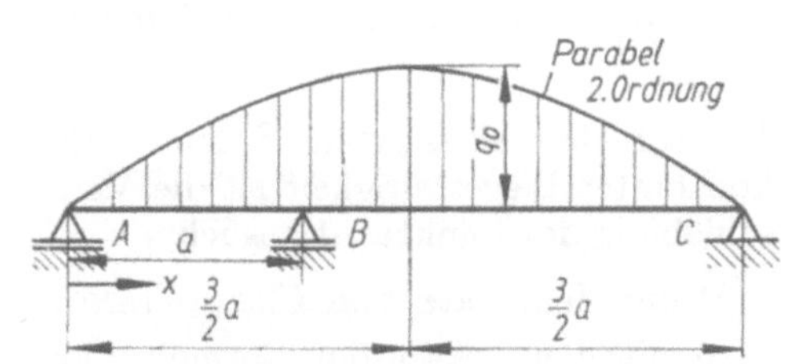

Gegeben: $q_0 = 10^4\ \text{N m}^{-1}$;

$E = 2{,}1 \cdot 10^5\ \text{N mm}^{-2}$;

$a = 2\ \text{m}$;

$\sigma_{\text{zul}} = 1{,}4 \cdot 10^2\ \text{N mm}^{-2}$

63. Für den eingespannten Kragträger mit der Länge l, der konstanten Breite q und der linear veränderlichen Höhe $h(x)$ gebe man die Durchsenkung der Trägerspitze infolge seines Eigengewichtes an.

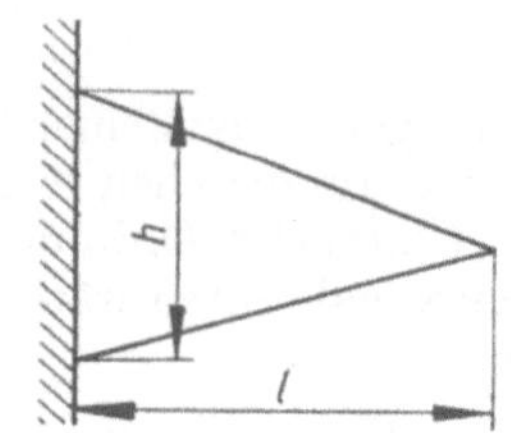

64. Für den symmetrisch gelagerten und belasteten Träger bestimme man auf grafischem Wege die Durchbiegung unter der Last.

Gegeben: $F = 4 \cdot 10^4$ N;

$\qquad I_1 = 5000$ cm⁴;

$\qquad I_2 = 10\,000$ cm⁴;

$\qquad E = 2 \cdot 10^5$ N mm⁻²

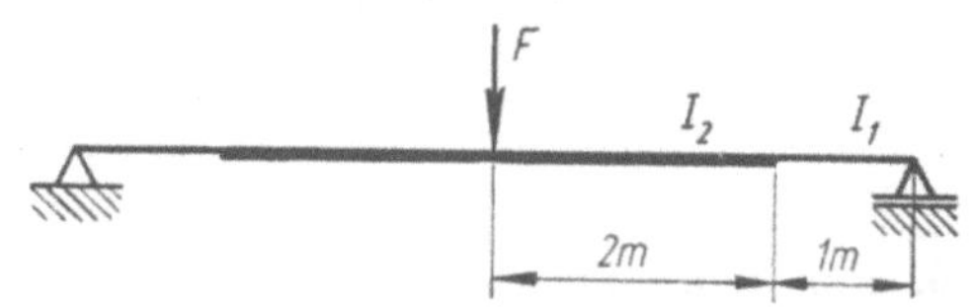

65. Für den beiderseits gelenkig gelagerten, symmetrisch belasteten Träger sind die Auflagerkräfte zu bestimmen.

Gegeben: F, l, E, I, A

$\qquad$ (Die Längskraft ist zu berücksichtigen.)

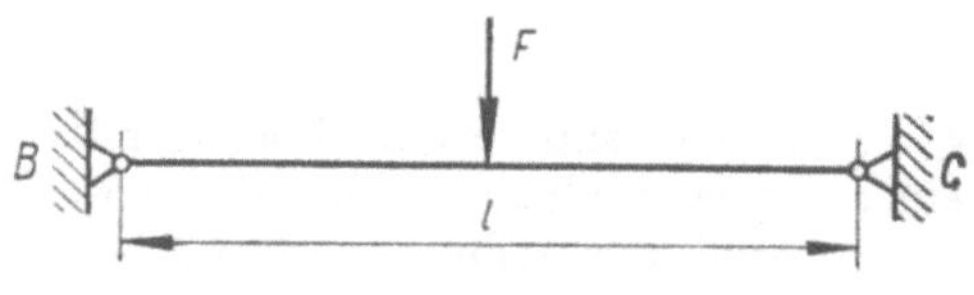

1.2.9. Satz von Castigliano

1.2.9.1. Ebene Probleme

1.2.9.1.1. Statisch bestimmte Aufgaben

66. Für den skizzierten Balken mit konstanter Biegesteifigkeit ist die Verschiebung des Punktes A gesucht:

   a) mit dem Satz von CASTIGLIANO,

   b) mit den bekannten Formeln für den einseitig eingespannten Träger.

Gegeben: $a = 2b$

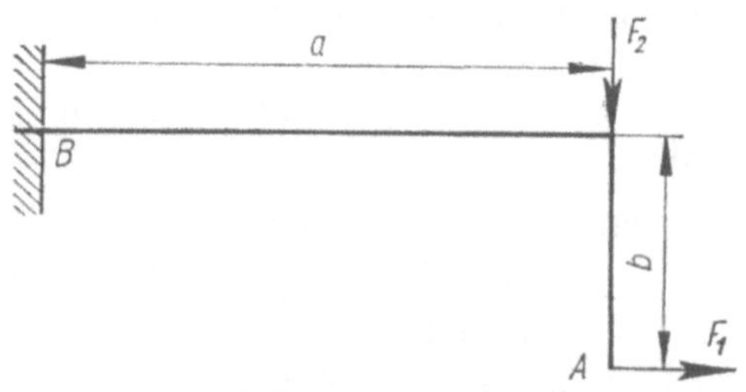

67. Für den skizzierten Träger mit Kreisquerschnitt sind gesucht:

   a) die Auflagerkräfte,
   b) der Momentenverlauf,
   c) die maximale Spannung,
   d) die Verschiebungen der Lastangriffspunkte.

Gegeben:

$$F_1 = 5 \cdot 10^3 \,\text{N}; \quad F_2 = 2 \cdot 10^3 \,\text{N};$$
$$a = 30 \,\text{cm}; \quad d = 8 \,\text{cm};$$
$$E = 2 \cdot 10^5 \,\text{N mm}^{-2}$$

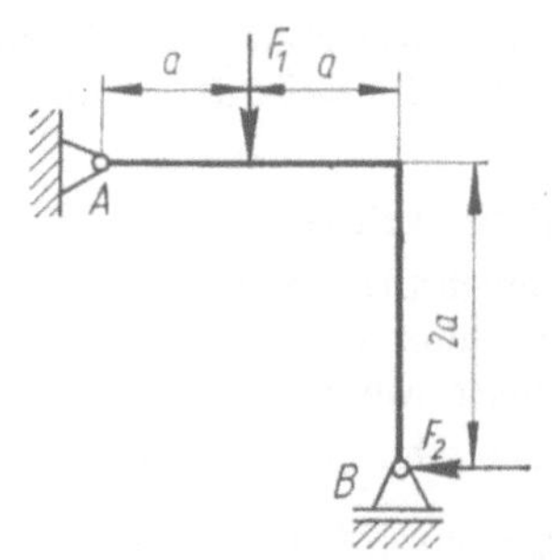

68. Für einen Träger mit Rechteckquerschnitt sind die Balkenbreite und die Verschiebung des Lagers B zu ermitteln.

Gegeben: a; $b = 2h$; EI; F; σ_{zul}

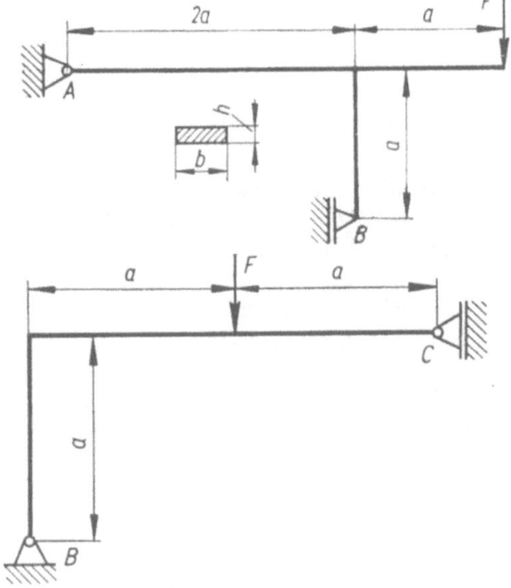

69. Für den skizzierten Träger ist die Verschiebung des Lagers C gesucht.

Gegeben: $F = 10^4 \,\text{N}$; $a = 50 \,\text{cm}$;
$\quad E = 2{,}1 \cdot 10^5 \,\text{N mm}^{-2}$;
$\quad I = 500 \,\text{cm}^4$

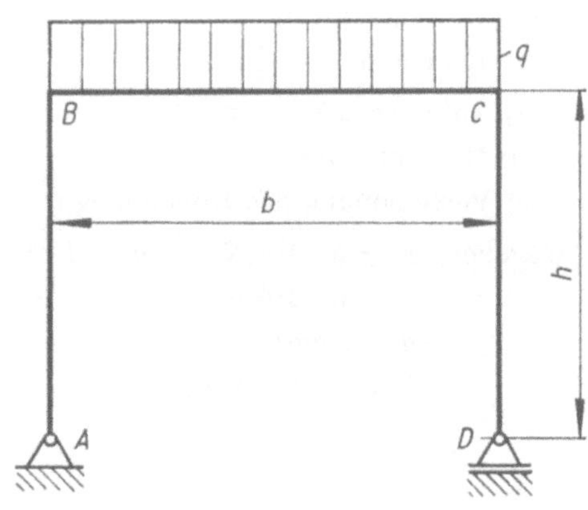

70. Für den skizzierten Rahmen ist die Verschiebung des Auflagers D gesucht.

Gegeben: $q = 10^4 \,\text{N m}^{-1}$; $h = 4{,}5 \,\text{m}$;
$\quad b = 6{,}0 \,\text{m}$;
$\quad E = 2 \cdot 10^5 \,\text{N mm}^{-2}$;
$\quad I = 25\,000 \,\text{cm}^4$

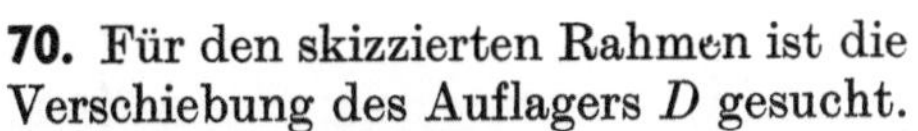

71. Für den skizzierten Träger mit quadratischem Querschnitt sind gesucht:

  a) die Auflagerkräfte,
  b) die Querschnittsabmessungen, damit die zulässige Spannung nicht überschritten wird,
  c) die Verschiebung des Punktes D.

Gegeben: $q_0 = 5 \cdot 10^2 \, \text{N m}^{-1}$; $a = 3 \, \text{m}$;
$$E = 2 \cdot 10^5 \, \text{N mm}^{-2};$$
$$\sigma_{\text{zul}} = 10^2 \, \text{N mm}^{-2}$$

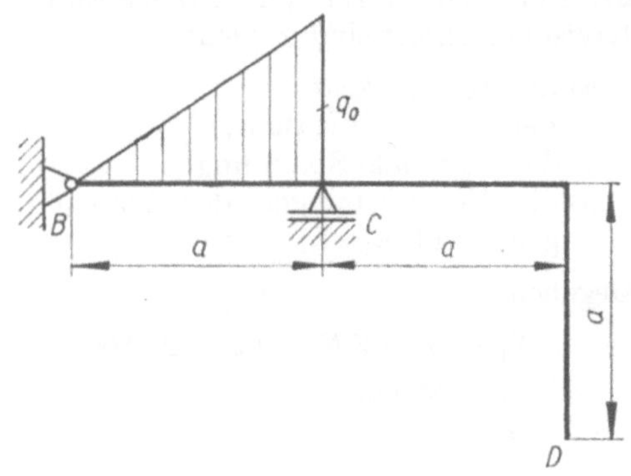

72. Für das skizzierte Tragwerk, das sich aus drei gelenkig miteinander verbundenen Teilen konstanten Querschnitts zusammensetzt, sind die Auflagerreaktionen und die Verschiebung des Punktes B zu ermitteln.

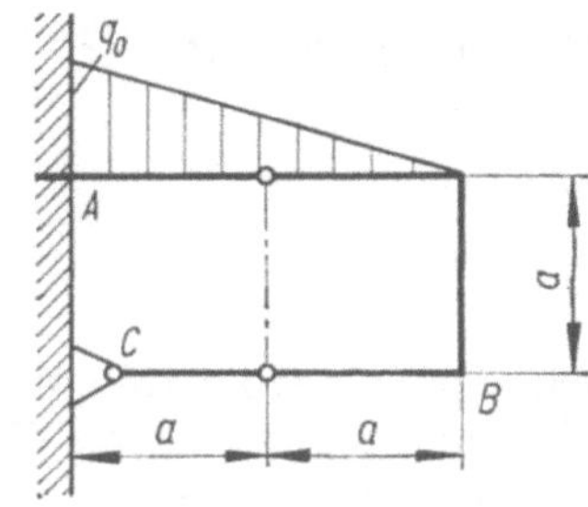

73. Für den skizzierten Rahmen mit Kreisquerschnitt sind gesucht:

  a) Auflagerreaktionen,
  b) Momentenverlauf,
  c) Verschiebung des Rollenlagers,

Gegeben: $F = 5 \cdot 10^2 \, \text{N}$; $a = 1 \, \text{m}$;
$$q = 5 \cdot 10^2 \, \text{N m}^{-1};$$
$$d = 3 \, \text{cm};$$
$$E = 2 \cdot 10^5 \, \text{N mm}^{-2}$$

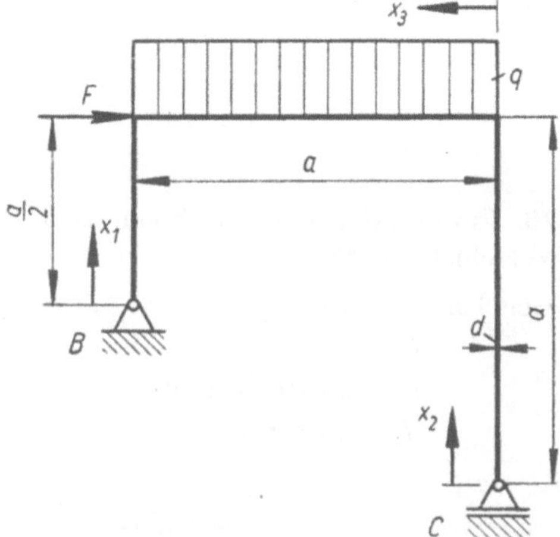

74. Für den skizzierten Träger mit konstanter Biegesteifigkeit ist das erforderliche I-Normalprofil auszuwählen, damit die zulässige Biegespannung nicht überschritten wird. Außerdem sind die Verschiebung des Punktes D sowie die Neigung des Balkens am Lastangriffspunkt anzugeben.

Gegeben: $F = 10^4\,\text{N}$; $\quad a = 1\,\text{m}$;

$$E = 2 \cdot 10^5\,\text{N mm}^{-2};$$

$$\sigma_{\text{zul}} = 10^2\,\text{N mm}^{-2}$$

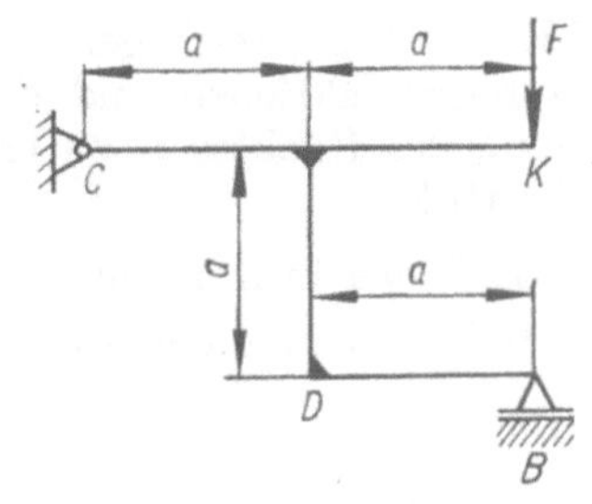

75. Für den skizzierten Träger ist die Verschiebung des Punktes B zu ermitteln.

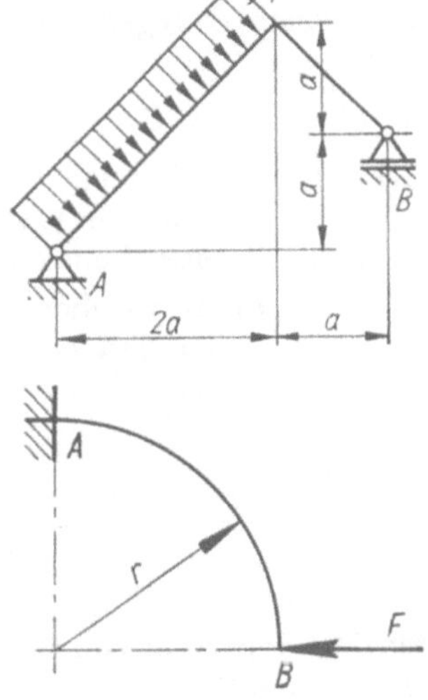

76. Für den skizzierten Träger ist die Verschiebung des Punktes B zu ermitteln.

77. Für einen Träger mit Kreisringquerschnitt ist die Verschiebung des Lastangriffspunktes gesucht.

Gegeben: $F = 10^3\,\text{N}$;

$$E = 2 \cdot 10^5\,\text{N mm}^{-2};$$

$$r = 80\,\text{cm}; \quad h = 280\,\text{cm}$$

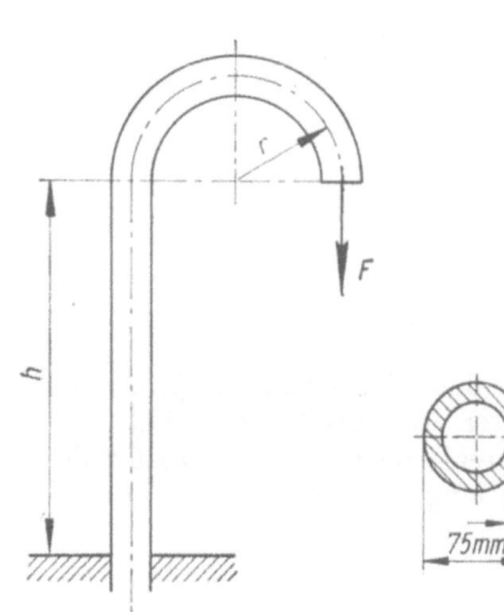

78. Für den Kreisbogenträger sind die Auflagerreaktionen und die Verschiebung des Punktes B zu ermitteln für die Fälle:

a) Träger in A gelenkig gelagert,

b) Träger in A eingespannt.

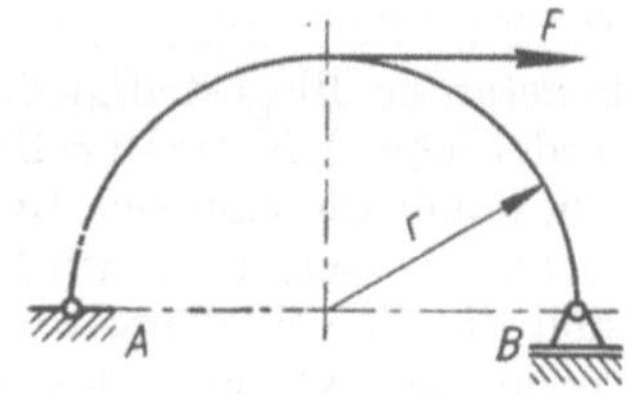

1.2.9.1.2. Statisch unbestimmte Aufgaben

79. Durch unsachgemäße Gehäusefertigung entstand eine Verschiebung v_C des Lagers C gegenüber der Geraden BD.

Gegeben: v_C, a, EI

Gesucht: a) Bei welcher Kraft F berührt die ursprünglich gerade Welle das Lager C?

b) Mit welcher Kraft F_C muß der Träger gehalten werden, wenn F entfernt wird?

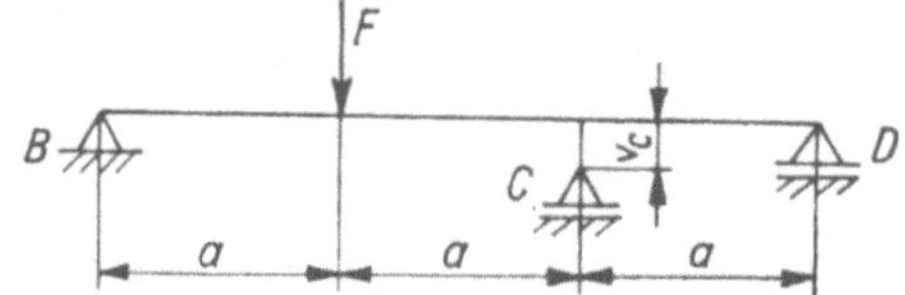

80. Mit dem Satz von CASTIGLIANO ermittle man:

a) die Auflagerkraft bei B,

b) die Durchsenkung an der Stelle C für $a = b$

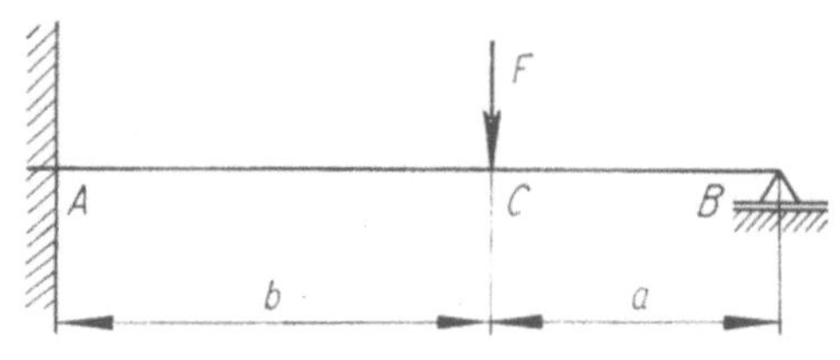

81. Für den skizzierten Balken mit konstanter Biegesteifigkeit sind die Auflagerreaktionen und die horizontale Verschiebung des Lastangriffspunktes zu bestimmen.

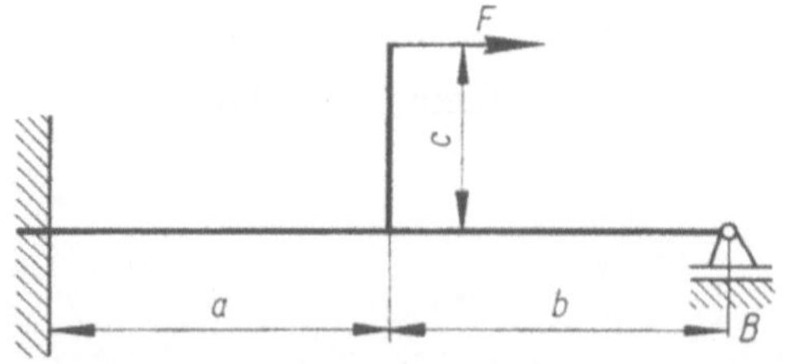

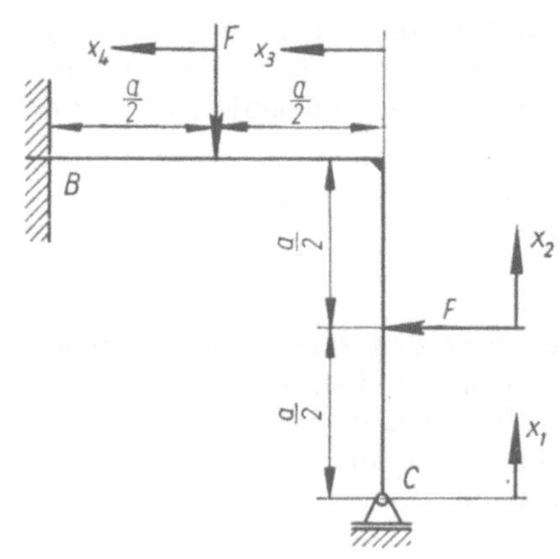

82. Für einen durch zwei gleich große Kräfte belasteten Träger mit konstantem Querschnitt sind die Auflagerreaktionen und die Verschiebung des Punktes B anzugeben.

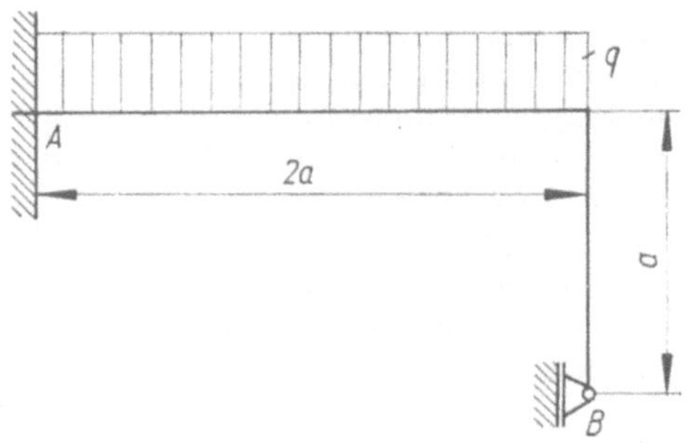

83. Mit dem Satz von Castigliano sind zu bestimmen:

   a) die Auflagerreaktionen,
   b) die Verschiebung des Punktes B

84. Ein rechteckiger Balken (Breite b, Höhe h) ist bei A, B und C gelagert. Zwischen B und C trägt er eine Dreieckslast mit der maximalen Intensität $q_0 = 4 \cdot 10^3 \text{ N m}^{-1}$.

Gesucht: a) die Auflagerkräfte,

        b) die Abmessungen des Balkens, damit die zulässige Biegespannung nicht überschritten wird.

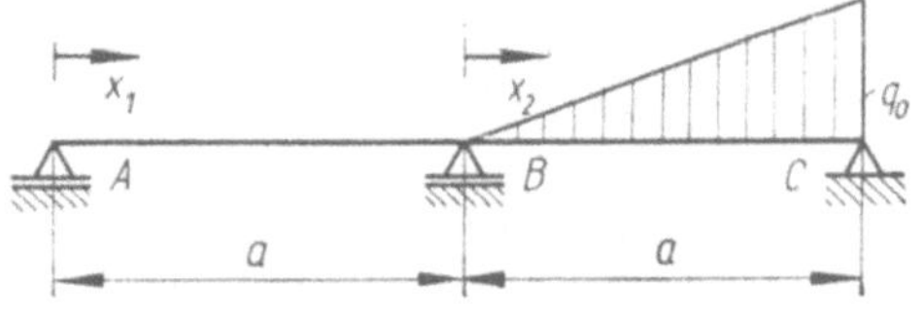

Gegeben: $\sigma_{\text{zul}} = 10^2 \text{ N mm}^{-2}$;

        $h = 2b$; $a = 3 \text{ m}$

85. Für den beiderseits eingespannten Träger ermittle man die Auflagerreaktionen und die Verschiebung des Lastangriffspunktes.

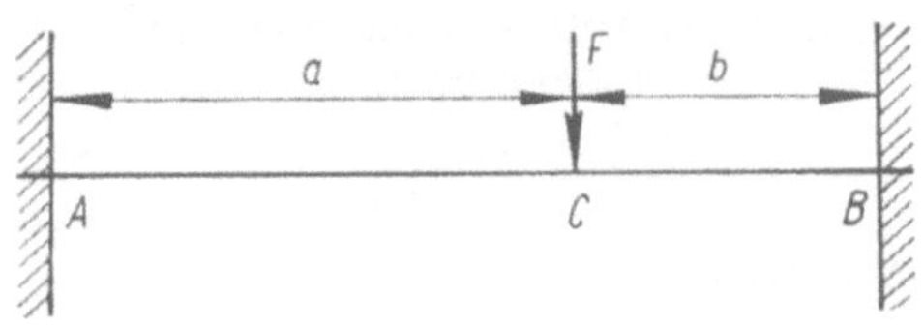

86. Für den beiderseits gelenkig gelagerten, symmetrisch belasteten Träger sind die Auflagerkräfte zu bestimmen.

Gegeben: F, l, α, E, I

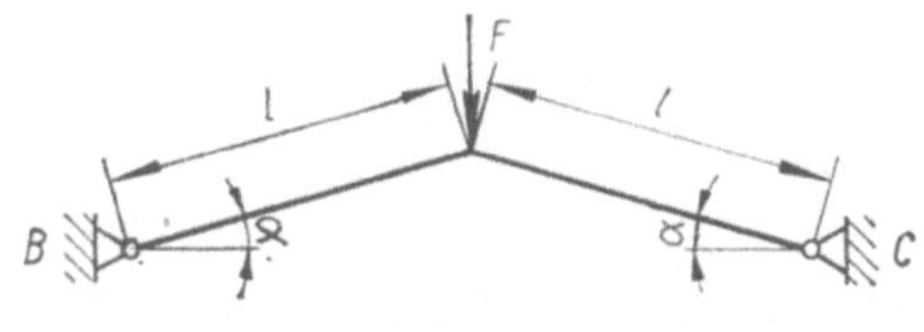

87. Für den skizzierten Rahmen mit konstanter Biegesteifigkeit sind die Auflagerkräfte und die Längskraft-, Querkraft- und Momentenverläufe anzugeben.

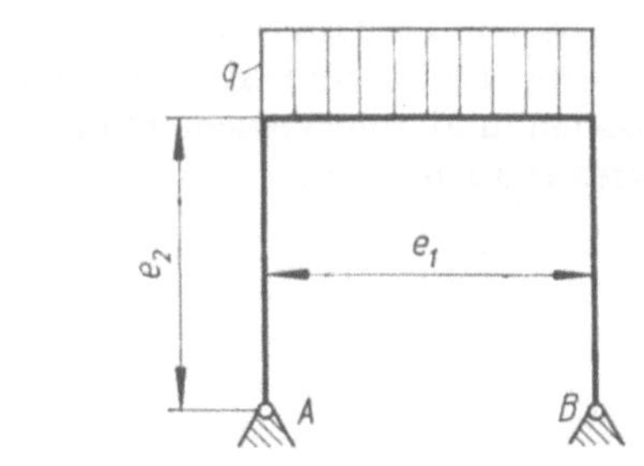

88. Für den bei A und B gelenkig gelagerten und mit der Kraft F belasteten Träger mit konstanter Biegesteifigkeit sind die Auflagerkräfte bei A und B, die Verschiebung des Lastangriffspunktes und des Punktes C in vertikaler Richtung sowie Längskraft-, Querkraft- und Momentenverlauf zu bestimmen.

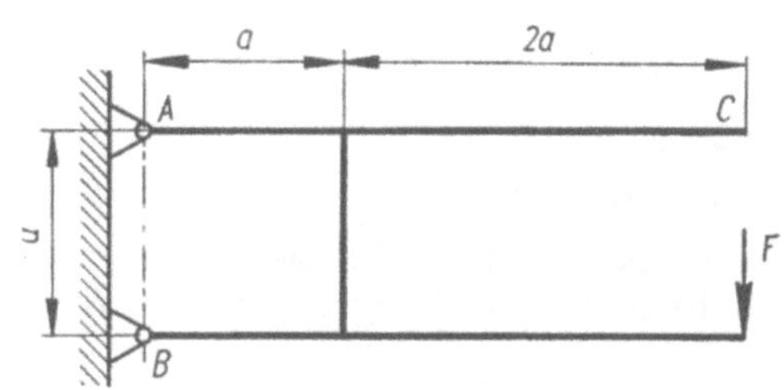

89. Für das ebene, gelenkig gelagerte Tragwerk mit konstanter Biegesteifigkeit EI sind gesucht:

a) Auflagerreaktionen,
b) Verschiebung des Lastangriffspunktes,
c) Neigung der Balkenachse im Lastangriffspunkt

(Nur Biegearbeit berücksichtigen.)

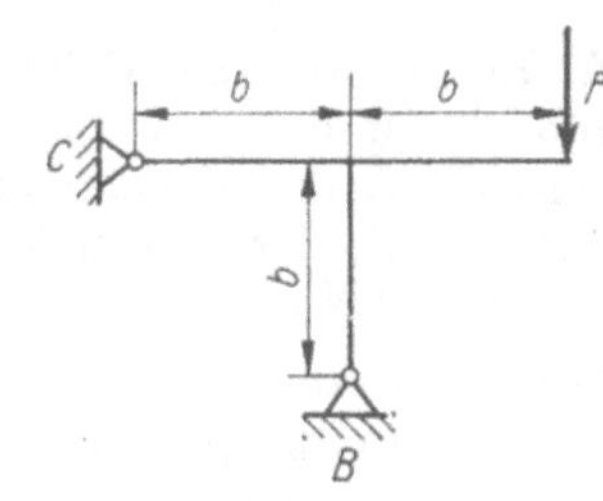

90. Zwei gelenkig miteinander verbundene Träger konstanter Biegesteifigkeit EI sind wie skizziert gelagert und belastet.

Gesucht: a) Auflagerreaktionen und Gelenkkräfte,
b) Verschiebung des Lastangriffspunktes

(Nur Biegearbeit berücksichtigen.)

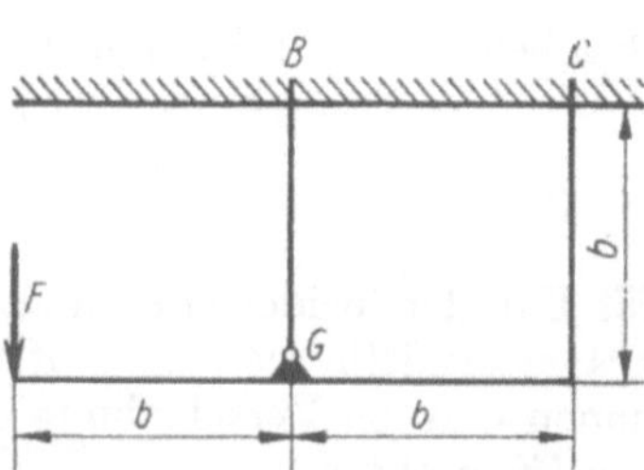

91. Für das skizzierte System ist die maximale Durchsenkung beider Balken zu bestimmen. Für welches Verhältnis $F/q_0 l$ bleibt die Feder spannungsfrei? Die Rechnung soll allgemein mit den aus der Skizze ersichtlichen Größen durchgeführt werden.

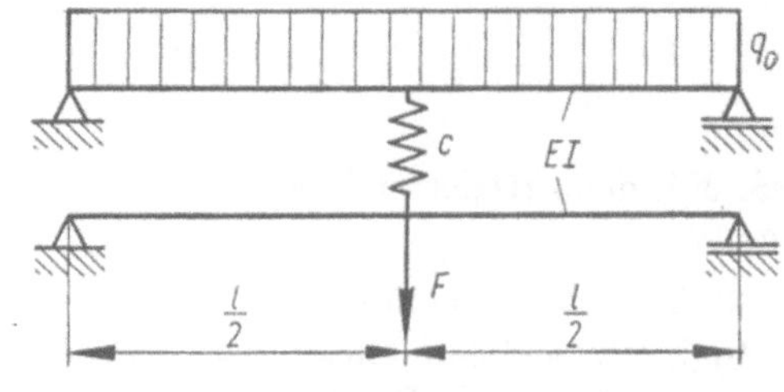

92. In die Mitte zwischen zwei Balken mit der konstanten Biegesteifigkeit EI soll ein prismatischer Stab mit der Querschnittsfläche A geklemmt werden. Man ermittle die Auflagerkräfte und die Balkendurchsenkung.

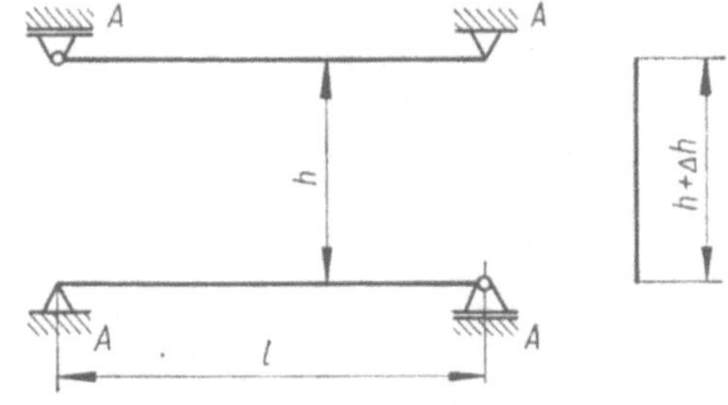

93. Für den skizzierten Balken mit der Biegesteifigkeit EI ist die Federkonstante c so zu bestimmen, daß das Einspannmoment M_A' des gezeichneten Systems nur ein Viertel des Einspannmomentes M_A eines gleichen Kragträgers ohne Feder wird.

Gegeben: $F = \dfrac{2}{3}\, q_0 a$

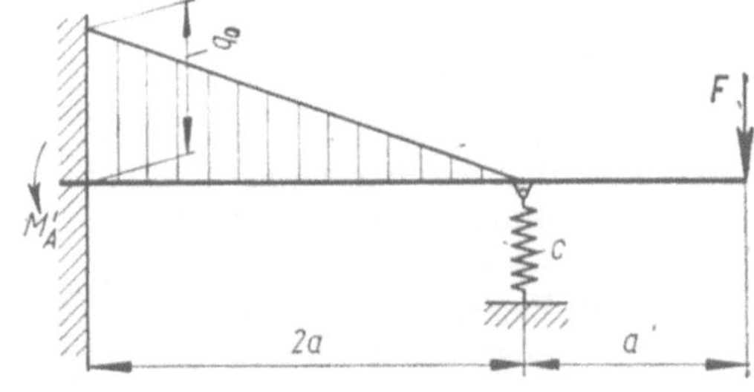

94. Ein Balken ist mit einer konstanten Streckenlast belastet, bei B eingespannt und in C durch ein Seil festgehalten. Man bestimme die Seilkraft und die Verschiebung des Punktes C.

Gegeben: $q,\ EI,\ a,\ l,\ EA$

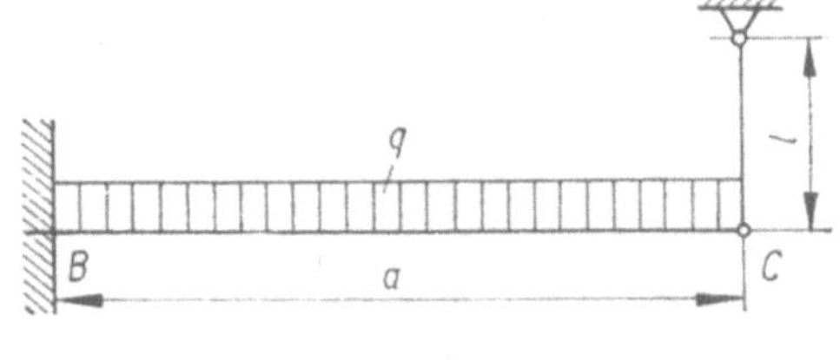

95. Welche zusätzlichen Kräfte und Momente treten in den Bolzen einer Flanschverbindung auf, wenn sich die Flansche um v_B und v_C verschieben sowie um φ_B und φ_C verdrehen?

Gegeben: $v_B,\ v_C,\ \varphi_B,\ \varphi_C,\ l,\ EI$

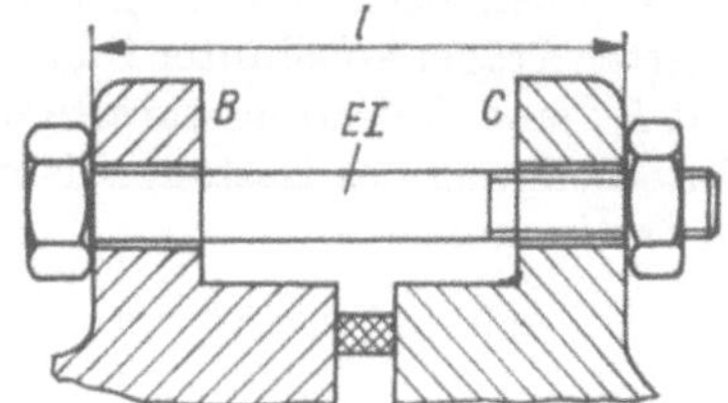

96. Für den skizzierten Träger ermittle man:

  a) die Auflagerreaktionen,

  b) die Verschiebung des Lastangriffspunktes in Kraftrichtung.

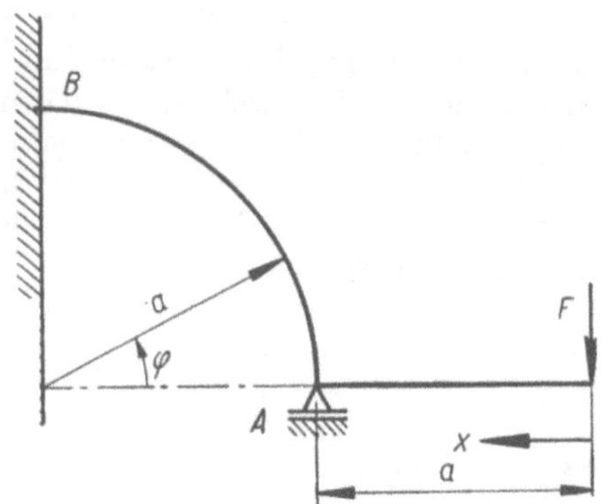

97. Ein Träger von rechteckigem Querschnitt ist bei A eingespannt und bei B auf Rollen gelagert. Am Punkte C greift unter 45° die Last F an.

Gesucht: a) Auflagerreaktionen,

         b) maximales Biegemoment nach Ort und Größe,

         c) Querschnittsabmessungen, damit die zulässige Spannung nicht überschritten wird, und

         d) Verschiebung des Lastangriffspunktes C

Gegeben: $F = 5 \cdot 10^3 \, \text{N}$

        $\sigma_{\text{zul}} = 10^2 \, \text{N mm}^{-2};$

        $a = 1 \, \text{m}; \quad h = 2b;$

        $E = 2 \cdot 10^5 \, \text{N mm}^{-2}$

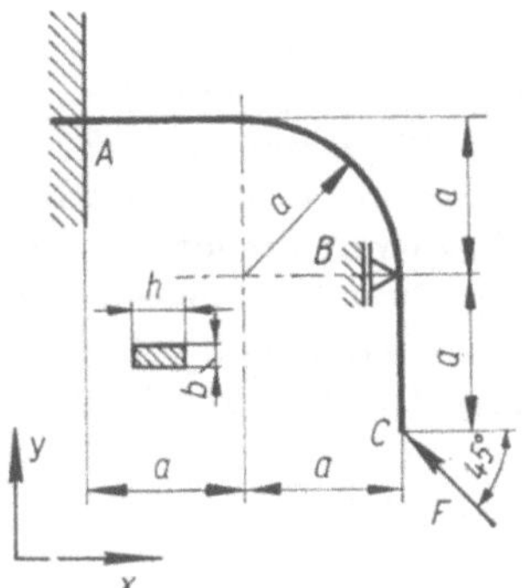

98. Für den bei A und B gelenkig gelagerten Träger konstanter Biegesteifigkeit EI sind die Auflagerkräfte und die Durchsenkung des Lastangriffspunktes zu bestimmen.

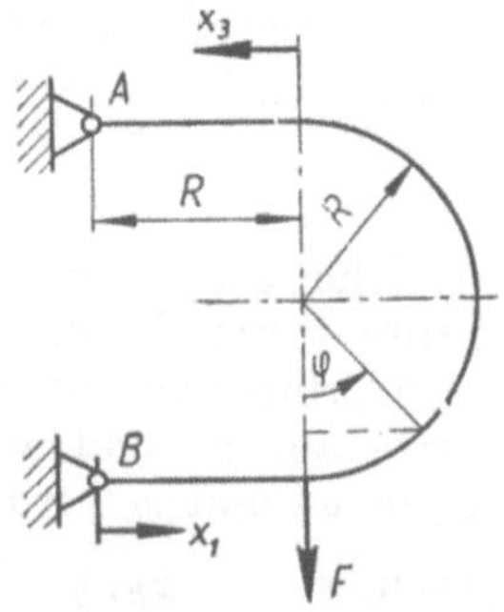

99. Für den skizzierten Träger mit Kreisquerschnitt sind gesucht:

  a) die Auflagerkräfte,

  b) die Verschiebung des Punktes K,

  c) die Neigung der Stelle K,

  d) der minimale Durchmesser des Balkens, damit die zulässige Spannung nicht überschritten wird.

Gegeben: $a = 40$ cm;

$$E = 2 \cdot 10^5 \text{ N mm}^{-2};$$
$$F = 10^4 \text{ N};$$
$$\sigma_{\text{zul}} = 10^2 \text{ N mm}^{-2}$$

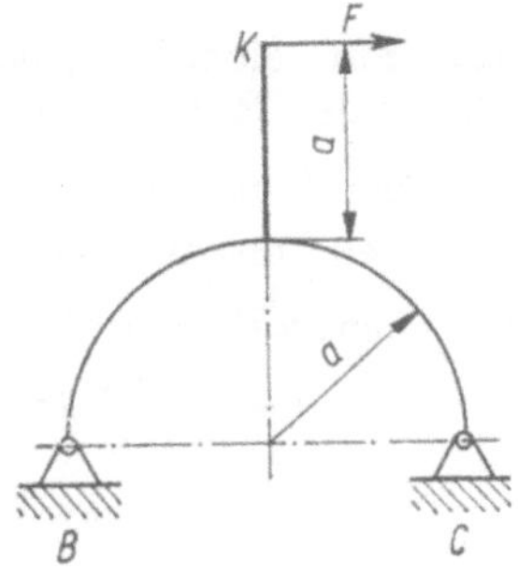

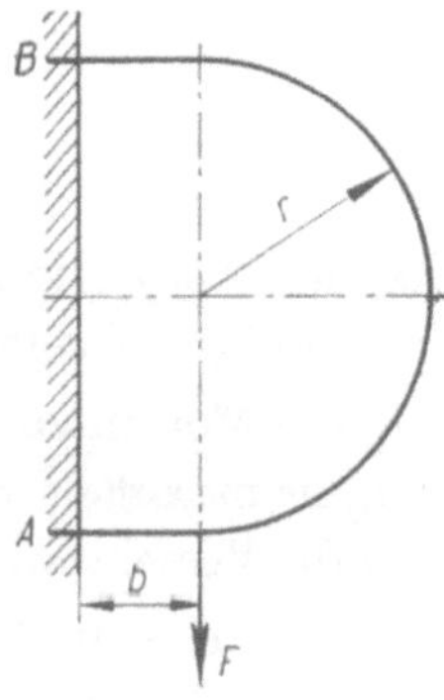

100. Für den bei A und B eingespannten Träger mit konstanter Biegesteifigkeit sind gesucht:

  a) Auflagerreaktionen,

  b) die Verschiebung des Lastangriffspunktes

Gegeben: $r = 2b$, F

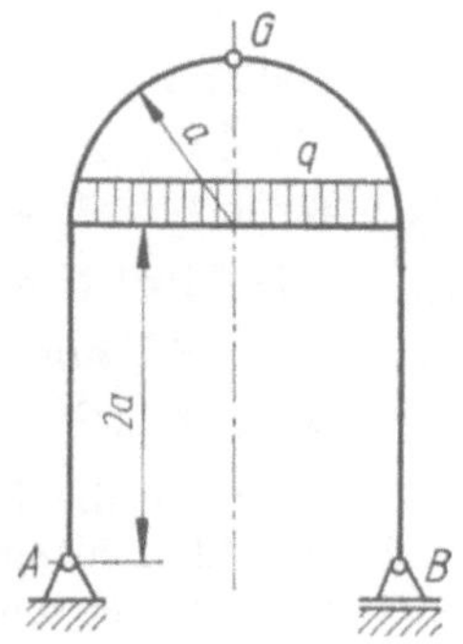

101. Ein Rahmen mit konstanter Biegesteifigkeit ist bei A gelenkig und bei B auf Rollen gelagert. Der Querriegel ist mit einer Last je Längeneinheit q beansprucht.

Gesucht: a) die Gelenkkraft F_G,

        b) die Verschiebung des Rollenlagers

102. Für einen dreifach zusammen-
hängenden Rahmen ermittle man:

a) den Momentenverlauf,

b) den Durchmesser d_s des Steges

Gegeben: $2F = 10^4\,\mathrm{N}$; $R = 50\,\mathrm{cm}$;
$$\sigma_{\mathrm{zul}} = 10^2\,\mathrm{N\,mm^{-2}}$$

103. Für den skizzierten Träger sind
die Auflagerkräfte zu berechnen.

104. Für den geschlossenen Rahmen von
kreisförmigem Querschnitt sind gesucht:

a) der Momentenverlauf,

b) die maximale Biegespannung,

c) die Verschiebung des Punktes C

Gegeben: $F = 10^3\,\mathrm{N}$; $a = 5\,\mathrm{cm}$;
$$E = 2 \cdot 10^5\,\mathrm{N\,mm^{-2}};$$
$$d = 1,4\,\mathrm{cm}\ \text{(Querschnitts-}$$
durchmesser)

105. Gegeben ist ein Schwungrad mit
folgenden Daten:

$R = 1\,000\,\mathrm{mm}$; $r_{\mathrm{a}} = 950\,\mathrm{mm}$;
$r_{\mathrm{i}} = 200\,\mathrm{mm}$; $A_1 = 30\,\mathrm{cm^2}$;
$A_2 = 60\,\mathrm{cm^2}$; $I_2 = 600\,\mathrm{cm^4}$;
$\varrho g = 0,78 \cdot 10^{-4}\,\mathrm{N\,mm^{-3}}$;
$E = 2,1 \cdot 10^5\,\mathrm{N\,mm^{-2}}$;
$n = 500\,\mathrm{U\,min^{-1}}$

Man bestimme die Längskraft-, Quer-
kraft- und Momentenverläufe sowie die
maximale Aufweitung des Kranzes.

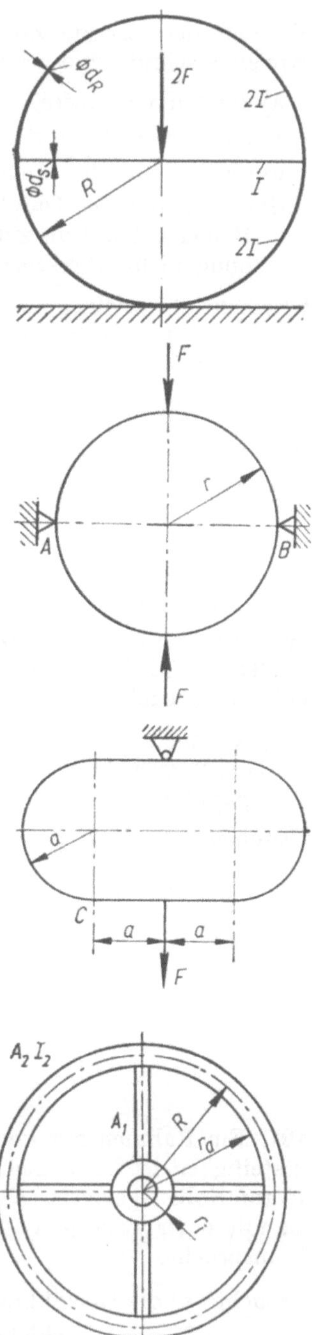

1.2.9.2. Räumliche Probleme

106. Ein Winkelhebel ist an einem
Ende eingespannt, am anderen durch
die Kraft F belastet. Wie groß darf
die Kraft sein, wenn die Vergleichs-
spannung $1{,}2 \cdot 10^2\,\text{N mm}^{-2}$ nicht über-
schreiten soll, und wie weit senkt sich
der Lastangriffspunkt?

Gegeben: $a = 30\,\text{cm}$; $b = 20\,\text{cm}$;

$$E = 2 \cdot 10^5\,\text{N mm}^{-2}$$

$$\nu = 0{,}3;\; d = 5\,\text{cm}$$

Zu verwenden ist die Hypothese der
größten Gestaltänderungsarbeit.

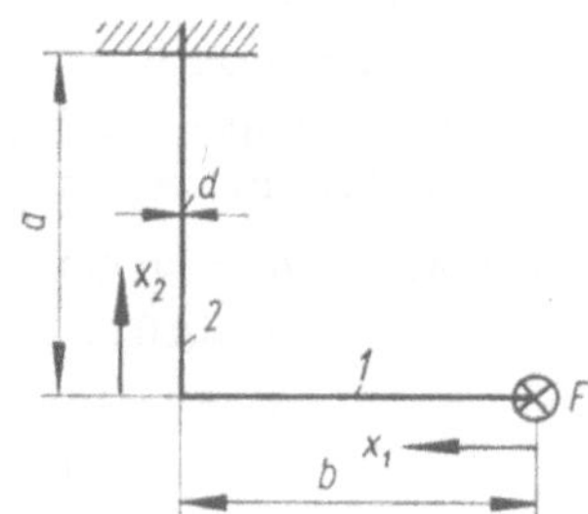

107. Für das skizzierte System sind gesucht:

  a) der Trägerdurchmesser, damit die
     zulässige Vergleichsspannung (Ge-
     staltänderungshypothese)   nicht
     überschritten wird,

  b) die Verschiebung des Lastangriffs-
     punktes.

Gegeben: $F = 1{,}8 \cdot 10^3\,\text{N}$; $a = 40\,\text{cm}$;

$$r = 20\,\text{cm};$$

$$\sigma_v = 10^2\,\text{N mm}^{-2};$$

$$E = 2{,}1 \cdot 10^5\,\text{N mm}^{-2}$$

Poisson-Zahl $\nu = \dfrac{1}{m} = 0{,}25$

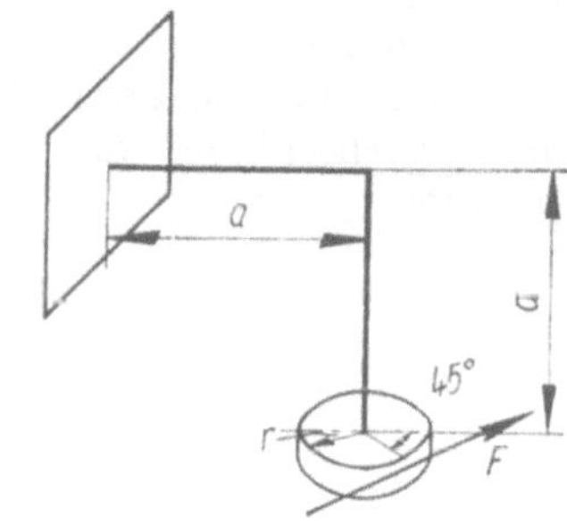

108. Ein ebener Rahmen konstanter
Biege- und Torsionssteifigkeit wird
senkrecht zu seiner Ebene durch eine
Kraft F belastet. Man bestimme die
Verschiebung der Punkte D und E.

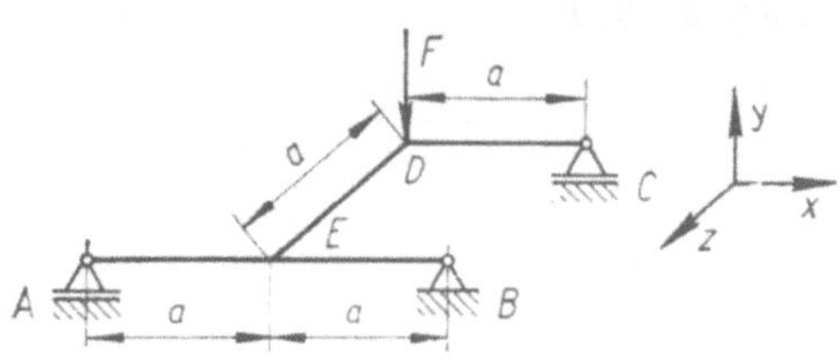

109. Für den skizzierten Träger mit Kreisquerschnitt sind gesucht:

   a) die Spannungen in den Punkten A, B, C, D,

   b) die zulässige Kraft F,

   c) die Verschiebung des Lastangriffspunktes in vertikaler Richtung.

Gegeben: $R = 50 \text{ cm}; \; l = 40 \text{ cm};$

$$d = 10 \text{ cm};$$
$$E = 2 \cdot 10^5 \text{ N mm}^{-2};$$
$$G = 0{,}8 \cdot 10^5 \text{ N mm}^{-2};$$
$$\sigma_{\text{zul}} = 0{,}8 \cdot 10^2 \text{ N mm}^{-2}$$

Zu verwenden ist die Hypothese der größten Gestaltänderungsarbeit (Querkraftschub berücksichtigen).

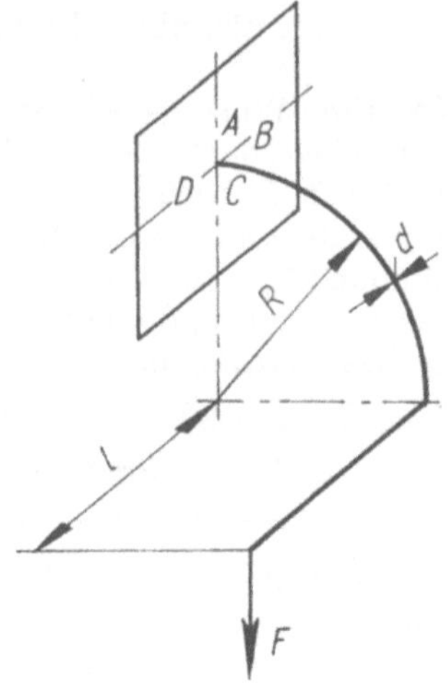

110. Der skizzierte Träger mit Kreisquerschnitt ist an der biegesteifen Ecke durch eine Kraft F belastet. Man bestimme die Auflagerreaktionen und die Durchsenkung des Lastangriffspunktes.

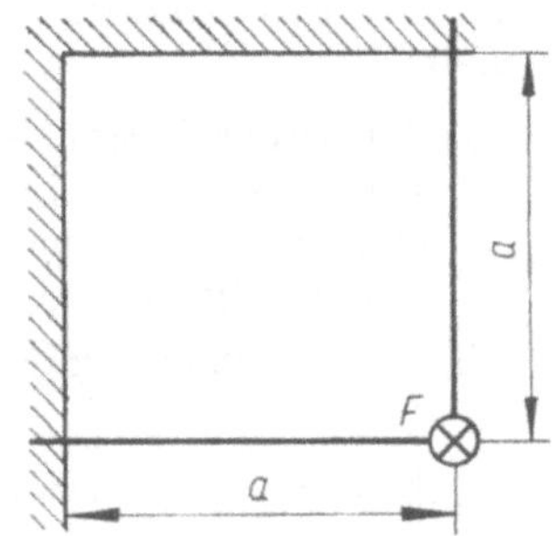

111. Durch eine Stange und durch zwei Kugelgelenke wird ein Bügel, der einen Vorhang vom Gewicht G trägt, gehalten. Man berechne die Auflagerreaktionen A, B, F.

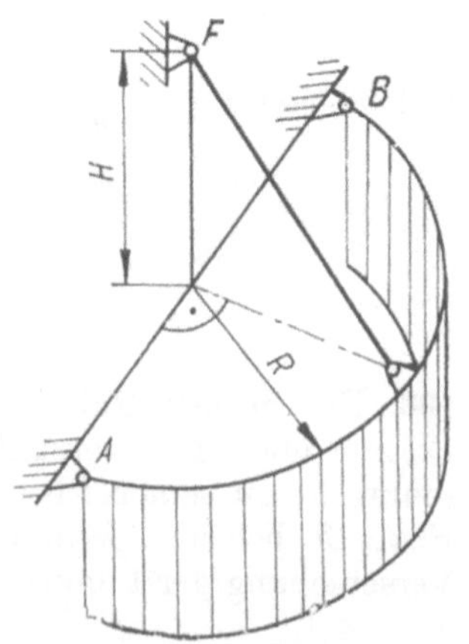

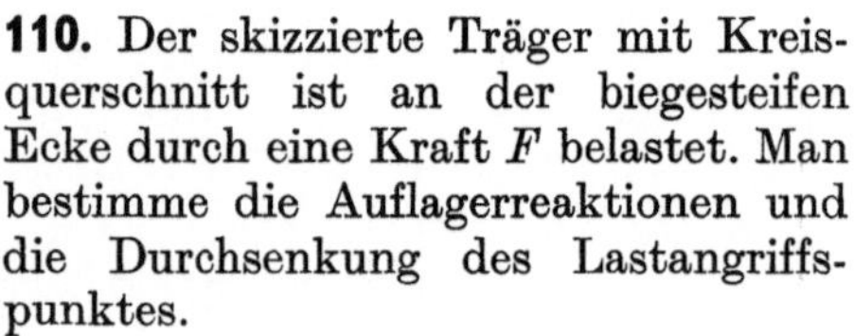

112. Für den skizzierten Träger mit Kreisquerschnitt sind die Auflagerreaktionen und die Verschiebung des Lastangriffspunktes in y-Richtung gesucht. Man setze $E = 5/2\ G$.

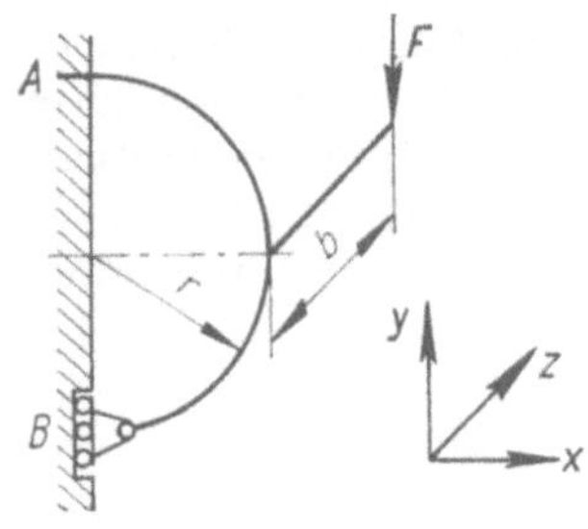

1.2.10. Übertragungsmatrix

113. Für einen Balken mit konstanter Biegefestigkeit EI, der durch eine konstante Streckenlast q beansprucht ist, stelle man die Übertragungsmatrix auf.

1.2.11. Träger starker Krümmung

114. Ein Kranhaken hat im Schnitt $B{-}B$ das skizzierte Profil. Man bestimme den Spannungsverlauf im Querschnitt $B{-}B$ elementar und nach der Theorie des stark gekrümmten Balkens.

Gegeben: $u_1 = 10$ cm; $b_1 = 10$ cm;

$\qquad u_2 = 20$ cm; $b_2 = 5$ cm;

$\qquad F = 5 \cdot 10^4$ N

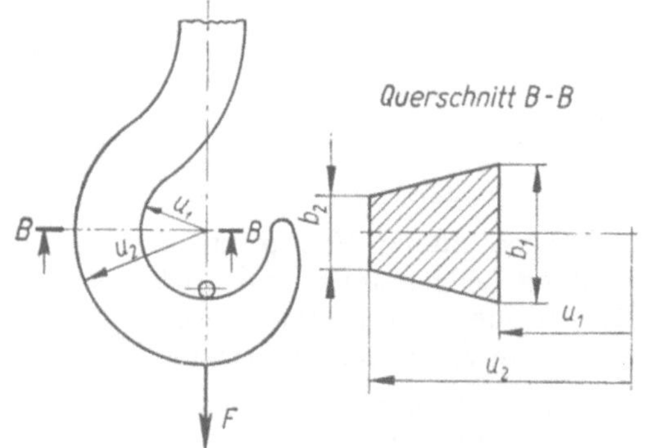

Querschnitt B-B

1.2.12. Rotationssymmetrische Probleme

115. Auf ein Rohr $(D_2,\ d_2)$ soll ein größeres Rohr $(D_1,\ d_1)$ aufgeschrumpft werden. Man gebe die Radial-, Tangential- und Vergleichsspannungen nach dem Aufschrumpfen an.

Gegeben: $D_1 = 50$ cm;

$\qquad D_2 = 30{,}02$ cm;

$\qquad d_1 = 30$ cm;

$\qquad d_2 = 16$ cm;

$\qquad E_1 = E_2 = 2{,}1 \cdot 10^5$ N mm^{-2}

Die Vergleichsspannung ist nach der Hypothese der größten Gestaltänderungsarbeit zu ermitteln.

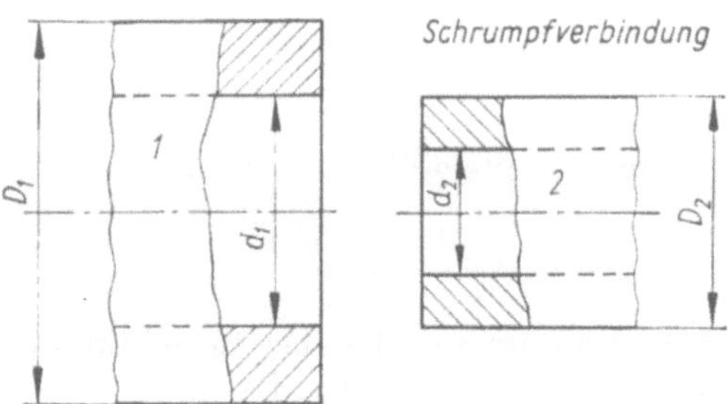

Schrumpfverbindung

116. Für eine Hohlkugel mit einem Innenradius $a = 20$ cm, einem Innendruck $p = 20$ N mm^{-2} und einem Elastizitätsmodul $E = 2 \cdot 10^5$ N mm^{-2} ist die Wanddicke der Kugel so zu bestimmen, daß die Beanspruchung nach der Gestaltänderungshypothese den Wert $\sigma_{zul} = 10^2$ N mm^{-2} nicht überschreitet. Außerdem ist die Vergrößerung des Außendurchmessers anzugeben ($\nu = 0{,}3$).

117. Eine Kreisplatte ist am Umfang eingespannt. Auf dem kreisrunden starren Mittelstück wirkt die Flächenlast p. Man bestimme die Radial- und Tangentialspannungen.

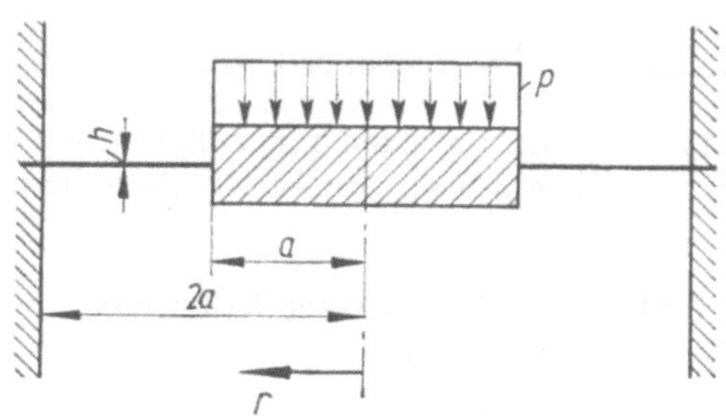

118. Eine dünne Kreisplatte ist am Umfang eingespannt und auf einer Kreisfläche vom Radius a durch die konstante Flächenlast p belastet.

Gegeben: Flächenlast p;
　　　　 Plattenradius b;
　　　　 Plattendicke h;
　　　　 Lastradius a

Gesucht: Radial- und Tangentialspannungen

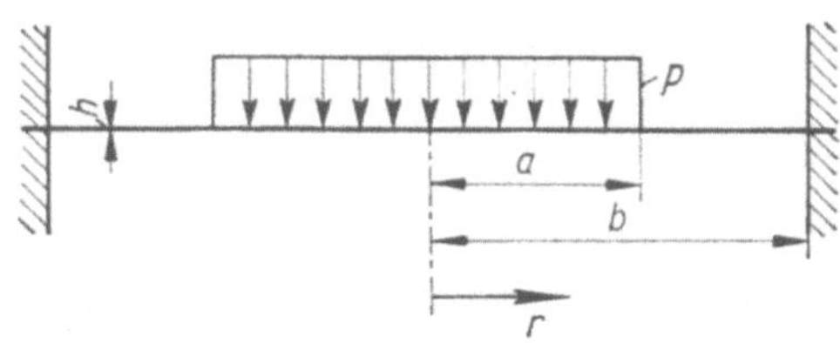

1.2.13.　Stabilität

119. Man untersuche das Stabilitätsverhalten des skizzierten Balkens.

Gegeben: e, L, EI, F

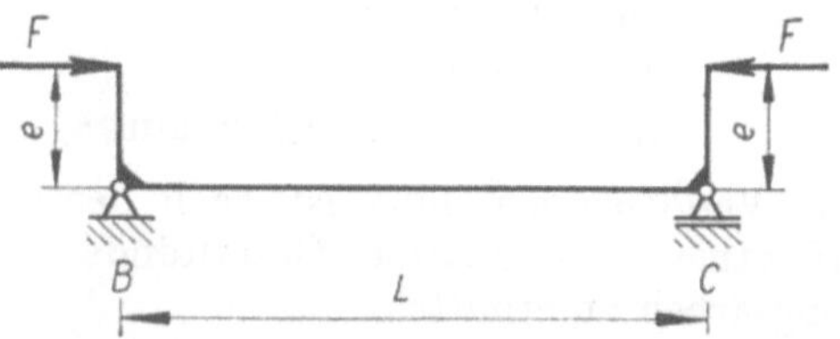

120. Für zwei Stäbe, die wie skizziert belastet werden, ist die zulässige Druckkraft F anzugeben, wenn σ_{dzul} und σ_{kzul} nicht überschritten werden sollen.

Gegeben: Querschnitt I

      [-Profil (NP 10);

      Querschnitt II

      Kreisring $D_a = 140$ mm;

      $s = 3$ mm;

      $l = 1600$ mm;

      $E = 2{,}1 \cdot 10^5$ N mm^{-2};

    $\sigma_{dzul} = 0{,}9 \cdot 10^2$ N mm^{-2};

    $\sigma_{kzul} = 0{,}25\,\sigma_k$

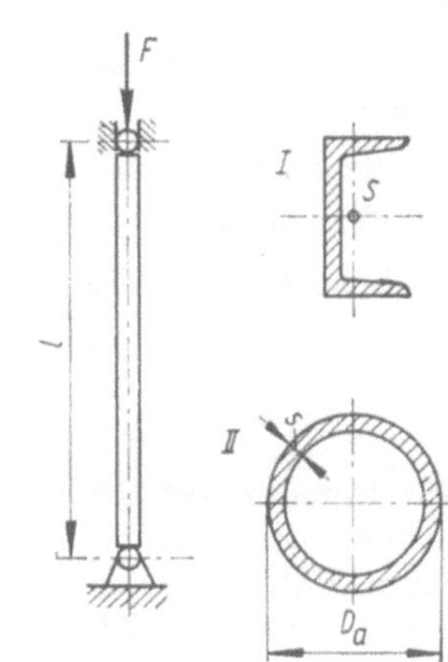

121. Man gebe die Bestimmungsgleichung für die kritische Knicklast für das skizzierte System an und führe dann die Grenzübergänge $I_2 \to I_1$ und $I_2 \to \infty$ durch.

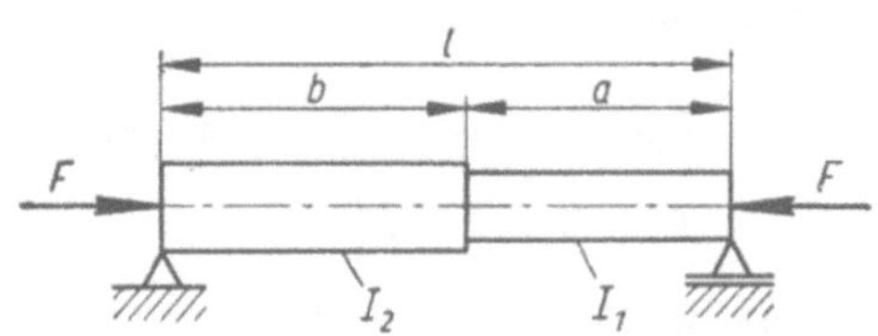

122. Der skizzierte kegelige Stab wird durch die Kraft F belastet. Man bestimme die Knickkraft F_k für verschiedene Werte von $\delta = \dfrac{d_0 - d_1}{d_0}$ und trage den Wert $\dfrac{F\,l^2}{E\,I_0}$ über δ in einem Diagramm auf.

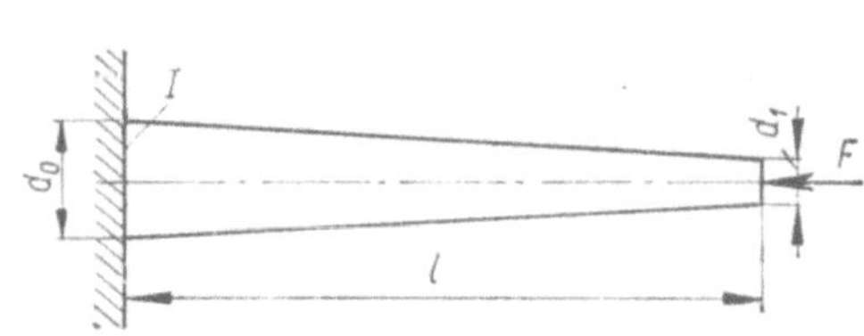

1.2.14. Plastizität — Viskoelastizität

123. Für das skizzierte Fachwerk sind gesucht:

    a) elastische Grenzlast F_E,

    b) Traglast F_T.

Gegeben: a; σ_F; $EA = \text{const}$

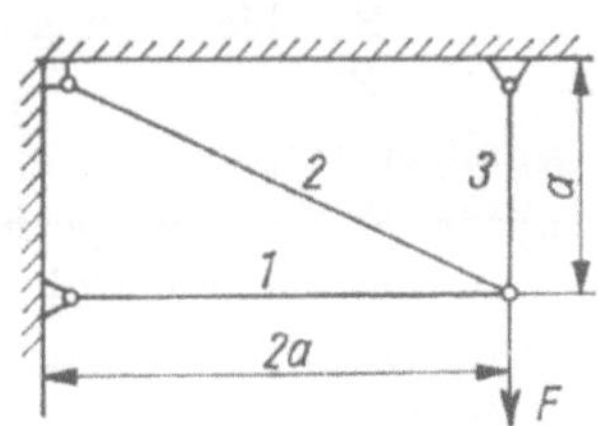

124. Für den skizzierten Träger konstanter Biegesteifigkeit sind zu bestimmen:

a) elastische Grenzlast F_{E},

b) Traglast F_{T}.

Gegeben: $a = 2c$; Rechteckquerschnitt
$\qquad (h = 2b)$; σ_F

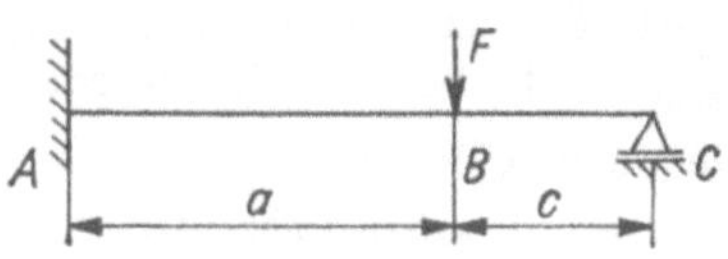

125. Der skizzierte Balken mit quadratischem Querschnitt aus viskoelastischem Material hat eine Lebensdauer $\overline{T}$, weil seine Tragfähigkeit bei $\varepsilon_{\mathrm{zul}}$ erschöpft ist. Er wird für $0 \leq t \leq \dfrac{1}{2}\,\overline{T}$ mit q_0 und für $\dfrac{1}{2}\,\overline{T} < t \leq \overline{T}$ mit $\dfrac{1}{2}\,q_0$ belastet.

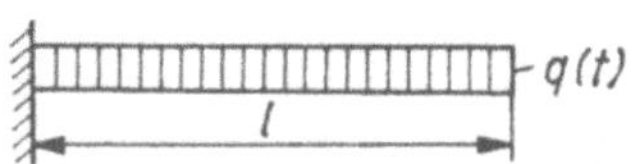

Gegeben: I_{xx}; q_0; l; E; α; β; T_0; $\varepsilon_{\mathrm{zul}}$;

$$I = \frac{1}{E}\left[1 + \alpha\left(\frac{t}{T_0}\right)^{\beta}\right]$$

Gesucht: $\overline{T}$

1.3. Dynamik

1.3.1. Kinematik

1. Auf einer feststehenden Kreisscheibe vom Radius R rollt ein Rad vom Radius r mit konstanter Winkelgeschwindigkeit $\dot{\varphi}$ ab.

Gegeben: $R, r, a, \dot{\varphi}$

Gesucht: Weg, Geschwindigkeit und Beschleunigung des Punktes P

a) allgemein,

b) für $R = r$ mit speziellen Werten für den Umlaufwinkel ψ,

c) für $R \gg r$ mit speziellen Werten für a.

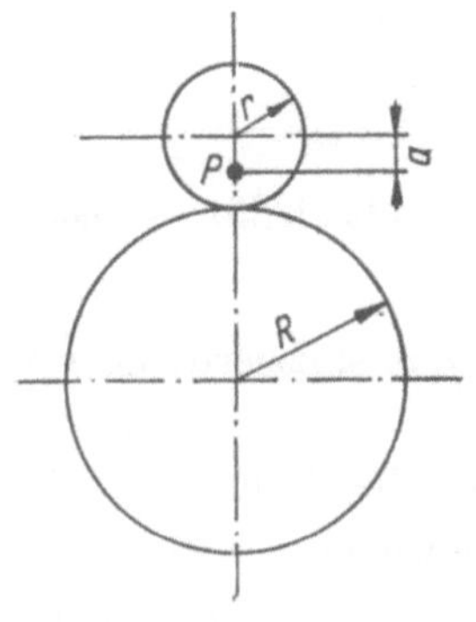

2. Ein Körper vom Gewicht G fällt ohne Anfangsgeschwindigkeit aus der Höhe H auf eine vollkommen elastische Unterlage. Der Luftwiderstand soll der Geschwindigkeit proportional sein ($R = kv$). Wie hoch springt der Körper zurück?

Gegeben: $G = 5\,\text{N};\quad H = 100\,\text{m};$
$\qquad\quad g = 9{,}81\,\text{ms}^{-2};$
$\qquad\quad k = 0{,}1\,\text{N s m}^{-1}$

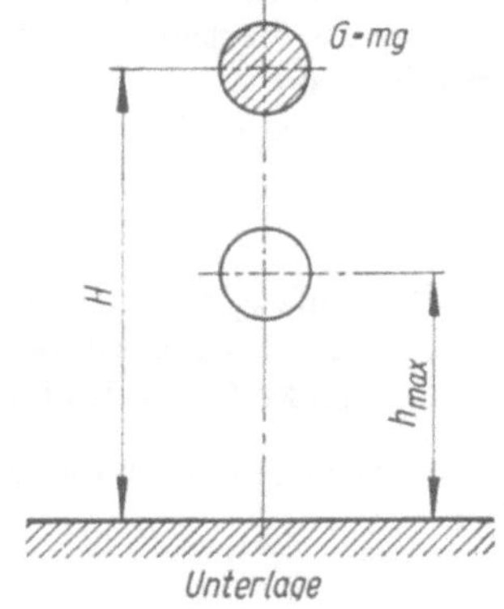

3. Ein Körper vom Gewicht G fällt ohne Anfangsgeschwindigkeit aus der Höhe H. Der Luftwiderstand beträgt $R = k^2 G v^2$.

   a) Welche Geschwindigkeit hat der Körper nach der Zeit t?

   b) Wie groß ist die erreichbare Höchstgeschwindigkeit?

4. Ein Massenpunkt gleite reibungsfrei auf einer vorgegebenen Bahn. Wie groß muß seine Anfangsgeschwindigkeit sein, damit er die Kreisbahn bei $\varphi = 30°$ verläßt? Wo trifft er auf die vertikale Wand?

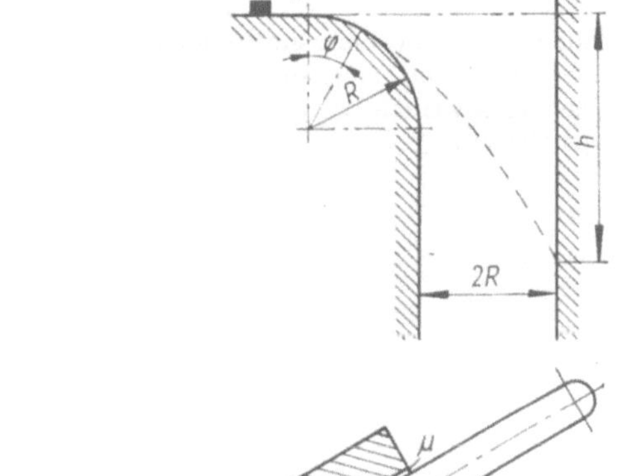

5. Auf einer Stange, die mit der Winkelgeschwindigkeit ω um eine vertikale Achse rotiert und mit der Horizontalen einen Winkel von $\alpha = 30°$ bildet, sitzt ein Gleitstück der Masse m. In welchem Bereich s ist das Gleitstück im Gleichgewicht, wenn die Reibung zwischen Stange und Gleitstück μ beträgt?

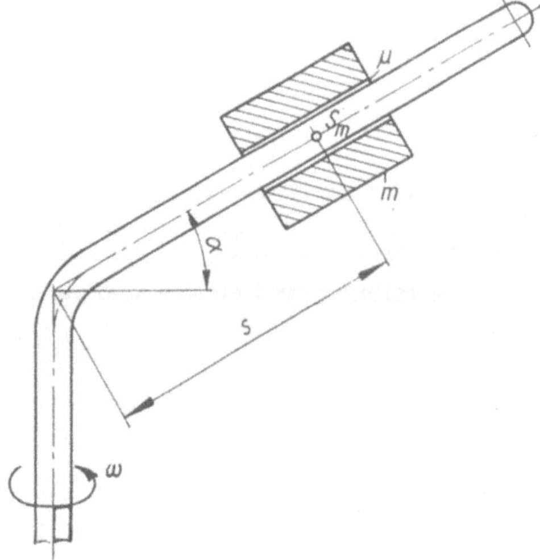

6. Ein Fahrzeug durchfährt eine Kurve mit der Geschwindigkeit $v = 72$ km/h. In dem Fahrzeug hängt an einem masselosen Faden ein Gewicht von 10^2 N. Der Faden, dessen Reißfestigkeit $1,2 \cdot 10^3$ N beträgt, reißt. Wie klein war der Kurvenradius mindestens?

7. Ein Aufzug vom Gewicht G bewegt sich mit einer Geschwindigkeit v nach unten. Welche Reibungskraft ist erforderlich, um beim Reißen des Seiles den Aufzug **auf** einer Strecke h zum Stehen zu bringen?

(Die Reibungskraft wird als konstant angenommen.)

8. Für die skizzierte Aufhängung dreier Massen vom Verhältnis $m_1 : m_2 : m_3 = 1 : 3 : 5$ sind die Beschleunigungen der Massen gesucht.

Anmerkung: Die Seile sind undehnbar und masselos. Die Trägheitsmomente der Scheiben sowie die Lagerreibung sind zu vernachlässigen.

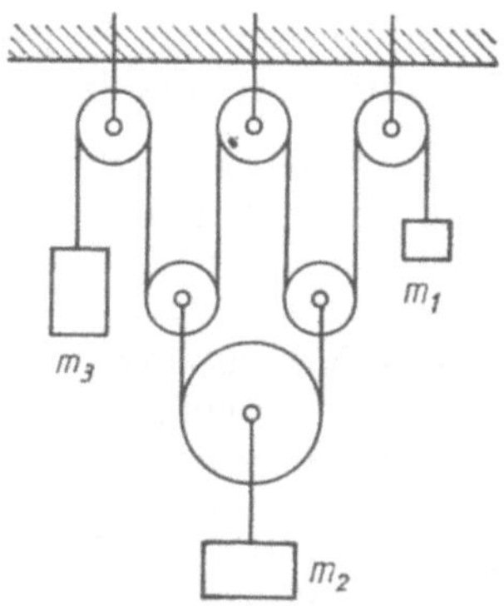

9. Für das skizzierte System ist die Beschleunigung der größten Masse gesucht. Die Rollenträgheitsmomente und die Lagerreibung sind zu vernachlässigen.

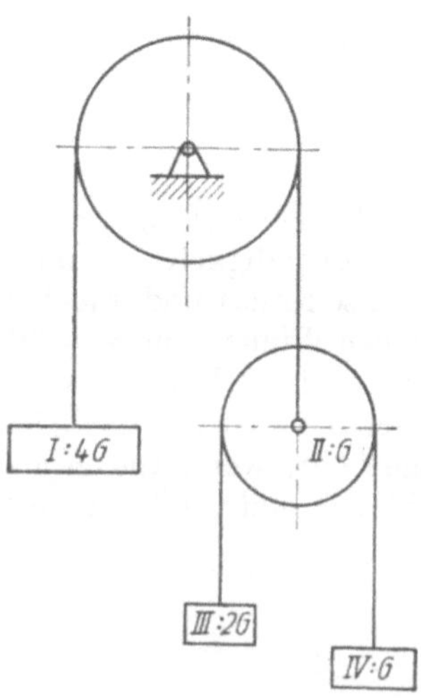

10. Ein Wagen vom Gewicht $G =$ $= 2 \cdot 10^5$ N durchfährt eine überhöhte Kurve $(\tan \alpha = 0{,}3)$ vom Radius $R =$ $= 500$ m. Der Schienenabstand beträgt $a = 1{,}00$ m, der Wagenschwerpunkt liegt $s = 1{,}50$ m über der Schienenoberkante.

Mit welcher maximalen Geschwindigkeit darf der Wagen durch die Kurve fahren, und wie groß sind die Schienendrücke bei $v = \dfrac{1}{2}\, v_{\text{max}}$?

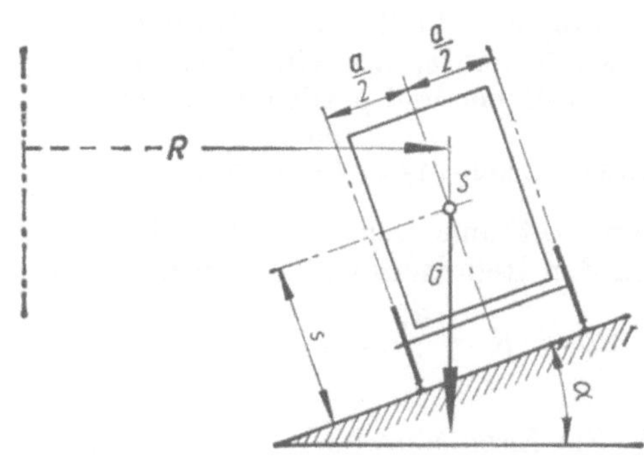

11. Eine halbelastische Kugel fällt senkrecht aus der Höhe h_0 auf eine feste horizontale Platte, prallt von der Platte ab und fällt wieder zurück usw. Welchen Weg legt die Kugel zurück, wenn die Stoßzahl allgemein K ist.

Luftwiderstand soll vernachlässigt werden.

12. Ein Eisenbahnzug mit einem Gewicht von $4 \cdot 10^6$ N befährt mit der Geschwindigkeit $v_0 = 54$ km/h eine Steigung, deren Steigungswinkel α ist $(\tan \alpha = 0{,}006)$. Der Koeffizient des Fahrwiderstandes beträgt $\mu = 0{,}005$. Nach 50 s hat sich die Geschwindigkeit des Zuges auf $v_1 = 45$ km/h verringert. Wie groß war die Zugkraft der Lokomotive?

13. Ein Zug hält auf einer Strecke von 5‰ Steigung. Er soll in zwei Minuten gleichförmig auf 50 km/h beschleunigt werden.

Gegeben: Zuggewicht ohne Lok $G = 3 \cdot 10^6$ N;   Gesucht: Zugkraft der Lok
          Rollwiderstand $\mu = 0{,}05$

14. Für den skizzierten Zentrifugalregler ist anzugeben, bei welcher Drehzahl $\alpha = 60°$ ist.

Gegeben: $l = 0{,}2$ m; $F_Q = 10$ N; $G = 10^2$ N

Anmerkung: Die Stangen sind als masselos anzusehen.

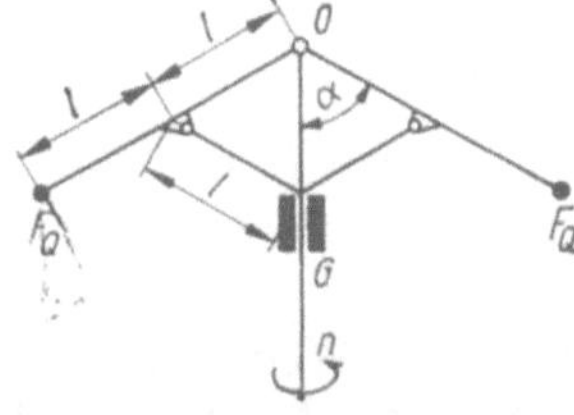

15. Mit welcher Geschwindigkeit muß ein Massenpunkt von einem Ort der Höhe H über der Erdoberfläche abgeschossen werden, damit er

   a) die Erde im Abstand H umkreist,

   b) das Gravitationsfeld der Erde verläßt?

Gegeben: $R = 6370$ km (Erdradius); H

16. Eine Kugel fällt schräg mit der Geschwindigkeit v_1 auf eine feste horizontale Ebene und prallt mit einer Geschwindigkeit $v_2 = \dfrac{\sqrt{2}}{2}\,v_1$ ab.

Man bestimme den Einfallswinkel α und den Reflexionswinkel β, wenn die Stoßzahl $K = \dfrac{\sqrt{3}}{3}$ ist.

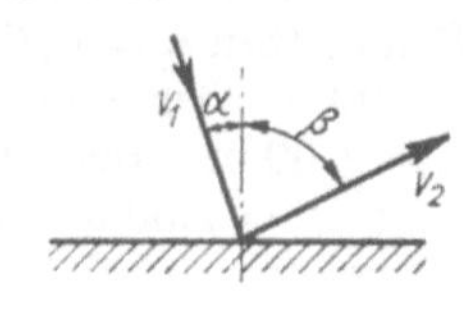

17. Ein Eisenbahnwagen vom Gewicht G_2 fährt mit der Geschwindigkeit v_0 auf einen Puffer vom Gewicht G_1. Der Puffer ist abgefedert (Federkonstante c) und gedämpft (Reibungszahl μ). Wie groß ist die maximale Zusammendrückung des Puffers?

Anmerkung: Der Vorgang soll als plastischer Stoß untersucht werden, die Dämpfungskraft des Puffers möge $G_1\mu$ sein.

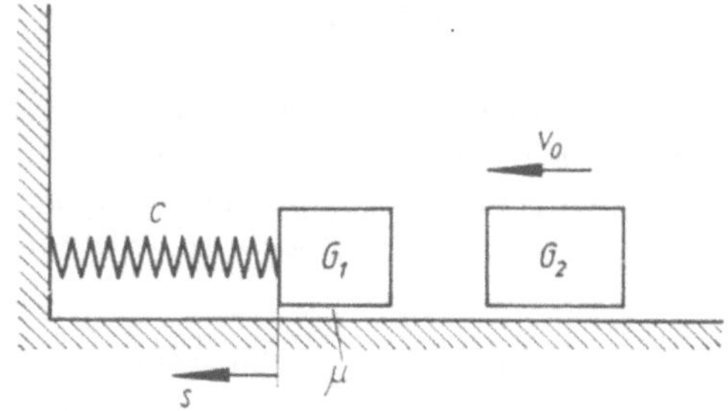

18. Ein Teilchen der Masse m, das die negative Ladung e trägt, kommt mit einer Geschwindigkeit v_0 in ein homogenes elektrisches Feld der Feldstärke E. Man bestimme die Bewegungsbahn des Teilchens.

Anmerkung: Es ist bekannt, daß im elektrischen Feld die Kraft $F = eE$ in Richtung der Feldstärke auf das Teilchen einwirkt. Die Wirkung der Schwerkraft soll vernachlässigt werden.

19. Aus einem Schlauch von $16\ \mathrm{cm^2}$ Querschnitt schießt ein Wasserstrahl unter einem Winkel $\alpha = 30°$ mit einer Geschwindigkeit $v = 8\ \mathrm{m/s}$ gegen eine Wand. Wie groß ist die Kraft auf die Wand?

Anmerkung: Schwerkraft werde vernachlässigt.

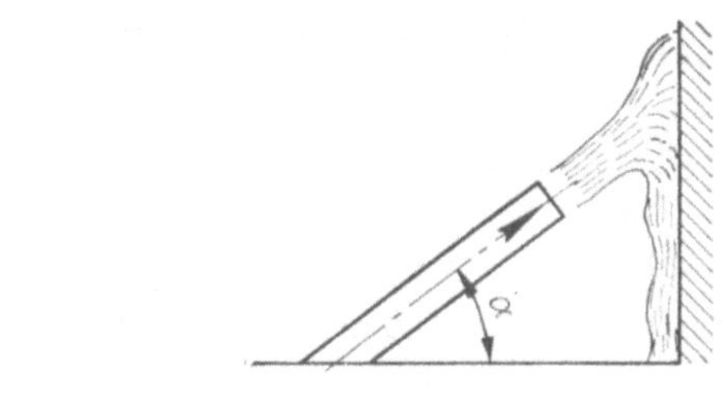

20. Zwei Wellen mit den Trägheitsmomenten J_1 und J_2 sollen gekuppelt werden. Welle *1* läuft mit der Winkelgeschwindigkeit ω_1 um, Welle *2* steht still.

Man bestimme die gemeinsame Rotationsgeschwindigkeit nach dem Kuppeln und den „Energieverlust" beim Kuppeln.

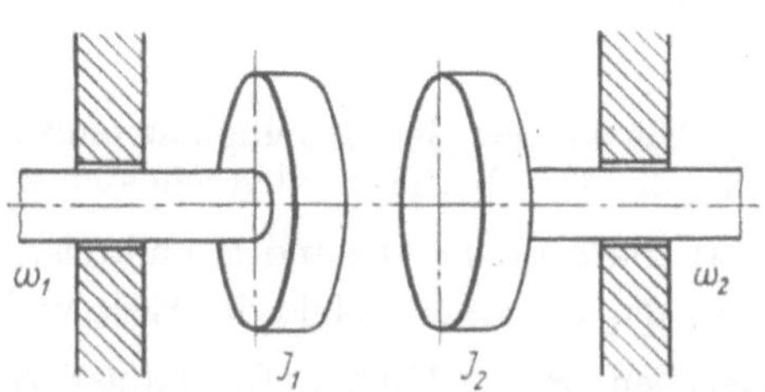

21. Längs einer geraden Achse sind zwei homogene Kreisscheiben mit den Massen m_1 und m_2 und den Radien r_1 und r_2 verschiebbar. Scheibe *1*, die anfangs mit der Winkelgeschwindigkeit ω_0 rotiert, wird an die ruhende Scheibe *2* mit der Kraft F gepreßt. Die Reibungszahl μ hat an jedem Punkt beider Flächen dieselbe Größe.

Man bestimme a) die gemeinsame Winkelgeschwindigkeit beider Scheiben,

                b) die Zeit bis zum Erreichen der gemeinsamen Winkelgeschwindigkeit und

                c) die relative Verdrehung während des Kuppelns.

22. Eine runde horizontale Scheibe vom Gewicht G_S kann sich reibungslos um eine durch ihren Mittelpunkt laufende vertikale Achse drehen. Auf der Scheibe läuft im konstanten Abstand r von der Achse ein Mann vom Gewicht G_M mit der gleichförmigen Relativgeschwindigkeit u. Bei Beginn der Bewegung sind alle Geschwindigkeiten gleich Null. Die Masse der Scheibe ist gleichmäßig über eine Kreisfläche vom Radius R verteilt. Wie groß ist die Winkelgeschwindigkeit ω der Scheibe?

23. Die Welle *1* des skizzierten Getriebes soll in 10 Sekunden vom Stillstand gleichförmig auf $n_1 = 1500$ U/min beschleunigt werden.

Welches Drehmoment und welche Leistung sind dazu erforderlich?

Gegeben: $J_1 = 10^6$ kgcm²;

          $J_2 = \quad 0{,}8 \cdot 10^6$ kgcm²;

          Übersetzungsverhältnis

$$\frac{n_1}{n_2} = \frac{2}{3}$$

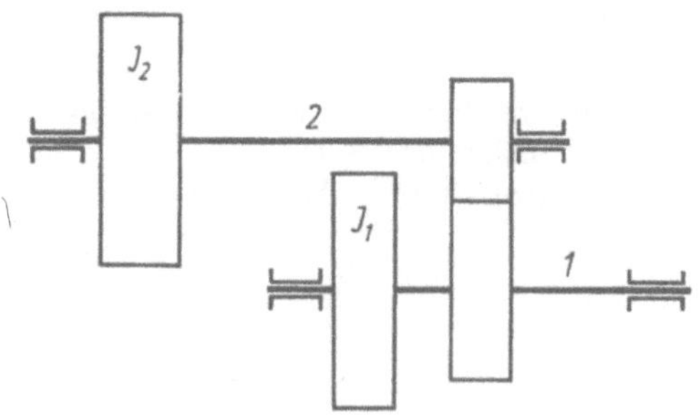

24. Über eine homogene Scheibe vom Radius r läuft ein Seil. Im Punkt A klettert ein Mann mit der Geschwindigkeit v_A das Seil hinauf. Wie bewegt sich das Gewicht, das im Punkt B am Seil befestigt ist?

Gegeben: Gewicht des Mannes G_A;

          Gewicht der Last $G_B = G_A$;

          Gewicht der Scheibe

            $G = G_A/4$;

          das Seil ist masselos

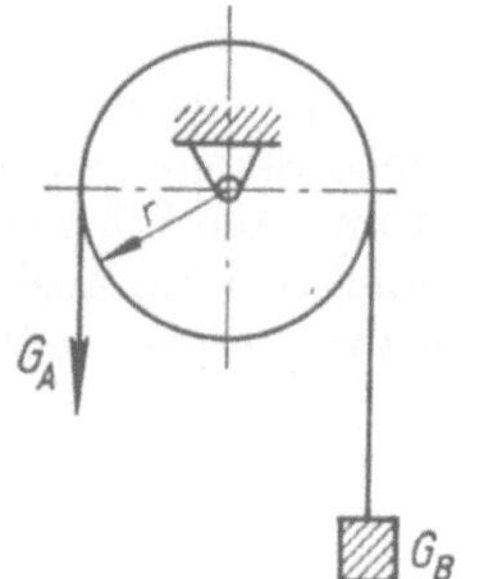

25. An einer vertikalen, starren Achse ist ein homogener, starrer Stab der Masse m wie skizziert gelenkig angeschlossen. Das System rotiert mit der konstanten Winkelgeschwindigkeit ω, und es ist anzugeben, welche Lage (Winkel φ) der gelenkig angeschlossene Stab annimmt.

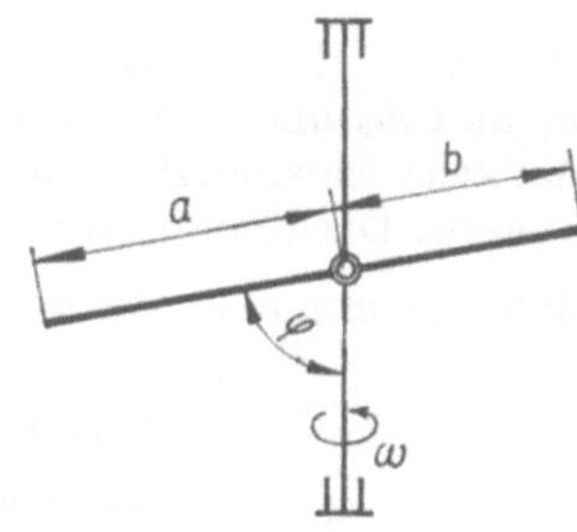

26. An der skizzierten „masselosen" Stange ist im Punkte I ein homogener, prismatischer Stab der Länge $2a$ angeschlossen. Das System rotiert mit $\omega = $ konst., wobei der Stab mit einer vertikalen Achse den Winkel $\varphi = 30°$ bildet.

   a) Mit welcher Winkelgeschwindigkeit rotiert das System?

   b) Wie groß sind die Auflagerkräfte?

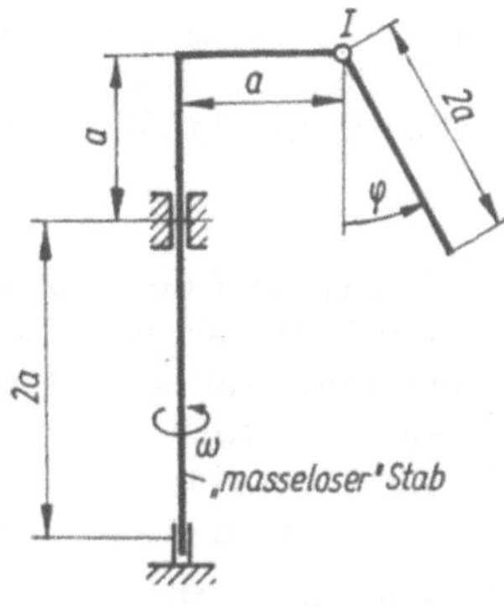

27. Am oberen Ende einer vertikalen Achse ist eine gekröpfte, homogene, prismatische Stange gelenkig gelagert. Man bestimme die Winkelgeschwindigkeit als Funktion des Auslenkwinkels φ und gebe die Auflagerkräfte an.

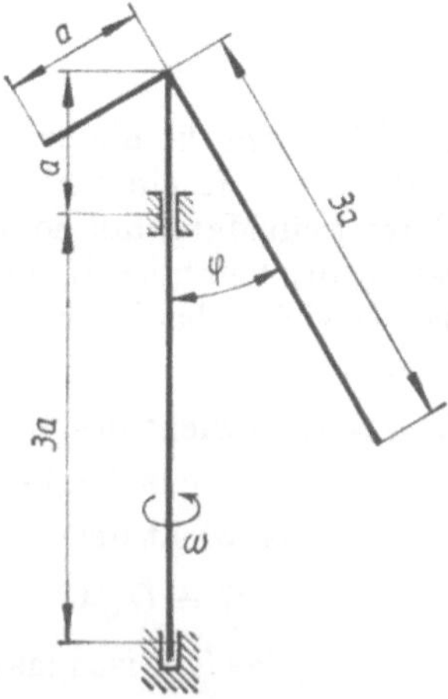

28. In der Mitte einer vertikalen Achse $\left(\overline{AB} = a\sqrt{3}\right)$ ist ein homogener Stab konstanten Querschnitts befestigt. Der Stab bildet mit der vertikalen Achse einen Winkel von $\alpha = 30°$. Sein Gewicht ist $mg = 10^2\,\text{N}$, seine Länge $l = 2a = 40\,\text{cm}$. Das System rotiert mit einer Winkelgeschwindigkeit $\omega = 500\,\text{s}^{-1}$. Wie groß sind die Auflagerkräfte?

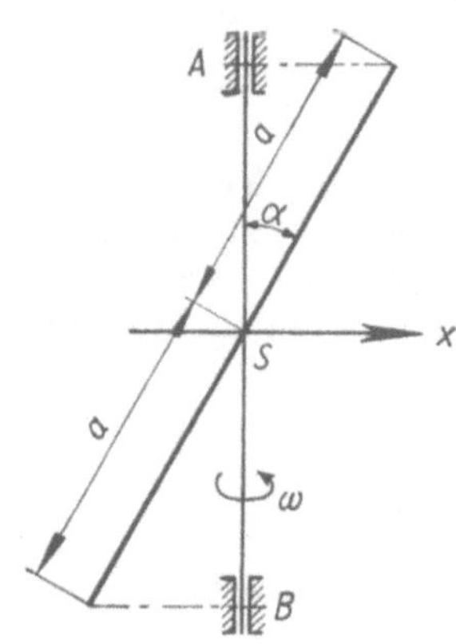

29. Für die skizzierte homogene Scheibe von der Masse m sind gesucht:

   a) Auflagerkraft F_A und Seilkraft F_S statisch,

   b) Auflagerkraft F_A kurz nach dem Durchschneiden des Seiles.

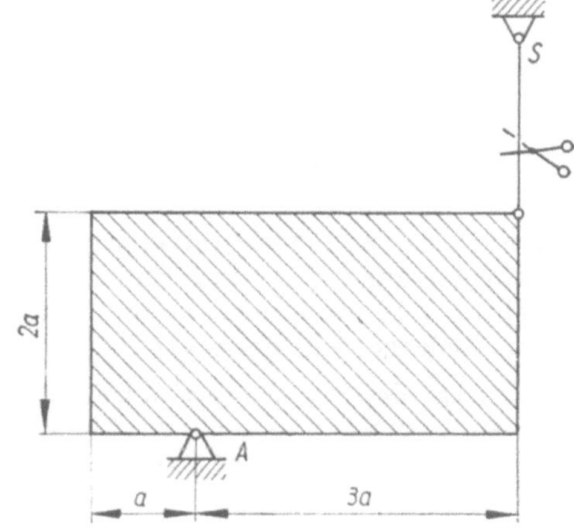

30. Für die skizzierte homogene Scheibe von der Masse m sind gesucht:

   a) Auflagerkraft F_A und Seilkraft F_S statisch,

   b) Auflagerkraft F_A kurz nach dem Durchschneiden des Seiles.

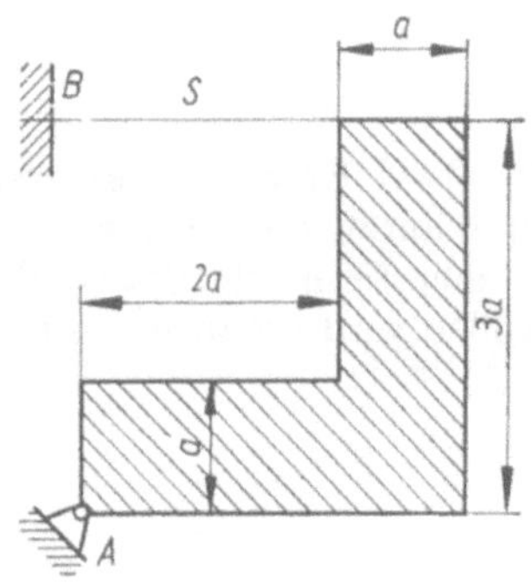

31. Für den skizzierten homogenen Körper ist zu untersuchen, bei welchem Verhältnis h/r das stabile Gleichgewicht in ein labiles übergeht.

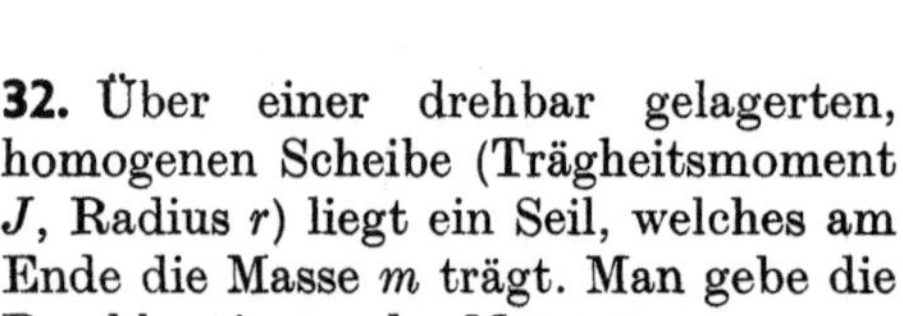

32. Über einer drehbar gelagerten, homogenen Scheibe (Trägheitsmoment J, Radius r) liegt ein Seil, welches am Ende die Masse m trägt. Man gebe die Beschleunigung der Masse an.

33. Für das skizzierte System ist die Beschleunigung x_1 für reines Rollen anzugeben. Wie groß muß m_3/m_1 sein, damit Gleichgewicht herrscht?

Anmerkung: Das Seil ist masselos und undehnbar. J_1 und J_2 gelten für den Schwerpunkt. Reibung im Lager der Rolle *2* ist zu vernachlässigen.

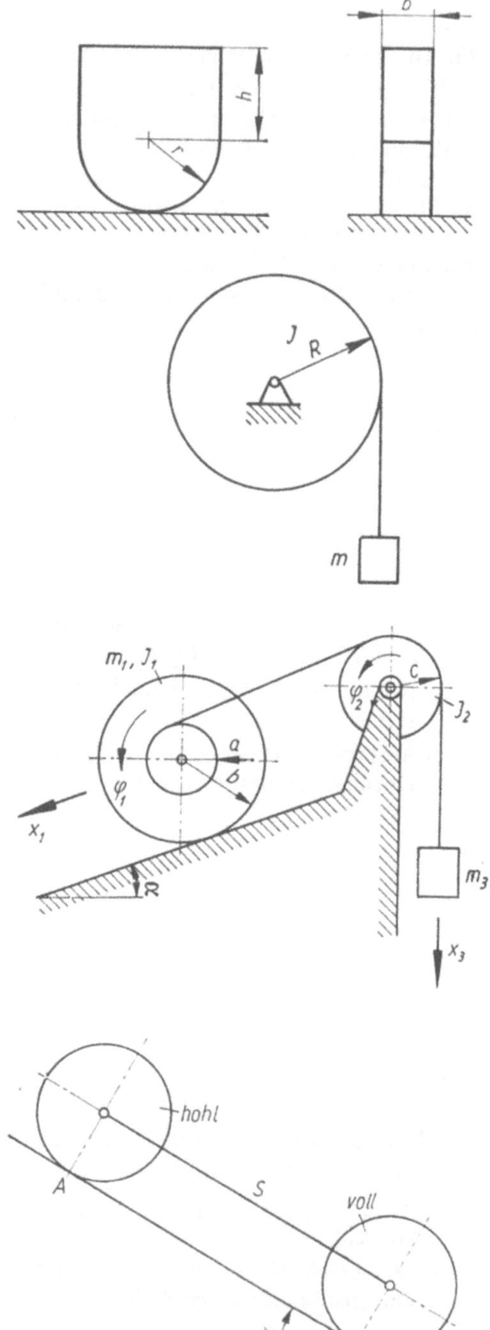

34. Zwei Rollen (Masse m, Radius r) sind durch eine Stange S verbunden. Man bestimme die Stangenkraft. Reines Rollen wird vorausgesetzt.

35. Für das skizzierte System ist die Beschleunigung der Masse m_3 zu ermitteln.

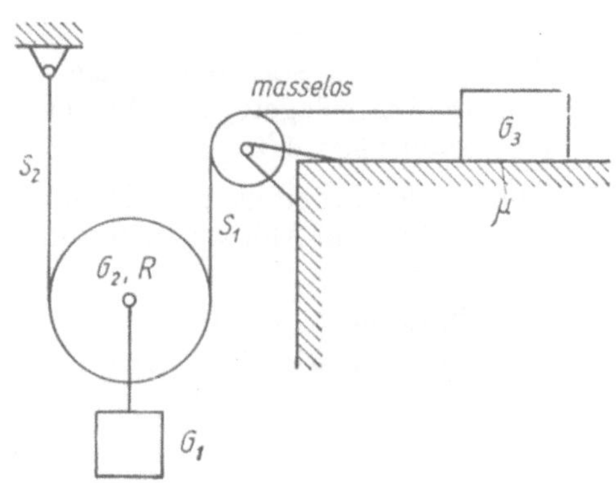

36. Ein Seil ist über den Innenradius einer Scheibe zu einem festen Punkt geführt. Ein zweites Seil liegt außen und trägt am Ende die Masse m. Man untersuche die Bewegung und bestimme die Seilkraft F_S.

Gegeben: $r = 10$ cm; $\quad m = 20$ kg
$\qquad J = 3 \cdot 10^3$ kgcm²

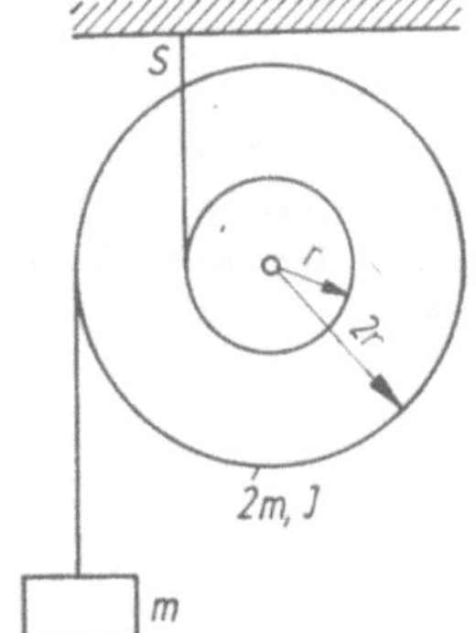

37. Zwei homogene Stäbe (Länge l, Masse m) sind in B gelenkig miteinander verbunden. Der eine Stab ist in C gelenkig gelagert, während der andere bei A reibungsfrei gleiten kann. Man bestimme die Geschwindigkeiten der Punkte A und B in Abhängigkeit vom Winkel φ, den der Stab AB mit der Horizontalen bildet.

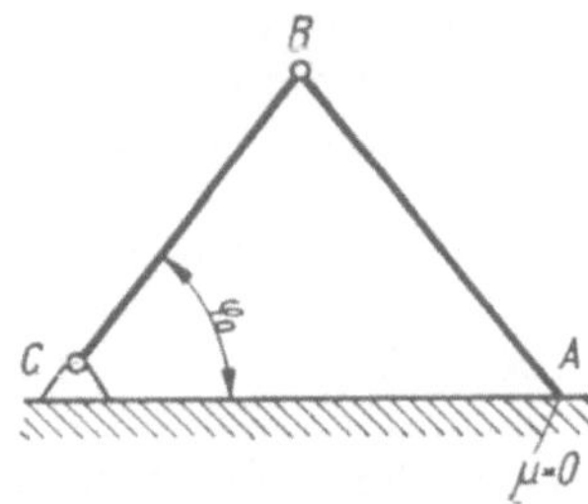

38. Ein homogener Stab AB fällt aus der vertikalen Ruhelage, wobei sein Ende A auf dem glatten horizontalen Fußboden gleitet. Man bestimme die Geschwindigkeit des Stangenschwerpunktes als Funktion seiner Höhe über dem Boden h.

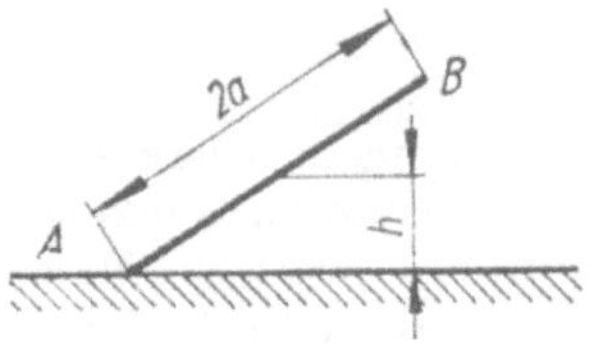

39. Ein homogener Stab der Länge l ist in A drehbar gelagert; er fällt aus der skizzierten Lage AB.

Gesucht: a) Geschwindigkeit des Punktes B in Abhängigkeit von φ,

b) v_B für $\varphi = 180°$,

c) Auflagerkraft $F_{A(\varphi)}$

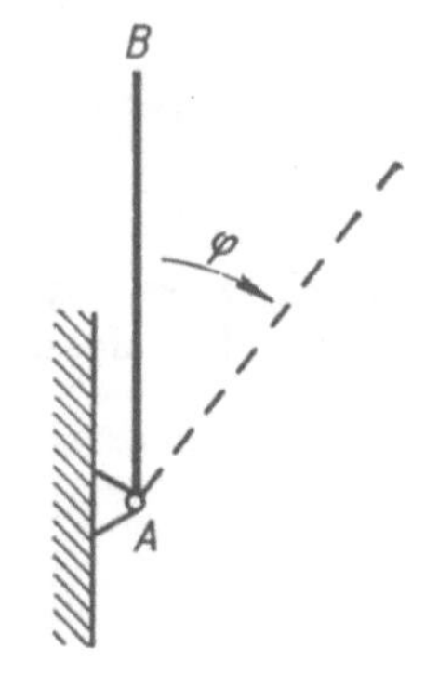

40. Ein homogener Stab von der Länge $l = 1$ m ist in O drehbar gelagert. Welche Geschwindigkeit muß das Stabende A erhalten, damit der Stab die Lage II erreicht?

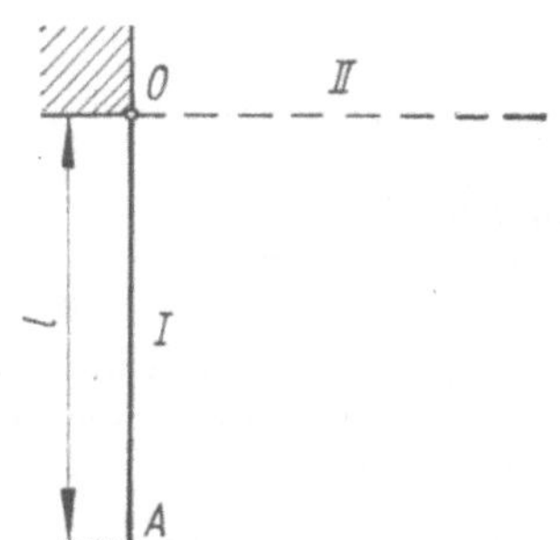

41. Eine Scheibe vom Trägheitsmoment J wird durch ein konstantes Moment M angetrieben. Auf der Scheibe bewegt sich eine Masse m radial mit der konstanten Geschwindigkeit v. Gesucht ist der zeitliche Verlauf von ω für die Anfangsbedingungen $t = 0$, $\omega = \omega_0$, $r = r_0$.
Die Drehung der Scheibe erfolgt um eine vertikale Achse.

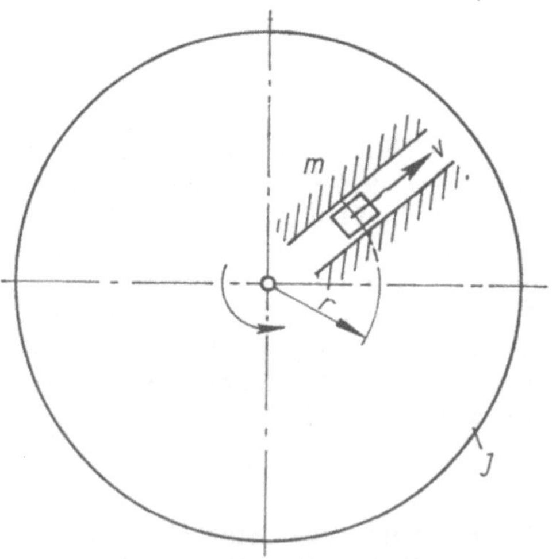

42. In einem masselosen, horizontalen Rohr, welches um eine vertikale Achse mit der konstanten Winkelgeschwindigkeit ω rotiert, kann sich ein Massenpunkt m reibungsfrei bewegen. Man bestimme den Verlauf des Antriebsmomentes M, wenn zu Beginn der Betrachtung der Massenpunkt den Abstand $r = a$ von der Drehachse hat.

43. Ein Brett (Masse m_1, Länge $2a$) liegt wie skizziert auf 2 homogenen Zylindern (Masse m, Radius r). Man gebe die Geschwindigkeit des Brettes bei Verlassen der hinteren Rolle an. (Reines Rollen; in der skizzierten Lage ist das System in Ruhe.)

Gegeben: a, r, α, m_1, m

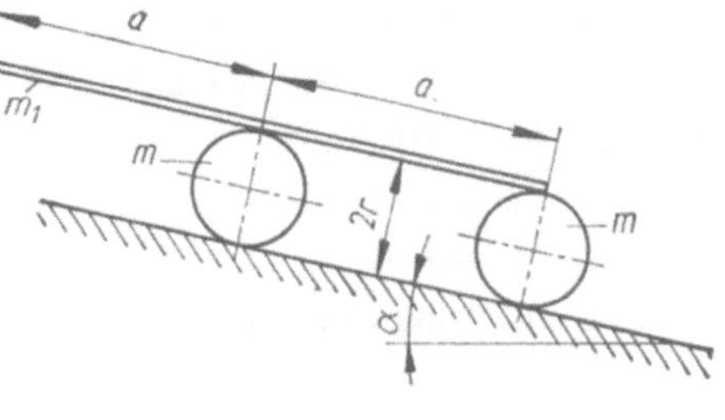

44. Ein Seil vom Gewicht G und der Länge L gleitet von einer horizontalen Unterlage reibungsfrei ab, weil ein Stück der Länge y_0 senkrecht herabhängt. Wann verläßt das Seilende die horizontale Unterlage?

Gegeben: $G = 20\ \text{N}$;

$\qquad L = 1,5\ \text{m}$;

$\qquad y_0 = 0,5\ \text{m}$

1.3.3. Schwingungen

1.3.3.1. Einfache Schwingungen

45. Für den skizzierten Winkelhebel (Schenkellänge a, Gewicht $2G$) ist die Periodendauer anzugeben.

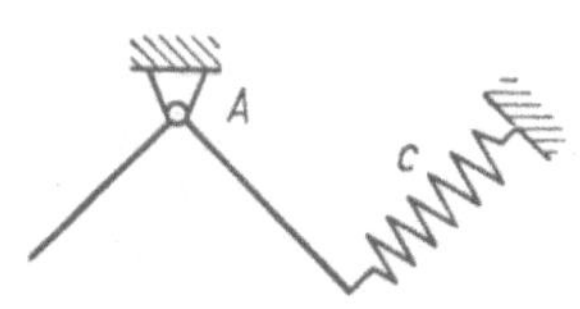

46. Für die skizzierte homogene Scheibe ist die Periodendauer zu berechnen.

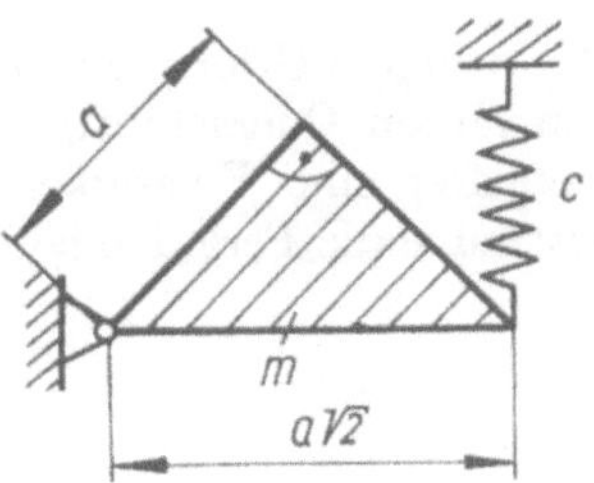

47. Für das skizzierte System ist die Periodendauer zu berechnen.

Gegeben: $G_1 = 0.5 \cdot 10^2$ N (Balkengewicht); $G_2 = 10^2$ N;

$$c = 20 \text{ N mm}^{-1};$$
$$a = 1 \text{ m}$$

Annahme: Der Balken ist starr.

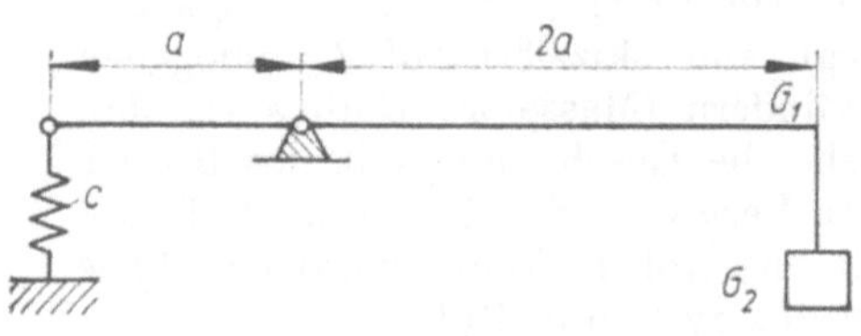

48. Für das skizzierte System ist die Periodendauer für kleine Ausschläge zu bestimmen.

Gegeben: $G_1 = 10^2$ N; $G_4 = 40$ N;

$$G_2 = 20 \text{ N}; \quad G_5 = 50 \text{ N};$$
$$G_3 = 10 \text{ N}; \quad a = 10 \text{ cm};$$
$$c = 5 \text{ N mm}^{-1}$$

Man diskutiere die Fälle:

   a) Scheibe ist lose im Mittelpunkt befestigt,

   b) Scheibe sitzt fest.

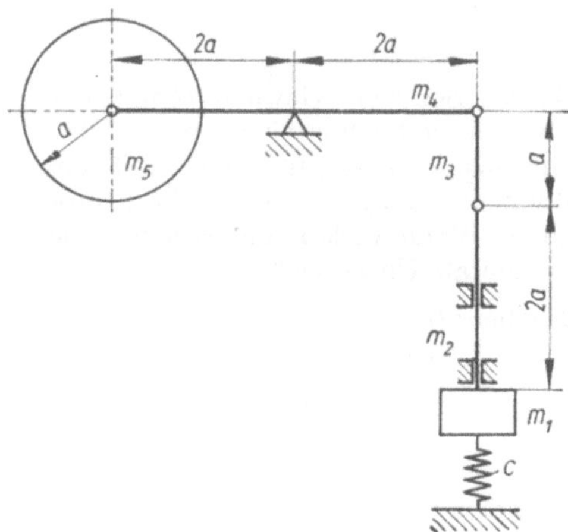

49. Auf einem rauhen Halbzylinder kann ein homogener dünner Stab, der an seinen Enden je eine Punktmasse trägt, ohne zu gleiten, schwingen.

Gegeben: $l = 3$ m; $R = 1$ m; $m_1 = m_2$

Gesucht: a) die LAGRANGEsche Gleichung für große Ausschläge,

        b) die Periodendauer für kleine Ausschläge

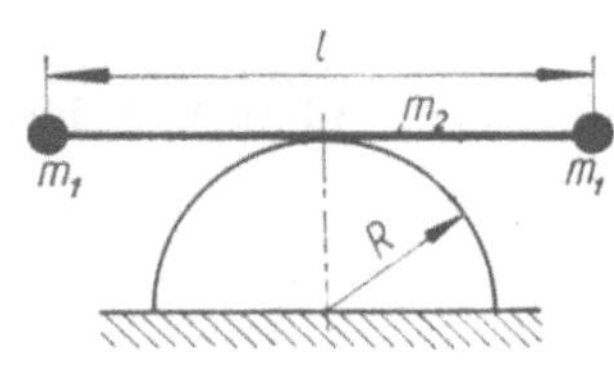

50. In einem U-förmig gebogenen Rohr konstanten Querschnitts schwingt reibungsfrei eine Flüssigkeitssäule. Man bestimme die Periodendauer.

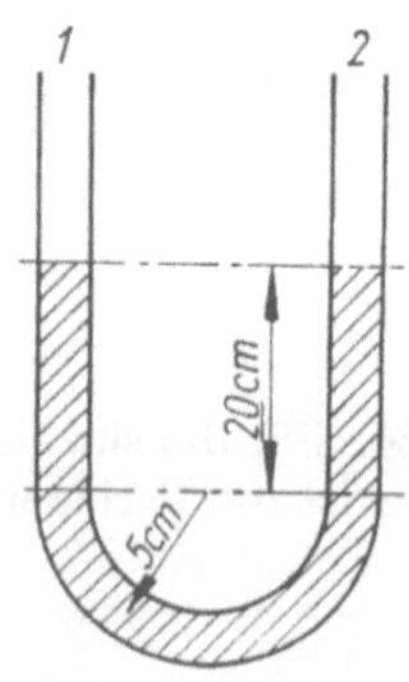

51. An einer Tischkante hängt ein „Spazierstock" vom Gewicht G. Der Stockquerschnitt ist konstant, der Radius der Krücke ist a, die Länge des geraden Teiles $5a$. Man gebe für kleine Ausschläge in der Stockebene die Periodendauer an.

52. Auf einer rauhen Unterlage rollt eine Walze (m, R), an der eine Stange $(m_1, 2R)$ befestigt ist. Man gebe die Periodendauer für kleine Ausschläge an.

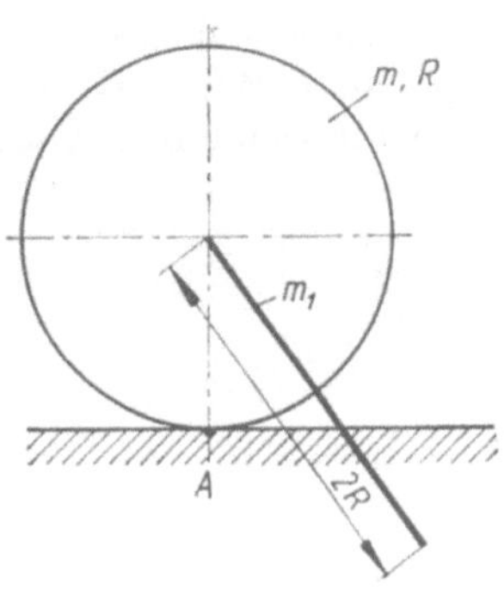

53. Eine homogene Halbscheibe schwingt auf einer rauhen Unterlage. Man bestimme die Periodendauer für kleine Ausschläge.

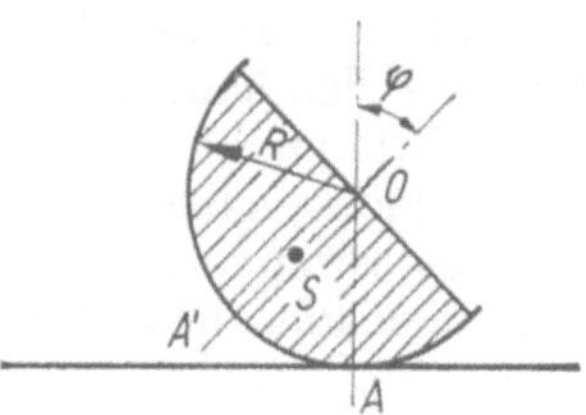

54. Für die skizzierte homogene Scheibe ist die Periodendauer für kleine Ausschläge gesucht. Wo liegen noch Punkte, die, als Aufhängepunkte benutzt, die gleiche Periodendauer ergeben?

Gegeben: $r_1 = 2r_2 = 3/2\ e = 24$ cm

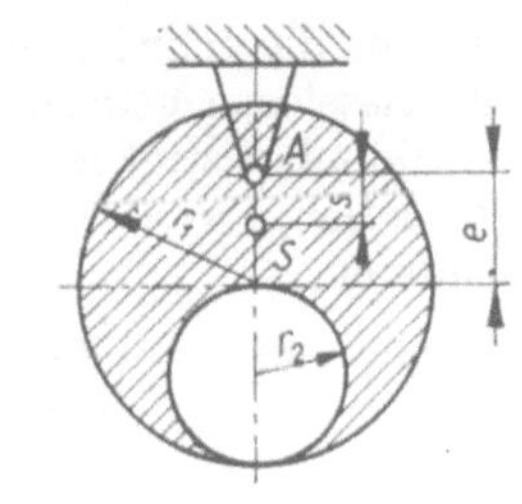

55. Ein mathematisches Pendel (m_1, l) ist in einem Wagen, wie skizziert, befestigt. Man bestimme die Periodendauer für kleine Ausschläge für die Fälle:

a) Wagen frei beweglich,
b) Wagen fest

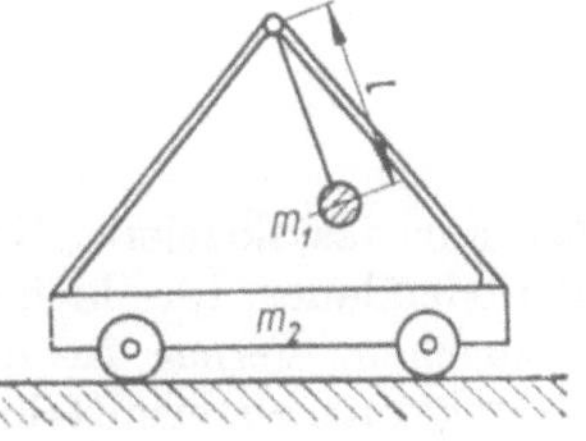

56. In welchem Abstand vom Schwerpunkt muß ein physikalisches Pendel aufgehängt werden, damit man die kleinste Periodendauer erreicht?

57. Eine homogene Halbkreisscheibe (a, m) ist wie skizziert an zwei Fäden aufgehängt. Man ermittle die Periodendauer für kleine Ausschläge.

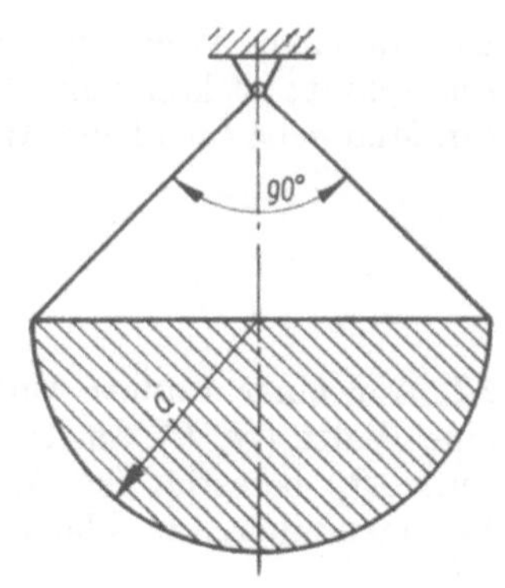

58. An einer homogenen Walze (m, a), die auf einer rauhen horizontalen Unterlage rollen kann, sind im Abstand h vom Mittelpunkt zwei horizontale Federn (c) angebracht und mit dem Fundament verbunden. Man ermittle die Periodendauer für kleine Ausschläge.

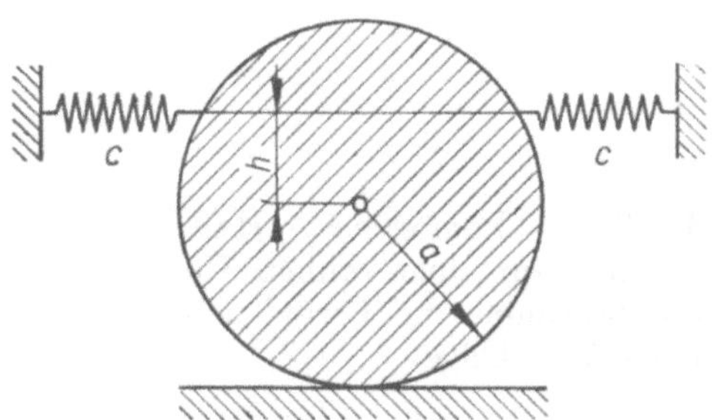

59. Für die schwingende Masse m, die an masselosen Federn und Trägern wie skizziert befestigt ist, ist die Periodendauer für $\alpha = 0°$ und $\alpha = 30°$ zu bestimmen.

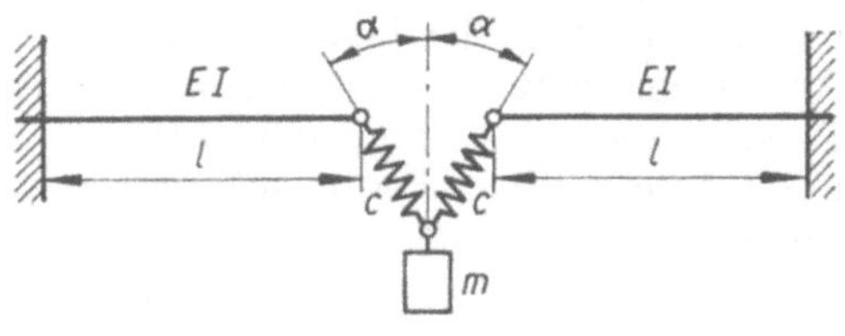

Gegeben: $mg = 0{,}8 \cdot 10^3$ N;

$\qquad c = 10^2$ N mm^{-1};

$\qquad l = 200$ cm; $\quad I = 80$ cm^4;

$\qquad E = 2{,}1 \cdot 10^5$ N mm^{-2}

60. Für das skizzierte Gebilde ist die Periodendauer für kleine Ausschläge anzugeben. Ferner ist die maximale Gelenkkraft zu ermitteln für die Anfangsbedingungen $\varphi_0 = 0$ und $\dot\varphi_0 = \dfrac{v_0}{2a}$.

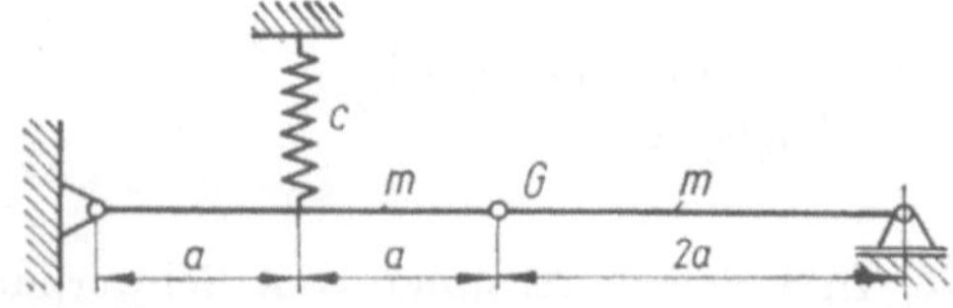

Anmerkung: Die Balken sind starr.

61. Die skizzierte homogene Walze führt Rollbewegungen auf einer Kreisbahn aus ($R = 10a = 50$ cm). Man bestimme die Periodendauer für kleine Ausschläge.

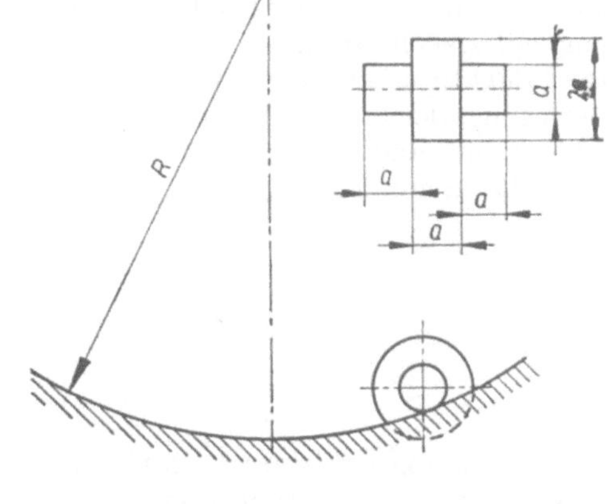

62. Eine homogene Scheibe (m_1, a) ist in A drehbar gelagert. Sie ist in C mit einem starren Stab (m_2, $2a$) verbunden, der in B auf Rollen gelagert und in der Mitte durch eine Feder mit der Federkonstanten c am Fundament befestigt ist. Man bestimme die Periodendauer für kleine Ausschläge.

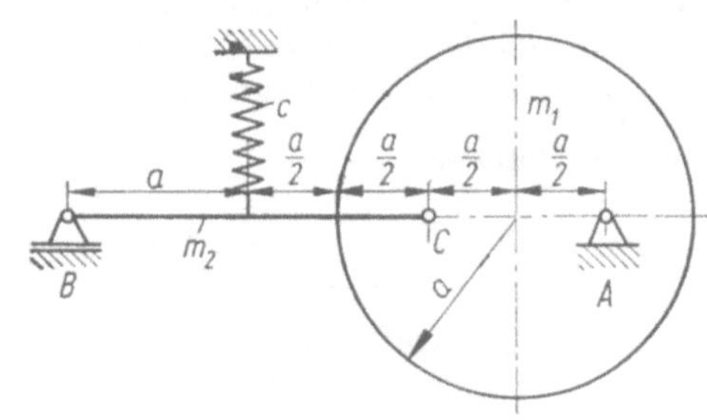

63. Eine homogene Rechteckscheibe der Masse m ist wie skizziert gelagert. Wie groß ist die Periodendauer für kleine Ausschläge?

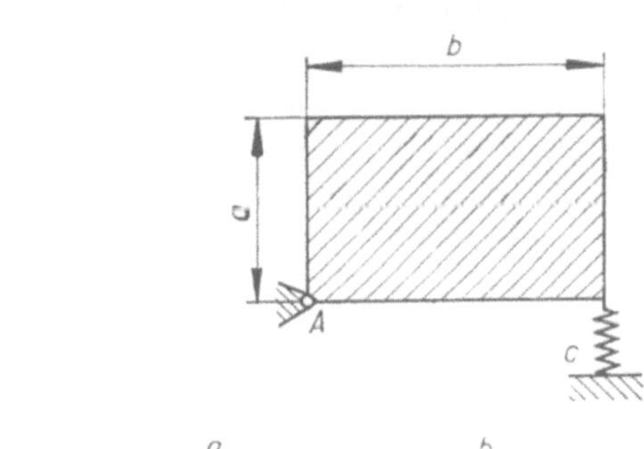

64. Für den skizzierten Schwinger ist die Periodendauer anzugeben. Die Biegefestigkeit des Balkens ist EI.

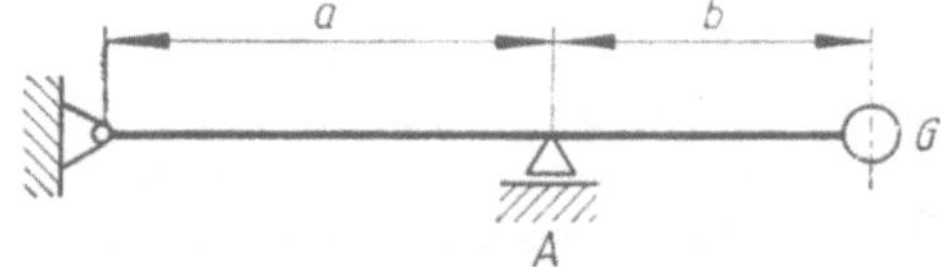

65. Eine homogene Scheibe vom Trägheitsmoment J ist wie skizziert gelagert. Die Drehsteifigkeit der Wellen beträgt GI_t. Man ermittle die Periodendauer für Drehschwingungen.

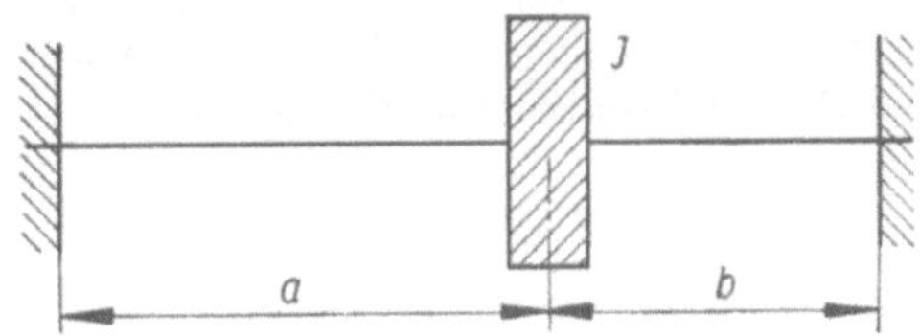

66. An den Enden eines halbkreisförmig gebogenen Stabes (m_2, R) sitzen zwei Punktmassen (m_1). Man stelle die Bewegungsgleichung für große Ausschläge auf und gebe die Periodendauer für kleine Ausschläge an.

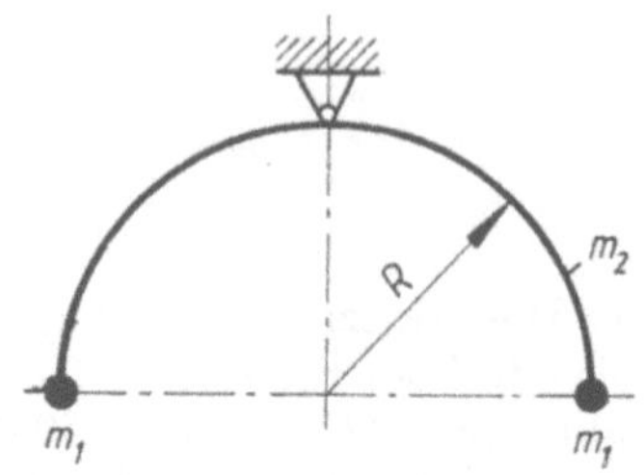

67. Ein homogener starrer Stab vom Gewicht $3\,G$ trägt am Ende das Gewicht G und ist mit dem Fundament durch eine Feder mit der Federkonstanten $c = \dfrac{3\,G}{a}$ verbunden.

Gesucht: a) Periodendauer für kleine Ausschläge,

b) Querkraft zwischen Einzelmasse und Stab

Anfangsbedingungen: $t = 0$;
$$\varphi = \varphi_0;$$
$$\dot\varphi = 0$$

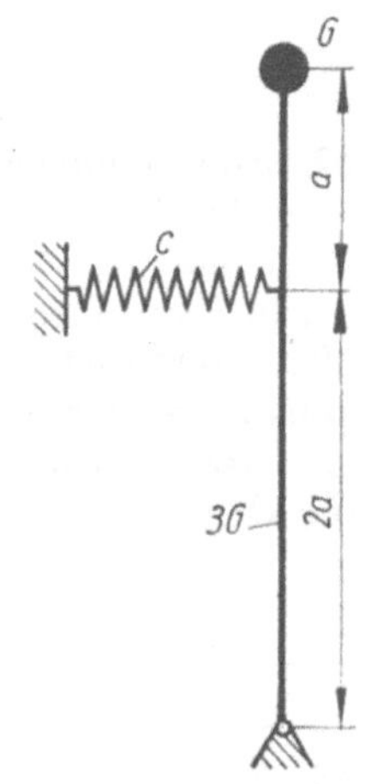

68. Ein Stab mit konstantem Querschnitt A und dem Gewicht G hängt an einer Feder mit der Federkonstanten c. Er taucht in der statischen Ruhelage mit einem Drittel seiner Länge in eine Flüssigkeit mit der Dichte ϱ_w ein. Man gebe die Periodendauer an, wobei $A \ll$ Flüssigkeitsoberfläche ist.

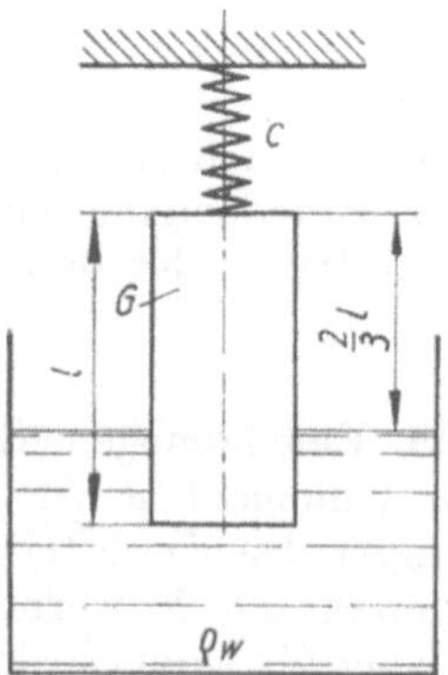

69. Am Ende eines starren Stabes (m_2, l) hängt eine Punktmasse m_1. Die Schwingungen des Systems werden durch einen geschwindigkeitsproportionalen Dämpfer gedämpft. In Stabmitte sind zwei Federn angeschlossen. Es sind für kleine Ausschläge zu bestimmen:

a) die Periodendauer,

b) der maximale Ausschlag für die Anfangsbedingungen $t = 0$;

$$\varphi = 0; \quad \dot{\varphi} = \frac{v_0}{l}$$

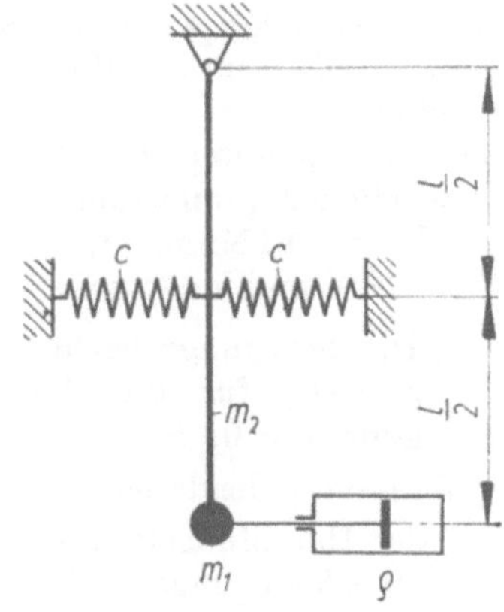

70. Man untersuche die Schwingungen des Gewichtes G auf einer schiefen Ebene mit COULOMBscher Reibung.

Gegeben: $G = 40 \text{ N}; \quad c = 0,4 \text{ N mm}^{-1};$
$$\alpha = 60°$$

Anfangsbedingungen:

$$t = 0; \quad x = -a = 10 \text{ cm}, \quad \dot{x} = 0$$

Gesucht ist die Periodendauer und eine grafische Darstellung des Ausschlages $x(t)$.

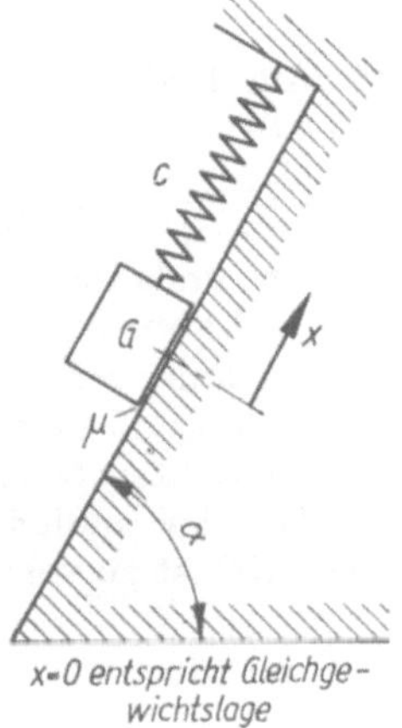

71. Eine Masse m_1 ist durch zwei Federn und einen Dämpfer mit dem Fundament verbunden. Das Fundament führt Bewegungen aus, die dem Gesetz $s = s_0 \sin \nu \, t$ folgen. Welche Bewegung führt die Masse aus? Welche Eigenfrequenzen hat das System? Man stelle allgemein die Gleichgewichtsbedingung auf und integriere die Differentialgleichung.

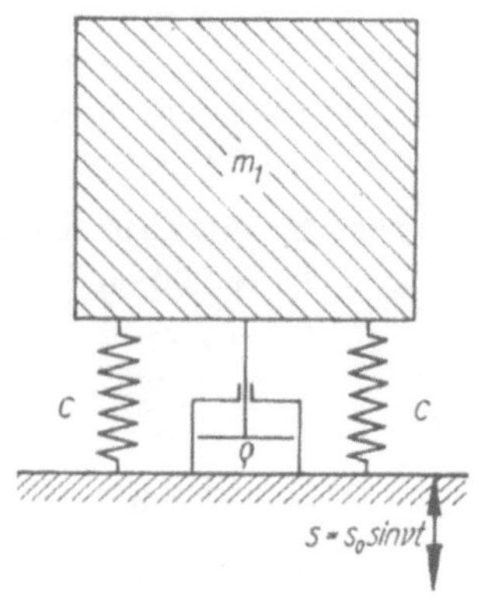

72. Ein Stahlkörper ($\varrho = 7{,}8$ kg dm^{-3}) schwingt in einem mit Wasser gefüllten Behälter.

Gesucht ist unter der Annahme geschwindigkeitsproportionaler Dämpfung für $k = 0{,}1$ N s mm^{-1}, $c = 10$ N mm^{-1}, $G = 10^2$ N und $b = 2a$:

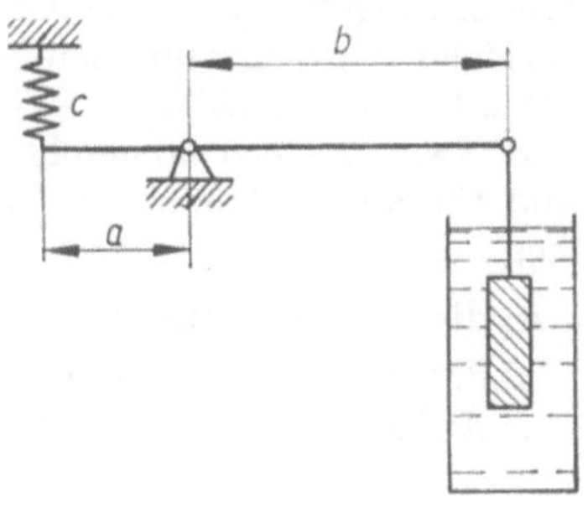

a) Die Bewegungsgleichung der Masse $x = x(t)$ für die Anfangsbedingung $t = 0$, $x = x_0$ und $\dot{x} = 0$,

b) die Periodendauer,

c) der Dämpfungsfaktor, wenn nach 10 Schwingungen die Amplitude auf $^1/_5$ ihres Ausgangswertes zurückgehen soll.

73. Am Ende A eines Schwinghebels AB ist eine Feder mit einem angehängten Gewicht G befestigt. Das Ende B wird durch eine mit konstanter Drehzahl n umlaufende Kurbel $OC = r$ auf- und abbewegt. Welcher Drehzahlbereich muß vermieden werden, wenn die Federkraft nicht über das q-fache des Gewichtes G ansteigen soll? Der Einfluß der endlichen Schubstangenlänge BC ist zu vernachlässigen.

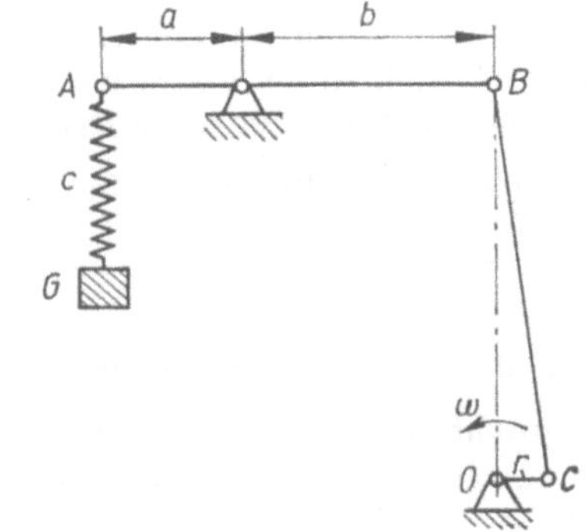

74. In einem Unwuchterreger, der auf einem beiderseits gelenkig gelagerten Balken sitzt, rotieren zwei exzentrische Gewichte gegeneinander mit der gleichen Drehzahl. Man bestimme die kritische Drehzahl und gebe die Amplitude für $n = 4000$ U/min an.

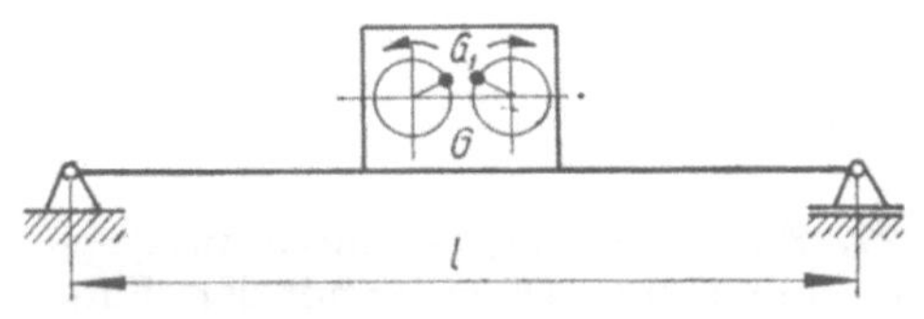

Gegeben: $E\ = 2 \cdot 10^5$ N mm^{-2} Elastizitätsmodul des Balkens;

$\qquad\quad\ I\ = 200$ cm^4 $\qquad\qquad$ Balkenträgheitsmoment;

$\qquad\quad\ l\ = 2$ m $\qquad\qquad\quad$ Balkenlänge;

$\qquad\quad\ G\ = 10^2$ N $\qquad\qquad$ Gewicht des Unwuchterregers;

$\qquad\quad\ G_1 = 1$ N $\qquad\qquad\quad$ Gewicht eines Exzenters;

$\qquad\quad\ r\ = 5$ cm $\qquad\qquad\quad$ Abstand eines Exzenters vom Drehpunkt

Annahme: Der Balken ist masselos, und die erregende Kraft wird in Balkenmitte eingetragen

75. Eine durch zwei Federn angeschlossene Masse m gleitet reibungsfrei in der Nut einer um eine vertikale Achse rotierenden Scheibe (Winkelgeschwindigkeit ω). Man untersuche die Schwingungen der Masse.

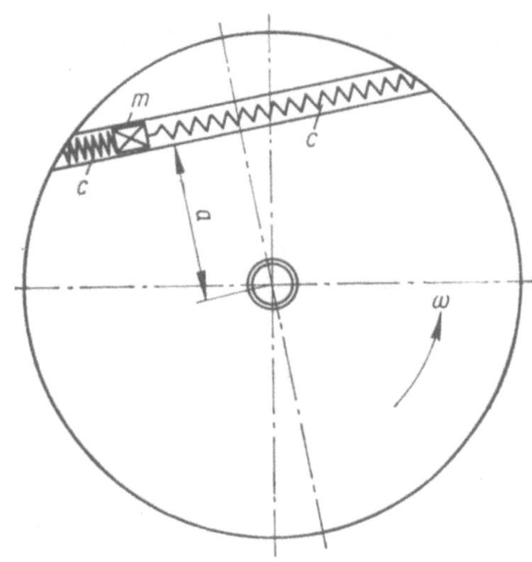

76. Ein Rohr rotiert um eine horizontale Achse mit der Winkelgeschwindigkeit ω. Im Rohr gleitet eine Masse m reibungsfrei. Die Masse ist mit der Drehachse durch eine Feder mit der Federkonstanten c verbunden. Man stelle die Bewegungsgleichung auf und integriere sie mit den Anfangsbedingungen $t = 0$, $r = a$; $\dot{r} = 0$.
$r = a$ entspricht der ungespannten Feder.

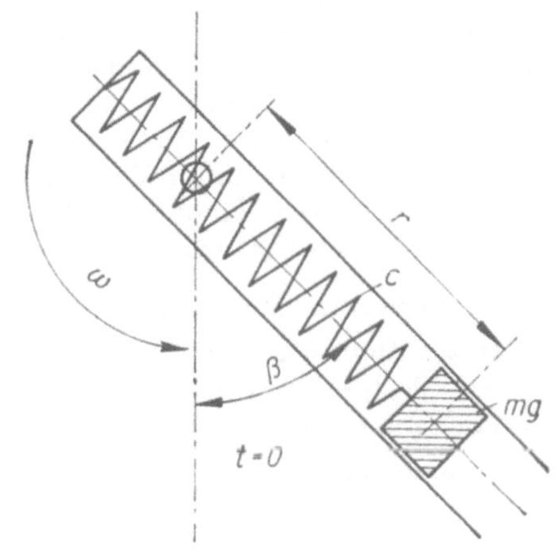

77. Ein horizontales Sieb führt vertikale Schwingungen aus, die der Bewegungsgleichung $y = a\,\sin\omega t$ folgen ($a = 5$ cm). Man bestimme die kleinste Kreisfrequenz der Siebschwingungen, die erforderlich ist, um die auf dem Sieb liegenden Körper nach oben zu werfen.

78. Die Messungen an einem schwingenden Einmassensystem der Masse $m = 3$ kg ergaben ein Amplitudenverhältnis $x_2/x_1 = 0{,}5$ und eine Periodendauer $T = 0{,}5$ s. Man ermittle die Federkonstante und die Dämpfung des Systems. (Die Dämpfung ist der Geschwindigkeit proportional.)

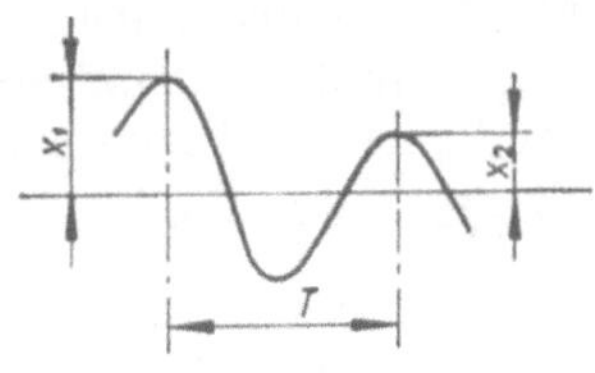

79. Für das skizzierte schwingungsfähige System aus einem homogenen Stab $(m, 3a)$ und den Federn c_1 und c_2 sind die Eigenfrequenzen zu berechnen.

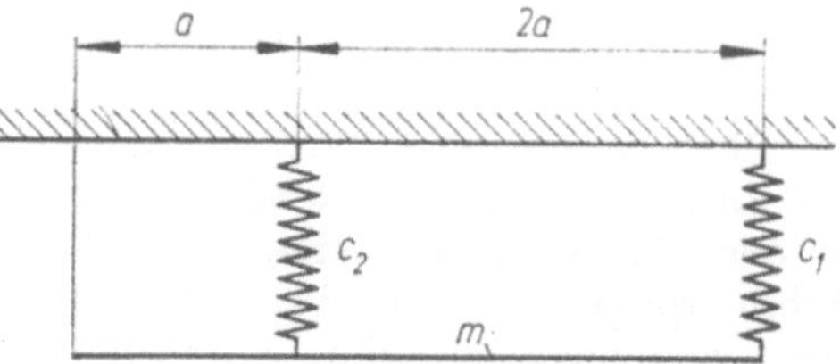

80. Zwei Wagen $(G_1 = 5 \cdot 10^4 \text{ N}, \ G_2 = 10^5 \text{ N})$ stehen auf einer schiefen Ebene vom Neigungswinkel $\alpha = 10°$ und sind durch eine Feder (Federkonstante $c = 5 \cdot 10^2 \text{ N mm}^{-1}$) miteinander verbunden. Der Wagen *1* ist durch einen Bremsklotz blockiert. Unter der Voraussetzung, daß der Klotz plötzlich entfernt wird, bestimme man:

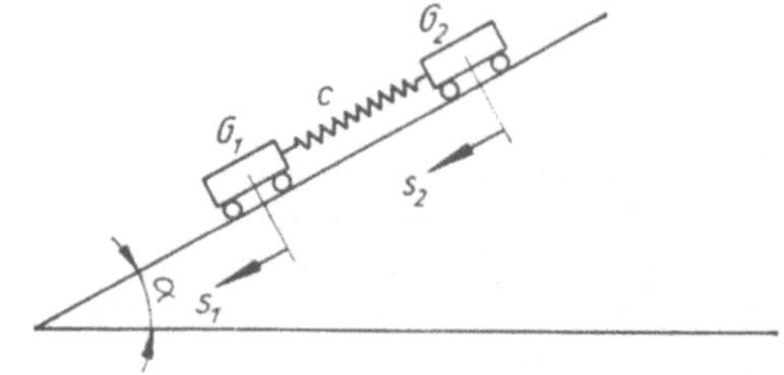

a) die Bewegungsgleichung für Wagen *1* und *2*,

b) Integration der Differentialgleichung unter den Anfangsbedingungen: $t = 0$, $s_1 = 0$, $\dot{s}_1 = 0$, $s_2 = 0$, $\dot{s}_2 = 0$,

c) Bewegung des Gesamtschwerpunktes,

d) Periodendauer.

e) Nach welcher Zeit ist erstmalig wieder $s_1 = s_2$? Wie groß ist dann $s_1 = s_2$?

81. Ein doppelt gekröpfter einseitig eingespannter „masseloser" Balken trägt am freien Ende die Punktmasse m.

Gegeben: $EI = $ konst., a, m

Gesucht: Eigenfrequenz des Schwingungssystems

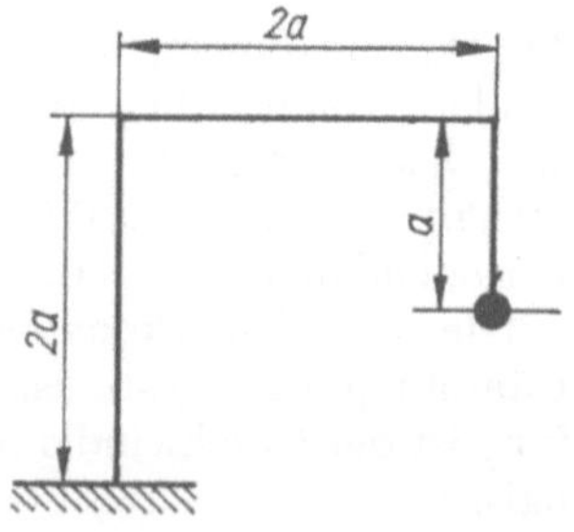

82. Ein Massenpunkt m ist an zwei gelenkig miteinander verbundenen Stäben mit den Querschnitten $A_1 = A$ und $A_2 = 2A$ und dem Elastizitätsmodul E wie skizziert befestigt. Gesucht sind die Eigenfrequenzen und die zugehörigen Schwingungsrichtungen für Schwingungen in der Stabebene.

Anmerkung: Es sind nur kleine Ausschläge zu diskutieren. Der Einfluß der Schwerkraft sowie die Stabmassen sind zu vernachlässigen. Benutzen Sie für die Rechnung die dimensionslose Frequenz mit $Z^2 = \dfrac{m\,l\omega^2}{E\,A}$.

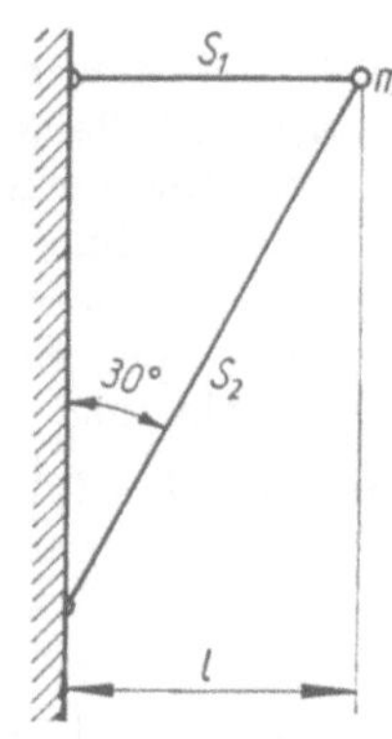

83. Ein masseloser starrer Stab trägt an seinen Enden die Massen m_1 und m_2 und ist durch zwei Federn mit den Federkonstanten c_1 und c_2 mit dem Fundament verbunden:

Gesucht: a) die LAGRANGEsche Funktion,

      b) die Differentialgleichungen der Schwingungen,

      c) die Eigenfrequenzen für $d = a = \dfrac{1}{2}\,b$; $m_1 = m_2$; $c_1 = c_2$

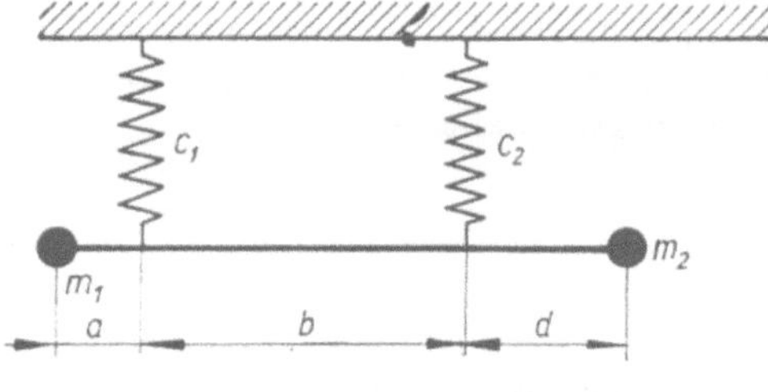

84. Auf einem Balken mit der konstanten Biegesteifigkeit EI sitzen zwei Punktmassen. Man ermittle die Eigenfrequenzen des Systems allgemein und speziell für $m_1 = m_2 = m$ und $a = b$.

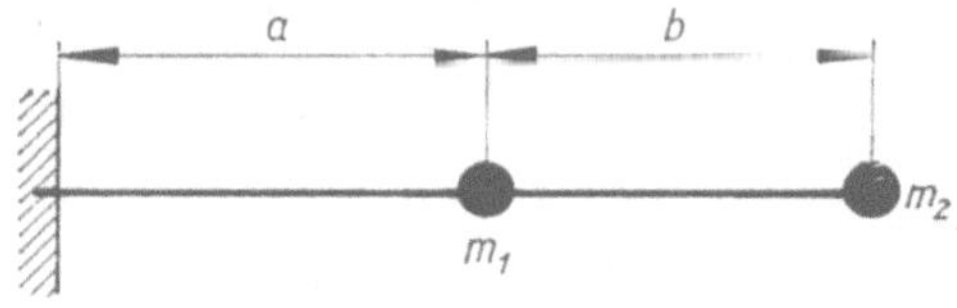

85. In einem homogenen Kreisring der Masse m kann ein Massenpunkt m reibungsfrei schwingen. Der Ring ist an einem Punkt drehbar aufgehängt.

Gesucht: a) die LAGRANGEsche Gleichung für große Ausschläge,

      b) die Bewegungsgleichungen für kleine Ausschläge,

      c) die Eigenfrequenz und

      d) die allgemeine Lösung der Differentialgleichungen

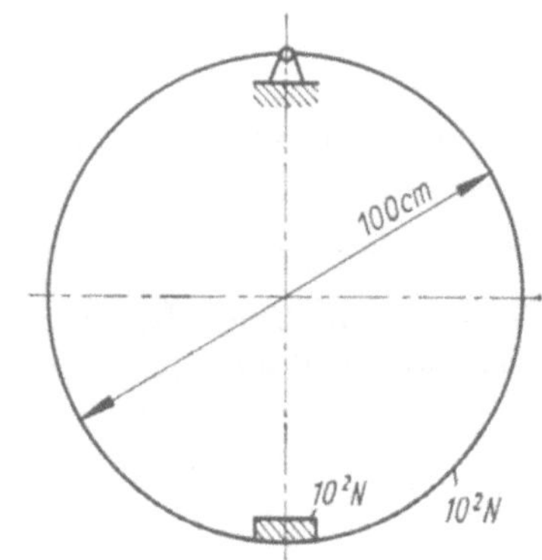

86. Ein homogener, prismatischer, „masseloser" Balken der Länge l ist an einem Ende eingespannt und trägt am anderen Ende eine dünne, homogene Scheibe (Masse m, Radius a). Man bestimme die Eigenfrequenzen der Biegeschwingung.

Gegeben: $a/l = 0{,}1$; m; EI

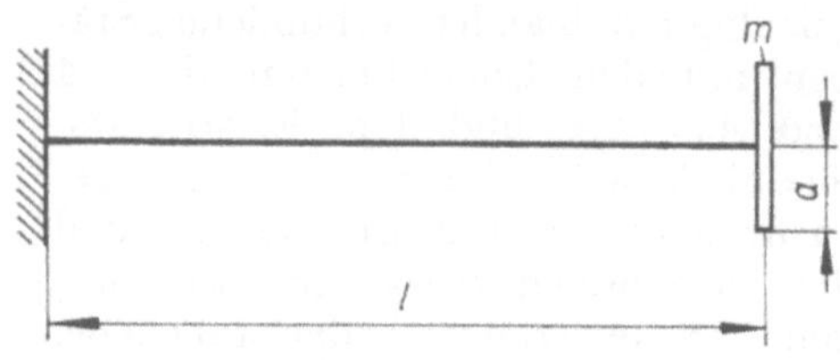

87. Für den skizzierten Schwinger sind die Torsionsfrequenzen zu ermitteln. Man stelle die Gleichungen allgemein dar und löse sie für $J_1 = J_2 = J_3 = J$ und $c_1 = c_2 = c$. Ferner zeige man den Übergang zur Drehschwingung eines massebelegten Balkens.

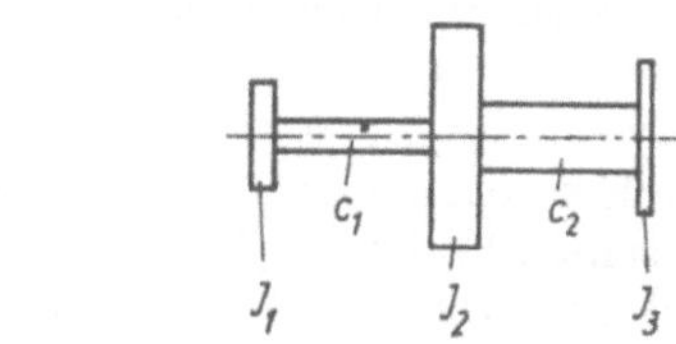

88. Für das skizzierte Schwingungssystem ist die LAGRANGEsche Funktion anzugeben. Die Differentialgleichungen sind unter den Anfangsbedingungen $t = 0$:

$$\dot{\varphi} = 0 \qquad \dot{\psi} = 0$$
$$\varphi = \varphi_0 \qquad \psi = 0$$

zu lösen.

Anmerkung: Das über die Scheibe geführte Seil ist undehnbar und rutscht nicht.

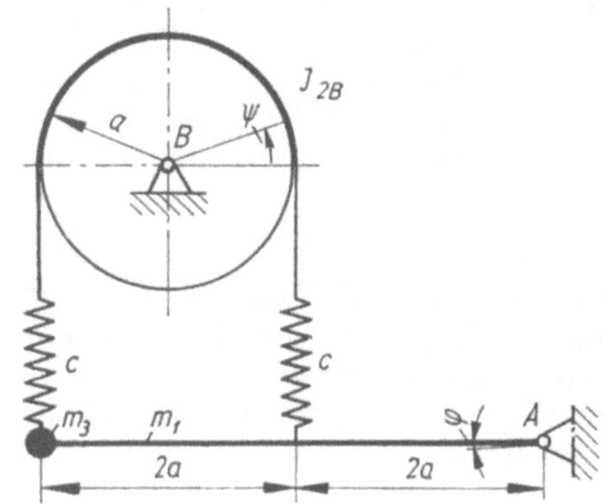

1.3.3.3.   Nichtlineare Schwingungen

89. Ein homogener Klotz (Masse m) wird um den Winkel φ_0 ausgelenkt und schwingt auf einer rauhen Unterlage. Man bestimme die Periodendauer.

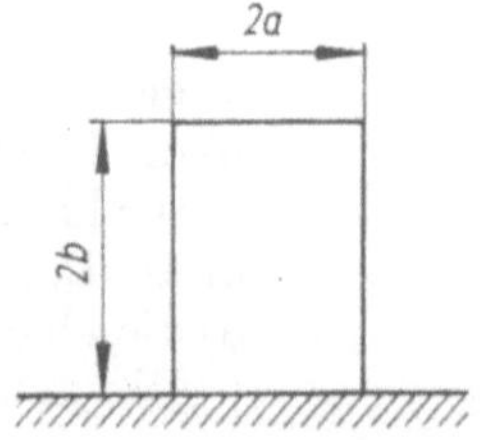

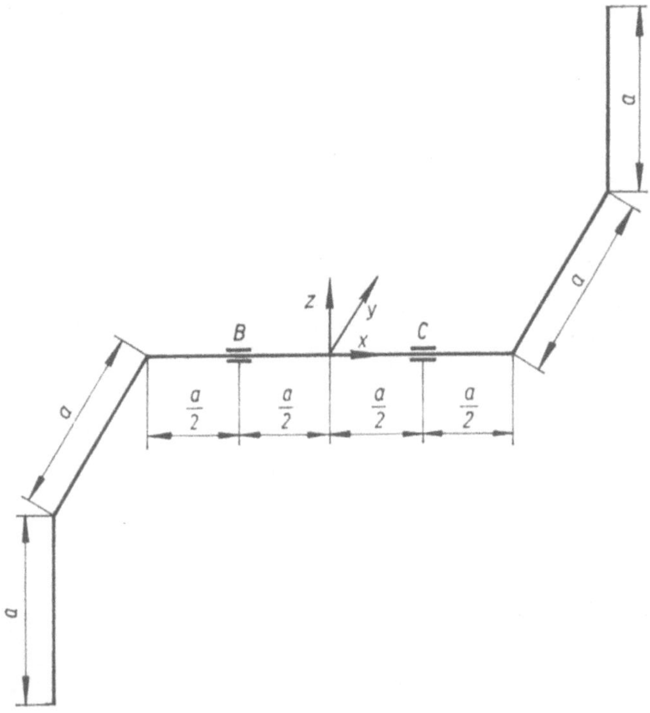

90. Für das skizzierte System sind zu bestimmen:

a) die Trägheitsmomente J_{kl},

b) die Hauptträgheitsmomente J_1, J_2, J_3,

c) die Richtungen der Hauptträgheitsachsen (Richtungskosinus c_{kl}),

d) die kinetische Energie, wenn das System mit ω_x rotiert,

e) die zusätzliche Auflagerkraft in B und C

Gegeben: $a = 50$ cm; $\omega_x = 5\,\mathrm{s}^{-1}$; $\mu = 0{,}1\ \mathrm{kg\,cm}^{-1}$ (Masse je Längeneinheit)

2. Lösungen

2.1. Statik

2.1.1. Kräfte an einem Punkt

1. Seilkraft:

$$F_S = G \sin \alpha$$

Druck auf die Unterlage:

$$F_N = G \cos \alpha$$

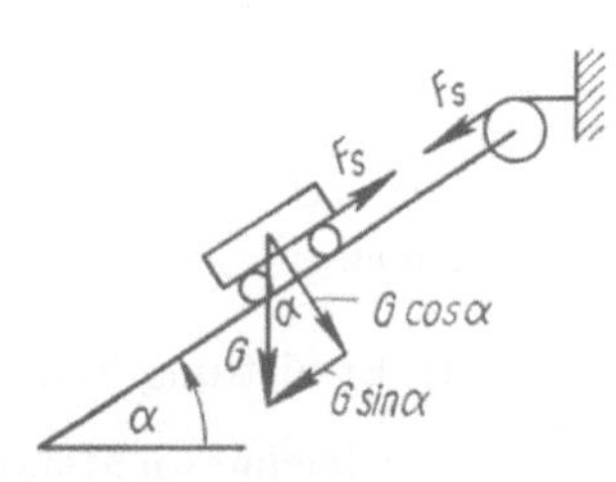

2. $F_{ND} = G \sin \alpha = 52\ \text{N}$

$F_{NE} = G \cos \alpha = 30\ \text{N}$

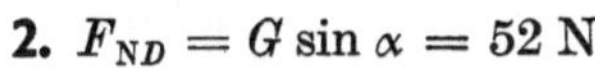

3. Zugkraft: $F = F_Q = 4 \cdot 10^3\ \text{N}$

$F_{Sp} = 2 F_Q \cos 30°$

$F_{Sp} = 6{,}93 \cdot 10^3\ \text{N}$

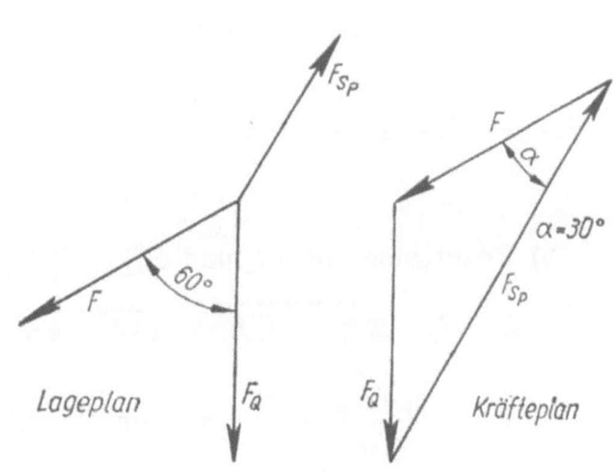

4. $F = F_{Ax}$

$G = F_{Ay}$

$F_{Ay} = 2 \cdot 10^4 \text{ N}$

$$F_{Ax} = F_{Ay} \frac{\sqrt{r^2 - (r-h)^2}}{r-h} = 1{,}15 \cdot 10^4 \text{ N}$$

$$F_A = \sqrt{F_{Ax}^2 + F_{Ay}^2} = 2{,}31 \cdot 10^4 \text{ N}$$

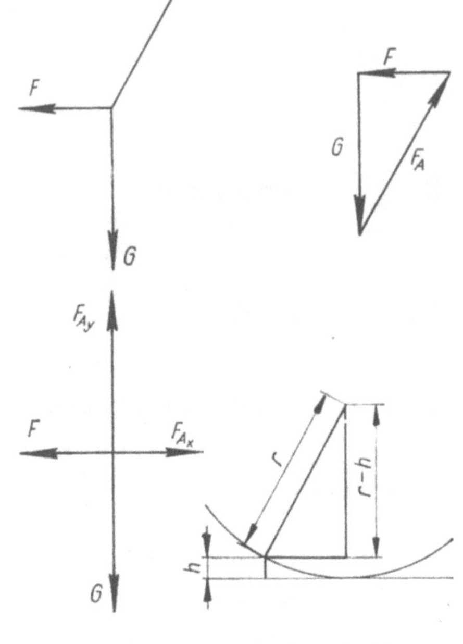

5. 1. Weg

a) Ermittlung von F_{S1} und $F_{S2/3}$

Gleichgewichtsbedingungen:

$\downarrow: F_2 + F_{S2/3} + F_{S1} \sin \alpha = 0$

$\rightarrow: F_1 - F_{S1} \cos \alpha = 0$

$$F_{S1} = \frac{F_1}{\cos \alpha}; \quad \cos \alpha = \frac{3}{5}; \quad \sin \alpha = \frac{4}{5}$$

$$F_{S1} = \frac{5}{3} F_1 = 1{,}67 \cdot 10^3 \text{ N}$$

$$-F_{S2/3} = F_2 + F_{S1} \sin \alpha = F_2 + \frac{5}{3} F_1 \frac{4}{5} = 3{,}33 \cdot 10^3 \text{ N}$$

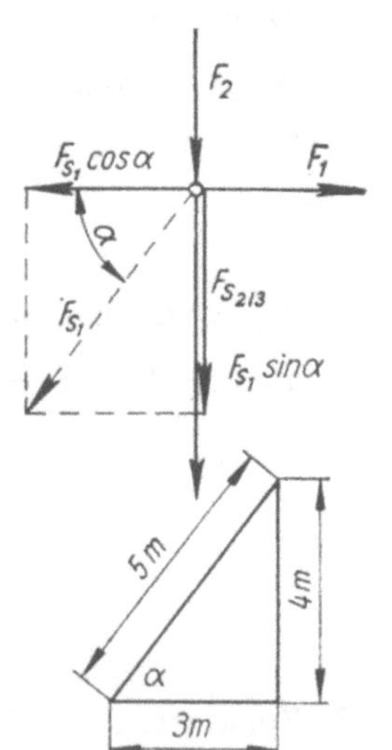

b) Ermittlung von F_{S2} und F_{S3}

$$l_3 = l_2 = \sqrt{l_{3/2}^2 + \overline{CB}^2} = \sqrt{16 + 4}\,\text{m} = 2\sqrt{5}\,\text{m}$$

$$F_{S2} = \frac{l_2 F_{S2/3}}{2 l_{2/3}} = -1{,}86 \cdot 10^3 \text{ N} = F_{S3}$$

2. Weg: Kraftvektoren

$$\vec{F} = F_1 i - F_2 j$$

$$F_{S1} = \alpha(-3i - 4j \qquad)$$

$$F_{S2} = \beta(\qquad - 4j - 2\mathfrak{k})$$

$$F_{S3} = \gamma(\qquad - 4j + 2\mathfrak{k})$$

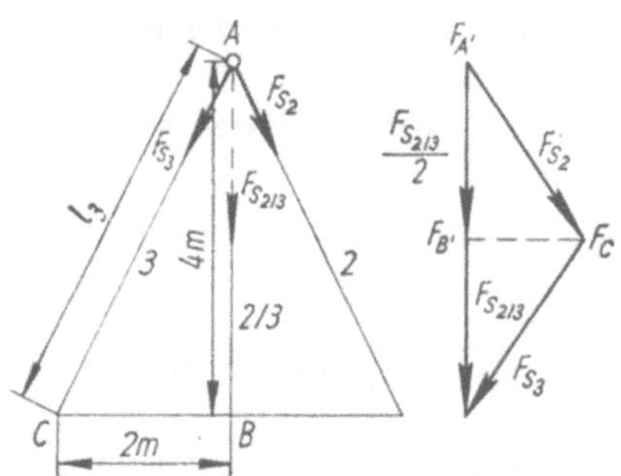

Kräftegleichgewicht:

$$-3\alpha + F_1 \qquad = 0 \qquad \alpha = \frac{F_1}{3}$$

$$-4(\alpha + \beta + \gamma) - F_2 = 0$$
$$-2(\beta - \gamma) \qquad = 0 \qquad \gamma = \beta = -\frac{1}{2}\left(\frac{F_1}{3} + \frac{F_2}{4}\right)$$

Damit $\quad F_{S1} = \dfrac{5}{3} F_1 \quad F_{S2} = F_{S3} = -\sqrt{5}\left(\dfrac{F_1}{3} + \dfrac{F_2}{4}\right)$

6. a) $\quad \vec{F}_{res} = \vec{F}_1 + \vec{F}_2 = 5i + j - 2\mathfrak{k}$ (in N)

$$|\vec{F}_{res}| = \sqrt{25 + 1 + 4}\ \text{kp} = 5{,}48\ \text{N}$$

b) $\quad \vec{M}_{res} = \vec{M}_1 + \vec{M}_2$

$$\vec{M}_1 = \vec{r}_1 \times \vec{F}_1 = \begin{vmatrix} i & j & \mathfrak{k} \\ 4 & -1 & 0 \\ 3 & 1 & 1 \end{vmatrix} = -i - 4j + 7\mathfrak{k} \text{ (in Nm)}$$

$$\vec{M}_2 = \vec{r}_2 \times \vec{F}_2 = \begin{vmatrix} i & j & \mathfrak{k} \\ 0 & -2 & 3 \\ 2 & 0 & -3 \end{vmatrix} = 6i + 6j + 4\mathfrak{k} \text{ (in Nm)}$$

$$\vec{M}_{res} = 5i + 2j + 11\mathfrak{k} \text{ (in Nm)}$$

$$|\vec{M}_{res}| = \sqrt{25 + 4 + 121}\ \text{Nm} = 12{,}25\ \text{Nm}$$

c) Kraftschraube = Resultierende und Moment parallel zu dieser.

$$\vec{F}_{res} = 5i + j - 2\mathfrak{k} \text{ (in N)}$$

$$\vec{M}_s = (e_{res} \cdot \vec{M}_{res}) \cdot e_{res} = \frac{1}{\vec{F}^2_{res}} \cdot (\vec{F}_{res} \cdot \vec{M}_{res}) \cdot \vec{F}_{res} = \frac{5}{30} \cdot (5i + j - 2\mathfrak{k}) \text{ (in Nm)}$$

7. a) Bestimmung des Winkels α

$$\overset{\curvearrowleft}{0}\!:Gl \sin \alpha + F(l \sin \alpha - r) - FR = 0$$

$$\sin \alpha = \frac{F(r + R)}{l(G + F)} = \frac{1}{2} \Rightarrow \alpha = 30°$$

b) Ein Schnitt durch die Pendelstange und das linke Seil führt zu folgender Kräftegleichgewichtsbedingung:

$$\rightarrow\!:F_Z \sin \alpha - F \sin \beta = 0$$

Bestimmung des Winkels β:

$$\cos(\alpha + \beta) = \frac{R + r}{l} = \frac{7}{10}$$

$$\Rightarrow \beta = 15{,}6° \Rightarrow \sin \beta = 0{,}268$$

$$F_Z = 0{,}53 \cdot 10^2 \text{ N}$$

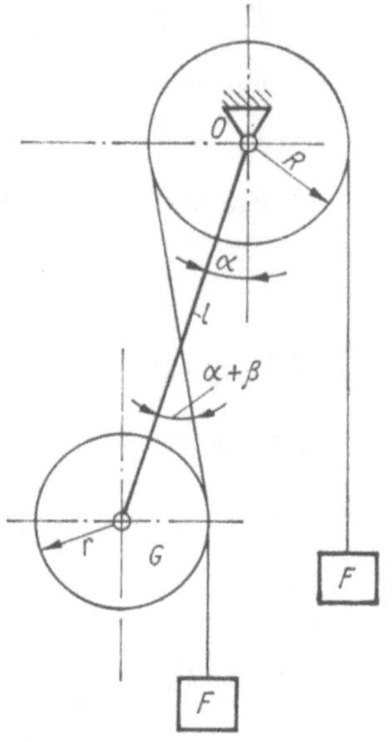

8. $\overset{\curvearrowleft}{A}\!:F_R \cos \dfrac{\alpha}{2}\, a - G(a + b) = 0$

$$F_R = 2 F_S \sin \frac{\alpha}{2}$$

$$F_S = \frac{G(a + b)}{2a \sin \dfrac{\alpha}{2} \cos \dfrac{\alpha}{2}} =$$

$$= \frac{G(a + b)}{a \sin \alpha} = 1{,}32 \cdot 10^3 \text{ N}$$

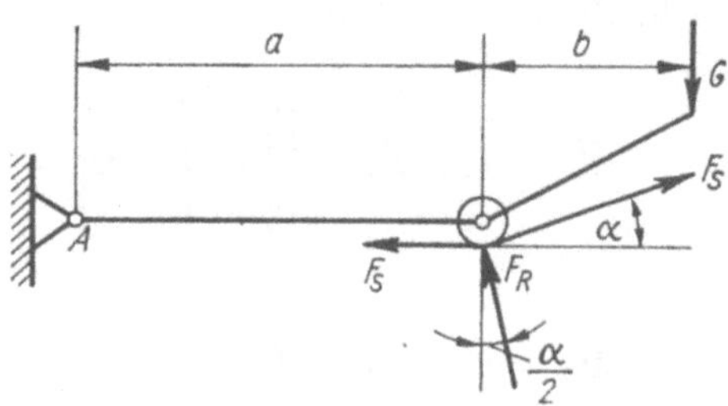

9. $\overset{\curvearrowleft}{A}\!:\ G_1 a - F_{S1} b - F_{S2} c = 0$

$\overset{\curvearrowleft}{B}\!:\ G_2 e - F_{S2} d = 0$

$\overset{\curvearrowleft}{C}\!:\ G_2(e + f) - F_{S1} g - F_{S2}(f + d) = 0$

Daraus

$$F_{S2} = G_2 \, \frac{e}{d}$$

$$F_{S1} = \frac{G_2}{g} \left[(e + f) - \frac{e}{d} \, (d + f) \right]$$

$$\frac{G_1}{G_2} = \frac{1}{a} \left[\frac{e}{gd} \, (cg - fb) + \frac{fb}{g} \right]$$

Die Bedingung $\dfrac{G_1}{G_2} = \dfrac{1}{10}$ mit $\dfrac{f}{g} = \dfrac{1}{5}$

wird erfüllt durch

$$\frac{b}{a} = \frac{1}{2} \text{ und } \frac{c}{b} = \frac{1}{5}.$$

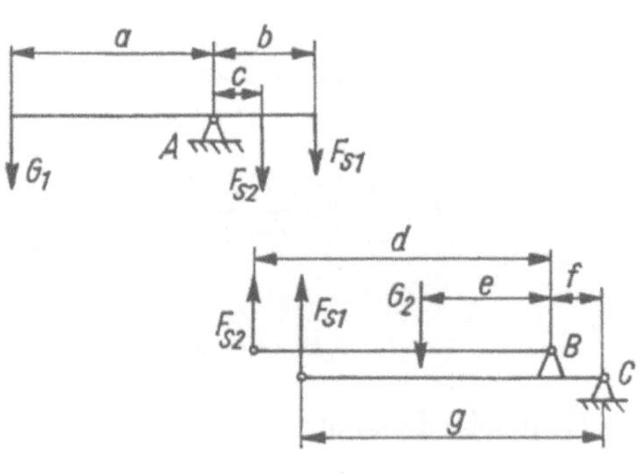

10. $F_A \;\; = 1{,}41 \cdot 10^3 \, \text{N}$

    $F_{Bx} = 6 \;\;\;\; \cdot 10^3 \, \text{N}$

    $F_{By} = 7 \;\;\;\; \cdot 10^3 \, \text{N}$

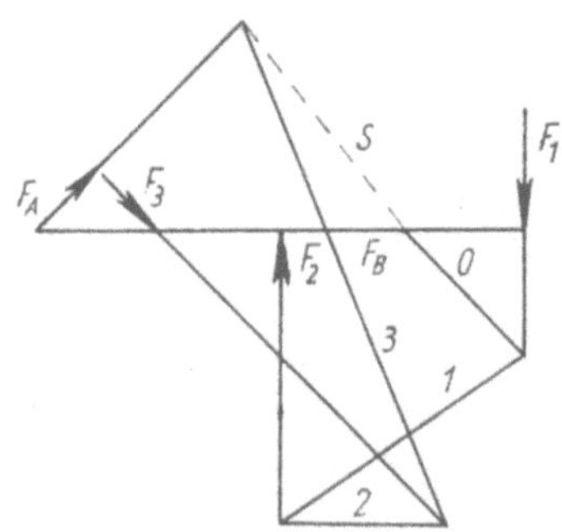

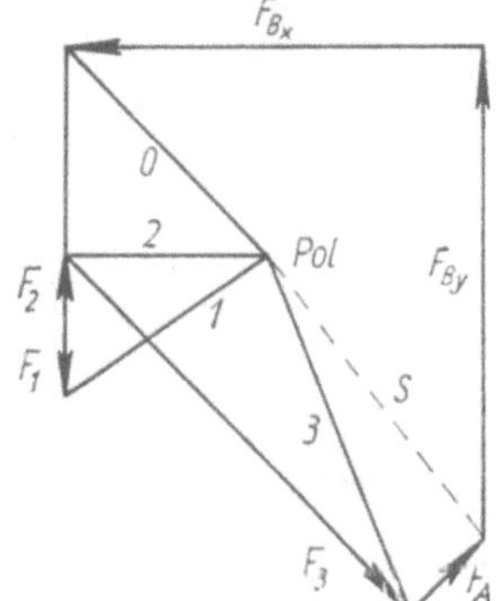

11. Analytische Lösung:

Alle Stäbe werden als Zugstäbe angesetzt.

a) $\stackrel{\frown}{A}$: $\;-F_C \dfrac{a}{2} \sqrt{3} - \dfrac{F}{2} \dfrac{a}{2} - Fa = 0 \Rightarrow F_C = -\dfrac{5}{6} \sqrt{3} \, F = -1{,}444 \, F$

$\stackrel{\frown}{B}$: $\;-F_A \dfrac{a}{2} \sqrt{3} - Fa \qquad\quad = 0 \Rightarrow F_A = -\dfrac{2}{3} \sqrt{3} \, F = -1{,}156 \, F$

$\stackrel{\frown}{C}$: $\;-F_B \dfrac{a}{2} \sqrt{3} + \dfrac{F}{2} \dfrac{a}{2} - Fa \left(1 + \dfrac{\sqrt{3}}{2} \right) = 0$

$$\Rightarrow F_B = -\left(1 + \frac{\sqrt{3}}{2} \right) F = -1{,}866 \, F$$

b) $\overset{\curvearrowleft}{A}$: $-F_C \dfrac{a}{2}\sqrt{3} - \dfrac{F}{2}\dfrac{a}{2} + Fa = 0 \Rightarrow F_C = \dfrac{\sqrt{3}}{2}\,F = 0{,}866\,F$

$\overset{\curvearrowright}{B}$: $-F_A \dfrac{a}{2}\sqrt{3} + Fa \qquad = 0 \Rightarrow F_A = \dfrac{2}{3}\sqrt{3}\,F = 1{,}156\,F$

$\overset{\curvearrowleft}{C}$: $-F_B \dfrac{a}{2}\sqrt{3} + \dfrac{F}{2}\dfrac{a}{2} + Fa\left(1 + \dfrac{\sqrt{3}}{2}\right) = 0$

$$\Rightarrow F_B = \left(1 + \dfrac{5}{6}\sqrt{3}\right) F = 2{,}444\,F$$

Grafische Lösung:

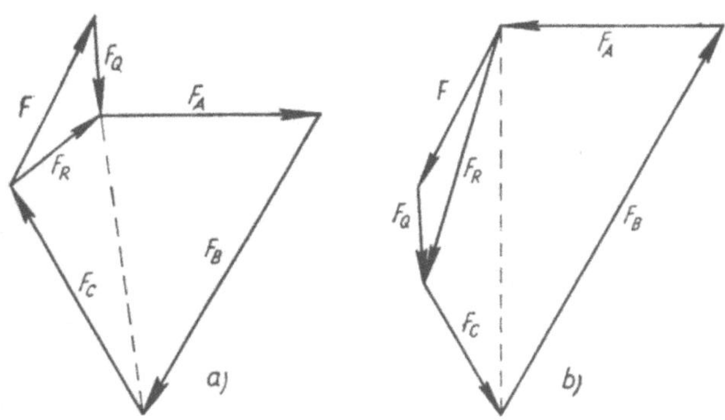

12. $\uparrow$: $-F_{S1}\dfrac{\sqrt{3}}{2} - G - F_{S2} - F_{S3}\dfrac{\sqrt{2}}{2} = 0$ $\qquad \overset{\curvearrowleft}{C}$: $F_{S1}\left(a\dfrac{1}{2} - b\dfrac{\sqrt{3}}{2}\right) - G\dfrac{b}{2} = 0$

$\rightarrow$: $-F_{S1}\dfrac{1}{2} - F + F_{S3}\dfrac{\sqrt{2}}{2} = 0$

$F_{S1} = -8{,}12 \cdot 10^2\ \text{N}$

$F_{S2} = -8{,}9\ \ \cdot 10^2\ \text{N}$

$F_{S3} = \ \ 8{,}4\ \ \cdot 10^2\ \text{N}$

$10^3\ \text{N} \triangleq 2{,}5\ \text{cm}$

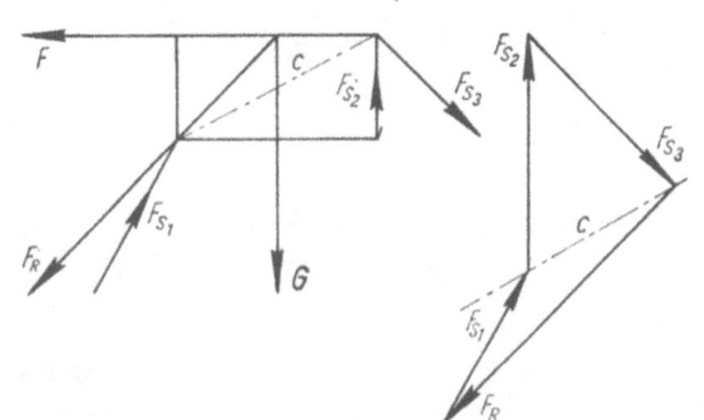

13. Alle Stabkräfte werden als Zugkräfte angesetzt.

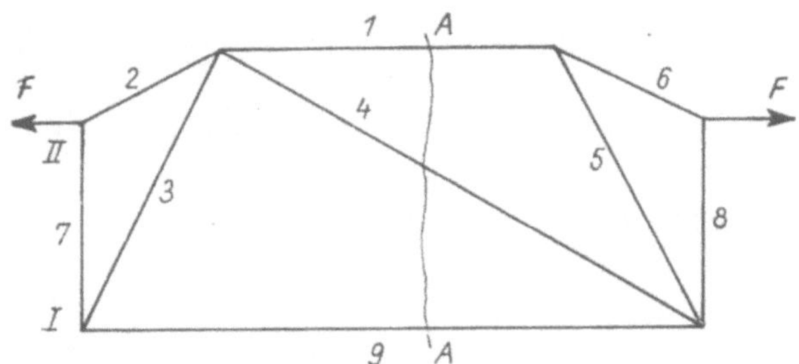

Die Kräftegleichgewichtsbedingungen am Teilfachwerk (Schnitt $A-A$ durch
1 4 9) ergeben:

$\uparrow$: $F_{S4} = 0$ (Dies folgt auch sofort aus Symmetriegründen)

$$\circlearrowleft I: F \cdot 3 - F_{S1} \cdot 4 = 0 \qquad\qquad F_{S1} = \frac{3}{4}\, F = 7{,}5 \cdot 10^2\ \text{N}$$

$$\rightarrow: F_{S1} + F_{S9} - F = 0 \qquad\qquad F_{S9} = \frac{1}{4}\, F = 2{,}5 \cdot 10^2\ \text{N}$$

Aus einer Kräftezerlegung am Knoten *I* folgt:

$\rightarrow: F_{S9} + F_{S3H} = 0 \qquad\qquad \uparrow: F_{S7} + F_{S3V} = 0$

Geometrische Ähnlichkeit ergibt:

$$F_{S3H} = F_{S3}\,\frac{2}{\sqrt{20}} \qquad F_{S3V} = F_{S3}\,\frac{4}{\sqrt{20}}$$

Damit:

$$F_{S3} = -F_{S9}\,\sqrt{5} = -5{,}6 \cdot 10^2\ \text{N} = F_{S5}; \quad F_{S7} = 2 F_{S9} = 5 \cdot 10^2\ \text{N} = F_{S8}$$

Kräftegleichgewichtsbedingung am Knoten *II* :

$$-F + F_{S2}\,\frac{2}{\sqrt{5}} = 0 \quad F_{S2} = F\,\frac{\sqrt{5}}{5} = 1{,}12 \cdot 10^3\ \text{N} = F_{S6}$$

14. Auflager:

$\uparrow$: $F_{Ay} + F_B - 3F = 0$

$\rightarrow: F_{Ax} - F = 0$

$\curvearrowleft A: F_B \cdot 6a - 2F \cdot 4a - Fa = 0$

$$F_B = \frac{9}{6}\, F = \frac{3}{2}\, F; \quad F_{Ay} = \frac{3}{2}\, F$$

Stabkräfte:

$$F_{S1} = +4F$$

$$F_{S2} = +4F$$

$$F_{S3} = +3F$$

$$F_{S4} = -\frac{3F}{\cos\alpha} = -3{,}36F$$

$$F_{S5} = -3F$$

$$F_{S6} = -\frac{3F}{\cos\alpha} = -3{,}36F$$

$$F_{S7} = +2F$$

$$F_{S8} = -\frac{F}{\cos\alpha} = -1{,}12F$$

$$F_{S9} = +\frac{3}{2}F$$

$$\cos\alpha = \frac{\sqrt{2}}{5}$$

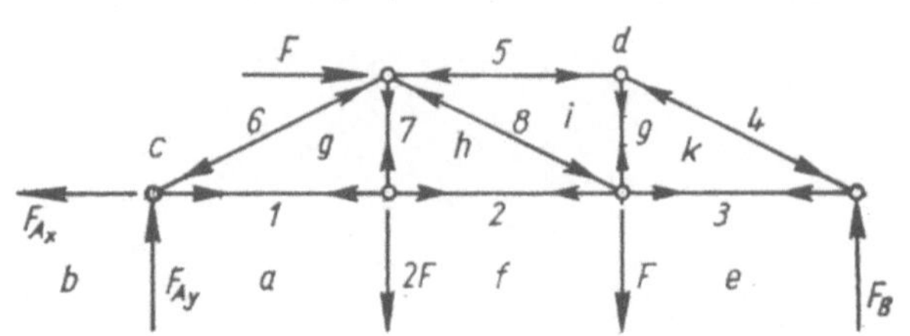

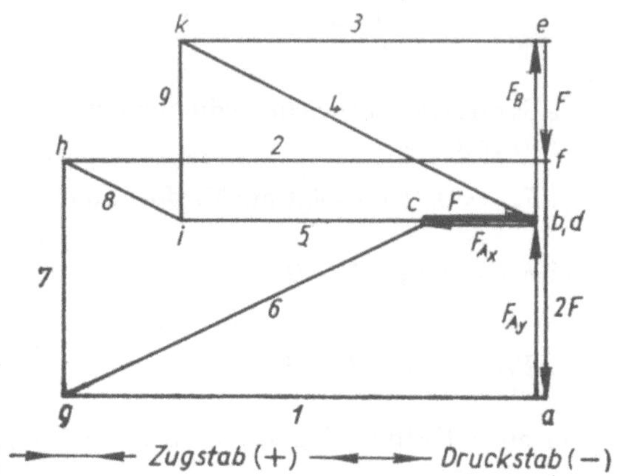

15. Grafische Lösung: CREMONA-Plan

$$F_{S1} = -\sqrt{2}\,F_Q \qquad F_{S4} = -F_Q \qquad F_{S7} = -3F_Q$$

$$F_{S2} = 0 \qquad F_{S5} = -2\sqrt{2}\,F_Q \qquad F_{S8} = -5\sqrt{2}\,F_Q$$

$$F_{S3} = +F_Q \qquad F_{S6} = +3F_Q \qquad F_{S9} = +2F_Q$$

$$F_{S10} = +3\sqrt{2}\,F_Q$$

Analytische Lösung: Kräftezerlegung an den Knotenpunkten

$$F_{S2} = 0$$

$$F_{S1} = -F_Q\sqrt{2}$$

$$F_{S3} = F_Q$$

$$F_{S4} = -F_Q$$

$$-\frac{1}{2}\sqrt{2}\,F_{S5} = F_Q + F_{S3} = 2F_Q$$

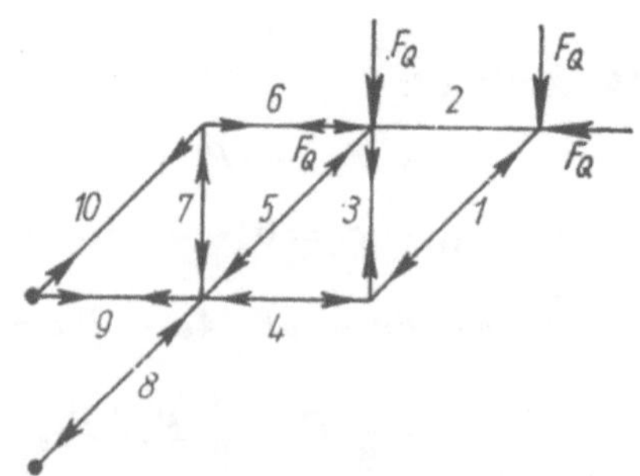

$$F_{S6} = F_Q + 2F_Q$$

$$F_{S6} - \frac{F_{S10}}{\sqrt{2}} = 0$$

$$\frac{F_{S8}}{\sqrt{2}} = F_{S7} + \frac{F_{S5}}{\sqrt{2}} = -3F_Q - 2F_Q$$

$$F_{S9} = \frac{F_{S5}}{\sqrt{2}} + F_{S4} - \frac{F_{S8}}{\sqrt{2}} = 2F_Q$$

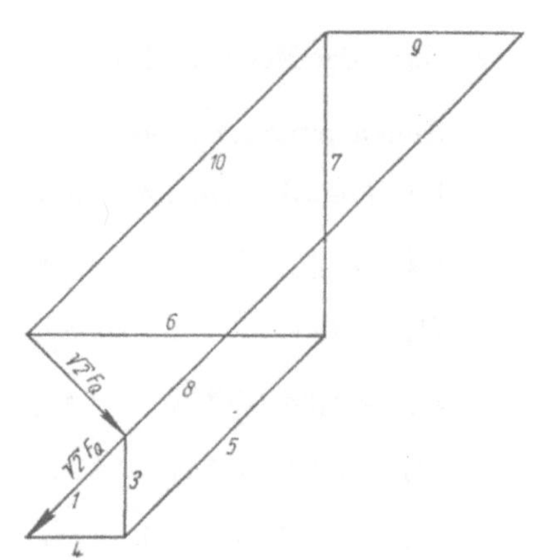

16. a) Auflagerbestimmung:

$$\uparrow\ :\ -2F + F_{Ay} = 0$$

$$\rightarrow :\ -F_B + F + F_{Ax} = 0$$

$$\overset{\curvearrowleft}{A}:\ F_B \cdot 2{,}25 - F \cdot 1 -$$

$$-\ F \cdot 2{,}5 = 0$$

$$F_{Ax} = 0{,}55\,F$$

$$F_{Ay} = 2\,F$$

$$F_B = 1{,}55\,F$$

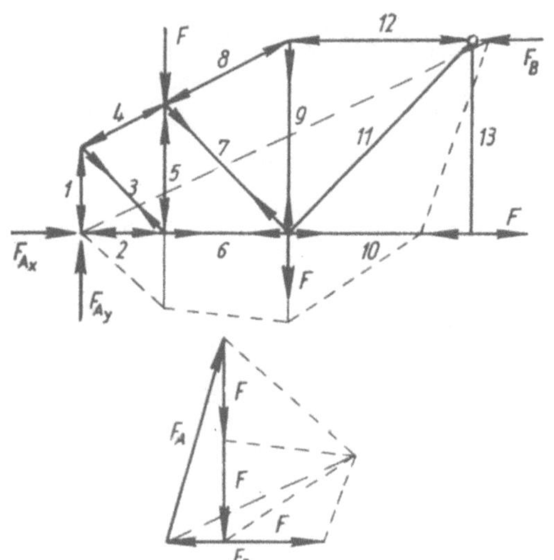

b) Stabkräftebestimmung:

$$F_{S1} = -2F \qquad F_{S6} = +0{,}8F \qquad F_{S10} = +1{,}0F$$

$$F_{S2} = -0{,}55F \quad F_{S7} = +0{,}3F \qquad F_{S11} = 0$$

$$F_{S3} = +1{,}9F \quad\ \ F_{S8} = -1{,}75F \quad F_{S12} = -1{,}55F$$

$$F_{S4} = -1{,}5F \quad\ \ F_{S9} = +0{,}8F \qquad F_{S13} = 0$$

$$F_{S5} = -1{,}35F$$

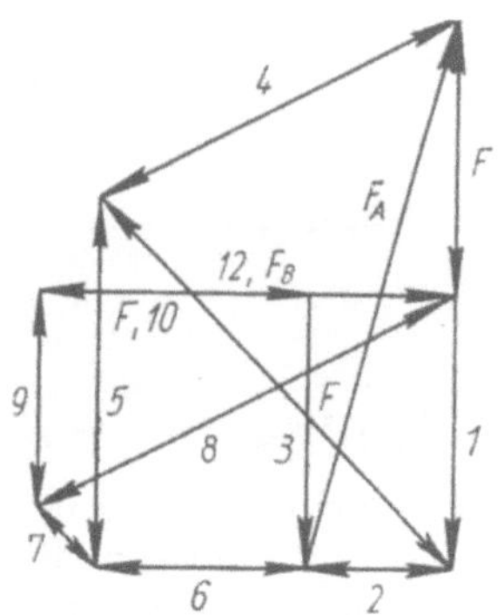

17. Nach der Methode des unbekannten Maßstabes, von Stab *4* ausgehend.

Angenommen: $F_{S4} = 10^4$ N, 10^4 N $\triangle$ 2,5 cm.

Für F ergibt sich 1,45 cm, also wirklicher Maßstab:

1,45 cm $\triangle$ 10^4 N,   1 cm $\triangle$ $6{,}9 \cdot 10^3$ N.

$F_{Ax} = 0$ $F_{S2} = +2{,}45 \cdot 10^4$ N $F_{S6} = 0$

$F_{Ay} = 1{,}23 \cdot 10^4$ N $F_{S3} = +2{,}00 \cdot 10^4$ N $F_{S7} = +1{,}73 \cdot 10^4$ N

$F_B = 2{,}23 \cdot 10^4$ N $F_{S4} = -1{,}73 \cdot 10^4$ N $F_{S8} = 0$

$F_{S1} = -1{,}73 \cdot 10^4$ N $F_{S5} = +2{,}73 \cdot 10^4$ N $F_{S9} = -2{,}45 \cdot 10^4$ N

$F_{S10} = +0{,}71 \cdot 10^4$ N

$F_{S11} = +3{,}15 \cdot 10^4$ N

$F_{S12} = 0$

$F_{S13} = -2{,}23 \cdot 10^4$ N

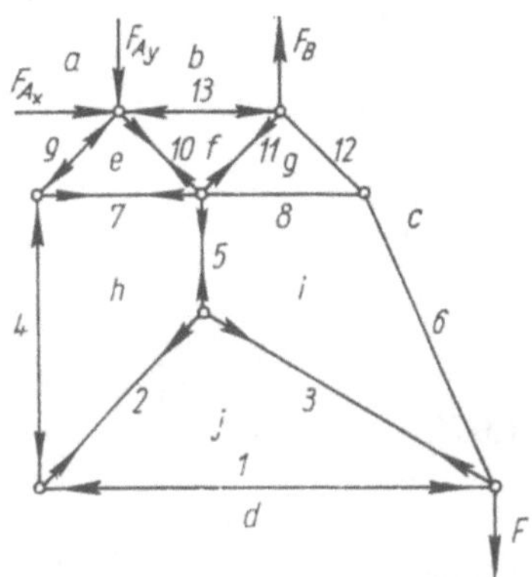

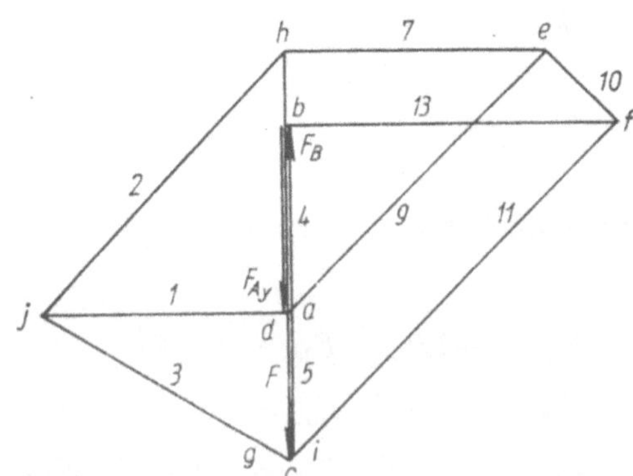

Anderer Weg:

Man führt einen Schnitt durch die Stäbe *4, 5* und *6*. Am abgetrennten Fachwerkteil ist *6* der einzige Stab mit horizontaler Komponente, daraus folgt $F_{S6} = 0$. Nun kann man den einfachen CREMONA-Plan zeichnen.

110

18. a) Der Kräfteplan wird mit einer beliebigen Größe vom Stab *5* begonnen.

Der Maßstab wird am Ende durch die Strecke F festgelegt. Wir erhalten:

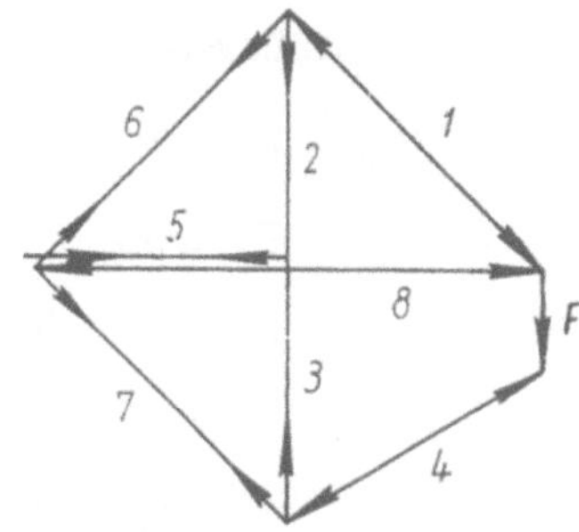

i	1	2	3	4	5	6	7	8
F_{Si}/F	$-3{,}35$	$2{,}37$	$2{,}37$	$-2{,}73$	$2{,}37$	$3{,}35$	$3{,}35$	$-4{,}73$

b) Wir entfernen Stab *1* und fügen ihn als Ersatzstab am Knotenpunkt *8, 7, 4, F* senkrecht nach oben ein. Im T-Plan werden alle Stäbe Null bis auf $e = F$. Nun zeichnen wir den U-Plan mit allen Stäben ohne die Kraft F, indem wir z. B. $U_5 = F$ setzen.

Durch Überlagerung erhalten wir: $F_{Si} = T_i + x U_i$, wobei wir x bestimmen aus

$$F_{Se} = 0 = T_e + x U_e$$

zu

$$x = -\frac{T_e}{U_e} = \frac{1}{2}\left(3 + \sqrt{3}\right)$$

c) Wir schneiden die Stäbe *5* und *8* und wählen als Momentenbezugspunkte die Schnittpunkte der Wirkungslinien der Stäbe *1* und *2* bzw. *3* und *4*. Damit erhalten wir aus den Gleichungen

$$2 F_{S5} + F_{S8} = 0$$

$$\left(1 + \frac{\sqrt{3}}{3}\right) F_{S5} + \frac{\sqrt{3}}{3} F_{S8} = F$$

$$2 F_{S5} = -F_{S8} = \left(3 + \sqrt{3}\right) F$$

Alle anderen Stäbe können nun durch Kräftezerlegung bestimmt werden.

i	$\dfrac{T_i}{F}$	$\dfrac{U_i}{F}$	$\dfrac{F_{Si}}{F}$
1	0	$-\sqrt{2}$	$-\dfrac{\sqrt{2}}{2}\left(3 + \sqrt{3}\right)$
2	0	1	$\dfrac{1}{2}\left(3 + \sqrt{3}\right)$
3	0	1	$\dfrac{1}{2}\left(3 + \sqrt{3}\right)$
4	0	$-\dfrac{2}{3}\sqrt{3}$	$-\left(1 + \sqrt{3}\right)$
5	0	1	$\dfrac{1}{2}\left(3 + \sqrt{3}\right)$
6	0	$\sqrt{2}$	$\dfrac{\sqrt{2}}{2}\left(3 + \sqrt{3}\right)$
7	0	$\sqrt{2}$	$\dfrac{\sqrt{2}}{2}\left(3 + \sqrt{3}\right)$
8	0	-2	$-\left(3 + \sqrt{3}\right)$
e	1	$-\left(1 - \dfrac{1}{3}\sqrt{3}\right)$	0

19. $\uparrow\ : F_{Ay} - F_1 - F_3 + F_B = 0$

$\rightarrow : F_{Ax} - F_2 = 0 \Rightarrow F_{Ax} = F_2 = 1,5 \cdot 10^4 \ \text{N}$

$\overset{\frown}{A} : F_1 a + F_2 \dfrac{a}{2} + F_3 \dfrac{3a}{2} - F_B 2a = 0$

$$F_B = \frac{F_1 + F_2 \cdot \dfrac{1}{2} + F_3 \dfrac{3}{2}}{2} = 1,38 \cdot 10^4 \ \text{N}$$

$F_{Ay} = 1,25 \cdot 10^3 \ \text{N}$

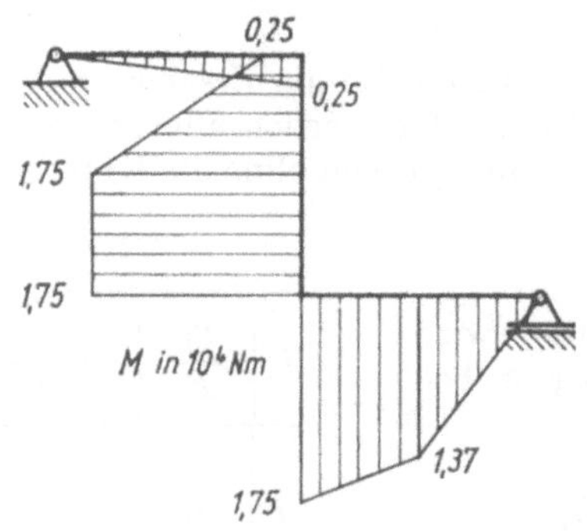

Momentenverlauf:

$M_1 = F_{Ay} x_1$

$M_2 = F_{Ax} x_2 + F_{Ay} a$

$M_3 = F_B x_3$

$M_4 = F_B \left(\dfrac{a}{2} + x_4 \right) - F_3 x_4$

$M_5 = F_B a - F_3 \dfrac{a}{2}$

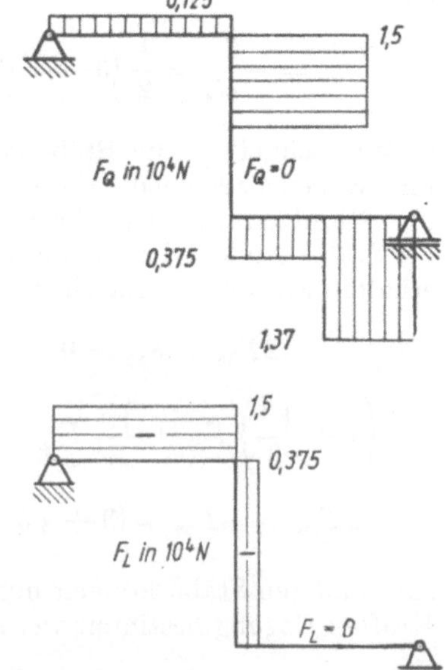

20. a) Auflager:

Aus Gleichgewichts-
bedingungen folgt:

$$F_{Bx} = -4 \cdot 10^3 \text{ N}$$

$$F_{By} = 3 \cdot 10^3 \text{ N}$$

$$F_{Ay} = 10^3 \text{ N}$$

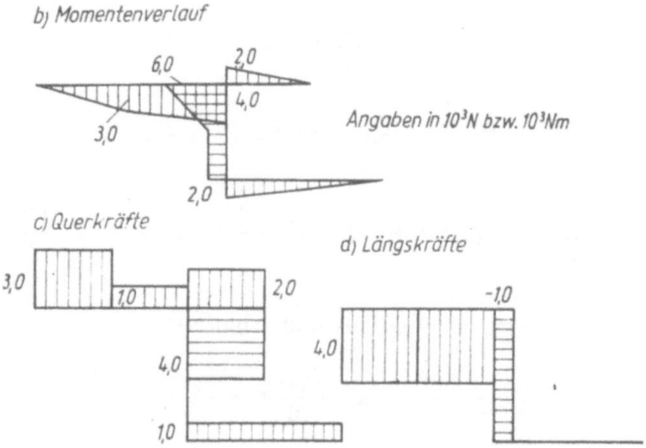

21. a) $\downarrow$: $F - F_{\mathrm{S}} - F_{Ay} = 0$ $\qquad F_{Ax} = F = F_{\mathrm{S}} \qquad F_{Ay} = 0$

$\rightarrow$: $F_{\mathrm{S}} - F_{Ax} = 0$

$\overset{\frown}{A}$: $3F - 2F_{\mathrm{S}} - F_{\mathrm{S}} = 0$

b) $F_{\mathrm{L1}} = -F_{Ax} \dfrac{\sqrt{2}}{2} = -\dfrac{F}{2}\sqrt{2} \qquad F_{\mathrm{Q1}} = F_{Ax} \dfrac{\sqrt{2}}{2} = F \dfrac{\sqrt{2}}{2}$

$F_{\mathrm{L2}} = F_{\mathrm{L1}} - F_{\mathrm{S}} \dfrac{\sqrt{2}}{2} = -F\sqrt{2} \qquad F_{\mathrm{Q2}} = F_{\mathrm{Q1}} - F_{\mathrm{S}} \dfrac{\sqrt{2}}{2} = 0$

$F_{\mathrm{L3}} = F_{\mathrm{L2}} + F_{\mathrm{S}} \dfrac{\sqrt{2}}{2} = -F \dfrac{\sqrt{2}}{2} \qquad F_{\mathrm{Q3}} = F_{\mathrm{Q2}} - F_{\mathrm{S}} \dfrac{\sqrt{2}}{2} = -F \dfrac{\sqrt{2}}{2}$

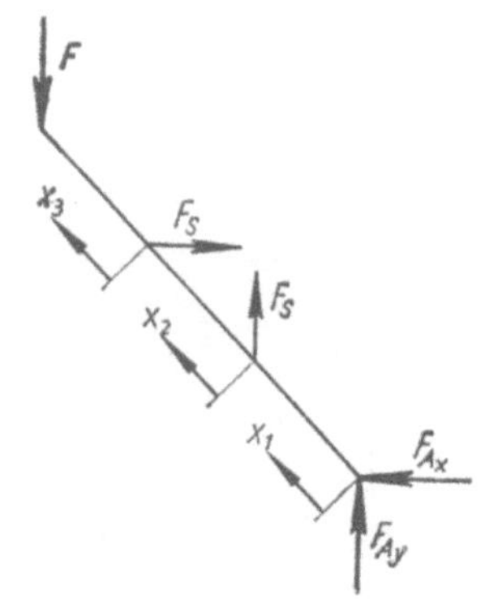

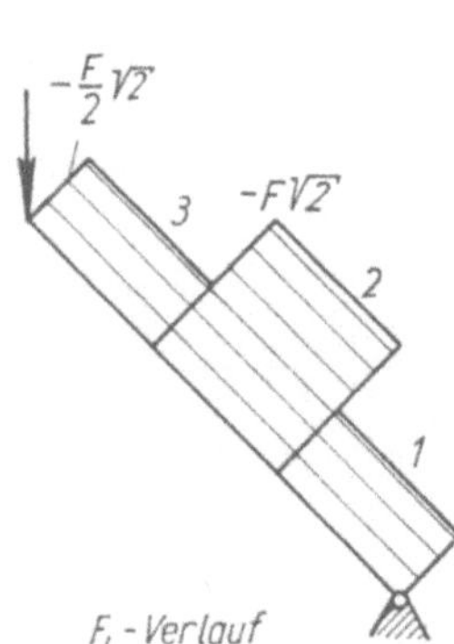

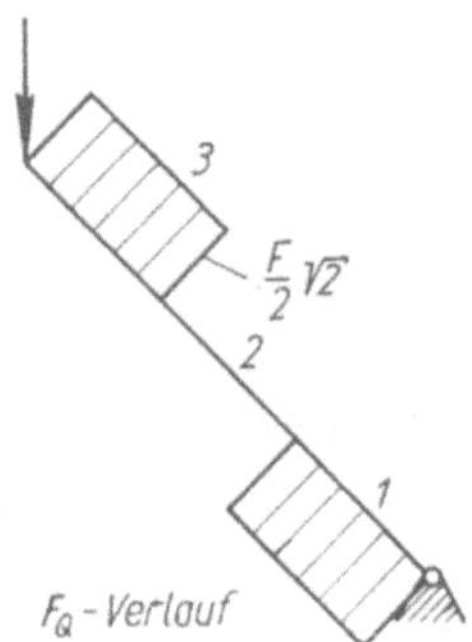

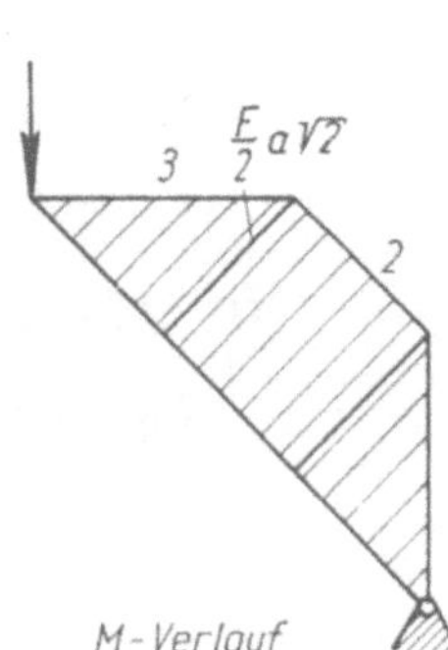

$$M_1 = F_{Q1} x_1 = F \frac{\sqrt{2}}{2} x_1$$

$$M_2 = F_{Q1}(a + x_2) - F_S \frac{\sqrt{2}}{2} x_2 = F \frac{\sqrt{2}}{2} a$$

$$M_3 = F_{Q1}(2a + x_3) - F_S \frac{\sqrt{2}}{2}(a + x_3) - F_S \frac{\sqrt{2}}{2} x_3 = \frac{F}{2} \sqrt{2}\,(a - x_3)$$

22. Wir zählen x von B aus und erhalten:

$$F_Q = \frac{q_0 l}{6} - \frac{q_0 x^2}{2l} \qquad M = \frac{q_0 l}{6} x - \frac{q_0 x^3}{6l}$$

Aus $F_Q = 0$ folgt $\dfrac{x}{l} = \dfrac{\sqrt{3}}{3}$ und damit $M_{\max} = \dfrac{\sqrt{3}}{27} q_0 l^2$

23. a) $\uparrow: F_A + F_B - q\,2a - F = 0$

$\overset{\frown}{A}: F_B\,2a - F\,3a - q\,2a^2 = 0$

$$F_B = \frac{3}{2} F + qa$$

$$F_B = 9{,}5 \cdot 10^3 \,\text{N}$$

$$F_A = 2qa + F - F_B$$

$$F_A = -5 \cdot 10^2 \,\text{N}$$

I: $M_1 = F_A x_1 - \dfrac{q x_1^2}{2}$

$\quad F_{Q1} = F_A - qx$

$\quad F_{L1} = 0$

II: $M_2 = Fa - F x_2$

$\quad F_{Q2} = F$

$\quad F_{L2} = -F$

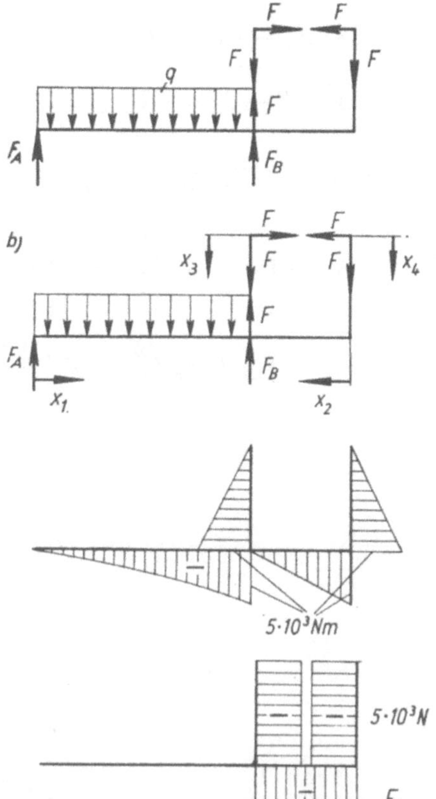

$$\text{III}: M_3 = F x_3$$
$$F_{Q3} = F$$
$$F_{L3} = -\dot{F}$$
$$\text{IV}: M_4 = F x_4$$
$$F_{Q4} = F$$
$$F_{L4} = -F$$

24. Auflagerbestimmung:

$$F_{Bx} = \frac{1}{2}\, F_B$$

$$F_{By} = \frac{1}{2}\, \sqrt{3}\, F_B$$

$$F = F_{By} - F_{Ay}$$
$$F_Q = F_{Bx} - F_{Ax}$$
$$F \cdot 2a - F_B\, a - F_{Bx}a + \frac{4}{3}\, q_0 a^2 = 0$$
$$F_B = 1{,}32 \cdot 10^4\,\text{N},$$
$$F_{Bx} = 6{,}6 \cdot 10^3\,\text{N}$$
$$F_{By} = 1{,}14 \cdot 10^4\,\text{N},$$
$$F_{Ax} = 0{,}6 \cdot 10^3\,\text{N}$$
$$F_{Ay} = 6{,}4 \cdot 10^3\,\text{N}$$

1. Momentenverlauf:

$$M_1 = -F_{Ax}x_1 - \frac{q_0 x_1^3}{2a}$$
$$M_2 = -F x_2$$
$$M_3 = F_{Bx}x_3$$
$$M_4 = -F(a + x_4) - F_{Bx}a + F_{By}x_4$$

2. Querkraftverlauf:

$$F_{Q1} = -F_{Ax} - \frac{q_0 x^2}{4a}$$

$$F_{Q2} = +F$$
$$F_{Q3} = F_{Bx}$$
$$F_{Q4} = F - F_{By}$$

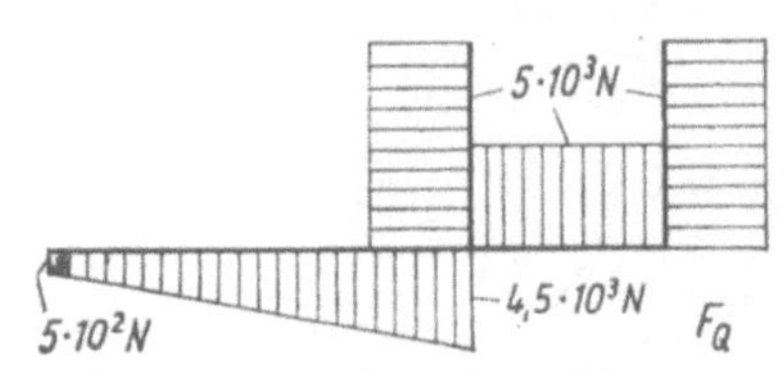

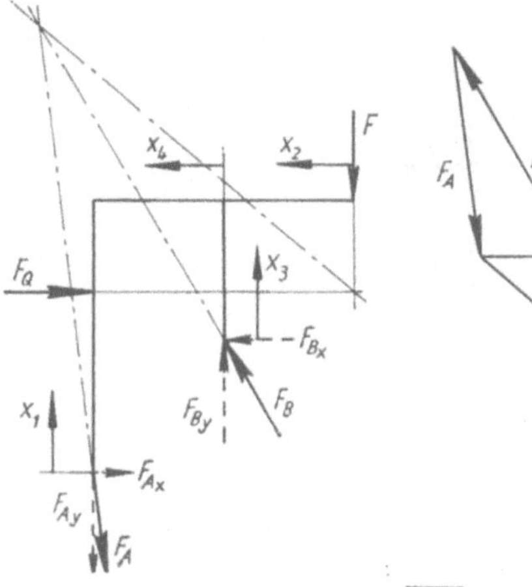

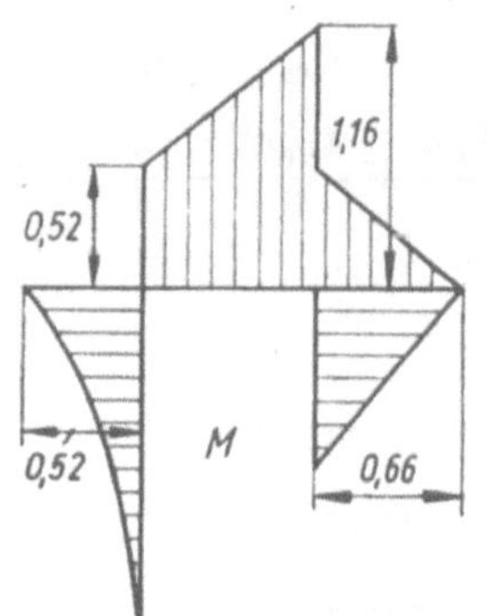

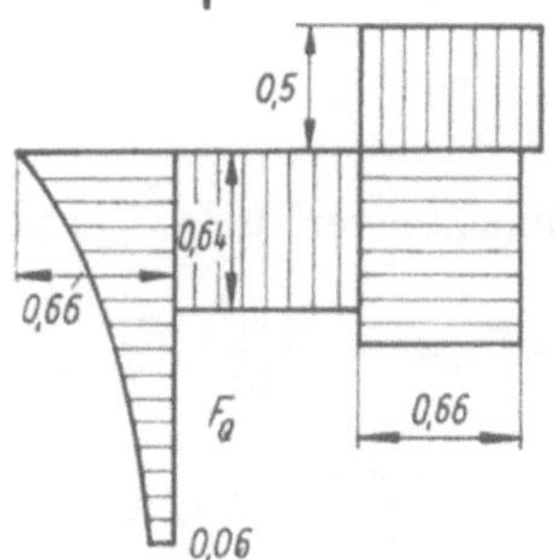

3. Längskraftverlauf:

$$F_{L1} = F_{Ay}$$

$$F_{L2} = 0$$

$$F_{L3} = -F_{By}$$

$$F_{L4} = -F_{Bx} \quad \text{Angaben in } 10^4 \text{ Nm}$$
bzw. 10^4 N

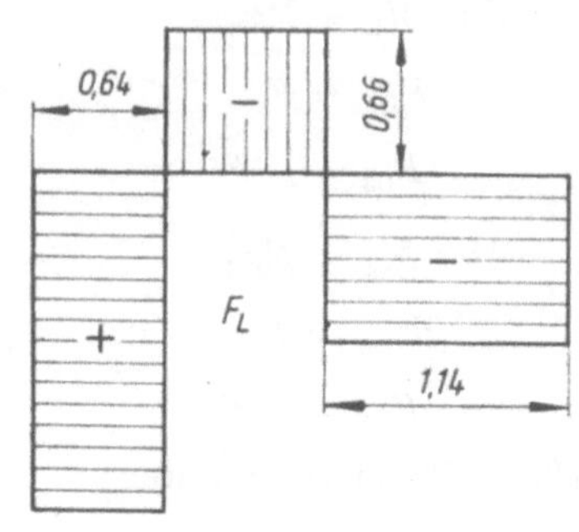

25. $F_{Bx} = \dfrac{1}{2} F_B$

$$F_{By} = \dfrac{1}{2} \sqrt{3} F_B$$

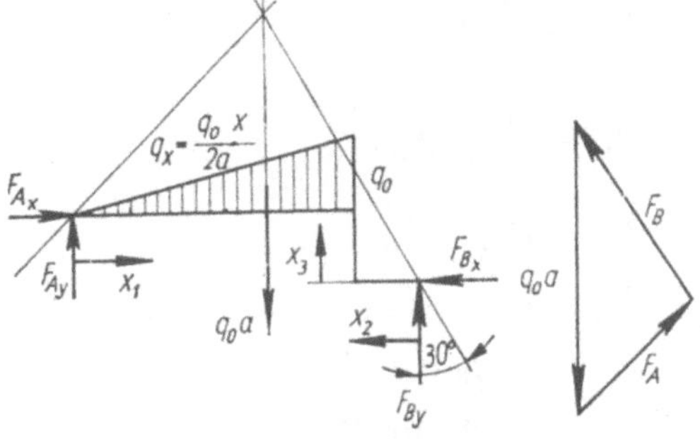

1. Auflager:

$$\rightarrow: F_{Ax} = F_{Bx} = \frac{1}{2} F_{_D}$$

$$\uparrow \; : F_{Ay} + F_{By} = q_0 a$$

$$\overset{\curvearrowright}{A}: \frac{F_B a}{4} + \frac{4 q_0 a^2}{3} - \frac{5}{4}\sqrt{3}\, F_B a = 0$$

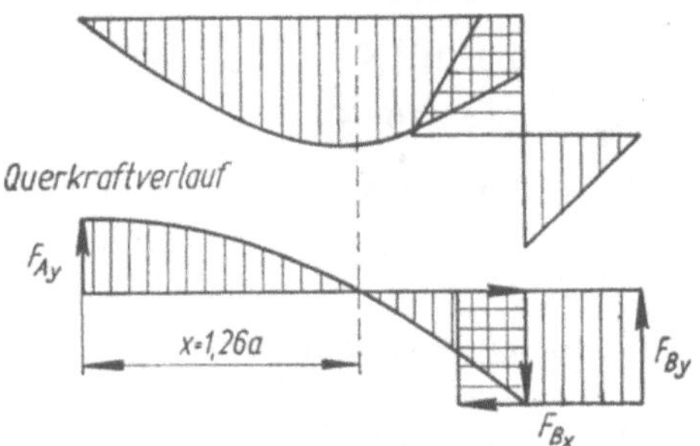

$$F_B = 0{,}695\, q_0 a$$

$$F_{Bx} = 0{,}347\, q_0 a = F_{Ax}$$

$$F_{By} = 0{,}603\, q_0 a$$

$$F_{Ay} = 0{,}397\, q_0 a$$

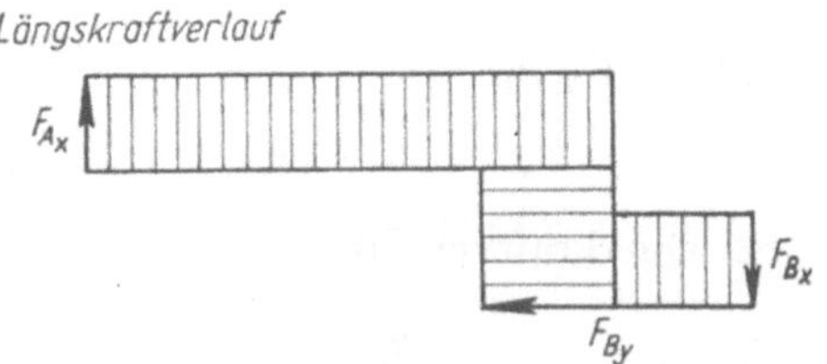

2. Momentenverlauf:

$$M_1 = F_{Ay} x_1 - \frac{q_0 x_1^{\,3}}{12 a}$$

$$M_{1\max} \text{ bei } \frac{\mathrm{d} M_1}{\mathrm{d} x_1} = F_{Ay} - \frac{q_0 x_1^{\,2}}{4 a} = 0$$

$$x_1 = 1{,}26\,a$$

$$M_{1(1,26a)} = 0{,}333\,q_0 a^2$$

$$M_2 \text{ bei } x_2 = \frac{a}{2} \qquad M_2 = 0{,}301\,q_0 a^2$$

$$M_3 = \frac{F_{By}\,a}{2} - F_{Bx}\,x_3$$

$$M_3 \text{ bei } x_3 = \frac{a}{2} \qquad M_3 = 0{,}128\,q_0 a^2$$

26. Auflagerkräfte:

3. Querkraftverlauf:

$$F_{Q1} = F_{Ay} - \frac{q_0 x_1^2}{4a}$$
$$F_{Q2} = F_{By}$$
$$F_{Q3} = F_{Bx}$$

4. Längskraftverlauf:

$$F_{L1} = -F_{Ax}$$
$$F_{L2} = -F_{Bx}$$
$$F_{L3} = -F_{By}$$

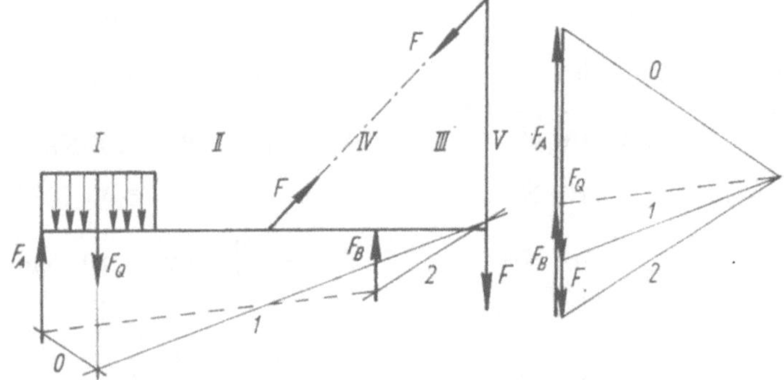

$$\uparrow : F_A + F_B + F_Q - F = 0$$

$$\widehat{A}: 4a\,F - 3a\,F_B + \frac{F_Q a}{2} = 0$$

$$F_B = 2 \cdot 10^4 \text{ N}, \quad F_A = 3 \cdot 10^4 \text{ N}$$

Momentenverlauf:

$$M_1 = F_A x_1 - \frac{q x_1^2}{2}$$

$$M_{1\max} \text{ bei}: \frac{\mathrm{d}M_1}{\mathrm{d}x_1} = F_A - q x_1 = 0$$

$$x_1 = \frac{F_A}{q} = 1{,}5 \text{ m}$$

$$M_{1\max} = 2{,}25 \cdot 10^4 \text{ Nm}$$

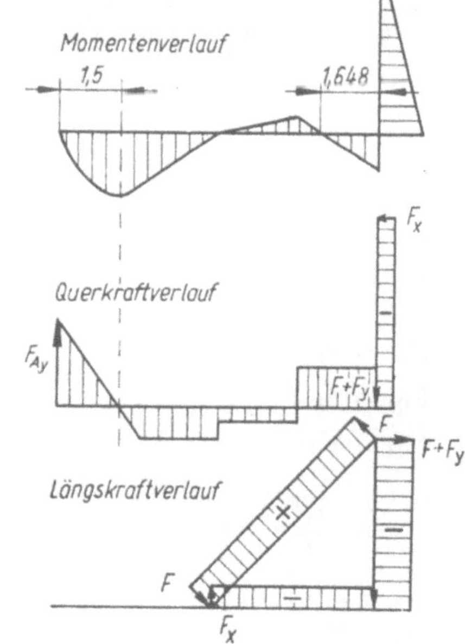

$$M_2 = F_A(a + x_2) - qa\left(\frac{a}{2} + x_2\right)$$

$$M_3 = -\left(F + F\,\frac{1}{2}\,\sqrt{2}\right)x_3 + \frac{1}{2}\,\sqrt{2}F \cdot 2a$$

$$M_4 = -\left(F + F\,\frac{1}{2}\,\sqrt{2}\right)(a + x_4) + F\,\frac{1}{2}\,\sqrt{2}\cdot 2a + F_B x_4$$

$$M_5 = \frac{1}{2}\,\sqrt{2}F x_5$$

Querkraftverlauf:

$$F_{Q1} = F_A - q x_1$$
$$F_{Q2} = F_A - F_Q$$
$$F_{Q3} = F_y + F$$
$$F_{Q4} = F_y + F - F_B$$
$$F_{Q5} = -F_x$$

Längskraftverlauf:

$$F_{L5} = -F - F_y \qquad F_{L4} = F_{L3} = -F_x \qquad F_S = -F$$

27. a) $\uparrow\ :\ F_{By} - F_G = 0$ $\qquad\qquad \uparrow\ :\ F_G - F_A = 0$

$\quad \rightarrow:\ F_{Bx} + F_L = 0$ $\qquad\qquad \rightarrow:\ -F_L - qa = 0$

$\quad \circlearrowleft G:\ F_{By}a - M_B = 0$ $\qquad\quad \circlearrowleft G:\ F_A a - q\,\dfrac{a^2}{2} = 0$

$$F_{By} = F_G = 2{,}5 \cdot 10^4\ \mathrm{N} \qquad\quad F_G = F_A = 2{,}5 \cdot 10^4\ \mathrm{Nm}$$

$$F_{Bx} = -F_L = 5{,}0 \cdot 10^4\ \mathrm{N} \qquad\quad F_L = -qa = -5{,}0 \cdot 10^4\ \mathrm{Nm}$$

$$M_B = F_{By}a = 2{,}5 \cdot 10^4\ \mathrm{Nm} \qquad\quad F_A = q\,\frac{a}{2} = 2{,}5 \cdot 10^4\ \mathrm{Nm}$$

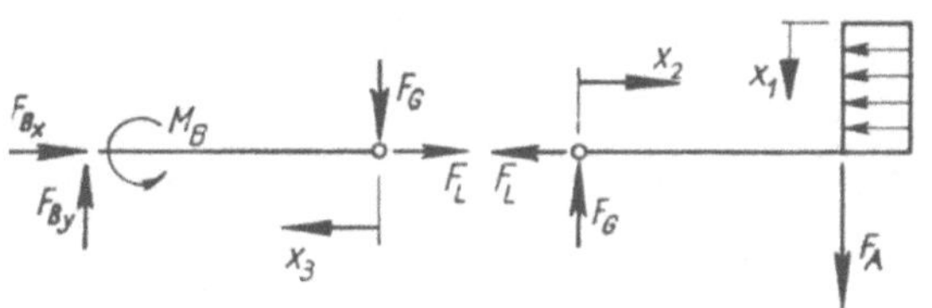

b) $F_{L1} = 0$

$\quad F_{L2} = F_L$

$\quad F_{L2} = F_L$

$\quad F_{Q1} = q x_1$

$\quad F_{Q2} = F_G$

$\quad F_{Q3} = F_G$

$\quad M_1 = q\,\dfrac{x_1^2}{2}$

$\quad M_2 = F_G x_2$

$\quad M_3 = F_G x_3$

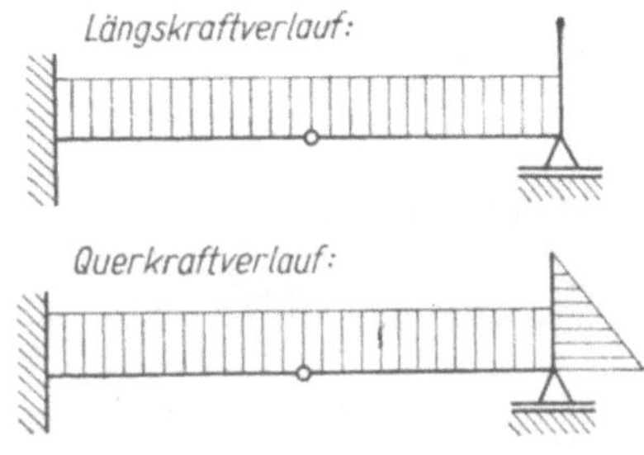

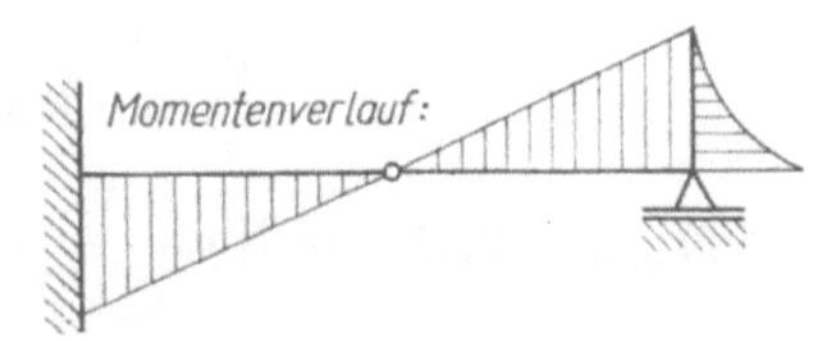

28. Linker Teil:

$$\uparrow \; : F_{Ay} - F_{Gy} = 0$$

$$\rightarrow: F_{Ax} + F_2 - F_{Gx} = 0$$

$$\overset{\frown}{A}: F_2 a - F_{Gx} 2a = 0$$

Rechter Teil:

$$\uparrow \; : F_{By} + F_{Gy} - F_1 - 2qa = 0$$

$$\rightarrow: F_{Bx} + F_{Gx} = 0$$

$$\overset{\frown}{B}: F_{Gy} 2a + F_{Gx} 2a + F_1 a - 2qa^2 = 0$$

$$F_{Gx} = \frac{1}{2} F_2 \quad = F_1$$

$$F_{Gy} = -\frac{5}{8} F_2 = -\frac{5}{4} F_1$$

$$F_{Ax} = -\frac{1}{2} F_2 = -F_1$$

$$F_{Ay} = -\frac{5}{8} F_2 = -\frac{5}{4} F_1$$

$$F_{Bx} = -\frac{1}{2} F_2 = -F_1$$

$$F_{By} = \frac{11}{8} F_2 \quad = \frac{11}{4} F_1$$

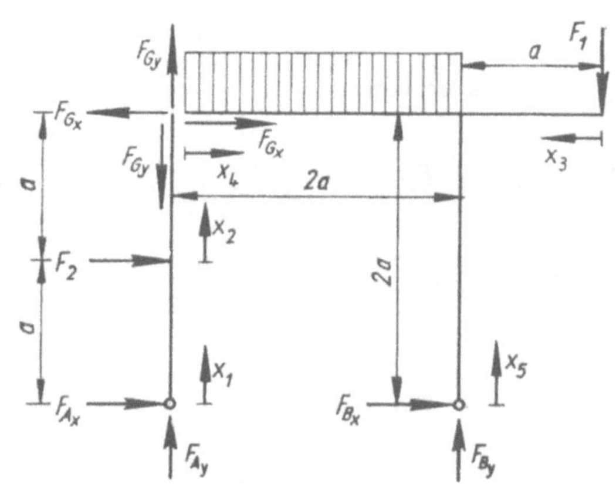

Momentenverlauf:

$$M_1 = F_{Ax} x_1 = -F_1 x_1$$

$$M_2 = F_{Ax}(a + x_2) + F_2 x_2 = F_1(x_2 - a)$$

$$M_3 = F_1 x_3$$

$$M_4 = q \frac{x_4{}^2}{2} - F_{Gy} x_4 = \frac{F_1}{8} x_4 \left(\frac{x_4}{a} + 10\right)$$

$$M_5 = F_{Bx} x_5 = -F_1 x_5$$

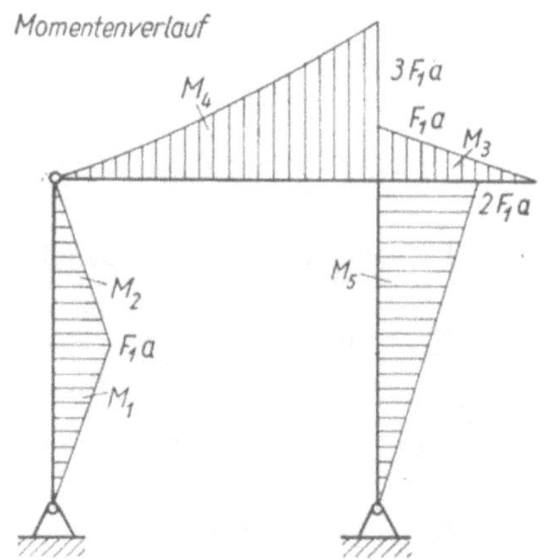

Querkraftverlauf:

$$F_{Q1} = F_{Ax} = -F_1$$

$$F_{Q2} = F_{Ax} + F_2 = F_1$$

$$F_{Q3} = -F_1$$

$$F_{Q4} = qx_4 - F_{Gy} = \frac{1}{4} F_1 \left(\frac{x_4}{a} + 5\right)$$

$$F_{Q5} = F_{Bx} = -F_1$$

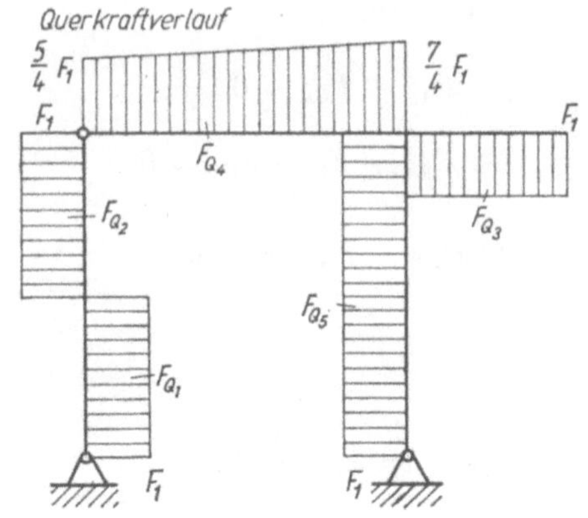

Längskraftverlauf:

$$F_{L1} = -F_{Ay} = +\frac{5}{4} F_1$$

$$F_{L2} = F_{L1} = +\frac{5}{4} F_1$$

$$F_{L3} = 0$$

$$F_{L4} = -F_{Gx} = -F_1$$

$$F_{L5} = -F_{By} = -\frac{11}{4} F_1$$

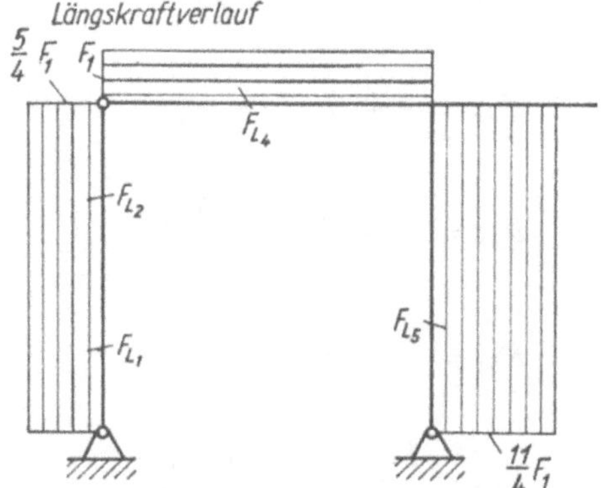

29. a) Linker Teil:

$$\uparrow\ :\ F_{Ay} + F_B - F_{Gy} - F - 4qa = 0$$

$$\rightarrow:\ F_{Ax} + F_{Gx} = 0$$

$$\overset{\curvearrowright}{A}:\ -3F_B a + 4F_{Gy} a + 2Fa + 8qa^2 = 0$$

$$F_{Ay} = \frac{1}{3} F + qa = 1{,}67 \cdot 10^4\ \mathrm{N}$$

$$F_{Ax} = 0$$

$$F_B = \frac{2}{3}\ (F + 6qa) = 5{,}33 \cdot 10^4\ \mathrm{N}$$

$$F_C = qa = 10^4\ \mathrm{N}$$

Rechter Teil:

$$\uparrow\ :\ F_{Gy} + F_C - 2qa = 0$$

$$\rightarrow:\ F_{Gx} = 0$$

$$\overset{\curvearrowright}{G}:\ -2F_C a + 2qa^2 = 0$$

$$F_{Gx} = 0$$

$$F_{Gy} = qa = 10^4\ \mathrm{N}$$

b) Längskraftverlauf: Null

Querkraftverlauf:

$$F_{Q1} = -F_{Ay} + qx_1$$

$$F_{Q2} = -F_{Ay} + q(2a + x_2) + F$$

$$F_{Q3} = -F_{Gy} - qx_3$$

$$F_{Q4} = F_C - qx_4$$

Momentenverlauf:

$$M_1 = -F_{Ay}x_1 + q\,\frac{x_1^2}{2}$$

$$M_2 = -F_{Ay}(2a + x_2) + q\,\frac{(2a + x_2)^2}{2} + Fx_2$$

$$M_3 = F_{Gy}x_3 + q\,\frac{x_3^2}{2}$$

$$M_4 = -F_C x_4 + q\,\frac{x_4^2}{2}$$

30. $\quad F_{Ay} = F_{Gy} = \dfrac{1}{2}\,F_1 = 0{,}75 \cdot 10^3\,\text{N}$

$$F_{Ax} = F_{Gx}$$

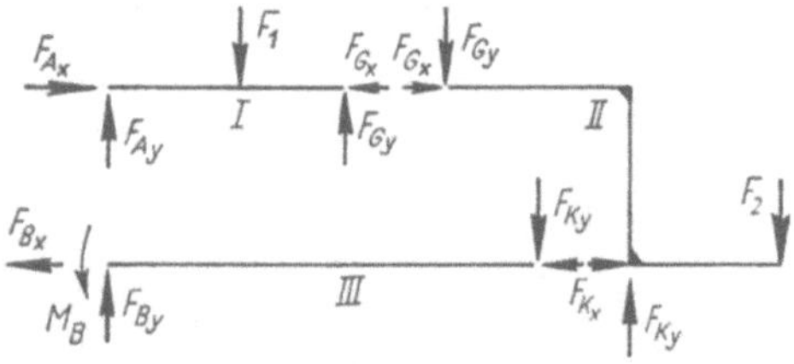

$\overset{\frown}{G}:\ F_2 \cdot 2a = F_{Ky}a + F_{Kx}a$

$\underset{\text{II}}{\uparrow}\ :\ F_{Ky} = F_2 + F_{Gy} = 1{,}5 \cdot 10^3\,\text{N}$

$\qquad F_{Kx} = 2F_2 - F_{Ky} = 0$

$\underset{\text{II}}{\rightarrow}:\ F_{Gx} = -F_{Kx} = 0;\quad F_{Ax} = 0$

$\qquad F_{Bx} = 0$

$\underset{\text{III}}{\uparrow}\ :\ F_{By} = F_{Ky} = 1{,}5 \cdot 10^3\,\text{N};\quad \overset{\frown}{B}:\ F_1 a + F_2 \cdot 4a = M_B \quad M_B = 4{,}5 \cdot 10^3\,\text{Nm}$

M-, F_Q- und F_L-Verläufe:

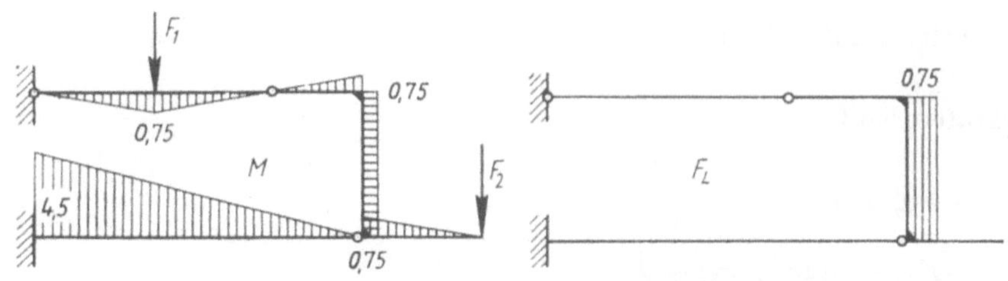

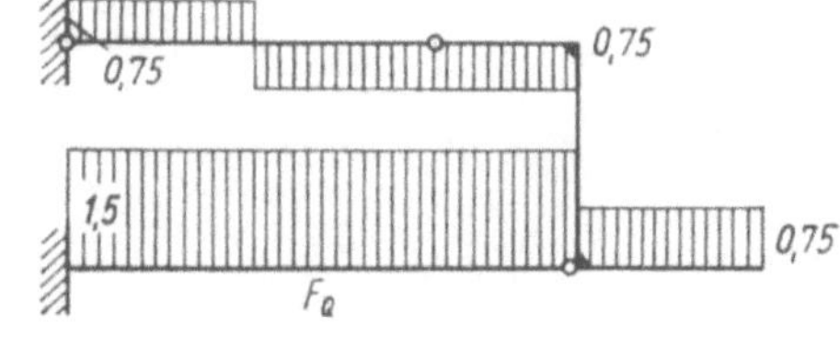

31.

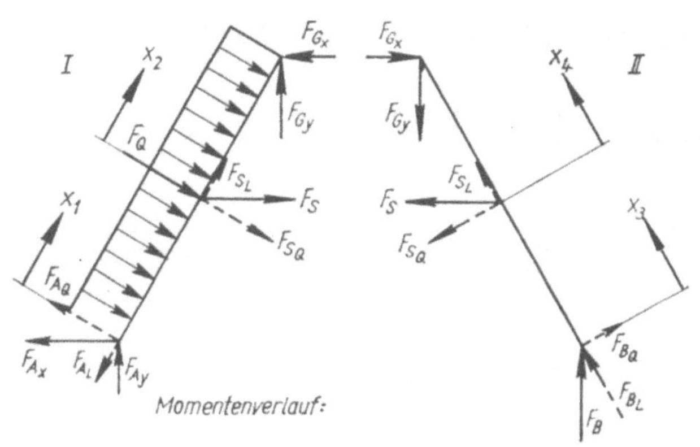

a) Gleichgewicht am gesamten Tragwerk

$$\uparrow\ :\ F_{Ay} + F_B - qa = 0 \qquad (1)$$

$$\rightarrow:\ -F_{Ax} + q\sqrt{3}a = 0 \qquad (2)$$

$$\overset{\frown}{A}:\ F_B \cdot 2a - q \cdot 2a^2 = 0 \qquad (3)$$

$$(3):\ F_B = qa = 2 \cdot 10^4\ \text{N}$$

$$(2):\ F_{Ax} - q\sqrt{3}a = 3{,}46 \cdot 10^4\ \text{N}$$

$$(1):\ F_{Ay} = 0$$

122

Gleichgewicht am Träger II

$$\uparrow \ : F_B - F_{Gy} = 0 \qquad (4)$$

$$\rightarrow : F_{Gx} - F_S = 0 \qquad (5)$$

$$\overset{\frown}{G}: F_B \cdot a - F_S \cdot a\,\frac{\sqrt{3}}{2} = 0 \qquad (6)$$

$$(4): F_{Gy} = F_B = 2 \cdot 10^4\ \text{N}$$

$$(6): F_S = \frac{2}{3}\,\sqrt{3}\,F_B = 2{,}31 \cdot 10^4\ \text{N}$$

$$(5): F_{Gx} = F_S = 2{,}31 \cdot 10^4\ \text{N}$$

Momentenverlauf:

$$M_1 = \frac{1}{2}\,\sqrt{3}\,F_{Ax}x_1 - \frac{q\,x_1^{\,2}}{2}$$

$$M_2 = -q\,\frac{(a + x_2)^2}{2} - \frac{1}{2}\,\sqrt{3}F_S x_2 + \frac{1}{2}\,\sqrt{3}F_{Ax}(a + x_2)$$

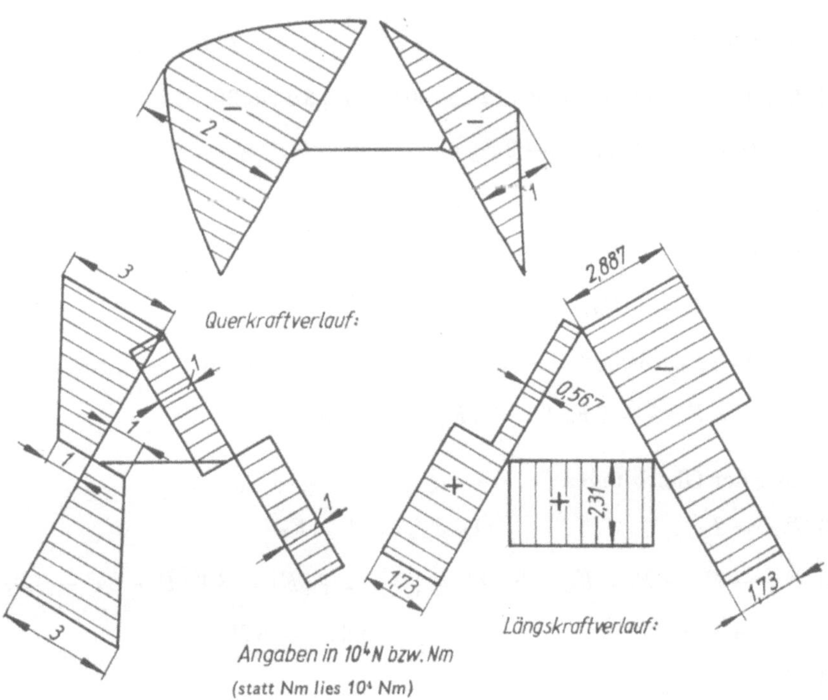

$$M_3 = \frac{F_B}{2}\, x_3$$

$$M_4 = \frac{F_B}{2}\,(a + x_4) - \frac{1}{2}\,\sqrt{3}\,F_S x_4$$

Querkraftverlauf:

$$F_{Q1} = \frac{1}{2}\,\sqrt{3}\,F_{Ax} - q x_1$$

$$F_{Q2} = \frac{1}{2}\,\sqrt{3}\,F_{Ax} - q\,(a + x_2) - \frac{1}{2}\,\sqrt{3}\,F_S$$

$$F_{Q3} = \frac{F_B}{2}$$

$$F_{Q4} = \frac{F_B}{2} - \frac{1}{2}\,\sqrt{3}\,F_S$$

Längskraftverlauf:

$$F_{L1} = \frac{F_{Ax}}{2}$$

$$F_{L2} = \frac{F_{Ax}}{2} - \frac{F_S}{2}$$

$$F_{L3} = -\frac{1}{2}\,\sqrt{3}\,F_B$$

$$F_{L4} = -\frac{1}{2}\,\sqrt{3}\,F_B - \frac{F_S}{2}$$

$$F_{L5} = +F_S$$

32. a) Rechter Teil:

1) $\uparrow\ : 0 = F_B - F - F_{Gy}$

2) $\rightarrow: 0 = F_{Gx} - F_S$

3) $\overset{\frown}{G} : 0 = F a \sin 30° + F_S\, 2a \cos 30° - F_B\, 3a \sin 30°$

$$0 = F + 2\,\sqrt{3}\,F_S - 3 F_B$$

Linker Teil:

4) $\uparrow\ : 0 = F_{Ay} + F_{Gy}$

5) $\rightarrow: 0 = F_{Ax} - F_{Gx} + F + F_S$

6) $\overset{\frown}{G} : 0 = F a \cos 30° + F_S\, 2a \cos 30° + F_{Ax}\, 3a \cos 30° - F_{Ay}\, 3a \sin 30°$

$$0 = F \sqrt{3} + 2 F_S \sqrt{3} + 3 F_{Ax} \sqrt{3} - 3 F_{Ay}$$

Lösung der Gleichungen

2) $F_{Gx} = F_S$ 1) $F_{Ay} = F - F_B$

5) $F_{Ax} - F_S + F + F_S = 0$ 6) $F \sqrt{3} + 2 \sqrt{3}\,F_S - 3 \sqrt{3}\,F - 3 F + 3 F_B = 0$

$\qquad F_{Ax} = -F$ 3) $F + 2\,\sqrt{3}\,F_S - 3 F_B = 0$

4) $F_{Ay} = -F_{Gy}$

6) +3): $F(\sqrt{3} - 3\sqrt{3} - 3 + 1) + 4\sqrt{3}F_\mathrm{S} = 0$

$$F_\mathrm{S} = \frac{F}{2}\left(1 + \frac{\sqrt{3}}{3}\right) = \frac{F}{6}(3 + \sqrt{3})$$

6) −3): $F(\sqrt{3} - 3\sqrt{3} - 3 - 1) + 6F_B = 0$

$$F_B = \frac{F}{3}(\sqrt{3} - 2)$$

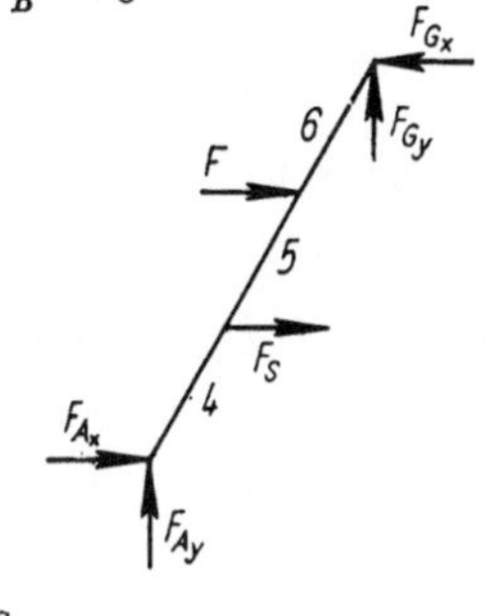
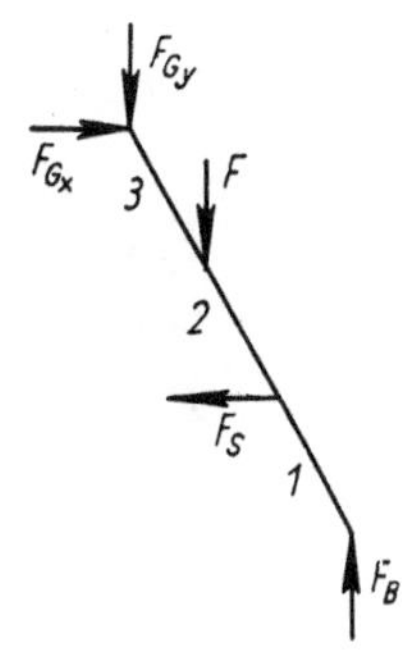

1) $F_{Ay} = F - F_B = F\left(1 - \dfrac{\sqrt{3}}{3} - \dfrac{2}{3}\right)$

$$F_{Ay} = \frac{F}{3}(1 - \sqrt{3})$$

4) $F_{Gy} = -F_{Ay}$ 2) $F_{Gx} = F_\mathrm{S}$

$$F_{Gy} = \frac{F}{3}(\sqrt{3} - 1) \qquad F_{Gx} = \frac{F}{6}(3 + \sqrt{3})$$

b) Längskräfte:

$$F_{\mathrm{L}1} = -F_B \cos 30° = -\frac{F}{6}(3 + 2\sqrt{3})$$

$$F_{\mathrm{L}2} = F_{\mathrm{L}1} - F_\mathrm{S} \sin 30° = -\frac{F}{6}\left(3 + 2\sqrt{3} + \frac{3}{2} + \frac{\sqrt{3}}{2}\right) = -\frac{F}{12}(9 + 5\sqrt{3})$$

$$F_{\mathrm{L}3} = F_{\mathrm{L}2} + F \cos 30° = -\frac{F}{12}(9 + 5\sqrt{3} - 6\sqrt{3}) = -\frac{F}{12}(9 - \sqrt{3})$$

$$F_{\mathrm{L}4} = -F_{Ax} \sin 30° - F_{Ay} \cos 30° = -\frac{F}{6}(-3 + \sqrt{3} - 3) = -\frac{F}{6}(\sqrt{3} - 6)$$

$$F_{\mathrm{L}5} = F_{\mathrm{L}4} - F_\mathrm{S} \sin 30° = -\frac{F}{12}(2\sqrt{3} - 12 + 3 + \sqrt{3}) = -\frac{F}{4}(\sqrt{3} - 3)$$

$$F_{\mathrm{L}6} = F_{\mathrm{L}5} - F \sin 30° = -\frac{F}{4}(\sqrt{3} - 3 + 2) = -\frac{F}{4}(\sqrt{3} - 1)$$

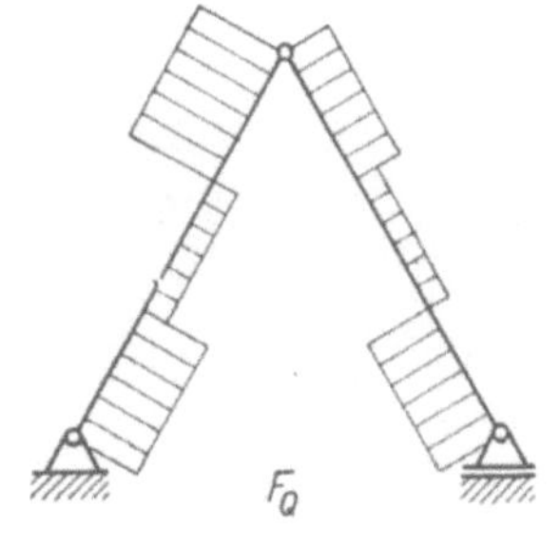

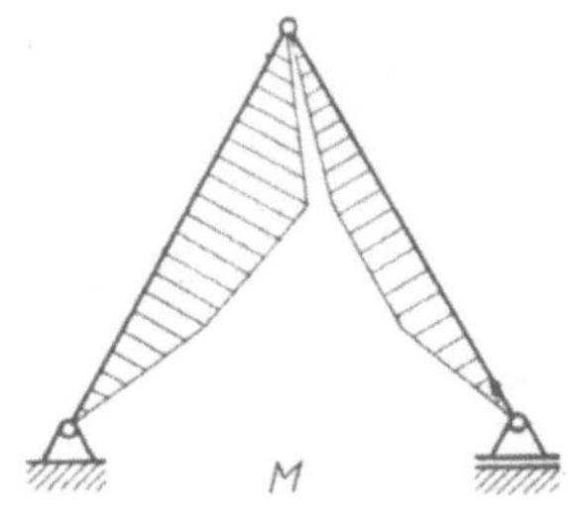

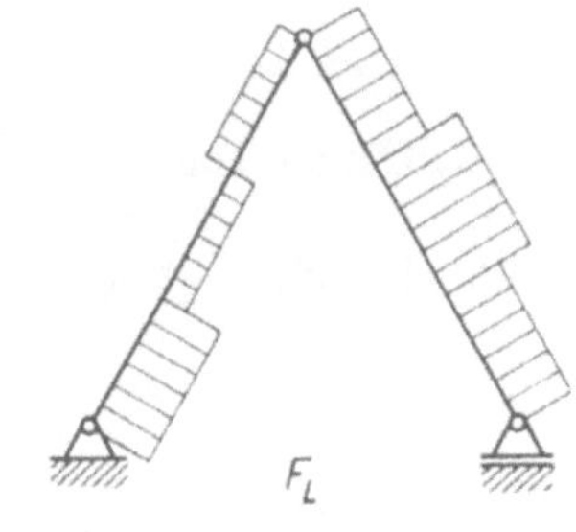

Querkräfte:

$$F_{Q1} = F_B \sin 30° = \frac{F}{6} \left(\sqrt{3} + 2\right)$$

$$F_{Q2} = F_{Q1} - F_S \cos 30° = \frac{F}{12} \left(2\sqrt{3} + 4 - 3\sqrt{3} - 3\right) = \frac{F}{12} \left(1 - \sqrt{3}\right)$$

$$F_{Q3} = F_{Q2} - F \cos 60° = \frac{F}{12} \left(1 - \sqrt{3} - 6\right) = -\frac{F}{12} \left(5 + \sqrt{3}\right)$$

$$F_{Q4} = F_{Ay} \sin 30° - F_{Ax} \cos 30° = \frac{F}{6} \left(1 - \sqrt{3} + 3\sqrt{3}\right) = \frac{F}{6} \left(1 + 2\sqrt{3}\right)$$

$$F_{Q5} = F_{Q4} - F_S \cos 30° = \frac{F}{12} \left(2 + 4\sqrt{3} - 3\sqrt{3} - 3\right) = \frac{F}{12} \left(\sqrt{3} - 1\right)$$

$$F_{Q6} = F_{Q5} - F \cos 30° = \frac{F}{12} \left(\sqrt{3} - 1 - 6\sqrt{3}\right) = -\frac{F}{12} \left(1 + 5\sqrt{3}\right)$$

Momente:

$$M_1 = F_{Q1} x = \frac{F}{6} \left(\sqrt{3} + 2\right) x$$

$$M_2 = M_{1a} + F_{Q2} x = \frac{F}{6} \left(\sqrt{3} + 2\right) a + \frac{F}{12} \left(1 - \sqrt{3}\right) x$$

$$M_3 = M_{2a} + F_{Q3} x = \frac{F}{12} \left(5 + \sqrt{3}\right) a - \frac{F}{12} \left(5 + \sqrt{3}\right) x$$

$$M_4 = F_{Q4} x = \frac{F}{6} \left(1 + 2\sqrt{3}\right) x$$

$$M_5 = M_{4a} + F_{Q5} x = \frac{F}{6} \left(1 + 2\sqrt{3}\right) a + \frac{F}{12} \left(\sqrt{3} - 1\right) x$$

$$M_6 = M_{5a} + F_{Q6} x = \frac{F}{12} \left(1 + 5\sqrt{3}\right) a - \frac{F}{12} \left(1 + 5\sqrt{3}\right) x$$

33. a) Linker Teil:

$$\uparrow : F_{Ay} - F_{Gy} = 0$$

$$\rightarrow : F_1 - F_{Gx} + F_S - F_{Ax} = 0$$

$$\overset{\frown}{A} : (F_1 - F_{Gx}) \, 2a + F_S a = 0$$

Rechter Teil:

$\uparrow\ : F_{Gy} - F_2 + F_B = 0$

$\rightarrow: F_{Gx} - F_S = 0$

$\overset{\frown}{B}\ :\ -F_{Gx}\,\dfrac{3\sqrt{3}}{2}\,a - F_{Gy}\,\dfrac{9}{2}\,a + F_2\,\dfrac{3}{2}\,a + F_S\left(\dfrac{3\sqrt{3}}{2} - 1\right)a = 0$

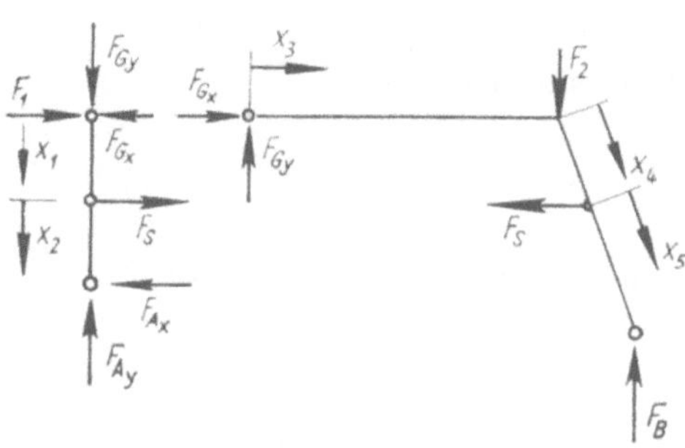

$F_{Ax} = F_1 = 2 \cdot 10^3\ \text{N}$

$F_{Ay} = F_{Gy} = \dfrac{F_2}{3} - \dfrac{4}{9}\,F_1 = -3{,}89 \cdot 10^2\ \text{N} \qquad F_A = 2{,}04 \cdot 10^3\ \text{N}$

$F_B\ = \dfrac{2}{3}\,F_2 + \dfrac{4}{9}\,F_1 = 1{,}89 \cdot 10^3\ \text{N} \qquad\qquad F_S = F_{Gx} = 2F_1 = 4 \cdot 10^3\ \text{N}$

b) $M_1 = F_1 x_1 - F_{Gx} \cdot x_1$

$M_2 = F_1(a + x_2) + F_S x_2 - F_{Gx}(a + x_2)$

$M_3 = F_{Gy} x_3$

$M_4 = F_{Gy}\left(3a + \dfrac{1}{2}\,x_4\right) + F_{Gx}\,\dfrac{\sqrt{3}}{2}\,x_4 - F_2\,\dfrac{x_4}{2}$

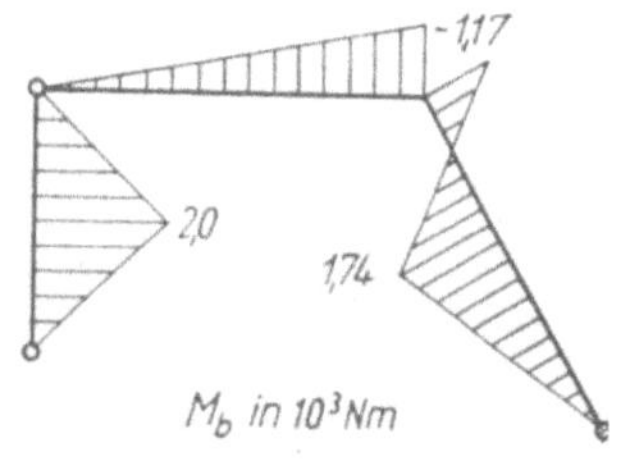

$M_5 = F_{Gy}\left(3a + \dfrac{a}{\sqrt{3}} + \dfrac{1}{2}\,x_5\right) + F_{Gx}\left(a + \dfrac{\sqrt{3}}{2}\,x_5\right) - F_2\left(\dfrac{a}{\sqrt{3}} + \dfrac{1}{2}\,x_5\right) - F_S\,\dfrac{\sqrt{3}}{2}\,x_5$

34. a) $\sin\alpha = \dfrac{2}{\sqrt{5}} \qquad \cos\alpha = \dfrac{1}{\sqrt{5}}$

Horizontaler Teil:

$\uparrow$: $-F_{Ay} + F_{Gy} - F_Q - F_Q \sin \alpha = 0$

$ -F_{Ay} + F_{Gy} - F_Q(1 + \sin \alpha) = 0$

$\rightarrow$: $+F_{Ax} + F_{Gx} - F_Q \cos \alpha = 0$

$\overset{\curvearrowright}{G}$: $-F_{Ay}a + F_Q(1 + \sin \alpha)\,a = 0$

$ F_{Ay} = F_Q(1 + \sin \alpha)$

$ F_{Gy} = F_{Ay} + F_Q(1 + \sin \alpha) = 2F_Q(1 + \sin \alpha)$

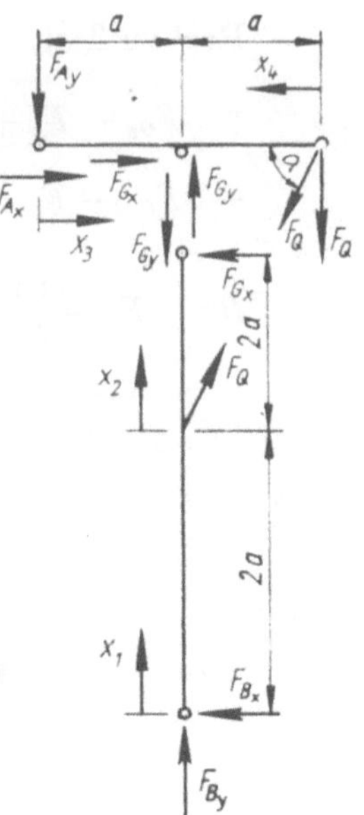

Vertikaler Teil:

$\uparrow$: $ F_{By} + F_Q \sin \alpha - F_{Gy} = 0$

$ F_{By} = F_{Gy} - F_Q \sin \alpha = F_Q(2 + \sin \alpha)$

$\rightarrow$: $-F_{Bx} - F_{Gx} + F_Q \cos \alpha = 0$

$\overset{\curvearrowleft}{B}$: $ F_{Gx} \cdot 4a - F_Q \cos \alpha \cdot 2a = 0$

$$F_{Gx} = \frac{1}{2}\,F_Q \cos \alpha \qquad\qquad F_{Bx} = \frac{1}{2}\,F_Q \cos \alpha$$

$$-F_{Ax} = \frac{1}{2}\,F_Q \cos \alpha - F_Q \cos \alpha \qquad F_{Ax} = \frac{1}{2}\,F_Q \cos \alpha$$

b)

Bereich	Moment	Querkraft	Längskraft
1	$F_{Bx}x_1$	F_{Bx}	$-F_{By}$
2	$F_{Bx}(2a + x_2) - F_Q \cos \alpha \cdot x_2$	$F_{Bx} - F_Q \cos \alpha$	$-F_{By} + F_Q \sin \alpha$
3	$-F_{Ay}x_3$	$-F_{Ay}$	$-F_{Ax}$
4	$-F_Q(1 + \sin \alpha)\,x_4$	$-F_Q(1 + \sin \alpha)$	$-F_Q \cos \alpha$

35. $F_{Ax} = F_{Cx} = F_{G1x} = F_{G2x}$

$\qquad = F_{G1y} = F_{G2y} = F = 10^3\ \text{N}$

$F_{Ay} = 3F = 3 \cdot 10^3\ \text{N}$

$F_A = 3{,}16 \cdot 10^3\ \text{N}$

$F_B = 2F = 2 \cdot 10^3\ \text{N}$

$F_C = F_{G1} = F_{G2} = 1{,}41 \cdot 10^3\ \text{N}$

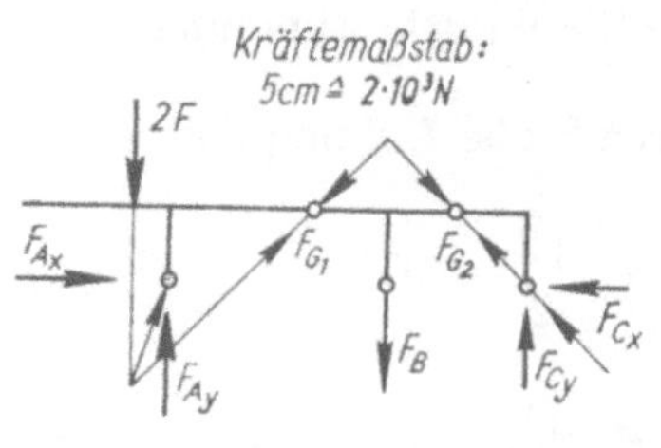

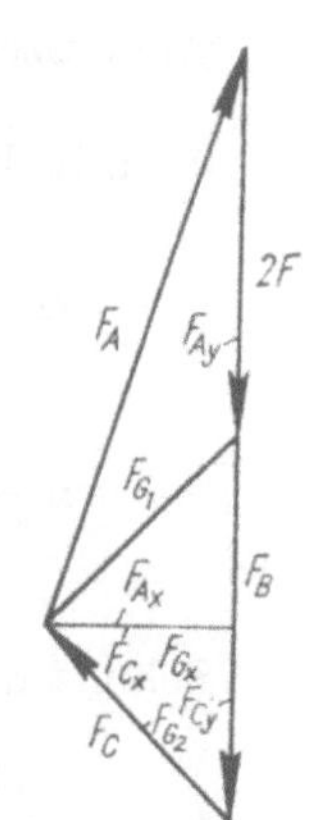

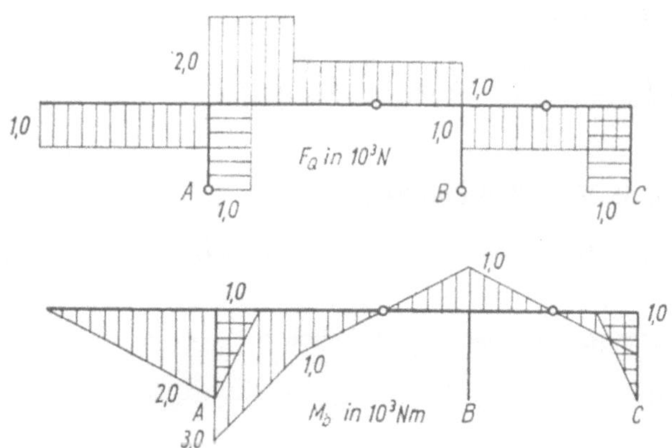

Momente an der Druckseite angetragen

36. Auflagerbestimmung:

$$\overset{\curvearrowright}{B}:\ G \cdot 2a + Ga - F_A\,\frac{\sqrt{2}}{2}\,a = 0$$

$$F_A = 3\,\sqrt{2}\,G$$

$$\rightarrow:\ -F_A\,\frac{\sqrt{2}}{2} + F_{Bx} = 0 \qquad F_{Bx} = 3G$$

$$\uparrow\ :\ -F_A\,\frac{\sqrt{2}}{2} - 2G + F_{By} = 0 \qquad F_{By} = 5G$$

Analytische Stabkraftbestimmung:

Schnitt durch Stäbe *1, 2* und Seil

$$\uparrow : -G - F_{S1}\frac{\sqrt{2}}{2} = 0 \qquad\qquad F_{S1} = -\sqrt{2}\,G$$

$$\rightarrow : -G - F_{S1}\frac{\sqrt{2}}{2} - F_{S2} = 0 \qquad F_{S2} = 0$$

Schnitt durch Stäbe *4, 5* und *6*

$$\uparrow : F_{S5}\frac{\sqrt{2}}{2} - 2G = 0 \qquad\qquad F_{S5} = 2\,\sqrt{2}\,G$$

$$\overset{\frown}{D} : F_{S4}\cdot a + Ga + G\cdot 2a = 0 \qquad F_{S4} = -3\,G$$

$$\rightarrow : -F_{S6} - F_{S4} - F_{S5}\frac{\sqrt{2}}{2} = 0 \qquad F_{S6} = G$$

Schnitt durch Stäbe *2, 3, 6* und Seil

$$\uparrow : -F_{S3} - G = 0 \qquad\qquad F_{S3} = -G$$

Einfacher CREMONA-Plan ist auch möglich.

37. a) Linker Teil:

$$\uparrow : F_B - F_{Gy} = 0$$

$$\rightarrow : F_{Gx} - F = 0$$

$$\overset{\frown}{G} : F\cdot 3a - F_B\cdot 3a = 0 \Rightarrow F_B = F_{Gx} = F_{Gy} = F$$

Rechter Teil:

$$\uparrow : F_{Gy} - F_C = 0$$

$$\rightarrow : F_{S1} + F_{S2} - F_{Gx} = 0$$

$$\overset{\frown}{G} : F_{S1}a + F_{S2}\cdot 2a = 0 \Rightarrow F_C = F$$

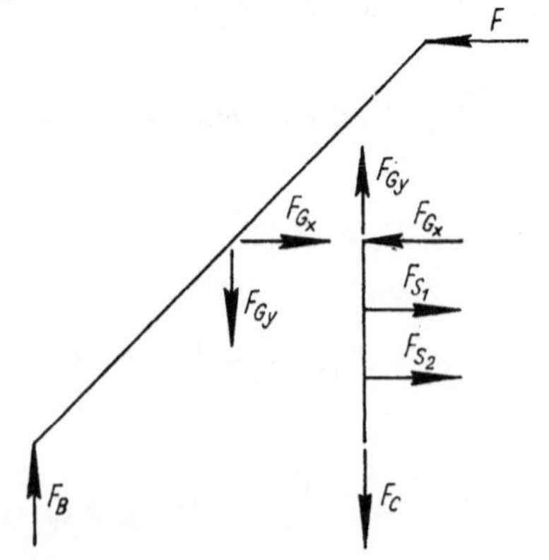

b)

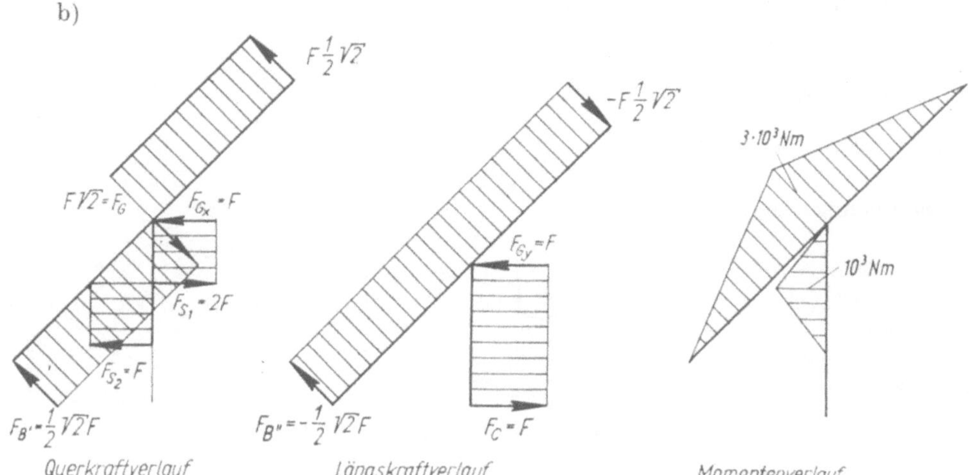

38. a) $\uparrow$: $F_{Ay} + F_{By} - F = 0$

$\rightarrow$: $F_{Ax} + F_{Bx} = 0$ Ergebnis: $F_{Ay} = 2,5 \cdot 10^2$ N $F_{Cy} = 7,5 \cdot 10^2$ N $= F_{By}$

$\overset{\frown}{A}$: $-F \cdot 3a + F_{Cy} \cdot 4a = 0$ $F_{Ax} = -7,5 \cdot 10^2$ N $F_{Cx} = 7,5 \cdot 10^2$ N $= F_{Bx}$

$F_{Bx} = F_{By}$

b) $F_{S1} = -1,06 \cdot 10^3$ N $\qquad\qquad F_{S5} = -0,5\ \cdot 10^3$ N

$\quad F_{S2} = -0,71 \cdot 10^3$ N $\qquad\qquad F_{S6} = -0,71 \cdot 10^3$ N

$\quad F_{S3} = \ \ \ 0,50 \cdot 10^3$ N $\qquad\qquad F_{Gx} = \ \ \ 1,25 \cdot 10^3$ N

$\quad F_{S4} = -0,50 \cdot 10^3$ N $\qquad\qquad F_{Gy} = \ \ \ 0,25 \cdot 10^3$ N

39. a) Auflager:

$$F_A + F_B = G \qquad \left.\begin{array}{l} F_B = G \end{array}\right.$$

$$\overset{\frown}{A} : (F_B - G)\, 2a = 0 \qquad F_A = 0$$

b) Stabkräfte:

$$F_{S1} = 0$$

$$F_{S2} = -G\,\sqrt{3}$$

$$F_{S3} = 0$$

$$F_{S4} = G\,\frac{\sqrt{3}}{3}$$

$$F_{S5} = -G\,\frac{2\sqrt{3}}{3}$$

$$F_{S6} = -G\sqrt{3}$$

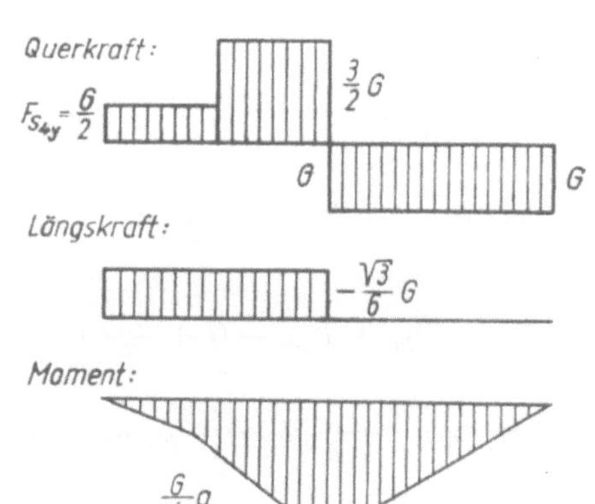

40. I. Bereich:

$$\uparrow \;:\; -F_{Ay} + F_{Dy} = 0$$

$$\leftarrow \;:\; F_{Ax} - G + F_{Dx} = 0;$$

$$D\!\!\downarrow \;:\; -F_{Ax} \cdot 2a + Ga = 0$$

Daraus folgt: $F_{Ax} = \dfrac{G}{2} = F_{Dx}$

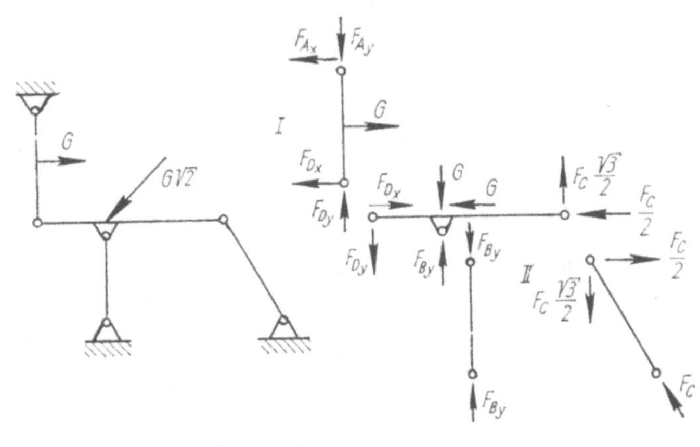

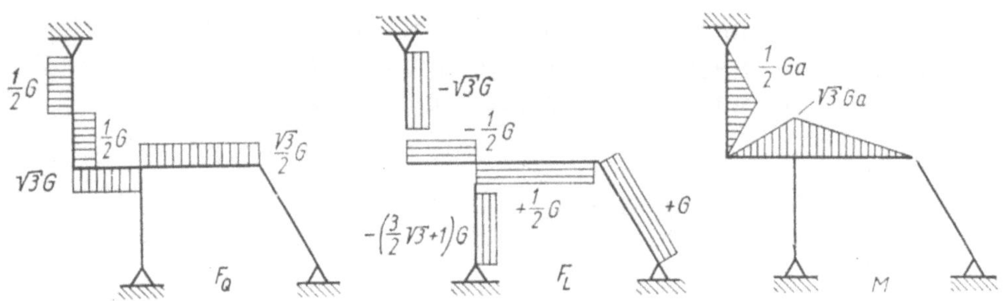

II. Bereich:

$$\rightarrow : F_{Dx} - G - \frac{F_C}{2} = 0;$$

$$\uparrow \;:\; -F_{Dy} + F_{By} - G + \frac{\sqrt{3}}{2}\,F_C = 0;$$

$$D\!\!\downarrow : Ga - F_{By}a - \frac{\sqrt{3}}{2}\,F_C\,3a = 0$$

Daraus folgt: $\quad F_C = -G;\quad F_{Dy} = \sqrt{3}\,G;\quad F_{By} = G\left(\frac{3}{2}\,\sqrt{3} + 1\right) = F_B$

41. a) Gleichgewicht am gesamten Tragwerk:

$$\rightarrow: F_{Bx} + F \quad = 0$$

$$\uparrow \; : F_{By} + F_{Cy} \quad = 0$$

$$\overset{\frown}{B} : F_{Cy}a + Fa = 0$$

ergibt

$$F_{Bx} = -F$$

$$F_{By} = -F_{Cy} = F$$

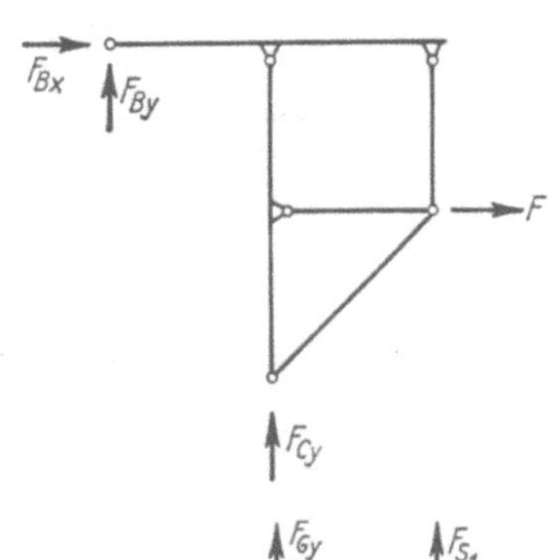

b) Gleichgewicht am Teiltragwerk:

$$\rightarrow: F_{Gx} + F = 0$$

$$\uparrow \; : F_{Cy} + F_{Gy} + F_{S1} = 0$$

$$\overset{\frown}{G} : Fa + F_{S1}a = 0$$

ergibt

$$F_{S1} = -F$$

$$F_{Gx} = -F$$

$$F_{Gy} = 2F$$

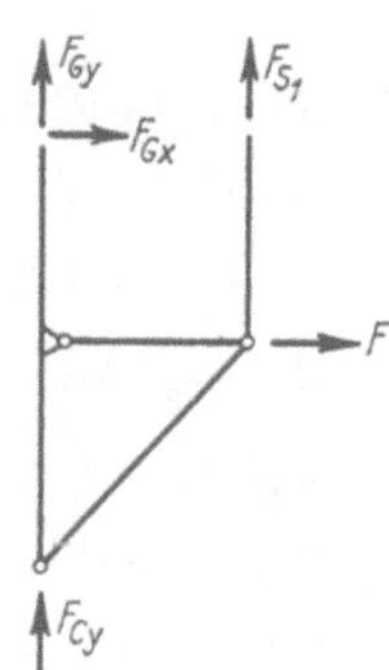

Kräfteberechnung am Punkt K:

$$\uparrow \; : F_{S1} - F_{S3}\frac{\sqrt{2}}{2} = 0$$

$$\rightarrow: F - F_{S2} - F_{S3}\frac{\sqrt{2}}{2} = 0$$

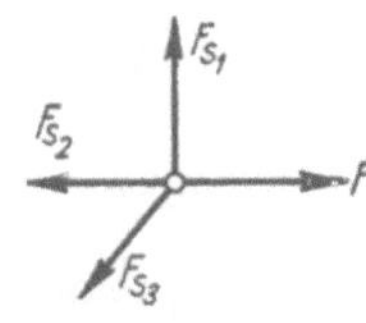

ergibt

$$F_{S3} = \sqrt{2}\,F_{S1} = -\sqrt{2}\,F$$

$$F_{S2} = F - F_{S3}\frac{\sqrt{2}}{2} = 2F$$

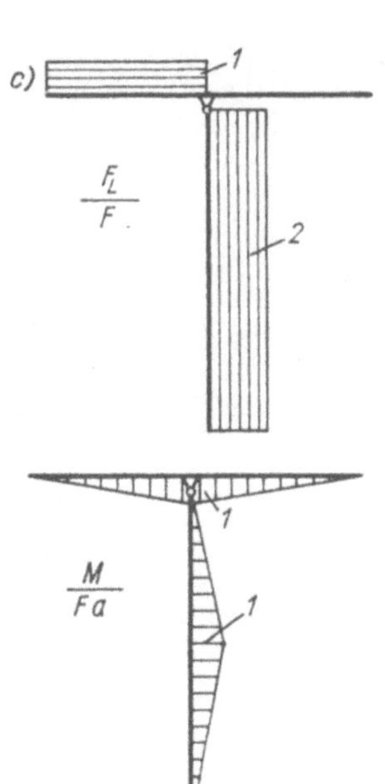

42. Gleichgewicht am gesamten Tragwerk:

$$\rightarrow: F_{Bx} + F_2 = 0$$

$$\uparrow\ : F_{By} + F_{Cy} - F_1 = 0$$

$$\overset{\frown}{B}: F_{Cy} \cdot 5a - F_1 \cdot 2a - F_2 a = 0$$

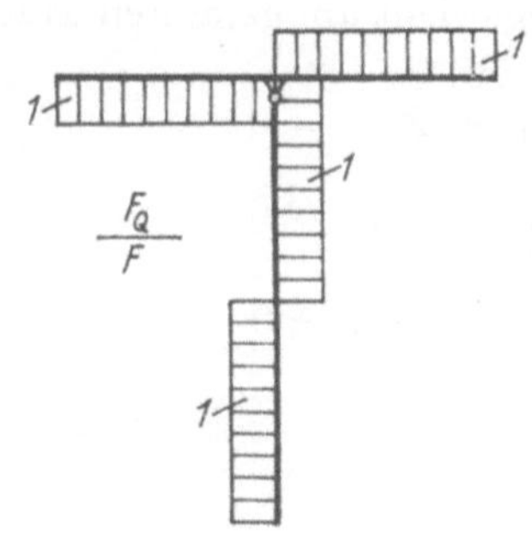

ergibt:

$$F_{Bx} = -F_2 = -F$$

$$F_{By} = F_1 - F_{Cy} = F$$

$$F_{Cy} = \frac{1}{5}\,(F_2 + 2F_1) = F$$

Gleichgewicht an Teilen des Tragwerkes:

$$\overset{\frown}{G}: F_{Cy} \cdot 2a + F_{S3V}\,a = 0 \Rightarrow F_{S3V} = -2F$$

$$\Rightarrow F_{S3} = -2\sqrt{5}\,F$$

$$\rightarrow: -F_{S1H} + F_{S3H} + F_2 = 0 \Rightarrow F_{S1H} = -3F$$

$$\Rightarrow F_{S1} = -\frac{3}{2}\,\sqrt{5}\,F$$

$$\uparrow\ : -F_{S1V} - F_{S2} - F_{S3V} - F_1 = 0$$

$$\Rightarrow F_{S2} = \frac{3}{2}\,F$$

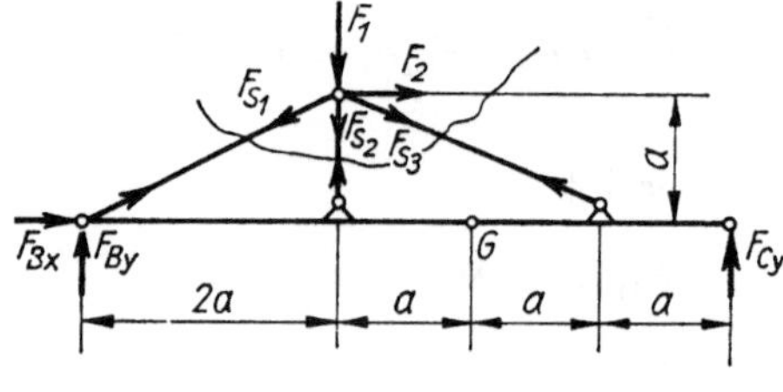

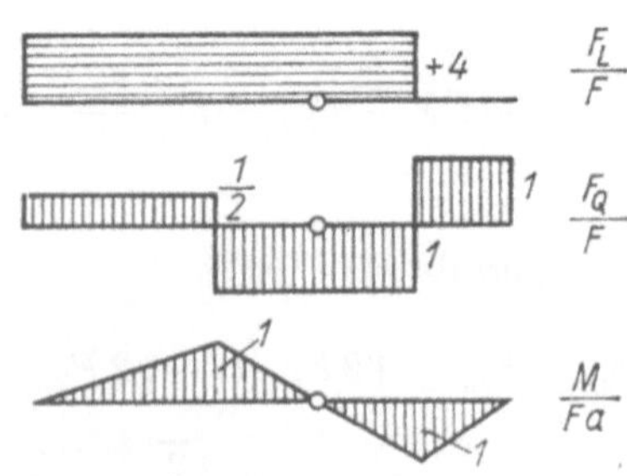

43. Gleichgewicht am oberen Tragwerkteil:

$$\uparrow\ :\ F_{BV} - F_{S1}\,\frac{\sqrt{2}}{2} - F_{S2} - F_1 - F_2 = 0$$

$$\rightarrow:\ F_{BH} + F_{S1}\,\frac{\sqrt{2}}{2} = 0$$

$$\overset{\frown}{B}:\ -F_{S1}\,\frac{\sqrt{2}}{2}\,a - F_{S2}\cdot 3a - F_1 a - F_2\cdot 3a = 0$$

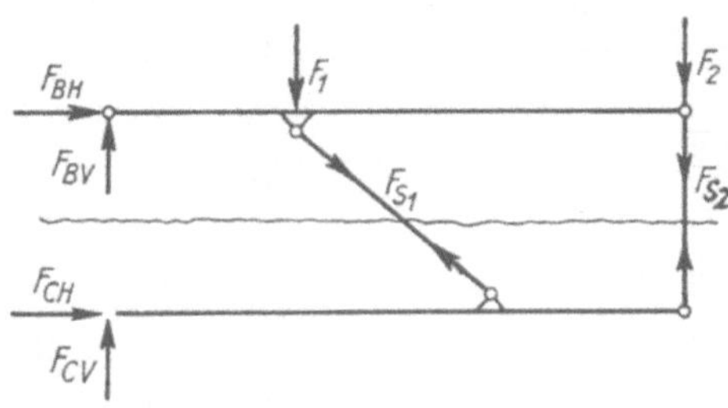

Gleichgewicht am unteren Tragwerkteil:

$$\uparrow\ :\ F_{CV} + F_{S1}\,\frac{\sqrt{2}}{2} + F_{S2} = 0$$

$$\rightarrow:\ F_{CH} - F_{S1} = 0$$

$$\overset{\frown}{C}:\ F_{S1}\,\sqrt{2}\,a + F_{S2}\cdot 3a = 0$$

ergibt:

$$F_{S1} = 5\sqrt{2}\,F \qquad F_{CH} = 5F \qquad F_{BH} = -5F$$

$$F_{S2} = -\frac{10}{3}\,F \qquad F_{CV} = -\frac{5}{3}\,F \qquad F_{BV} = \frac{14}{3}\,F$$

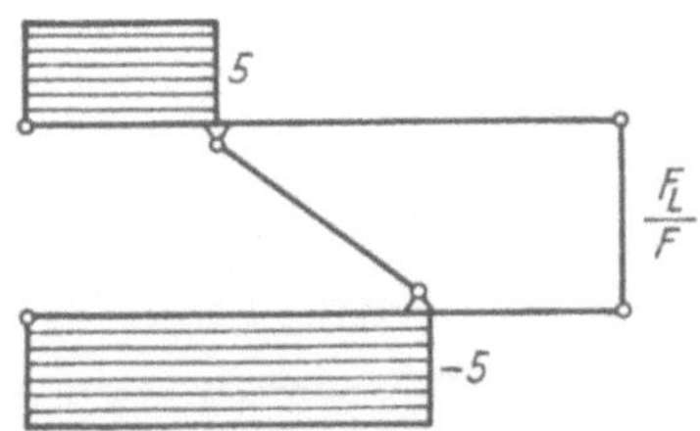

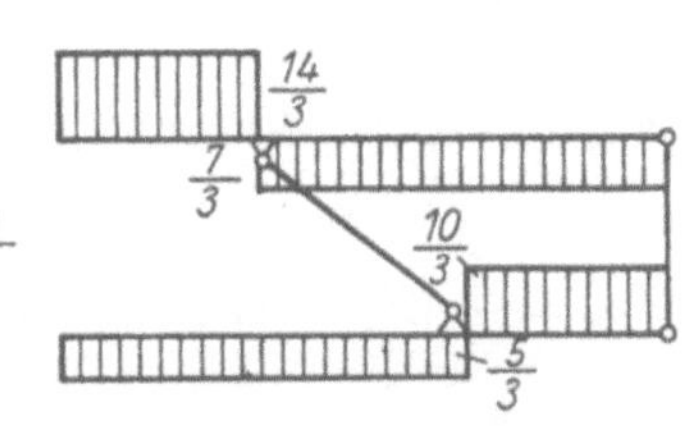

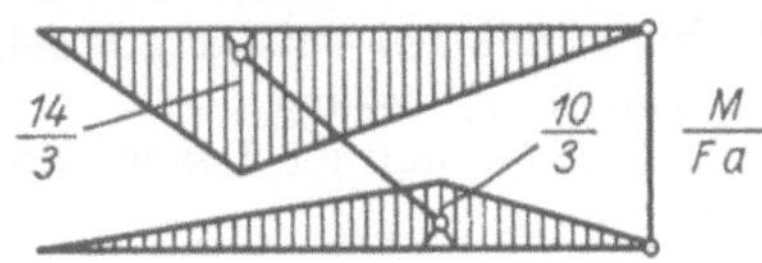

44. a) Gleichgewicht:

$$\text{I.} \uparrow \ : F_{Ay} - F_{S1} - F_{S2}\,\frac{\sqrt{2}}{2} - F_1 - F_2 = 0$$

$$\rightarrow: F_{Ax} + F_{S2}\,\frac{\sqrt{2}}{2} \qquad\qquad = 0$$

$$\overset{\frown}{A}\ : F_{S1}a + F_{S2}\,\sqrt{2}\,a + F_1 a + F_2 \cdot 2a = 0$$

$$\text{II.} \uparrow \ : F_{By} + F_{S1} + F_{S2}\,\frac{\sqrt{2}}{2} \qquad\qquad = 0$$

$$\rightarrow: F_{Bx} - F_{S2}\,\frac{\sqrt{2}}{2} \qquad\qquad = 0$$

$$\overset{\frown}{B}\ : F_{S1}a + F_{S2}\,\frac{5}{2}\,\sqrt{2}\,a \qquad\qquad = 0$$

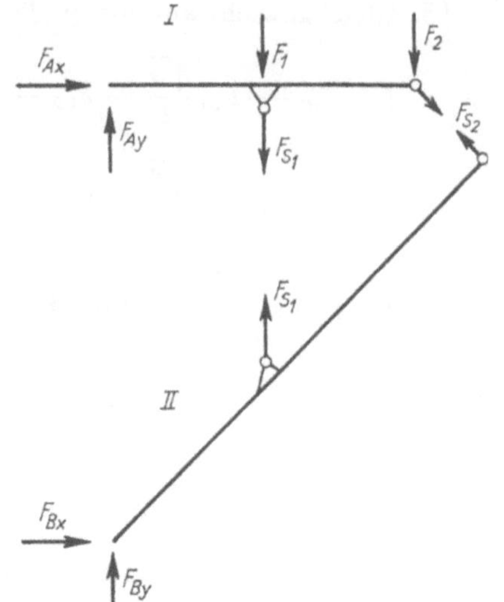

Ergebnis:

$$F_{S1} = -\frac{5}{3}\,(F_1 + 2F_2) = -4{,}83 \cdot 10^3\ \text{N}$$

$$F_{S2} = \frac{\sqrt{2}}{3}\,(F_1 + 2F_2)\ = 1{,}37 \cdot 10^3\ \text{N}$$

$$F_{Ax} = -\frac{1}{3}\,(F_1 + 2F_2) = -0{,}967 \cdot 10^3\ \text{N}$$

$$F_{Bx} = \frac{1}{3}\,(F_1 + 2F_2)\ \ = 0{,}967 \cdot 10^3\ \text{N}$$

$$F_{Ay} = -\frac{1}{3}\,(F_1 + 5F_2) = -2{,}17 \cdot 10^3\ \text{N}$$

$$F_{By} = \frac{4}{3}\,(F_1 + 2F_2)\ \ = 3{,}87 \cdot 10^3\ \text{N}$$

Bei der grafischen Lösung muß durch den Schnittpunkt der Stabkräfte F_{S1} und F_{S2} auch die Wirkungslinie des Auflagers B gehen. Die Richtung von F_B ist somit unabhängig von der Belastung!
Außerdem müssen sich F_A, F_B und die Resultierende der äußeren Kräfte in einem Punkt schneiden.

b)

2,17
2,17
F_Q in $10^3 N$
1,37
2,05
0,967
1,37
F_L in $10^3 N$
-4,83
-3,42
4,33
M in $10^3 Nm$
5,8

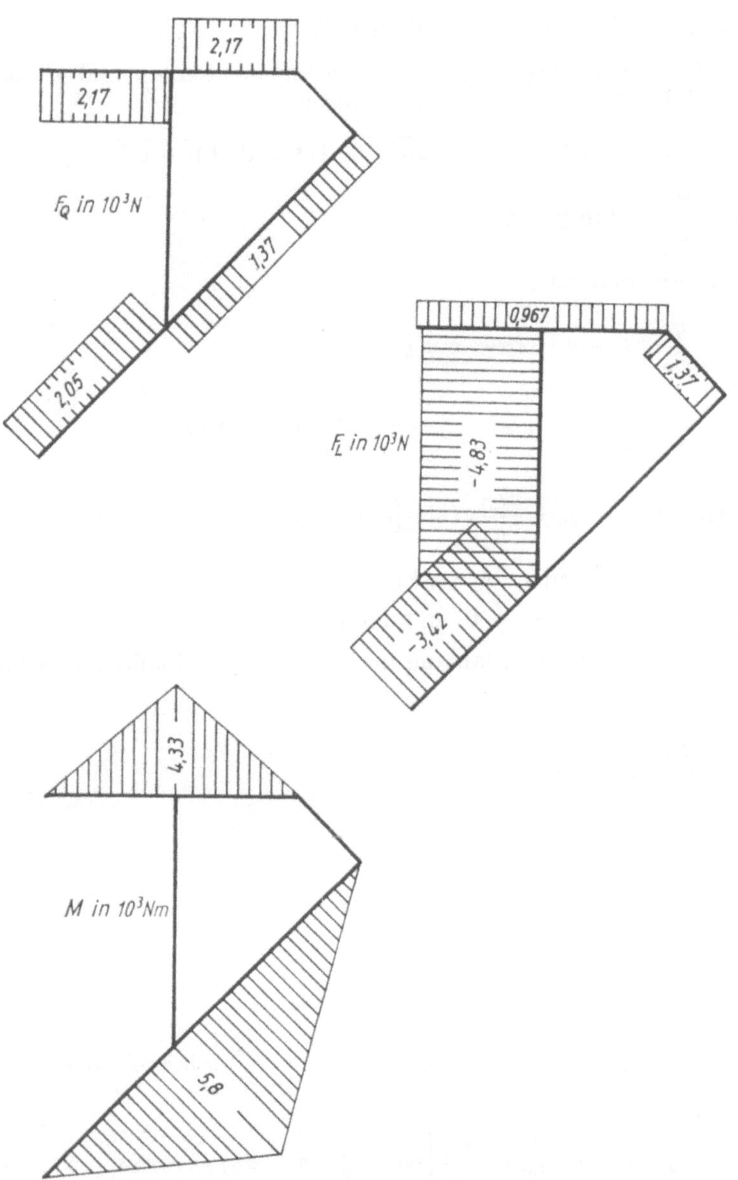

45. Gleichgewichtsbedingungen am Seilelement $\mathrm{d}s$:

$$\uparrow: \mathrm{d}F_\mathrm{V} - q\,\mathrm{d}s = 0 \qquad\qquad \rightarrow: \mathrm{d}F_\mathrm{H} = 0$$

Zwischen der Seilkraft F_S und den Komponenten F_V und F_H sowie zwischen $\mathrm{d}s$ und $\mathrm{d}x$, $\mathrm{d}y$ bestehen die Beziehungen

$$F_\mathrm{S}^2 = F_\mathrm{V}^2 + F_\mathrm{H}^2; \qquad \mathrm{d}s = \sqrt{\mathrm{d}x^2 + \mathrm{d}y^2} = \mathrm{d}x\sqrt{1 + y'^2};$$

$$\frac{F_\mathrm{V}}{F_\mathrm{H}} = \frac{\mathrm{d}y}{\mathrm{d}x} = \tan\varphi = y'$$

Damit erhalten wir

$$y'' = \frac{q}{F_\mathrm{H}}\sqrt{1 + y'^2} \quad \text{bzw. mit } y' = z$$

$$\frac{\mathrm{d}z}{\sqrt{1 + z^2}} = \frac{q}{F_\mathrm{H}}\,\mathrm{d}x \quad \text{und} \quad z = \sinh\frac{q}{F_\mathrm{H}}(x - x_0) = y'$$

Endgültig: $\displaystyle y - y_0 = \frac{F_\mathrm{H}}{q}\cosh\frac{q}{F_\mathrm{H}}(x - x_0)$

mit den Unbekannten: x_0, y_0, F_H

Zu $x = x_0$ gehört $y' = 0$ und damit $F_\mathrm{V} = 0$

Legen wir den Abszissenanfang in diesen tiefsten Punkt und setzen willkürlich $y_0 = 0$, so folgt:

$$y = \frac{F_\mathrm{H}}{q}\cosh\frac{q}{F_\mathrm{H}}\,x$$

$$F_\mathrm{V} = F_\mathrm{H}y' = F_\mathrm{H}\sinh\frac{q}{F_\mathrm{H}}\,x$$

$$F_\mathrm{S} = F_\mathrm{H}\sqrt{1 + y'^2} = F_\mathrm{H}\cosh\frac{q}{F_\mathrm{H}}\,x$$

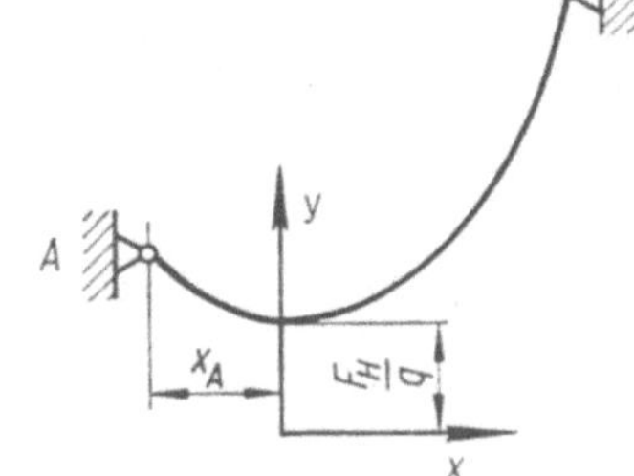

$$L = \int_{x_1}^{x_2}\sqrt{1 + y'^2}\,\mathrm{d}x = \int_{x_1}^{x_2}\cosh\frac{q}{F_\mathrm{H}}\,x\,\mathrm{d}x = \frac{F_\mathrm{H}}{q}\left[\sinh\frac{q}{F_\mathrm{H}}\,x_2 - \sinh\frac{q}{F_\mathrm{H}}\,x_1\right]$$

$$b = y_{(a-x_A)} - y_{(-x_A)} = \frac{F_\mathrm{H}}{q}\left[\cosh\frac{q}{F_\mathrm{H}}(a - x_A) - \cosh\frac{q}{F_\mathrm{H}}\,x_A\right]$$

$$L = \frac{F_\mathrm{H}}{q}\left[\sinh\frac{q}{F_\mathrm{H}}(a - x_A) + \sinh\frac{q}{F_\mathrm{H}}\,x_A\right]$$

mit $\displaystyle \alpha = \frac{q}{F_\mathrm{H}}\,x_A; \quad \beta = \frac{q}{F_\mathrm{H}}\,a; \quad \gamma = \frac{q}{F_\mathrm{H}}\,b; \quad \delta = \frac{q}{F_\mathrm{H}}\,L$

138

folgt: $\gamma = \cosh\alpha\,(\cosh\beta - 1) - \sinh\alpha\,\sinh\beta$

$\quad\quad \delta = \cosh\alpha\,\sinh\beta \quad\quad - \sinh\alpha\,(\cosh\beta - 1)$

Elimination von $\cosh\alpha$ einerseits und $\sinh\alpha$ andererseits, Quadrieren beider Gleichungen und Beachtung von

$$\cosh^2\alpha - \sinh^2\alpha = 1 \quad \text{liefert} \quad \frac{1}{2}\,(\delta^2 - \gamma^2) = \cosh\beta - 1$$

bzw. mit den Zahlenwerten und $u = \dfrac{q \cdot 100\ \text{m}}{F_{\text{H}}}$

$3u^2 + 1 = \cosh 2u$ mit der Lösung $u = 1{,}125$ bzw. $F_{\text{H}} = 3{,}56 \cdot 10^3\,\text{N}$

x_A folgt aus $\cosh\alpha = \dfrac{\delta\sinh\beta - \gamma(\cosh\beta - 1)}{2(\cosh\beta - 1)}$

zu $\quad x_A = \dfrac{F_{\text{H}}}{q}\,\alpha = \dfrac{F_{\text{H}}}{q}\,\text{arcosh}\,\dfrac{\delta\sinh\beta - \gamma(\cosh\beta - 1)}{2(\cosh\beta - 1)} = 82\ \text{m}$

Maximale Seilkraft:

$$F_{\text{Smax}} = F_{\text{SB}} = F_{\text{H}}\cosh\frac{q}{F_{\text{H}}}\,(a - x_A) = 7{,}16 \cdot 10^3\,\text{N}$$

Größter Seildurchhang:

$$f = y(-x_A) - y(0) = \frac{F_{\text{H}}}{q}\left[\cosh\frac{q}{F_{\text{H}}}\,(-x_A) - 1\right] = 40{,}5\ \text{m}$$

Probe: $Lq = F_{\text{H}}\left(\sinh\dfrac{q}{F_{\text{H}}}\,(a - x_A) + \sinh\dfrac{q}{F_{\text{H}}}\,(x_A)\right) = 10^4\,\text{N}$

2.1.4. Kräfte im Raum

46. a) Kraftvektoren: Einheit 10^4 N

$\vec{F}_{\text{R}} = 3i + 4j - 4\mathfrak{k}$ $\qquad\qquad \vec{F}_{\text{S4}} = \delta(4i + 3\mathfrak{k})$

$\vec{F}_{\text{S1}} = \alpha(4i + 3\mathfrak{k})$ $\qquad\qquad \vec{F}_{\text{S5}} = \varepsilon(3\mathfrak{k})$

$\vec{F}_{\text{S2}} = \beta(-4j + 3\mathfrak{k})$ $\qquad\qquad \vec{F}_{\text{S6}} = \zeta(-4i + 4j + 3\mathfrak{k})$

$\vec{F}_{\text{S3}} = \gamma(4j + 3\mathfrak{k})$

Momentenvektoren: Einheit 10^4 Nm

$\vec{M}_{\text{R}} = (4i + 4j + 3\mathfrak{k}) \times (3i + 4j) + (i + 2j + 3\mathfrak{k}) \times (-4\mathfrak{k}) = -20i + 13j + 4\mathfrak{k}$

$\vec{M}_{\text{S}} = (4i + 4j) \times \beta(-4j + 3\mathfrak{k}) + 4j \times \delta(4i + 3\mathfrak{k}) + 4i \times \varepsilon(3\mathfrak{k}) + 4i \times \zeta(-4i +$

$+ 4j + 3\mathfrak{k}) = \beta(12i - 12j - 16\mathfrak{k}) + \delta(12i - 16\mathfrak{k}) - \varepsilon(12j) + \zeta(-12j + 16\mathfrak{k})$

Kräftegleichgewicht:

$$4\alpha + 4\delta - 4\zeta - 3 = 0 \qquad 3\alpha + 3\beta + 3\gamma + 3\delta + 3\varepsilon + 3\zeta + 4 = 0$$

$$-4\beta + 4\gamma + 4\zeta - 4 = 0$$

Momentengleichgewicht:

$$12\beta + 12\delta + 20 = 0 \qquad -16\beta - 16\delta + 16\zeta - 4 = 0$$

$$-12\beta - 12\varepsilon - 12\zeta - 13 = 0$$

Aus diesen 6 Gleichungen folgt:

$$\alpha = -1 \qquad \delta = \frac{1}{3}$$

$$\beta = -2 \qquad \varepsilon = \frac{7}{3}$$

$$\gamma = \frac{5}{12} \qquad \zeta = -\frac{17}{12}$$

und somit:

$$F_{S1} = -5 \cdot 10^4\,\mathrm{N} \quad F_{S2} = -10 \cdot 10^4\,\mathrm{N} \quad F_{S3} = \frac{25}{12}\,10^4\,\mathrm{N}$$

$$F_{S4} = \frac{5}{3}\,10^4\,\mathrm{N} \qquad F_{S5} = 7 \cdot 10^4\,\mathrm{N} \qquad F_{S6} = -\frac{17}{12}\,\sqrt{41} \cdot 10^4\,\mathrm{N}$$

b) Momentengleichung um eine Achse durch die Punkte (4, 0, 3) und (0, 4, 3):

$$\frac{3}{5}\,F_{S4} \cdot 4 - F_3 \cdot 1 = 0 \qquad\qquad F_{S4} = \frac{5}{3}\,10^4\,\mathrm{N}$$

Momentengleichung um eine vertikale Achse durch den Punkt (4, 0, 0):

$$\frac{4}{5}\,F_{S4} + \frac{4}{5}\,F_{S3} - F_1 = 0 \qquad\qquad F_{S3} = \frac{25}{12}\,10^4\,\mathrm{N}$$

Momentengleichung um eine Parallele zur y-Achse durch den Punkt (4, 0, 3):

$$-\frac{3}{5}\,F_{S3} \cdot 4 - F_{S3} \cdot 3 + \frac{4}{\sqrt{41}}\,F_{S6} \cdot 3 = 0 \quad F_{S6} = -\frac{17}{12}\,\sqrt{41} \cdot 10^4\,\mathrm{N}$$

Kräftegleichgewicht in x-Richtung:

$$-\frac{4}{5}\,F_{S1} - \frac{4}{5}\,F_{S4} + \frac{4}{\sqrt{41}}\,F_{S6} + F_1 = 0 \quad F_{S1} = -5 \cdot 10^4\,\mathrm{N}$$

Kräftegleichgewicht in y-Richtung:

$$\frac{4}{5} F_{S2} - \frac{4}{5} F_{S3} - \frac{4}{\sqrt{41}} F_{S6} + F_2 = 0 \qquad F_{S2} = -10 \cdot 10^4 \text{ N}$$

Kräftegleichgewicht in z-Richtung:

$$-F_{S5} - \frac{3}{5} F_{S1} - \frac{3}{5} F_{S2} - \frac{3}{5} F_{S3} - \frac{3}{5} F_{S4} - \frac{3}{\sqrt{41}} F_{S6} - F_3 = 0$$

$$F_{S5} = 7 \cdot 10^4 \text{ N}$$

47. Auflagerreaktionen:

$$F_{Ax} + F_C = 0$$

$$F_{Ay} + F_{By} + F_S = 0$$

$$F_{Az} + F_{Bz} = 0$$

$$F_{Ax} = -F_C$$

$$F_{Ay} = -\frac{1}{2} F_C$$

$$F_{Az} = -\left(1 + \frac{\sqrt{3}}{2}\right) F_C$$

$$F_{Bx} = 0$$

$$F_{By} = \frac{1}{2} F_C$$

$$F_{Bz} = \left(1 + \frac{\sqrt{3}}{2}\right) F_C$$

$$F_S = 0$$

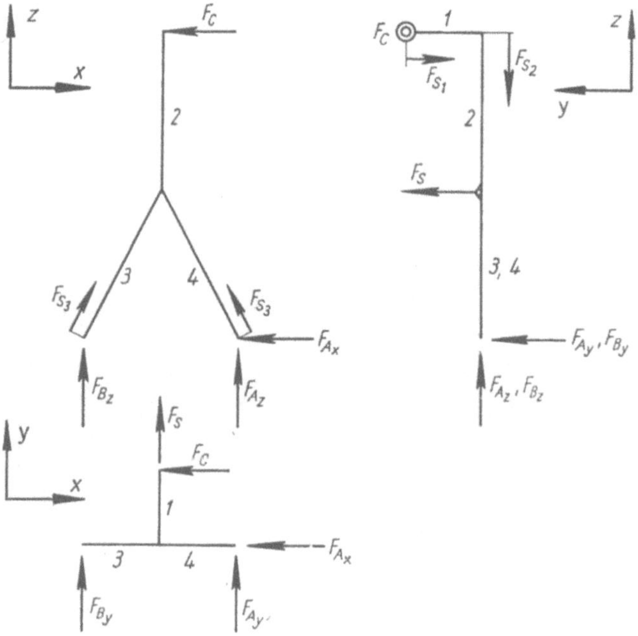

Längskraftverlauf:

$$F_{L1} = 0$$

$$F_{L2} = 0$$

$$F_{L3} = -F_{Bz} \cos 30° = -\left(\frac{3}{4} + \frac{1}{2} \sqrt{3}\right) F_C$$

$$F_{L4} = -F_{Az} \cos 30° - F_{Ax} \sin 30° = +\left(\frac{5}{4} + \frac{1}{2} \sqrt{3}\right) F_C$$

Querkräfte: Schnittflächen senkrecht zu F_{Si}

Zweiter Index gibt Wirkungsrichtung an.

$$F_{Q1x} = F_C \qquad\qquad F_{Q2x} = F_C$$

$$F_{Q1z} = 0 \qquad\qquad F_{Q2y} = 0$$

$$F_{Q3x/z} = + F_{Bz} \sin 30° = + \frac{F_C}{2}\left(1 + \frac{\sqrt{3}}{2}\right);$$

$$F_{Q4x/z} = F_{Ax} \cos 30° - F_{Az} \sin 30° = + \frac{F_C}{2}\left(1 - \frac{\sqrt{3}}{2}\right)$$

$$F_{Q3y} = + F_{By} = + \frac{F_C}{2}; \qquad F_{Q4y} = + F_{Ay} = - \frac{F_C}{2}$$

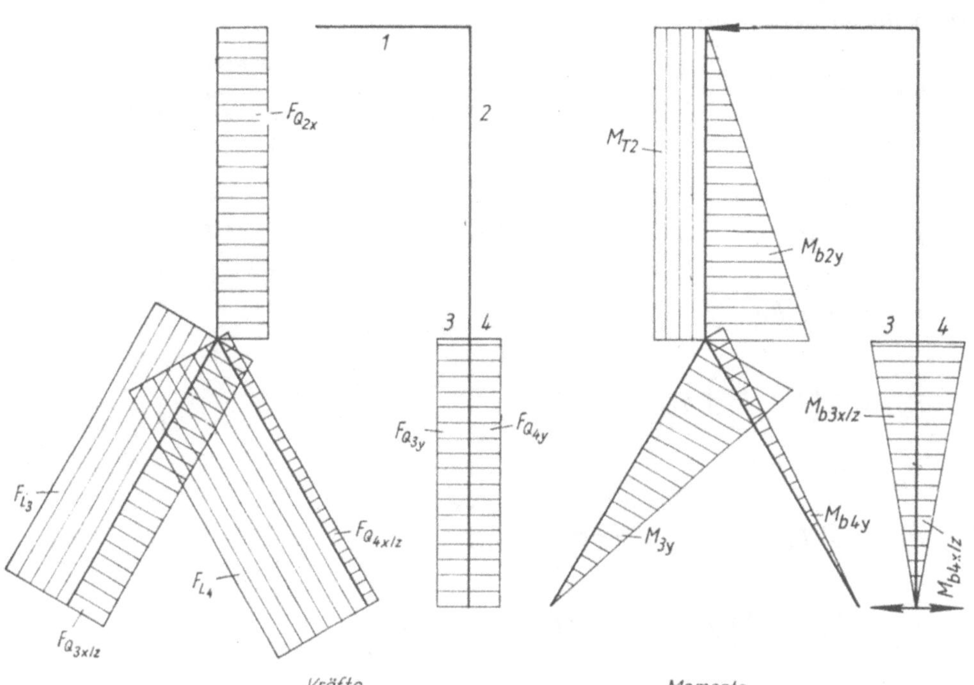

Kräfte
Momente

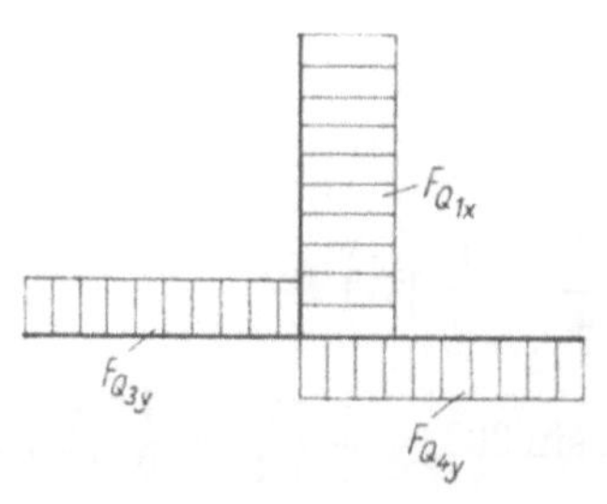

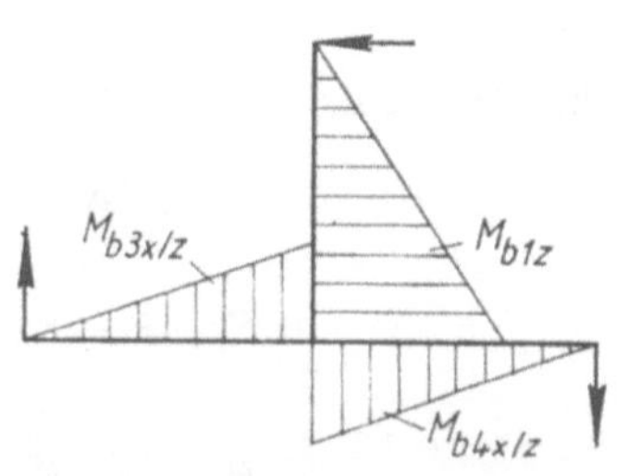

Momente:

Torsionsmomente (um Stab-Längsachsen):

$$M_{\text{T1}} = 0; \qquad M_{\text{T2}} = +\frac{F_C a}{2}; \qquad M_{\text{T3}} = 0; \qquad M_{\text{T4}} = 0.$$

Biegemomente (um Achsen senkrecht zu $F_{\text{S}i}$):

Zweiter Index gibt Dreh- bzw. Biegeachse an; x/z bedeutet Richtung zwischen x und z in der x/z-Ebene senkrecht zur Stab-Längsachse.

$$M_{\text{b1}x} = 0 \qquad\qquad M_{\text{b2}x} = 0$$

$$M_{\text{b1}z} = +F_C s_1 \qquad\qquad M_{\text{b2}y} = +F_C s_2$$

$$M_{\text{b3}x/z} = + F_{By} s_3 = +\frac{1}{2}\, F_C s_3;$$

$$M_{\text{b4}x/z} = + F_{Ay} s_4 = \frac{1}{2}\, F_C s_4$$

$$M_{\text{b3}y} \quad = + F_{Bz} s_3 \sin 30° = +\frac{1}{2}\left(1 + \frac{\sqrt{3}}{2}\right) F_C s_3;$$

$$M_{\text{b4}y} \quad = + F_{Ax} \cos 30° \, s_4 + F_{Az} \sin 30° \, s_4 = \frac{1}{2}\, F_C s_4 \left(1 - \frac{\sqrt{3}}{2}\right)$$

48. Gerader Teil:

$$F_{\text{L}x} = F_x \qquad M_y = F_z x$$
$$F_{\text{Q}y} = F_y \qquad M_z = F_y x$$
$$F_{\text{Q}z} = F_z$$

Gekrümmter Teil:

$$F_{\text{L}\varphi} = F_x \cos \varphi - F_y \sin \varphi$$
$$F_{\text{Q}\varphi} = F_x \sin \varphi + F_y \cos \varphi$$
$$F_{\text{Q}z} = F_z$$
$$M_{\text{b}\varphi} = F_z (l \cos \varphi + R \sin \varphi)$$
$$M_{\text{t}\varphi} = F_z [l \sin \varphi + R (1 - \cos \varphi)]$$
$$M_z = F_y (l + R \sin \varphi) + F_x R (1 - \cos \varphi)$$

49. $F_{\text{Q}z} = F_z$

$$F_{\text{Q}\varphi} = F_x \cos \varphi - F_y \sin \varphi$$
$$F_{\text{L}\varphi} = F_x \sin \varphi + F_y \cos \varphi$$
$$M_z = F_x R \sin \varphi - F_y R (1 - \cos \varphi)$$
$$M_{\text{b}\varphi} = F_x a \sin \varphi + F_y a \cos \varphi - F_z R \sin \varphi$$
$$M_{\text{t}\varphi} = F_x a \cos \varphi - F_y a \sin \varphi + F_z R (1 - \cos \varphi)$$

2.1.5. Reibung

50. $\uparrow\ :\ F_{Ay} + F_{By} - G = 0$

$\rightarrow:\ \ \ F_{Bx} - F_{Ax}\ \ = 0$

$\overset{\frown}{A}:\ G + F_{Bx} \cdot 2 - F_{By} \cdot 2 = 0$

aus $\overset{\frown}{A}:\ G + F_{Ay}\mu_0 \cdot 2 = F_{By} \cdot 2$ wobei: $F_{Ax} = F_{N}\mu_0 = F_{Ay}\mu_0$

aus $\uparrow:\ -G + F_{Ay}\ \ \ \ = -F_{By}$ $\qquad F_{Ax} = F_{Bx} = F_{Ay}\mu_0$

$$F_{Ay}(2\mu_0 + 1) = F_{By}$$

$$\frac{F_{By}}{F_{Bx}} = \frac{F_{Ay}(2\mu_0 + 1)}{F_{Ay}\mu_0} = \tan\varphi$$

$$\tan\varphi = 2 + \frac{1}{\mu_0}$$

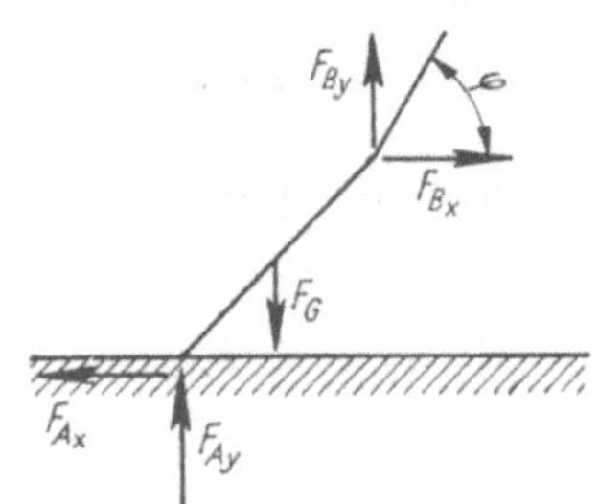

51. Grafische Lösung:

Die Wirkungslinien von F und S müssen sich im Reibungskegel schneiden, wenn Gleichgewicht vorhanden sein soll.

$$\tan\varrho = \mu_0 = \frac{1}{4} = \mu_{\min}$$

Analytische Lösung:

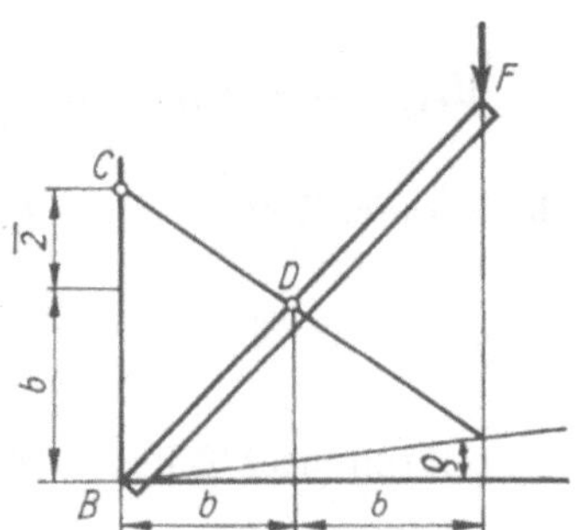

$\overset{\frown}{C}:\ F_{BH}\dfrac{3}{2}\,b - F \cdot 2b = 0 \qquad \Rightarrow F_{BH} = \dfrac{4}{3}\,F$

$\overset{\frown}{D}:\ F_{BH}b - F_{BV}b - Fb = 0 \quad \Rightarrow F_{BV} = F_{BH} - F = \dfrac{1}{3}\,F$

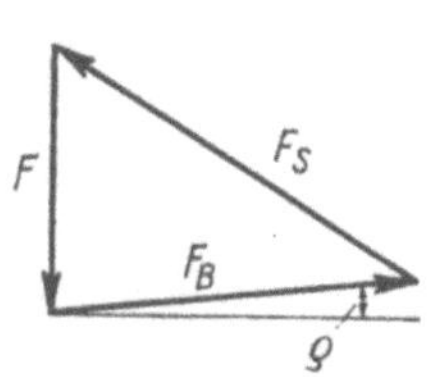

$\rightarrow: F_{BH} - F_{SH} = 0 \qquad\qquad \Rightarrow F_{SH} = \dfrac{4}{3}\,F$

$F_B^2 = F_{BH}^2 + F_{BV}^2 \qquad\qquad \Rightarrow F_B = \dfrac{\sqrt{17}}{3}\,F$

$\dfrac{F_S}{F_{SH}} = \dfrac{\sqrt{5}}{2} \qquad\qquad\qquad \Rightarrow F_S = \dfrac{2}{3}\,\sqrt{5}\,F$

$\dfrac{F_{BV}}{F_{BH}} = \dfrac{1}{4} \qquad\qquad\qquad \Rightarrow \mu_{\min} = \dfrac{1}{4}$

Bei Berücksichtigung des Stangengewichtes G muß der Reibwert größer sein, weil die Resultierende aus F und G weiter links liegt.

52. Gleichgewichtsbedingungen:

$$\uparrow \ : \mu_1 F_{\mathrm{NW}} + F_{\mathrm{NB}} - F = 0$$

$$\rightarrow : F_{\mathrm{NW}} - \mu_2 F_{\mathrm{NB}} = 0$$

$$\stackrel{\frown}{A} : F_{\mathrm{NB}}\, a\,(\sin \alpha - \mu_2 \cos \alpha) - F n a \sin \alpha = 0$$

Ergebnis:

$$F_{\mathrm{NB}} = \frac{F}{1 + \mu_1 \mu_2} \qquad F_{\mathrm{NW}} = \frac{\mu_2 F}{1 + \mu_1 \mu_2} \qquad \tan \alpha = \frac{\mu_2}{m - n \mu_1 \mu_2}$$

53. Analytische Lösung:

Kräftegleichgewicht an der Last

$$\nwarrow : F_{\mathrm{N}} - F \sin \alpha - G \cos \alpha = 0$$

$$\swarrow : F_{\mathrm{R}} - F \cos \alpha + G \sin \alpha = 0$$

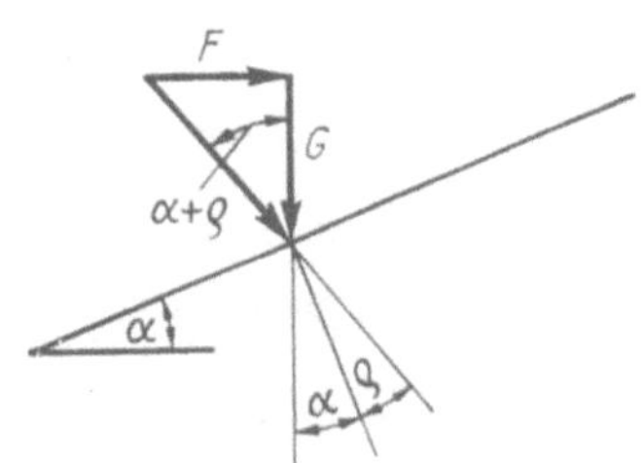

und Reibungsgesetz

$$F_{\mathrm{R}} \leqq \mu F_{\mathrm{N}} = \tan \varrho \, F_{\mathrm{N}}$$

ergeben

$$\mu (F \sin \alpha + G \cos \alpha) \leqq F \cos \alpha - G \sin \alpha$$

und daraus

$$F \geq \frac{\sin \alpha + \mu \cos \alpha}{\cos \alpha - \mu \sin \alpha}\, G = \frac{\tan \alpha + \tan \varrho}{1 - \tan \alpha \tan \varrho}\, G = G \tan (\alpha + \varrho) = 4{,}82 \cdot 10^2 \text{ N}$$

Grafische Lösung:

Die Resultierende von G und F muß außerhalb des Reibungskegels liegen.

$$F \geqq G \tan (\alpha + \varrho)$$

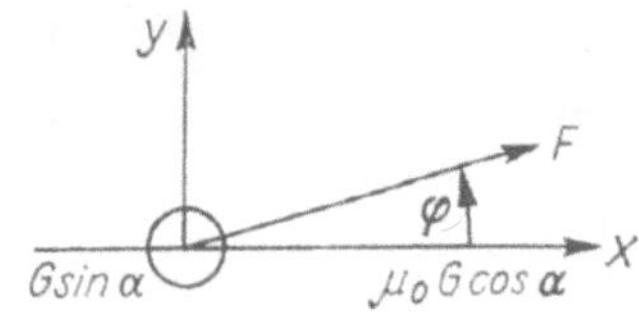

54. Gleichgewicht in der x,y-Ebene: Die Reibkraft ist $F_{\mathrm{R}} \leqq \mu_0 F_{\mathrm{N}} = \mu_0 G \cos \alpha$ und wirkt der äußeren Resultierenden in der x,y-Ebene entgegen.

$$F_{\mathrm{R}} = \sqrt{(F \cos \varphi - G \sin \alpha)^2 + (F \sin \varphi)^2} \leqq \mu_0 \, G \cos \alpha$$

$$F \leqq G \cos \varphi \sin \alpha \, (\overset{+}{-}) \, G \, \sqrt{\mu_0{}^2 \cos^2 \alpha - \sin^2 \alpha \sin^2 \varphi}$$

$$\varphi = 0: \quad F \leqq G \sin \alpha \, (\overset{+}{-}) \, G \mu_0 \cos \alpha = G(0,1 + 0,2) = 0,3 \, G$$

$$\varphi = \frac{\pi}{2}: \quad F \leqq (\overset{+}{-}) \, G \, \sqrt{\mu_0{}^2 \cos^2 \alpha - \sin^2 \alpha} = G \, \sqrt{0,04 - 0,01}$$

$$= G \, \sqrt{0,03} = 0,17 \; G$$

$$\varphi = \pi: \quad F \leqq - \, G \sin \alpha \, (\overset{+}{-}) \, G \mu_0 \cos \alpha = G(-0,1 + 0,2) = 0,1 \, G$$

55. Gleichung:

$$\frac{F_{\mathrm{S0}}}{F_{\mathrm{S1}}} = e^{\mu \alpha} \qquad F_{\mathrm{S1}} = 0,82 \cdot 10^2 \; \mathrm{N}$$

2.2.   Festigkeitslehre

2.2.1.   Spannungstransformation

1.
$$\begin{vmatrix} (\sigma_x - \sigma) \, \tau_{xy} & & \tau_{xz} \\ \tau_{yx} & (\sigma_y - \sigma) & \tau_{yz} \\ \tau_{zx} & \tau_{zy} & (\sigma_z - \sigma) \end{vmatrix} = 0$$

$$\sigma^3 - 675 \, \sigma^2 - 34\,020 \, \sigma = 0$$
$$\sigma_2 = 0 \quad \sigma_1 = 72,2 \; \mathrm{Nmm^{-2}}$$
$$\sigma_3 = -4,71 \; \mathrm{Nmm^{-2}}$$

2. $\sigma_{1,2} = \dfrac{\sigma_y + \sigma_x}{2} \pm \dfrac{1}{2} \, \sqrt{(\sigma_y - \sigma_x)^2 + 4\tau_{xy}^2};$

$$\tan (2\alpha) = \frac{2\tau_{xy}}{\sigma_y - \sigma_x}$$

$$\sigma_1 = 92 \; \mathrm{Nmm^{-2}}$$

$$\sigma_2 = -52 \; \mathrm{Nmm^{-2}}$$

$$\tan (2\alpha) = -0,666$$

$$\alpha = -16,5°$$

3. $\sigma_\alpha = \dfrac{\sigma_y + \sigma_x}{2} + \dfrac{\sigma_y - \sigma_x}{2} \cos (2\alpha)$

$$\tau_\alpha = \frac{\sigma_y - \sigma_x}{2} \sin (2\alpha)$$

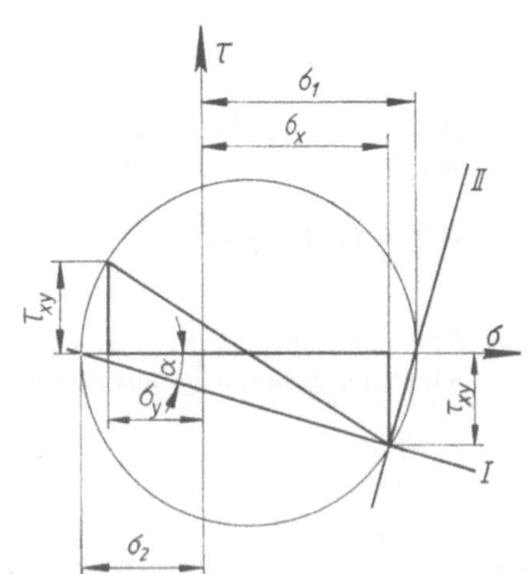

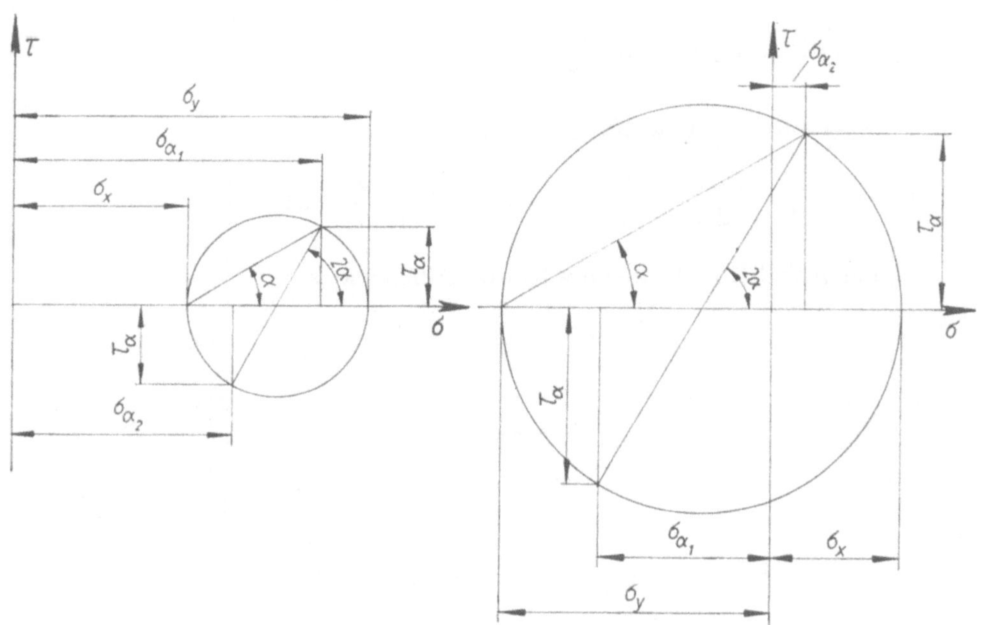

a) $\sigma_{\alpha_1} = 70\,\mathrm{Nmm^{-2}}$

$\sigma_{\alpha_2} = 50\,\mathrm{Nmm^{-2}}$

$\tau_\alpha = 17{,}4\,\mathrm{Nmm^{-2}}$

b) $\sigma_{\alpha_1} = -37{,}5\,\mathrm{Nmm^{-2}}$

$\sigma_{\alpha_2} = 7{,}5\,\mathrm{Nmm^{-2}}$

$\tau_\alpha = -39{,}0\,\mathrm{Nmm^{-2}}$

2.2.2. Trägheitsmomentenermittlung

4. $I_\xi = 2\displaystyle\int_0^a \eta^3 \xi\,\mathrm{d}\eta; \quad \xi = \frac{a-\eta}{2}; \quad I_\xi = \int_0^a (a\eta^2 - \eta^3)\,\mathrm{d}\eta = \frac{a^4}{12}$

$I_\eta = 2\displaystyle\int_0^{a/2} \xi^2 \eta\,\mathrm{d}\xi; \quad \eta = a - 2\xi; \quad I_\eta = 2\int_0^{a/2} (\xi^2 a - 2\xi^3)\,\mathrm{d}\xi = \frac{a^4}{48}$

$I_1 = I_\eta = I_y = \dfrac{a^4}{48}; \qquad I_2 = I_\xi - \dfrac{a^2}{2}\cdot\left(\dfrac{a}{3}\right)^2 = I_x = \dfrac{a^4}{36}$

$\left.\begin{aligned} I_u &= \frac{I_1 + I_2}{2} + \frac{I_1 - I_2}{2}\cos 2\alpha; \quad \alpha = 45° \\[4pt] I_v &= \frac{I_1 + I_2}{2} - \frac{I_1 - I_2}{2}\cos 2\alpha; \quad \cos 2\alpha = 0 \end{aligned}\right\} \; I_u = I_v = \frac{a^4}{96} + \frac{a^4}{72} = \frac{7}{288}\,a^4$

$$I_{uv} = \frac{I_1 - I_2}{2} \sin 2\alpha = -\frac{1}{288}\, a^4$$

Der Kernquerschnitt wird berechnet aus

$$\sigma = 0 = \frac{F}{A} + \frac{F y_i y}{I_x} + \frac{F x_i x}{I_y} \qquad 0 = 1 + 18\,\frac{y_i}{a}\,\frac{y}{a} + 24\,\frac{x_i}{a}\,\frac{x}{a}$$

x_i und y_i sind Koordinaten des Kraftangriffspunktes.

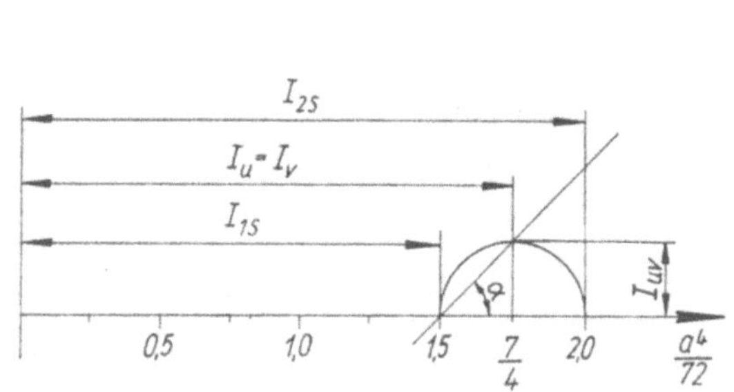

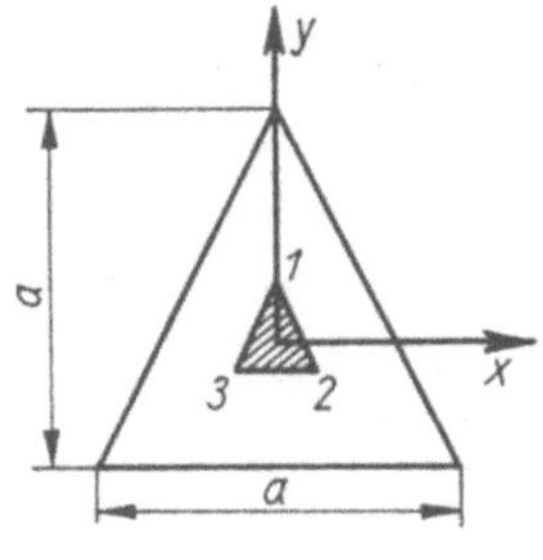

Kraftangriff auf der Hauptachse $x = 0$

$$\frac{y_i}{a} = -\frac{1}{18}\,\frac{a}{y} \Rightarrow \frac{y_1}{a} = \frac{1}{6} \quad \text{und} \quad \frac{y_2}{a} = -\frac{1}{12}$$

Kraftangriff auf der Hauptachse $y = 0$

$$\frac{x_i}{a} = -\frac{1}{24}\,\frac{a}{x} \Rightarrow \frac{x_i}{a} = \pm\frac{1}{12}$$

Damit sind die Eckpunkte des dreieckigen Kernquerschnittes bestimmt:

$$x_1 = 0;\ y_1 = \frac{a}{6};\quad x_2 = \frac{a}{8};\ y_2 = -\frac{a}{12};\quad x_3 = -\frac{a}{8};\ y_3 = -\frac{a}{12}$$

5. $I_{\text{ges}} = I_1 + 2I_2$

$$I_1 = \frac{a h^3}{12} = \frac{a^4 \sqrt{3}}{4}$$

$$2I_2 = \int y^2\, \mathrm{d}A = \frac{2a}{h} \int_0^{h/2} y^2 (h - 2y)\, \mathrm{d}y = \frac{2}{\sqrt{3}} \int_0^{h/2} (y^2 h - 2y^3)\, \mathrm{d}y$$

$$2\,I_2 = \frac{\sqrt{3}}{16}\,a^4$$

$$I_{\text{ges}} = \frac{5}{16}\,a^4\sqrt{3}$$

Aus Symmetriegründen ist das ein Hauptträgheitsmoment. Das Trägheitsmoment um die y-Achse hat den gleichen Wert.

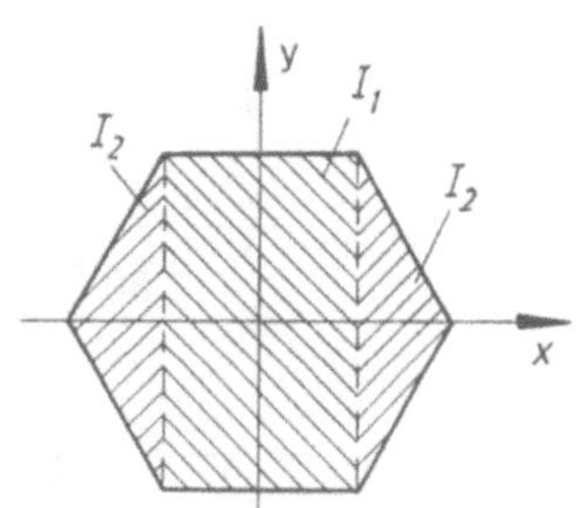

6. $\eta_s = \dfrac{A_1\eta_1 + A_2\eta_2}{A_1 + A_2} = \dfrac{2a^3 + \dfrac{a^3}{2}}{3a^2} = \dfrac{5}{6}\,a$

$\eta_s = \xi_s$ aus Symmetriegründen

$I_\eta = I_\xi = \dfrac{(2a)^3 a}{3} + \dfrac{a^4}{3} = 3a^4$

$I_x = I_y = 3a^4 - \dfrac{25}{36}\,a^2\,3a^2 = \dfrac{11}{12}\,a^4$

$I_{\xi\eta} = -\dfrac{a}{2}\,a\,2a^2 - \dfrac{a}{2}\,\dfrac{3}{2}\,a\,a^2 = -\dfrac{7}{4}\,a^4$

$I_{xy} = -\dfrac{7}{4}\,a^4 + \dfrac{25}{36}\,a^2\,3a^2 = +\dfrac{a^4}{3}$

Hauptträgheitsmomente:

$$I_{1,2} = \frac{I_x + I_y}{2} \pm \sqrt{\left(\frac{I_x - I_y}{2}\right)^2 + I_{xy}^2}$$

$I_1 = \dfrac{11}{12}\,a^4 + \dfrac{a^4}{3} = \dfrac{5}{4}\,a^4 \qquad\qquad I_2 = \dfrac{11}{12}\,a^4 - \dfrac{a^4}{3} = \dfrac{7}{12}\,a^4$

Anderer Weg:

Symmetrieachsen sind immer Hauptachsen, folglich erhalten wir:

$$I_1 = \frac{(2a)^4}{12} - \frac{a^4}{12} = \frac{5}{4}\,a^4$$

7. a) $\xi_s = a\,\dfrac{1}{6\left(1 + \dfrac{\pi}{4}\right)} \qquad\qquad \eta_s = a\,\dfrac{5}{6\left(1 + \dfrac{\pi}{4}\right)}$

b) $I_x = I_{\xi_1} + I_{\xi_2} - (A_1 + A_2)\,\eta_s^2 = 0{,}142\,a^4$

$I_y = I_{\eta_1} + I_{\eta_2} - (A_1 + A_2)\,\xi_s^2 = 0{,}513\,a^4$

$I_{xy} = I_{\xi\eta_1} + I_{\xi\eta_2} + (A_1 + A_2)\,\xi_s\eta_s$

$I_{\xi\eta_1} = -\displaystyle\iint \xi\eta\,\mathrm{d}A = -\int_0^a\int_{\pi/2}^{\pi} r^3 \sin\varphi\cos\varphi\,\mathrm{d}r\,\mathrm{d}\varphi = +\dfrac{a^4}{8}$

$$I_{\xi\eta_2} = -\frac{a^4}{4}$$

$$I_{xy} = -\frac{a^4}{8} + \frac{5a^4}{36\left(1 + \dfrac{\pi}{4}\right)} = -0{,}047\,a^4$$

c) $I_{1,2} = \dfrac{I_x + I_y}{2} \pm \sqrt{\left(\dfrac{I_x - I_y}{2}\right)^2 + I_{xy}^2}$

$I_1 \ = 0{,}519\,a^4$

$I_2 \ = 0{,}135\,a^4$

$\tan 2\alpha = -\dfrac{2I_{xy}}{I_y - I_x} = 0{,}253 \quad \alpha = 7{,}1°$

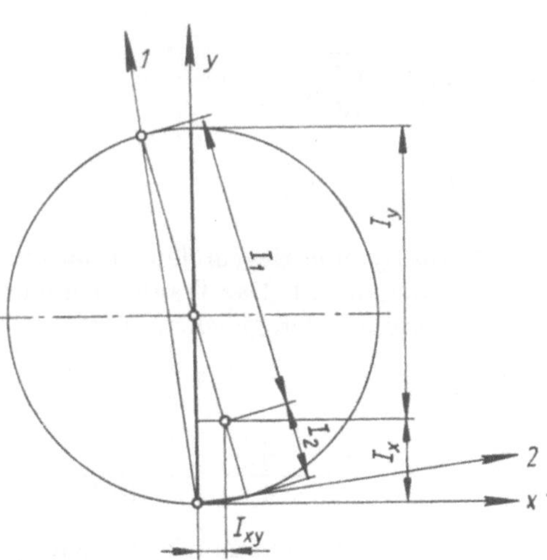

8. a) $\xi_S = \dfrac{\Sigma A_i \xi_{Si}}{\Sigma A_i} = 77{,}2$ mm

$\eta_S = \dfrac{\Sigma A_i \eta_{Si}}{\Sigma A_i} = 49{,}1$ mm

b) $I_x \ = \Sigma(I_{xSi} + A_i x_{Si}^2) = 64{,}5$ cm⁴

$I_y \ = \Sigma(I_{ySi} + A_i y_{Si}^2) = 375{,}7$ cm⁴

$I_{xy} = \Sigma(I_{xySi} - A_i x_{Si} y_{Si}) = -25{,}5$ cm⁴

c) Hauptträgheitsachsen: $I_{uv} = 0$

$\tan 2\varphi = -\dfrac{2I_{xy}}{I_y - I_x} = 0{,}164; \qquad \varphi = 4{,}65°$

d) $I_{1,2} = \dfrac{I_x + I_y}{2} \pm \sqrt{\left(\dfrac{I_y - I_x}{2}\right)^2 + I_{xy}^2}$
$\qquad I_1 = 377{,}8$ cm⁴
$\qquad I_2 = 62{,}4$ cm⁴

9. a) Schwerpunkt aus Symmetriegründen im Koordinatenursprung

b) $I_x \ = \Sigma(I_{xSi} + A_i x_{Si}^2) = 916{,}3$ cm⁴

$I_y \ = \Sigma(I_{ySi} + A_i y_{Si}^2) = 439{,}4$ cm⁴

$I_{xy} = \Sigma(I_{xySi} - A_i x_{Si} y_{Si}) = +\,472{,}8$ cm⁴

c) Hauptträgheitsachsen: $I_{uv} = 0$

$\tan 2\varphi = -\dfrac{2I_{xy}}{I_y - I_x} = 1{,}98; \qquad \varphi = 31{,}6°$

d) $I_{1,2} = \dfrac{I_x + I_y}{2} \pm \sqrt{\left(\dfrac{I_y - I_x}{2}\right)^2 + I_{xy}^2}$
$\qquad I_1 = 1\,207{,}4$ cm⁴
$\qquad I_2 = 148{,}3$ cm⁴

10. Längenmaßstab L: 1 cm $\triangle$ 2 cm

$A_1 = 1 \cdot 12,5 \text{ cm}^2 = 12,5 \text{ cm}^2$

$A_2 = 0,25 \cdot 10,6 \text{ cm}^2 = 2,55 \text{ cm}^2$

$A_3 = 1,2 \cdot 3,6 \text{ cm}^2 = 4,32 \text{ cm}^2$

$A_4 = 9,4 \cdot 1,4 \text{ cm}^2 = 13,2 \text{ cm}^2$

$A_5 = 0,85 \cdot 2,55 \text{ cm}^2 = 2,17 \text{ cm}^2$

$A_6 = 2,15 \cdot 6,5 \text{ cm}^2 = 14,0 \text{ cm}^2$

$A_7 = \dfrac{\pi}{2} \cdot 1,25^2 \text{ cm}^2 = 2,46 \text{ cm}^2$

$A_8 = 1,25 \cdot 4 \text{ cm}^2 = 5,0 \text{ cm}^2$

Flächenkräftemaßstab d: 1 cm $\triangle$ 5 cm²

Seileckfläche:

$A_1' = 2,35 \cdot 2,35 \text{ cm}^2 = 5,52 \text{ cm}^2 \qquad A_2' = 0,446 \text{ cm}^2 \qquad A_3' = 0,468 \text{ cm}^2$

$A = \Sigma A_i = 56,2 \text{ cm}^2 \quad A' = \Sigma A_i' = 6,43 \text{ cm}^2 \quad I_y = L^2 \cdot A \cdot A' = 1446 \text{ cm}^4$

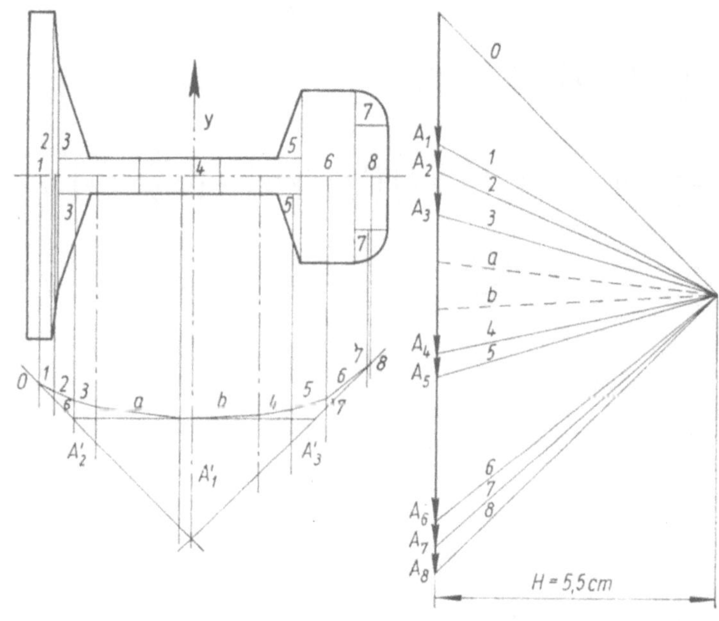

11. $I = \dfrac{bh^3}{12};\qquad W = \dfrac{bh^2}{6};\qquad h^2 + b^2 = d^2;\qquad b = \sqrt{d^2 - h^2}$

$I = \dfrac{h^3\sqrt{d^2 - h^2}}{12};\qquad \dfrac{dI}{dh} = \dfrac{3h^2\sqrt{d^2 - h^2}}{12} - \dfrac{h^3 2h}{2 \cdot 12\sqrt{d^2 - h^2}} = 0$

$h = \dfrac{d}{2}\sqrt{3}$

$$W = \frac{h^2 \sqrt{d^2 - h^2}}{6}; \qquad \frac{\mathrm{d}W}{\mathrm{d}h} = \frac{2h \sqrt{d^2 - h^2}}{6} - \frac{h^2 \cdot 2h}{2 \cdot 6 \sqrt{d^2 - h^2}} = 0$$

$$h = d \sqrt{\frac{2}{3}}$$

12. $\quad I_y = 4 \int x^2 \, \mathrm{d}A = 4 \int\limits_{0}^{a\sqrt{3}/2 - b} x^2 \left(\frac{a}{2} - x \frac{\sqrt{3}}{3} \right) \mathrm{d}x$

$$I_y = \frac{1}{3} \left(a \frac{\sqrt{3}}{2} - b \right)^3 \left(\frac{a}{2} + b \sqrt{3} \right)$$

$$\mathrm{d}A = y \, \mathrm{d}x = \left(\frac{a}{2} - x \frac{\sqrt{3}}{3} \right) \mathrm{d}x \qquad W_y = \frac{I_y}{x_{\max}}$$

$$W_y = \frac{1}{3} \left(a \frac{\sqrt{3}}{2} - b \right)^2 \left(\frac{a}{2} + b \sqrt{3} \right)$$

$$W_{y\max} : \frac{\partial W}{\partial b} = 0 \rightarrow -2 \left(a \frac{\sqrt{3}}{2} - b \right) \left(\frac{a}{2} + \sqrt{3}b \right) + \left(a \frac{\sqrt{3}}{2} - b \right)^2 \sqrt{3} = 0$$

$$b = a \frac{\sqrt{3}}{18} \qquad W_{y\max} = \frac{a^3 \cdot 32}{243}$$

2.2.3. Zug — Druck

13. Gleichgewicht am Volumenelement

$$\mathrm{d}V = A \, \mathrm{d}x$$

$$\mathrm{d}F = \mathrm{d}m \, \omega^2 (a - x) = A \varrho \, \mathrm{d}x \, \omega^2 (a - x) = \sigma \, \mathrm{d}A$$

$$\int \frac{\mathrm{d}A}{A} = \int \frac{\varrho \omega^2}{\sigma} (a - x) \, \mathrm{d}x$$

$$\ln A = \frac{\varrho \omega^2}{\sigma} x \left(a - \frac{x}{2} \right) + \mathrm{C} \qquad \text{für } x = 0 \text{ ist } A = A_0$$

$$\ln \frac{A}{A_0} = \frac{\varrho \omega^2}{\sigma} x \left(a - \frac{x}{2} \right) \qquad \text{also: } C = \ln A_0$$

$$A = A_0 \, \mathrm{e}^{\frac{\varrho \omega^2}{\sigma} x \left(a - \frac{x}{2} \right)} \qquad \text{mit: } A_0 = \frac{m a \omega^2}{\sigma}$$

14. $\varepsilon = \dfrac{\sigma}{E}$ $\qquad\qquad\qquad \sigma = \dfrac{F}{A} \qquad\qquad F = A\varrho g x$

$$\varepsilon = \frac{\varrho g}{E}\, x = \frac{\mathrm{d}v}{\mathrm{d}x} \qquad\qquad v = \frac{\varrho g}{2E}\, x^2 + C$$

$$x = l : v = 0 \to C = -\frac{\varrho g l^2}{2E} \quad v_B = -\frac{\varrho g l^2}{2E}$$

15. $v_A = \dfrac{\varrho g h^2}{4E}$

16. Aus dem Kräftegleichgewicht folgt:

$$\mathrm{d}F = \varrho g A\, \mathrm{d}x; \qquad\qquad \mathrm{d}F = \sigma\, \mathrm{d}A$$

$$A\varrho g\, \mathrm{d}x = \sigma\, \mathrm{d}A; \qquad \frac{\mathrm{d}A}{A} = +\frac{\varrho g}{\sigma}\, \mathrm{d}x$$

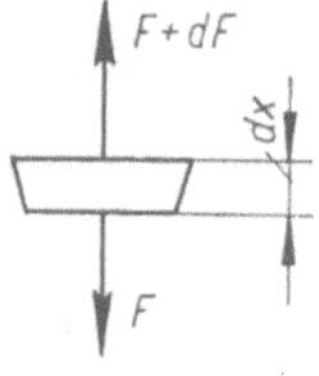

$$\text{für } \sigma,\, \varrho g = \text{konst.:} \qquad \ln A = \frac{\varrho g}{\sigma}\, x + C$$

$$A = A_0 \mathrm{e}^{\frac{\varrho g}{\sigma} x}; \quad \sigma = \frac{F_0}{A_0}$$

17. Die Verlängerungen müssen gleich sein, das Kräftegleichgewicht muß erfüllt sein.

$$\Delta l_1 = \Delta l_2 \qquad\qquad F_1 + F_2 = 0$$

$$\varepsilon_1 = \alpha_1 \Delta t + \frac{F_1}{E_1 A_1} \qquad \varepsilon_2 = \alpha_2 \Delta t + \frac{F_2}{E_2 A_2}$$

$$\sigma_1 = -\frac{\sigma_2 A_2}{A_1};$$

$$\sigma_1 = \frac{(\alpha_2 - \alpha_1)\,\Delta t}{\dfrac{1}{E_1} + \dfrac{A_1}{A_2}\dfrac{1}{E_2}} = 78{,}5\ \mathrm{Nmm^{-2}}$$

$$\sigma_2 = \frac{(\alpha_1 - \alpha_2)\,\Delta t}{\dfrac{1}{E_2} + \dfrac{A_2}{A_1}\dfrac{1}{E_1}} = -55{,}0\ \mathrm{Nmm^{-2}}$$

18. a) $\varepsilon = \dfrac{\sigma}{E} = \alpha \Delta t; \qquad \sigma_{t\mathrm{Ring}} = E_1 \alpha_1 \Delta t_a = 1{,}41 \cdot 10^2\ \mathrm{Nmm^{-2}}$

b) $\sigma_{t\mathrm{Ring}} = E_1 [\Delta t_b (\alpha_1 - \alpha_2) + \alpha_1 \Delta t_a] = 1{,}76 \cdot 10^2\ \mathrm{Nmm^{-2}}$

c) $\sigma_{t\mathrm{Ring}} = 0$:

$$\Delta t_c = \frac{\sigma_{t\mathrm{Ring}}(a)}{E_1(\alpha_1 - \alpha_2)} = 320\,°\mathrm{C}$$

$$t_c = \Delta t_c + t = 340\,°\mathrm{C}$$

19. Verlängerungen müssen übereinstimmen, Kräftegleichgewicht muß erfüllt sein.

$$\left.\begin{aligned}\sigma_1 &= E_1\varepsilon\\ \sigma_2 &= E_2\varepsilon\end{aligned}\right\} \quad \frac{\sigma_1}{E_1} = \frac{\sigma_2}{E_2} \tag{1}$$

$$\sigma_1 = \frac{F_1}{A_1}; \qquad \sigma_2 = \frac{F_2}{A_2} \tag{2}$$

$$F_1 = qA - F_2 \tag{3}$$

(1) und (2) ergeben: $\quad \dfrac{F_1}{A_1 E_1} = \dfrac{F_2}{A_2 E_2} \qquad \dfrac{qA - F_2}{A_1 E_1} = \dfrac{F_2}{A_2 E_2}$

$$F_2 = \frac{qA A_2 E_2}{A_1 E_1 + A_2 E_2}$$

$$F_2 = 1,41 \cdot 10^5\,\mathrm{N} \qquad F_1 = 5,65 \cdot 10^5\,\mathrm{N} \qquad \sigma_2 = 3,6\,\mathrm{Nmm^{-2}}$$

$$\sigma_1 = 72\,\mathrm{Nmm^{-2}} \qquad \Delta h = \varepsilon h = \frac{\sigma_1 h}{E_1} \qquad \Delta h = 1,8 \cdot 10^{-2}\,\mathrm{cm}$$

20. Geometrie: $\qquad \dfrac{\Delta l_2 - \Delta l_1}{\Delta l_3 - \Delta l_2} = \dfrac{a}{b}$

$$\Delta l_1 = \alpha_1 \Delta t l + \frac{F_1 l}{E_1 A_1}; \qquad \Delta l_2 = \alpha_2 \Delta t l + \frac{F_2 l}{E_2 A_2}; \qquad \Delta l_3 = \alpha_3 \Delta t l + \frac{F_3 l}{E_3 A_3}$$

Gleichgewicht: $\qquad F_1 = -\dfrac{F_2 b}{a+b} \qquad F_3 = -\dfrac{F_2 a}{a+b}$

$$b\left\{[\alpha_2 - \alpha_1]\,l\Delta t + F_2 l\left(\frac{1}{E_2 A_2} + \frac{b}{a+b}\,\frac{1}{E_1 A_1}\right)\right\} =$$

$$= \left\{[\alpha_3 - \alpha_2]\,l\Delta t - F_2 l\left(\frac{a}{a+b}\,\frac{1}{E_3 A_3} + \frac{1}{E_2 A_2}\right)\right\}\,a$$

$$F_2 = \frac{\Delta t\{a(\alpha_3 - \alpha_2) + b(\alpha_1 - \alpha_2)\}A}{\dfrac{b}{E_2} + \dfrac{b_2}{(a+b)\,E_1} + \dfrac{a^2}{(a+b)\,E_3} + \dfrac{a}{E_2}} = \frac{\Delta t\,A(\alpha_1 - \alpha_2)}{\dfrac{1}{E_2} + \dfrac{a^2 + b^2}{(a+b)^2}\,\dfrac{1}{E_1}}$$

$$M = \frac{F_2 ab}{a+b} \qquad M = \frac{ab(a+b)\,E_1 E_2 A(\alpha_1 - \alpha_2)}{E_1(a+b)^2 + (a^2 + b^2)\,E_2}\,\Delta t$$

21. Das Problem ist einfach statisch unbestimmt. Am Kraftangriffspunkt wird die fiktive Kraft F_V nach unten positiv eingeführt.

Die Gleichgewichtsbedingungen lauten:

$$\uparrow:\ \frac{1}{2}\,F_{S1} - \frac{\sqrt{3}}{2}\,F_{S3} - F_V = 0 \qquad\qquad \rightarrow:\ F - \frac{\sqrt{3}}{2}\,F_{S1} - F_{S2} - \frac{1}{2}\,F_{S3} = 0$$

Damit $\quad F_{S1} = \sqrt{3}\,F_{S3} + 2F_V \qquad\qquad F_{S2} = F - \sqrt{3}\,F_V - 2F_{S3}$

Nach CASTIGLIANO folgt:

$$\frac{\partial W}{\partial F_{S3}} = 0 = \frac{a}{EA_2}\left[\frac{(\sqrt{3}\,F_{S3} + 2F_V)}{2}\,\frac{2}{\sqrt{3}}\,\sqrt{3} + \left(F - \sqrt{3}\,F_V - 2F_{S3}\right)(-2) + F_{S3}\right]$$

$$F_{S3} = \frac{5 - \sqrt{3}}{11}\,F \approx 0{,}297\,F \qquad\qquad F_{S2} = \frac{1 + 2\sqrt{3}}{11}\,F \approx 0{,}406\,F$$

$$F_{S1} = \frac{5\sqrt{3} - 3}{11}\,F \approx 0{,}515\,F$$

Die Verschiebung in horizontaler Richtung folgt aus

$$\frac{\partial W}{\partial F} = v_x = \sum_{i=1}^{3} \frac{F_{Si}}{EA_i}\,\frac{\partial F_{Si}}{\partial F}\,l_i = \frac{1 + 2\sqrt{3}}{11}\,\frac{Fa}{EA_2} \approx 0{,}406\,\frac{Fa}{EA_2}$$

und die Vertikalverschiebung ergibt sich zu

$$\frac{\partial W}{\partial F_V} = v_y = \sum_{i=1}^{3} \frac{F_{Si}}{EA_i}\,\frac{\partial F_{Si}}{\partial F_V}\,l_i = \frac{4 - 3\sqrt{3}}{11}\,\frac{Fa}{EA_2} \approx -0{,}109\,\frac{Fa}{EA_2}$$

22. Kräftegleichgewicht:

$$\nearrow:\ F_{S1}\cos\varphi_1 + F_{S2} + F_{S3}\cos\varphi_2 - F = 0 \tag{1}$$

$$\nwarrow:\ F_{S1}\sin\varphi_1 - F_{S3}\sin\varphi_2 \qquad\qquad = 0 \tag{2}$$

Geometrische Beziehungen:

$$(l_1 + v)^2 + u^2 = (l_1 + \Delta l_1)^2 \qquad\qquad l_1 = l_2\cos\varphi_1$$

$$(l_3 + u)^2 + v^2 = (l_3 + \Delta l_3)^2 \qquad\qquad l_3 = l_2\cos\varphi_2$$

$$(l_1 + v)^2 + (l_3 + u)^2 = (l_2 + \Delta l_2)^2 \qquad l_1{}^2 + l_3{}^2 = l_2{}^2$$

durch Ausmultiplizieren und Vernachlässigung der quadratischen Glieder von u, v und Δl ergibt sich

$$\Delta l_2 = \Delta l_1 \cos \varphi_1 + \Delta l_3 \cos \varphi_2 \qquad (3)$$

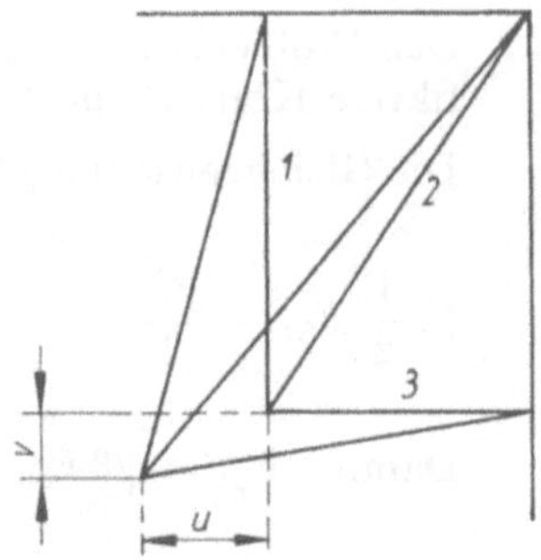

mit $\Delta l_i = \dfrac{F_{si} l_i}{E A_i}$ und $A_1 = A_3$ folgt

$$F_{S1} = \frac{F}{\dfrac{A_2}{A_1}\left(\cos^2 \varphi_1 + \cos^2 \varphi_2 \dfrac{\sin \varphi_1}{\sin \varphi_2}\right) + \cos \varphi_1 + \cos \varphi_2 \dfrac{\sin \varphi_1}{\sin \varphi_2}}$$

$$F_{S1} = \frac{5000}{\dfrac{3}{2}\left(\dfrac{3}{4} + \dfrac{1}{4}\dfrac{1}{\sqrt{3}}\right) + \dfrac{\sqrt{3}}{2} + \dfrac{1}{2}\dfrac{1}{\sqrt{3}}}\ \text{N} = 2 \cdot 10^3\ \text{N}$$

$$F_{S3} = F_{S1} \frac{\sin \varphi_1}{\sin \varphi_2} = 1{,}15 \cdot 10^3\ \text{N}$$

$$F_{S2} = F - F_{S1} \cos \varphi_1 - F_{S3} \cos \varphi_2 = 2{,}69 \cdot 10^3\ \text{N}$$

23. Gleichgewicht: $\uparrow$: $-F_{S2} \dfrac{1}{\sqrt{2}} - F_{S3} = 0$; $\rightarrow$: $-F_{S1} - F_{S2} \dfrac{1}{\sqrt{2}} + F = 0$

$$F_{S3} = -\frac{F_{S2}}{\sqrt{2}}\ (1); \quad F_{S1} = F - \frac{F_{S2}}{\sqrt{2}}\ (2)$$

System einfach statisch unbestimmt.

Geometrische Beziehungen:

$$\Delta l_1 = \frac{a}{E A} F_{S1}$$

$$\Delta l_2 = \frac{a}{E A} \sqrt{2} F_{S2} + a \sqrt{2} \alpha \Delta t$$

$$\Delta l_3 = \frac{a}{E A} F_{S3}$$

$$\Delta l_2 = \Delta l_1 \frac{1}{\sqrt{2}} + \Delta l_3 \frac{1}{\sqrt{2}}\ (3)$$

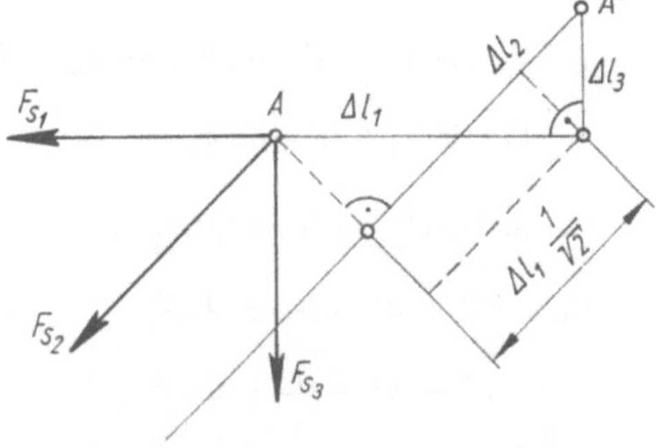

$$\frac{a}{EA}\sqrt{2}F_{S2} + a\sqrt{2}\alpha\Delta t = \frac{1}{\sqrt{2}}\frac{a}{EA}\left(F - \frac{F_{S2}}{\sqrt{2}}\right) + \frac{1}{\sqrt{2}}\frac{a}{EA}\left(-\frac{F_{S2}}{\sqrt{2}}\right)$$

$$F_{S2} = \frac{F - 2EA\alpha\Delta t}{2 + \sqrt{2}}$$

a) $\Delta t = 0 \rightarrow F_{S2} = 1{,}47 \cdot 10^3\ \text{N}$ $\qquad\qquad F_{S3} = -1{,}04 \cdot 10^3\ \text{N}$

$\qquad\qquad\qquad\qquad\qquad\qquad\qquad\qquad\qquad\qquad F_{S1} = +3{,}97 \cdot 10^3\ \text{N}$

b) $\Delta t = 30\ \text{K} \Rightarrow F_{S2} = 5{,}92 \cdot 10^3\ \text{N}$

$\qquad F = 0 \qquad\qquad F_{S1} = F_{S3} = 4{,}18 \cdot 10^3\ \text{N}$

24. Gleichgewichtsbedingungen und CASTIGLIANO:

$$F_{S1} = \sqrt{2}F + \frac{1}{2}F_{S4} \qquad F_{S2} = -\frac{3}{4}\sqrt{2}F_{S4} \qquad F_{S3} = -F - \frac{3}{4}\sqrt{2}F_{S4}$$

$$\frac{\partial W}{\partial F_{S4}} = 0 = \frac{1}{EA}\left[F_{S1}l_1\frac{\partial F_{S1}}{\partial F_{S4}} + F_{S2}l_2\frac{\partial F_{S2}}{\partial F_{S4}} + F_{S3}l_3\frac{\partial F_{S3}}{\partial F_{S4}} + F_{S4}l_4\right]$$

$$2F_{S1} - 3F_{S2} - \frac{2}{3}F_{S3} + 2F_{S4} = 0$$

Ergebnis:

$F_{S1} = 1{,}14 \cdot 10^4\ \text{N}$ $\qquad\qquad A_{\min} = \dfrac{F_{S\,\max}}{\sigma_{\text{zul}}} = \dfrac{1135}{1000}\ \text{cm}^2 = 1{,}135\ \text{cm}^2$

$F_{S2} = 0{,}591 \cdot 10^4\ \text{N}$

$\qquad\qquad\qquad\qquad\qquad v_{Ay} = l_2\dfrac{F_{S2}}{EA} = 20{,}8 \cdot 10^{-3}\ \text{cm}$

$F_{S3} = -0{,}409 \cdot 10^4\ \text{N}$

$F_{S4} = -0{,}557 \cdot 10^4\ \text{N}$ $\qquad v_{Ax} = l_3\dfrac{F_{S3}}{EA} = -7{,}2 \cdot 10^{-3}\ \text{cm}$

25. $\uparrow$: $F_{S1} + F_{S2} + F_{S3} = F_1$ $\qquad \rightarrow$: $F_{S4} + F_{S5} = F_2$

$\overset{\frown}{C}$: $2F_{S1} + F_{S2} + F_2 = F_{S5} + 2F_1$

Statisch Unbestimmte: F_{S2}, F_{S3}

$$\frac{\partial W}{\partial F_{S2}} = 0 = \frac{1}{EA}\sum_i F_{Si}l_i\frac{\partial F_{Si}}{\partial F_{S2}}$$

$$\frac{\partial W}{\partial F_{S3}} = 0 = \frac{1}{EA}\sum_i F_{Si}l_i\frac{\partial F_{Si}}{\partial F_{S3}}$$

F_{Si}	$\dfrac{\partial F_{Si}}{\partial F_{S2}}$	$\dfrac{\partial F_{Si}}{\partial F_{S3}}$	l_i
$F_1 - F_{S2} - F_{S3}$	-1	-1	l
F_{S2}	$+1$	0	$2l$
F_{S3}	0	$+1$	l
$F_{S2} + 2F_{S3}$	$+1$	$+2$	l
$F_2 - F_{S2} - 2F_{S3}$	-1	-2	l

Ergebnisse:

$$F_{S1} = \frac{4F_1 - F_2}{5} \qquad F_{S2} = \frac{F_1}{5} \qquad F_{S3} = \frac{F_2}{5} \qquad F_{S4} = \frac{F_1 + 2F_2}{5}$$

$$F_{S5} = \frac{3F_2 - F_1}{5} \qquad\qquad v_{Cx} = \frac{F_{S4}\,l}{EA} \qquad v_{Cy} = \frac{F_{S3}\,l}{EA}$$

2.2.4.   Torsion

26. $\tau_{max} = \dfrac{M_t}{W_t} = \dfrac{F D_R \cdot 16}{2\pi D^3} \qquad \tau_{max} = 61{,}2 \ \text{Nmm}^{-2}$

$$\vartheta = \tau_{max}\,\frac{2}{GD} \qquad\qquad \vartheta = 1{,}48 \cdot 10^{-4} \ \text{cm}^{-1}$$

27. $P = M_t \omega$

Mit $\omega = 2\pi n$, $\ 1\ \text{min} = 60\ \text{s}\ $ und $\ 1\ \text{kW} = 1{,}02 \cdot 10^3\ \text{Nms}^{-1}$ wird

$$P = M_t n\,\frac{\pi}{3 \cdot 10^4}, \quad \text{wobei } P \text{ in kW, } M_t \text{ in Nm, } n \text{ in min}^{-1}$$

$$M_t = \frac{3 \cdot 10^4}{\pi}\,\frac{P}{n} = 955\,\frac{P}{n} = 1{,}91 \cdot 10^2\ \text{Nm}$$

$$\tau_{zul} \leqq \frac{M_t}{W_t} = \frac{16\,M_t}{\pi d^3}$$

$$d \geqq \sqrt[3]{\frac{16\,M_t}{\pi\,\tau_{zul}}} = \sqrt{\frac{16 \cdot 1{,}91 \cdot 10^4}{\pi \cdot 2000}}\ \text{cm} = 3{,}64\ \text{cm}$$

28. $h \ll R \Rightarrow t = \tau h_{(s)} = \text{konst.}$

$$M_t = \oint r t\,\mathrm{d}s = t\,2A \qquad A = \frac{1}{2}\oint r\,\mathrm{d}s \qquad t = \frac{M_t}{2A} \qquad \tau_{(s)} = \frac{M_t}{2A\,h_{(s)}}$$

$$A = R^2\pi\,\frac{2}{3} + 2\,\frac{R\,\dfrac{R}{\tan 30°}}{2} = R^2\left(\frac{2}{3}\pi + \sqrt{3}\right) = \frac{R^2}{3}\left(2\pi + 3\sqrt{3}\right)$$

$$\tau_{\mathrm{I}} = \frac{3\,M_t}{2R^2\left(2\pi + 3\sqrt{3}\right)h} \qquad \tau_{\mathrm{II}} = \frac{3\,M_t}{4R^2\left(2\pi + 3\sqrt{3}\right)h} \qquad \tau_{\mathrm{III}} = \frac{3\,M_t}{6R^2\left(2\pi + 3\sqrt{3}\right)h}$$

$$W_a = \frac{1}{2}M_t\varphi = W_i = \oint \frac{1}{2}\tau\gamma\,\mathrm{d}V = \oint \frac{1}{2}\frac{\tau^2}{G}\,\mathrm{d}V = \oint \frac{\tau^2}{2G}\,hl\,\mathrm{d}s =$$

$$= \frac{t^2 l}{2G}\oint \frac{h\,\mathrm{d}s}{h^2} = \frac{M_t^2 l}{4A^2\,2G}\oint \frac{\mathrm{d}s}{h}$$

$$\varphi = \frac{M_t l}{4 A^2 G} \oint \frac{\mathrm{d}s}{h} = \frac{M_t l}{4 A^2 G} \left[\frac{R \tan 60^\circ}{h} + \frac{\frac{4}{3}\pi R}{2h} + \frac{R \tan 60^\circ}{3h} \right] =$$

$$= \frac{M_t R l}{4 A^2 G h} \left[\sqrt{3} + \frac{2}{3}\pi + \frac{\sqrt{3}}{3} \right] \qquad\qquad \varphi = \frac{M_t R l}{6 A^2 h G} \left[2\sqrt{3} + \pi \right]$$

29. $\tau = \dfrac{t}{h} = \dfrac{M_t}{2 A h}$:

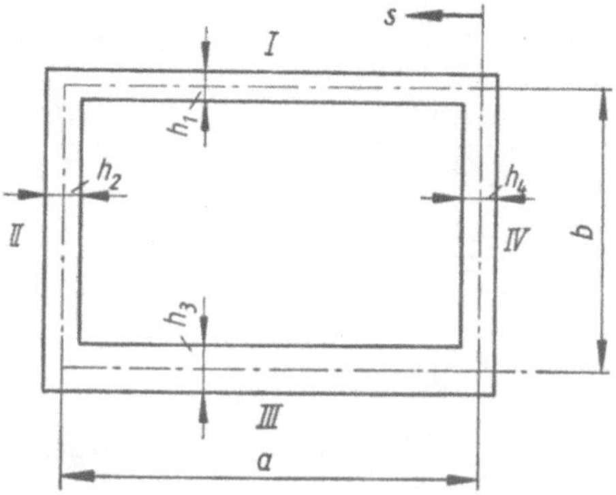

Schubfluß: $\quad t = \dfrac{M_t}{2 A}$

A: Die von den Mittellinien umschlossene Fläche

$A = ab$

Spannungen:

Bereich I $\qquad \tau_\mathrm{I} \;\; = \dfrac{M_t}{2abh_1} \qquad\qquad 0 \leqq s \leqq a$

Bereich II $\qquad \tau_\mathrm{II} \;\; = \dfrac{M_t}{2abh_2} \qquad\qquad a \leqq s \leqq (a+b)$

Bereich III $\qquad \tau_\mathrm{III} = \dfrac{M_t}{2abh_3} \qquad\qquad (a+b) \leqq s \leqq (2a+b)$

Bereich IV $\qquad \tau_\mathrm{IV} = \dfrac{M_t}{2abh_4} \qquad\qquad (2a+b) \leqq s \leqq (2a+2b)$

Der Verdrehungswinkel: $\quad \vartheta = \dfrac{M_t}{4 G A^2} \oint \dfrac{\mathrm{d}s}{h}$

$$\oint \frac{\mathrm{d}s}{h} = \frac{a}{h_1} + \frac{b}{h_2} + \frac{a}{h_3} + \frac{b}{h_4} = \left(\frac{1}{h_1} + \frac{1}{h_3} \right) a + \left(\frac{1}{h_2} + \frac{1}{h_4} \right) b$$

$$\vartheta = \frac{M_t}{4 G a^2 b^2} \left[\left(\frac{1}{h_1} + \frac{1}{h_3} \right) a + \left(\frac{1}{h_2} + \frac{1}{h_4} \right) b \right] =$$

$$= \frac{M_t}{4 G} \left[\left(\frac{1}{h_1} + \frac{1}{h_3} \right) \frac{1}{ab^2} + \left(\frac{1}{h_2} + \frac{1}{h_4} \right) \frac{1}{a^2 b} \right]$$

2.2.5. Biegung

30. $\sigma = \dfrac{M}{I}\, y$

$$I = 2\left[\frac{a^3 d}{12} + ad\left(\frac{a}{2} - y_s\right)^2\right] + \frac{a d^3}{12} + ad\left(\frac{d}{2} - y_s\right)^2$$

$$y_s = \frac{\Sigma A\,\bar{y}_s}{\Sigma A} = \frac{1}{3}\sum \bar{y}_s = \frac{1}{3}\left(2\frac{a}{2} + \frac{d}{2}\right) = \frac{2a + d}{6}$$

$$I = \frac{ad}{12}\left[2a^2 + 24\left(\frac{a}{2} - \frac{a}{3} - \frac{d}{6}\right)^2 + d^2 + 12\left(\frac{d}{2} - \frac{a}{3} - \frac{d}{6}\right)^2\right] =$$

$$= \frac{ad}{12}\left(4a^2 - 4ad + 3d^2\right)$$

$$y_{\max} = a - y_s = \frac{4a - d}{6}$$

$$W = \frac{ad}{8a - 2d}\left(4a^2 - 4ad + 3d^2\right) = \frac{I}{y_{\max}}$$

$$|\sigma_{b\,\max}| = \frac{M_{b\,\max}}{W_b} = 1{,}36 \cdot 10^2 \ \text{Nmm}^{-2}$$

31. Ermittlung der Auflagerreaktionen:

$$\uparrow\ :\ F_{Ay} + F_B - F = 0$$

$$\rightarrow\ :\ -F_{Ax} + q\,3a = 0$$

$$F_{Ax} = q\,3a = 6 \cdot 10^3 \ \text{N}$$

$$\circlearrowleft A:\ -q\,\frac{9a^2}{2} - F\,2a + F_B\,4a = 0 \Rightarrow F_B = 4{,}75 \cdot 10^3 \ \text{N}$$

$$F_{Ay} = F - F_B = 2{,}5 \cdot 10^2 \ \text{N}$$

$$F_A = \sqrt{F_{Ay}^2 + F_{Ax}^2} = 6{,}01 \cdot 10^3 \ \text{N}$$

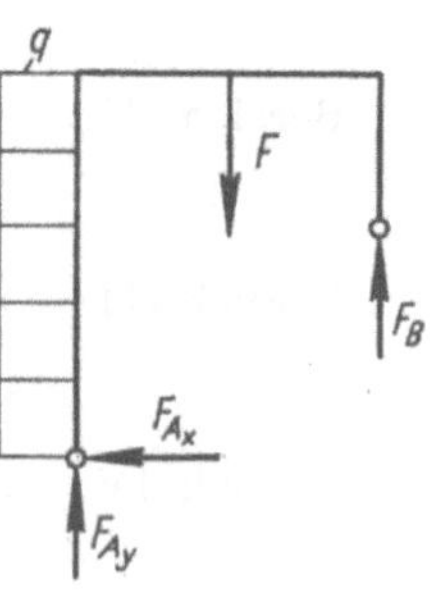

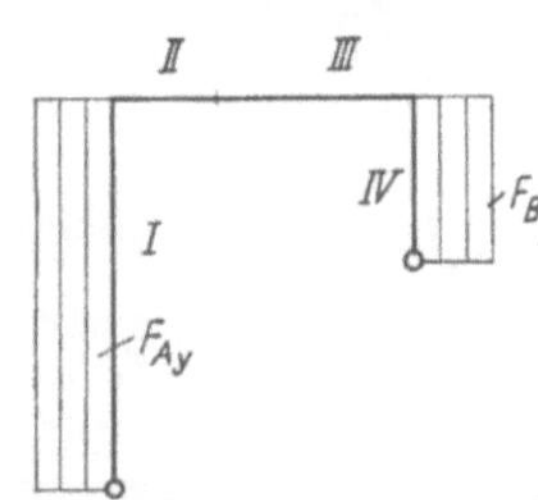

Längskraftverlauf

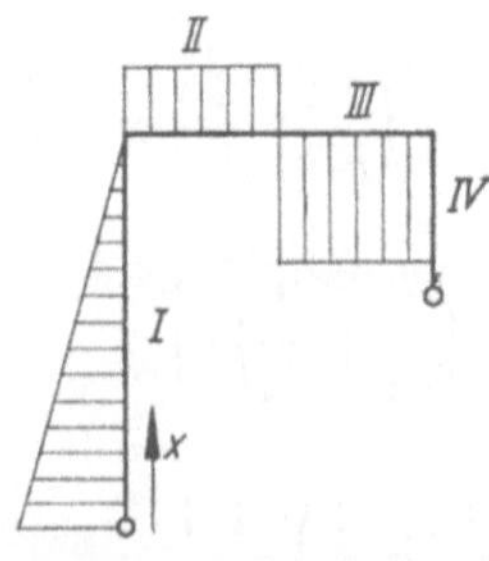

Querkraftverlauf

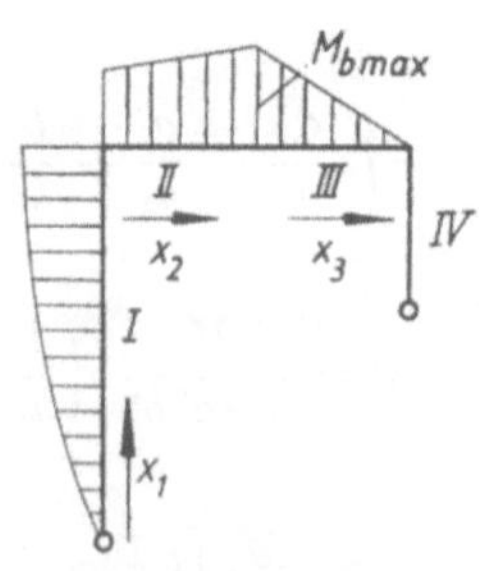

Momentenverlauf

I. Bereich: $F_\mathrm{L} = F_{Ay}$ $F_\mathrm{Q} = F_{Ax} - qx_1$ $M = -q\,\dfrac{x_1{}^2}{2} + F_{Ax}x_1$

II. Bereich: $F_\mathrm{L} = 0$ $F_\mathrm{Q} = F_{Ay}$ $M = -q\,\dfrac{9a^2}{2} + F_{Ax}3a + F_{Ay}x_2$

III. Bereich: $F_\mathrm{L} = 0$ $F_\mathrm{Q} = F_{Ay} - F$ $M = -q\,\dfrac{9a^2}{2} + F_{Ax}3a +$
$$+ F_{Ay}(2a + x_3) - Fx_3$$

IV. Bereich: $F_\mathrm{L} = F_B$ $F_\mathrm{Q} = 0$ $M = 0$

Dimensionierung: $M_{b\max} = -q\,\dfrac{9a^2}{2} + 3aF_{Ax} + 2aF_{Ay} = 1,9 \cdot 10^4\ \mathrm{Nm}$

$$W_{b\,\mathrm{erf}} = \frac{M_b}{\sigma_{\mathrm{zul}}} = 158,3\ \mathrm{cm}^3$$

32. $M_{b\max}$ tritt dort auf, wo $M' = F_\mathrm{Q} = 0$

$$M \quad = Fx - q\,\frac{x^2}{2}$$

$$M' \quad = F_\mathrm{Q} = F - qx = 0$$

$$x_{M\max} = \frac{F}{q} = 2,22\ \mathrm{m}$$

$$M_{b\max} = Fx - q\,\frac{x^2}{2} = 2,22 \cdot 10^3\ \mathrm{Nm}$$

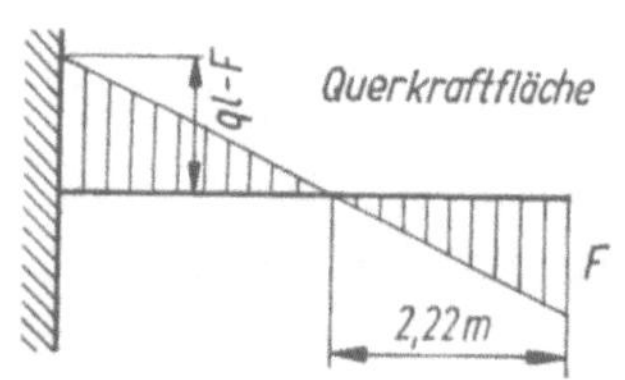

Trägheitsmoment: $I = I_1 - I_2 = \dfrac{BH^0}{12} - \dfrac{(B - 2b)\,(H - 2h)^3}{12}$

$$I = \left(\frac{6,5 \cdot 16^3}{12} - \frac{5,8 \cdot 10^3}{12}\right) \mathrm{cm}^4 = 1735\ \mathrm{cm}^4$$

maximale Biegespannung

$$\sigma_{b\max} = \frac{My_{\max}}{I} = 10,2\ \mathrm{Nmm}^{-2}$$

33. $I\uparrow: F_{Ay} - F_{Gy} - q3a = 0$

$$\widetilde{G}: F_{Ay}2a - q3a\,\frac{3a}{2} = 0$$

$$F_{Ax} = F_{Gx} = 0;$$

$$F_{Ay} = 4,5 \cdot 10^3\ \mathrm{N};$$

$$F_{Gy} = -1,5 \cdot 10^3\ \mathrm{N}$$

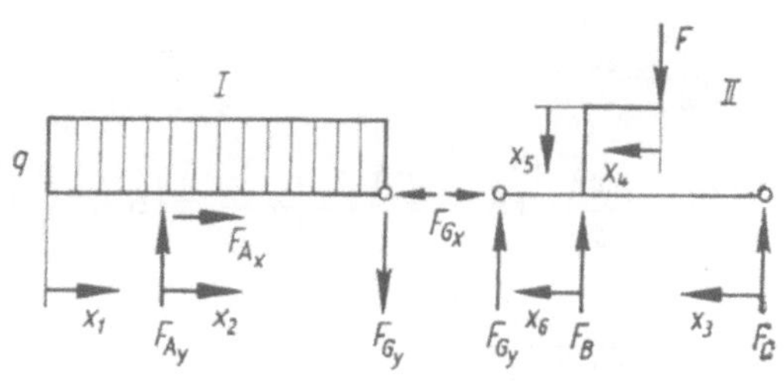

$$\text{II} \uparrow: \; F_B + F_C + F_{Gy} - F = 0$$

$$\overset{\curvearrowright}{G}: \; F2a - F_B a - F_C 3a = 0$$

$$F_C = 1{,}75 \cdot 10^3 \, \text{N}; \quad F_B = 4{,}75 \cdot 10^3 \, \text{N}$$

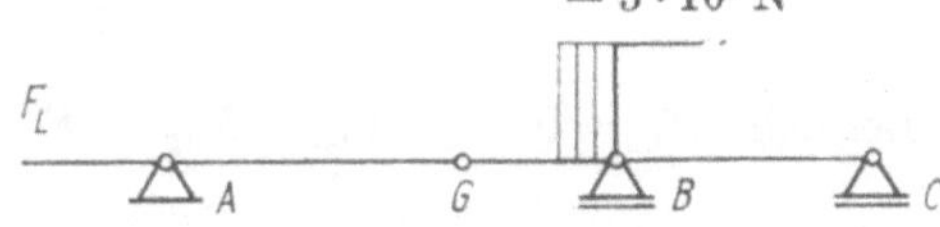

$$M_{b\,max} = 10^4 \, \text{N}$$

$$\sigma = \frac{M_b}{W_b}, \quad W_b = \frac{b h^2}{6} = \frac{2}{3} b^3$$

$$b^3 = \frac{3 M_b}{2 \sigma_{zul}} = 125 \, \text{cm}^3$$

$$b = 5 \, \text{cm}; \quad h = 2b = 10 \, \text{cm}$$

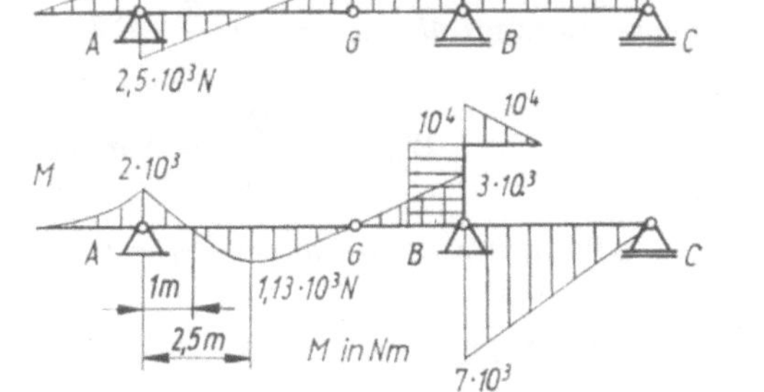

34.
$$\sigma = \frac{F\sqrt{2}}{2A} + \frac{M_b}{W_b} = \frac{F\dfrac{\sqrt{2}}{2}}{ab\left(1 + \dfrac{x}{l}\right)}\left[1 + \frac{6x}{a\left(1 + \dfrac{x}{l}\right)}\right] =$$

$$= \frac{F\dfrac{\sqrt{2}}{2}}{a^2 b}\left(1 + \frac{x}{l}\right)^{-2}\left[a + x\left(6 + \frac{a}{l}\right)\right]$$

$$h = a\left(1 + \frac{x}{l}\right)$$

$$A = bh = ba\left(1 + \frac{x}{l}\right)$$

$$W_b = \frac{b h^2}{6} = \frac{b}{6} a^2 \left(1 + \frac{x}{l}\right)^2$$

$$\frac{\partial \sigma}{\partial x} = 0:$$

$$\left(1 + \frac{x}{l}\right)^{-2}\left(6 + \frac{a}{l}\right) - \left[a + x\left(6 + \frac{a}{l}\right)\right] 2 \left(1 + \frac{x}{l}\right)^{-3} \frac{1}{l} = 0$$

$$x = \frac{6l - a}{6l + a}\, l$$

$$\sigma = \frac{F}{a^2 b}\,\frac{\sqrt{2}}{2}\left[\frac{6l}{\left(1 + \dfrac{6l - a}{6l + a}\right)^2}\right]$$

$$F = 4{,}59 \cdot 10^4\,\text{N}$$

35. $\sigma_\mathrm{d} = -\dfrac{F}{A}$

$$A = 18a^2 - a^2\pi$$

$$\sigma_\mathrm{d} = -\frac{F}{a^2}\,\frac{1}{18 - \pi} \approx -0{,}0673\,\frac{F}{a^2}$$

$$\sigma_{\mathrm{b}(y)} = \frac{M_\mathrm{b}}{W_\mathrm{b}}\,\frac{y}{3a}$$

$$M_\mathrm{b} = 2aF$$

$$W_\mathrm{b} = \frac{I}{3a}$$

$$I = \frac{bh^3}{12} - \frac{\pi d^4}{64} =$$

$$= \frac{3a(6a)^3}{12} - \pi\,\frac{(2a)^4}{64} = \frac{a^4}{4}\,(216 - \pi)$$

$$W_\mathrm{b} = \frac{a^3}{12}\,(216 - \pi) \qquad \sigma_{\mathrm{b}(y)} = 0{,}1127\,\frac{F}{a^2}\,\frac{y}{3a}$$

$$\sigma_{\mathrm{b\,max}} = \sigma_{(y=3a)} = 0{,}1127\,\frac{F}{a^2}$$

$$\sigma_{\mathrm{res}(y)} = \sigma_\mathrm{d} + \sigma_{\mathrm{b}(y)} = \left(0{,}1127\,\frac{y}{3a} - 0{,}0673\right)\frac{F}{a^2}$$

Spannungsnullinie ($\sigma = 0$)

$$0{,}1127 y = 3a \cdot 0{,}0673 \qquad \text{bei: } y = 1{,}7915a$$

$$\sigma_{\mathrm{res}}(y = 3a) = 0{,}0454\,\frac{F}{a^2} \qquad \sigma_{\mathrm{res}}(y = -3a) = -0{,}1800\,\frac{F}{a^2}$$

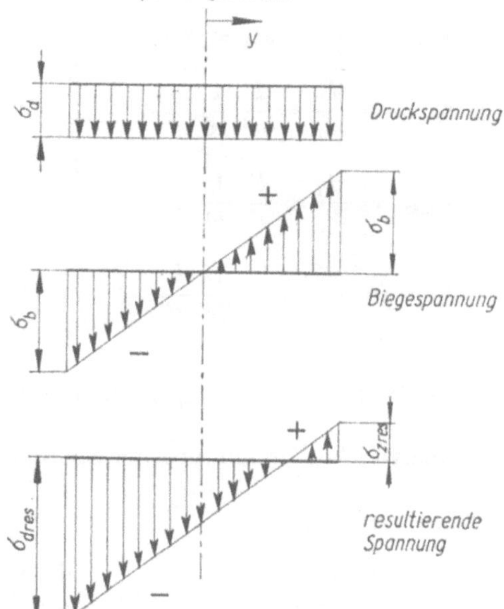

36. $I_\mathrm{I} = 72a^4$

$I_\mathrm{II} = 32a^4$

$M_\mathrm{II} = Fa; \quad M_\mathrm{I} = Fa$

$\sigma_{2\mathrm{max}} = \dfrac{M_\mathrm{II}}{W_\mathrm{b}} = \dfrac{F}{a^2}\,\dfrac{1}{16}$

$\sigma_{1\mathrm{max}} = \dfrac{M_\mathrm{I}}{W_\mathrm{b}} = \dfrac{F}{a^2}\,\dfrac{1}{24}$

$\sigma_\mathrm{D} = -\dfrac{F}{A} = -\dfrac{1}{24}\,\dfrac{F}{a^2}$

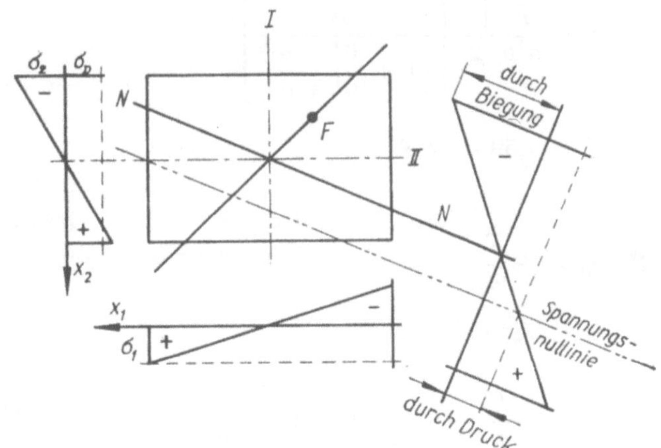

Kontrolle der Spannungsnullinie mit dem Trägheitskreis nach MOHR-LAND

Analytische Bestimmung der Spannungsnullinie:

$\sigma = \sigma_1 + \sigma_2 + \sigma_\mathrm{D}$

$\sigma_2 = \dfrac{F}{a^2}\,\dfrac{1}{32}\,\dfrac{x_2}{a} \qquad\qquad \sigma_1 = \dfrac{F}{a^2}\,\dfrac{1}{72}\,\dfrac{x_1}{a}$

$\sigma = \dfrac{F}{a^2}\left[\dfrac{x_1}{72a} + \dfrac{x_2}{32a} - \dfrac{1}{24}\right]$

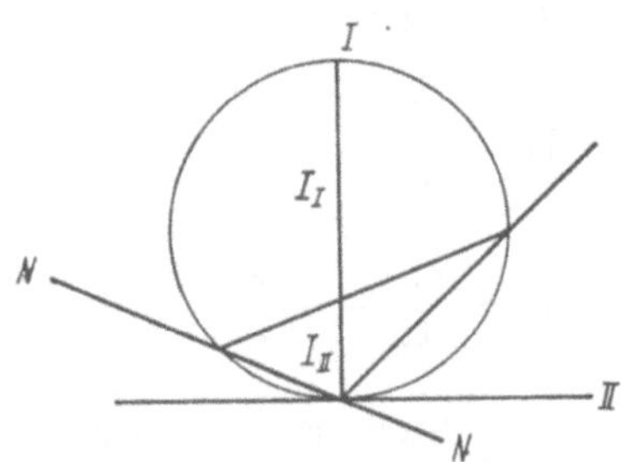

Bedingung für Spannungsnullinie: $\sigma = 0$

Gleichung der Spannungsnullinie: $\quad 4x_1 + 9x_2 = 12a$

Einige Punkte: $\quad x_1 = 3a; \qquad x_2 = 0$

$$x_1 = 0; \qquad x_2 = \frac{4}{3}\,a$$

$$x_1 = -\frac{3}{2}\,a; \qquad x_2 = 2a$$

37. $\sigma = -\dfrac{M_x y}{I_x} - \dfrac{M_y x}{I_y}$

$M_x = \dfrac{M}{2} \qquad\qquad M_y = M\,\dfrac{\sqrt{3}}{2}$

$I_x = \dfrac{8h^4}{12} + 8h^2\left(s - \dfrac{h}{2}\right)^2 + \dfrac{2h(4h)^3}{12}$

$\qquad\quad + 8h^2(s - 3h)^2$

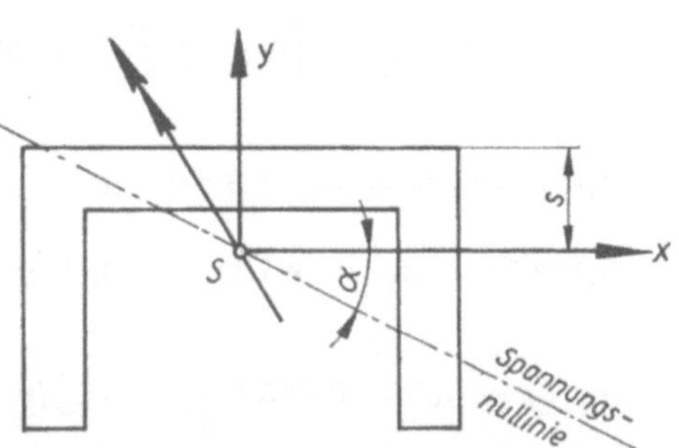

$$s = \frac{\Sigma A_i s_i}{\Sigma A_i} = \frac{8\frac{h}{2} + 2 \cdot 4 \cdot 3h}{8 + 2 \cdot 4} = \frac{7}{4} h$$

$$I_x = h^4 \left(\frac{2}{3} + \frac{25}{2} + \frac{32}{3} + \frac{25}{2} \right) = \frac{109}{3} h^4$$

$$I_y = \frac{(8h)^3 h}{12} + \frac{8h^4}{12} + 8h^2 \left(\frac{7}{2} h \right)^2 = \frac{424}{3} h^4 \qquad \sigma = -\frac{3M}{2h^4} \left(\frac{y}{109} + \frac{\sqrt{3}x}{424} \right)$$

Spannungsnullinie

$$\sigma = 0 \Rightarrow \left(\frac{y}{109} + \frac{\sqrt{3}x}{424} \right) = 0 \qquad - \tan \alpha = \frac{y}{x} = \frac{-109}{424} \sqrt{3} = -0{,}4452$$

$$\alpha = 24°$$

$$\sigma_A \left(x = -4h, \quad y = -\frac{13}{4} h \right) = 6{,}92 \cdot 10^{-2} \, M/h^3$$

$$\sigma_B \left(x = -4h, \quad y = \frac{7}{4} h \right) = 0{,}044 \cdot 10^{-2} \, M/h^3$$

$$\sigma_C \left(x = 4h, \quad y = \frac{7}{4} h \right) = -4{,}86 \cdot 10^{-2} \, M/h^3$$

$$\sigma_D \left(x = 4h, \quad y = -\frac{13}{4} h \right) = 2{,}02 \cdot 10^{-2} \, M/h^3$$

38. a) $\sigma_{max} = M_0 \left(\frac{z_0 \cos \alpha}{I_y} + \frac{y_0 \sin \alpha}{I_z} \right)$

$$I_y = \left(\frac{6 \cdot 2^3}{12} + \frac{4 \cdot 8^3}{12} \right) cm^4 = \frac{524}{3} cm^4;$$

$$I_z = \left(\frac{2 \cdot 6^3}{12} + \frac{2 \cdot 8 \cdot 2^3}{12} + \right.$$

$$\left. + 2 \cdot 2 \cdot 8 \cdot 4^2 \right) cm^4 = \frac{1676}{3} cm^4$$

$$z_0 = 4\,cm; \; y_0 = 5\,cm; \; \cos 45° = \sin 45° = \frac{1}{2} \sqrt{2}$$

$$\sigma_{max} = 2500 \left(\frac{4\frac{1}{2} \sqrt{2} \cdot 3}{524} + \frac{5\frac{1}{2} \sqrt{2} \cdot 3}{1676} \right) Nmm^{-2} = 56{,}5 \, Nmm^{-2}$$

b) Lage der Spannungsnullinie

$$\sigma = M_0 \left(\frac{z \cos \alpha}{I_y} + \frac{y \sin \alpha}{I_z} \right) = 0$$

$$\tan \varphi = \frac{z}{y} = -\frac{I_y}{I_z} \tan \alpha = -\frac{524}{1676} \cdot 1 = -0{,}312 \Rightarrow \varphi = -17°20'$$

39. Schiefe Biegung: a) Zerlegung in Hauptachsen

$$\sigma = \frac{F \cos \alpha \cdot z s_2}{I_1} + \frac{F \sin \alpha \cdot z s_1}{I_2}$$

Hauptträgheitsmomente:

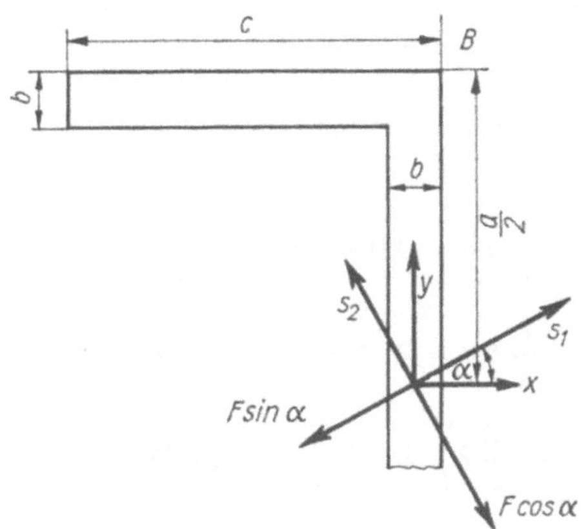

$$I_{1.2} = \frac{I_x + I_y}{2} \pm \sqrt{\left(\frac{I_x - I_y}{2} \right)^2 + I_{xy}^2}$$

$$I_x = \frac{ba^3}{12} + 2 \left[\frac{(c-b)b^3}{12} + (c-b)b \left(\frac{a}{2} - \frac{b}{2} \right)^2 \right] = 413{,}0 \ \text{cm}^4$$

$$I_y = \frac{b^3 a}{12} + 2 \left[\frac{(c-b)^2 b}{12} + (c-b)b \left(\frac{c}{2} \right)^2 \right] = 103{,}2 \ \text{cm}^4$$

$$I_{xy} = 2(c-b)b \frac{(a-b)}{2} \frac{c}{2} = 152{,}8 \ \text{cm}^4$$

$$I_1 = 474{,}7 \ \text{cm}^4 \qquad I_2 = 41{,}5 \ \text{cm}^4$$

Hauptachsenrichtung:

$$\tan 2\alpha = -\frac{2 I_{xy}}{I_y - I_x} = \frac{2 \cdot 152{,}8}{309{,}8} = 0{,}987 \qquad \alpha = 22{,}31°$$

Die größte Spannung tritt im Punkte B auf: $\sigma_{\max} = 89{,}6 \ \text{Nmm}^{-2}$

b) Aufstellung des Geradliniengesetzes $\sigma = bx + cy$

Gleichgewicht:

$$M = \int\limits_A (bx + cy)\, y\,\mathrm{d}A$$

$$0 = \int\limits_A (bx + cy)\, x\,\mathrm{d}A$$

$$\sigma = \frac{Fz}{I_x I_y - I_{xy}^2}\,(I_{xy}x + I_y y)$$

$$\sigma_{\max} = \frac{25 \cdot 100}{413 \cdot 103,2 - 152,8^2}\,(152,8 \cdot 0,45 + 103,2 \cdot 6)\ \mathrm{Nmm}^{-2} =$$

$$= 89,6\ \mathrm{Nmm}^{-2}$$

40.
$$\sigma_{\mathrm{v}} = \sqrt{\sigma^2 + 3\tau^2} = \sqrt{\left(\frac{M_{\mathrm{b}}}{W_{\mathrm{b}}}\right)^2 + 3\left(\frac{M_{\mathrm{t}}}{W_{\mathrm{t}}}\right)^2} =$$

$$= \frac{1}{W_{\mathrm{b}}}\sqrt{M_{\mathrm{b}}{}^2 + \frac{3}{4}\,M_{\mathrm{t}}{}^2} = \frac{F}{W_{\mathrm{b}}}\sqrt{l^2 + \frac{3}{4}\,a^2}$$

$$W_{\mathrm{b}} = \frac{F}{\sigma_{\mathrm{v}}}\sqrt{l^2 + \frac{3}{4}\,a^2} = \frac{(R_{\mathrm{a}}{}^4 - R_{\mathrm{i}}{}^4)\pi}{4R_{\mathrm{a}}}$$

$$R_{\mathrm{i}}{}^4 = R_{\mathrm{a}}{}^4 - \frac{4R_{\mathrm{a}}F}{\pi\,\sigma_{\mathrm{v}}}\sqrt{l^2 + \frac{3}{4}\,a^2}$$

$$= \left[10\,000 - \frac{4 \cdot 10 \cdot 10\,000}{10\,000\,\pi} \cdot 10\sqrt{64 + \frac{3}{4}\,47,6}\right]\ \mathrm{cm}^4$$

$$R_{\mathrm{i}}{}^4 = 8727\ \mathrm{cm}^4 \qquad R_{\mathrm{i}} = 9,68\ \mathrm{cm} \qquad h = 3,2\ \mathrm{mm}$$

2.2.6. Schub

41. Unter der Annahme einer von x unabhängigen Schubspannungsverteilung gilt

$$\tau_{(y)} = \frac{F_{\mathrm{Q}} \cdot S_{(\bar{y})}}{b_{(\bar{y})} I_x}$$

Mit $b_{(y)} = \dfrac{b}{3}\left(2 - 3\,\dfrac{y}{h}\right)$

$$I_x = \frac{bh^3}{36}$$

$$S_{(\bar{y})} = \int\limits_{\bar{y}}^{\frac{2}{3}h} y\, b_{(y)}\,\mathrm{d}y = \frac{b}{3}\int\limits_{\bar{y}}^{\frac{2}{3}h}\left(2y - 3\,\frac{y^2}{h}\right)\mathrm{d}y = \frac{b}{3}\left(\frac{4}{27}\,h^2 - \bar{y}^2 + \frac{\bar{y}^3}{h}\right)$$

folgt: $\tau_{(y)} = \dfrac{36\left(\dfrac{4}{27}h^3 - h\bar{y}^2 + \bar{y}^3\right)F_Q}{bh^3(2h - 3\bar{y})} = \dfrac{4(2h^2 + 3h\bar{y} - 9\bar{y}^2)F_Q}{3bh^3}$

$$= \frac{2}{3}\frac{F_Q}{A}\left[2 + 3\frac{\bar{y}}{h} - 9\left(\frac{\bar{y}}{h}\right)^2\right]$$

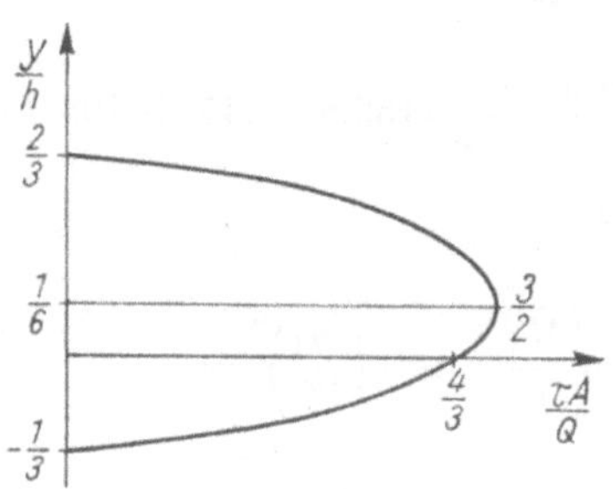

42. Die Schubspannung errechnet sich aus

$$\tau_{\text{Schub}} = \frac{F_Q S_{(\bar{y})}}{b_{(\bar{y})}\cdot I_x},$$

woraus für die Nietkraft folgt

$$F_N = \frac{F_Q \cdot S_{(\bar{y})}t}{I_x}$$

$S_{(\bar{y})}$ ist das statische Moment des Restquerschnittes.

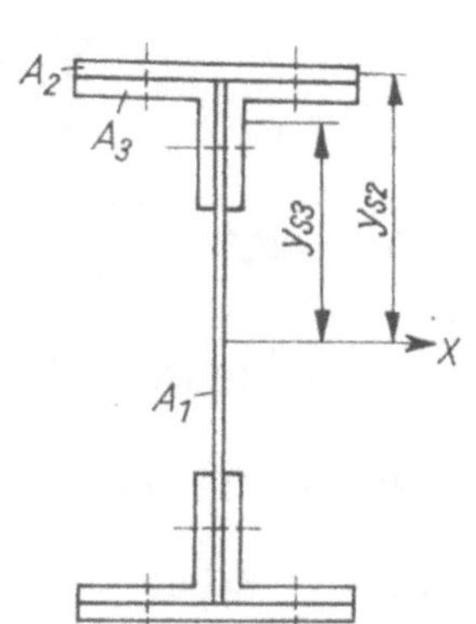

Mit $\quad y_{s2} = 16,5\ \text{cm} \qquad A_2 = 17\ \text{cm}^2$

$\qquad\quad y_{s3} = 13,7\ \text{cm} \qquad A_2 = 15,1\ \text{cm}^2$

und $\quad I_x = 23\,600\ \text{cm}^4$

a) folgt $S_{(H)} = A_2\bar{y}_{s2} + 2A_3 y_{s3} = 693\ \text{cm}^3$

$$F_{NH} = \frac{80\,000 \cdot 693 \cdot 5}{23\,600}\ \text{N} = 1,18 \cdot 10^4\ \text{N}$$

Es liegt eine zweischnittige Nietverbindung vor, demnach

$$A_{NH} = \frac{F_{NH}}{2\tau_{\text{zul}}} = \frac{1,18 \cdot 10^4}{2 \cdot 1,4 \cdot 10^4}\ \text{cm}^2 = 0,42\ \text{cm}^2$$

$$\Rightarrow d_{NH} \approx 8\ \text{mm}$$

b) $S_{(K)} = A_2 \cdot y_{s2} = 281 \ \text{cm}^3$

$$F_{\text{NH}} = \frac{80\,000 \cdot 281 \cdot 5}{23\,600} \ \text{N} = 4{,}77 \cdot 10^3 \ \text{N}$$

$$A_{\text{NH}} = \frac{4{,}77 \cdot 10^3}{2 \cdot 1{,}4 \cdot 10^4} \ \text{cm}^2 = 0{,}17 \ \text{cm}^2$$

$$\Rightarrow d_{\text{NK}} \approx 5 \ \text{mm}$$

2.2.7. Behälter

43. $\sigma_1 = \dfrac{p\varrho_2}{2h} \quad \varrho_2 = \dfrac{r}{\sin \alpha}$

$$\sigma_t = \varrho_2 \left(\frac{p}{h} - \frac{\sigma_t}{\varrho_1} \right) = \frac{p\varrho_2}{h} \left(1 - \frac{\varrho_2}{2\varrho_1} \right)$$

a) $\sigma_1 = \dfrac{p\varrho_{1A}}{2h} = 90 \ \text{Nmm}^{-2}$

$\sigma_t = \sigma_1 = 90 \ \text{Nmm}^{-2}$

b) von A kommend:

$\varrho_1 = \varrho_2 = 36 \ \text{cm}$

$\sigma_1 = \dfrac{p\varrho_1}{2h} = \sigma_t = 90 \ \text{Nmm}^{-2}$

von C kommend:

$\varrho_1 = 16 \ \text{cm}; \quad \varrho_2 = 36 \ \text{cm}$

$\sigma_1 = \dfrac{p\varrho_2}{2h} = 90 \ \text{Nmm}^{-2}$

$\sigma_t = \dfrac{p\varrho_{2c}}{h} \left(1 - \dfrac{\varrho_{2c}}{2\varrho_{1c}} \right) =$

$= -22{,}5 \ \text{Nmm}^{-2}$

c) zwischen B und C gilt:

$c = a - \varrho_{1c} = 12 \ \text{cm}; \quad \varrho_{1c} = 16 \ \text{cm}$

$\varrho_2 = \varrho_{1c} + \dfrac{c}{\sin \alpha}$

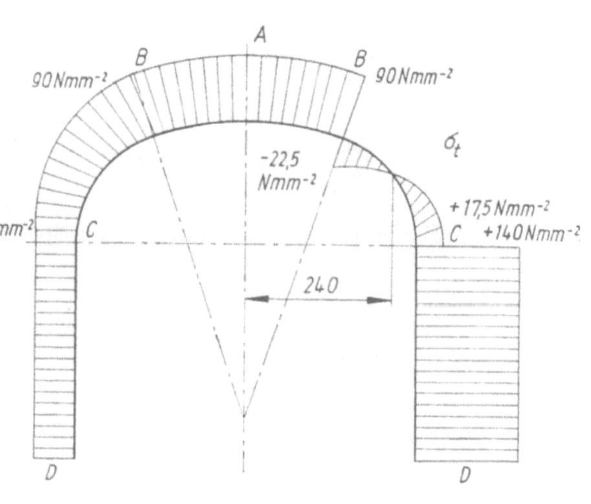

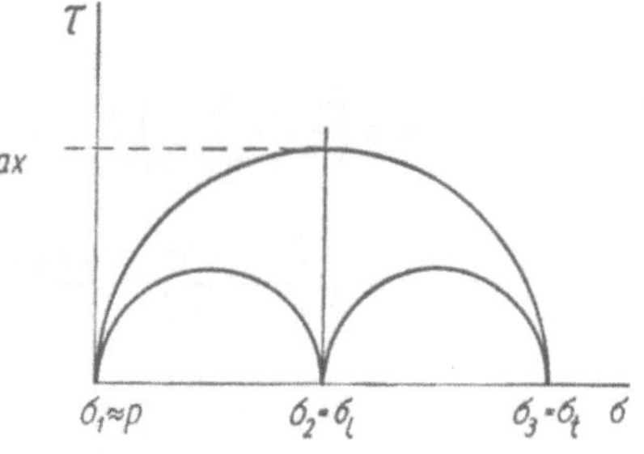

$$\sigma_t = \frac{p\varrho_2}{h}\left(1 - \frac{\varrho_2}{2\varrho_{1c}}\right) \qquad\qquad \sigma_t = 0 \Rightarrow 1 - \frac{\varrho_{1c} + \dfrac{c}{\sin\alpha}}{2\varrho_{1c}} = 0$$

$$\sin\alpha = \frac{c}{\varrho_{1c}} = 0{,}75$$

$$r' = c + \varrho_{1c}\sin\alpha = 2c = 24\ \text{cm}. \quad \text{Für } \alpha = 48{,}5^\circ \ (r' = 24\ \text{cm}) \text{ ist } \sigma_t = 0$$

d) von B kommend: $\varrho_1 = 16\ \text{cm}$ $\varrho_2 = 28\ \text{cm}$

$$\sigma_1 = \frac{p\varrho_2}{2h} = 70\ \text{Nmm}^{-2}$$

$$\sigma_t = \frac{p\varrho_2}{h}\left(1 - \frac{\varrho_2}{2\varrho_1}\right) = 1{,}75\ \text{Nmm}^{-2}$$

von D kommend: $\varrho_1 = \infty$ $\varrho_2 = 28\ \text{cm}$

$$\sigma_1 = \frac{p\varrho_2}{2h} = 70\ \text{Nmm}^{-2}$$

$$\sigma_t = \frac{p\varrho_2}{h} = 1{,}4 \cdot 10^2\ \text{Nmm}^{-2}$$

e, f) Verlauf der Spannungen und Spannungskreis siehe Bilder

44. a) $\sigma_1 = \dfrac{p\,(r^2 - r_0^2)}{2hr\sin\alpha}$ $\qquad \sigma_t = \varrho_2\left(\dfrac{p}{h} - \dfrac{\sigma_1}{\varrho_1}\right)$

für Kreisring: $\varrho_1 = a$; $\varrho_2 = \dfrac{r}{\sin\alpha} = \dfrac{r_0}{\sin\alpha} + a$; $r = r_0 + a\sin\alpha$

$$\sigma_1 = \frac{pa}{2h}\left(\frac{2r_0 + a\sin\alpha}{r_0 + a\sin\alpha}\right)$$

$$\sigma_1 = 5\left(\frac{4 + \sin\alpha}{2 + \sin\alpha}\right)\ \text{Nmm}^{-2}$$

$$\sigma_t = \varrho_2\left(\frac{p}{h} - \frac{\sigma_1}{\varrho_1}\right) = \frac{p\varrho_2}{h}\left[1 - \frac{\varrho_2}{2\varrho_1}\frac{(r^2 - r_0^2)}{r^2}\right]$$

$$\sigma_t = \frac{p\varrho_2}{h}\left[\frac{2(r_0 + a\sin\alpha) - (2r_0 + a\sin\alpha)}{2(r_0 + a\sin\alpha)}\right] = \frac{pa}{2h} = 5\ \text{Nmm}^{-2}$$

zylindrischer Teil:

$$\alpha = 90°; \quad \varrho_1 = \infty; \quad \varrho_2 = r; \quad r = r_0 + a;$$

$$\sigma_l = \frac{p(r + r_0)(r - r_0)}{2hr} =$$

$$= \frac{pa(2r_0 + a)}{2h(r_0 + a)} = 8{,}33 \text{ Nmm}^{-2}$$

$$\sigma_t = \varrho_2\left(\frac{p}{h} - \frac{\sigma_1}{\varrho_1}\right) = \frac{p}{h}(r_0 + a) = 30 \text{ Nmm}^{-2}$$

$$r = r_0 - a: \quad \varrho_1 = \infty; \quad \varrho_2 = -r$$

$$\sigma_l = \frac{pa(2r_0 - a)}{2h(r_0 - a)} =$$

$$= \frac{3}{2}\frac{pa}{h} = 15 \text{ Nmm}^{-2}$$

$$\sigma_t = -\frac{p}{h}(r_0 - a) = -10 \text{ Nmm}^{-2} \quad \text{b) } \tau_{\max} = \frac{\sigma_{t\max}}{2} = 15 \text{ Nmm}^{-2}$$

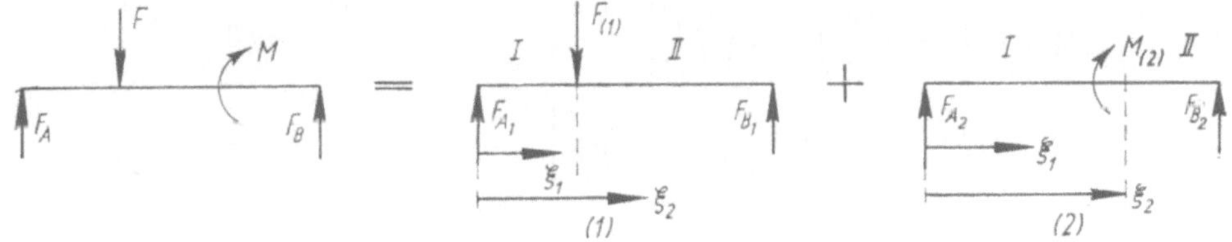

2.2.8. Elastische Linie

45.
$$v_1 = \alpha_{11}F_{(1)} + \gamma_{12}M_{(2)}; \qquad v_1' = \delta_{11}F_{(1)} + \beta_{12}M_{(2)}$$
$$v_2 = \alpha_{21}F_{(1)} + \gamma_{22}M_{(2)}; \qquad v_2' = \delta_{21}F_{(1)} + \beta_{22}M_{(2)}$$

Teil (1): $F_{A1} = F\left(1 - \dfrac{x_1}{l}\right); \quad F_{B1} = F\dfrac{x_1}{l}$

Bereich	Grenzen	$M_b = -EIv''$	$-EIv$
1	$0 \ldots x_1$	$+F_A\xi_1 = +F\left(1 - \dfrac{x_1}{l}\right)\xi_1$	$+F\left(1 - \dfrac{x_1}{l}\right)\left[\dfrac{\xi_1^3}{6} + C_1\xi_1 + C_2\right]$
2	$x_1 \ldots l$	$+F_A\xi_2 - F(\xi_1 - x_1) =$ $= +F\dfrac{x_1}{l}(l - \xi_2)$	$+F\dfrac{x_1}{l}\left[-\dfrac{\xi_2^3}{6} + \dfrac{l\xi_2^2}{2} + C_3\xi_2 + C_4\right]$

4 Randbedingungen $\Rightarrow C_1, C_2, C_3, C_4$ (1)

Teil (2): $F_{A2} = -F_{B2} = -\dfrac{M}{l}$

Bereich	Grenzen	$M_b = -EIv''$	$-EIv$
1	$0 \ldots x_2$	$+F_A \xi_1 = -M\,\dfrac{\xi_1}{l}$	$-M\left[\dfrac{\xi_1{}^3}{6l} + C_1\xi_1 + C_2\right]$
2	$x_2 \ldots l$	$+F_A \xi_2 + M = +M\left(1 - \dfrac{\xi_2}{l}\right)$	$-M\left[\dfrac{\xi_2{}^3}{6l} - \dfrac{\xi_2{}^2}{2} + C_3\xi_2 + C_4\right]$

$$4 \text{ Randbedingungen} \Rightarrow C_1, C_2, C_3, C_4 \ (2)$$

$$\alpha_{11} = \frac{+l^3}{3EI}\left(\frac{x_1}{l}\right)^2\left(1 - \frac{x_1}{l}\right)^2 = +\frac{9}{4}\frac{a^3}{3EI}$$

$$\alpha_{21} = \frac{+l^3}{3EI}\left(\frac{x_1}{l}\right)\left[+\frac{1}{2}\left(\frac{x_2}{l}\right)^3 - \frac{3}{2}\left(\frac{x_2}{l}\right)^2 + \left\{1 + \frac{1}{2}\left(\frac{x_1}{l}\right)^2\right\}\frac{x_2}{l} - \frac{1}{2}\left(\frac{x_1}{l}\right)^2\right] = +\frac{11}{4}\frac{a^3}{3EI}$$

$$\delta_{11} = \frac{+l^2}{3EI}\left(\frac{x_1}{l}\right)\left(1 - \frac{x_1}{l}\right)\left[1 - 2\left(\frac{x_1}{l}\right)\right] = +\frac{3}{2}\frac{a^2}{3EI}$$

$$\delta_{21} = \frac{+l^2}{3EI}\left(\frac{x_1}{l}\right)\left[\frac{3}{2}\left(\frac{x_2}{l}\right)^2 - 3\left(\frac{x_2}{l}\right) + 1 + \frac{1}{2}\left(\frac{x_1}{l}\right)^2\right] = -\frac{3}{8}\frac{a^2}{\cdot 3EI} \qquad \delta_{21} = \gamma_{12}$$

$$\gamma_{12} = \frac{+l^2}{6EI}\left[+\left(\frac{x_1}{l}\right)^3 + \left\{2 - 6\left(\frac{x_2}{l}\right) + 3\left(\frac{x_2}{l}\right)^2\right\}\left(\frac{x_1}{l}\right)\right] = -\frac{3}{8}\frac{a^2}{3EI}$$

$$\gamma_{22} = \frac{+l^2}{6EI}\,2\left(\frac{x_2}{l}\right)\left[1 - 3\left(\frac{x_2}{l}\right) + 2\left(\frac{x_2}{l}\right)^2\right] = 0$$

$$\beta_{12} = \frac{+l}{6EI}\left[+3\left(\frac{x_1}{l}\right)^2 + 2 - 6\left(\frac{x_2}{l}\right) + 3\left(\frac{x_2}{l}\right)^2\right] = -\frac{1}{8}\frac{a}{3EI}$$

$$\beta_{22} = \frac{+l}{6EI}\left[+6\left(\frac{x_2}{l}\right)^2 - 6\left(\frac{x_2}{l}\right) + 2\right] = +\frac{a}{3EI}$$

46. $v_1 = \alpha_{11}F_1 + \alpha_{12}F_2 + \gamma_{11}M_1 + \gamma_{12}M_2$

$\quad\ v_2 = \alpha_{22}F_2 + \alpha_{21}F_1 + \gamma_{22}M_2 + \gamma_{21}M_1$

$\quad\ \varphi_1 = \delta_{11}F_1 + \delta_{12}F_2 + \beta_{11}M_1 + \beta_{12}M_2$

$\quad\ \varphi_2 = \delta_{22}F_1 + \delta_{21}F_1 + \beta_{22}M_2 + \beta_{21}M_1$

$\quad\ \alpha_{11} = \alpha_{22}{}^{2)} \quad \delta_{11} = -\delta_{22}{}^{2)} \quad \delta_{12} = \gamma_{21}{}^{1)}$

$\quad\ \gamma_{11} = -\gamma_{22}{}^{2)} \quad \beta_{11} = \beta_{22}{}^{2)} \quad \delta_{11} = \gamma_{11}{}^{1)}$

$\quad\ \gamma_{12} = -\gamma_{21}{}^{2)} \quad \delta_{12} = -\delta_{21}{}^{2)}$ $\qquad\qquad$ [1]) gilt immer

$\quad\ \alpha_{12} = \alpha_{21}{}^{1)} \quad \beta_{21} = \beta_{12}{}^{1)}$ $\qquad\qquad$ [2]) gilt nur bei Symmetrie des Systems

Für F: $F_B = -F$

$$M_{\mathrm{I}} = -F(a - x_1);$$

$$M_{\mathrm{II}} = + F_B(a - x_2) = -F(a - x_2)$$

I   II

$$EIv'' = F(a - x_1) \qquad\qquad F(a - x_2)$$

$$EIv' = F\left(ax_1 - \frac{x_1^2}{2}\right) + C_1 \qquad\qquad F\left(ax_2 - \frac{x_2^2}{2}\right) + C_3$$

$$EIv = F\left(a\frac{x_1^2}{2} - \frac{x_1^3}{6}\right) + C_1 x_1 + C_2 \qquad F\left(a\frac{x_2^2}{2} - \frac{x_2^3}{6}\right) + C_3 x_2 + C_4$$

Randbedingungen:

1. $v_{\mathrm{I}}(0) = 0 \Rightarrow C_2 = 0$

2. $v_{\mathrm{II}}(0) = 0 \Rightarrow C_4 = 0$

3. $v_{\mathrm{II}}(a) = 0 \Rightarrow C_3 = -\dfrac{1}{3}\, Fa^2$

4. $v_{\mathrm{I}}'(0) = -v_{\mathrm{II}}'(0) \Rightarrow C_3 = -C_1$

$$v_{\mathrm{I}}(a) = \frac{2}{3EI}\, Fa^3 = \alpha_{11} F = \alpha_{22} F$$

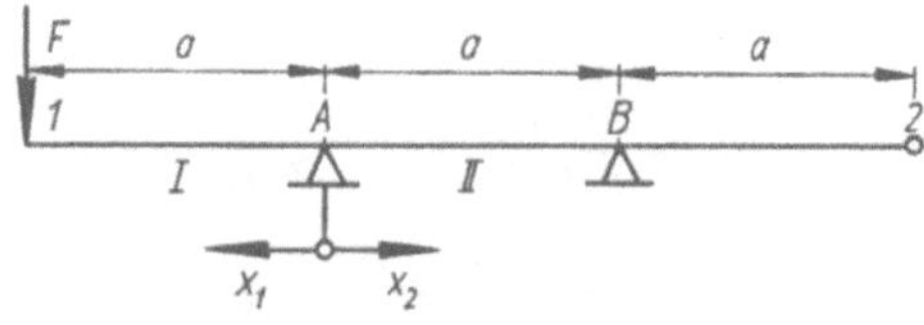

$$\varphi_{\mathrm{I}}(a) = v_{\mathrm{I}}'(a) = \frac{5}{6EI}\, Fa^2 = \delta_{11} F = -\delta_{22} F$$

für M: $\quad v_{\mathrm{I}}'(a) = \dfrac{4}{3}\, \dfrac{1}{EI}\, aM = \beta_{11} M$

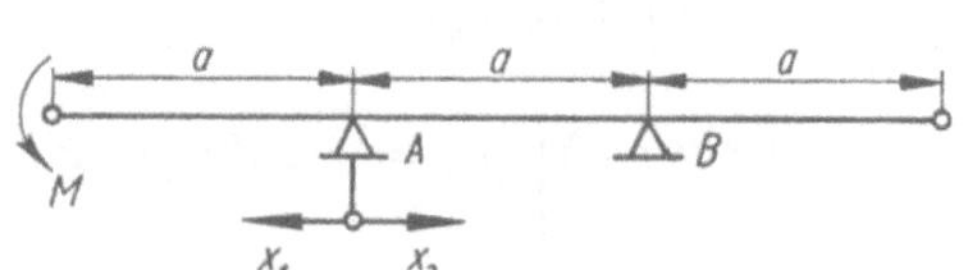

$$v_{\mathrm{II}}'(a) = \frac{1}{6}\, \frac{1}{EI}\, aM = \beta_{22} M$$

$$v_{\mathrm{II}}'(a) = \frac{1}{6EI}\, Fa^2 = \delta_{12} F = -\delta_{21} F$$

Zusammenfassung:

$$\alpha_{11} = \alpha_{22} = \frac{2}{3}\, \frac{a^3}{EI} \qquad\qquad \alpha_{12} = \alpha_{21} = \frac{1}{6}\, \frac{a^3}{EI}$$

$$\gamma_{11} = -\gamma_{22} = \delta_{11} = -\delta_{22} = \frac{5}{6}\, \frac{a^2}{EI} \qquad \gamma_{21} = -\gamma_{12} = -\delta_{21} = \delta_{12} = \frac{1}{6}\, \frac{a^2}{EI}$$

$$\beta_{11} = \beta_{22} = \frac{4}{3}\, \frac{a}{EI} \qquad\qquad \beta_{12} = \beta_{21} = \frac{1}{6}\, \frac{a}{EI}$$

173

47. a) $v'' = -\dfrac{M_{(x)}}{EI}$

Berechnung mit durchlaufender Koordinate:

$$M_{\mathrm{I}} = -\left(F_1 x + q\,\frac{x^2}{2}\right)$$

$$M_{\mathrm{II}} = -\left(F_1 x + q\,\frac{x^2}{2} + F_2(x-a)\right)$$

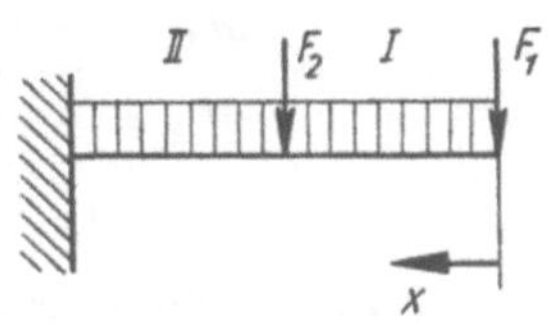

I   II

$$v'' = \frac{1}{EI}\left[F_1 x + q\,\frac{x^2}{2} \qquad\qquad + F_2(x-a)\right]$$

$$v' = \frac{1}{EI}\left[F_1\,\frac{x^2}{2} + q\,\frac{x^3}{6} + C_1 \qquad + F_2\,\frac{(x-a)^2}{2}\right]$$

$$v = \frac{1}{EI}\left[F_1\,\frac{x^3}{6} + q\,\frac{x^4}{24} + C_1 x + C_2 \qquad + F_2\,\frac{(x-a)^3}{6}\right]$$

Randbedingungen:

$$\left.\begin{aligned} v(2a) &= 0\\[1.2em] \varphi(2a) &= 0 \end{aligned}\right\}\quad \begin{aligned} C_1 &= -F_1 2a^2 - F_2\,\frac{a^2}{2} - q\,\frac{4a^3}{3}\\[1em] C_2 &= +F_1\,\frac{8a^3}{3} + F_2\,\frac{5a^3}{6} + q\,2a^4 \end{aligned}$$

Die Werte in v eingesetzt, ergibt:

$$v_{\mathrm{I}} = \frac{1}{EI}\left[F_1\left(\frac{x^3}{6} - 2a^2 x + \frac{8}{3}\,a^3\right) + F_2\left(\frac{5}{6}\,a^3 - a^2\,\frac{x}{2}\right) + \right.$$

$$\left. + q\left(\frac{x^4}{24} - \frac{4a^3 x}{3} + 2a^4\right)\right] \qquad v_{\mathrm{II}} = v_{\mathrm{I}} + \frac{1}{EI}\,F_2\,\frac{(x-a)^3}{6}$$

b) Die maximale Durchbiegung tritt bei $x = 0$ auf.

$$v_{\mathrm{I}}(0) = \frac{1}{EI}\left(F_1\,\frac{8}{3}\,a^3 + F_2\,\frac{5}{6}\,a^3 + q\,2a^4\right) =$$

$$= \frac{10^6 \cdot 10}{2 \cdot 10^7 \cdot 9800}\left(\frac{8000 \cdot 8}{3} + \frac{5000 \cdot 5}{6} + 1000 \cdot 2\right)\ \mathrm{mm}$$

$$v_{\max} = 1{,}4\ \mathrm{mm}$$

c) Querkraftverlauf: Momentenverlauf: Längskraft = 0

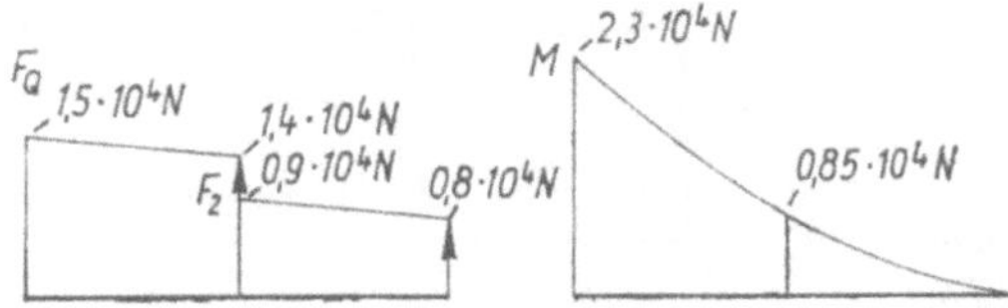

48. Auflagerbestimmung:

$$F_B + F_A - F = 0$$

$$F_A a + F b = 0: \qquad F_A = -F\,\frac{b}{a} \qquad F_B = F\,\frac{a+b}{a}; \qquad v'' = -\frac{M}{EI}$$

a) $M_1 = -F\,\dfrac{b}{a}\,x_1$ $\qquad\qquad\qquad M_2 = -F x_2$

$$v_1'' = \frac{F b x_1}{EI a} \qquad\qquad\qquad v_2'' = \frac{F x_2}{EI}$$

$$v_1' = \frac{Fb}{EIa}\left(\frac{x_1^2}{2} + C_1\right) \qquad\qquad v_2' = \frac{F}{EI}\left(\frac{x_2^2}{2} + C_3\right)$$

$$v_1 = \frac{Fb}{EIa}\left(\frac{x_1^3}{6} + C_1 x_1 + C_2\right) \qquad v_2 = \frac{F}{EI}\left(\frac{x_2^3}{6} + C_2 x_2 + C_4\right)$$

Randbedingungen:

$$x_1 = 0:\ v_1 = 0 \Rightarrow C_2 = 0 \qquad\qquad x_2 = b:\ v_2 = 0 \Rightarrow C_4 = -\frac{b^3}{6} - bC_3$$

$$x_1 = a:\ v_1 = 0 \Rightarrow C_1 = -\frac{a^2}{6} \qquad x_1 = a;\ x_2 = b:\ v_1' = -v_2'$$

$$C_3 = -\frac{1}{3}ab - \frac{b^2}{2} \qquad C_4 = \frac{1}{3}b^3 + \frac{1}{3}ab^2$$

Durchbiegung unter F:

$$v_P = v_2(x_2 = 0) = \frac{F}{EI}\,C_4 = \frac{F}{EI}\left(\frac{b^3}{3} + \frac{ab^2}{3}\right)$$

b) mit den bekannten Formeln:

$$v_F = \frac{Fl^3}{3EI}$$

Angewandter Analogfall:
In B eingespannt, beiderseits durch F_A (1) und F (2) belastet;
dann Biegelinie so gedreht, daß Durchsenkung bei $A = 0$.

$$v = \frac{F_A a^3}{3EI} = \frac{Fa^2 b}{3EI}$$

Da Durchbiegung in A Null, v^* verschoben.

$$\frac{v^*}{a} = \frac{v_1}{b}; \qquad v_1 = v^* \frac{b}{a} = \frac{Fab^2}{3EI}$$

$$v_2 = \frac{Fb^3}{3EI}$$

$$v_F = v_1 + v_2 = \frac{F}{EI}\left(\frac{ab^2}{3} + \frac{b^3}{3}\right)$$

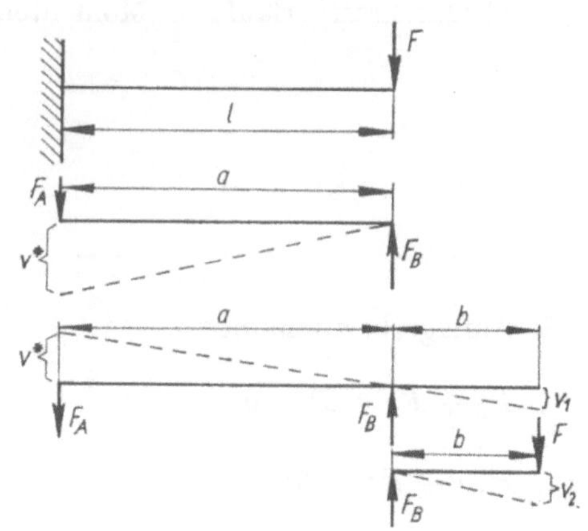

49. Auflagerbestimmung:

$$\overset{\frown}{B}: F_G \cdot 2b - q\frac{b^2}{2} = 0; \qquad F_G = q\frac{b}{4} = 2 \cdot 10^2\,\text{N}$$

$$\uparrow: F_B - qb - F_G = 0$$

$$F_B = \frac{5}{4}\,qb = 10^3\,\text{N}$$

$$\uparrow: F_A + F_G = 0; \qquad F_A = -F_G = -\frac{1}{4}\,qb = -2 \cdot 10^2\,\text{N}$$

$$\overset{\frown}{A}: M_A - F_G b = 0; \qquad M_A = F_G b = 2 \cdot 10^2\,\text{Nm}$$

Momente:

$$M_1 = F_G(b - x_1) = \frac{qb}{4}\,(b - x_1); \quad M_2 = -F_G(2b - x_2) = -\frac{qb}{4}\,(2b - x_2)$$

Elastische Linie:

$$EIv_1'' = -q\frac{b}{4}\,(b - x_1) \qquad\qquad EIv_2'' = \frac{qb}{4}\,(2b - x_2)$$

$$EIv_1' = -q\frac{b}{4}\left(bx_1 - \frac{x_1^2}{2} + C_1\right) \qquad EIv_2' = q\frac{b}{4}\left(2bx_2 - \frac{x_2^2}{2} + C_3\right)$$

$$EIv_1 = -q\frac{b}{4}\left(b\frac{x_1^2}{2} - \frac{x_1^3}{6} + C_1 x_1 + C_2\right) \quad EIv_2 = q\frac{b}{4}\left(bx_2^2 - \frac{x_2^3}{6} + C_3 x_2 + C_4\right)$$

$$EIv_3^{IV} = q$$

$$EIv_3''' = q(x_3 + C_5)$$

$$EIv_3'' = q\left(\frac{x_3^2}{2} + C_5 x_3 + C_6\right)$$

$$EIv_3' = q\left(\frac{x_3^3}{6} + C_5 \frac{x_3^2}{2} + C_6 x_3 + C_7\right)$$

$$EIv_3 = q\left(\frac{x_3^4}{24} + C_5 \frac{x_3^3}{6} + C_6 \frac{x_3^2}{2} + C_7 x_3 + C_8\right)$$

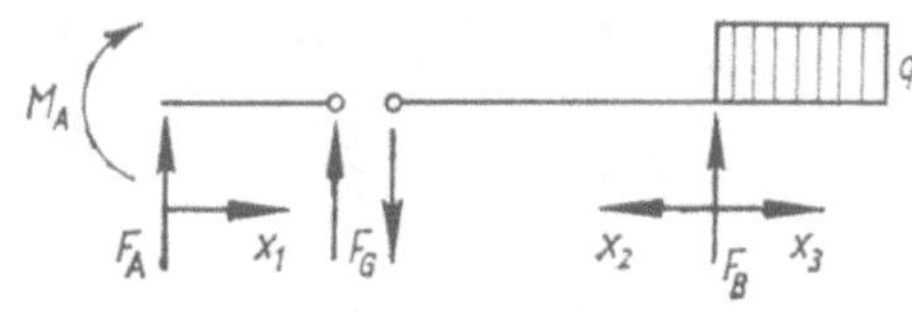

Rand- und Übergangsbedingungen:

1. $v_1(0) = 0$ 5. $v_3(0) = 0$

2. $v_1'(0) = 0$ 6. $v_2'(0) = -v_3'(0)$

3. $v_1(b) = v_2(2b)$ 7. $v_3''(b) = 0$

4. $v_2(0) = 0$ 8. $v_3'''(b) = 0$

aus 1. $C_2 = 0$ aus 5. $C_8 = 0$

aus 2. $C_1 = 0$ aus 6. $\dfrac{b}{4} C_3 = -C_7$; $C_7 = \dfrac{3}{8} b^3$

aus 3. $\dfrac{b^3}{6} - \dfrac{b^3}{2} = 4b^3 - \dfrac{8}{6} b^3 + C_3 \cdot 2b$;   aus 7. $\dfrac{b^2}{2} + C_5 b + C_6 = 0$

$$\Rightarrow C_3 = -\frac{3}{2} b^2;$$ aus 8. $b + C_5 = 0 \Rightarrow C_5 = -b$;

aus 4. $C_4 = 0$ $C_6 = \dfrac{b^2}{2}$

$$v_3(b) = \frac{qb^4}{EI}\left(\frac{1}{24} - \frac{1}{6} + \frac{1}{4} + \frac{3}{8}\right) = \frac{1}{2}\frac{qb^4}{EI}$$

Trägheitsmoment: $e_1 = \dfrac{1}{2}\left(\dfrac{a^2 + ah - h^2}{2a - h}\right)$; $e_2 = a - e_1$

$$e_1 = \frac{1}{2}\left(\frac{9 + 3 - 1}{6 - 1}\right) \text{cm} = 1{,}1 \text{ cm}, \quad e_2 = 3 \text{ cm} - 1{,}1 \text{ cm} = 1{,}9 \text{ cm};$$

$$e_3 = e_1 - h = 0{,}1 \text{ cm}$$

$$I = \frac{1}{3}\left(2ae_1^3 - 2(a - h) e_3^3 + 2he_2^3\right) = 7{,}23 \text{ cm}^4$$

$$v_c = \frac{1}{2}\frac{0{,}8 \cdot 1 \cdot 10^8,}{2{,}1 \cdot 10^6 \cdot 7{,}23} \text{ cm} = 2{,}64 \text{ cm}$$

50. $\uparrow: F_A + F_C - 2lq = 0 \qquad\qquad F_A = F_C = lq$

$$M_A = M_C = -qa^2\,\frac{1}{2} \qquad\qquad M_B = F_A(l-a) - ql^2\,\frac{1}{2} = ql\left(\frac{l}{2} - a\right)$$

$$-M_A = M_B \Rightarrow qa^2\,\frac{1}{2} = ql\left(\frac{l}{2} - a\right)$$

$$a^2 + a\cdot 2l - l^2 = 0 \qquad a = l\left(\sqrt{2} - 1\right) = 0{,}414\,l$$

$$M_1 = -\frac{q}{2}\,x^2 \qquad M_2 = F_C(x-a) - q\,\frac{x^2}{2} = lq(x-a) - q\,\frac{x^2}{2} =$$

$$= \frac{q}{2}\,(2lx - 2la - x^2)$$

$$v_1{}'' = \frac{q}{2EI}\,x^2 \qquad\qquad v_2{}'' = \frac{q}{2EI}\,(x^2 + 2la - 2lx)$$

$$v_1{}' = \frac{q}{2EI}\left(\frac{x^3}{3} + K_1\right) \qquad\qquad v_2{}' = \frac{q}{2EI}\left(\frac{x^3}{3} + 2lax - lx^2 + K_3\right)$$

$$v_1 = \frac{q}{2EI}\left(\frac{x^4}{12} + K_1 x + K_2\right) \qquad v_2 = \frac{q}{2EI}\left(\frac{x^4}{12} + lax^2 - l\,\frac{x^3}{3} + K_3 x + K_4\right)$$

Randbedingungen:

$$v_{1(x=a)} = 0; \qquad v_{2(x=a)} = 0; \qquad v'_{2(x=l)} = 0; \qquad v'_{2(x=a)} = v'_{1(x=a)}$$

$$0 = \frac{a^4}{12} + K_1\,a + K_2$$

$$0 = \frac{a^4}{12} + la^3 - \frac{l}{3}\,a^3 + K_3 a + K_4$$

$$0 = \frac{l^3}{3} + 2l^2 a - l^3 + K_3$$

$$\frac{a^3}{3} + 2la^2 - la^2 + \frac{2}{3}\,l^3 - 2al^2 = \frac{a^3}{3} + K_1$$

$$-K_2 = \frac{a^4}{12} + la^3 + \frac{2}{3}\,l^3 a - 2a^2 l^2$$

$$-K_4 = +\frac{a^4}{12} + la^3\,\frac{2}{3} + \frac{2}{3}\,l^3 a - 2a^2 l^2$$

$$K_3 = \frac{2}{3}\,l^3 - 2al^2$$

$$K_1 = la^2 + \frac{2}{3}\, l^3 - 2al^2$$

$$v_1 = \frac{q}{2EI}\left[\frac{x^4}{12} + \left(la^2 + \frac{2}{3}\, l^3 - 2al^2\right)x - \frac{a^4}{12} - la^3 - \frac{2}{3}\, l^3 a + 2a^2 l^2\right]$$

$$v_{1(x=0)} = -\frac{ql^4}{2EI}\cdot 0{,}0065$$

$$v_2 = \frac{q}{2EI}\left[\frac{x^4}{12} + lax^2 - \frac{l}{3}\, x^3 + x\left(\frac{2}{3}\, l^3 - 2al^2\right) - \frac{a^4}{12} - \frac{2}{3}\, la^3 - \frac{2}{3}\, al^3 + 2a^2 l^2\right]$$

$$v_{2(x=l)} = \frac{ql^4}{2EI}\, 0{,}0196 = v_{\max}$$

$$\sigma_{\max} = \frac{M_{\max}}{W_{\mathrm{b}}} \le \sigma_{\mathrm{zul}} \qquad W_{\mathrm{b}} = \frac{b^3}{6}; \qquad M_{\max} = M_A = M_B$$

$$b \ge \sqrt[3]{\frac{6\,M_{\max}}{\sigma_{\mathrm{zul}}}} = \sqrt[3]{\frac{3qa^2}{\sigma_{\mathrm{zul}}}}$$

51. Auflagerreaktionen:

$$\overset{\frown}{A}: \frac{1}{2}\, q(a+b)^2 - F_B a = 0 \qquad F_B = \frac{q}{2a}\,(a+b)^2$$

$$\overset{\frown}{B}: q\,\frac{a^2}{2} - q\,\frac{b^2}{2} - F_A a = 0 \qquad F_A = \frac{q}{2a}\,(a^2 - b^2)$$

Gleichung der Biegelinie:

für $x = 0$ ist $v = 0$ (1)

$x = a$ ist $v = 0$ (2)

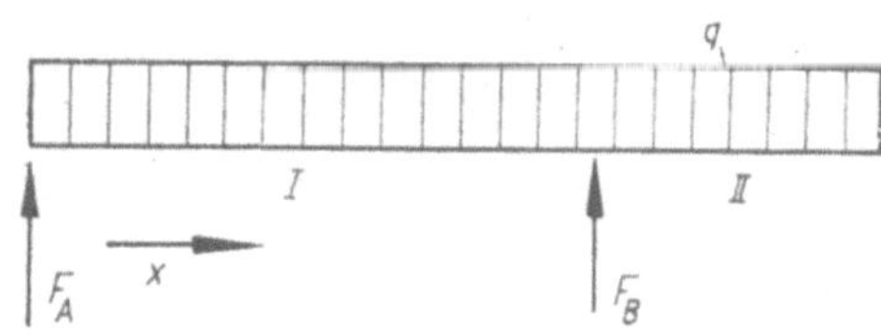

I. Bereich	II. Bereich

$$M = F_A x - q\,\frac{x^2}{2} \qquad\qquad +F_B(x-a)$$

$$EIv'' = -M = -F_A x + q\,\frac{x^2}{2} \qquad\qquad -F_B(x-a)$$

$$EIv' = -F_A\,\frac{x^2}{2} + q\,\frac{x^3}{6} + C_1 \qquad\qquad -\frac{F_B}{2}\,(x-a)^2$$

$$EIv = -F_A\,\frac{x^3}{6} + q\,\frac{x^4}{24} + C_1 x + C_2 \qquad\qquad -\frac{F_B}{6}\,(x-a)^3$$

(1) ergibt $C_2 = 0$ $\qquad$ (2) ergibt $C_1 = q\,\dfrac{a}{12}\left(\dfrac{a^2}{2} - b^2\right)$

$$v_I = \frac{1}{EI}\left[q\,\frac{x^4}{24} - \frac{q}{12a}\,(a^2 - b^2)\,x^3 + \frac{qa}{12}\left(\frac{a^2}{2} - b^2\right)x\right]$$

$$v_{II} = \frac{1}{EI}\left[q\,\frac{x^4}{24} - \frac{q}{12a}\,(a^2 - b^2)\,x^3 + \frac{qa}{12}\left(\frac{a^2}{2} - b^2\right)x - \frac{q}{12a}\,(a+b)^2(x-a)^3\right]$$

Neigung in A:

$$v_I{}' = \frac{1}{EI}\left[q\,\frac{x^3}{6} - \frac{q}{2a}\,(a^2 - b^2)\,\frac{x^2}{2} + \frac{qa}{12}\left(\frac{a^2}{2} - b^2\right)\right]$$

$$v'(x = 0) = \frac{qa}{12EI}\left(\frac{a^2}{2} - b^2\right)$$

$$v_A{}' = v'(x = 0) = 0$$

$$\frac{a^2}{2} = b^2 \qquad\qquad \frac{a}{b} = \sqrt{2}$$

52. a) Auflagerbestimmung:

$$F_{Cx} - \frac{q_0 a}{2} = 0; \qquad F_{Cx} = \frac{q_0 a}{2}; \qquad \overset{\frown}{C}: F_B 2a - \frac{q_0 a\, a}{2\cdot 3} = 0$$

$$F_B + F_{Cy} = 0 \qquad F_B = -F_{Cy} = \frac{q_0 a}{12}$$

$$F_B = 0{,}833 \cdot 10^2\ \text{N}$$

$$F_{Cx} = 5 \cdot 10^2\ \text{N} \qquad\qquad F_C = 5{,}07 \cdot 10^2\ \text{N}$$

b) Momentenverlauf:

$$M_1 = F_B x_1 = \frac{q_0 a}{12}\,x_1 \qquad M_2 = -\frac{q_0}{6a}\,x_2{}^3$$

c) Durchbiegungsverlauf: $\quad EIv'' = -M$

$$EIv_1{}'' = -\frac{q_0 a}{12}\,x_1 \qquad\qquad\qquad EIv_2{}'' = \frac{q_0}{6a}\,x_2{}^3$$

$$EIv_1{}' = -\frac{q_0 a}{24}\,x_1{}^2 + C_1 \qquad\qquad EIv_2{}' = \frac{q_0}{24a}\,x_2{}^4 + C_3$$

$$EIv_1 = -\frac{q_0 a}{72}\,x_1{}^3 + C_1 x_1 + C_2 \qquad EIv_2 = \frac{q_0}{120a}\,x_2{}^5 + C_3 x_2 + C_4$$

Randbedingungen:

$$v_1(x_1 = 0) = 0 \qquad\qquad v_2(x_2 = a) = 0$$

$$v_1(x_1 = 2a) = 0 \qquad\qquad v_2{}'(x_2 = a) = v_1{}'(x_1 = 2a)$$

$$C_2 = 0 \qquad\qquad C_3 = -11\,\frac{q_0 a^3}{72}$$

$$C_1 = \frac{q_0 a^3}{18} \qquad\qquad C_4 = \frac{13}{90}\,q_0 a^4$$

$$v_1 = -\frac{q_0 a}{36\,EI}\left[\frac{x_1{}^3}{2} - 2a^2 x_1\right] \qquad v_2 = \frac{q_0}{2\,EI}\left[\frac{x_2{}^5}{60a} - \frac{11}{36}\,a^3 x_2 + \frac{13}{45}\,a^4\right]$$

53. a) Bestimmung der Auflager:

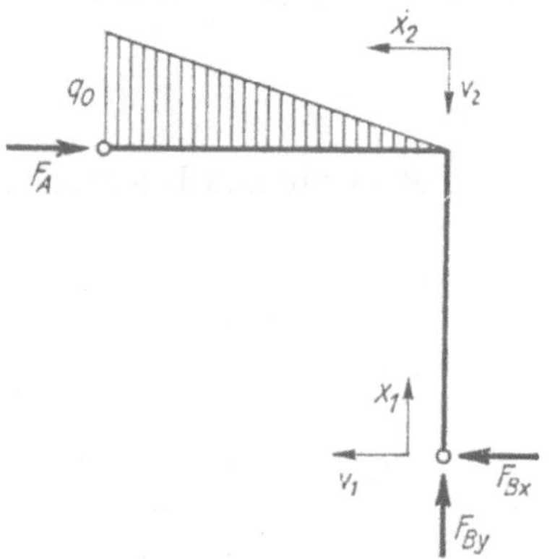

$$\uparrow\ :\ F_{By} - \frac{a}{2}\,q_0 = 0$$

$$\rightarrow :\ F_A - F_{Bx} = 0$$

$$\overset{\curvearrowleft}{B}\ :\ -F_A a + \frac{2}{3}\,a a q_0\,\frac{1}{2} = 0$$

$$F_A = \frac{a}{3}\,q_0; \quad F_{Bx} = \frac{a}{3}\,q_0; \quad F_{By} = \frac{a}{2}\,q_0$$

b) Bestimmung der elastischen Linie:

$$\text{Abschnitt 1:}\ M_1 = -F_{Bx}x_1 = -\frac{a}{3}\,q_0 x_1$$

$$\text{Abschnitt 2:}\ M_2 = -F_{Bx}a + F_{By}x_2 - \frac{x_2}{3}\,\frac{x_2}{2}\,q = -\frac{a^2}{3}\,q_0 + \frac{a}{2}\,q_0 x_2 - \frac{x_2{}^3}{6a}\,q_0$$

$$\text{allgemein:}\ v'' = -\frac{M}{EI} \qquad\qquad \text{daraus folgt:}$$

$$v_1 = +\frac{1}{EI}\,q_0\left(a\,\frac{x_1{}^3}{18} + C_1 x_1 + C_2\right)$$

$$v_2 = \frac{1}{EI}\,q_0\left(-\frac{a x_2{}^3}{12} + \frac{a^2 x_2{}^2}{6} + \frac{x_2{}^5}{120a} + C_3 x_2 + C_4\right)$$

Randbedingungen: $v_{1(x_1=0)} = 0 \Rightarrow C_2 = 0;\qquad v_{1(x_1=a)} = v_{2(x_2=0)} = 0$

$$\Rightarrow C_4 = 0 \text{ und } C_1 = -\frac{a^3}{18};\quad v'_{1(x_1=a)} = v'_{2(x_2=0)} \Rightarrow C_3 = \frac{1}{9}\,a^3$$

c) Bestimmung von b und h:

$$M_{\max} = M_{1(x_1=a)} = M_{2(x_2=0)} = \frac{a^2}{3}\, q_0 = 2,13 \cdot 10^3 \text{ Nm}$$

$$\sigma_{\text{zul}} > \frac{M_{b\,\max}}{W_b} \qquad W_b = \frac{M_{b\,\max}}{\sigma_{\text{zul}}} = \frac{b h^2}{6} = \frac{h^3}{3} \Rightarrow h = 4,31 \text{ cm} \qquad b = 8,62 \text{ cm}$$

d) Verschiebung bei A:

$$v_{2(x_2=0)} = \frac{q_0 a^2}{3 E I}\left(-\frac{a^2}{4} + \frac{a^2}{2} + \frac{a^2}{40} + \frac{a^2}{3}\right) = \frac{q_0 a^4}{3 E I}\left(\frac{73}{120}\right)$$

$$v_A = v_{2(x_2=a)} = 0,72 \text{ mm}$$

54. a) Auflagerbestimmung:

$$F_A = \frac{2}{3}\, F \qquad F_B = \frac{1}{3}\, F$$

b) Momente und Integration:

$$\begin{array}{ll}
\qquad\qquad\mathrm{I} & \qquad\qquad\mathrm{II} \\[4pt]
M \quad = F_B x_1 & F a \\[4pt]
E I v'' = -F_B x_1 & -F a \\[4pt]
E I v' = -F_B \dfrac{x_1^2}{2} + C_1 & -F a x_2 + C_3 \\[4pt]
E I v = -F_B \dfrac{x_1^3}{6} + C_1 x_1 + C_2 & -F a \dfrac{x_2^2}{2} + C_3 x_2 + C_4
\end{array}$$

$$\begin{array}{l}
\qquad\qquad\mathrm{III} \\[4pt]
F(a - x_3) \\[4pt]
-F(a - x_3) \\[4pt]
-F\left(a x_3 - \dfrac{x_3^2}{2}\right) + C_5 \\[4pt]
-F\left(a \dfrac{x_3^2}{2} - \dfrac{x_3^3}{6}\right) + C_5 x_3 + C_6
\end{array}$$

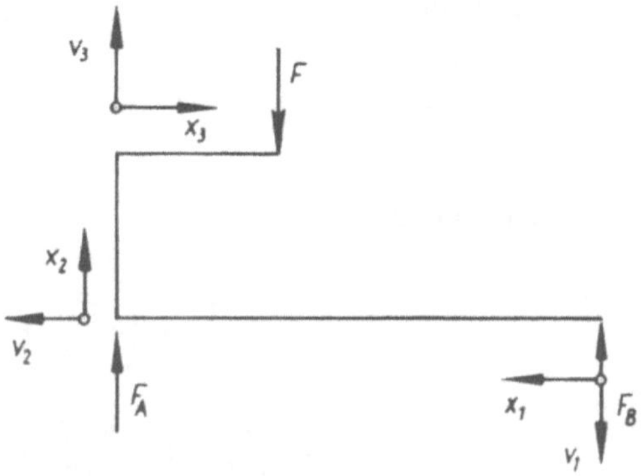

Randbedingungen:

1. $v_B = 0 \Rightarrow C_2 = 0$

2. $v_{A_1} = 0 \Rightarrow C_1 = F_B \dfrac{9}{6}\, a^2 = \dfrac{1}{2}\, F a^2$

3. $(v_1{}' = v_2{}')_A \Rightarrow -\dfrac{9}{6}\,Fa^2 + \dfrac{1}{2}\,Fa^2 = C_3 = -Fa^2$

4. $v_{A_2} = 0 \Rightarrow C_4 = 0$

5. $(v_2{}' = v_3{}')_D \Rightarrow -Fa^2 - Fa^2 = C_5 = -2\,Fa^2$

6. $v_{D_3} = 0 \Rightarrow C_6 = 0$

c) Verschiebungen:

$$v_{cy} = (v_3)_{x=a} = -\frac{Fa^3}{EI}\left(\frac{1}{2} - \frac{1}{6} + 2\right) = -\frac{7}{3}\frac{Fa^3}{EI}$$

$$v_{cx} = (v_2)_{x=a} = -\frac{3}{2}\frac{Fa^3}{EI}$$

55. a) Auflager: $F_A = \dfrac{1}{3}\,F$

$$F_B = \frac{2}{3}\,F$$

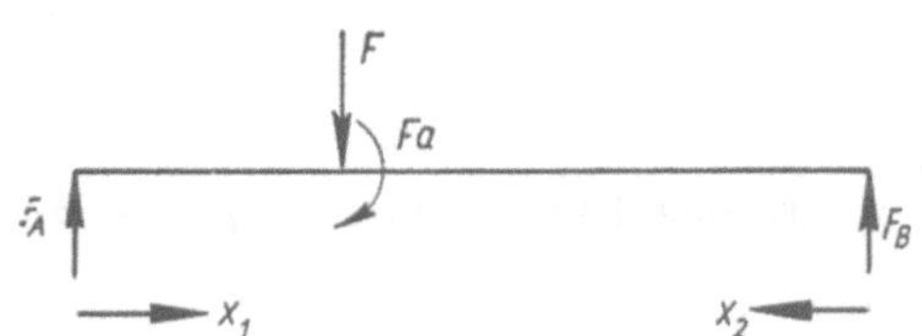

b) Momente und Durchbiegungsverläufe:

$$M_1 = \frac{F}{3}\,x_1 \qquad\qquad M_2 = \frac{2F}{3}\,x_2$$

$$EI\,v_1 = -\frac{F}{18}\,(x_1{}^3 - 13a^2x_1) \qquad EI\,v_2 = -\frac{F}{9}\,(x_2{}^3 - 7a^2x_2)$$

$$\left(C_1 = -\frac{13}{6}\,a^2,\quad C_2 = 0\right) \qquad \left(C_3 = -\frac{7}{6}\,a^2,\quad C_4 = 0\right)$$

c) $EI\,v_{D|x_1=a} = \dfrac{2}{3}\,Fa^3 \qquad\qquad EI\,v_{max} = EI\,v_{(x_2 = \sqrt{7/3}\,a)} = 0{,}79\,Fa^3$

56. Aus Symmetriegründen Reduktion auf folgenden Fall:

a)   I   II

$$EI\,v'' = -F_B x_1 \qquad\qquad -F_B(a + x_2) + F x_2$$

$$EI\,v' = -F_B \frac{x_1{}^2}{2} + C_1 \qquad\qquad -F_B\left(a x_2 + \frac{x_2{}^2}{2}\right) + F\frac{x_2{}^2}{2} + C_2$$

$$EI\,v = -F_B \frac{x_1{}^3}{6} + C_1 x_1 + C_3 \qquad -F_B\left(a\frac{x_2{}^2}{2} + \frac{x_2{}^3}{6}\right) + F\frac{x_2{}^3}{6} + C_2 x_2 + C_4$$

Randbedingungen:

1. $v_B = 0$ 4. $v_A = 0$

2. $v_{1(a)} = v_{2(0)}$ 5. $v_A' = 0$

3. $v_{1(a)}' = v_{2(0)}'$

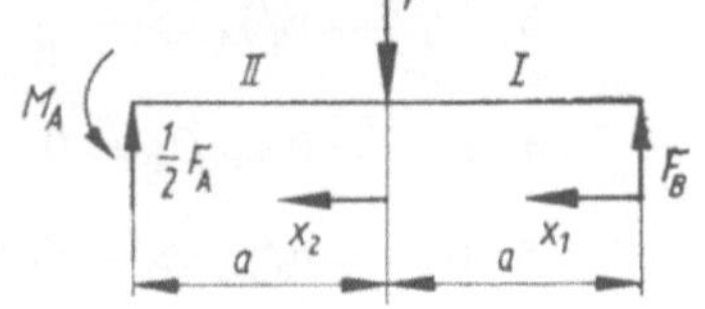

Daraus folgt:

$$F_B = \frac{5}{16}\,F; \quad C_1 = \frac{1}{8}\,\bar{F}a^2; \quad C_2 = -\frac{1}{32}\,Fa^2; \quad C_3 = 0; \quad C_4 = \frac{7}{96}\,Fa^3$$

b) $F_B = \dfrac{5}{16}\,F; \quad F_A = \dfrac{11}{8}\,F$

c) $v_C = \dfrac{1}{EI}\dfrac{7}{96}\,Fa^3$

d) statt 4.) $v_A = 0$ muß $F_B = \dfrac{2}{3}\,F$ als Bedingung gesetzt werden.

$$C_3 = 0; \quad C_1 = \frac{5}{6}\,Fa^2; \quad C_2 = \frac{1}{2}\,Fa^2; \quad C_4 = \frac{13}{18}\,Fa^3$$

$$v_A = \frac{1}{EI}\frac{17}{18}\,Fa^3$$

57. Gleichgewichtsbedingungen:

a) $\uparrow: F_A + F_B + F_C - q \cdot 3a = 0 \qquad \overset{\curvearrowright}{A}: \dfrac{q\,9a^2}{2} - F_B \cdot 3a - F_C \cdot 5a = 0$

Momentenverläufe und Integration der Grundgleichung $EIv'' = -M_{(x)}$

$$M_1 = F_A x_1 - \frac{q x_1^2}{2} \qquad\qquad\qquad M_2 = F_C x_2$$

$$EIv_1' = -\frac{F_A x_1^2}{2} + \frac{q x_1^3}{6} + C_1 \qquad\qquad EIv_2' = -\frac{F_C x_2^2}{2} + C_3$$

$$EIv_1 = -\frac{F_A x_1^3}{6} + \frac{q x_1^4}{24} + C_1 x_1 + C_2 \qquad EIv_2 = -\frac{F_C x_2^3}{6} + C_3 x_2 + C_4$$

Aus den Randbedingungen folgt:

$v_{1(0)} = 0 \Rightarrow C_2 = 0$

$v_{1(3a)} = 0 \Rightarrow C_1 = F_A\,\dfrac{3}{2}\,a^2 - q\,\dfrac{9}{8}\,a^3$

$v_{2(0)} = 0 \Rightarrow C_4 = 0$

$$v_{2(2a)} = 0 \Rightarrow C_3 = \frac{2}{3}\, F_C a^2$$

$$v'_{1(3a)} = -v'_{2(2a)} \Rightarrow 3F_A + \frac{4}{3}\, F_C - \frac{27}{8}\, qa = 0$$

Demnach: $F_C = -\dfrac{27}{80}\, qa$

$$F_B = \frac{165}{80}\, qa$$

$$F_A = \frac{102}{80}\, qa$$

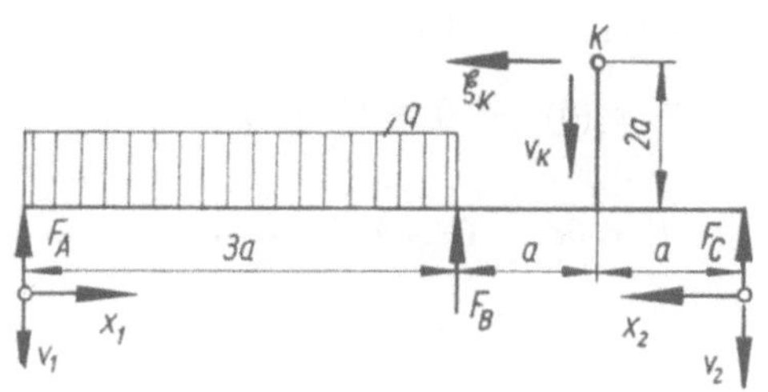

b) $v_k = v_{2(a)} = -\dfrac{27}{160}\dfrac{qa^4}{EI}$ $\quad \zeta_k = v'_{2(a)}\, 2a = -\dfrac{9}{80}\dfrac{qa^4}{EI}$

c) Dimensionierung: $\quad M_B = \dfrac{27}{80}\, qa \cdot 2a = \dfrac{27}{40}\, qa^2 = M_{2\max} = 6{,}76 \cdot 10^2 \text{ Nm}$

$$M_1' = 0 = F_A - qx_1 \qquad x_1 = \frac{102}{80}\, a$$

$$M_{1\max} = \frac{q}{2}\left(\frac{51}{40}\, a\right)^2 = \frac{2\,601}{3\,200}\, qa^2 = 8{,}14 \cdot 10^2 \text{ Nm} \qquad \sigma_b = \frac{M_b}{W_b}$$

$$W_b = \frac{h^3}{3} = \frac{M_b}{\sigma_{zul}} \qquad h = \sqrt{\frac{3 \cdot 81400}{8000}}\ \text{cm} = 3{,}12 \text{ cm}$$

58. Aufteilung des Systems

Momente:

$$M_1 = -F_2(a - x_1)$$

$$M_2 = F_H(a - x_2) - F_2 a$$

<table>
<tr><td align="center">I</td><td align="center">II</td></tr>
</table>

$$EIv'' = F_2(a - x_1) \qquad\qquad F_2 a - F_H(a - x_2)$$

$$EIv' = F_2\left(ax_1 - \frac{x_1^2}{2}\right) + C_1 \qquad F_2 a x_2 - F_H\left(ax_2 - \frac{x_2^2}{2}\right) + C_3$$

$$EIv = F_2\left(a\frac{x_1^2}{2} - \frac{x_1^3}{6}\right) + C_1 x_1 + C_2 \qquad F_2 a\frac{x_2^2}{2} - F_H\left(a\frac{x_2^2}{2} - \frac{x_2^3}{6}\right) + C_3 x_2 + C_4$$

Randbedingungen:

1. $v_2(0) = 0 \Rightarrow C_4 = 0$

2. $v_2{}'(0) = 0 \Rightarrow C_3 = 0$

3. $v_1(0) = 0 \Rightarrow C_2 = 0$

4. $v_2(a) = 0 \Rightarrow F_\mathrm{H} = \dfrac{3}{2}\, F_2$

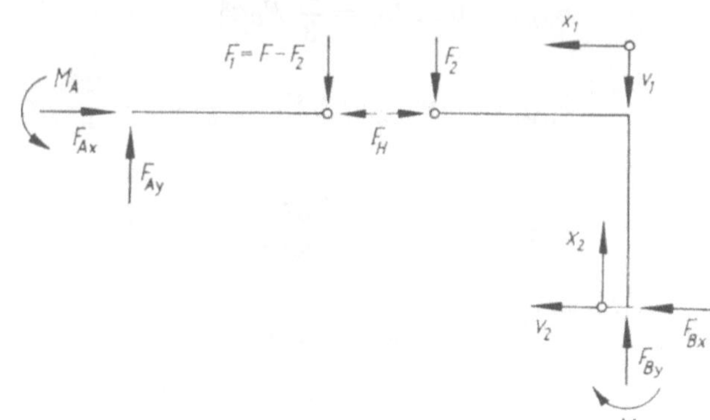

5. $v_1{}'(0) = v_2{}'(a) \Rightarrow C_1 = \dfrac{1}{4}\, F_2 a^2$

6. $v_1(a) = \dfrac{1}{3EI}\,(F - F_2)a^3 = \dfrac{1}{EI}\,\dfrac{7}{12}\,F_2 a^3 \Rightarrow F_2 = \dfrac{4}{11}\,F$

$$F_1 = F - F_2 = \dfrac{7}{11}\,F$$

a) Durchbiegung:

$$v_C = \dfrac{1}{3}\,\dfrac{F_1 a^3}{EI} = \dfrac{7}{33}\,\dfrac{F a^3}{EI}$$

b) Auflagerreaktionen:

$$M_A = F_1 a = \dfrac{7}{11}\,Fa, \qquad F_{Ay} = F_1 = \dfrac{7}{11}\,F, \qquad F_{Ax} = F_\mathrm{H} = \dfrac{6}{11}\,F$$

$$M_B = F_2 a - F_\mathrm{H} a = \dfrac{4}{11}\,Fa - \dfrac{6}{11}\,Fa = -\dfrac{2}{11}\,Fa$$

$$F_{By} = F_2 = \dfrac{4}{11}\,F, \qquad F_{By} = F_\mathrm{H} = \dfrac{6}{11}\,F$$

59. a) Die Auflager genügen. Bei einem Träger und ebener Betrachtung sind drei
Auflagerreaktionen notwendig:

A: Kräfte in x-Richtung	1.	B: Kräfte in x-Richtung	3.
Kräfte in y-Richtung	2.	Momente um die z-Achse	4.

4 Auflagerreaktionen: einfach statisch unbestimmt. (Erste und dritte Auf-
lagerreaktion weglassen, da Zuganteil nicht berücksichtigt wird.)

b) entfällt

c) x wird von B aus gezählt, v weist nach oben

$$q = \frac{q_0 x^2}{l^2} \qquad F_Q = \frac{q_0 x^3}{3 l^2} \qquad \text{Randbedingungen:} \quad F_Q(x = 0) = 0$$

$$M = \frac{q_0 l^2}{12}\left(\frac{x^4}{l^4} - 1\right) \qquad\qquad M(x = l) = 0$$

$$v = \frac{q_0 l^2}{360\, EI}\left[-14 l^2 + 15 x^2 - \frac{x^6}{l^4}\right] \qquad \varphi(x = 0) = 0 \qquad v(x = l) = 0$$

60. Das Problem ist einfach statisch unbestimmt:

Aus $\quad EI v'' = -M = -F_B x + q_0 \dfrac{x^3}{6l}$

folgt mit $\quad v_{(0)} = 0; \quad v'_{(l)} = 0 \quad$ und $\quad v_{(l)} = 0$

$$F_B = \frac{1}{10} q_0 l \qquad F_A = \frac{4}{10} q_0 l \qquad v = \frac{q_0 x}{120\, EIl}\,(l^2 - x^2)^2$$

$$M_A = \frac{1}{15} q_0 l^2 \quad \text{bei } x = l \qquad\qquad v_{\max} = \frac{2\sqrt{5}\, q_0 l^4}{1\,875\, EI} \quad \text{bei } x = \frac{l}{\sqrt{5}}$$

61. Ausgehend von der Differentialgleichung vierter Ordnung

$$EI v^{\mathrm{IV}} = q_{(x)}$$

erhält man

$$EI v^{\mathrm{IV}} = q_0 \cos\frac{\pi}{2}\frac{x}{l}$$

$$EI v''' = \frac{2l}{\pi} q_0 \sin\frac{\pi}{2}\frac{x}{l} + C_1$$

$$EI v'' = -\left(\frac{2l}{\pi}\right)^2 q_0 \cos\frac{\pi}{2}\frac{x}{l} + C_1 x + C_2$$

$$EI v' = -\left(\frac{2l}{\pi}\right)^3 q_0 \sin\frac{\pi}{2}\frac{x}{l} + C_1\frac{x^2}{2} + C_2 x + C_3$$

$$EI v = \left(\frac{2l}{\pi}\right)^4 q_0 \cos\frac{\pi}{2}\frac{x}{l} + C_1\frac{x^3}{6} + C_2\frac{x^2}{2} + C_3 x + C_4$$

Aus den Randbedingungen folgt:

(1) $v_{(0)} = 0 \qquad\qquad \left(\dfrac{2l}{\pi}\right)^4 q_0 + C_4 = 0$

(2) $v'_{(0)} = 0 \qquad\qquad C_3 = 0$

(3) $v_{(l)} = 0$ $\qquad C_1 \dfrac{l^3}{6} + C_2 \dfrac{l^2}{2} + C_4 = 0$

(4) $v''_{(l)} = 0$ $\qquad C_1 l + C_2 = 0$

Gleichung der elastischen Linie:

$$E I v = \left(\frac{2l}{\pi}\right)^4 q_0 \left[\cos \frac{\pi}{2}\,\frac{x}{l} - \frac{1}{2}\left(\frac{x}{l}\right)^3 + \frac{3}{2}\left(\frac{x}{l}\right)^2 - 1\right]$$

Auflagerreaktionen:

$$F_A = \frac{48}{\pi^4}\,q_0 l \qquad F_B = \left(\frac{2}{\pi} - \frac{48}{\pi^4}\right) q_0 l \qquad M_A = \left(\frac{48}{\pi^4} - \frac{4}{\pi^2}\right) q_0 l^2$$

Momentenverlauf:

$$M = \frac{16}{\pi^4}\,q_0 l^2 \left[-\frac{\pi^2}{4} \cos \frac{\pi}{2}\,\frac{x}{l} - 3\,\frac{x}{l} + 3\right]$$

62. Bestimmung der Auflagerkräfte: $E I v^{\mathrm{IV}} = q_x$

$q_x = a_0 + a_1 x + a_2 x^2 \qquad q_x = 0:\ x = 0 \qquad\qquad a_0 = 0:$

$\qquad\qquad\qquad\qquad\qquad\qquad\qquad :\ x = 3a \qquad a_1 + 3 a a_2 = 0$

$a_1 = \dfrac{4}{3}\,\dfrac{q_0}{a};\qquad\qquad q_x = q_0:\ x = \dfrac{3}{2}\,a \qquad q_0 = \dfrac{3}{2}\,a a_1 + \dfrac{9}{4}\,a_2 a^2$

$a_2 = -\dfrac{4}{9}\,\dfrac{q_0}{a^2};\qquad\qquad q_x = \dfrac{4}{3}\,\dfrac{q_0}{a}\,x - \dfrac{4}{9}\,q_0\,\dfrac{x^2}{a^2}$

Bereiche: $0 \leqq x \leqq a;\qquad a \leqq x \leqq 3a$

$$E I v^{\mathrm{IV}}_{1,2} = \frac{4}{3}\,\frac{q_0 x}{a} - \frac{4}{9}\,\frac{q_0 x^2}{a^2}$$

$$E I v'''_{1,2} = \frac{4}{6}\,\frac{q_0}{a}\,x^2 - \frac{4}{27}\,\frac{q_0}{a^2}\,x^3 + C_{1,5}$$

$$E I v''_{1,2} = \frac{4}{18}\,\frac{q_0}{a}\,x^3 - \frac{1}{27}\,\frac{q_0}{a^2}\,x^4 + C_{1,5} x + C_{2,6}$$

$$E I v'_{1,2} = \frac{1}{18}\,\frac{q_0}{a}\,x^4 - \frac{1}{27 \cdot 5}\,\frac{q_0}{a^2}\,x^5 + C_{1,5}\,\frac{x^2}{2} + C_{2,6} x + C_{3,7}$$

$$E I v_{1,2} = \frac{1}{18 \cdot 5}\,\frac{q_0}{a}\,x^5 - \frac{1}{27 \cdot 5 \cdot 6}\,\frac{q_0}{a^2}\,x^6 + C_{1,5}\,\frac{x^3}{6} + C_{2,6}\,\frac{x^2}{2} + C_{3,7} x + C_{4,8}$$

Randbedingungen:

1. $v_1(0) = 0$ 3. $v_1(a) = 0$ 5. $v_1'(a) = v_2'(a)$ 7. $v_2(3a) = 0$

2. $v_1''(0) = 0$ 4. $v_2(a) = 0$ 6. $v_1''(a) = v_2''(a)$ 8. $v_2''(3a) = 0$

Bestimmung der Konstanten: 1. und 2.: $C_2 = C_4 = 0$;

3. $\dfrac{4}{405} q_0 a^4 + C_1 \dfrac{a^3}{6} + C_3 a = 0$

4. $\dfrac{4}{405} q_0 a^4 + C_5 \dfrac{a^3}{6} + C_6 \dfrac{a^2}{2} + C_7 a + C_8 = 0$

5. $C_5 \dfrac{a^2}{2} + C_6 a + C_7 - C_1 \dfrac{a^2}{2} - C_3 = 0$

6. $C_5 a + C_6 - C_1 a = 0$

7. $\dfrac{9}{5} q_0 a^4 + \dfrac{9}{2} a^3 C_5 + \dfrac{9}{2} a^2 C_6 + 3 a C_7 + C_8 = 0$

8. $3 q_0 a^2 + C_5 3 a + C_6 = 0$

$$C_1 = \frac{62}{540} q_0 a; \quad C_3 = -\frac{47}{1620} q_0 a^3; \quad C_5 = -\frac{841}{540} q_0 a;$$

$$C_6 = \frac{301}{180} q_0 a^2; \quad C_7 = -\frac{2803}{3240} q_0 a^3; \quad C_8 = \frac{301}{1080} q_0 a^4$$

Auflager: $F_A = F_Q(0) = -EI v_1'''(0)$; $F_A = C_1 = -\dfrac{62}{540} q_0 a$;

$$F_A = -2{,}3 \cdot 10^3 \,\text{N}$$

$$F_C = -F_Q(3a) = EI v_2'''(3a); \quad F_C = \frac{239}{540} q_0 a; \quad F_C = 8{,}85 \cdot 10^3 \,\text{N}$$

$$F_B = EI v_1'''(a) - EI v_2'''(a); \quad F_B = C_1 - C_5; \quad F_B = \frac{903}{540} q_0 a;$$

$$F_B = 3{,}35 \cdot 10^4 \,\text{N}$$

Abmessungen des Trägers: $W = \dfrac{M_{\max}}{\sigma_{\text{zul}}}$ $M_{1,2} = -EI v_{1,2}''$

$$\frac{\mathrm{d}M_2}{\mathrm{d}x} = 0: \; x^3 - 4{,}5 a x^2 + 10{,}52 a^3 = 0 \quad M_{\max}(x = 2{,}087 a) = 1{,}06 \cdot 10^4 \,\text{Nm}$$

$x = 2{,}087 a$ $\qquad\qquad W = \dfrac{1{,}06 \cdot 10^6 \,\text{Ncm}}{1{,}4 \cdot 10^4 \,\text{Ncm}^{-2}}$

$$W = 76{,}6 \,\text{cm}^3 \Rightarrow \text{I } 14 \quad \text{mit} \quad W = 81{,}9 \,\text{cm}^3$$

63. Grundgleichung der elastischen Linie:

$$E I v'' = - M_{(x)} \qquad M_{(x)} = - h_{(x)} \gamma b \, \frac{x^2}{6} = - \frac{h b \gamma}{6 l} \, x^3$$

$$I(x) = \frac{h^3 b}{12 l^3} \, x^3 \qquad E v'' = \frac{2 l^2}{h^2} \, \gamma = k \qquad E v' = k x + C_1 = k(x - l)$$

$$E v = k \, \frac{x^2}{2} + C_1 x + C_2 = k \left(\frac{x^2}{2} - l x + \frac{l^2}{2} \right)$$

Durchsenkung unter der Spitze: $v_{(0)} = \dfrac{\gamma l^4}{h^2 E}$

64. Längenmaßstab L: 1 cm $\triangle$ 100 cm

Kräftemaßstab: 1 cm $\triangle$ 2 $\cdot$ 10⁴ N

M-Maßstab: 1 cm $\triangle$ 4 $\cdot$ 10⁶ Ncm

$\dfrac{M_\mathrm{b}}{I}$-Maßstab: 1 cm $\triangle$ 400 Ncm⁻³

Flächenkräftemaßstab d: 1 cm $\triangle$ 4 $\cdot$ 10⁴ Ncm⁻²

Stelle I: $M_\mathrm{bI} = 2 \cdot 10^6$ Ncm; $\qquad I_\mathrm{I} = \begin{Bmatrix} 5000 \\ 10000 \end{Bmatrix}$ cm⁴ $\quad \dfrac{M_\mathrm{b}}{I} = \begin{Bmatrix} 400 \\ 200 \end{Bmatrix}$ Ncm⁻³

Stelle II: $M_\mathrm{bII} = 6 \cdot 10^6$ Ncm; $\qquad I_\mathrm{II} = 10000$ cm⁴ $\quad \dfrac{M_\mathrm{b}}{I} = 600$ Ncm⁻³

$$A_1 = \frac{1}{2} \cdot 100 \cdot 400 \ \text{Ncm}^{-2} = 2 \cdot 10^4 \ \text{Ncm}^{-2}$$

$$A_2 = 200 \cdot 200 \ \text{Ncm}^{-2} = 4 \cdot 10^4 \ \text{Ncm}^{-2}$$

$$A_3 = \frac{1}{2} \cdot 200 \cdot 400 \ \text{Ncm}^{-2} = 4 \cdot 10^4 \ \text{Ncm}^{-2}$$

Maßstäbe: 1 cm (Zeichnung) $\triangle \dfrac{L d H'}{E} = \dfrac{100 \cdot 4000 \cdot 5}{2 \cdot 10^6}$ cm $= 1$ cm (Durchbiegung)

Durchbiegung unter F: $v_F{}^* = v \cdot 1 = 0{,}94$ cm

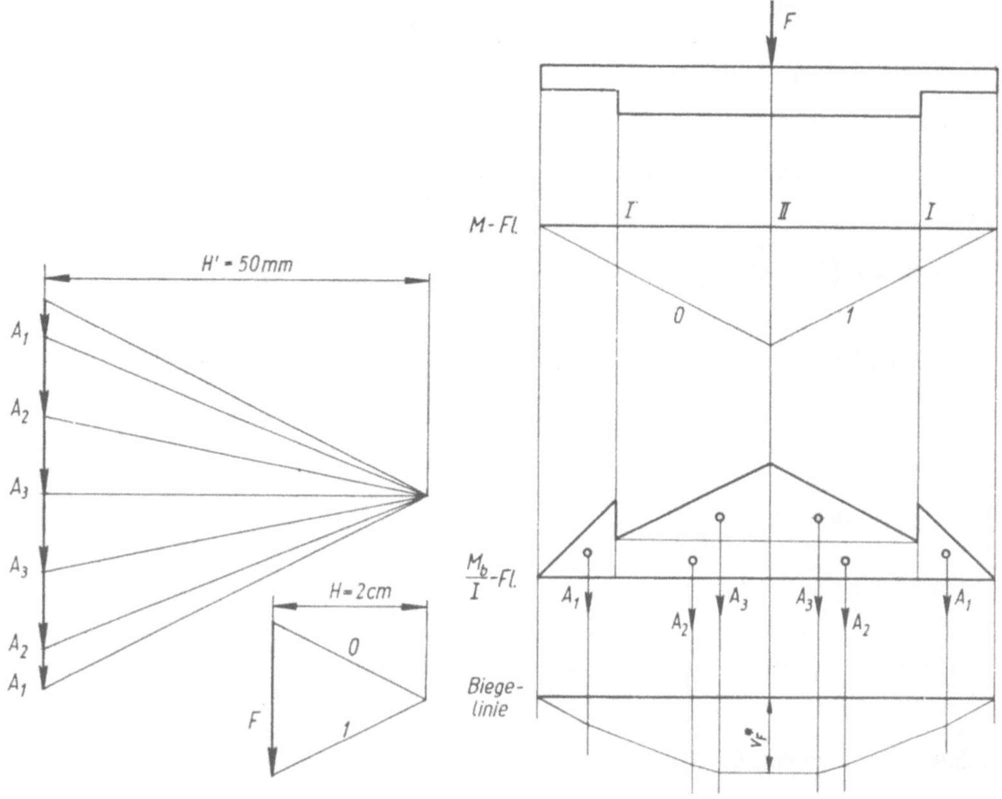

65. Aus Gleichgewichtsbetrachtungen folgt:

$$F_{By} = F_C = \frac{F}{2}$$

Der Horizontalzug muß aus Formänderungsbetrachtungen gewonnen werden.

$$F_{\mathrm{H}} = A E \varepsilon = A E \frac{s - l}{l}$$

s Balkenlänge nach der Lastaufbringung.

$$s = 2 \int_0^{l/2} \sqrt{1 + v'^2} \, \mathrm{d}x$$

Neigung v' folgt aus elastischer Linie.

$$E I v'' = -\frac{F}{2} x$$

$$EIv' = -\frac{F}{2}\left(\frac{x^2}{2} + C_1\right) = +\frac{F}{2}\left(\frac{l^2}{8} - \frac{x^2}{2}\right)$$

$$v' = \frac{Fl^2}{4EI}\left[\frac{1}{4} - \left(\frac{x}{l}\right)^2\right]$$

v' ist eine kleine Größe, so daß gilt:

$$s \approx 2\int_0^{l/2}\left(1 + \frac{1}{2}\,v'^2\right)\mathrm{d}x$$

Nun gilt:

$$\varepsilon = \frac{s}{l} - 1 = \frac{1}{l}\int_0^{l/2} v'^2\,\mathrm{d}x = \frac{F^2 l^4}{16\,E^2 I^2}\,\frac{1}{60}$$

und somit

$$F_\mathrm{H} = \frac{F^2 l^2 A}{960\,EI^2}$$

Horizontalzug und Belastung sind nicht linear abhängig!

2.2.9. Satz von Castigliano

2.2.9.1. Ebene Probleme

2.2.9.1.1. Statisch bestimmte Aufgaben

66. a) Nach CASTIGLIANO

Verformung durch Zug hier nicht berücksichtigt, weil diese klein gegenüber der Verformung durch Biegung ist. Deshalb kann F_2 längs der Wirkungslinie verschoben werden.

Verschiebung von A in x-Richtung $v_{Ax} = v_{F1}$

Verschiebung von A in y-Richtung $v_{Ay} = v_{F2}$

Bereich	Grenzen	M_i	$\dfrac{\partial M_i}{\partial F_1}$	$\dfrac{\partial M_i}{\partial F_2}$
1	$x_1 = 0 \cdots a$	$F_1 b - F_2 x_1$	b	$-x_1$
2	$x_2 = 0 \cdots b$	$F_1 x_2$	x_2	0

Verschiebung der Kraft F_n in Richtung der Kraft

$$v_{Fn} = \sum_i \frac{M_i}{EI} \frac{\partial M_i}{\partial F_n} \, ds$$

$$v_{F1} = \frac{1}{EI} \left[\int_0^a (F_1 b - F_2 x_1)\, b \, dx_1 + \int_0^b F_1 x_2 x_2 \, dx_2 \right] =$$

$$= \frac{1}{EI} \left[F_1 b^2 \left(a + \frac{b}{3} \right) - F_2 \frac{ba^2}{2} \right] = \frac{b^3}{EI} \left[\frac{7}{3} F_1 - 2 F_2 \right] = v_{Ax}$$

$$v_{F2} = \frac{1}{EI} \left[\int_0^a (F_1 b - F_2 x_1)(-x_1)\, dx_1 + 0 \right] = \frac{1}{EI} \left[-F_1 \frac{ba^2}{2} + F_2 \frac{a^3}{3} \right] =$$

$$= \frac{b^3}{EI} \left[\frac{8}{3} F_2 - 2 F_1 \right] = v_{Ay}$$

b) Die Verformungen für das freie Ende eines einseitig eingespannten Trägers sind:

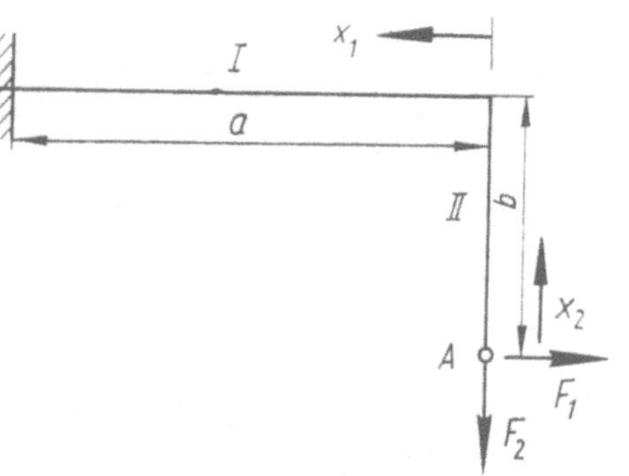

$$v_F = \frac{F l^3}{3 EI} \qquad v_M = \frac{M l^2}{2 EI}$$

$$\varphi_F = \frac{F l^2}{2 EI} \qquad \varphi_M = \frac{M l}{EI}$$

Damit ergibt sich:

$$v_{Ay} = \frac{F_2 a^3}{3 EI} - \frac{F_1 b a^2}{2 EI} = \frac{b^3}{EI} \left[\frac{8}{3} F_2 - 2 F_1 \right]$$

$$v_{Ax} = \frac{F_2 b^3}{3 EI} + \frac{F_1 b^2 a}{EI} - \frac{F_2 a^2 b}{2 EI} = \frac{b^3}{EI} \left[\frac{7}{3} F_1 - 2 F_2 \right]$$

67. a) Auflager: $\quad F_{Ax} = F_2 = 2 \cdot 10^3 \, \text{N}$

$$F_{Ay} + F_B = F_1$$

$$F_B 2a - F_2 2a - F_1 a = 0$$

$$F_B = \frac{2 F_2 + F_1}{2} = 4{,}5 \cdot 10^3 \, \text{N}$$

$$F_{Ay} = F_1 - F_B = 0{,}5 \cdot 10^3 \, \text{N}$$

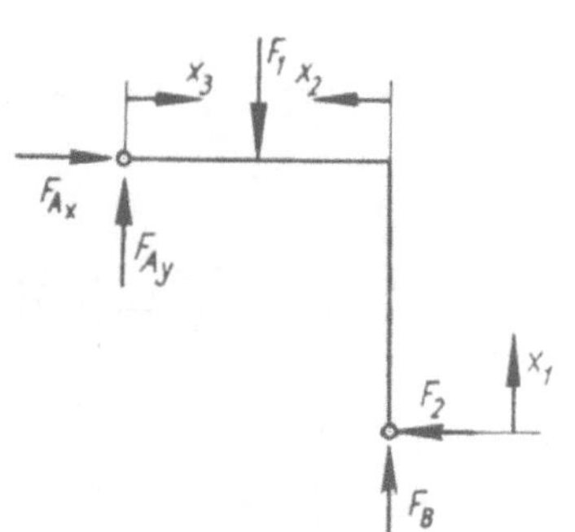

b) Momentenverläufe:

Be-reich	M_i	$\dfrac{\partial M_i}{\partial F_1}$	$\dfrac{\partial M_i}{\partial F_2}$	Grenzen	$M_{b\,\mathrm{max}}$
1	$F_2 x_1$	0	x_1	$0 \cdots 2a$	$F_2 2a = 1{,}2 \cdot 10^3\,\mathrm{N\,m}$
2	$F_2 2a - F_2 x_2 - F_1 \dfrac{x_2}{2}$	$-\dfrac{x_2}{2}$	$2a - x_2$	$0 \cdots a$	$F_2 2a = 1{,}2 \cdot 10^3\,\mathrm{N\,m}$
3	$-\dfrac{1}{2} F_1 x_3 + F_2 x_3$	$-\dfrac{x_3}{2}$	x_3	$0 \cdots a$	$F_2 a - \dfrac{F_1}{2} a = -1{,}5 \cdot 10^2\,\mathrm{N\,m}$

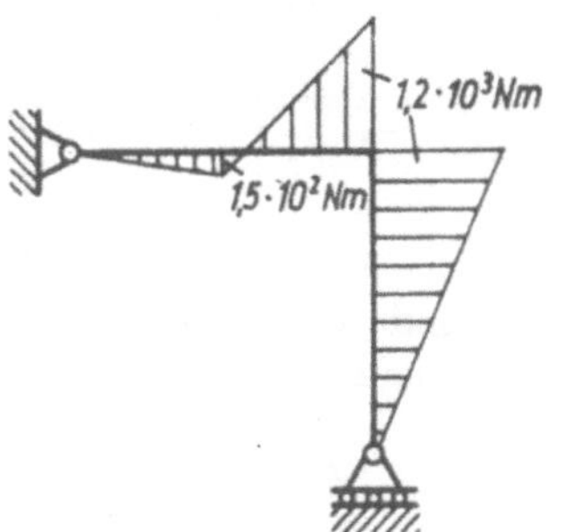

c) $\sigma_{\mathrm{max}} = \dfrac{M_{\mathrm{max}}}{W} + \dfrac{F_{\mathrm{L}}}{A} = \dfrac{120\,000\,\mathrm{Nm}}{50{,}3\,\mathrm{cm}^3} + \dfrac{4500\,\mathrm{N}}{50{,}3\,\mathrm{cm}^2}$

$\sigma_{\mathrm{max}} \approx 24{,}8\,\mathrm{N\,mm^{-2}}$

d) $v_{F_1} = \dfrac{1}{EI} \left[\displaystyle\int_0^{2a} \left(-F_2 2a\,\dfrac{x}{2} + F_2 \dfrac{x^2}{2} + \dfrac{F_1}{2}\,\dfrac{x^2}{2} \right) \mathrm{d}x + \right.$

$\left. + \displaystyle\int_0^{a} \left(\dfrac{1}{2}\,F_1\,\dfrac{x^2}{2} - \dfrac{1}{2}\,F_2 x^2 \right) \mathrm{d}x \right]$

$v_{F_1} = \dfrac{a^3 (F_1 - 3F_2)}{6EI} = -0{,}001\,12\,\mathrm{cm}$

$v_{F_2} = \dfrac{1}{EI} \left[\displaystyle\int_0^{a} F_2 x^2 \,\mathrm{d}x + \int_0^{a} \left[F_2(4a^2 - 4ax + x^2) + \right. \right.$

$\left. \left. + F_1 \left(\dfrac{x^2}{2} - xa \right) \right] \mathrm{d}x + \displaystyle\int_0^{a} \left[-\dfrac{1}{2}\,F_1 x^2 + F_2 x^2 \right] \mathrm{d}x \right]$

$v_{F_2} = \dfrac{a^3}{6EI}\,(32 F_2 - 3 F_1) = +0{,}054\,8\,\mathrm{cm}$

68. Momentengleichgewicht:

$$\overset{\curvearrowleft}{A}: \; -F \cdot 3a - F_H \cdot 2a + F_B a = 0 \qquad F_B = 3F + 2F_H$$

Bereich	M_i	$\dfrac{\partial M_i}{\partial F_H}$	Grenzen
1	$-Fx_1$	—	$0 \cdots a$
2	$-F(a + x_2) - F_H x_2 + F\,3a + F_H\,2a$	$2a - x_2$	$0 \cdots 2a$
3	$2F_H x_3 + 3F x_3$	$2x_3$	$0 \cdots a$

$$v_B = \frac{1}{EI}\int M_1 \frac{\partial M_1}{\partial F_H}\,ds + \frac{1}{EI}\int M_2 \frac{\partial M_2}{\partial F_H}\,ds + \frac{1}{EI}\int M_3 \frac{\partial M_3}{\partial F_H}\,ds$$

$$v_B = \frac{1}{EI}\left[\int_0^{2a} [F(2a - x_2)^2 + F_H(2a - x_2)^2]\,dx_2 + \int_0^{a} (2F_H \cdot 2x_3^2 + 6F x_3^2)\,dx_3 \right]$$

$$v_B = \frac{14 F a^3}{3 EI} \qquad M_{\max} = 3Fa \qquad W_{b\,\mathrm{erf}} = \frac{M_{b\,\max}}{\sigma_{\mathrm{zul}}} \qquad b_{\mathrm{erf}} \geqq \sqrt[3]{\frac{72 F a}{\sigma_{\mathrm{zul}}}}$$

69. Lösung erfolgt nach CASTIGLIANO

$$\frac{\partial W}{\partial F_H} = v_C = \sum_{i=1}^{3} \int_0^{a} \frac{M_i}{EI}\frac{\partial M_i}{\partial F_H}\,dx_i$$

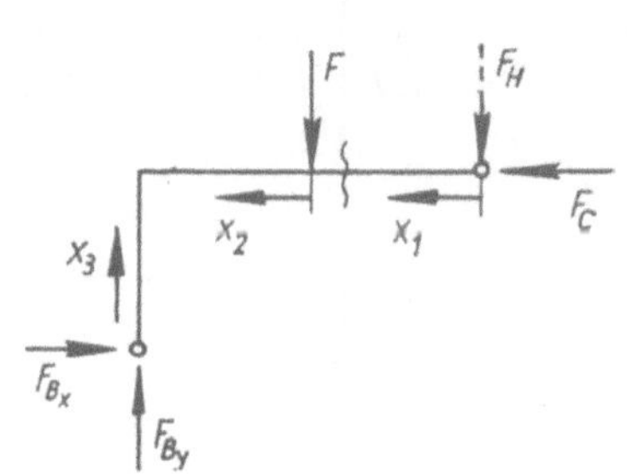

Auflager: $\quad \uparrow: \; F_{By} - F - F_H = 0$

$$\rightarrow: \; F_{Bx} - F_C \quad\quad = 0$$

$$\overset{\curvearrowleft}{B}: \; F_C a - F a - F_H\,2a \quad = 0$$

Bereich	Momente M_i	$\dfrac{\partial M_i}{\partial F_H}$	Grenzen
1	$F_H x_1$	x_1	$0 \cdots a$
2	$F_H(a + x_2) + F x_2$	$a + x_2$	$0 \cdots a$
3	$(F + 2F_H)\,x_3$	$2x_3$	$0 \cdots a$

$$v_C = \frac{F a^3}{EI}\left[\frac{1}{2} + \frac{1}{3} + \frac{2}{3}\right] = \frac{3}{2}\frac{F a^3}{EI} = 1{,}785 \text{ mm}$$

70. Bestimmung der Auflager aus der Symmetrie:

$$F_{Ay} = F_D = q\,\frac{b}{2}$$

CASTIGLIANO:

$$v_D = v_{\mathrm{H}} = \frac{1}{EI}\left\{\int_0^h M_1\,\frac{\partial M_1}{\partial F_{\mathrm{H}}}\,\mathrm{d}x_1 + \int_0^b M_2\,\frac{\partial M_2}{\partial F_{\mathrm{H}}}\,\mathrm{d}x_2 + \int_0^h M_3\,\frac{\partial M_3}{\partial F_{\mathrm{H}}}\,\mathrm{d}x_3\right\}$$

Be-reich	M	$\dfrac{\partial M}{\partial F_{\mathrm{H}}}$	Grenzen
1	$F_{\mathrm{H}}x_1$	x_1	$0 \cdots h$
2	$F_{\mathrm{H}}h + F_D x_2 - q x_2\,\dfrac{x_2}{2}$	h	$0 \cdots b$
3	$F_{\mathrm{H}}(h - x_3) + F_D b - q b\,\dfrac{b}{2}$	$h - x_3$	$0 \cdots h$

Wegen $F_{\mathrm{H}} = 0$, folgt:

$$v_D = \frac{1}{EI}\left\{\int_0^b \left(F_D x_2 - q\,\frac{x_2^2}{2}\right) h\,\mathrm{d}x_2 + \int_0^h \left(F_D b - q\,\frac{b^2}{2}\right)(h - x_3)\,\mathrm{d}x_3\right\}$$

$$= \frac{1}{EI}\left\{\int_0^b F_D h x_2\,\mathrm{d}x_2 - \int_0^b q h\,\frac{x_2^2}{2}\,\mathrm{d}x_2 + \int_0^h F_D b h\,\mathrm{d}x_3 - \int_0^h q h\,\frac{b^2}{2}\,\mathrm{d}x_3\right.$$

$$\left. - \int_0^h F_D b x_3\,\mathrm{d}x_3 + \int_0^h q\,\frac{b^2}{2}\,x_3\,\mathrm{d}x_3\right\}$$

$$= \frac{1}{EI}\left\{F_D h\,\frac{x_2^2}{2}\Big|_0^b - q h\,\frac{x_2^3}{6}\Big|_0^b + F_D b h x_3\Big|_0^h - q h\,\frac{b^2}{2}\,x_3\Big|_0^h - F_D b\,\frac{x_3^2}{2}\Big|_0^h + q\,\frac{b^2}{2}\,\frac{x_3^2}{2}\Big|_0^h\right\}$$

$$= \frac{q}{EI}\left\{\frac{1}{4}\,b^3 h - \frac{1}{6}\,b^3 h + \frac{1}{2}\,b^2 h^2 - \frac{1}{2}\,b^2 h^2 - \frac{1}{4}\,b^2 h^2 + \frac{1}{4}\,b^2 h^2\right\}$$

$$v_D = \frac{q b^3 h}{12\,EI}$$

nach Einsetzen der Zahlenwerte: $v_D = 1{,}62$ cm

71. a) $\rightarrow: F_{Bx} = -F_H = 0$ $\qquad\qquad \overset{\curvearrowleft}{C}: F_{By} = \dfrac{1}{6}\, q_0 a + F_H - F_V$

$\qquad\uparrow: F_{By} + F_C - q_0\, \dfrac{a}{2} - F_V = 0 \qquad \overset{\curvearrowright}{B}: F_C = \dfrac{1}{3}\, q_0 a + 2F_V - F_H$

b) $\quad \dot{M} = \dfrac{1}{6}\, q_0 a x - \dfrac{1}{6}\, q_0\, \dfrac{x^3}{a} + F_H x - F_V x$

$\quad \dfrac{\partial M}{\partial x} = 0 = \dfrac{1}{6}\, q_0 a - \dfrac{1}{2}\, q_0\, \dfrac{x^2}{a} \Rightarrow x = \pm \dfrac{a}{3}\, \sqrt{3}$

$\quad M_{\max} = q_0 a^2\, \dfrac{1}{27}\, \sqrt{3} = 0{,}0642\, q_0 a^2$

$\qquad \sigma = \dfrac{M_b}{W_b}; \qquad W_b = \dfrac{b^3}{6}$

$\qquad b = \sqrt[3]{\dfrac{6\, M_{\max}}{\sigma}}$

$\qquad b = \sqrt[3]{\dfrac{q_0 a^2\, \sqrt{3}\cdot 6}{1000\cdot 27}} = 2{,}59 \text{ cm}$

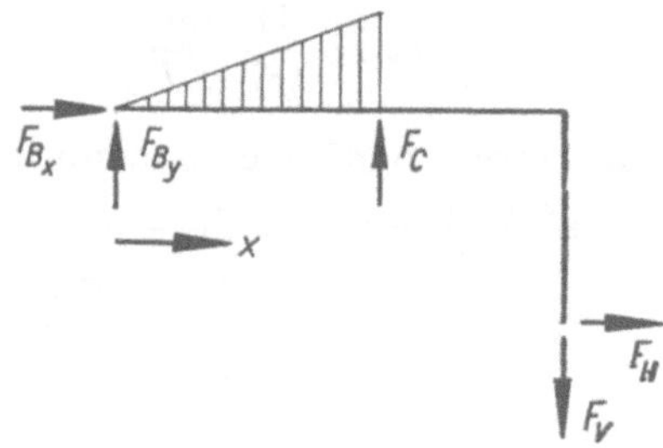

c) $\quad v_{Dx} = \dfrac{\partial W}{\partial F_H} = \int\limits_0^a \dfrac{1}{EI}\, M\, \dfrac{\partial M}{\partial F_H}\, \mathrm{d}x; \qquad \dfrac{\partial M}{\partial F_H} = x; \qquad \dfrac{\partial M}{\partial F_V} = -x$

$\qquad v_{Dx} = \dfrac{q_0 a^4}{EI}\, \dfrac{1}{6}\left(\dfrac{1}{3} - \dfrac{1}{5}\right) = \dfrac{q_0 a^4}{45\, EI} = 12 \text{ cm}$

$\qquad v_{Dy} = \dfrac{\partial W}{\partial F_V} = -v_{Dx} = -12 \text{ cm}$

72. $F_V = 0$ Hilfskraft im Punkt B

Auflagerbestimmung:

$F_{Cy} = F_{Gy2} = 0$

$F_{Cx} = -F_{Gx2} = -F_{Gx1} = F_V + \dfrac{q_0 a}{12}$

$F_{Ay} = q_0 a + F_V$

$F_{Ax} = -\dfrac{q_0 a}{12} - F_V$

$G_{Gy1} = -\, F_V - \dfrac{q_0 a}{4} \qquad\qquad M_A = F_V a + \dfrac{7}{12}\, q_0 a^2$

Rechenschema:

Be-reich	M_i	$\dfrac{\partial M_i}{\partial F_\mathrm{V}}$	Grenzen
1	$\left(F_\mathrm{V} + \dfrac{q_0 a}{12}\right) x_1$	x_1	$0 \cdots a$
2	$F_\mathrm{V} x_2 + \dfrac{q_0 x_2^{\,3}}{12 a} - \left(F_\mathrm{V} + \dfrac{q_0 a}{12}\right) a$	$x_2 - a$	$0 \cdots a$
3	$\left(F_\mathrm{V} + \dfrac{q_0 a}{4}\right) x_3 + \dfrac{q_0 x_3^{\,2}}{4} + \dfrac{q_0 x_3^{\,3}}{12\,\iota}$	x_3	$0 \cdots a$

$$v_B = \frac{41}{180}\,\frac{q_0 a^4}{EI}$$

73. Verschiebung nach CASTIGLIANO; Hilfskraft $F_\mathrm{H} = 0$

a) Auflager: $\uparrow: F_{By} - qa + F_C = 0$

$\rightarrow: F_{Bx} - F - F_\mathrm{H} = 0 \Rightarrow F_{Bx} = F - F_\mathrm{H} = 5 \cdot 10^2\,\mathrm{N}$

$$\overset{\curvearrowright}{B}: F\,\frac{a}{2} + q\,\frac{a^2}{2} - F_C a - F_\mathrm{H}\,\frac{a}{2} = 0$$

$$F_C = F\,\frac{1}{2} + q\,\frac{a}{2} - F_\mathrm{H}\,\frac{1}{2} = 5 \cdot 10^2\,\mathrm{N} \qquad F_{By} = 0$$

b) Momente:

Bereich	M_i	$\dfrac{\partial M_i}{\partial F_\mathrm{H}}$	Grenzen
1	$F_{Bx} x_1 = (F + F_\mathrm{H}) x_1$	x_1	$0 \cdots \dfrac{a}{2}$
2	$F_\mathrm{H} x_2$	x_2	$0 \cdots a$
3	$F_C x_3 - q\,\dfrac{x_3^{\,2}}{2} + F_\mathrm{H} a$	$-\dfrac{1}{2} x_3 + a$	$0 \cdots a$

c) Verschiebung:

$$EIv_C = F\,\frac{a^3}{24} + F_C\,\frac{a^3}{3} - \frac{qa}{2}\,\frac{5a^3}{24}$$

$$I = \frac{\pi d^4}{64} = 3{,}976\ \mathrm{cm}^4;$$

$$v_C = 1{,}705\ \mathrm{cm}$$

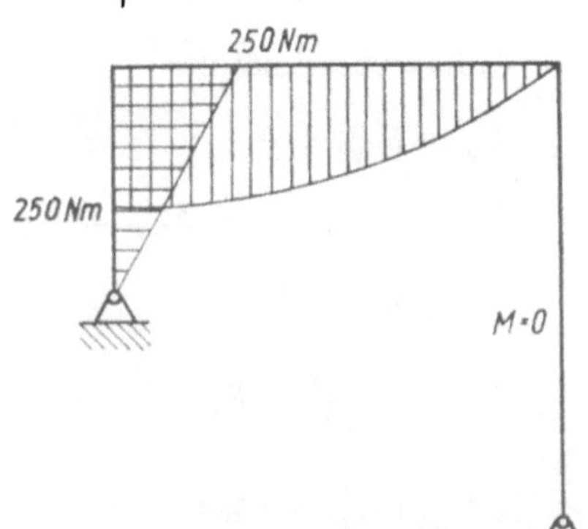

74. In K und D werden Hilfsgrößen eingeführt.

Auflagerbestimmung:

$$F_{Cx} = -F_H$$

$$F_B = \frac{F_V}{2} - \frac{F_H}{2} + F + \frac{M_K}{2a}$$

$$F_{Cy} = \frac{F_V}{2} + \frac{F_H}{2} - \frac{M_K}{2a}$$

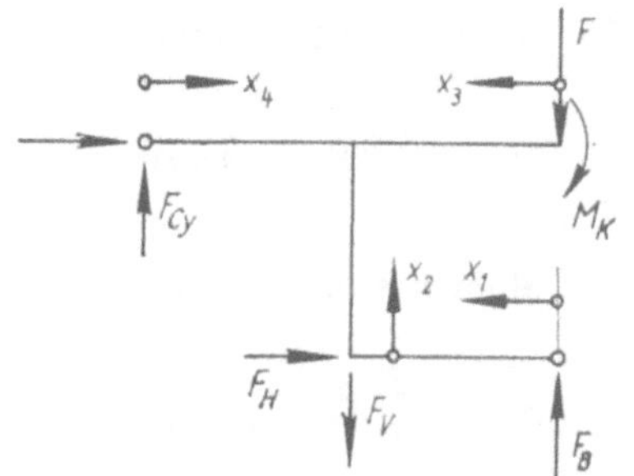

Rechenschema:

Bereich	M_i	$\dfrac{\partial M_i}{\partial F_V}$	$\dfrac{\partial M_i}{\partial F_H}$	$\dfrac{\partial M_i}{\partial M_K}$	Grenzen
1	$\left(\dfrac{F_V}{2} - \dfrac{F_H}{2} + F + \dfrac{M_K}{2a}\right) x_1$	$\dfrac{x_1}{2}$	$-\dfrac{x_1}{2}$	$\dfrac{x_1}{2a}$	$0 \cdots a$
2	$\left(\dfrac{F_V}{2} - \dfrac{F_H}{2} + F + \dfrac{M_K}{2a}\right) a + F_H x_2$	$\dfrac{a}{2}$	$-\dfrac{a}{2} + x_2$	$\dfrac{1}{2}$	$0 \cdots a$
3	$F x_3 + M_K$	0	0	1	$0 \cdots a$
4	$\left(\dfrac{F_V}{2} + \dfrac{F_H}{2} - \dfrac{M_K}{2a}\right) x_4$	$\dfrac{x_4}{2}$	$\dfrac{x_4}{2}$	$-\dfrac{x_4}{2a}$	$0 \cdots a$

$$v_{Dy} = \frac{\partial W}{\partial F_V} = \sum_{i=1}^{4} \int_0^a \frac{M_i}{EI}\frac{\partial M_i}{\partial F_V}\, \mathrm{d}x_i = \frac{2}{3}\frac{Fa^3}{EI}$$

$$v_{Dx} = \frac{\partial W}{\partial F_H} = \sum_{i=1}^{4} \int_0^a \frac{M_i}{EI}\frac{\partial M_i}{\partial F_H}\, \mathrm{d}x_i = -\frac{1}{6}\frac{Fa^3}{EI}$$

$$\varphi_k = \frac{\partial W}{\partial M_M} = \sum_{i=1}^{4} \int_0^a \frac{M_i}{EI}\frac{\partial M_i}{\partial M_K}\, \mathrm{d}x_i = \frac{7}{6}\frac{Fa^2}{EI}$$

$$W_{\text{erf}} = \frac{M_{\max}}{\sigma_{\text{zul}}} = \frac{Fa}{\sigma_{\text{zul}}} = 100\ \text{cm}^3$$

I 16 ist erforderlich mit $W = 117\ \text{cm}^3$

75. Auflagerbestimmung:

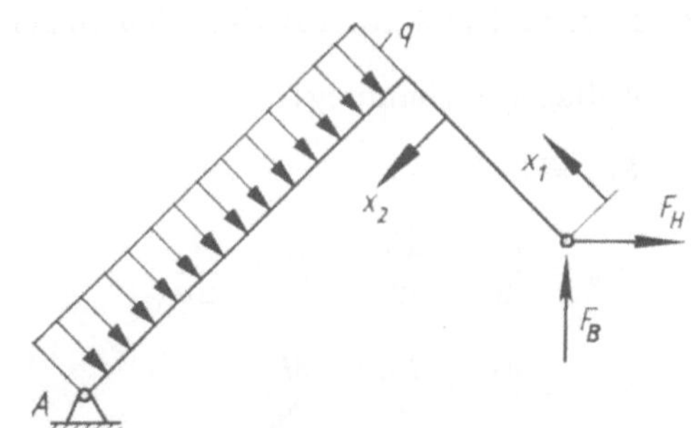

$$F_B = \frac{1}{3}\,(F_H + 4qa)$$

Momente und Ableitungen:

$$M_1 = \frac{2}{3}\,\sqrt{2}\,(F_H + qa)\,x_1$$

$$M_2 = F_H\left(\frac{4}{3}\,a - \frac{x_2}{3}\,\sqrt{2}\right) + q\left(\frac{4}{3}\,a^2 + \frac{2}{3}\,x_2 a\,\sqrt{2} - \frac{x_2^2}{2}\right)$$

$$\frac{\partial M_1}{\partial F_H} = \frac{2}{3}\,\sqrt{2}\,x_1 \qquad\qquad \frac{\partial M_2}{\partial F_H} = \frac{4}{3}\,a - \frac{\sqrt{2}}{3}\,x_2$$

Verschiebung:

$$v_H = \frac{qa^4}{EI}\,\frac{8}{3}\,\sqrt{2}$$

76. Moment und Ableitungen:

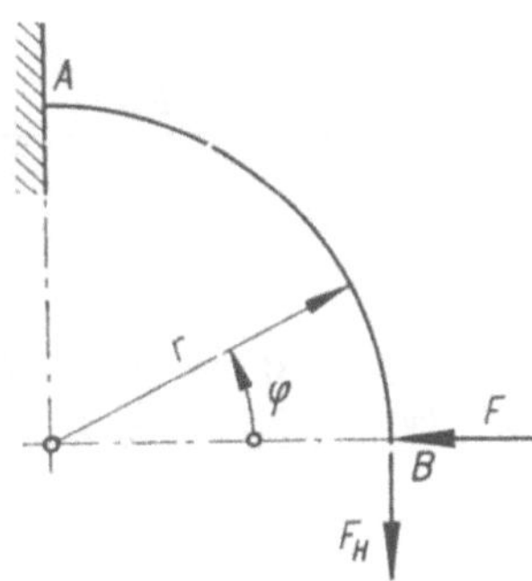

$$M = Fr\sin\varphi + F_H r\,(1 - \cos\varphi)$$

$$\frac{\partial M}{\partial F} = r\sin\varphi \qquad \frac{\partial M}{\partial F_H} = r\,(1 - \cos\varphi)$$

Verschiebungen:

$$\frac{\partial W}{\partial F} = \frac{r^3 F}{EI}\int_0^{\pi/2}\sin^2\varphi\,\mathrm{d}\varphi = \frac{\pi r^3 F}{4EI} = v_{Bx}$$

$$\frac{\partial W}{\partial F_H} = \frac{r^3 F}{EI}\int_0^{\pi/2}\left(\sin\varphi - \frac{1}{2}\sin 2\varphi\right)\mathrm{d}\varphi = \frac{r^3 F}{2EI} = v_{By}$$

77. Bestimmung von I:

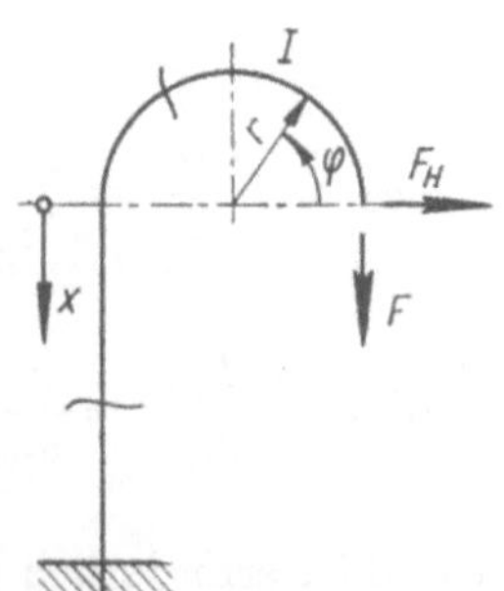

$$I = I_D - I_d = (155{,}32 - 20{,}13)\ \mathrm{cm}^4 = 135{,}19\ \mathrm{cm}^4$$

$$D = 7{,}5\ \mathrm{cm} \qquad\qquad d = 4{,}5\ \mathrm{cm}$$

CASTIGLIANO:

$$v_H = \frac{1}{EI}\left\{\int M_1\,\frac{\partial M_1}{\partial F_H}\,\mathrm{d}s + \int M_2\,\frac{\partial M_2}{\partial F_H}\,\mathrm{d}x\right\}$$

$$\mathrm{d}s = r\,\mathrm{d}\varphi$$

$$v_F = \frac{1}{EI}\left\{\int M_1 \frac{\partial M_1}{\partial F}\,\mathrm{d}s + \int M_2 \frac{\partial M_2}{\partial F}\,\mathrm{d}x\right\}$$

Bereich	M_i	$\dfrac{\partial M_i}{\partial F_{\mathrm H}}$	$\dfrac{\partial M_i}{\partial F}$	Grenzen
1	$F_{\mathrm H}\,r\sin\varphi - Fr(1-\cos\varphi)$	$r\sin\varphi$	$-r(1-\cos\varphi)$	$0\cdots\pi$
2	$-F_{\mathrm H}x - F2r$	$-x$	$-2r$	$0\cdots h$

Wegen $F_{\mathrm H} = 0$, folgt

$$v_{\mathrm H} = \frac{1}{EI}\left\{\int_0^\pi -Fr(1-\cos\varphi)\,r^2\sin\varphi\,\mathrm{d}\varphi + \int_0^h -F2r(-x)\,\mathrm{d}x\right\}$$

$$= \frac{Fr}{EI}\left\{-\int_0^\pi r^2\sin\varphi\,\mathrm{d}\varphi + \int_0^\pi r^2\sin\varphi\cos\varphi\,\mathrm{d}\varphi + 2\int_0^h x\,\mathrm{d}x\right\}$$

$$v_{\mathrm H} = \frac{Fr}{EI}\,(-2r^2 + h^2) = 1{,}94\ \mathrm{cm}$$

$$v_F = \frac{1}{EI}\left\{\int_0^\pi [-Fr(1-\cos\varphi)]\,[-r(1-\cos\varphi)]\,r\,\mathrm{d}\varphi + \int_0^h -2Fr(-2r)\,\mathrm{d}x\right\}$$

$$= \frac{Fr}{EI}\left\{\int_0^\pi (1-\cos\varphi)^2\,r^2\,\mathrm{d}\varphi + \int_0^h 4r\,\mathrm{d}x\right\}$$

$$= \frac{Fr}{EI}\left\{\int_0^\pi r^2\,\mathrm{d}\varphi - 2\int_0^\pi r^2\cos\varphi\,\mathrm{d}\varphi + \int_0^\pi r^2\cos^2\varphi\,\mathrm{d}\varphi + \int_0^h 4r\,\mathrm{d}x\right\}$$

$$= \frac{Fr}{EI}\left\{r^2\varphi\,\Big|_0^\pi - 2r^2\sin\varphi\,\Big|_0^\pi + r^2\left(\frac{\varphi}{2} + \frac{1}{4}\sin 2\varphi\right)\Big|_0^\pi + 4rx\,\Big|_0^h\right\}$$

$$= \frac{Fr^2}{EI}\left\{r\pi + r\frac{\pi}{2} + 4h\right\} \qquad v_F = \frac{Fr^2}{EI}\left\{\frac{3\pi r}{2} + 4h\right\} = 3{,}54\ \mathrm{cm}$$

78. a) Auflagerbestimmung:

$$\overset{\frown}{A}\!:\ Fr = 2rF_B \qquad F_{Ay} = -\frac{F}{2} \qquad F_B = \frac{F}{2} \qquad F_{Ax} = F$$

Momente und deren Ableitungen:

$$M_1 = F_\mathrm{H} r \sin \varphi_1 + \frac{F}{2} r (1 - \cos \varphi_1); \qquad\qquad \frac{\partial M_1}{\partial F_\mathrm{H}} = r \sin \varphi_1$$

$$M_2 = F_\mathrm{H} r \cos \varphi_2 + \frac{F}{2} r (1 + \sin \varphi_2) - Fr(1 - \cos \varphi_2); \quad \frac{\partial M_2}{\partial F_\mathrm{H}} = r \cos \varphi_2$$

Verschiebung:

$$v_\mathrm{H} = \frac{\partial W}{\partial F_\mathrm{H}} = \frac{Fr^3}{EI} \int\limits_0^{\pi/2} \left(\frac{1}{2} \sin \varphi - \frac{1}{2} \cos \varphi + \cos^2 \varphi \right) \mathrm{d}\varphi = \frac{\pi r^3}{4EI} F = 0{,}785 \frac{r^3 F}{EI}$$

b) Problem ist statisch unbestimmt.

Momente: $\quad M_1 = F_\mathrm{H} r \sin \varphi_1 + F_B r (1 - \cos \varphi_1)$

$$M_2 = F_\mathrm{H} r \cos \varphi_2 + F_B r (1 + \sin \varphi_2) - Fr(1 - \cos \varphi_2)$$

$$\frac{\partial W}{\partial F_B} = 0 = \frac{r^3}{EI} \left[\frac{3}{2} \pi F_B - \frac{\pi + 1}{2} F \right] \Rightarrow F_B = \frac{\pi + 1}{3\pi} F$$

Verschiebung:

$$v_\mathrm{H} = \frac{\partial W}{\partial F_\mathrm{H}} = \frac{r^3}{EI} \left[\frac{2}{3} \frac{\pi + 1}{\pi} - \frac{4 - \pi}{4} \right] F = 0{,}662 \frac{r^3 F}{EI}$$

$$\frac{\partial M_1}{\partial F_B} = r (1 - \cos \varphi_1);$$

$$\frac{\partial M_1}{\partial F_\mathrm{H}} = r \sin \varphi_1$$

$$\frac{\partial M_2}{\partial F_B} = r (1 + \sin \varphi_2);$$

$$\frac{\partial M_2}{\partial F_\mathrm{H}} = r \cos \varphi_2$$

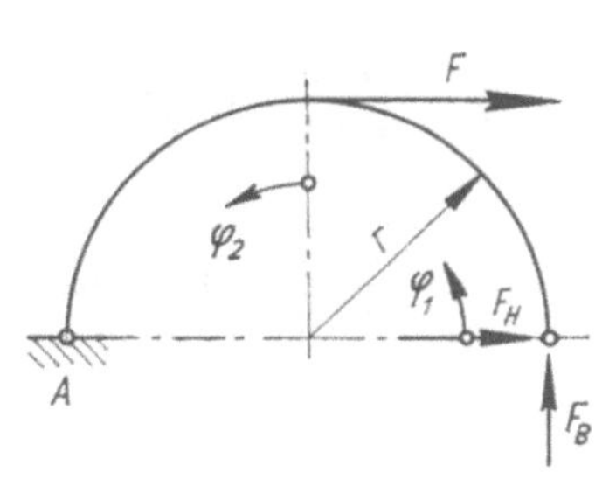

2.2.9.1.2. Statisch unbestimmte Aufgaben

79. Gleichgewicht: $\uparrow$: $F_B - F - F_C + F_D = 0$ $\qquad$ (1)

$$\overset{\frown}{B}: \quad F_D \, 3a - F_C \, 2a - Fa = 0 \qquad (2)$$

Aus (2): $\qquad F_D = \frac{1}{3} (2 F_C + F) \qquad\qquad (3)$

(3) in (1): $\qquad F_B = \frac{1}{3} (F_C + 2F) \qquad\qquad (4)$

202

Berechnung der Kräfte mit dem Satz von Castigliano.

Be-reich	M_i	$\dfrac{\partial M_i}{\partial F_C}$	Grenzen
1	$\dfrac{1}{3}\,(F_C + 2F)\,x_1$	$\dfrac{1}{3}\,x_1$	$0 \cdots a$
2	$\dfrac{1}{3}\,F_C(a + x_2) + \dfrac{1}{3}\,F(2a - x_2)$	$\dfrac{1}{3}\,(a + x_2)$	$0 \cdots a$
3	$\dfrac{1}{3}\,(2F_C + F)\,x_3$	$\dfrac{2}{3}$	$0 \cdots a$

$$v_C = \frac{\partial W}{\partial F_C} = \frac{1}{EI} \sum_{i=1}^{3} \int_0^a M_i\,\frac{\partial M_i}{\partial F_C}\,\mathrm{d}x_i = \frac{a^3}{18\,EI}\,(8F_C + 7F) \tag{5}$$

a) Wenn Lager C gerade berührt wird, gilt noch $F_C = 0$.

Aus (5) mit $F_C = 0$; $\qquad F = \dfrac{18\,v_C\,EI}{7\,a^3}$

b) Aus (5) mit $F = 0$: $\qquad F_C = \dfrac{9\,v_C\,EI}{4\,a^3}$

80. a) Momente und Ableitungen:

$$M_1 = F_B x_1 \quad \frac{\partial M_1}{\partial F_B} = x_1 \quad M_2 = F_B(a + x_2) - Fx_2 \quad \frac{\partial M_2}{\partial F_B} = a + x_2$$

$$\frac{\partial W}{\partial F_B} = 0 = \frac{1}{EI}\left[\int_0^a M_1\,\frac{\partial M_1}{\partial F_B}\,\mathrm{d}x_1 + \int_0^b M_2\,\frac{\partial M_2}{\partial F_B}\,\mathrm{d}x_2\right]$$

Auflagerkraft: $\quad F_B = \dfrac{\dfrac{ab^2}{2} + \dfrac{b^3}{3}}{b a^2 + ab^2 + \dfrac{b^3}{3} + \dfrac{a^3}{3}}\,F = b^2\,\dfrac{(3a + 2b)}{2(a + b)^3}\,F$

Für $a = b$ ist $\quad F_B = \dfrac{5}{16}\,F$

$$M_1 = \frac{5}{16}\,Fx_1 \quad \frac{\partial M_1}{\partial F} = \frac{5}{16}\,x_1$$

$$M_2 = \frac{5}{16}\,(a + x_2)F - Fx_2 \quad \frac{\partial M_2}{\partial F} = \frac{1}{16}\,(5a - 11x_2)$$

b) Durchbiegung:

$$v_C = \frac{\partial W}{\partial F} = \frac{1}{EI}\left[\int_0^a \left(M_1 \frac{\partial M_1}{\partial F} + M_2 \frac{\partial M_2}{\partial F}\right)\mathrm{d}x\right] = \frac{7}{96}\frac{1}{EI}Fa^3$$

81. Gleichgewicht:

$\rightarrow: F_{Ax} = F$

$\uparrow: F_{Ay} = F_B$

$\overset{\curvearrowleft}{A}: M_A = Fc - F_B(a + b)$

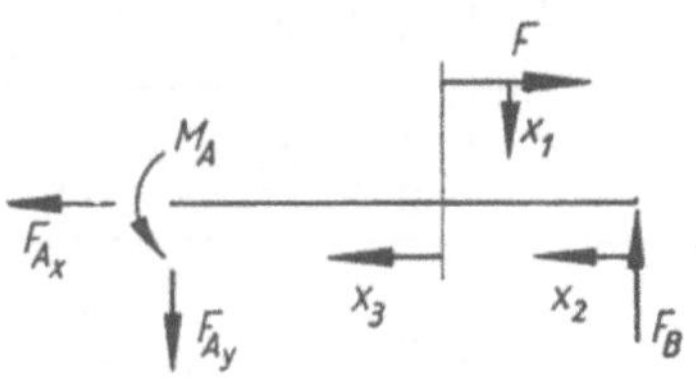

Einfach statisch unbestimmt; F_B statisch Unbestimmte

Be-reich	M_i	$\dfrac{\partial M_i}{\partial F_B}$	$\dfrac{\partial M_i}{\partial F}$	Grenzen
1	$F x_1$	0	x_1	$0 \cdots c$
2	$F_B x_2$	x_2	0	$0 \cdots b$
3	$F_B(b + x_3) - Fc$	$b + x_3$	$-c$	$0 \cdots a$

$$\frac{\partial W}{\partial F_B} = 0 = \frac{1}{EI}\int M_i \frac{\partial M_i}{\partial F_B}\,\mathrm{d}s;$$

$$0 = -F\left(abc + \frac{1}{2}a^2c\right) + F_B\left(\frac{b^3}{3} + ab^2 + b^2a + \frac{a^3}{3}\right)$$

$$F_B = F_{Ay} = 3acF\,\frac{b + \frac{1}{2}a}{(a + b)^3}$$

$$v_F = \frac{\partial W}{\partial F} = \frac{1}{EI}\int M_i \frac{\partial M_i}{\partial F}\,\mathrm{d}s = \frac{1}{EI}\left[F\left(\frac{c^3}{3} + ac^2\right) - F_B\left(abc + \frac{1}{2}a^2c\right)\right]$$

$$v_F = \frac{Fc^3}{3EI}\left[1 + \frac{\frac{3}{4}\frac{a}{c}(a^3 + 4b^3)}{(a + b)^3}\right] \qquad M_A = Fc\left[1 - \frac{3a\left(b + \frac{1}{2}a\right)}{(a + b)^2}\right]$$

82. Das Problem ist einfach statisch unbestimmt, F_C sei die statisch Unbestimmte.

Rechenschema:

Bereich	M_i	$\dfrac{\partial M_i}{\partial F_C}$	$\dfrac{\partial M_i}{\partial F_B}$	Grenzen
1	0	0	0	$0 \cdots a/2$
2	$F x_2$	0	0	$0 \cdots a/2$
3	$F_C x_3 - F\,\dfrac{a}{2}$	x_3	0	$0 \cdots a/2$
4	$F_C\left(\dfrac{a}{2} + x_4\right) - F_B x_4 - F\,\dfrac{a}{2}$	$\left(\dfrac{a}{2} + x_4\right)$	$-x_4$	$0 \cdots a/2$

$$\frac{\partial W}{\partial F_C} = \frac{1}{EI}\left\{ \int_0^{a/2}\left(F_C x_3 - F\,\frac{a}{2}\right)x_3\,\mathrm{d}x_3 + \right.$$

$$\left. + \int_0^{a/2}\left[F_C\left(\frac{a}{2}+x_4\right)^2 - F_B\left(\frac{a}{2}+x_4\right)x_4 - F\left(\frac{a}{2}+x_4\right)\frac{a}{2}\right]\mathrm{d}x_4\right\} =$$

$$= \frac{1}{EI}\left\{ F_C\left[\frac{a^3}{24}+\frac{a^3}{8}+\frac{a^3}{8}+\frac{a^3}{24}\right] - F\left[\frac{a^3}{16}+\frac{a^3}{8}+\frac{a^3}{16}\right] - F_B\left[\frac{a^3}{16}+\frac{a^3}{24}\right]\right\} = 0$$

$$F_C = \frac{3}{4}\,F + \frac{5}{16}\,F_B = \frac{17}{16}\,F$$

$$\uparrow: F_{By} = F_B - F_C = -\frac{1}{16}\,F$$

$$\rightarrow: F_{Bx} = F$$

$$\overset{\frown}{B}: M_B = F_B\,\frac{a}{2} + F\,\frac{a}{2} - F_C a = \frac{3}{16}\,F_B a - \frac{Fa}{4} = -\frac{1}{16}\,Fa$$

$$v_B = \frac{\partial W}{\partial F_B} = \frac{1}{EI}\left\{ \int_0^{a/2}\left[F_C\left(\frac{a}{2}+x_4\right)(-x_4) + F_B x_4{}^2 + \frac{Fa}{2}\,x_4\right]\mathrm{d}x_4\right\} =$$

$$= \frac{1}{EI}\left\{ F_C\left[-\frac{a^3}{16}-\frac{a^3}{24}\right] + F_B\,\frac{a^3}{24} + F\,\frac{a^3}{16}\right\} =$$

$$= \frac{1}{EI}\left\{ -\frac{17}{16}\,Fa^3\,\frac{5}{48} + \frac{5}{48}\,Fa^3\right\} = \frac{5Fa^3}{48EI}\left[1-\frac{17}{16}\right]$$

$$v_B = -\frac{5}{768}\,\frac{Fa^3}{EI}$$

83. Momente und Ableitungen:

a) $M_1 = F_B x_1$

$$M_2 = a F_B - F_H x_2 - \frac{q}{2} x_2{}^2$$

$$\frac{\partial M_1}{\partial F_B} = x_1; \qquad \frac{\partial M_2}{\partial F_B} = a$$

$$\frac{\partial M_1}{\partial F_H} = 0; \qquad \frac{\partial M_2}{\partial F_H} = -x_2$$

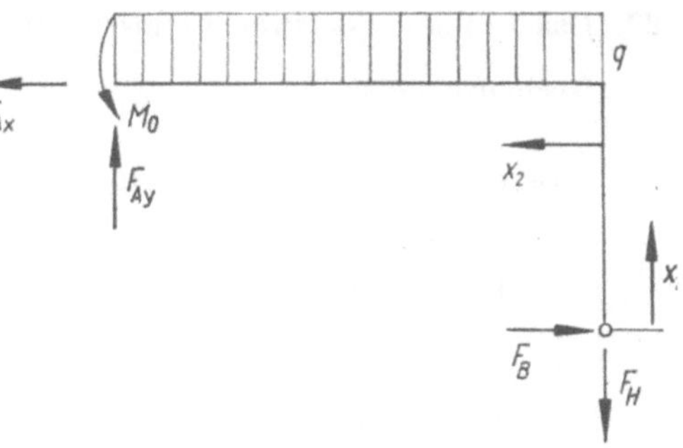

Auflagerbestimmung:

$$\frac{\partial W}{\partial F_B} = 0 = \frac{1}{EI}\left[F_B \frac{a^3}{3} + F_B 2a^3 - \frac{q8}{6} a^4\right] \Rightarrow F_B = \frac{4}{7} qa = F_{Ax}$$

$$F_{Ay} = 2qa$$

$$M_0 = 2qa^2 - F_B a = qa^2\left(2 - \frac{4}{7}\right) = \frac{10}{7} qa^2$$

b) Durchsenkung:

$$\frac{\partial W}{\partial F_H} = v_H = \frac{1}{EI}\left[-\frac{8}{7} qa^4 + 2qa^4\right] = \frac{1}{EI}\frac{6}{7} qa^4$$

84. Gleichgewichtsbedingungen:

a) $\uparrow: F_A + F_B + F_C - \frac{q_0 a}{2} = 0 \qquad \overset{\curvearrowright}{C}: F_A 2a + F_B a - \frac{q_0 a^2}{6} = 0$

Momentenverläufe:

$$M_1 = \frac{q_0 a}{12} x_1 - \frac{F_B}{2} x_1 \qquad M_2 = \frac{q_0 a}{12} a - \frac{F_B}{2} a + \frac{q_0 a}{12} x_2 + \frac{F_B}{2} x_2 - \frac{q_0 x_2{}^3}{6a}$$

$$\frac{\partial M_1}{\partial F_B} = -\frac{x_1}{2}; \quad \text{Grenzen: } 0 \cdots a \qquad \frac{\partial M_2}{\partial F_B} = \frac{1}{2}(x_2 - a); \quad \text{Grenzen: } 0 \cdots a$$

$$\frac{\partial W}{\partial F_B} = \frac{1}{EI}\left[\int_0^a M_1 \frac{\partial M_1}{\partial F_B}\, \mathrm{d}x_1 + \int_0^a M_2 \frac{\partial M_2}{\partial F_B}\, \mathrm{d}x_2\right] = 0$$

Auflager: $F_B = \frac{9}{40} q_0 a \quad F_A = -\frac{7}{240} q_0 a \quad F_C = \frac{73}{240} q_0 a$

b) Ort von $M_{\max}$ folgt aus $\dfrac{\mathrm{d}M_2}{\mathrm{d}x_2} = 0$

$$\text{zu } x_2 = \sqrt{\frac{47}{120}}\, a = 0{,}627\, a.$$

$$M_{\max} = 0{,}0528\, q_0 a^2 = 1{,}9 \cdot 10^3\,\mathrm{N\,m}$$

$$h = \sqrt[3]{12 \cdot 19}\,\mathrm{cm} = 6{,}12\,\mathrm{cm}$$

85. $\quad F_A = \dfrac{b^2(3a+b)}{(a+b)^3}\, F \quad F_B = \dfrac{a^2(3b+a)}{(a+b)^3}\, F \quad v_C = \dfrac{1}{3}\,\dfrac{a^3 b^3}{EI(a+b)^3}\, F$

$$M_A = \frac{ab^2}{(a+b)^2}\, F \qquad M_B = \frac{a^2 b}{(a+b)^2}\, F$$

$$a = b:\ F_A = F_B = \frac{F}{2} \quad M_A = M_B = \frac{a}{4}\, F \quad v_C = \frac{1}{24}\,\frac{1}{EI}\, F a^3$$

86. Aus den Gleichgewichtsbedingungen folgt: $\quad F_{By} = F_{Cy} = \dfrac{F}{2}$

Die Horizontalkräfte berechnen sich aus

$$\frac{\partial W}{\partial F_{Bx}} = 0 = \frac{2}{EI} \int\limits_0^l \left(\frac{F}{2} \cos \alpha - F_{Bx} \sin \alpha \right) s^2 \sin \alpha \, \mathrm{d}s$$

$$\text{zu } \ F_{Bx} = -F_{Cx} = \frac{F}{2} \cot \alpha.$$

Für $\alpha = 0$ erhalten wir nach dieser Rechnung unendliche Horizontalkräfte!
Eine Theorie zweiter Ordnung, bei welcher die Zugdeformation berücksichtigt
wird, ist in Aufgabe 65 angeführt.
Auch für kleine Winkel α ist die Zugverformung mit in die Rechnung einzu-
führen!

87. Gleichgewichtsbedingungen

$$\uparrow: F_{Ax} + F_{By} = q e_1 \qquad\qquad F_{Ay} = F_{By} = \frac{1}{2}\, q e_1$$

$$\rightarrow: F_{Ay} = F_{Bx} \qquad F_{Bx} \text{ statisch Unbestimmte}$$

Momente:

Bereich	M_i	$\dfrac{\partial M_i}{\partial F_{Bx}}$	$\mathrm{d}s_i$	Grenzen
1	$-F_{Bx}x_1$	$-x_1$	$\mathrm{d}x_1$	$0 \cdots e_2$
2	$-F_{Bx}e_2 + F_{By}x_2 - q\,\dfrac{1}{2}\,x_2{}^2$	$-e_2$	$\mathrm{d}x_2$	$0 \cdots e_1$
3	$-F_{Bx}x_3$	$-x_2$	$\mathrm{d}x_3$	$0 \cdots e_2$

$$v_{Bx} = \frac{\partial W}{\partial F_{Bx}} = 0 = \frac{1}{EI}\int M_i\,\frac{\partial M_i}{\partial F_{Bx}}\,\mathrm{d}s_i$$

$$0 = \int_0^{e_2} F_{Bx}x_1{}^2\mathrm{d}x_1 - e_2\int_0^{e_1}\left[-F_{Bx}e_2 + \frac{1}{2}qe_1x_2 - \frac{1}{2}qx_2{}^2\right]\mathrm{d}x_2 + \int_0^{e_2} F_{Bx}x_3{}^2\mathrm{d}x_3$$

$$0 = F_{Bx}\left(\frac{e_2{}^3}{3} + \frac{e_2{}^3}{3}\right) - e_2\left(-F_{Bx}e_2e_1 + \frac{1}{2}qe_1\frac{1}{2}e_1{}^2 - \frac{1}{2}\frac{1}{3}qe_1{}^3\right)$$

$$F_{Bx} = \frac{1}{4}q\,\frac{e_1{}^3}{e_2}\,\frac{1}{2e_2 + 3e_1}$$

M-Verlauf:

$$M_1 = -\frac{1}{4}q\,\frac{e_1{}^3}{e_2}\,\frac{1}{2e_2 + 3e_1}\,x_1$$

$$M_2 = -F_{Bx}e_2 + F_{By}x_2 - q\,\frac{x_2{}^2}{2}$$

$$M_3 = -F_{Bx}x_3$$

F_Q-Verlauf: F_L-Verlauf:

$F_{Q1} = -F_{Bx}$ $F_{L1} = F_{L3} = -F_{By}$

$F_{Q2} = F_{By} - qx$ $F_{L2} = -F_{Bx}$

$F_{Q3} = -F_{Bx}$

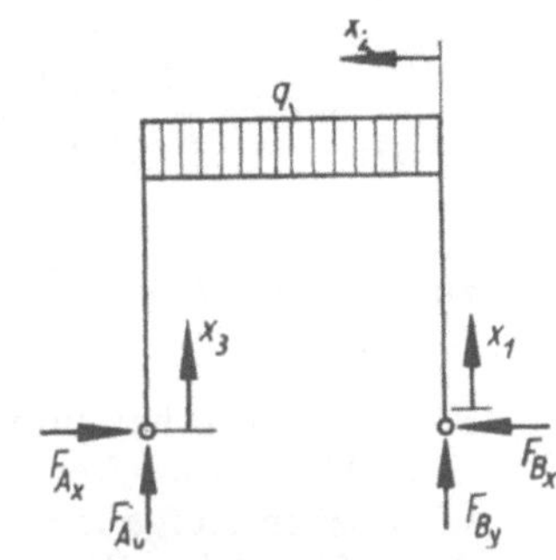

88. Gleichgewichtsbedingungen:

$$\uparrow: F_{Ay} + F_{By} - F - F_H = 0$$

$$F_{By} = F + F_H - F_{Ay}$$

$$\overset{\curvearrowleft}{A}: F_{Bx}a - (F_H + F)\,3a = 0$$

$$F_{Bx} = 3(F_H + F) = F_{Ax}$$

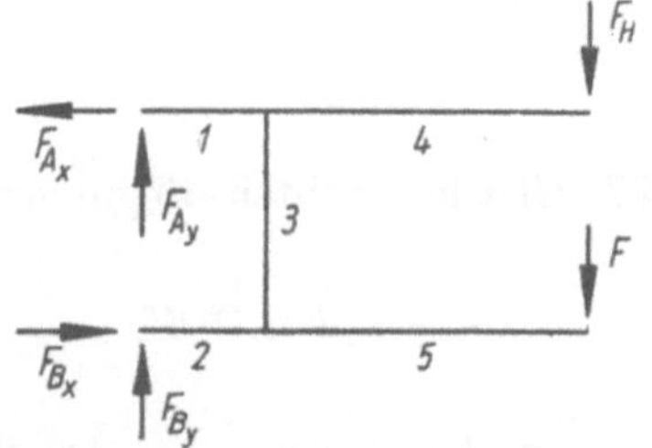

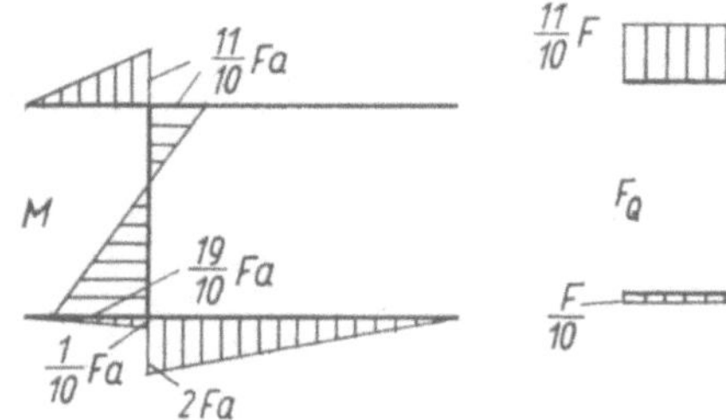

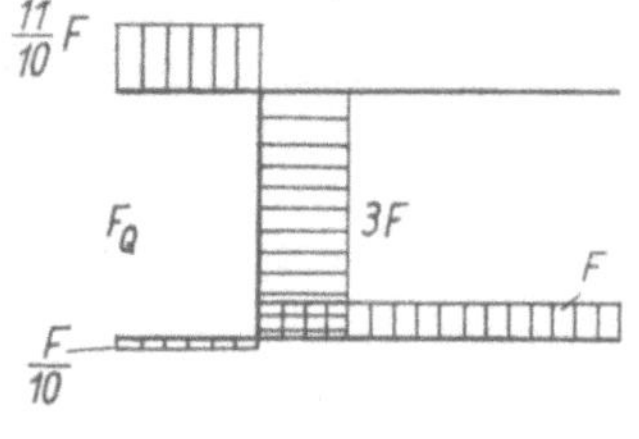

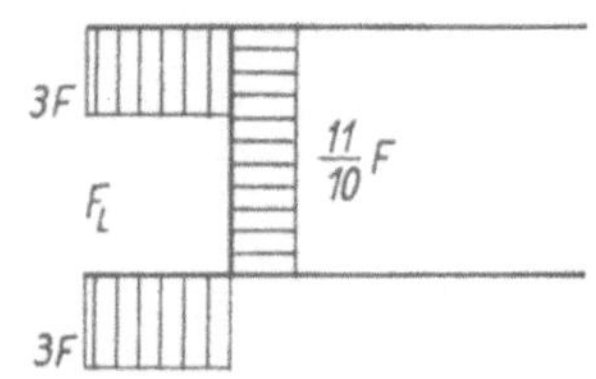

Be-reich	M_i	$\dfrac{\partial M_i}{\partial F_{Ay}}$	$\dfrac{\partial M_i}{\partial F}$	$\dfrac{\partial M_i}{\partial F_H}$	Grenzen
1	$F_{Ay}x$	x	0	0	$0 \cdots a$
2	$(F + F_H - F_{Ay})x$	$-x$	x	x	$0 \cdots a$
3	$F_{Ay}a + F_H \cdot 2a - 3(F_H + F)x$	a	$-3x$	$2a - 3x$	$0 \cdots a$
4	$F_H x$	0	0	x	$0 \cdots 2a$
5	Fx	0	x	0	$0 \cdots 2a$

$$\frac{\partial W}{\partial F_{Ay}} = 0 = \frac{a^3}{EI}\left[F_{Ay}\left(\frac{1}{3} + \frac{1}{3} + 1\right) + F\left(-\frac{1}{3} - \frac{3}{2}\right)\right] \Rightarrow F_{Ay} = \frac{11}{10}F,$$

$$F_{By} = -\frac{1}{10}F, \quad F_{Bx} = F_{Ax} = 3F$$

$$\frac{\partial W}{\partial F} = v_{F_y} = \frac{Fa^3}{EI}\left[\frac{11}{10}\left(-\frac{1}{3} - \frac{3}{2}\right) + \frac{1}{3} + 3 + \frac{8}{3}\right] = \frac{239}{60}\frac{Fa^3}{EI}$$

$$\frac{\partial W}{\partial F_H} = v_{C_y} = \frac{Fa^3}{EI}\left[\frac{11}{10}\left(-\frac{1}{3} + 2 - \frac{3}{2}\right) + \frac{1}{3} - \frac{6}{2} + \frac{9}{3}\right] = \frac{31}{60}\frac{Fa^3}{EI}$$

89. a) $\uparrow$: $F_{By} + F_{Cy} - F = 0$

$\rightarrow$: $F_{Bx} + F_{Cx} = 0$

$\overset{\frown}{C}$: $F_{Bx}b + F_{By}b - F \cdot 2b - M_H = 0$

F_{Bx} sei die statisch Unbestimmte

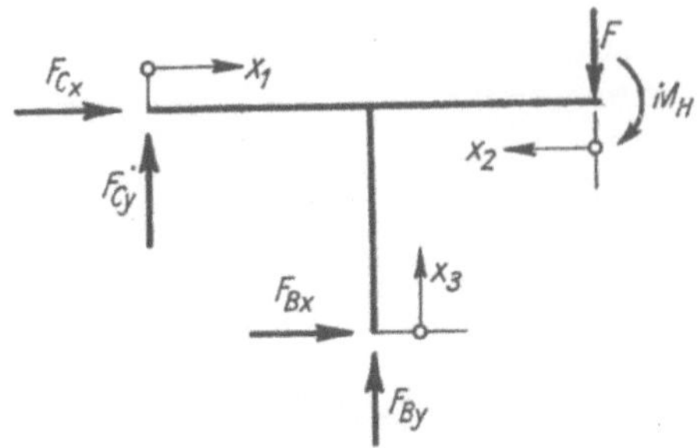

$$F_{Cx} = -F_{Bx}; \quad F_{By} = -F_{Bx} + 2F + \frac{M_\mathrm{H}}{b}; \quad F_{Cy} = F_{Bx} - F - \frac{M_\mathrm{H}}{b}$$

Be-reich	M_i	$\dfrac{\partial M_i}{\partial F_{Bx}}$	$\dfrac{\partial M_i}{\partial F}$	$\dfrac{\partial M_i}{\partial M_\mathrm{H}}$	Grenzen
1	$\left(F_{Bx} - F - \dfrac{M_\mathrm{H}}{b}\right) x_1$	x_1	$-x_1$	$-\dfrac{x_1}{b}$	$0 \cdots b$
2	$F x_2 + M_\mathrm{H}$	0	x_2	1	$0 \cdots b$
3	$F_{Bx} x_3$	x_3	0	0	$0 \cdots b$

$$\frac{\partial W}{\partial F_{Bx}} = 0 = \frac{b^3}{EI}\left[F_{Bx}\left(\frac{1}{3} + \frac{1}{3}\right) - F\,\frac{1}{3}\right] \Rightarrow F_{Bx} = \frac{F}{2} = -F_{Cyx}$$

$$F_{By} = \frac{3}{2}\,F; \quad F_{Cy} = -\frac{F}{2}$$

b) $\dfrac{\partial W}{\partial F} = v_F = \dfrac{b^3}{EI}\left[F\,\dfrac{2}{3} - F_{Bx}\,\dfrac{1}{3}\right] = \dfrac{Fb^3}{2EI}$

c) $\dfrac{\partial W}{\partial M_\mathrm{H}} = \varphi_F = \dfrac{b^2}{EI}\left[F\left(\dfrac{1}{3} + \dfrac{1}{2}\right) - F_{Bx}\,\dfrac{1}{3}\right] = \dfrac{2Fb^3}{3EI}$

90. a) Gleichgewichtsbedingungen:

$\quad$ I $\uparrow$: $F_{Cy} + F_{Gy} - F = 0$

$\qquad \rightarrow$: $F_{Cx} + F_{Gx} + F_\mathrm{H} = 0$ $\hfill (1)$

$\qquad \overset{\frown}{C}$: $-M_C - F_{Gy}b + F_{Gx}b + F \cdot 2b + F_\mathrm{H}b = 0$

$\quad$ II $\uparrow$: $F_{By} - F_{Gy} = 0$

$\qquad \rightarrow$: $F_{Bx} - F_{Gx} = 0$ $\hfill (2)$

$\qquad \overset{\frown}{B}$: $-M_B - F_{Gx}b = 0$

System ist zweifach statisch unbestimmt. Zu statisch Unbestimmten werden F_{Gx} und F_{Gy} gewählt.

Be-reich	M_i	$\dfrac{\partial M_i}{\partial F_{Gx}}$	$\dfrac{\partial M_i}{\partial F_{Gy}}$	$\dfrac{\partial M_i}{\partial F}$	$\dfrac{\partial M_i}{\partial F_{\mathrm{H}}}$	Grenzen
1	$F x_1$	0	0	x_1	0	$0 \cdots b$
2	$F(b + x_2) - F_{Gy} x_2$	0	$-x_2$	$b + x_2$	0	$0 \cdots b$
3	$F \cdot 2b - F_{Gy} b + F_{Gx} x_3 + F_{\mathrm{H}} x_3$	x_3	$-b$	$2b$	x_3	$0 \cdots b$
4	$F_{Gx} x_4$	x_4	0	0	0	$0 \cdots b$

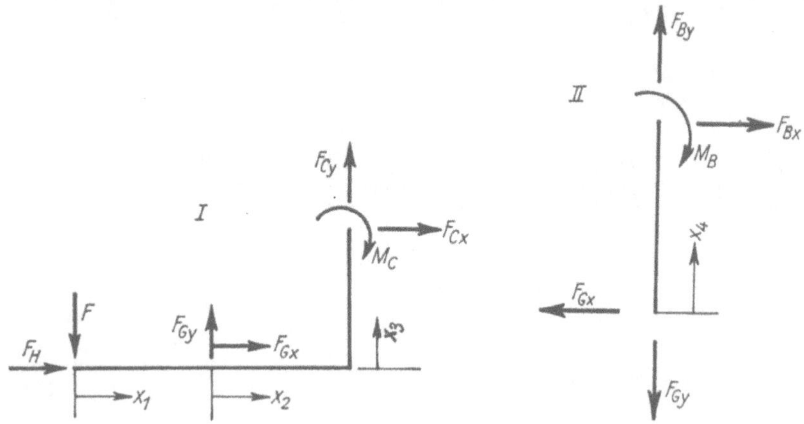

$$\frac{\partial W}{\partial F_{Gx}} = 0 = \frac{1}{EI} \sum_{i=1}^{4} \int_0^b M_i \, \frac{\partial M_i}{\partial F_{Gx}} \, \mathrm{d}x_i =$$

$$= \frac{1}{EI} \left[\int_0^b (F \cdot 2b - F_{Gy} b + F_{Gx} x_3) \, x_3 \, \mathrm{d}x_3 + \int_0^b F_{Gx} x_4^2 \, \mathrm{d}x_4 \right]$$

$$F - \frac{1}{2} F_{Gy} + \frac{2}{3} F_{Gx} = 0$$

$$\frac{\partial W}{\partial F_{Gy}} = 0 = \frac{1}{EI} \left\{ \int_0^b [F(b + x_2) - F_{Gy} x_2] \, (-x_2) \, \mathrm{d}x_2 + \right.$$

$$\left. + \int_0^b (F \cdot 2b - F_{Gy} b + F_{Gx} x_3) \, (-b) \, \mathrm{d}x_3 \right\}$$

$$-\frac{17}{6}\,F + \frac{4}{3}\,F_{Gy} - \frac{1}{2}\,F_{Gx} = 0 \tag{4}$$

aus (3) und (4): $\quad F_{Gx} = \dfrac{3}{23}\,F \qquad F_{Gy} = \dfrac{50}{23}\,F$

aus (1) und (2): $\quad F_{Cy} = -\dfrac{27}{23}\,F \qquad F_{Cx} = -\dfrac{3}{23}\,F \qquad M_C = -\dfrac{1}{23}\,Fb$

$$F_{By} = \frac{50}{23}\,F \qquad F_{Bx} = \frac{3}{23}\,F \qquad M_B = -\frac{3}{23}\,Fb$$

b) $\dfrac{\partial W}{\partial F} = v_F = \dfrac{b^3}{EI}\left[F\left(\dfrac{1}{3} + 1 + 1 + \dfrac{1}{3} + 4\right) + F_{Gx} + F_{Gy}\left(-\dfrac{1}{2} - \dfrac{1}{3} - 2\right)\right] =$

$$= \frac{44}{69}\,\frac{Fb^3}{EI}$$

$$\frac{\partial W}{\partial F_H} = v_{FH} = \frac{b^3}{EI}\left[F + F_{Gx}\,\frac{1}{3} - F_{Gy}\,\frac{1}{2}\right] = -\frac{1}{23}\,\frac{Fb^3}{EI}$$

91. Federkraft $F_C = c\,\Delta v$

$$\Delta v = v_1 - v_2$$

$$F_C = c\,(v_1 - v_2)$$

v Durchbiegung in Balkenmitte

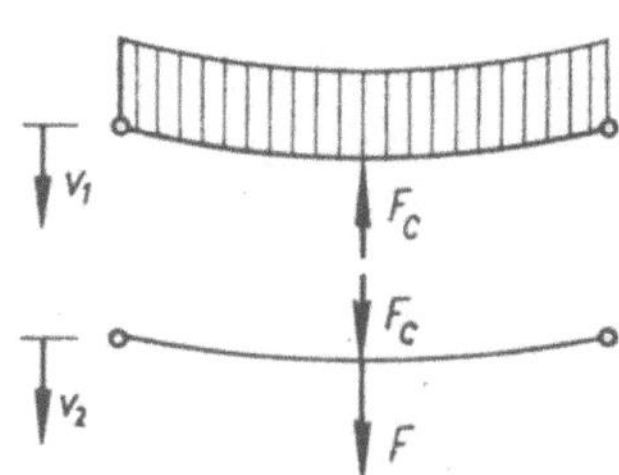

Aus bekannten Formeln folgt:

$$v_1 = \frac{5}{384}\,\frac{q_0 l^4}{EI} - \frac{1}{48}\,\frac{F_c l^3}{EI} = \frac{l^3}{EI}\left[\frac{5}{384}\,q_0 l - \frac{1}{48}\,c\,(v_1 - v_2)\right]$$

$$v_2 = +\frac{1}{48}\,\frac{F l^3}{EI} + \frac{1}{48}\,\frac{F_c l^3}{EI} = \frac{l^3}{EI}\left[\frac{1}{48}\,F + \frac{1}{48}\,c\,(v_1 - v_2)\right]$$

$$+ v_1\left(1 + \frac{c}{48}\,\frac{l^3}{EI}\right) - \frac{c}{48}\,\frac{l^3}{EI}\,v_2 = \frac{q_0 l^3}{48 EI}\,\frac{5}{8}\,l$$

$$- v_1\,\frac{c}{48}\,\frac{l^3}{EI} + v_2\left(1 + \frac{c}{48}\,\frac{l^3}{EI}\right) = \frac{F l^2}{48 EI}\,l$$

Aus diesen 2 Gleichungen für v_1 und v_2 folgt:

$$\frac{v_1}{l} = \frac{q_0 l^3 \left\{ \dfrac{F}{q_0 l} \left(\dfrac{c l^3}{48 E I} \right) + \dfrac{5}{8} \left[1 + \left(\dfrac{c l^3}{48 E I} \right) \right] \right\}}{48 E I \quad \left\{ 1 + 2 \left(\dfrac{c l^3}{48 E I} \right) \right\}}$$

$$\frac{v_2}{l} = \frac{q_0 l^3 \left\{ \dfrac{F}{q_0 l} \left[1 + \left(\dfrac{c l^3}{48 E I} \right) \right] + \dfrac{5}{8} \left(\dfrac{c l^3}{48 E I} \right) \right\}}{48 E I \quad \left\{ 1 + 2 \left(\dfrac{c l^3}{48 E I} \right) \right\}}$$

Feder bleibt spannungslos für $v_1 = v_2$, d. h. für $\dfrac{F}{q_0 l} = \dfrac{5}{8}$

92. $F_A = \dfrac{\sigma A}{2}$

$$v = \frac{\sigma A l^3}{48 E I}$$

$$\frac{\sigma}{E} = \varepsilon = \frac{h + \Delta h - (h + 2v)}{h + \Delta h} = \frac{\Delta h - 2v}{h + \Delta h}$$

$$2v = - \frac{\sigma (h + \Delta h)}{E} + \Delta h$$

$$v = \frac{E \Delta h - \sigma (h + \Delta h)}{2 E} = \frac{\sigma A l^3}{48 E I}$$

$$\sigma = \frac{E \Delta h \, 24}{24 (h + \Delta h) + \dfrac{A}{I} l^3}$$

$$F_A = \frac{A \sigma}{2} = \frac{12 E A I \Delta h}{24 I (h + \Delta h) + A l^3}$$

$$v = \frac{\sigma A l^3}{48 E I} = \frac{24 E A I \Delta h l^3}{48 E I [24 I (h + \Delta h) + A l^3]} = \frac{A \Delta h l^3}{2 [24 I (h + \Delta h) + A l^3]}$$

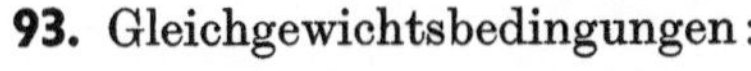

93. Gleichgewichtsbedingungen:

$\uparrow: F_B + F_F - F - q_0 a = 0 \qquad (1)$

$\curvearrowleft B: M_A' + F_F 2a - F 3a - q_0 a \dfrac{2}{3} a = 0$

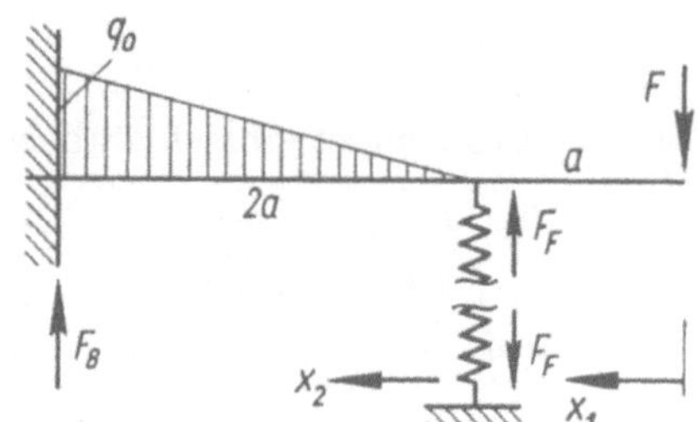

2 Gleichungen, 3 Unbekannte

F_F statisch Unbestimmte

$$\frac{\partial W}{\partial F_F} = 0 = \frac{\partial}{\partial F_F}\,(W_B + W_F) = \frac{\partial}{\partial F_F}\left[\frac{1}{2}\sum_{i=1}^{2}\int M_i{}^2\,\frac{1}{EI}\,\mathrm{d}x_i + \frac{1}{2}\,\frac{F_F{}^2}{c}\right]$$

$$0 = \frac{1}{EI}\sum_{i=1}^{2}\int_i M_i\,\frac{\partial M_i}{\partial F_F}\,dx_i + \frac{F_F}{c}$$

Be-reich	M_i	$\dfrac{\partial M_i}{\partial F_F}$	Grenzen
1	$-F x_1$	0	$0\cdots a$
2	$-F(a+x_2) - \dfrac{q_0}{2a}\,x_2\,\dfrac{x_2{}^2}{6} + F_F x_2 = -F(a+x_2) - \dfrac{q_0}{12a}\,x_2{}^3 + F_F x_2$	x_2	$0\cdots 2a$

$$0 = \frac{1}{EI}\left\{-F\left[2a^3 + \frac{8}{3}\,a^3\right] - \frac{q_0}{12a}\,\frac{32}{5}\,a^5 + F_F\,\frac{8}{3}\,a^3\right\} + \frac{F_F}{c}$$

$$0 = \frac{1}{EI}\,q_0 a^4\left[-\frac{2\cdot 14}{9} - \frac{8}{15}\right] + F_F\left(\frac{8}{3}\,\frac{a^3}{EI} + \frac{1}{c}\right) \tag{2}$$

$$M_A = F 3a + q_0\,\frac{2}{3}\,a^2;\quad M_A = \frac{2}{3}\,3q_0 a^2 + \frac{2}{3}\,q_0 a^2 = \frac{8}{3}\,q_0 a^2$$

$$M_A{}' = \frac{1}{4}\,M_A = \frac{2}{3}\,q_0 a^2;\quad \text{eingesetzt in (1) ergibt:}$$

$$F_F 2a = F 3a + \frac{2}{3}\,q_0 a^2 - M_A{}'\quad F_F = \frac{3}{2}\,F = q_0 a,\quad \text{eingesetzt in (2):}$$

$$0 = -\frac{1}{EI}\,a^3\left[\frac{140 + 24}{45}\right] + \frac{8}{3}\,\frac{a^3}{EI} + \frac{1}{c}$$

$$\frac{1}{c} = \frac{a^3}{EI}\left\{\frac{164}{45} - \frac{8}{3}\right\} = \frac{a^3}{EI}\left\{\frac{164 - 120}{45}\right\} = \frac{44}{45}\,\frac{a^3}{EI};\quad c = \frac{45}{44}\,\frac{EI}{a^3}$$

94. Das Problem ist einfach statisch unbestimmt. Formänderungsarbeit:

$$W = \int_0^a \frac{\left(F_S x - \dfrac{q x^2}{2}\right)^2}{2EI}\,\mathrm{d}x + \frac{F_S l^2}{2EA}$$

214

Aus $\dfrac{\partial W}{\partial F_\mathrm{S}} = 0$ folgt: $F_\mathrm{S} = \dfrac{qa}{\dfrac{8}{3} + \dfrac{8lI}{Aa^3}}$

und $v_C = \dfrac{F_\mathrm{S}\,l}{EA}$

95. Mit den Beziehungen für den einseitig eingespannten Träger

$$v = \frac{F\,l^3}{3\,E\,I} + \frac{M\,l^2}{2\,E\,I}$$

$$\varphi = \frac{F\,l^2}{2\,E\,I} + \frac{M\,l}{E\,I}$$

erhält man

$$v_C - v_B - \varphi_B\,l = \frac{F_C\,l^3}{3\,E\,I} + \frac{M_C\,l^2}{2\,E\,I}$$

$$\varphi_C - \varphi_B \qquad = \frac{F_C\,l^2}{2\,E\,I} - \frac{M_C\,l}{E\,I}$$

und daraus

$$M_C = \frac{2\,E\,I}{l^2}\left[l\,(2\varphi_C + \varphi_B) - 3\,(v_C - v_B)\right]$$

$$F_C = \frac{6\,E\,I}{l^3}\left[2\,(v_C - v_B) - l\,(\varphi_C + \varphi_B)\right]$$

96. Gleichgewicht: $\uparrow: F_A + F_{By} - F = 0 \qquad \overset{\frown}{B}: M_B + F_A a - F2a = 0$

$$\rightarrow: F_{Bx} = 0$$

$$F_{Bx} = 0;\quad -F_{By} = F_A - F;\quad M_B = (2F - F_A)\,a$$

Zur statisch Unbestimmten erklärt: F_A

Bestimmung von F_A und v_F mit Castigliano:

Be-reich	Grenzen	M_i	$\dfrac{\partial M_i}{\partial F_A}$	$\dfrac{\partial M_i}{\partial F}$
1	$x = 0 \cdots a$	Fx	0	x
2	$\varphi = 0 \cdots \dfrac{\pi}{2}$	$F\,[a + a\,(1 - \cos\varphi)] -$ $\quad - F_A a\,(1 - \cos\varphi)$	$-a\,(1 - \cos\varphi)$	$+a\,(2 - \cos\varphi)$

a) $\dfrac{\partial W}{\partial F_A} = 0;$ b) $\dfrac{\partial W}{\partial F} = v_F;$

a) $\dfrac{\partial W}{\partial F_A} = \dfrac{1}{EI}\left[\int\limits_0^a Fx\,0\,dx + \int\limits_0^{\pi/2} a\,[F(2-\cos\varphi) - F_A(1-\cos\varphi)]\,[-a(1-\cos\varphi)]\,a\,d\varphi\right] = 0$

$$F_A = F\,\dfrac{\dfrac{5}{2}\dfrac{\pi}{2} - 3}{\dfrac{3}{2}\dfrac{\pi}{2} - 2} = F\,\dfrac{5\pi - 12}{3\pi - 8} \approx 2{,}62\,F$$

b) $\dfrac{\partial W}{\partial F} = \dfrac{1}{EI}\left[\int\limits_0^a Fxx\,dx + \int\limits_0^{\pi/2} a\,[F(2-\cos\varphi) - F_A(1-\cos\varphi)]\,a(2-\cos\varphi)\,a\,d\varphi\right] =$

$$= \dfrac{Fa^3}{EI}\left[+\dfrac{1}{3} + 4\varphi - 4\sin\varphi + \dfrac{1}{4}\sin 2\varphi + \dfrac{1}{2}\varphi - \dfrac{F_A}{F}\left(2\varphi - 3\sin\varphi + \right.\right.$$

$$\left.\left. + \dfrac{1}{4}\sin 2\varphi + \dfrac{1}{2}\varphi\right)\right]_0^{\pi/2} = \dfrac{Fa^3}{EI}\left[+\dfrac{1}{3} + \dfrac{9}{2}\cdot\dfrac{\pi}{2} - 4 - \dfrac{5\pi - 12}{3\pi - 8}\left(\dfrac{5}{2}\cdot\dfrac{x}{2} - 3\right)\right]$$

$$v_F = \dfrac{Fa^3}{4EI}\left[9\pi - \dfrac{44}{3} - \dfrac{(5\pi - 12)^2}{3\pi - 8}\right] \approx 0{,}98\,\dfrac{Fa^3}{EI}$$

97. a) Gleichgewichtsbedingungen:

$$\uparrow : F_{Ay} = -\dfrac{F}{2}\,\sqrt{2} = -F_y$$

$$\rightarrow : F_{Ax} = \dfrac{F}{2}\,\sqrt{2} - F_B = F_x - F_B$$

$$\overset{\frown}{A} : M_A = -F_B a$$

Momente und Ableitungen:

Be-reich	M_i	$\dfrac{\partial M_i}{\partial F_B}$	$\dfrac{\partial M_i}{\partial F_x}$	$\dfrac{\partial M_i}{\partial F_y}$
1	$F_x x$	0	x	0
2	$F_x a(1+\sin\varphi) - F_B a\sin\varphi -$ $-F_y a(1-\cos\varphi)$	$-a\sin\varphi$	$a(1+\sin\varphi)$	$-a(1-\cos\varphi)$
3	$F_y(a+x) + F_B a - F_x 2a$	a	$-2a$	$(a+x)$

Auflager:

$$\dfrac{\partial W}{\partial F_B} = 0 \Rightarrow F_B = \dfrac{F}{2}\,\sqrt{2}; \quad F_{Ax} = 0; \quad F_{Ay} = -\dfrac{F}{2}\,\sqrt{2}; \quad M_A = -\dfrac{F}{2}\,\sqrt{2}\,a$$

b) $M_{\max} = M_A = M_B = 3{,}54\cdot 10^3\,\mathrm{N\,m}$

c) Dimensionierung:

$$W = \frac{M_{\max}}{\sigma_{\mathrm{zul}}} = \frac{2}{3}\, b^3 \qquad b = 3{,}8 \text{ cm}$$

d) Verschiebung:

$$v_{C_x} = \frac{5}{12}\, \frac{\sqrt{2}\, F a^3}{E I}$$

$$v_C = \frac{(3\pi - 2)}{24}\, \frac{\sqrt{2}\, F a^3}{E I}$$

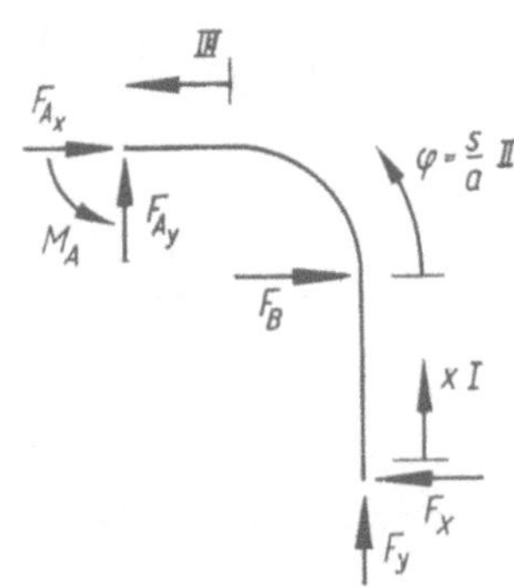

98. Kräftegleichgewicht:

$$\uparrow: F_{Ay} + F_{By} - F = 0 \qquad\qquad F_{Bx} = \frac{F}{2} = -F_{Ax}$$

$$\rightarrow: F_{Bx} + F_{Ax} = 0$$

$$\overset{\frown}{A}: FR - F_{Bx} \cdot 2R = 0 \qquad F_{By} \text{ statische Unbestimmte}$$

Momentenverläufe:

Be-reich	M_i	$\dfrac{\partial M_i}{\partial F_{By}}$	$\dfrac{\partial M_i}{\partial F}$	Grenzen	$\mathrm{d}s$
1	$F_{By} x_1$	x_1	0	$0 \cdots R$	$\mathrm{d}x_1$
2	$F_{By} R(1 + \sin\varphi) - F\dfrac{R}{2} \times$ $\times (1 - \cos\varphi + 2\sin\varphi)$	$R(1 + \sin\varphi)$	$\dfrac{R}{2} \times$ $\times (1 - \cos\varphi + 2\sin\varphi)$	$0 \cdots \pi$	$R\,\mathrm{d}\varphi$
3	$F_{By}(R - x_3) - F(-x_3 + R)$	$R - x_3$	$-R + x_3$	$0 \cdots R$	$\mathrm{d}x_3$

$$\frac{\partial W}{\partial F_{By}} = 0 = \frac{1}{E I} \int M_i \frac{\partial M_i}{\partial F_{By}}\, \mathrm{d}s_i$$

$$0 = \int\limits_0^R F_{By} x_1^2\, \mathrm{d}x + \int\limits_0^\pi R^3 \left[F_{By}(1 + \sin\varphi) - \frac{F}{2}(1 - \cos\varphi + 2\sin\varphi) \right] \times$$

$$\times\, (1 + \sin\varphi)\, \mathrm{d}\varphi + \int\limits_0^R [F_{By}(R - x_3)^2 - F(R - x_3)^2]\, \mathrm{d}x_3$$

$$0 = F_{By} \frac{R^3}{3} + R^3 \left\{ F_{By}\left(\pi + 2 + \frac{\pi}{2}\right) - \frac{F}{2}(2\pi + 3) + 2 F_{By} - \frac{3}{2} F \right\} + (F_{By} - F)\frac{R^3}{3}$$

$$0 = F_{By}\left(\frac{3}{2}\pi + \frac{14}{3}\right) - F\left(\pi + \frac{10}{3}\right) \qquad F_{By} = \frac{6\pi + 20}{9\pi + 28}\,F \approx 0{,}691\,F$$

$$F_{Ay} \approx 0{,}309\,F$$

$$v_F = \frac{\partial W}{\partial F} = \frac{1}{EI}\int M_i\,\frac{\partial M_i}{\partial F}\,\mathrm{d}s_i$$

$$EI\,v_F = \int\limits_0^{\pi}\left[RF_{By}(1+\sin\varphi) - \frac{R}{2}\,F(1-\cos\varphi +\right.$$

$$\left.+\,2\sin\varphi)\right](1-\cos\varphi + 2\sin\varphi)\left(-\frac{R}{2}\right)R\,\mathrm{d}\varphi - \int\limits_0^R (F_{By}-F)(R-x_3)^2\,\mathrm{d}x$$

$$EI\,v_F = -R^3\left[F_{By}(\pi+3) - F\left(\frac{7}{8}\pi + 2\right)\right] - \frac{R^3}{3}\,(F_{By}-F)$$

$$v_F = \frac{1}{EI}\,R^3\left[+F\left(\frac{7}{8}\pi + \frac{7}{3}\right) - F_{By}\left(\pi + \frac{10}{3}\right)\right]$$

$$v_F \approx 0{,}60\,\frac{R^3 F}{EI}$$

99. Lösung nach Castigliano

Gleichgewicht:
$$F_{By} + F_{Cy} - F_K = 0$$
$$F_{Bx} + F_{Cx} + F = 0$$
$$F_{Cy} - F - \frac{M_K}{2a} - \frac{F_K}{2} = 0$$

Momente:

$$M_1 = \left(F + \frac{M_K}{2a} + \frac{F_K}{2}\right)a(1-\cos\varphi) + F_{Cx}\,a\sin\varphi$$

$$M_2 = \left(F + \frac{M_K}{2a} - \frac{F_K}{2}\right)a(1-\cos\varphi) - (F_{Cx}+F)\,a\sin\varphi$$

$$M_3 = Fx + M_K$$

F_{Cx}: statisch Unbestimmte

a) $\dfrac{\partial W}{\partial F_{Cx}} = 0 = \dfrac{1}{EI}\left[\displaystyle\int_{0}^{\pi/2} M_1 \dfrac{\partial M_1}{\partial F_{Cx}}\,\mathrm{d}s + \int_{0}^{\pi/2} M_2 \dfrac{\partial M_2}{\partial F_{Cx}}\,\mathrm{d}s\right]$

Ergebnis: $\quad F_{Cx} = -\dfrac{F}{2}; \qquad F_{Cy} = F$

$$F_{Bx} = -\dfrac{F}{2}; \qquad F_{By} = -F$$

b) $v_{xK} = \dfrac{\partial W}{\partial F} = \dfrac{1}{EI}\left[\displaystyle\int_{0}^{\pi/2} M_1 \dfrac{\partial M_1}{\partial F}\,\mathrm{d}s + \int_{0}^{\pi/2} M_2 \dfrac{\partial M_2}{\partial F}\,\mathrm{d}s + \int_{0}^{a} M_3 \dfrac{\partial M_3}{\partial F}\,\mathrm{d}s\right]$

$$v_{xK} = \dfrac{39\pi - 112}{24}\,\dfrac{a^3 F}{EI}; \qquad v_{yK} = 0$$

c) $\varphi_K = \dfrac{\partial W}{\partial M_K} = \dfrac{1}{EI}\left[\displaystyle\int_{0}^{\pi/2} M_1 \dfrac{\partial M_1}{\partial M_K}\,\mathrm{d}s + \int_{0}^{\pi/2} M_2 \dfrac{\partial M_2}{\partial M_K}\,\mathrm{d}s + \int_{0}^{a} M_3 \dfrac{\partial M_3}{\partial M_K}\,\mathrm{d}s\right]$

$$\varphi_K = \dfrac{a^2 F}{EI}\left(\dfrac{3\pi - 7}{4}\right)$$

d) $M_{\max} = F a \qquad d_{\min} = \sqrt[3]{\dfrac{32\,M_{\max}}{\sigma_{\mathrm{zul}}\,\pi}} = 7{,}42 \text{ cm}$

Damit: $v_{xK} = 0{,}945 \text{ mm}; \qquad \varphi_K = 1{,}87°$

100. a) Zu statisch Unbestimmten erklärt: $\quad F_{Ax}; \; F_{Ay}; \; M_A$

$\quad F_{Bx} = -F_{Ax}; \qquad F_{By} = F - F_{Ay};$

$\quad M_B = F b - M_A - F_{Ax}2r$

$\quad \dfrac{\partial W}{\partial F_{Ax}} = 0; \qquad \dfrac{\partial W}{\partial F_{Ay}} = 0; \qquad \dfrac{\partial W}{\partial M_A} = 0$

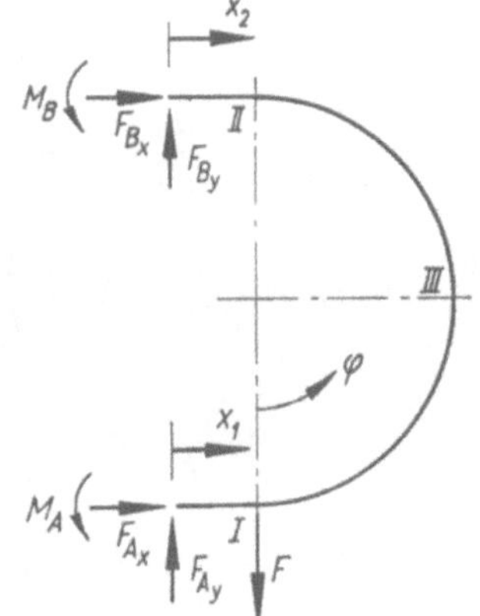

Be-reich	Grenzen	M_i	$\dfrac{\partial M_i}{\partial M_A}$	$\dfrac{\partial M_i}{\partial F_{Ax}}$	$\dfrac{\partial M_i}{\partial F_{Ay}}$	$\dfrac{\partial M_i}{\partial F}$
1	$x_1 = 0 \cdots b$	$+M_A - F_{Ay} x_1$	$+1$	0	$-x_1$	0
2	$x_2 = 0 \cdots b$	$-M_A - F_{Ax} \cdot 2r + F_{Ay} x_2 + {} + F(b - x_2)$	-1	$-2r$	$+x_2$	$b - x_2$
3	$\varphi = 0 \cdots \pi$	$+M_A + F_{Ax} r (1 - \cos \varphi) - {} - F_{Ay}(b + r \sin \varphi) + F r \sin \varphi$	$+1$	$r(1 - \cos \varphi)$	$-b -r \times \times \sin \varphi$	$r \sin \varphi$

$$\frac{\partial W}{\partial M_A} = \Sigma \int \frac{M_i}{EI} \frac{\partial M_i}{\partial M_A}\, \mathrm{d}s; \qquad \frac{\partial W}{\partial F_{Ax}} = \Sigma \int \frac{M_i}{EI} \frac{\partial M_i}{\partial F_{Ax}}\, \mathrm{d}s;$$

$$\frac{\partial W}{\partial F_{Ay}} = \Sigma \int \frac{M_i}{EI} \frac{\partial M_i}{\partial F_{Ay}}\, \mathrm{d}s$$

Das sind 3 Gleichungen zur Bestimmung von F_{Ax}, F_{Ay}, M_A

Abkürzungen: $\nu = \dfrac{b}{r} = \dfrac{1}{2}$

$$\frac{F_{Ax}}{F} = \frac{\nu^2}{4\nu + \pi} \approx 0,0487; \qquad \frac{F_{Bx}}{F} = -\frac{F_{Ax}}{F}$$

$$\frac{F_{Ay}}{F} = \frac{\nu^3 \left(\dfrac{1}{6} + \dfrac{\pi}{3}\right) + 3\nu^2 + \pi\nu + \left(\dfrac{\pi^2}{2} - 4\right)}{2\nu^3 \left(\dfrac{1}{6} + \dfrac{\pi}{3}\right) + 4\nu^2 + \pi\nu + \left(\dfrac{\pi^2}{2} - 4\right)} \approx 0,8975;$$

$$\frac{F_{By}}{F} = 1 - \frac{F_{Ay}}{F} \approx 0,1025;$$

$$\frac{M_A}{Fr} = -\frac{F_{Ax}}{F} + \frac{F_{Ay}}{F} \frac{\nu^2 + \pi\nu + 2}{2\nu + \pi} - \frac{2 - \dfrac{1}{2}\nu^2}{2\nu + \pi} \approx 0,325; \qquad \frac{M_B}{Fr} \approx 0,088$$

b) $v_F = \dfrac{\partial W}{\partial F} = \Sigma \int \dfrac{M_i}{EI} \dfrac{\partial M_i}{\partial F}\, \mathrm{d}s = \dfrac{F r^3}{EI} \left[\dfrac{M_A}{Fr}\left(2 - \dfrac{\nu^2}{2}\right) + \right.$

$$\left. + \frac{F_{Ax}}{F}(2 - \nu^2) + \frac{F_{Ay}}{F}\left(\frac{\nu^3}{6} - 2\nu - \frac{\pi}{2}\right) + \frac{\nu^3}{3} + \frac{\pi}{2}\right]$$

Für $\nu = 0,5;$ $\quad v_F \approx 0,022\, \dfrac{F r^3}{EI}$

101. a) Aus Symmetriegründen kann eine Aufteilung erfolgen. F_{Gy} und F_{Cy} sind gleich Null, weil in Symmetrieebenen keine Querkräfte möglich sind.

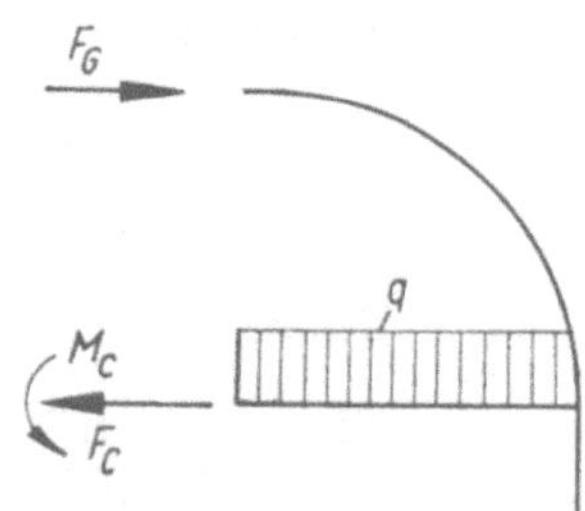

Gleichgewichtsbedingungen:

$$\uparrow: F_B - qa = 0$$

$$\rightarrow: F_H + F_G - F_C = 0$$

$$\overset{\frown}{C}: M_C - F_G a + F_B a - \frac{qa^2}{2} + 2F_H a = 0;$$

$$M_C = F_G a - \frac{qa^2}{2} - 2F_H a$$

Momente und Ableitungen:

Be-reich	M_i	$\dfrac{\partial M_i}{\partial F_G}$	$\dfrac{\partial M_i}{\partial F_H}$
1	$F_H x_1$	0	x_1
2	$F_G a(1 - \cos\varphi)$	$a(1 - \cos\varphi)$	0
3	$F_G a - \dfrac{qa^2}{2} + \dfrac{qx_3^2}{2} - 2F_H a$	a	$-2a$

$$\frac{\partial W}{\partial F_G} = 0 \Rightarrow F_G = \frac{4qa}{3(3\pi - 4)}$$

b) $$\frac{\partial W}{\partial F_H} = v_B = \frac{4(3\pi - 8)}{3(3\pi - 4)} \frac{qa^4}{EI}$$

102. a) Gleichgewichte: 1. $M_A - F_A R - M_2 = 0$

        2. $M_B + FR - F_B R - M_3 = 0$

        3. $M_1 + FR - M_0 = 0$

        4. $M_1 + M_A - M_B = 0$

        5. $F_A + F_B - F_S = 0$

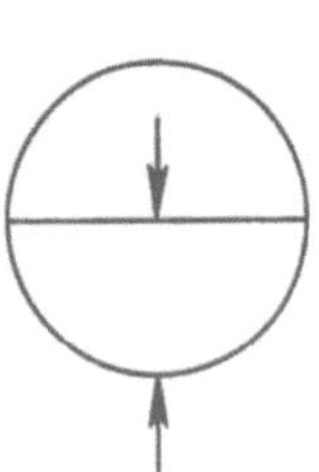

9 Unbekannte $\triangle$ 4fach statisch unbestimmt

Als statisch Unbestimmte gewählt: F_A, F_B, M_A, M_B

$$F_S = F_A + F_B \qquad M_0 = -M_A + M_B + FR \qquad M_1 = -M_A + M_B$$

$$M_2 = +M_A - F_A R \qquad\qquad M_3 = +M_B - F_B R + FR$$

Ermittlung der statisch Unbestimmten nach Castigliano:

$$\frac{\partial W}{\partial F_A} = 0, \quad \frac{\partial W}{\partial F_B} = 0, \quad \frac{\partial W}{\partial M_A} = 0, \quad \frac{\partial W}{\partial M_B} = 0$$

Im folgenden Zug-, Druck- und Querkraft-Formänderungsarbeit als klein gegenüber der Biegearbeit vernachlässigt!

Be-reich	Grenzen	M_i	$\dfrac{\partial M_i}{\partial F_A}$	$\dfrac{\partial M_i}{\partial F_B}$	$\dfrac{\partial M_i}{\partial M_A}$	$\dfrac{\partial M_i}{\partial M_B}$
1	$\varphi_1 = 0 \cdots \dfrac{\pi}{2}$	$+M_A - F_A R \sin \varphi_1$	$-R \sin \varphi_1$	0	$+1$	0
2	$\varphi_2 = 0 \cdots \dfrac{\pi}{2}$	$+M_B - F_B R \sin \varphi_2 +$ $+FR(1 - \cos \varphi_2)$	0	$-R \sin \varphi_2$	0	$+1$
3	$x = 0 \cdots R$	$+M_A - M_B - F(R - x)$	0	0	$+1$	-1

$$(1)\ \frac{\partial W}{\partial F_A} = 0 = \sum \int \frac{M_i}{EI} \frac{\partial M_i}{\partial F_A}\, \mathrm{d}s_i$$

$$(2)\ \frac{\partial W}{\partial F_B} = 0 = \sum \int \frac{M_i}{EI} \frac{\partial M_i}{\partial F_B}\, \mathrm{d}s_i$$

$$(3)\ \frac{\partial W}{\partial M_A} = 0 = \sum \int \frac{M_i}{EI} \frac{\partial M_i}{\partial M_A}\, \mathrm{d}s_i$$

$$(4)\ \frac{\partial W}{\partial M_B} = 0 = \sum \int \frac{M_i}{EI} \frac{\partial M_i}{\partial M_B}\, \mathrm{d}s_i$$

Durch Integration von (1) bis (4) folgt:

$$0 = +M_A - F_A R\, \frac{\pi}{4}$$

$$0 = +M_B - F_B R\, \frac{\pi}{4} + FR\, \frac{1}{2}$$

$$0 = +M_A \left(2 + \frac{\pi}{2}\right) - M_B 2 - F_A R - FR$$

$$0 = -M_A 2 + M_B \left(2 + \frac{\pi}{2}\right) - F_B R + FR\, \frac{\pi}{2}$$

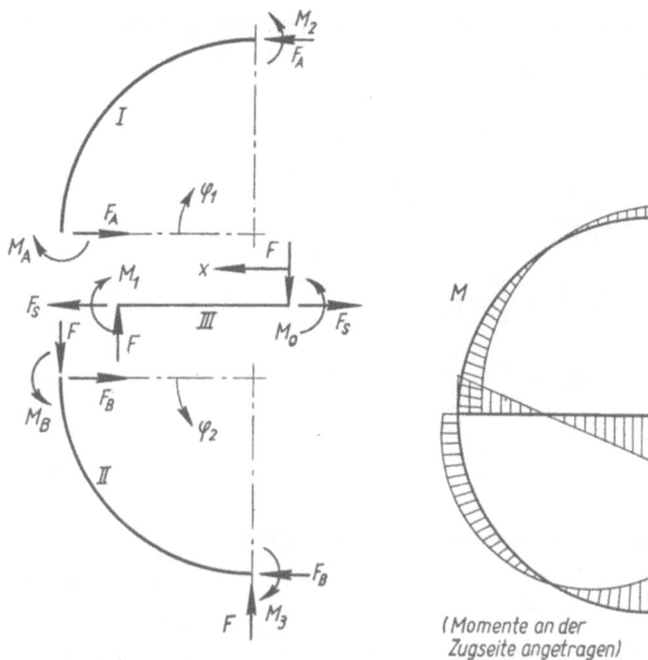

Daraus erhält man:

$$\frac{F_A}{F} = 0{,}420; \qquad \frac{F_B}{F} = 0{,}484; \qquad \frac{M_A}{F R} = 0{,}330;$$

$$\frac{M_B}{F R} = -0{,}120; \qquad \frac{F_S}{F} = 0{,}904; \qquad \frac{M_0}{F R} = 0{,}550;$$

$$\frac{M_1}{F R} = -0{,}450; \qquad \frac{M_2}{F R} = -0{,}090; \qquad \frac{M_3}{F R} = 0{,}394$$

b) Aus Darstellung des Momentenverlaufes ist ersichtlich:

Maximales Moment M_0

Maximale Beanspruchung:

$$\sigma_{\mathrm{max}} = \frac{M_0}{W_{\mathrm{b}}} + \frac{F_S}{A} \leqq \sigma_{\mathrm{zul}} \qquad\qquad W_{\mathrm{b}} = \frac{\pi d^3}{32}; \qquad\qquad A = \frac{\pi}{4}\, d^2$$

$$\sigma_{\mathrm{max}} = F \left[\frac{0{,}550\,R}{\pi d^3} \cdot 32 + \frac{0{,}904}{\pi d^2} \cdot 4 \right] \qquad \sigma_{\mathrm{max}} = \frac{F}{d^2} \left[5{,}60\,\frac{R}{d} + 1{,}15 \right] \leqq \sigma_{\mathrm{zul}}$$

Mit $F = 5 \cdot 10^3\,\mathrm{N}$, $R = 50\,\mathrm{cm}$ und $\sigma_{\mathrm{zul}} = 10^2\,\mathrm{N\;mm^{-2}}$

für den Quersteg: $d = 5{,}23\,\mathrm{cm}$

103. Wegen der Doppelsymmetrie wird nur der erste Quadrant betrachtet.

Moment und Ableitungen

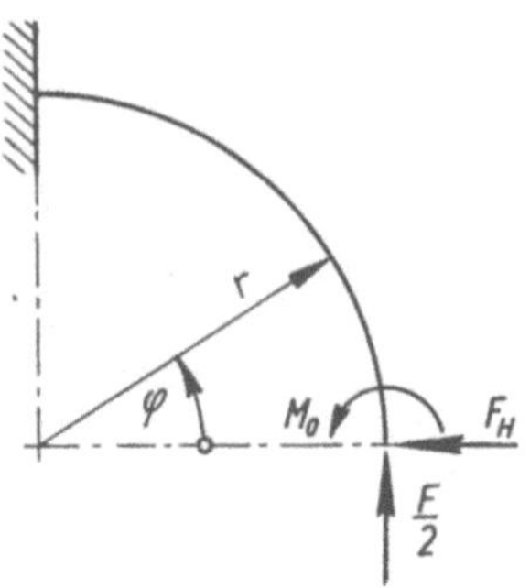

$$M = M_0 + \frac{F}{2}\, r\,(1 - \cos\varphi) - F_{\mathrm H}\, r \sin\varphi$$

$$\frac{\partial M}{\partial M_0} = 1 \qquad \frac{\partial M}{\partial F_{\mathrm H}} = -r \sin\varphi$$

$$\frac{\partial W}{\partial M_0} = 0: \quad M_0\,\frac{\pi}{2} + \frac{F}{2}\, r\left(\frac{\pi}{2} - 1\right) - F_{\mathrm H}\, r = 0$$

$$\frac{\partial W}{\partial F_{\mathrm H}} = 0: \quad -M_0 - \frac{F}{2}\, r\,\frac{1}{2} + F_{\mathrm H}\, r\,\frac{\pi}{4} = 0$$

$$F_{Ax} = -F_{Bx} = 2\,\frac{4 - \pi}{\pi^2 - 8}\, F$$

104. a) Symmetrisch: zweifach statisch unbestimmt

Be-reich	M_i	$\dfrac{\partial M_i}{\partial M_0}$	$\dfrac{\partial M_i}{\partial F_{\mathrm L_0}}$	$\dfrac{\partial M_i}{\partial F_{\mathrm H}}$	Grenzen
1	$\dfrac{F}{2}\,x_1 - M_0$	-1	0	0	$0 \cdots a$
2	$\dfrac{F}{2}\,a\,(1 + \sin\varphi) + F_{\mathrm H}\,a \sin\varphi - M_0 - F_{\mathrm L_0}\,a\,(1 - \cos\varphi)$	-1	$-a\,(1 - \cos\varphi)$	$a \sin\varphi$	$0 \cdots \pi$
3	$\dfrac{F}{2}\,(a - x_3) - M_0 - F_{\mathrm L_0}\,2a - F_{\mathrm H}\,x_3$	-1	$-2a$	$-x_3$	$0 \cdots a$

$$\frac{\partial W}{\partial M_0} = 0 = \frac{1}{EI}\left[\int_0^a \left(-\frac{F}{2}\,x_1 + M_0\right)\mathrm dx_1 + \int_0^\pi \left(-\frac{F}{2}\,a\,(1 + \sin\varphi) + M_0 + \right.\right.$$

$$\left.\left. + F_{\mathrm L_0}\,a\,(1 - \cos\varphi)\right)\,a\,\mathrm d\varphi + \int_0^a \left(-\frac{F}{2}\,(a - x_3) + M_0 + F_{\mathrm L_0}\,2a\right)\mathrm dx_3\right]$$

$$\frac{\partial W}{\partial F_{\mathrm L_0}} = 0 = \frac{1}{EI}\left[\int_0^\pi \left(-\frac{F}{2}\,a^2\,(1 + \sin\varphi)\,(1 - \cos\varphi) + M_0\,a\,(1 - \cos\varphi) + \right.\right.$$

$$\left.\left. + F_{\mathrm L_0}\,a^2\,(1 - \cos\varphi)^2\right)\,a\,\mathrm d\varphi + \int_0^a \left(-\frac{F}{2}\,(a - x_3)\,2a + M_0\,2a + F_{\mathrm L_0}\,4a^2\right)\mathrm dx_3\right]$$

$$0 = -\frac{F}{2}\,a\,(3 + \pi) + F_{\mathrm{L_0}}a\,(2 + \pi) + M_0\,(2 + \pi)$$

$$0 = -\frac{F}{2}\,a\,(\pi + 3) + M_0\,(\pi + 2) + F_{\mathrm{L_0}}a\left(\frac{3}{2}\,\pi + 4\right)$$

$$F_{\mathrm{L_0}} = 0; \quad M_0 = Fa\,\frac{3 + \pi}{4 + 2\pi} = 0{,}598\,aF \approx 0{,}6\,aF$$

$$M_1 = \frac{F}{2}\,x_1 - 0{,}6\,aF; \qquad M_2 = \frac{F}{2}\,a\,(1 + \sin\varphi) - 0{,}6\,aF;$$

$$M_3 = \frac{F}{2}\,(a - x_3) - 0{,}6\,aF$$

$$x_1 = 0: \quad M_{1\mathrm{max}} = -29{,}9\ \mathrm{Nm}; \quad x_3 = a: \quad M_{3\mathrm{max}} = -29{,}9\ \mathrm{Nm};$$

$$M_{2\mathrm{max}}: \quad \frac{\mathrm{d}M_2}{\mathrm{d}\varphi} = 0 = \frac{F}{2}\,a\cos\varphi \Rightarrow \cos\varphi = 0 \Rightarrow \varphi = 90^\circ$$

$$M_2 = 20{,}1\ \mathrm{Nm}$$

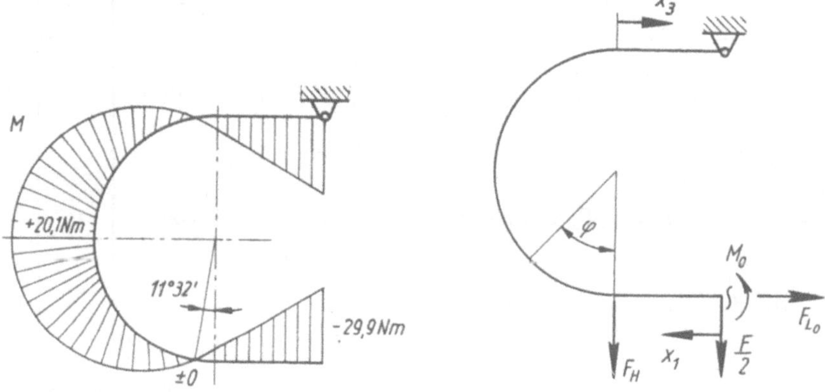

b) $\sigma_{\mathrm{max}} = \dfrac{M_{\mathrm{bmax}}}{W_{\mathrm{b}}} = \dfrac{29\,900}{269}\ \mathrm{Nmm^{-2}} = 112\ \mathrm{Nmm^{-2}}$

c) $v_C = \dfrac{\partial W}{\partial F_{\mathrm{H}}} = \dfrac{1}{EI}\left[\displaystyle\int\limits_0^\pi \left(\frac{F}{2}\,a^2\,(1 + \sin\varphi)\sin\varphi - M_0 a\sin\varphi - F_{\mathrm{L_0}}a^2 \times\right.\right.$

$$\left.\left.\times\,(1 - \cos\varphi)\sin\varphi\right)a\,\mathrm{d}\varphi + \int\limits_0^a \left(-\frac{F}{2}\,(a - x_3)\,x_3 + M_0 x_3 + F_{\mathrm{L_0}}2a x_3\right)\mathrm{d}x_3\right]$$

$$v_C = \frac{Fa^3}{EI}\left(\frac{3\pi^2 + 8\pi - 5}{12\,(2 + \pi)}\right) = 0{,}805\,\frac{Fa^3}{EI} = 2{,}67 \cdot 10^{-2}\ \mathrm{cm}$$

105. System aufspalten unter Ausnutzung der Symmetrie: CASTIGLIANO

Bei z Speichen: $\alpha = \dfrac{\pi}{z}$ $\overline{F_{L1}} = \dfrac{1}{2} F_{L1}$ halbe Längskraft einer Speiche

F_Q Querkraft   Gleichgewicht an 1: $F_D - \overline{F_{L1}} + \displaystyle\int\limits_{r}^{r_a} \varrho\, \dfrac{A_1}{2}\, \omega^2 \bar{r}\, \mathrm{d}\bar{r} = 0$

2. $F_{L2} = F_B \cos\varphi + \displaystyle\int\limits_{0}^{\varphi} q \sin(\varphi - \psi)\, R\, \mathrm{d}\psi$

$F_{Q2} = -F_B \sin\varphi + \displaystyle\int\limits_{0}^{\varphi} q \cos(\varphi - \psi)\, R\, \mathrm{d}\psi$

$\varphi \to \alpha$ ergibt $F_{Q2} = F_D = (qR - F_B)\sin\alpha$

$F_H = 0$ (Hilfskraft zur Berechnung der Verschiebung)

Be-reich		Beanspruchung $(M_b, F_L) = X$	$\dfrac{\partial X}{\partial F_B}$	$\dfrac{\partial X}{\partial M_B}$	$\dfrac{\partial X}{\partial F_H}$
1	$r = r_i \cdots r_a$ $\dfrac{1}{2}A_1$	$\overline{F_{L1}} = (qR - F_B)\sin\alpha + \dfrac{1}{4}\varrho \times$ $\times\, \omega^2 A_1(r_a{}^2 - r^2) + F_H \cos\alpha$	$-\sin\alpha$	0	$+\cos\alpha$
2	$\varphi = 0 \cdots \alpha$ $A_2; I_2$	$F_{L2} = F_B \cos\varphi + qR(1 - \cos\varphi) +$ $+ F_H \sin\varphi$	$+\cos\varphi$	0	$+\sin\varphi$
		$M_{b2} = M_B + (qR - F_B \times$ $\times\, R(1 - \cos\varphi) + F_H R \sin\varphi$	$-R \times$ $\times(1-\cos\varphi)$	1	$+R\sin\varphi$
		$F_{Q2} = (qR - F_B)\sin\varphi + F_H \cos\varphi$	vernachlässigt		

$$\frac{\partial W}{\partial M_B} = 0 = \frac{1}{EI_2} \int\limits_0^\alpha M_{b2}\, \frac{\partial M_{b2}}{\partial M_B}\, R\,\mathrm{d}\varphi \Rightarrow M_B = \frac{\sin\alpha - \alpha}{\alpha}\, R(qR - F_B)$$

$$\frac{\partial W}{\partial F_B} = 0 = \frac{1}{EI_2} \int\limits_0^\alpha M_{b2}\, \frac{\partial M_{b2}}{\partial F_B}\, R\,\mathrm{d}\varphi + \frac{1}{EA_2} \int\limits_0^\alpha F_{L2}\, \frac{\partial F_{L2}}{\partial F_B}\, R\,\mathrm{d}\varphi +$$

$$+ \frac{2}{EA_1} \int\limits_{r_i}^{r_a} \overline{F_{LI}}\, \frac{\partial \overline{F_{LI}}}{\partial F_B}\, \mathrm{d}r$$

Daraus durch Auflösung und Umformung:

$$qR = \varrho\,\omega^2 A_2 R^2 \qquad F_B = qR\left(1 - \frac{k}{2\sin\alpha}\right) \qquad M_B = qR^2\,\frac{\sin\alpha - \alpha}{2\alpha\sin\alpha}\,k$$

$$k = \frac{1 - \dfrac{1}{6}\left[2\left(\dfrac{r_a}{R}\right)^3 - 3\left(\dfrac{r_a}{R}\right)^2\left(\dfrac{r_i}{R}\right) + \left(\dfrac{r_i}{R}\right)^3\right]}{\dfrac{\sin 2\alpha + 2\alpha}{4(1 - \cos 2\alpha)} + \dfrac{A_2}{A_1}\left(\dfrac{r_a}{R} - \dfrac{r_i}{R}\right) + \dfrac{A_2 R^2}{I_2}\left(\dfrac{\sin 2\alpha + 2\alpha}{4(1 - \cos 2\alpha)} - \dfrac{1}{2\alpha}\right)}$$

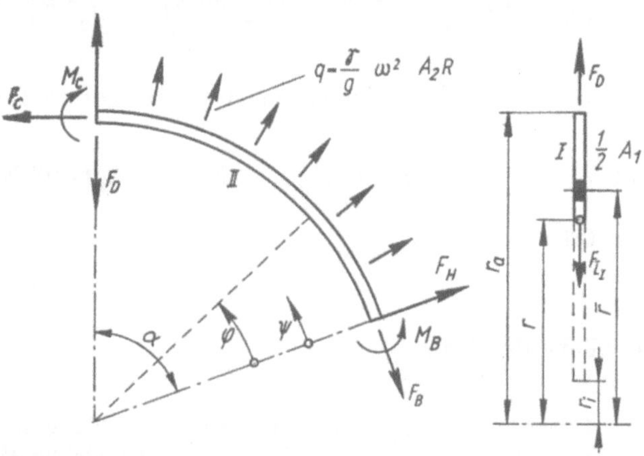

Verläufe von F_L, F_Q, M_b:

$$F_{\mathrm{LI}} = qR\left\{k + \frac{1}{2}\frac{A_1}{A_2}\left[\left(\frac{r_a}{R}\right)^2 - \left(\frac{r}{R}\right)^2\right]\right\}; \qquad F_{\mathrm{LII}} = qR\left[1 - k\,\frac{\cos\varphi}{2\sin\alpha}\right]$$

$$F_{\mathrm{QII}} = qRk\,\frac{\sin\varphi}{2\sin\alpha}; \qquad M_{\mathrm{bII}} = qR^2 k\,\frac{\sin\alpha - \alpha\cos\varphi}{2\alpha\sin\alpha}$$

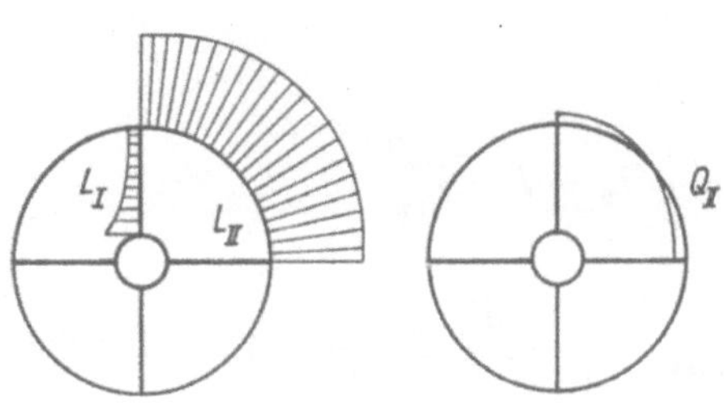

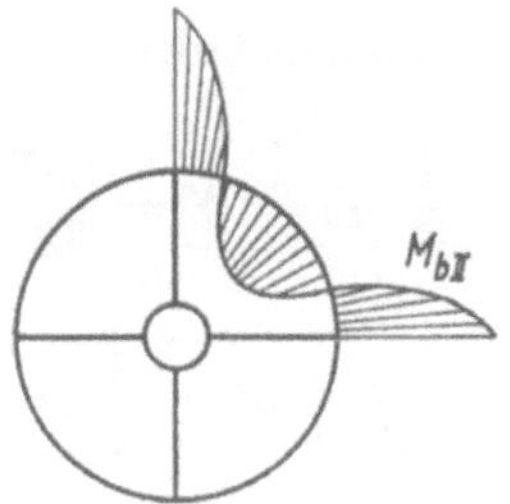

Maximale Verschiebung $v_{FH} = \Delta R$ bei $\varphi = 0$ in Richtung F_H

$$\Delta R = \frac{1}{EI_2} \int\limits_0^\alpha M_{b2}\, \frac{\partial M_{b2}}{\partial F_H}\, R\,d\varphi + \frac{1}{EA_2} \int\limits_0^\alpha F_{L2}\, \frac{\partial F_{L2}}{\partial F_H}\, R\,d\varphi +$$

$$+ \frac{2}{EA_1} \int\limits_{r_i}^{r_a} \overline{F_{L1}}\, \frac{\partial \overline{F_{L1}}}{\partial F_H}\, dr = \frac{qR^2}{EA_2} \left\{ \frac{A_2}{A_1} k \cos\alpha \left(\frac{r_a}{R} - \frac{r_i}{R} \right) + \left[+ \frac{\cos\alpha}{6} \left\{ 2 \left(\frac{r_a}{R} \right)^3 - \right. \right. \right.$$

$$\left. \left. - 3 \left(\frac{r_a}{R} \right)^2 \left(\frac{r_i}{R} \right) + \left(\frac{r_i}{R} \right)^3 \right\} + 1 - \cos\alpha - \frac{k}{4} \sin\alpha \right] + \frac{A_2 R^2}{I_2} k \left[\frac{1 - \cos\alpha}{2\alpha} - \frac{\sin\alpha}{4} \right] \right\}$$

Mit $\omega = \dfrac{\pi n}{30} = 52{,}4\ \mathrm{s}^{-1}$; ($n$ in Umdrehungen je Minute) $qR \approx 1{,}31 \cdot 10^5\ \mathrm{N}$

$k \approx 0{,}0963$; $F_B \approx 1{,}22 \cdot 10^5\ \mathrm{N}$ $M_B \approx -8{,}9 \cdot 10^2\ \mathrm{Nm}$

wird $\Delta R \approx 0{,}15\ \mathrm{mm}$

2.2.9.2.   Räumliche Probleme

106. Gefährdeter Querschnitt liegt am Auflager. Hier Torsion und Biegebeanspruchungen in voller Größe. Danach Festlegung der Größe F

Es gilt $\sigma_{zul} \geqq \sigma_{v\,max} = \sqrt{\sigma_{b\,2max}^2 + 3\,\tau_{t\,2max}^2}$

$$M_{b1} = F x_1; \qquad M_{b1\,max} = F b; \qquad \frac{\partial M_{b1}}{\partial F} = x_1;$$

$$M_{b2} = F x_2; \qquad M_{b2\,max} = F a; \qquad \frac{\partial M_{b2}}{\partial F} = x_2; \qquad \sigma_{b2\,max} = \frac{M_{b2\,max}}{W_b}$$

$$M_{t2} = F b; \qquad M_{t2\,max} = F b; \qquad \frac{\partial M_{t2}}{\partial F} = b; \qquad \tau_{t2\,max} = \frac{M_{t2\,max}}{W_t}$$

für Kreisquerschnitt:

$$W_b = \frac{1}{2} W_t = W = \frac{\pi d^3}{32}; \quad I_b = \frac{1}{2} I_p = I = \frac{\pi d^4}{64}$$

$$\sigma_{zul} \geqq \frac{F\,32}{\pi d^3} \sqrt{a^2 + \frac{3}{4}\,b^2} \qquad F_{max} = \frac{\pi d^3 \sigma_{zul}}{16\,\sqrt{4a^2 + 3b^2}} = 4{,}25 \cdot 10^3\ \mathrm{Nm}$$

Durchbiegung nach CASTIGLIANO:

$$v_F = \frac{\partial W_{\text{ges}}}{\partial F} = \frac{1}{EI_1} \int\limits_{x_1} M_{b1} \frac{\partial M_{b1}}{\partial F}\, dx_1 + \frac{1}{EI_2} \int\limits_{x_2} M_{b2} \frac{\partial M_{b2}}{\partial F}\, dx_2 +$$

$$+ \frac{1}{GI_{p2}} \int\limits_{x_2} M_{t2} \frac{\partial M_{t2}}{\partial F}\, dx_2$$

$$G = \frac{E}{2(1+\nu)} = \frac{1}{2,6}\, E; \qquad GI_{p2} = \frac{1}{1,3}\, EI$$

$$v_F = \frac{1}{EI}\, F \left\{ \int\limits_0^b x_1^2\, dx_1 + \int\limits_0^a x_2^2\, dx_2 + 1{,}3 b^2 \int\limits_0^a dx_2 \right\}$$

$$v_F = \frac{F}{EI} \left\{ \frac{b^3}{3} + \frac{a^3}{3} + 1{,}3 b^2 a \right\} = 1{,}9 \text{ mm}$$

107. $\quad M_{b2_1} = \dfrac{F\sqrt{2}}{2}\, x_2; \qquad M_{b2_2} = \dfrac{F\sqrt{2}}{2}\, x_2; \qquad M_{t2} = Fr$

$$M_{b1_1} = \frac{F\sqrt{2}}{2}\, a; \qquad M_{b1_2} = F\left(r + \frac{\sqrt{2}}{2}\, x\right); \quad M_{t1} = \frac{F\sqrt{2}}{2}\, a$$

$$M_{b2} = F x_2; \qquad M_{t2} = Fr; \qquad M_{b1} = F\sqrt{\frac{a^2}{2} + \left(r + \frac{\sqrt{2}}{2}\, x\right)^2}$$

$$M_{t1} = \frac{F\sqrt{2}}{2}\, a$$

$$W_b \sigma_2 = \sqrt{M_{b2}^2 + \frac{3}{4} M_{t2}^2} \qquad\qquad W_b \sigma_1 = \sqrt{M_{b1}^2 + \frac{3}{4} M_{t1}^2}$$

Der maximale Wert ergibt sich für die Spannung bei $x_1 = a$. Daraus folgt:

$$W_b \sigma_{1\max} = F\sqrt{\frac{a^2}{2} + \left(r + \frac{\sqrt{2}}{2}\, a\right)^2 + \frac{3}{4}\frac{a^2}{2}} = F\sqrt{3730}; \qquad W_b = \frac{\pi D^3}{32}$$

$$D = \sqrt{\frac{F\,61{,}15 \cdot 32}{1000\,\pi}} = 4{,}82 \text{ cm}$$

$$\frac{\partial W}{\partial F} = v_F = \frac{1}{EI} \int M_\mathrm{b} \frac{\partial M_\mathrm{b}}{\partial F}\mathrm{d}x + \frac{5}{4}\frac{1}{EI}\int M_\mathrm{t}\frac{\partial M_\mathrm{t}}{\partial F}\mathrm{d}x;$$

$$\frac{\partial M_\mathrm{b1}}{\partial F} = \sqrt{\frac{a^2}{2} + \left(r + \frac{\sqrt{2}}{2}x\right)^2};$$

$$\frac{\partial M_\mathrm{t1}}{\partial F} = \frac{a\sqrt{2}}{2}; \qquad \frac{\partial M_\mathrm{b2}}{\partial F} = x_2; \qquad \frac{\partial M_\mathrm{t2}}{\partial F} = r;$$

$$v_F = \frac{1}{EI}\left\{ \int\limits_0^a F\left[\frac{a^2}{2} + \left(r + \frac{\sqrt{2}}{2}x\right)^2\right]\mathrm{d}x + \right.$$

$$\left. + \frac{5}{4}\int\limits_0^a F\frac{a^2}{2}\,\mathrm{d}x + \int\limits_0^a Fx^2\,\mathrm{d}x + \frac{5}{4}\int\limits_0^a Fr^2\mathrm{d}x\right\}$$

$$v_F = \frac{Fa^3}{EI}\left[\frac{13}{8} + \frac{\sqrt{2}}{2}\frac{r}{a} + \frac{9}{4}\left(\frac{r}{a}\right)^2\right] = 0{,}525 \text{ cm}$$

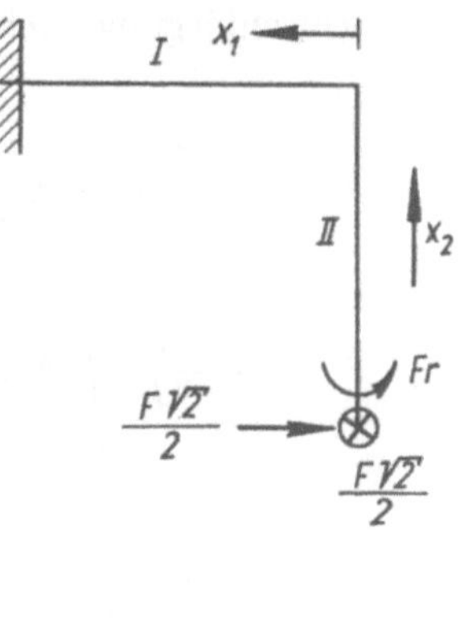

108. Auflagerbestimmung: ($F_\mathrm{V}\triangle$ vertikale Hilfskraft in E)

$$F_C = F \quad F_A = \frac{F}{2} + \frac{F_\mathrm{V}}{2} \quad F_B = -\frac{F}{2} + \frac{F_\mathrm{V}}{2}$$

Momente: $CD:\ M_\mathrm{b} = Fx:$ $\qquad AE:\ M_\mathrm{b} = (F + F_\mathrm{V})\frac{x}{2}$

$\qquad\qquad DE:\ M_\mathrm{t} = Fa$ $\qquad BE:\ M_\mathrm{b} = (F - F_\mathrm{V})\frac{x}{2}$

Verschiebungen: $\quad v_D = \dfrac{\partial W}{\partial F} = \dfrac{Fa^3}{EI}\left[\dfrac{1}{2} + \dfrac{EI}{GI_t}\right] \quad v_B = \dfrac{\partial W}{\partial F_\mathrm{V}} = 0$

109. a) Für Kreisquerschnitt gilt:

$\qquad$ Biegung: $\sigma_\mathrm{b\,max} = \dfrac{32\,M_\mathrm{b}}{\pi d^3}$

$\left.\begin{array}{l} M_\mathrm{b} = FR \\ M_\mathrm{t} = Fl \end{array}\right\}$ im Befestigungsquerschnitt

$\qquad$ Torsion: $\tau_\mathrm{t\,max} = \dfrac{16\,M_\mathrm{t}}{\pi d^3}$

$\qquad$ Schub: $\tau_\mathrm{s\,max} = \dfrac{4}{3}\dfrac{4F}{\pi d^2}$

A, B, C, D sind Randpunkte, τ_t und τ_s können algebraisch addiert werden. Unter diesen Umständen gilt:

$$\sigma_v = \sqrt{\sigma_b{}^2 + 3(\tau_t + \tau_s)^2}$$

Punkte:	A	B	C	D
$\sigma_b =$	$+\dfrac{16F}{\pi d^2}\, 2\,\dfrac{R}{d}$	0	$-\dfrac{16F}{\pi d^2}\, 2\,\dfrac{R}{d}$	0
$\tau_t =$	$\dfrac{16F}{\pi d^2}\,\dfrac{l}{d}\ (\rightarrow)$	$\dfrac{16F}{\pi d^2}\,\dfrac{l}{d}\ (\downarrow)$	$\dfrac{16F}{\pi d^2}\,\dfrac{l}{d}\ (\leftarrow)$	$\dfrac{16F}{\pi d^2}\,\dfrac{l}{d}\ (\uparrow)$
$\tau_s =$	0	$\dfrac{16F}{\pi d^2}\,\dfrac{1}{3}\ (\uparrow)$	0	$\dfrac{16F}{\pi d^2}\,\dfrac{1}{3}\ (\uparrow)$
$\sigma_v =$	$\dfrac{16F}{\pi d^2}$	$\dfrac{16F}{\pi d^2}\left(\dfrac{l}{d}-\dfrac{1}{3}\right)$	$\dfrac{16F}{\pi d^2}$	$\dfrac{16F}{\pi d^2}\left(\dfrac{l}{d}+\dfrac{1}{3}\right)$
	$\sqrt{4\left(\dfrac{R}{d}\right)^2+3\left(\dfrac{l}{d}\right)^2}$	$\sqrt{3}$	$\sqrt{4\left(\dfrac{R}{d}\right)^2+3\left(\dfrac{l}{d}\right)^2}$	$\sqrt{3}$

Die in Klammern gesetzten Pfeile geben die Richtung von τ an.

b) $\sigma_{v\,max}$ bei A bzw. $C \Rightarrow F_{zul} = \dfrac{\sigma_{zul}\,\pi d^2}{16\sqrt{4\left(\dfrac{R}{d}\right)^2+3\left(\dfrac{l}{d}\right)^2}} = 1{,}29\cdot 10^4\ \text{N}$

c) Verschiebung von F nach CASTIGLIANO:

$$v_F = \frac{\partial W}{\partial F} = \frac{1}{EI}\int\limits_{1,2} M_b\,\frac{\partial M_b}{\partial F}\,\mathrm{d}s + \frac{1}{GI_t}\int\limits_{1,2} M_t\,\frac{\partial M_t}{\partial F}\,\mathrm{d}s$$

Bereich	Grenzen	M_b	$\dfrac{\partial M_b}{\partial F}$	M_t	$\dfrac{\partial M_t}{\partial F}$	$\mathrm{d}s$
1	$x = 0 \cdots l$	Fx	x	0	0	$\mathrm{d}x$
2	$\varphi = 0 \cdots \dfrac{\pi}{2}$	$Fl\cos\varphi$	$l\cos\varphi$	$Fl\sin\varphi$	$l\sin\varphi$	$R\,\mathrm{d}\varphi$
		$FR(1-\cos\varphi)$	$R(1-\cos\varphi)$			

Man erhält:

$$v_F = \frac{Fl^3}{EI}\left[\frac{1}{3} + \frac{\pi}{4}\,\frac{R}{l}\left(1 + \frac{1}{2}\,\frac{E}{G}\right) + \left(\frac{R}{l}\right)^3\left(\frac{3\pi}{4} - 2\right)\right] \approx 2{,}73\ \text{mm}$$

110. Gleichgewichtsbedingungen:

$\rightarrow: F_{Cx} = -F_{Bx}$

$\uparrow\;: F_{Cy} = -F_{By}$

$\otimes: F = F_{Bz} + F_{Cz}$

$\overset{\frown}{F}: -M_{Bz} + M_{Cz} - F_{By}a + F_{Cx}a = 0$

$\overset{\leftleftarrows}{B}: M_{Bx} - M_{Cx} - F_{Cz}a = 0$

$\uparrow C: M_{By} - M_{Cy} + F_{Bz}a = 0$

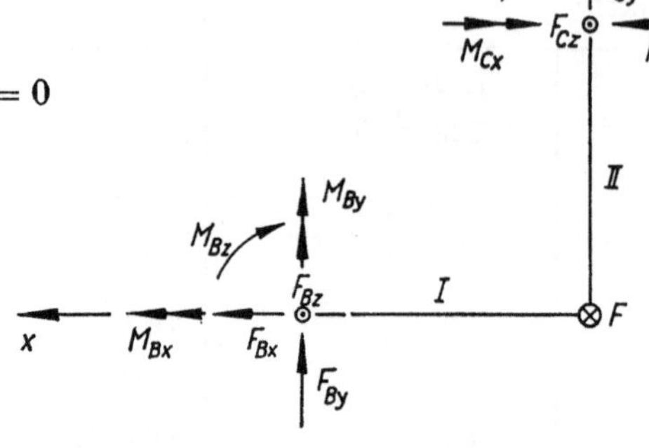

Folgerungen aus Anschauung
und Symmetrie:

$F_{Bx}\; = F_{By} = F_{Cx} = F_{Cy} = 0; \quad M_{Bz} = M_{Cz} = 0$

$F_{Bz}\; = F_{Cz} = \dfrac{F}{2}; \quad M_{Bx} = M_{Cy}; \quad M_{By} = M_{Cx}$

$M_{Cy}\; = M_{By} + \dfrac{F}{2}\,a$

Momente:

Bereich	$M_{\mathrm{b}i}$	$M_{\mathrm{t}i}$	$\dfrac{\partial M_{\mathrm{b}i}}{\partial M_{By}} = \dfrac{\partial M_{\mathrm{t}i}}{\partial M_{By}}$	$\dfrac{\partial M_{\mathrm{b}i}}{\partial F}$	$\dfrac{\partial M_{\mathrm{t}i}}{\partial F}$
1, 2	$M_{By} + \dfrac{F}{2}\,x$	$M_{By} + \dfrac{F}{2}\,a$	1	$\dfrac{x}{2}$	$\dfrac{a}{2}$

$$\frac{\partial W}{\partial M_{By}} = 0 = M_{By}\left(\frac{a}{EI} + \frac{a}{GI_{\mathrm{t}}}\right) + \frac{Fa^2}{4}\left(\frac{1}{EI} + \frac{2}{GI_{\mathrm{t}}}\right)$$

$$M_{By} = -\frac{Fa}{4}\,\frac{2EI + GI_{\mathrm{t}}}{EI + GI_{\mathrm{t}}}$$

$$\frac{\partial W}{\partial F} = v_F = M_{By}a^2\left(\frac{1}{2EI} + \frac{1}{GI_{\mathrm{t}}}\right) + Fa^3\left(\frac{1}{6EI} + \frac{1}{2GI_{\mathrm{t}}}\right)$$

$$v_F = \frac{Fa^3}{2EI}\left[\frac{1}{3} - \frac{1}{4\left(1 + \dfrac{EI}{GI_{\mathrm{t}}}\right)}\right]$$

111. Gleichgewichtsbedingungen:

$$\overset{\frown}{A\,B}:\; F_y R - \int_0^{\pi} R q\,d\varphi \sin\varphi = 0$$

$$F_y = Rq[-\cos\varphi]_0^{\pi} = 2Rq$$

$$G = R\pi q$$

$$F_y = \frac{2G}{\pi}$$

$$\uparrow:\; F_{Ay} + F_{By} + F_y - G = 0$$

wobei $F_{By} = F_{Ay}$

$$F_{By} = \frac{1}{2}\,(G - F_y)$$

$$F_{Ay} = F_{By} = \frac{G}{2\pi}\,(\pi - 2)$$

Berechnung von F_x:

$$\frac{F_x}{F_y} = \frac{R}{H} \qquad F_x = \frac{R}{H}\,F_y$$

Weiter ist $F_{Ax} = F_{Bx} = \dfrac{1}{2}\,F_x = \dfrac{RG}{H\pi}$

Durch F_x werden außerdem noch die Kräfte F_{Az} und F_{Bz} hervorgerufen. Das System ist einfach statisch unbestimmt.

F_{Az} sei die statisch Unbestimmte.

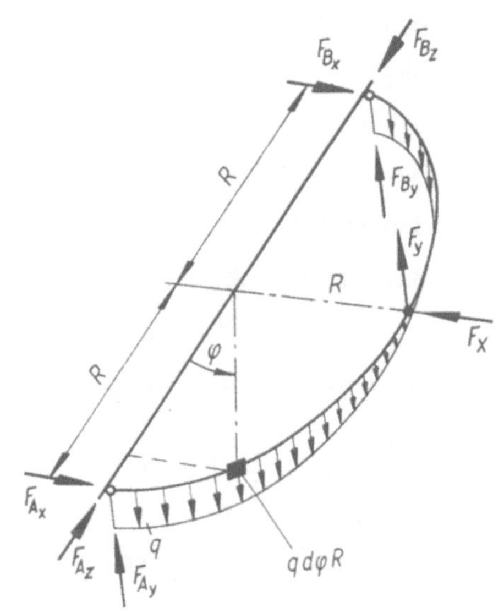

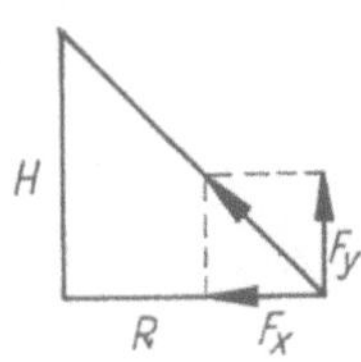

Moment:

$$M = F_{Az} R \sin\varphi - F_{Ax} R(1 - \cos\varphi)$$

Ableitung:

$$\frac{\partial M}{\partial F_{Az}} = R \sin\varphi$$

$$\frac{\partial W}{\partial F_{Az}} = 0 = 2\int_0^{\pi/2} \frac{M}{EI}\,\frac{\partial M}{\partial F_{Az}}\,R\,\mathrm{d}\varphi$$

$$0 = \int_0^{\pi/2}\big[F_{Az}\sin^2\varphi - F_{Ax}(\sin\varphi - \sin\varphi\cos\varphi)\big]\,\mathrm{d}\varphi$$

$$0 = F_{Az}\,\frac{\pi}{4} - F_{Ax}\left(1 - \frac{1}{2}\right) \Rightarrow F_{Az} = \frac{2}{\pi}\,F_{Ax} = \frac{2RG}{H\pi^2}$$

112. Momentenverläufe:

Bereich I

Biegung: $\qquad M_{bx} = Fz$

Bereich II

Biegung: $\qquad M_{bz} = F_B r (1 - \cos \varphi)$

Bereich III

Biegung: $\qquad M_{bz} = F_B r (1 + \sin \psi) - Fr(1 - \cos \psi)$

$\qquad\qquad M_{br} = Fb \cos \psi$

Torsion: $\qquad M_t \;\; = Fb \sin \psi$

$$\frac{\partial W}{\partial F_B} = 0 = \frac{1}{EI} \int\limits_0^{\pi/2} F_B r^3 (1 - \cos \varphi)^2 \, \mathrm{d}\varphi + \frac{1}{EI} \int\limits_0^{\pi/2} [F_B r (1 + \sin \psi) -$$

$$- Fr(1 - \cos \psi)] \, r(1 + \sin \psi) \, r \, \mathrm{d}\varphi$$

$$F_B = \frac{\pi - 1}{3\pi} F$$

$$\frac{\partial W}{\partial F} = v_F = \int\limits_0^b \frac{Fz^2 \mathrm{d}z}{EI} + \frac{r^3}{EI} \int\limits_0^{\pi/2} [F_B (1 + \sin \psi) - F(1 - \cos \psi)] (\cos \psi - 1) \, \mathrm{d}\psi \;+$$

$$+ \frac{Frb^2}{EI} \int\limits_0^{\pi/2} \left(\cos^2 \psi + \frac{5}{4} \sin^2 \psi \right) \mathrm{d}\psi =$$

$$= \frac{Fb^3}{3EI} \left[1 + \left(\frac{r}{b} \right)^3 \left(\frac{7\pi}{4} - 5 - \frac{1}{2\pi} \right) + \left(\frac{r}{b} \right) \frac{27\pi}{16} \right]$$

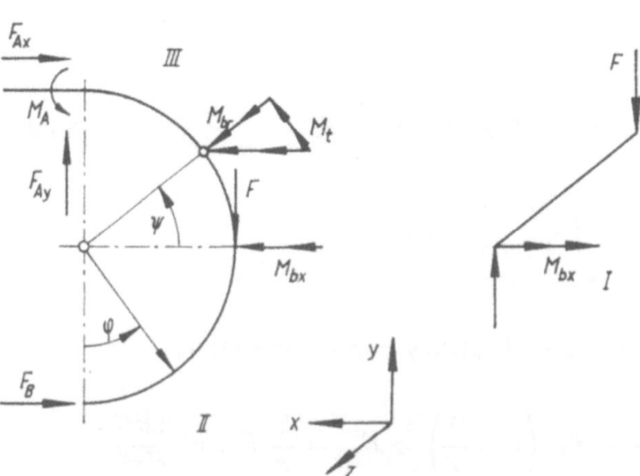

2.2.10. Übertragungsmatrix

113. Gleichung der elastischen Linie $EIv^{IV} = q$ wird integriert.

$$v = A + Bx + Cx^2 + Dx^3 + Fx^4$$

Bestimmung der Konstanten erfolgt aus bekannten Zustandsgrößen $(v_0, \varphi_0, M_0, F_{Q0})$ am Anfang.

$$v_{(0)} = v_0 = A$$

$$v'_{(0)} = v_0' = \varphi_0 = B$$

$$v''_{(0)} = -\frac{M_0}{EI} = 2C$$

$$v'''_{(0)} = -\frac{F_{Q0}}{EI} = 6D$$

$$v^{IV}_{(0)} = \frac{q}{EI} = 24F$$

Damit

$$v_1 = v_0 + \varphi_0 l - \frac{M_0 l^2}{2EI} - \frac{F_{Q0} l^3}{6EI} + \frac{q l^4}{24EI}$$

$$\varphi_1 = \varphi_0 - \frac{M_0 l}{EI} - \frac{F_{Q0} l^2}{2EI} + \frac{q l^3}{6EI}$$

$$M_1 = M_0 + F_{Q0} l - \frac{q l^2}{2}$$

$$F_{Q1} = F_{Q0} - q l$$

$$q = q$$

In Matrizenschreibweise:

$\mathfrak{y} = \mathfrak{F} \cdot \mathfrak{y}_0$ mit der Übertragungsmatrix

$$\mathfrak{F} = \begin{bmatrix} 1 & l & -\dfrac{l^2}{2EI} & -\dfrac{l^3}{6EI} & \dfrac{l^4}{24EI} \\[2mm] 0 & 1 & -\dfrac{l}{EI} & -\dfrac{l^2}{2EI} & \dfrac{l^3}{6EI} \\[2mm] 0 & 0 & 1 & l & -\dfrac{l^2}{2} \\[2mm] 0 & 0 & 0 & 1 & -l \\[2mm] 0 & 0 & 0 & 0 & 1 \end{bmatrix}$$

2.2.11. Träger starker Krümmung

114. a) Elementar: Neutrale Faser geht durch den Querschnittschwerpunkt

Biegemoment: $\qquad -M_b = FR \qquad R = u_1 + e$

$$e = \frac{b_2 h \dfrac{h}{2} + (b_1 - b_2)\dfrac{h}{2}\dfrac{h}{3}}{b_2 h + (b_1 - b_2)\dfrac{h}{2}} = 4{,}44\ \text{cm}; \qquad R = 14{,}44\ \text{cm}$$

Querschnittfläche $\quad A = b_2 h + (b_1 - b_2)\dfrac{h}{2} = 75\ \text{cm}^2$

Trägheitsmoment um $\quad x - x \quad I_{xx} = \dfrac{h^3}{36}\dfrac{b_1{}^2 + 4b_1 b_2 + b_2{}^2}{b_1 + b} \approx 602\ \text{cm}^4$

Gesamtspannung (Zug + Biegung): $\quad \sigma_g = \dfrac{F}{A} - \dfrac{FR\bar{y}}{I_{xx}}$

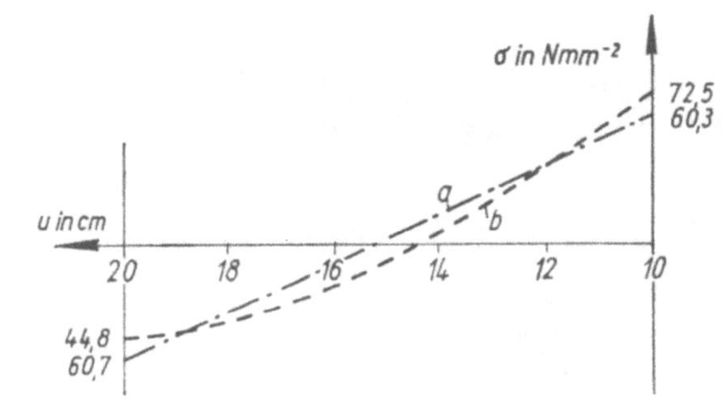

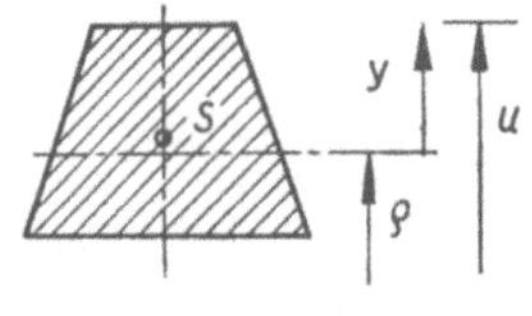

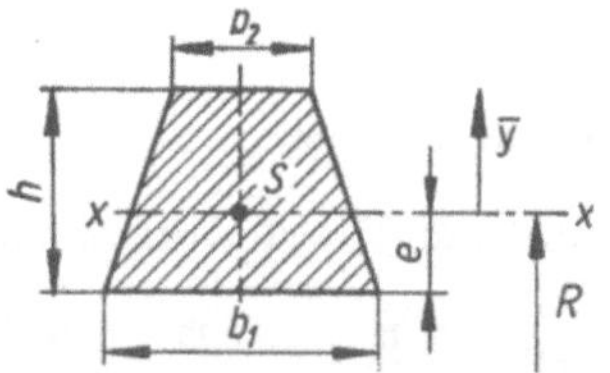

b) Neutrale Faser nicht im Schwerpunkt, Krümmungsradius der neutralen Faser: $\varrho\,(\varrho \neq R)$

$-M_b = F\varrho\,(M_b < 0,\ \text{weil Krümmung dadurch verringert})$

Bestimmung von ϱ erfolgt aus folgender Beziehung:

$$\int\limits_A \frac{y}{\varrho + y}\,\mathrm{d}A = 0 \Rightarrow \int \frac{u - \varrho}{u}\,\mathrm{d}A = 0; \quad A\ \text{Querschnittfläche}$$

Man erhält nach längerer Rechnung:

$$\varrho = \frac{\dfrac{1}{2}\,(b_1 + b_2)\,(u_2 - u_1)}{b_2 - b_1 + \dfrac{b_1 u_2 - b_2 u_1}{u_2 - u_1}\,\ln\dfrac{u_2}{u_1}} \qquad\qquad \varrho = 13{,}90\ \mathrm{cm}$$

Biegespannung

$$\sigma_\mathrm{b} = M_\mathrm{b}\,\frac{y}{\varrho + y}\,\frac{1}{\displaystyle\iint\limits_A \frac{(u - \varrho)^2}{u}\,\mathrm{d}A} \;\Rightarrow\; \sigma_\mathrm{b} = \frac{2\,M_\mathrm{b}}{(b_1 + b_2)\,(u_2 - u_1)\,s}\,\frac{u - \varrho}{u};$$

$$s = \frac{h\,(b_1 + 2 b_2)}{3\,(b_1 + b_2)} + u_1 - \varrho \qquad\qquad \sigma_\mathrm{b} = -169\,\frac{u - \varrho}{u}\ \mathrm{Nmm^{-2}}$$

Gesamtspannung (Zug + Biegung)

$$\sigma_\mathrm{g} = \frac{F}{A} + \sigma_\mathrm{b} = \left[6{,}67 - 169\,\frac{u - 13{,}9}{u}\right]\ \mathrm{Nmm^{-2}}$$

$$\sigma_\mathrm{g}\,(u = 10\ \mathrm{cm}) = 72{,}5\ \mathrm{Nmm^{-2}} \qquad \sigma_\mathrm{g}\,(u = 20\ \mathrm{cm}) = -44{,}8\ \mathrm{Nmm^{-2}}$$

2.2.12. Rotationssymmetrische Probleme

115. Für skizzierte Belastung gilt:

$$\sigma_\mathrm{r} = p\,\frac{a^2}{b^2 - a^2}\left[1 - \left(\frac{b}{r}\right)^2\right] - p^*\,\frac{b^2}{b^2 - a^2}\left[1 - \left(\frac{a}{r}\right)^2\right]$$

$$\sigma_\varphi = p\,\frac{a^2}{b^2 - a^2}\left[1 + \left(\frac{b}{r}\right)^2\right] - p^*\,\frac{b^2}{b^2 - a^2}\left[1 + \left(\frac{a}{r}\right)^2\right]$$

Änderung von r bei Belastung: $\Delta r = \dfrac{2\pi r\,\varepsilon_\varphi}{2\pi}$

$$\Delta r = \frac{r}{E}\left[\sigma_\varphi - \frac{1}{m}\,\sigma_\mathrm{r}\right]$$

Spezielle Bedingungen der gegebenen Schrumpfverbindung:

1. $p_1 = p_2{}^* = p;\qquad p_1{}^* = 0;\qquad p_2 = 0$

2. $b_2 - a_1 = \Delta a_1 - \Delta b_2\qquad$ (Skizze! $+\Delta b_2 < 0$!)

Verformung: $a_1 \Rightarrow a;\qquad b_2 \Rightarrow a\qquad (a_1 < a < b_2)$

Damit wird: $\sigma_{r1} = p\,\dfrac{a_1{}^2}{b_1{}^2 - a_1{}^2}\left[1 - \left(\dfrac{b_1}{r}\right)^2\right]$; $\sigma_{r2} = -p\,\dfrac{b_2{}^2}{b_2{}^2 - a_2{}^2}\left[1 - \left(\dfrac{a_2}{r}\right)^2\right]$

$$\sigma_{\varphi 1} = p\,\frac{a_1{}^2}{b_1{}^2 - a_1{}^2}\left[1 + \left(\frac{b_1}{r}\right)^2\right]; \quad \sigma_{\varphi 2} = -p\,\frac{b_2{}^2}{b_2{}^2 - a_2{}^2}\left[1 + \left(\frac{a_2}{r}\right)^2\right]$$

$$\frac{b_2 - a_1}{a} = \frac{p}{E}\left[\frac{b_1{}^2 + a^2}{b_1{}^2 - a^2} + \frac{a^2 + a_2{}^2}{a^2 - a_2{}^2}\right]$$

$$\sigma_v = \sqrt{\frac{1}{2}\left[(\sigma_1 - \sigma_2)^2 + (\sigma_2 - \sigma_3)^2 + (\sigma_3 - \sigma_1)^2\right]} = \sqrt{\sigma_\varphi{}^2 + \sigma_r{}^2 - \sigma_\varphi\sigma_r}$$

$$\sigma_1 = \sigma_\varphi; \qquad \sigma_2 = \sigma_r; \qquad \sigma_3 = 0$$

Innendruck (Rohr 1):

$$\sigma_v = p\,\frac{a_1{}^2}{b_2{}^2 - a_2{}^2}\sqrt{1 + 3\left(\frac{b_1}{r}\right)^4}$$

Außendruck (Rohr 2):

$$\sigma_v = p\,\frac{b_2{}^2}{b_2{}^2 - a_2{}^2}\sqrt{1 + 3\left(\frac{a_2}{r}\right)^4}$$

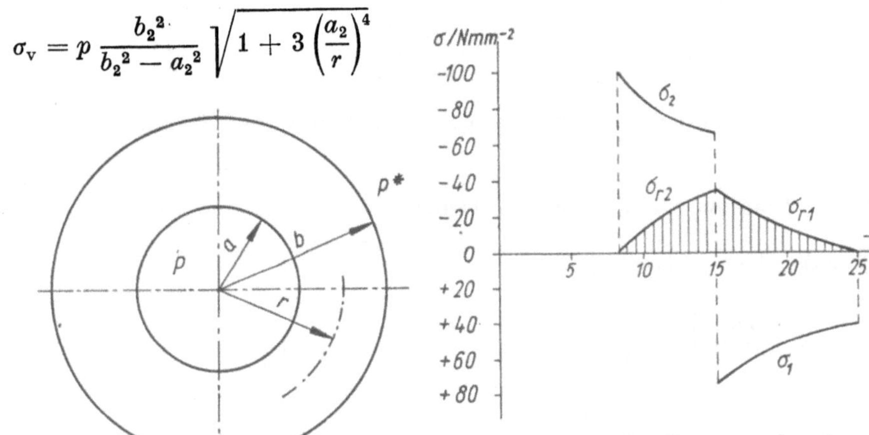

(statt σ_1 und σ_2 lies $\sigma_{\varphi 1}$ und $\sigma_{\varphi 2}$)

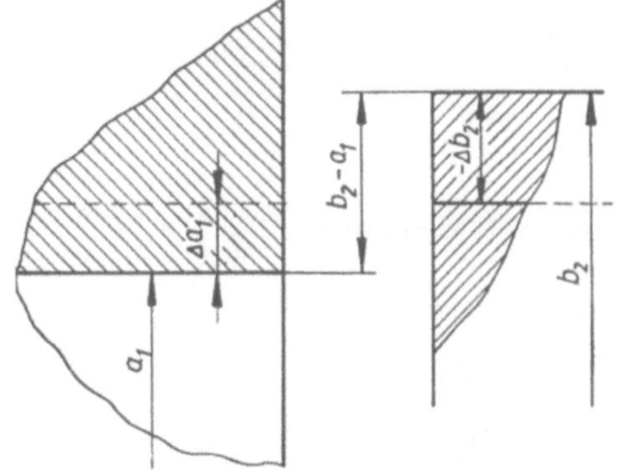

(r in cm, σ Nmm⁻²)

r	σ_φ	σ_r	σ_v
8	−100	0	100
12	− 72,3	−27,8	63,0
15	− 64,2	−35,7	55,8
15	+ 75,6	−35,7	98,6
20	+ 51,5	−11,3	58,0
25	+ 40,2	0	40,2

$$a_1 \approx b_2 \approx a \approx 15 \text{ cm}$$

$$b_1 = 25 \text{ cm}; \qquad a_2 = 8 \text{ cm}$$

$$b_2 = 15{,}01 \text{ cm}; \qquad a_1 = 15{,}00 \text{ cm}$$

116. Vergleichsspannung

$$\sigma_{\mathrm{v}} = \sqrt{\frac{1}{2}\left[(\sigma_1 - \sigma_2)^2 + (\sigma_2 - \sigma_3)^2 + (\sigma_1 - \sigma_3)^2\right]}$$

$$\sigma_1 = \sigma_2 = \sigma_\varphi \qquad \sigma_3 = \sigma_{\mathrm{r}} \qquad \sigma_{\mathrm{v}} = \sigma_\varphi - \sigma_{\mathrm{r}}$$

$$\sigma_{\mathrm{r}} = \frac{p a^3}{b^3 - a^3}\left(1 - \frac{b^3}{r^3}\right) \qquad \sigma_\varphi = \frac{p a^3}{b^3 - a^3}\left(1 + \frac{b^3}{2 r^3}\right)$$

Demnach $\qquad \sigma_{\mathrm{v}} = \dfrac{p a^3}{b^3 - a^3}\dfrac{3 b^3}{2 r^3} \qquad\qquad \sigma_{\mathrm{v\,max}} = \dfrac{3}{2}\dfrac{p b^3}{b^3 - a^3}$

Außenradius $\quad b = a \sqrt[3]{\dfrac{2\,\sigma_{\mathrm{zul}}}{2\,\sigma_{\mathrm{zul}} - 3 p}} = 22{,}54 \text{ cm}$

Wanddicke $\quad s = 2{,}54 \text{ cm}$

Vergrößerung des Außendurchmessers:

$$\varepsilon_\varphi = \frac{v_{\mathrm{r}}}{r} = \frac{1}{E}\left[\sigma_\varphi - \nu\,(\sigma_\varphi + \sigma_{\mathrm{r}})\right]$$

$$\varDelta b = \frac{b}{E}\,\sigma_{\varphi(b)}(1 - \nu) = \frac{b}{E}\,\frac{3}{2}\,\frac{p a^3}{b^3 - a^3}\,(1 - \nu) = 5{,}48 \cdot 10^{-3} \text{ cm}$$

117. 1. $r \leqq a$: Durchbiegung $w_1 = \text{konst.} \qquad \sigma_{\mathrm{r}} = \sigma_\varphi = 0$

2. $a \leqq r \leqq 2a$; $\left[\dfrac{1}{r}\,(r w')'\right]' = \dfrac{-F_{\mathrm{Q}}}{K} \qquad K \text{ Plattensteifigkeit}$

$$F_{\mathrm{Q}} = -\frac{\pi a^2 p}{2 \pi r} = -p\,\frac{a^2}{2r} \quad \text{(Querkraft in } \mathrm{Nmm^{-1}}\text{)}$$

Integration: $\dfrac{1}{r}\,(r w')' = \dfrac{p a^2}{2 K}\,[\ln r + C_1]$

$$r w' = \frac{p a^2}{2 K}\left[\frac{r^2}{2}\left(\ln r - \frac{1}{2}\right) + C_1\,\frac{r^2}{2} + C_2\right]$$

$$w = \frac{p a^2}{2 K}\left[\frac{r^2}{4}\,(\ln r - 1) + C_1\,\frac{r^2}{4} + C_2 \ln r + C_3\right]$$

Randbedingungen: (1) $w'_{(a)} = 0$ (2) $w'_{(2a)} = 0$ (3) $w_{(2a)} = 0$

Spannungen: $\sigma_r = M_r \dfrac{12z}{h^3}$; $\sigma_\varphi = M_\varphi \dfrac{12z}{h^3}$

Momente: $M_r = -K\left(w'' + v\,\dfrac{w'}{r}\right)$; $M_\varphi = -K\left(\dfrac{w'}{r} + vw''\right)$

Rand: aus (1) $0 = \dfrac{a^2}{2}\left(\ln a - \dfrac{1}{2}\right) + C_1\dfrac{a^2}{2} + C_2$ $\left.\begin{array}{l}\ \\ \ \end{array}\right\}$ $C_1 = -\left[\dfrac{4}{3}\ln 2 + \ln a - \dfrac{1}{2}\right]$

aus (2) $0 = 4\dfrac{a^2}{2}\left(\ln 2a - \dfrac{1}{2}\right) + C_1 4\dfrac{a^2}{2} + C_2$ $C_2 = +\dfrac{2}{3}\,a^2\ln 2$

aus (3) C_3 wird für σ nicht benötigt.

$$w' = \frac{+pa^2}{2K}\left[\frac{r}{2}\left(\ln r - \frac{1}{2}\right) + C_1\frac{r}{2} + \frac{C_2}{r}\right];$$

$$w'' = \frac{+pa^2}{2K}\left[\frac{1}{2}\left(\ln r + \frac{1}{2}\right) + \frac{1}{2}\,C_1 - \frac{C_2}{r^2}\right]$$

Die Werte für w', w'' werden in M_r, M_φ eingesetzt; weiterhin werden die Werte für C_1 und C_2 eingesetzt — damit ist σ_r bzw. σ_φ bekannt. Zu beachten ist, daß im Ergebnis im Argument des Logarithmus nur reine Zahlen erscheinen!

$$\sigma_r = -\frac{3a^2z}{h^3}\,p\left\{(1+v)\left[+\ln\frac{r}{a} - \frac{4}{3}\ln 2 + \frac{1}{2}\right] - (1-v)\left[+\frac{4}{3}\left(\frac{a}{r}\right)^2\ln 2 - \frac{1}{2}\right]\right\}$$

$$\sigma_\varphi = -\frac{3a^2z}{h^3}\,p\left\{(1+v)\left[+\ln\frac{r}{a} - \frac{4}{3}\ln 2 + \frac{1}{2}\right] + (1-v)\left[+\frac{4}{3}\left(\frac{a}{r}\right)^2\ln 2 - \frac{1}{2}\right]\right\}$$

118. 2 Bereiche: I. $0 \leqq r \leqq a$: $\dfrac{1}{r}\left[r\left\{\dfrac{1}{r}\,(rw')'\right\}'\right]' = \dfrac{p}{K}$

II. $a \leqq r \leqq b$: $\left\{\dfrac{1}{r}\,(rw')'\right\}' = -\dfrac{F_Q}{K}$

K Plattensteifigkeit   Querkraft $F_Q = -\dfrac{\pi a^2 p}{2\pi r} = -\dfrac{pa^2}{2r}$ in Nmm^{-1}

$\sigma_r = M_r \dfrac{12z}{h^3}$; $\sigma_\varphi = M_\varphi \dfrac{12z}{h^3}$; $M_r = -K\left(w'' + v\,\dfrac{w'}{r}\right)$

$M_\varphi = -K\left(\dfrac{w'}{r} + vw''\right)$

Integration liefert:

$$\text{I. } w_1 = \frac{p}{K}\left[\frac{r^4}{64} + A_1(\ln r - 1)\frac{r^2}{4} + B_1\frac{r^2}{4} + C_1\ln r + D_1\right]$$

$$w_1' = \frac{p}{K}\left[\frac{r^3}{16} + B_1\frac{r}{2}\right]; \qquad w_1'' = \frac{p}{K}\left[\frac{3r^2}{16} + B_1\frac{1}{2}\right]$$

Weil w_1 überall (auch bei $r = 0$) endlich bleibt: $A_1 = C_1 = 0$!

$$\text{II. } w_2 = \frac{p}{K}\left[\frac{a^2r^2}{8}(\ln r - 1) + B_2\frac{r^2}{4} + C_2\ln r + K_2\right]$$

$$w_2' = \frac{p}{K}\left[\frac{a^2r}{4}\left(\ln r - \frac{1}{2}\right) + B_2\frac{r}{2} + C_2\frac{1}{r}\right];$$

$$w_2'' = \frac{p}{K}\left[\frac{a^2}{4}\left(\ln r + \frac{1}{2}\right) + B_2\frac{1}{2} - \frac{C_2}{r^2}\right]$$

Randbedingungen: (1) $w_{1(0)}' = 0$;   (2) $w_{1(a)}' = w_{2(a)}'$;   (3) $w_{1(a)} = w_{2(a}$

(4) $M_{r1(a)} = M_{r2(a)}$ wegen (2): $w_{1(a)}'' = w_{2(a)}''$ (5) $w_{2(b)}' = 0$;   (6) $w_{2(b)} = 0$

6 Gleichungen für 5 Unbekannte — aber (1) ist identisch erfüllt!

Man erhält: $B_1 = -\dfrac{a^2}{16}\left[8\ln\left(\dfrac{b}{a}\right) + 2\left(\dfrac{a}{b}\right)^2\right];$

$$D_1 = +\frac{a^4}{16}\left[\left(\frac{b}{a}\right)^2 - \frac{3}{4} - \ln\left(\frac{b}{a}\right)\right]$$

$$B_2 = -\frac{a^2}{16}\left[8\ln b + 2\left(\frac{a}{b}\right)^2 - 4\right];$$

$$C_2 = +\frac{a^4}{16}; \quad D_2 = +\frac{a^4}{16}\left[\left(\frac{b}{a}\right)^2 + \frac{1}{2} - \ln b\right]$$

$$\sigma_{r1} = -p\,\frac{3a^2z}{4h^3}\left\{+ (3 + \nu)\left(\frac{r}{a}\right)^2 - 4(1 + \nu)\left[\ln\left(\frac{b}{a}\right) + \frac{1}{4}\left(\frac{a}{b}\right)^2\right]\right\}$$

$$\sigma_{r2} = -p\,\frac{3a^2z}{4h^3}\left\{+ 4 - (1 - \nu)\left(\frac{a}{r}\right)^2 - 4(1 + \nu)\left[\ln\left(\frac{b}{r}\right) + \frac{1}{4}\left(\frac{a}{b}\right)^2\right]\right\}$$

$$\sigma_{\varphi1} = -p\,\frac{3a^2z}{4h^3}\left\{+ (1 + 3\nu)\left(\frac{r}{a}\right)^2 - 4(1 + \nu)\left[\ln\left(\frac{b}{a}\right) + \frac{1}{4}\left(\frac{a}{b}\right)^2\right]\right\}$$

$$\sigma_{\varphi2} = -p\,\frac{3a^2z}{4h^3}\left\{+ 4\nu + (1 - \nu)\left(\frac{a}{r}\right)^2 - 4(1 + \nu)\left[\ln\left(\frac{b}{r}\right) + \frac{1}{4}\left(\frac{a}{b}\right)^2\right]\right\}$$

2.2.13. Stabilität

119. Das Biegemoment wird am verformten Bauteil ermittelt zu

$$M = F(e + v) \qquad v \text{ Durchbiegung des horizontalen Trägerteiles}$$

Elastische Linie:
$$E I v'' = -F(e + v)$$

Differentialgleichung:
$$v'' + \alpha^2 v = -\alpha^2 e \qquad \left(\alpha^2 = \frac{F}{EI}\right)$$

Lösung:
$$v = A \sin \alpha x + B \cos \alpha x - e$$

Randbedingungen:
$$v_{(0)} = 0 \Rightarrow B = e$$

$$v_{(L)} = 0 \Rightarrow A = \frac{e(1 - \cos \alpha L)}{\sin \alpha L}$$

Damit
$$v = \frac{e}{\sin \alpha L} [\sin \alpha x + \sin \alpha (L - x) - \sin \alpha L]$$

und
$$\frac{v\left(\dfrac{L}{2}\right)}{e} = \frac{1 - \cos \dfrac{\alpha L}{2}}{\cos \dfrac{\alpha L}{2}}$$

Die Durchbiegung wird für $\alpha L = \pi$ unendlich wie im 1. EULER-Fall, jedoch nicht plötzlich, sondern stetig.

120. Querschnitt I: $I_{\min} = 29{,}3 \text{ cm}^4$; $\qquad A = 13{,}5 \text{ cm}^2$ (aus Tabelle)

$$i_{\min} = \sqrt{\frac{I_{\min}}{A}} = 1{,}475 \text{ cm}$$

$$\lambda = \frac{l}{i_{\min}} = 108{,}5 > 100 \Rightarrow \text{EULER-Knickung}$$

$$\sigma_{\mathrm{k}} = \frac{E\pi^2}{\lambda^2} = 1{,}76 \cdot 10^2 \text{ Nmm}^{-2}; \qquad \sigma_{\mathrm{k\,zul}} = 4{,}39 \cdot 10^2 \text{ Nmm}^{-2} < \sigma_{\mathrm{d\,zul}}$$

$$F_{\mathrm{zul}} = A\,\sigma_{\mathrm{k\,zul}} = 5{,}93 \cdot 10^{4}\,\text{N}$$

Querschnitt II: Dünnwandiges Rohr mit $D_m = 13{,}7 \text{ cm}$

$$A = D_m \pi s = 12{,}9 \text{ cm}^2$$

$$I = \pi s \left(\frac{D_m}{2}\right)^3 = 303 \text{ cm}^4$$

$$i = \sqrt{\frac{I}{A}} = 4{,}85 \text{ cm}$$

$$\lambda = \frac{l}{i} = 33 \Rightarrow \text{keine Knickgefahr} \qquad F_{\mathrm{zul}} = A\,\sigma_{\mathrm{d\,zul}} = 1{,}16 \cdot 10^5 \text{ N}$$

121. $k_1{}^2 \;=\; \dfrac{F}{EI_1} \qquad k_2{}^2 = \dfrac{F}{EI_2} = k_1{}^2 \dfrac{I_1}{I_2}$

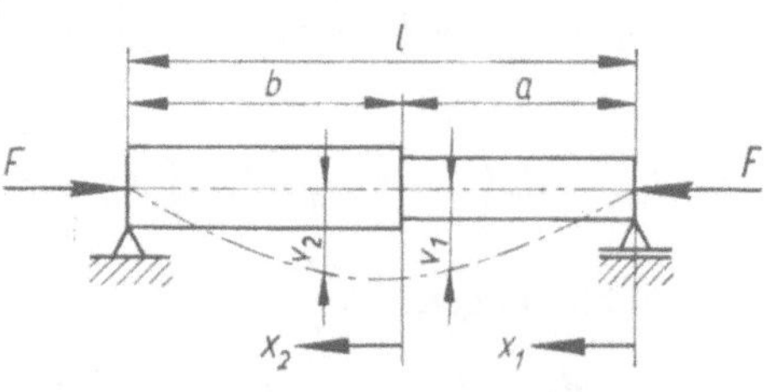

$$E I v'' = -M$$

$$M_1 \;=\; Fv_1 \qquad M_2 = Fv_2$$

$$v_1'' \;+\; k_1{}^2 v_1 = 0$$

$$v_2'' \;+\; k_2{}^2 v_2 = 0$$

$$v_1 \;=\; A \sin k_1 x_1 + B \cos k_1 x_1 \qquad\qquad v_2 = C \sin k_2 x_2 + D \cos k_2 x_2$$

$$v_1' \;=\; A k_1 \cos k_1 x_1 - B k_1 \sin k_1 x_1 \qquad v_2' = C k_2 \cos k_2 x_2 - D k_2 \sin k_2 x_2$$

Randbedingungen:

(1) $x_1 = 0 \qquad\qquad v_1 = 0 \Rightarrow B = 0$

(2) $x_1 = a,\; x_2 = 0;\quad v_1(a) = v_2(0) \Rightarrow A \sin k_1 a - D \qquad = 0$

(3) $\qquad\qquad\qquad v_1'(a) = v_2'(0) \Rightarrow A k_1 \cos k_1 a - C k_2 = 0$ $\quad$ $\left.\vphantom{\begin{matrix}1\\1\\1\end{matrix}}\right\}$ 3 homogene Gleichungen

(4) $x_2 = b \qquad\qquad v_2(b) = 0 \quad \Rightarrow D \cos k_2 b + C \sin k_2 b = 0$

$$\begin{vmatrix} \sin k_1 a & -1 & 0 \\[4pt] k_1 \cos k_1 a & 0 & -k_2 \\[10pt] 0 & \cos k_2 b & \sin k_2 b \end{vmatrix} = 0 = k_2 \sin k_1 a \cos k_2 b + k_1 \cos k_1 a \sin k_2 b$$

mit $k_1{}^2 = \dfrac{F}{EI_1},\quad k_2{}^2 = k_1{}^2 \dfrac{I_1}{I_2}$ wird die

Bestimmungsgleichung:

$$\sqrt{\frac{I_1}{I_2}}\, \sin k_1 a \cos k_1 \sqrt{\frac{I_1}{I_2}}\, b + \cos k_1 a \sin k_1 \sqrt{\frac{I_1}{I_2}}\, b = 0$$

Grenzübergang: $I_2 = I_1$

$$\sin k_1 a \cos k_1 b + \cos k_1 a \sin k_1 b = 0 = \sin k_1 (a + b)$$

$$\sin k_1 l = 0$$

Grenzübergang: $I_2 \Rightarrow \infty$

$$\sin k_1 a \cos k_1 \sqrt{\frac{I_1}{I_2}}\, b + k_1 b \cos k_1 a \, \frac{\sin k_1 \sqrt{\dfrac{I_1}{I_2}}\, b}{k_1 b \sqrt{\dfrac{I_1}{I_2}}} = 0$$

$$\sin k_1 a + k_1 b \cos k_1 a = 0$$

122. $M_b = \dfrac{EI}{\varrho} \approx EI \, \dfrac{\mathrm{d}^2 v}{\mathrm{d}x^2}; \qquad M_b = F(f - v)$

$$d_{(x)} = d_0 \left(1 - \frac{d_0 - d_1}{d_0} \, \frac{x}{l}\right) = d_0(1 - \delta\,\xi)$$

Abkürzungen:

$$\delta = \frac{d_0 - d_1}{d_0}; \quad \xi = \frac{x}{l}; \quad k^2 = \frac{F\,l^2}{EI_0}; \quad I_0 = \frac{\pi}{64}\,d_0{}^4; \quad v'' = \frac{\mathrm{d}^2 v}{\mathrm{d}\xi^2}$$

Damit Dgl. $(1 - \delta\,\xi)^4 v'' - k^2(f - v) = 0$

Randbedingungen: (1) $\xi = 0$ $v = 0$

                             (2) $\xi = 0$ $v = 0$

                             (3) $\xi = 1$ $v = f$

Mit $v - f = z, \qquad \varkappa = \dfrac{k}{\delta}$ und $1 - \delta\,\xi = t$ neue Dgl.

$$\frac{\mathrm{d}^2 z}{\mathrm{d}t^2} + \frac{\varkappa^2}{t^4}\,z = 0$$

Randbedingungen: (1) $t = 1$ $z = -f$

                             (2) $t = 1$ $\dfrac{\mathrm{d}z}{\mathrm{d}t} = 0$

                             (3) $t = 1 - \delta$ $z = 0$

Allgemeine Lösung:

$$z = t \left(C_1 \sin \frac{\varkappa}{t} + C_2 \cos \frac{\varkappa}{t}\right)$$

Aus Randbedingungen folgt:

$$C_1 = -f \left(\sin \varkappa + \frac{1}{\varkappa} \cos \varkappa\right),$$

$$C_2 = f \left(\frac{1}{\varkappa} \sin \varkappa - \cos \varkappa\right) \quad \text{und}$$

$$\frac{k}{\delta} + \tan \frac{k}{1 - \delta} = 0$$

Es ist nur iterative Lösung möglich.

δ	k	k^2
0	$\dfrac{\pi}{2}$	$\dfrac{\pi^2}{4}$
0,2	1,372	$\approx 1{,}88$
0,4	1,145	$\approx 1{,}31$
0,6	0,870	$\approx 0{,}76$
0,8	0,514	$\approx 0{,}265$
0,95	0,1495	$\approx 0{,}022$
(1,0)	(0)	(0)

$$F_{\mathrm{k}} = k^2 \frac{E I_0}{l_2}$$

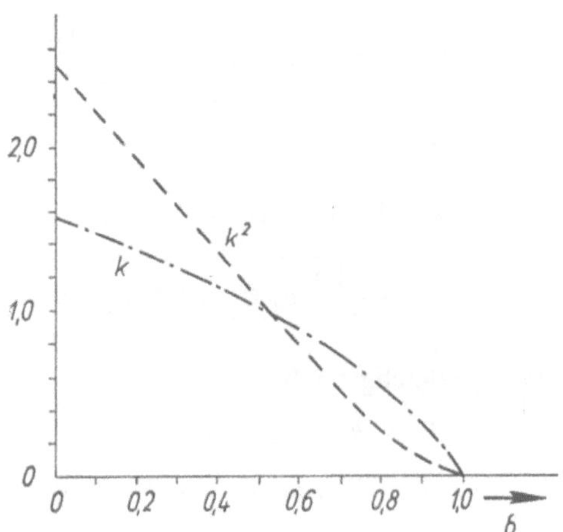

2.2.14. Plastizität — Viskoelastizität

123. Gleichgewicht:

$$\uparrow \; : F_{\mathrm{S}3} + F_{\mathrm{S}2} \cos \alpha - F = 0 \Rightarrow F_{\mathrm{S}3} = F - F_{\mathrm{S}2} \cos \alpha \qquad (1)$$

$$\rightarrow : \; -F_{\mathrm{S}1} - F_{\mathrm{S}2} \sin \alpha = 0 \quad \Rightarrow F_{\mathrm{S}1} = -F_{\mathrm{S}2} \sin \alpha \qquad (2)$$

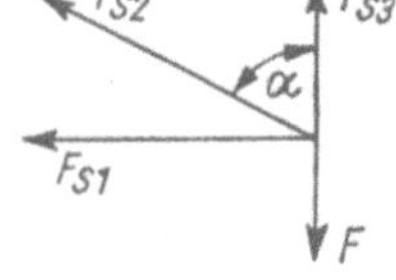

Satz von CASTIGLIANO:

$$\frac{\partial W}{\partial F_{\mathrm{S}2}} = 0 = \frac{1}{EA} \sum_{i=1}^{3} F_{\mathrm{S}i} \frac{\partial F_{\mathrm{S}i}}{\partial F_{\mathrm{S}2}} l_i =$$

$$= \frac{1}{EA} \left[F_{\mathrm{S}2} \sin^2 \alpha \, l_1 + F_{\mathrm{S}2} l_2 + (F - F_{\mathrm{S}2} \cos \alpha)(-\cos \alpha) l_3 \right]$$

Mit $l_1 = 2a, \;\; l_2 = \sqrt{5}\, a, \;\; l_3 = a$

und $\sin \alpha = \dfrac{2}{5} \sqrt{5}, \;\; \cos \alpha = \dfrac{1}{5} \sqrt{5}$ folgt

$$F_{\mathrm{S}2} \left(\frac{8}{5} + \sqrt{5} + \frac{1}{5} \right) - \frac{\sqrt{5}}{5} F = 0 \qquad (3)$$

und daraus mit (1) und (2)

$$F_{\mathrm{S}1} = \frac{9 - 5\sqrt{5}}{22} F \qquad F_{\mathrm{S}2} = \frac{25 - 9\sqrt{5}}{44} F$$

$$F_{\mathrm{S}3} = \frac{53 - 5\sqrt{5}}{44} F \leqq \sigma_F A$$

a) $F_E = \dfrac{44\,\sigma_F A}{53 - 5\sqrt{5}} = \dfrac{53 + 5\sqrt{5}}{61}\,\sigma_F A = 1{,}055\,\sigma_F A$

b) Traglast ist erreicht, wenn $F_{S2} = F_{S3} = \sigma_F A$

$\uparrow:\ \sigma_F A\,(1 + \cos\alpha) - F_T = 0$

$F_T = \dfrac{5 + \sqrt{5}}{5}\,\sigma_F A = 1{,}447\,\sigma_F A$

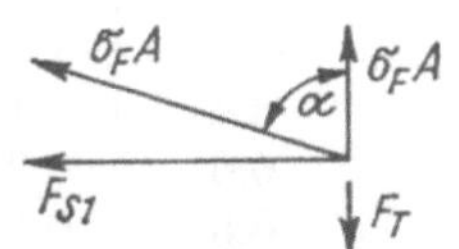

124. a) Gleichgewicht:

$\uparrow:\ F_A + F_C - F = 0$

$\curvearrowright A:\ M_A + F_C(a + c) - Fa = 0$

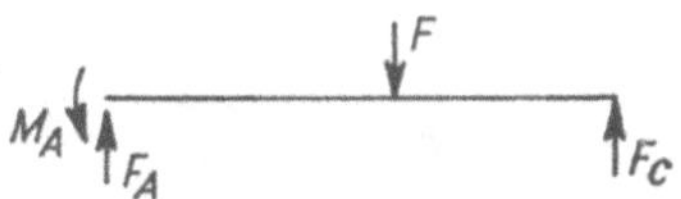

Verformungsbedingung (mit den Formeln für den einseitig eingespannten Träger):

$$F_C\,\frac{(a + c)^3}{3} - F\left(\frac{a^3}{3} + \frac{a^2 c}{2}\right) = 0 \Rightarrow F_C = \frac{a^2(2a + 3c)}{2(a + c)^3}\,F = \frac{14}{27}\,F$$

Momentenverlauf $\left(\dfrac{M_b}{F_C}\right)$:

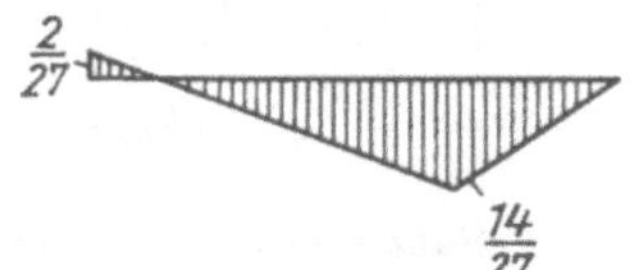

Bestimmung der elastischen Grenzlast F_E aus

$$\sigma_F \leqq \frac{M_{bB}}{W_b} = \frac{\dfrac{14}{27}\,F_E c}{\dfrac{2}{3}\,b^3} \Rightarrow F_E = \frac{9 b^3 \sigma_F}{7 c}$$

b) Die Traglast F_T ist erreicht, wenn die Balkenquerschnitte bei A und B vollplastisch werden. Traglastmoment für einen Rechteckquerschnitt

$$M_T = \frac{h^2 b}{4}\,\sigma_F$$

Mit $\curvearrowright A:\ M_T + F_{CT}(a + c) - F_T a = 0$ und

$\curvearrowright B:\ -M_T + F_{CT} c = 0$ \quad folgt

$$M_T = F_{CT} c = \frac{ac}{a + 2c}\,F_T \quad \text{und daraus}$$

$$F_T = \frac{(a + 2c)\,h^2 b}{ac\,4}\,\sigma_F = \frac{2 b^3 \sigma_F}{c}$$

125. Es gilt

$$\varepsilon(y, z, t) = -yv''(z, t) \tag{1}$$

Die größte Dehnung ist an der Einspannstelle zu erwarten mit

$$\varepsilon_{\max} = \varepsilon\left(\pm\frac{h}{2}, 0, \overline{T}\right) \leqq \varepsilon_{\text{zul}}. \tag{2}$$

Für die Krümmung gilt

$$v''(z, t)\, I_{xx} = -\int\limits_{-\infty}^{t} I(t - \tau)\, \frac{\partial M_x(z, \tau)}{\partial \tau}\, \mathrm{d}\tau \quad \text{oder mit}$$

$$M_x(z, \tau) = -\frac{1}{2}\, q(\tau)\, (l^2 - 2lz + z^2)$$

$$2v''(z, t)\, I_{xx} = \int\limits_{-\infty}^{t} \frac{\partial q(\tau)}{\partial \tau} \cdot I(t - \tau)\, (l^2 - 2lz + z^2)\, \mathrm{d}\tau = F(t)\, (l^2 - 2lz + z^2) \tag{3}$$

Wegen der Lastsprünge bei $t = 0$ und $t = \frac{1}{2}\, \overline{T}$ wird $F(t)$ partiell integriert.

$$F(t) = \int\limits_{-\infty}^{t} I(t - \tau)\, \frac{\partial q(\tau)}{\partial \tau}\, \mathrm{d}\tau = I(t - \tau)\, q(\tau)\, \Big|_{-\infty}^{t} - \int\limits_{-\infty}^{t} q(\tau)\, \frac{\partial I(t - \tau)}{\partial \tau}\, \mathrm{d}\tau$$

$$= I(0)\, q(t) - \int\limits_{-\infty}^{t} q(\tau)\, \frac{\partial I(t - \tau)}{\partial \tau}\, \mathrm{d}\tau$$

Daraus folgt für die einzelnen Laststufen

1. $t < 0, \quad q(\tau) = 0 \Rightarrow F(t) = 0$

2. $0 \leqq t \leqq \frac{1}{2}\, \overline{T},\ q(\tau) = q_0 \Rightarrow F(t) = I(0) \cdot q_0 - q_0 \cdot I(t - \tau)\, \Big|_{0}^{t} = q_0 \cdot I(t)$

3. $\frac{1}{2}\, \overline{T} < t \leqq \overline{T},\ q(\tau) = \frac{1}{2}$

$$F(t) = I(0)\, \frac{1}{2}\, q_0 - q_0 \cdot I(t - \tau)\, \Big|_{0}^{\frac{1}{2}\overline{T}} - \frac{1}{2}\, q_0 \cdot I(t - \tau)\, \Big|_{\frac{1}{2}T}^{t} =$$

$$= q_0\left[I(t) - \frac{1}{2}\, I\left(t - \frac{1}{2}\, \overline{T}\right)\right] \tag{4}$$

Für $t = \overline{T}$ und $z = 0$ folgt aus (1) bis (4)

$$2v''(0, T)\, I_{xx} = F(\overline{T})\, l^2 = \frac{q_0 l^2}{2E} \left\{ 2 \left[1 + \alpha \left(\frac{\overline{T}}{T_0} \right)^{\beta} \right] - \left[1 + \alpha \left(\frac{\overline{T}}{2T_0} \right)^{\beta} \right] \right\}$$

$$= \frac{q_0 l^2}{2E} \left\{ 1 + \alpha \left(\frac{\overline{T}}{T_0} \right)^{\beta} \left[2 - \left(\frac{1}{2} \right)^{\beta} \right] \right\} \overset{(<)}{=} \frac{4\,\varepsilon_{\text{zul}}\, I_{xx}}{h}$$

und daraus

$$\overline{T} = T_0 \sqrt[\beta]{\frac{\dfrac{8E I_{xx} \varepsilon_{\text{zul}}}{q_0 l^2 h} - 1}{\alpha \left[2 - \left(\dfrac{1}{2} \right)^{\beta} \right]}}$$

2.3.   Dynamik

2.3.1.   Kinematik

1. Rollbedingung: $r\varphi = (R + r)\,\psi$

a) Weg: $x = (R + r)\sin\psi - a\sin\varphi =$

$$= (R + r)\sin\psi - a\sin\left(1 + \frac{R}{r}\right)\psi$$

$$y = (R + r)\cos\psi - a\cos\varphi - R =$$

$$= (R + r)\cos\psi - a\cos\left(1 + \frac{R}{r}\right)\psi - R$$

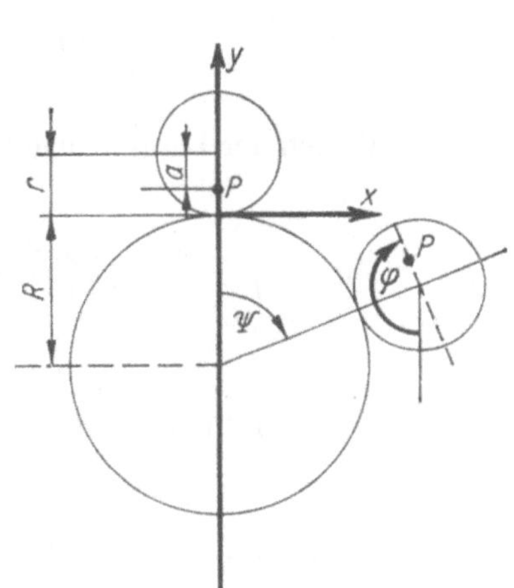

Geschwindigkeit:

$$\dot{x} = (R + r)\cos\psi \cdot \dot{\psi} - a\cos\left(1 + \frac{R}{r}\right)\psi \cdot \left(1 + \frac{R}{r}\right)\dot{\psi}$$

$$\dot{y} = -(R + r)\sin\psi \cdot \dot{\psi} + a\sin\left(1 + \frac{R}{r}\right)\psi \cdot \left(1 + \frac{R}{r}\right)\dot{\psi}$$

Beschleunigung:

$$\ddot{x} = -(R + r)\sin\psi \cdot \dot{\psi}^2 + a\sin\left(1 + \frac{R}{r}\right)\psi \cdot \left(1 + \frac{R}{r}\right)^2 \dot{\psi}^2$$

$$\ddot{y} = -(R + r)\cos\psi \cdot \dot{\psi}^2 + a\cos\left(1 + \frac{R}{r}\right)\psi \cdot \left(1 + \frac{R}{r}\right)^2 \dot{\psi}^2$$

b)

	$\psi = 0$	$\dfrac{\pi}{2}$	π	$\dfrac{3}{2}\pi$
$x = 2r \sin \psi - a \sin 2\psi$	0	$2r$	0	$-2r$
$y = 2r \cos \psi - a \cos 2\psi - r$	$r - a$	$a - r$	$-3r - a$	$a - r$
$\dot{x} = (2r \cos \psi - 2a \cos 2\psi)\,\dot\psi$	$(2r - 2a)\,\dot\psi$	$2a\dot\psi$	$(-2r - 2a)\,\dot\psi$	$2a\dot\psi$
$\dot{y} = (-2r \sin \psi + 2a \sin 2\psi)\,\dot\psi$	0	$-2r\dot\psi$	0	$2r\dot\psi$
$\ddot{x} = (-2r \sin \psi + 4a \sin 2\psi)\,\dot\psi^2$	0	$-2r\dot\psi^2$	0	$2r\dot\psi^2$
$\ddot{y} = (-2r \cos \psi + 4a \cos 2\psi)\,\dot\psi^2$	$(-2r + 4a)\,\dot\psi^2$	$-4a\dot\psi^2$	$(2r + 4a)\,\dot\psi^2$	$-4a\dot\psi^2$

c) $x = (R + r) \sin \dfrac{r}{R + r}\, \varphi - a \sin \varphi \Rightarrow x = r\varphi - a \sin \varphi$

$$y = (R + r) \cos \dfrac{r}{R + r}\, \varphi - a \cos \varphi - R \Rightarrow y = r - a \cos \varphi$$

$$\dot{x} = r\dot\varphi - a \cos \varphi \cdot \dot\varphi \qquad\qquad \ddot{x} = a \sin \varphi \cdot \dot\varphi^2$$

$$\dot{y} = \qquad a \sin \varphi \cdot \dot\varphi \qquad\qquad \ddot{y} = a \cos \varphi \cdot \dot\varphi^2$$

Die Bahn des Punktes P ist eine Zykloide.

Sie wird für $a = r$ gewöhnlich, für $0 < a < r$ gestreckt und für $a > r$ verschlungen.

2.3.2. Dynamische Grundgleichung — Prinzip d'Alembert — Energiesatz — Impulssatz

2. Abwärtsbewegung:

$$m\ddot{x} + k\dot{x} - mg = 0$$

$$\frac{\mathrm{d}v}{\mathrm{d}t} = g - \frac{k}{m}\, v = \frac{\mathrm{d}v}{\mathrm{d}x}\, v$$

$$\mathrm{d}x = \frac{v\,\mathrm{d}v}{g - \dfrac{k}{m}\, v}$$

$$H = \int\limits_0^H \mathrm{d}x = \int\limits_{v_{\max}}^0 \frac{v\,\mathrm{d}v}{g - \dfrac{k}{m}\, v}$$

Aufwärtsbewegung:

$$m\ddot{x} + k\dot{x} + mg = 0$$

$$\frac{\mathrm{d}v}{\mathrm{d}t} = -\left(g + \frac{k}{m}\, v\right) = \frac{\mathrm{d}v}{\mathrm{d}x}\, v$$

$$\mathrm{d}x = -\frac{v\,\mathrm{d}v}{g + \dfrac{k}{m}\, v}$$

$$h_{\max} = \int\limits_0^{h_{\max}} \mathrm{d}x = \int\limits_0^{v_{\max}} \frac{v\,\mathrm{d}v}{g + \dfrac{k}{m}\, v}$$

Substitution: $z = g - \dfrac{k}{m} v$ $\qquad\qquad$ Substitution: $z = g + \dfrac{k}{m} v$

$$v = (g - z)\,\frac{m}{k}; \quad \mathrm{d}v = -\frac{m}{k}\,\mathrm{d}z \qquad v = (z - g)\,\frac{m}{k}; \quad \mathrm{d}v = \frac{m}{k}\,\mathrm{d}z$$

$$H = -\frac{m^2}{k^2} \int\limits_{g - \frac{k}{m} v_{\max}}^{g} \frac{g - z}{z}\,\mathrm{d}z \qquad\qquad h_{\max} = \frac{m^2}{k^2} \int\limits_{g}^{g + \frac{k}{m} v_{\max}} \frac{z - g}{z}\,\mathrm{d}z$$

$$H = \frac{m^2}{k^2}\, g \ln\left(1 - \frac{k}{mg}\, v_{\max}\right) - \frac{m}{k}\, v_{\max} \qquad h_{\max} = \frac{m}{k}\, v_{\max} - \frac{m^2}{k^2}\, g \ln\left(1 + \frac{k}{mg}\right) v_{\max}$$

$$\underbrace{H + \frac{m}{k}\, v_{\max}}_{A} = \underbrace{\frac{m^2}{k^2}\, g \ln\left(1 - \frac{k}{mg}\, v_{\max}\right)}_{B} \qquad h_{\max} = 37{,}3\ \mathrm{m}$$

Transzendente Gleichung ist gelöst für $A = B$. $\quad k = 0$ liefert

$$v_{\max} = \sqrt{2gH} = 45\ \mathrm{ms^{-1}}$$

$$v_{\max} = \quad 40 \qquad 30 \qquad 32 \qquad 32{,}2\ \mathrm{ms^{-1}}$$

$$A \quad = 304 \quad 253 \quad 263 \quad 264\ \mathrm{m}$$

$$B \quad = 415 \quad 230 \quad 261 \quad 264\ \mathrm{m}$$

$$v_{\max} = 32{,}2\ \mathrm{ms^{-1}}$$

3. Bewegungsgleichung:

$$m\dot{v} + k^2 m g v^2 - mg = 0 \qquad\qquad \dot{v} + g(k^2 v^2 - 1) = 0$$

Integration ergibt: $t = \dfrac{1}{2gk} \ln \dfrac{1 + kv}{1 - kv}$

Daraus folgt: $v = \dfrac{\mathrm{e}^{2kgt} - 1}{k(\mathrm{e}^{2kgt} + 1)}$

Für $t \to \infty$ wird $v_{\max} = \dfrac{1}{k}$

Dies folgt auch sofort aus der Bewegungsgleichung mit $\dot{v} = 0$.

4. Bedingung $F_\mathrm{N} = F_\mathrm{Z}$ für Kreisbahn mit R

$$F_\mathrm{N} = G \cos \varphi = mg \cos \varphi$$

$$F_\mathrm{Z} = m \frac{v_\varphi^2}{R} = mg \cos \varphi$$

$$v_\varphi^2 = Rg \cos \varphi$$

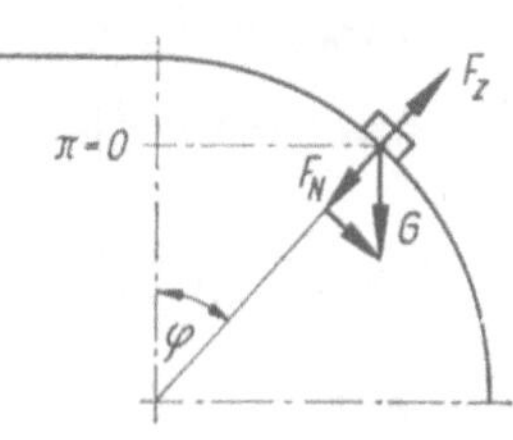

Energiesatz:

$$W_{\mathrm{kin}\varphi} + W_{\mathrm{pot}\varphi} = W_{\mathrm{kin}0} + W_{\mathrm{pot}0}$$

$$m \frac{Rg \cos \varphi}{2} + 0 = m \frac{v_0^2}{2} + mgR(1 - \cos \varphi)$$

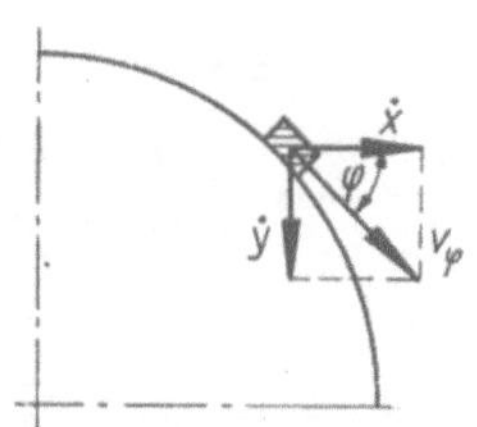

$$v_0^2 = Rg \cos \varphi - 2Rg + 2Rg \cos \varphi = Rg(3 \cos \varphi - 2)$$

$$v_0 = \sqrt{Rg \left(\frac{3 \sqrt{3}}{2} - 2\right)} = 0{,}775 \sqrt{Rg} = 2{,}43 \sqrt{R}$$

Schiefer Wurf: $x = v_\varphi \cos \varphi \cdot t$

$$y = v_\varphi \sin \varphi \cdot t + \frac{1}{2} g t^2 = x \tan \varphi + \frac{g x^2}{2 v_\varphi^2 \cos^2 \varphi}$$

$$y_{\max} = R(3 - \sin \varphi) \tan \varphi + R \frac{(3 - \sin \varphi)^2}{2 \cos^3 \varphi}$$

$$h = R \left[\frac{(3 - \sin \varphi)^2}{2 \cos^3 \varphi} + (3 - \sin \varphi) \tan \varphi + (1 - \cos \varphi)\right]$$

$$\psi = 30° \qquad h = 6{,}40\, R$$

5. Aus dem Kräftegleichgewicht folgt:

$$F_\mathrm{Z} = ms \cos \alpha \cdot \omega^2$$

$$F_\mathrm{n} = F_\mathrm{Z} \sin \alpha + G \cos \alpha$$

$$F_\mathrm{R} \lesseqgtr \mu F_\mathrm{n}$$

$$= \mu(ms \cos \alpha \cdot \omega^2 \sin \alpha + mg \cos \alpha)$$

$$= \mu m \cos \alpha (s \omega^2 \sin \alpha + g)$$

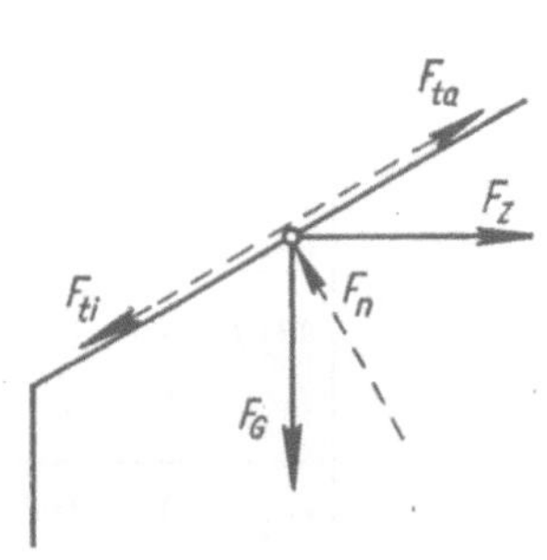

$$F_{\mathrm{ta}\,\max} = F_{\mathrm{Z}\,\max} \cos \alpha - G \sin \alpha$$

$$= ms_{\max} \cos^2 \alpha \cdot \omega^2 - mg \sin \alpha$$

$$F_{\mathrm{ti}\,\max} = G \sin \alpha - F_{\mathrm{Z}\,\min} \cos \alpha$$

$$= mg \sin \alpha - ms_{\min} \cos^2 \alpha \cdot \omega^2$$

$$F_\mathrm{t} \lesseqgtr F_\mathrm{R}$$

$$m\left(s_{\max}\cos^2\alpha\cdot\omega^2 - g\sin\alpha\right) \leqq \mu\, m\cos\alpha\left(s_{\max}\omega^2\sin\alpha + g\right)$$

$$s_{\max}\cos\alpha\cdot\omega^2(\cos\alpha - \mu\sin\alpha) \leqq g(\mu\cos\alpha - \sin\alpha)$$

$$s_{\max} = \frac{g}{\omega^2}\,\frac{\mu\cos\alpha + \sin\alpha}{\cos\alpha(\cos\alpha - \mu\sin\alpha)}$$

$$m\left(g\sin\alpha - s_{\min}\cos^2\alpha\cdot\omega^2\right) \leqq \mu m\cos\alpha\left(s_{\min}\omega^2\sin\alpha + g\right)$$

$$-\,s_{\min}\cos\alpha\cdot\omega^2(\cos\alpha + \mu\sin\alpha) \leqq g(\mu\cos\alpha - \sin\alpha)$$

$$s_{\min} = \frac{g}{\omega^2}\,\frac{\sin\alpha - \mu\cos\alpha}{\cos\alpha(\cos\alpha + \mu\sin\alpha)}$$

6. $F = \dfrac{m v^2}{R} = \sqrt{F_F^{\,2} - G^2}$

$$R = \frac{m v^2}{\sqrt{F_F^{\,2} - G^2}} = 61{,}4\,\mathrm{m}$$

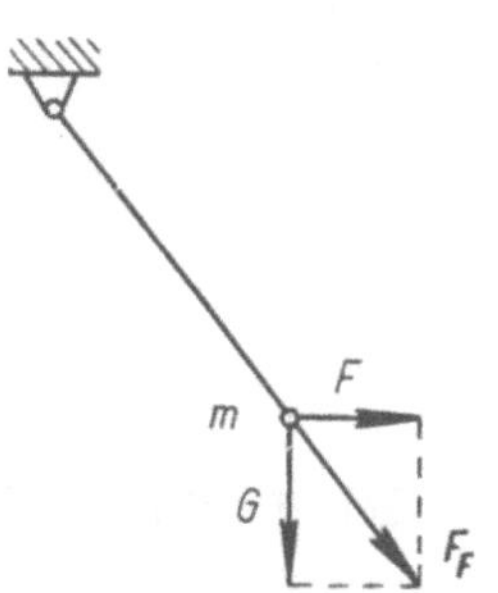

7. Energiebetrachtung: $\qquad W_{\mathrm{kin}} + W_{\mathrm{pot}} = F_{\mathrm{R}}h$

$$\frac{m}{2}\,v^2 + mgh = F_{\mathrm{R}}h \qquad\qquad F_{\mathrm{R}} = \frac{m v^2}{2h} + mg = G\left(\frac{v^2}{2gh} + 1\right)$$

8. Gleichungssystem aus Zwangs- und Gleichgewichtsbedingungen:

$$m_1\ddot{x}_1 \qquad\qquad + F_{\mathrm{S}} = m_1 g$$
$$m_2\ddot{x}_2 \qquad + 4F_{\mathrm{S}} = m_2 g$$
$$m_3\ddot{x}_3 + F_{\mathrm{S}} \quad = m_3 g$$
$$\ddot{x}_1 + 4\ddot{x}_2 + \ddot{x}_3 \qquad = 0$$

$$\ddot{x}_1 = \frac{\begin{vmatrix} m_1 g & 0 & 0 & 1 \\ m_2 g & m_2 & 0 & 4 \\ m_3 g & 0 & m_3 & 1 \\ 0 & 4 & 1 & 0 \end{vmatrix}}{\begin{vmatrix} m_1 & 0 & 0 & 1 \\ 0 & m_2 & 0 & 4 \\ 0 & 0 & m_3 & 1 \\ 1 & 4 & 1 & 0 \end{vmatrix}}$$

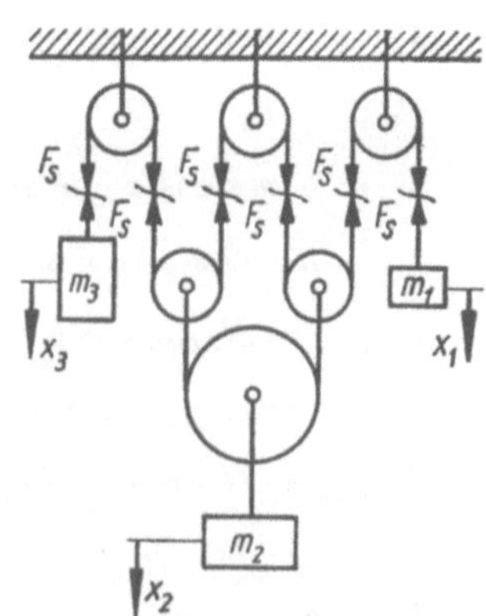

$$\ddot{x}_1 = \frac{m_1 g\,(-16 m_3 - m_2) - 1\,(-4 m_2 m_3 g - m_2 m_3 g)}{m_1\,(-16 m_3 - m_2) - 1\,(m_2\,m_3)} = \frac{4}{49}\,g$$

Ebenso erhält man: $\ddot{x}_2 = -\dfrac{11}{49}\,g,$

daraus: $\qquad\qquad \ddot{x}_3 = -(\ddot{x}_1 + 4\ddot{x}_2) = \dfrac{40}{49}\,g$

9. Gleichgewichtsbedingungen:

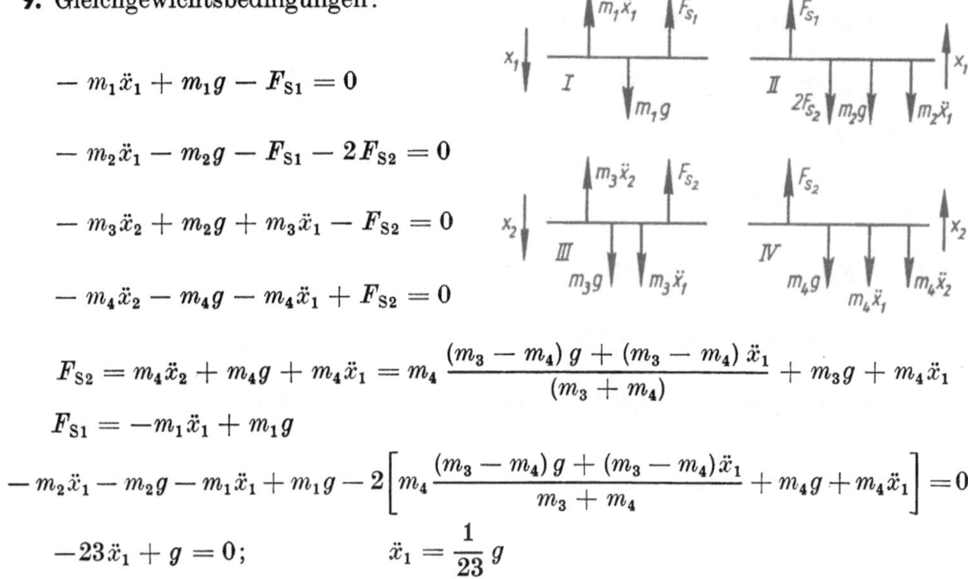

$$-m_1\ddot{x}_1 + m_1 g - F_{S1} = 0$$

$$-m_2\ddot{x}_1 - m_2 g - F_{S1} - 2F_{S2} = 0$$

$$-m_3\ddot{x}_2 + m_2 g + m_3\ddot{x}_1 - F_{S2} = 0$$

$$-m_4\ddot{x}_2 - m_4 g - m_4\ddot{x}_1 + F_{S2} = 0$$

$$F_{S2} = m_4\ddot{x}_2 + m_4 g + m_4\ddot{x}_1 = m_4\,\frac{(m_3 - m_4)\,g + (m_3 - m_4)\,\ddot{x}_1}{(m_3 + m_4)} + m_3 g + m_4\ddot{x}_1$$

$$F_{S1} = -m_1\ddot{x}_1 + m_1 g$$

$$-m_2\ddot{x}_1 - m_2 g - m_1\ddot{x}_1 + m_1 g - 2\left[m_4\,\frac{(m_3 - m_4)\,g + (m_3 - m_4)\,\ddot{x}_1}{m_3 + m_4} + m_4 g + m_4\ddot{x}_1 \right] = 0$$

$$-23\,\ddot{x}_1 + g = 0; \qquad\qquad \ddot{x}_1 = \frac{1}{23}\,g$$

10. Der Wagen kippt nach außen, wenn

$$F_Z \geqq G\,\tan(\alpha + \varepsilon_0) = G\,\frac{\tan\alpha + \tan\varepsilon_0}{1 - \tan\alpha\,\tan\varepsilon_0} = \frac{\dfrac{3}{10} + \dfrac{1}{3}}{1 - \dfrac{1}{10}}\,G$$

$$F_Z = \frac{19}{27}\,G$$

$$F_Z = m R \omega^2 = m\,\frac{v^2}{R} = \frac{19}{27}\,mg$$

$$v^2 = \frac{19}{27}\,Rg = \frac{19 \cdot 500 \cdot 9{,}81}{27}\ (\mathrm{ms}^{-1})^2$$

$$v_{\max} = 58{,}8\ \mathrm{ms}^{-1}$$

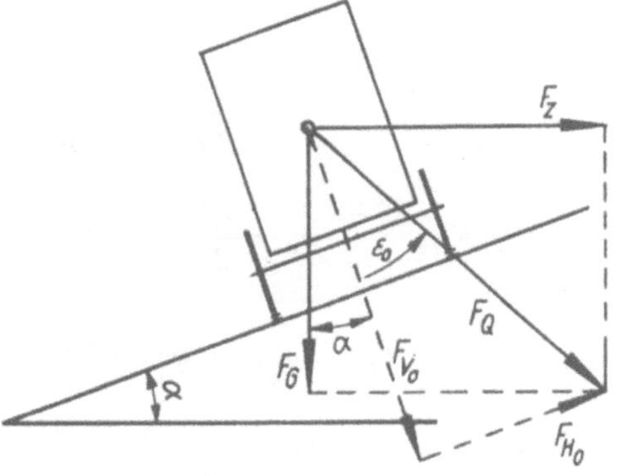

Schienendruck bei $\ v = \dfrac{1}{2}\, v_{\max}$

$$\tan(\alpha + \varepsilon) = \frac{F_{\mathrm{Z}}}{4\,G} = \frac{19}{108} = 0{,}176$$

$$\alpha + \varepsilon = 9{,}98°$$

$$\varepsilon = 9{,}98 - 16{,}7 \qquad \tan\alpha = 0{,}3$$

$$\varepsilon = -6{,}72° \qquad \alpha = 16{,}7°$$

$$F_{\mathrm{Q}}{}^2 = F_{\mathrm{Z}}{}^2 + G^2$$

$$F_{\mathrm{Q}} = 2{,}03 \cdot 10^5\,\mathrm{N}$$

$$F_{\mathrm{V}} = F_{\mathrm{Q}} \cos\varepsilon = 2{,}02 \cdot 10^5\,\mathrm{N}$$

$$F_{\mathrm{H}} = F_{\mathrm{Q}} \sin\varepsilon = -2{,}38 \cdot 10^4\,\mathrm{N}$$

Die Kraft ist nach links gerichtet (nur linke Schiene durch F_{H} belastet)

11. Freier Fall: $\ddot{x} = -g$

$$\dot{x} = -gt + v_i$$

$$\dot{x} = 0 \Rightarrow t_i = \frac{v_i}{g}$$

$$x = -\frac{1}{2}\,gt^2 + v_i t$$

$$x = h_i \Rightarrow h_i = \frac{v_i{}^2}{2g}$$

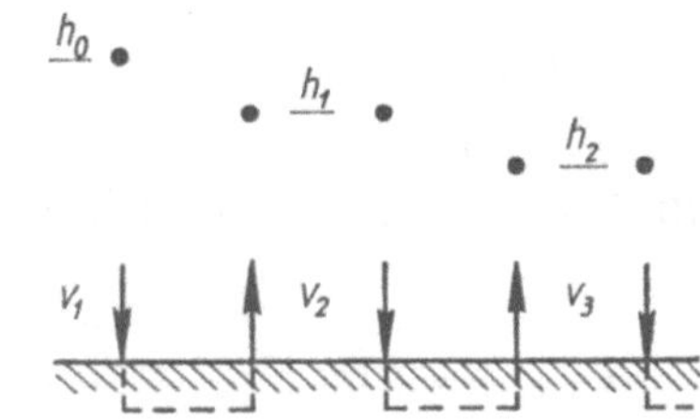

Stoß:

$$v_2 = Kv_1 \qquad h_1 = \frac{v_2{}^2}{2g} = K^2\frac{v_1{}^2}{2g} = K^2 h_0 \qquad t_2 = \frac{v_2}{g} = K\,\frac{v_1}{g} = Kt_1$$

$$v_3 = Kv_2 \qquad h_2 = \frac{v_3{}^2}{2g} = K^4 h_0 \qquad t_3 = \frac{v_3}{g} = K^2 t_1$$

$$v_n = K^{n-1}v_1 \qquad h_{n-1} = \frac{v_n{}^2}{2g} = K^{2(n-1)} h_0 \qquad t_n = \frac{v_n}{g} = K^{n-1} t_1$$

Zurückgelegter Weg: $\ s = h_0 + 2h_1 + 2h_2 + \cdots + 2h_n + \cdots$

Vergangene Zeit:
$$t = t_1 + 2t_2 + 2t_3 + \cdots + 2t_n + \cdots$$
$$s_n = 2h_0(1 + K^2 + K^4 + \cdots) - h_0$$
$$t_n = 2t_1(1 + K + K^2 + \cdots) - t_1$$

Gesamtweg:
$$S = \lim_{n \to \infty} s_n = \frac{1 + K^2}{1 - K^2} h_0$$

12. Impulssatz: $m\,\mathrm{d}v = F\,\mathrm{d}t$

In Wegrichtung gilt: $m(v_0 - v_1) = Ft$

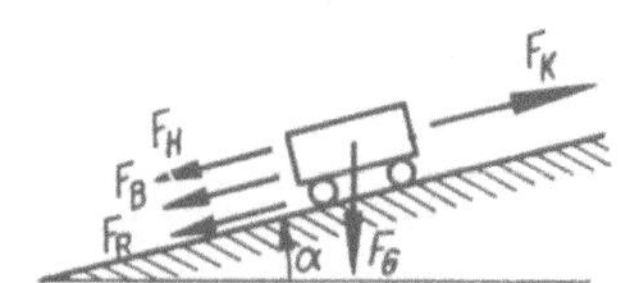

$$\sin \alpha = \frac{\tan \alpha}{\sqrt{1 + \tan^2 \alpha}}$$

$$\cos \alpha = \frac{1}{\sqrt{1 + \tan^2 \alpha}}$$

$$F = G(\sin \alpha + \mu \cos \alpha) - F_Z$$

$$F_Z = G\left(\sin \alpha + \mu \cos \alpha - \frac{v_0 - v_1}{gt}\right)$$

$$F_Z = 4\left(0{,}006 + 0{,}005 - \frac{15 - 12{,}5}{9{,}81 \cdot 50}\right) 10^6 \text{ N}$$

Zugkraft: $F_Z = 2{,}35 \cdot 10^4$ N

13. $\tan \alpha = 0{,}005 \Rightarrow \sin \alpha \approx 0{,}005$ $\qquad F_K = F_H + F_B + F_R$

$\qquad\qquad \cos \alpha \approx 1{,}00$

$$F_H = G \sin \alpha$$

$$F_B = mb = \frac{G}{g} b$$

$$F_R = \mu G \cos \alpha$$

$$b = \frac{\Delta v}{\Delta t} = \frac{50\,\dfrac{\text{km}}{\text{h}}\,1000\,\dfrac{\text{m}}{\text{km}}}{2\,\text{min}\,60\,\dfrac{\text{s}}{\text{min}}\,3600\,\dfrac{\text{s}}{\text{h}}} \qquad\qquad b = 0{,}1158 \text{ ms}^{-2}$$

$$F_K = G\left[\sin \alpha + \frac{b}{g} + \mu \cos \alpha\right] = 3\left[0{,}005 + \frac{0{,}1158}{9{,}81} + 0{,}05 \cdot 1{,}00\right] 10^6 \text{ N}$$

$$F_K \approx 2 \cdot 10^5 \text{ N}$$

14. Momentengleichung:

$$\overset{\curvearrowleft}{0}:\ \frac{F_Q}{g}\,2l\sin\alpha\cdot\omega^2\,2l\cos\alpha - \frac{G}{2}\,l\sin\alpha - \frac{G}{2}\,\tan\alpha\cdot l\cos\alpha - F_Q\,2l\sin\alpha = 0$$

$$\omega = \sqrt{\dfrac{G + 2F_Q}{\dfrac{F_Q}{g}\,4l\cos\alpha}} = 17{,}3\ \text{s}^{-1} \qquad n = \frac{30\,\omega}{\pi} = 165\ \text{U min}^{-1}$$

15. a) Fliehkraft und Erdanziehungskraft stehen im Gleichgewicht.

$$\frac{m v_0^2}{R + H} = mg\,\frac{R^2}{(R + H)^2}$$

$$v_0^2 = g\,(R + H)$$

$$H \ll R$$

$$v_0 = \sqrt{Rg} = 7{,}92\ \text{km s}^{-1}$$

b) Energiesatz

$$\frac{m}{2}\,v_\infty^2 - \frac{m}{2}\,v_0^2 = -\int\limits_{R+H}^{R\infty} mg\,\frac{R^2}{r^2}\,\mathrm{d}r = -mg R^2\left(\frac{1}{R + H} - \frac{1}{R_\infty}\right)$$

$$v_\infty = \sqrt{v_0^2 - \frac{2g R^2}{R + H}}$$

$$v_0 = \sqrt{2gR} = 11{,}2\ \text{km s}^{-1}\ \text{für}\ H \ll R$$

16. $v_1 \sin\alpha = v_2 \sin\beta$

$$v_2 \cos\beta = K v_1 \cos\alpha$$

$$\sin\alpha = \frac{\sqrt{2}}{2}\sin\beta\,;\qquad \frac{\sqrt{2}}{2}\cos\beta = \frac{\sqrt{3}}{3}\cos\alpha$$

$$\sin^2\alpha = \frac{1}{2}\sin^2\beta\,;\ \frac{1}{2}(1 - \sin^2\beta) = \frac{1}{3}(1 - \sin^2\alpha)$$

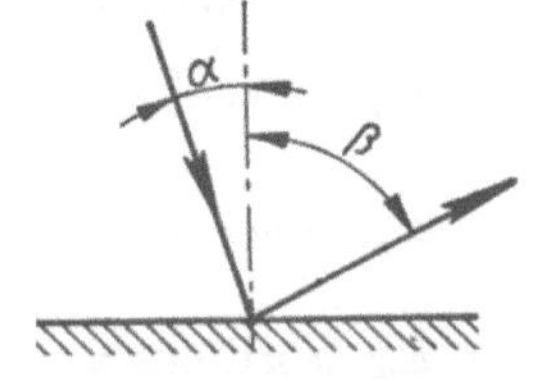

Daraus: $\alpha = 30°\qquad \beta = 45°$

17. Aus Impulssatz: Geschwindigkeit der vereinigten Körper unmittelbar nach dem Stoß v_1.

$$v_1 = v_0\,\frac{m_2}{m_1 + m_2} = v_0\,\frac{G_2}{G_1 + G_2}$$

Damit ist die kinetische Energie $= \dfrac{m_1 + m_2}{2}\,v_1^2$

Daraus ergibt sich:

$$s_\mathrm{max} = \frac{G_2}{c}\left[\genfrac{}{}{0pt}{}{+}{(-)} \ \sqrt{\frac{v_0{}^2}{g}\,\frac{c}{G_1+G_2} + \frac{\mu^2 G_1{}^2}{G_2{}^2}} - \mu\,\frac{G_1}{G_2}\right]$$

Das negative Vorzeichen der Wurzel entfällt, weil s_max nicht negativ sein kann.

18. $m\ddot{y} - eE = 0$
$m\ddot{x} \qquad = 0$

$\dot{y} = \dfrac{eE}{m}\,t + C_1$

$\dot{x} = C_3$

$y = \dfrac{eE}{2m}\,t^2 + C_1 t + C_2$

$x = C_3 t + C_4$

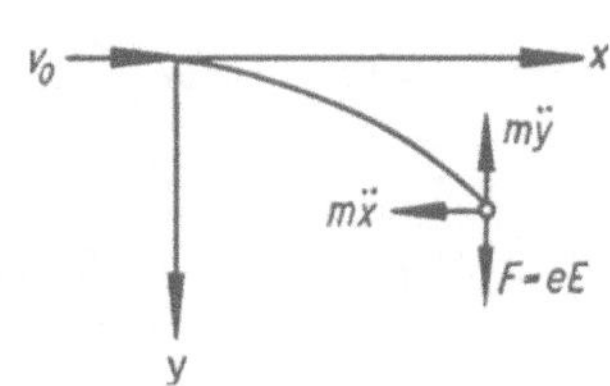

Randbedingungen:

$t = 0$	$C_1 = 0$	
$y = 0$	$C_2 = 0$	
$\dot{y} = 0$	$C_3 = v_0$	
$x = 0$	$C_4 = 0$	
$\dot{x} = v_0$		

$y = \dfrac{eE}{2m}\,t^2$

$x = v_0 t$

$y = \dfrac{eE}{2m}\left(\dfrac{x}{v_0}\right)^2$

19. $F_1 t = m v$

$m \quad = (A\,v\,t)\,\varrho$

$F \quad = F_1 \cos \alpha$

$F \quad = A\,v^2 \varrho \cos \alpha$

$F \quad = 90{,}5\ \mathrm{N}$

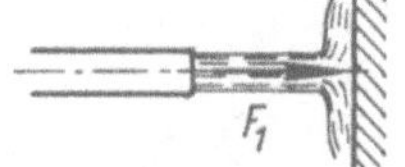

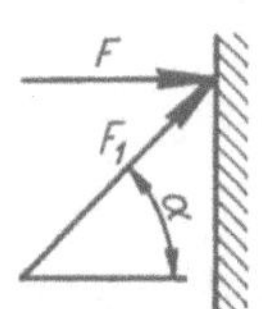

20. Mit Hilfe des Impulssatzes erhalten wir:

$$J_1 \omega_1 + J_2 \omega_2 = (J_1 + J_2)\,\omega_\mathrm{g}$$

$$\omega_\mathrm{g} = \frac{J_1 \omega_1 + J_2 \omega_2}{J_1 + J_2}$$

Die gemeinsame Rotationsgeschwindigkeit beträgt:

$$(\omega_2 = 0) \qquad \omega_\mathrm{g} = \frac{J_1 \omega_1}{J_1 + J_2}$$

Der „Energieverlust" errechnet sich aus:

$$\Delta W_{\text{kin}} = \frac{1}{2}\left[J_1\omega_1{}^2 + J_2\omega_2{}^2 - (J_1 + J_2)\left(\frac{J_1\omega_1 + J_2\omega_2}{J_1 + J_2}\right)^2\right]$$

$$\Delta W_{\text{kin}} = \frac{1}{2}\frac{J_1 J_2}{J_1 + J_2}(\omega_1 - \omega_2)^2$$

$$(\omega_2 = 0) \qquad \Delta W_{\text{kin}} = \frac{1}{2}\frac{J_1 J_2}{J_1 + J_2}\omega_1{}^2$$

21. a) $J_1\omega_0 = (J_1 + J_2)\,\omega_g \qquad J_1 = m_1\dfrac{r_1{}^2}{2}, \qquad J_2 = m_2\dfrac{r_2{}^2}{2}$

$$\omega_g = \frac{m_1 r_1{}^2\omega_0}{m_1 r_1{}^2 + m_2 r_2{}^2}$$

b) $p = \dfrac{F}{\pi r_1{}^2}; \qquad M = \displaystyle\int_0^{r_1} p\mu\,2\pi r r\,\mathrm{d}r = \frac{2\mu F}{r_1{}^2}\int_0^{r_1} r^2\,\mathrm{d}r \qquad M = \frac{2}{3}r_1\mu F$

$$J_1\ddot{\varphi}_1 = -M \qquad\qquad J_2\ddot{\varphi}_2 = M$$

$$J_1\dot{\varphi}_1 = -Mt + J_1\omega_0 \qquad J_2\dot{\varphi}_2 = Mt$$

Nach der Kupplung: $\dot{\varphi}_1 = \dot{\varphi}_2$

$$-\frac{M}{J_1}t_e + \omega_0 = \frac{Mt_e}{J_2}$$

$$t_e = \frac{J_1 J_2\omega_0}{(J_1 + J_2)M} = \frac{3m_1 r_1 m_2 r_2{}^2\omega_0}{4(m_1 r_1{}^2 + m_2 r_2{}^2)\mu F}$$

c) $M\Delta\varphi = \Delta W_{\text{kin}}; \qquad \Delta W_{\text{kin}} = W_{\text{kin0}} - W_{\text{kin}}$

$$\Delta W_{\text{kin}} = J_1\frac{\omega_0{}^2}{2} - (J_1 + J_2)\frac{\omega_g{}^2}{2} = \frac{J_1 J_2}{(J_1 + J_2)}\frac{\omega_0{}^2}{2}$$

$$\Delta\varphi = \frac{3J_1 J_2\omega_0{}^2}{2(J_1 + J_2)\,2r_1\mu F}$$

22. Drehimpulssatz:

$$\frac{G_{\text{M}}}{g}(u - \omega r)\,r = J\omega \qquad J = \frac{G_{\text{S}}}{g}\frac{R^2}{2}$$

$$\frac{G_{\text{M}}ur}{g} = \omega\left(\frac{G_{\text{S}}R^2}{2g} + \frac{G_{\text{M}}r^2}{g}\right)$$

$$\omega = \frac{2G_{\text{M}}ur}{G_{\text{S}}R^2 + 2G_{\text{M}}r^2}$$

23. Drehmomenten-Gleichgewichte:

a) $M_1 = J_1 \ddot\varphi_1$;   b) $M_2 = J_2 \ddot\varphi_2$

Umfangskraft an den Zahnrädern: $F = \dfrac{M_2}{r_2} = \dfrac{M_t - M_1}{r_1}$ (3)

b) $M_2 = \dfrac{r_1}{r_2}\, \ddot\varphi_1 J_2$

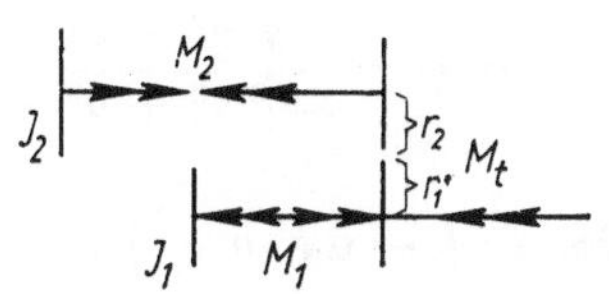

c) $M_t = M_1 + \dfrac{r_1}{r_2}\, M_2$; $\dfrac{r_1}{r_2} = \dfrac{n_2}{n_1} = \dfrac{\varphi_2}{\varphi_1} = \dfrac{\ddot\varphi_2}{\ddot\varphi_1}$

Aus a) bis c) folgt damit: $M_t = \ddot\varphi_1\left[J_1 + \left(\dfrac{n_2}{n_1}\right)^2 J_2\right] = \ddot\varphi_1 \cdot 2{,}8 \cdot 10^6\,\text{kgcm}^2\,\text{s}^{-2}$

$$= \ddot\varphi_1 \cdot 2{,}8 \cdot 10^4\,\text{Ncm}$$

Anfahrleistung: $P = M_t \dot\varphi$

Zahlenrechnung: $\ddot\varphi = \text{konst}$; $\dot\varphi = \ddot\varphi t + \dot\varphi_0$; $\dot\varphi_0 = 0$,

$$t_m = 10\,\text{s}, \quad \dot\varphi = \dfrac{\pi n}{30}$$

$$\ddot\varphi = \dfrac{\pi \cdot 1500}{30 \cdot 10}\,\text{s}^{-2} = 5\pi\,\text{s}^{-2} \qquad \dot\varphi = 5\pi t\,\text{s}^{-1}$$

Damit ergibt sich: $M_t = 4{,}40 \cdot 10^3\,\text{Nm}$

$P_{\max} = 691\,\text{kW}$

24. Drehimpulssatz: $m_A(v_A - v_B)\, r - \dfrac{m r^2}{2}\dfrac{v_B}{r} - m_B v_B r = 0$

$$v_A - v_B - \dfrac{1}{2}\cdot\dfrac{1}{4}\, v_B - v_B = 0$$

$$v_B = \dfrac{8}{17}\, v_A$$

25. Momentengleichgewicht am Drehpunkt

$\mathrm{d}m = \varrho A\,\mathrm{d}x$

$$\int_0^b x \sin\varphi\, g\,\mathrm{d}x + \int_0^b x^2 \sin\varphi \cos\varphi\, \omega^2\,\mathrm{d}x = -\int_0^a x^2 \sin\varphi \cos\varphi\, \omega^2\,\mathrm{d}x + \int_0^a x \sin\varphi\, g\,\mathrm{d}x$$

$$\frac{b^2}{2}\, g \sin\varphi + \frac{b^3}{3}\, \omega^2 \sin\varphi \cos\varphi =$$

$$= -\frac{a^3}{3}\, \omega^2 \sin\varphi \cos\varphi + \frac{a^2}{2}\, g \sin\varphi$$

$$\cos\varphi = \frac{3g}{2\omega^2}\, \frac{a^2 - b^2}{a^3 + b^3}$$

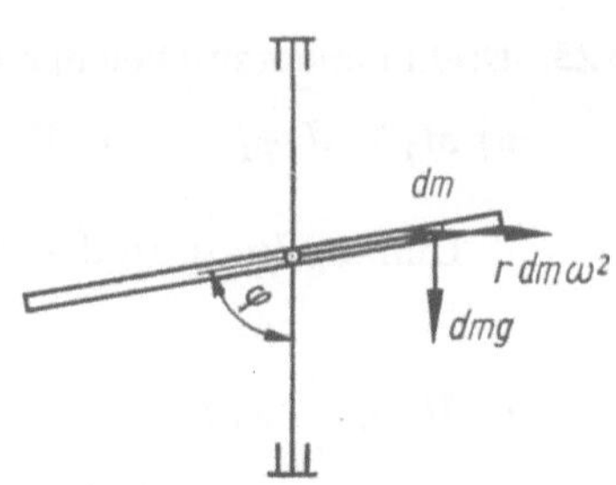

26. $\stackrel{\frown}{I}\!: \int -\,\mathrm{d}F_Z b + \int \mathrm{d}F_G c = 0 \qquad \mathrm{d}F_Z = \mathrm{d}m r \omega^2$

$$\int \varrho A\, \mathrm{d}x\,(a + c)\,\omega^2 b = \int \varrho g A\, \mathrm{d}x\, c \qquad b = x \cos\varphi = \frac{1}{2}\sqrt{3}\, x$$

$$\int\limits_0^{2a} \varrho A \left(a + \frac{1}{2}\, x\right) \omega^2 \frac{1}{2}\sqrt{3}\, x\, \mathrm{d}x = \int\limits_0^{2a} \varrho g A\, \frac{1}{2}\, x\, \mathrm{d}x \qquad c = x \sin\varphi = \frac{1}{2}\, x$$

$$\frac{1}{g}\, \omega^2 \sqrt{3}\left(2a^3 + \frac{1}{2}\, \frac{8a^3}{3}\right) = \frac{4a^2}{2} \qquad \omega = \sqrt{\frac{\sqrt{3}\, g}{5a}}$$

$\uparrow\ : F_{Ay} = F_G = A \cdot 2a \varrho g$

$\rightarrow: F_{Ax} - F_{Bx} + F_Z = 0$

$\stackrel{\frown}{I}\!: -F_{Bx} a + F_{Ax} \cdot 3a - F_{Ay} a = 0$

$$F_Z = \int\limits_0^{2a} \varrho A \omega^2 \left(a + \frac{x}{2}\right) \mathrm{d}x =$$

$$= \varrho A \omega^2 \left(2a^2 + \frac{1}{2}\, \frac{4a^2}{2}\right) = 3 \varrho A \omega^2 a^2$$

$$F_{Ax} = \varrho g A a \left(1 + \frac{3}{2}\, \frac{a\omega^2}{g}\right)$$

$$F_{Bx} = \varrho g A a \left(1 + \frac{9}{2}\, \frac{a\omega^2}{g}\right)$$

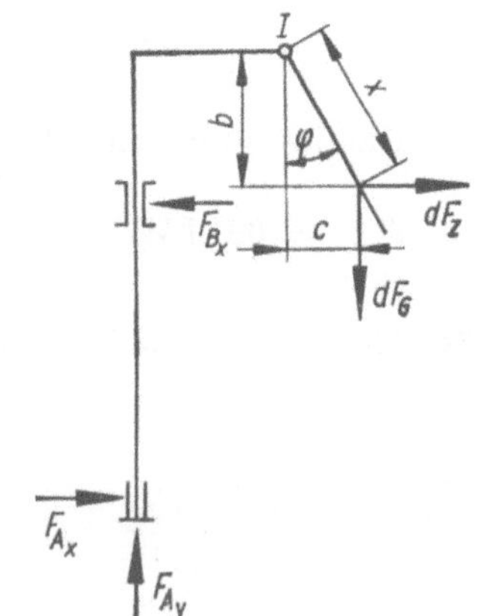

27. $r_1 = x_1 \sin\varphi \qquad\qquad r_2 = x_2 \cos\varphi$

$\ h_1 = x_1 \cos\varphi \qquad\qquad h_2 = x_2 \sin\varphi$

$\ x_1 = 0 \dots l_1 \qquad\qquad\ x_2 = 0 \dots l_2$

$\ l_1 = 3a \qquad\qquad\qquad\ l_2 = a$

Zentrifugalkraft $\mathrm{d}F_Z = r\omega^2\, \mathrm{d}m$

Schwerkraft $\qquad \mathrm{d}F_S = g\, \mathrm{d}m \qquad \mathrm{d}m = \varrho A\, \mathrm{d}x$

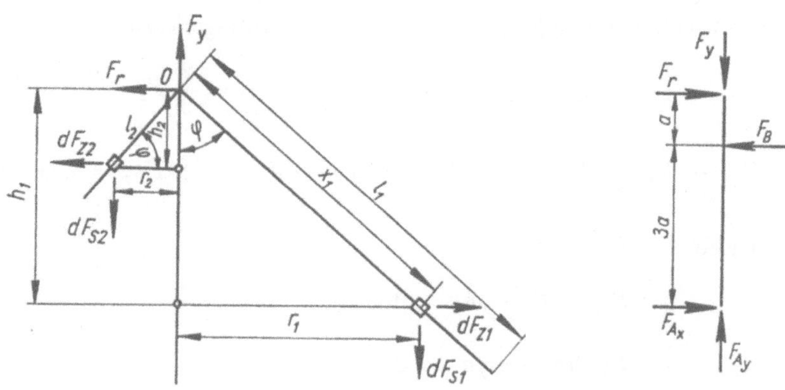

Gleichgewichte:

1. $\overset{\frown}{O}$: $+\int\limits_0^{l_1}(r_1\omega^2 h_1 - g r_1)\,\mathrm{d}m_1 - \int\limits_0^{l_2}(r_2\omega^2 h_2 - g r_2)\,\mathrm{d}m_2 = 0$

2. $\uparrow$: $+F_y - \int\limits_0^{l_1} g\,\mathrm{d}m_1 - \int\limits_0^{l_2} g\,\mathrm{d}m_2 = 0 \Rightarrow F_y = g(l_1 + l_2)\varrho A = 4ag\varrho A$

3. $\rightarrow$: $-F_r + \int\limits_0^{l_1} r_1\omega^2\,\mathrm{d}m_1 - \int\limits_0^{l_2} r_2\omega^2\,\mathrm{d}m_2 = 0$

$$F_r = \frac{\omega^2}{2}\,l_2{}^2\varrho A\left[\left(\frac{l_1}{l_2}\right)^2\sin\varphi - \cos\varphi\right] = \frac{\omega^2}{2}\,a^2\varrho A\,[9\sin\varphi - \cos\varphi]$$

Aus 1. folgt:

$$\omega^2 = \frac{g}{l_2}\,\frac{3}{2}\,\frac{\left(\dfrac{l_1}{l_2}\right)^2\sin\varphi - \cos\varphi}{\left[\left(\dfrac{l_1}{l_2}\right)^3 - 1\right]\sin\varphi\cos\varphi} = \frac{3}{2}\,\frac{g}{a}\,\frac{9\sin\varphi - \cos\varphi}{26\sin\varphi\cos\varphi}$$

Auflager: $\uparrow$: $F_{Ay} - F_y = 0 \Rightarrow F_{Ay} = 4a\varrho Ag$

$\overset{\frown}{B}$: $F_{Ax}3a - F_r a = 0 \Rightarrow F_{Ax} = \frac{1}{6}\,\omega^2 a^2\varrho A\,[9\sin\varphi - \cos\varphi]$

$\rightarrow$: $F_{Ax} - F_B + F_r = 0 \Rightarrow F_B = \frac{2}{3}\,\omega^2 a^2\varrho A\,[9\sin\varphi - \cos\varphi]$

28. Fliehkraftanteile:

$$\int \mathrm{d}F_Z = \int \mathrm{d}m\,r\omega^2 = \frac{m}{l}\,\omega^2\sin\alpha\int\limits_0^0 s\,\mathrm{d}s = \frac{m\omega^2 a\sin\alpha}{4} = F_{Z1} = F_{Z2}$$

Gleichgewichtsbedingungen: Auflagerkräfte:

$$\rightarrow: F_{Bx} + F_{Z1} = F_{Ax} + F_{Z2} \qquad\qquad F_{Ax} = \frac{2}{3}\, F_Z = \frac{m\,\omega^2 \sin\alpha \cdot ag}{6g}$$

$$\widehat{S}: (F_{Z2} + F_{Z1})\frac{a}{3}\sqrt{3} = \frac{a}{2}\sqrt{3}\,(F_{Ax} + F_{Bx}) \qquad F_{Ax} = + F_{Bx} = 4{,}24 \cdot 10^4\ \text{N}$$

29. a) Statisch: $\rightarrow: F_{Ax} = 0$

$$\uparrow\ : F_{Ay} + F_S - mg = 0$$

$$\widehat{A}: F_S \cdot 3a - mga = 0$$

$$F_S = \frac{1}{3}\,mg;\quad F_{Ay} = \frac{2}{3}\,mg;\quad F_{Ax} = 0$$

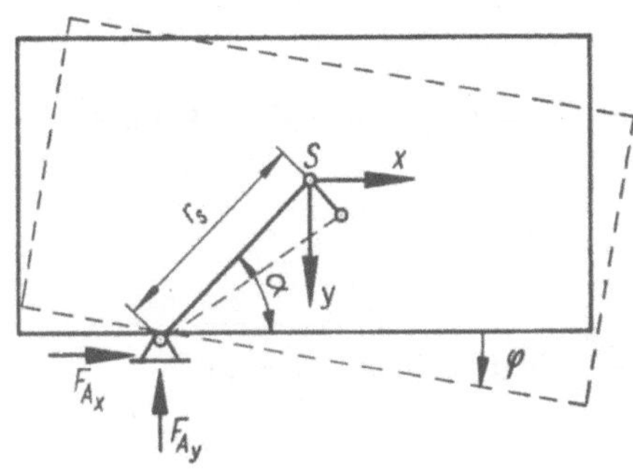

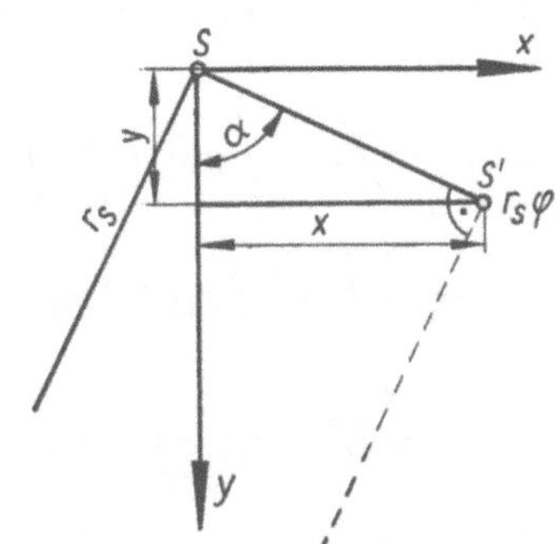

b) Dynamisch: $\rightarrow: F_{Ax} - m\ddot{x} = 0$ (1)

$$\uparrow: F_{Ay} - m(g - \ddot{y}) = 0 \quad (2)$$

$$\widehat{A}: J_A\ddot{\varphi} - mga = 0 \quad\quad (3)$$

$$\ddot{x} = r_s\ddot{\varphi}\sin\alpha \qquad\qquad \ddot{y} = r_s\ddot{\varphi}\cos\alpha$$

$$r_s\sin\alpha = a \qquad\qquad\quad r_s\cos\alpha = a$$

$$\ddot{x} = a\ddot{\varphi} \qquad\qquad\qquad \ddot{y} = a\ddot{\varphi}$$

$$J_A = J_S + 2ma^2$$

$$J_S = \frac{\varrho A h}{12}\,[(2a)^3\,4a + (4a)^3\,2a] = \frac{5}{3}\,ma^2$$

$$J_A = \frac{11}{3}\,ma^2$$

Aus $\overset{\frown}{A}$ folgt: $\quad \ddot{\varphi} = \dfrac{mga}{J_A} = \dfrac{3}{11}\dfrac{g}{a}$

Demnach $\qquad F_{Ax} = \dfrac{3}{11}\, mg \quad F_{Ay} = \dfrac{8}{11}\, mg \quad F_A = \dfrac{\sqrt{73}}{11}\, mg$

30. Bestimmung des Schwerpunktes:

$$\xi_{s1} = a \qquad \eta_{s1} = \frac{a}{2} \qquad \xi_s = \frac{\xi_{s1}A_1 + \xi_{s2}A_2}{A_1 + A_2} \qquad A_1 = 2a^2 \quad A_2 = 3a^2$$

$$\xi_{s2} = \frac{5}{2}\, a \quad \eta_{s2} = \frac{3}{2}\, a \quad \xi_s = \frac{2a^3 + \dfrac{15}{2}\, a^3}{5a^2} = \frac{19}{10}\, a$$

$$\eta_s = \frac{\eta_{s1}A_1 + \eta_{s2}A_2}{A_1 + A_2} = \frac{a^3 + \dfrac{9}{2}\, a^3}{5a^2} = \frac{11}{10}\, a$$

a) Statisch: $\qquad F_{Ay} = G \quad F_{Ax} = F_S \quad \overset{\frown}{A}: F_S\, 3a = G\xi_s \quad F_S = \dfrac{19}{30}\, G = F_{Ax}$

b) Dynamisch: $\quad \uparrow: m\ddot{y} = mg - F_{Ay} \quad \rightarrow: m\ddot{x} = F_{Ax} \quad \overset{\frown}{A}: J_A\ddot{\varphi} = mg\,\xi_s$

Aus Skizze folgt:

$$x = r[\cos(\alpha - \varphi) - \cos\alpha] \qquad x = r[\cos\alpha\cos\varphi + \sin\alpha\sin\varphi - \cos\alpha]$$

$$y = r[\sin\alpha - \sin(\alpha - \varphi)] \qquad y = r[\sin\alpha - \sin\alpha\cos\varphi + \cos\alpha\sin\varphi]$$

Kurz nach dem Durchschneiden ist φ sehr klein

$$\cos\varphi \approx 1 \qquad \sin\varphi \approx \varphi$$

$$x = r\varphi\sin\alpha \quad y = r\varphi\cos\alpha$$

$$\ddot{x} = r\ddot{\varphi}\sin\alpha \quad \ddot{y} = r\ddot{\varphi}\cos\alpha$$

$$\ddot{\varphi} = \frac{mg\,\xi_s}{J_A}$$

$$F_{Ax} = mr\sin\alpha\,\frac{(mg\,\xi_s)}{J_A} \quad F_{Ay} = m\left[g - r\cos\alpha\,\frac{mg\,\xi_s}{J_A}\right]$$

$$J_A = \int r^2\, \mathrm{d}m = \varrho\delta\left[\int\limits_0^a\int\limits_0^{2a}(\xi^2 + \eta^2)\,\mathrm{d}\xi\,\mathrm{d}\eta + \int\limits_0^{3a}\int\limits_{2a}^{3a}(\xi^2 + \eta^2)\,\mathrm{d}\xi\,\mathrm{d}\eta\right] =$$

$$= \varrho\delta\left[\int\limits_0^{2a}\left(\xi^2 a + \frac{a^3}{3}\right)\mathrm{d}\xi + \int\limits_{2a}^{3a}(3\xi^2 a + 9a^3)\,\mathrm{d}\xi\right]$$

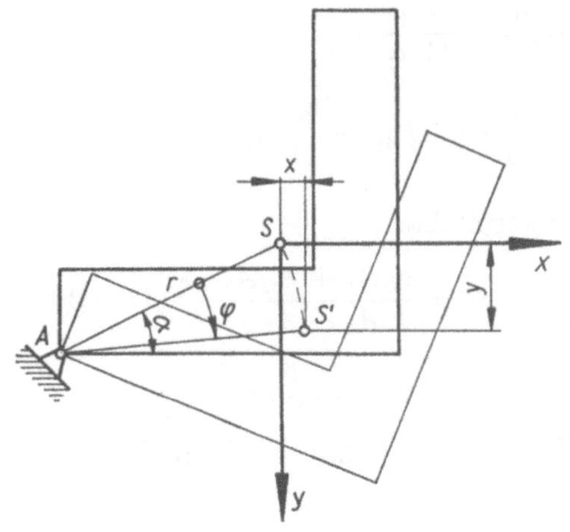

$$\mathrm{d}m = \varrho\,\delta\,\mathrm{d}\xi\,\mathrm{d}\eta \qquad\qquad m = \varrho\,\delta\,5a^2$$

$$J_A = \frac{94}{3}\,\varrho\,\delta\,a^4 \qquad\qquad J_A = \frac{94}{15}\,ma^2$$

Mit $r\sin\alpha = \eta_s$ und $r\cos\alpha = \xi_s$ ergibt sich:

$$F_{Ax} = mg\,\frac{m\,\xi_s\eta_s}{J_A} \approx 0{,}333\,mg$$

$$F_{Ay} = mg\left[1 - \frac{m\,\xi_s^2}{J_A}\right] \approx 0{,}425\,mg \qquad F_A = \sqrt{F_{Ax}{}^2 + F_{Ay}{}^2} \approx 0{,}538\,mg$$

31. Die Gleichgewichtslagen kann man aus den Extremwerten der potentiellen Energie bestimmen.

Es gilt: $\dfrac{\partial^2 W_{\mathrm{pot}}}{\partial\varphi^2} \gtreqless 0$ für $\begin{array}{l}\text{stabiles}\\\text{indifferentes Gleichgewicht.}\\\text{labiles}\end{array}$

$$W_{\mathrm{pot}} = \varrho g b r^3\left[\frac{\pi}{2}\left(1 - \frac{4}{3\pi}\cos\varphi\right) + 2\,\frac{h}{r}\left(1 + \frac{1}{2}\,\frac{h}{r}\cos\varphi\right)\right]$$

$$\frac{\partial^2 W_{\mathrm{pot}}}{\partial\varphi^2} = \varrho g b r^3\left[\frac{2}{3} - \left(\frac{h}{r}\right)^2\right]\cos\varphi = 0$$

$$\frac{h}{r} = \sqrt{\frac{2}{3}}$$

32. $\ddot{x} = \dfrac{mgr^2}{mr^2 + J}$ oder $\ddot{\varphi} = \dfrac{mgr}{mr^2 + J}$

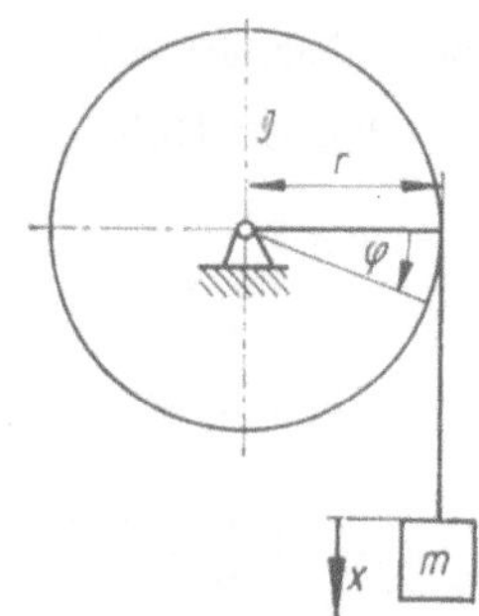

33. $L = W_{\text{kin}} - W_{\text{pot}}$

$W_{\text{pot}} = 0$ für $x_1, x_3, \varphi_1, \varphi_2 = 0$ (Definition)

$W_{\text{kin}} = m_3 \dfrac{\dot{x}_3{}^2}{2} + \dfrac{1}{2} J_2 \dot{\varphi}_2{}^2 + \dfrac{1}{2} J_1 \dot{\varphi}_1{}^2 + m_1 \dfrac{\dot{x}_1{}^2}{2}$

$W_{\text{pot}} = -m_3 g x_3 - m_1 g x_1 \sin \alpha$

Geometrische Beziehungen: $\varphi_2 c = -x_3$

$$\varphi_1 b = +x_1$$

$$\frac{x_1}{b} = \frac{-x_3}{a+b}$$

$$\ddot{x}_3 = -\frac{a+b}{b}\ddot{x}_1; \quad \ddot{\varphi}_1 = +\frac{\ddot{x}_1}{b}; \quad \ddot{\varphi}_2 = +\frac{a+b}{b}\frac{\ddot{x}_1}{c}$$

$$L = \left[m_1 + \frac{J_1}{b^2} + \left(m_3 + \frac{J_2}{c^2} \right)\left(\frac{a+b}{b} \right)^2 \right] \frac{\dot{x}_1{}^2}{2} + \left[m_1 g \sin \alpha - m_3 g \frac{a+b}{b} \right] x_1$$

$$\left(\frac{\partial L}{\partial \dot{x}_1} \right)^{\cdot} - \frac{\partial L}{\partial x_1} = 0 - \left[\left(m_1 + \frac{J_1}{b^2} \right) + \left(m_3 + \frac{J_2}{c^2} \right)\left(\frac{a+b}{b} \right)^2 \right] \ddot{x}_1$$

$$- \left[m_1 g \sin \alpha - m_3 g \frac{a+b}{b} \right]$$

$$\frac{\ddot{x}_1}{g} = \frac{\sin \alpha - \dfrac{m_3}{m_1} \dfrac{a+b}{b}}{\left(1 + \dfrac{J_1}{m_1 b^2} \right) + \dfrac{m_3}{m_1}\left(1 + \dfrac{J_2}{m_3 c^2} \right)\left(\dfrac{a+b}{b} \right)^2}; \quad \frac{\ddot{x}_3}{g} = -\frac{a+b}{b}\frac{\ddot{x}_1}{g}$$

$$\ddot{\varphi}_1 = \frac{\ddot{x}_1}{b}; \quad \ddot{\varphi}_2 = +\frac{a+b}{b}\frac{\ddot{x}_1}{c}$$

Gleichgewicht: $\ddot{x}_1 = 0, \qquad \ddot{x}_3 = 0$ usw.

$$\frac{m_3}{m_1} = \frac{b}{a+b} \sin \alpha$$

34. Obere Rolle: $\quad (-F_\mathrm{S} - G \sin \alpha)\, r + J_A \ddot{\varphi} = 0$

Untere Rolle: $\quad (+F_\mathrm{S} - G \sin \alpha)\, r + J_B \ddot{\varphi} = 0$

$$\ddot{\varphi} = \frac{2\, r\, G \sin \alpha}{J_A + J_B}$$

$$J_A = 2\, m r^2 \qquad \ddot{\varphi} = \frac{4 g \sin \alpha}{7 r}$$

$$J_B = \frac{3}{2}\, m r^2 \qquad F_\mathrm{S} = \frac{1}{7}\, G \sin \alpha$$

35. Momentengleichung um A:

$$\frac{m_2 R^2}{2}\, \ddot{\varphi} - (m_1 + m_2)\, g R + m_1 \ddot{x}_1 R + m_2 \ddot{x}_2 R + m_3 (\ddot{x}_3 + g \mu)\, 2R = 0$$

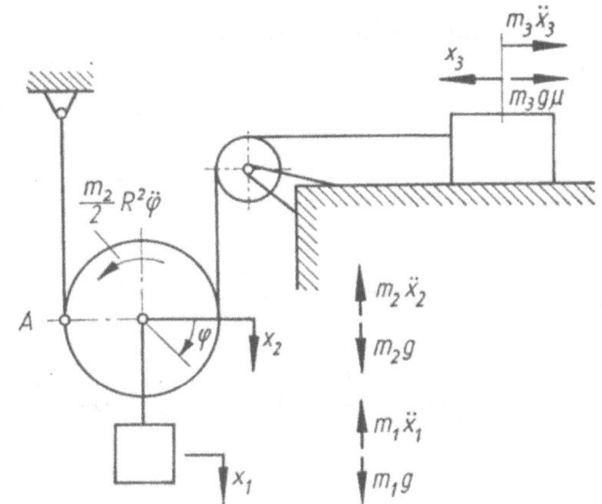

Zwangsbedingungen: $\quad 2 x_1 = x_3$

$$x_1 = x_2$$

$$2 R \varphi = x_3$$

Demnach:

$$\ddot{x}_3 = \frac{m_1 + m_2 - 2 m_3 \mu}{\dfrac{m_1}{2} + \dfrac{3}{4}\, m_2 + 2 m_3}\, g$$

$$\ddot{x}_3 = \frac{4\, (m_1 + m_2 - 2 m_3 \mu)}{2 m_1 + 3 m_2 + 8 m_3}\, g$$

36. Gleichgewichtsbedingungen:

$\uparrow : F + m \ddot{s}_1 - m g = 0 \qquad A$ ist Momentandrehpunkt

$\overset{\frown}{A} : J \ddot{\varphi} - F r + 2 m \ddot{s}_2 r + 2 m g r = 0$

$\quad J \ddot{\varphi} + m \ddot{s}_1 r - m g r + 2 m \ddot{s}_2 r + 2 m g r = 0$

$\quad \ddot{s}_1 = r \ddot{\varphi} \qquad \ddot{s}_2 = r \ddot{\varphi}$

$J \ddot{\varphi} + m r^2 \ddot{\varphi} - m g r + 2 m r^2 \ddot{\varphi} + 2 m g r = 0$

$$\ddot{\varphi} = -\frac{m g r}{J + 3 m r^2} \qquad \ddot{\varphi} = -21{,}8\, \mathrm{s}^{-2}$$

$\uparrow : F_\mathrm{S} - 2 m g - 2 m \ddot{s}_2 - m g + m \ddot{s}_1 = 0$

$$F_\mathrm{S} = 2 m g + m g + 2 m r \ddot{\varphi} - m r \ddot{\varphi}$$

$$F_\mathrm{S} = 3 m g + m r \ddot{\varphi}$$

$$F_\mathrm{S} = 5{,}45 \cdot 10^2\, \mathrm{N}$$

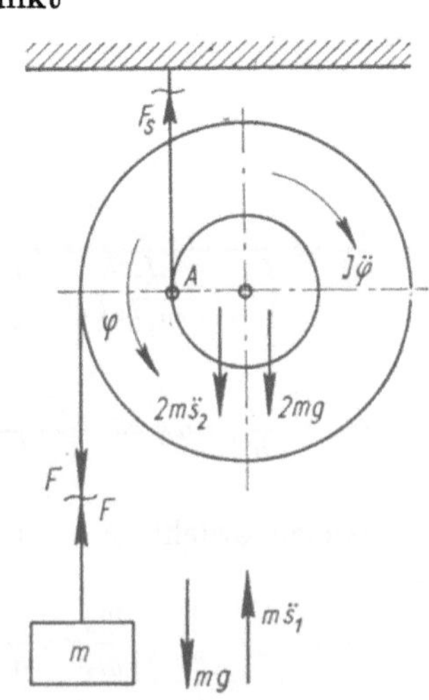

37. Energiesatz: $W_{\text{pot}} + W_{\text{kin}} = \text{konst.} = W_{\text{ges}} = mgl \sin \varphi_0$

$$x_M = \frac{3l}{2} \cos \varphi, \quad \dot{x}_M = -\frac{3l\dot{\varphi}}{2} \sin \varphi \quad W_{\text{pot}} = mgl \sin \varphi$$

$$y_M = \frac{l}{2} \sin \varphi; \quad \dot{y}_M = \frac{l\dot{\varphi}}{2} \cos \varphi \quad W_{\text{kin}} = \frac{J_c}{2} \dot{\varphi}^2 + \frac{m}{2} (\dot{x}_M{}^2 + \dot{y}_M{}^2) + \frac{J_M}{2} \dot{\varphi}^2$$

$x_A = 2l \cos \varphi,$

$\dot{x}_A = -2l\dot{\varphi} \sin \varphi$

$x_B = l \cos \varphi,$

$x_B = -l\dot{\varphi} \sin \varphi$

$y_B = l \sin \varphi,$

$\dot{y}_B = l\dot{\varphi} \cos \varphi$

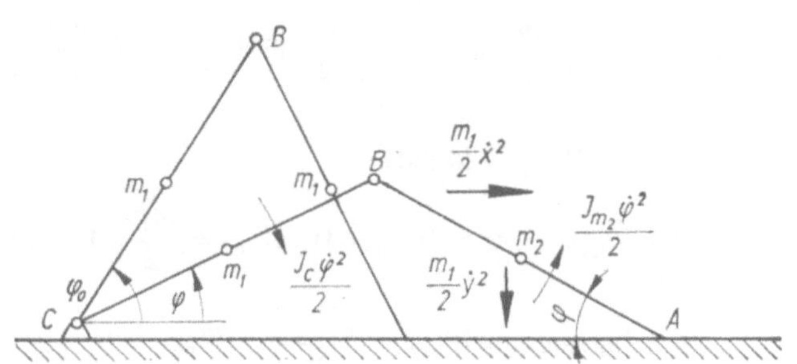

Die Pfeile verweisen auf die Translations- bzw. Rotationsenergie

$$W_{\text{kin}} = \frac{ml^2}{6} \dot{\varphi}^2 + \frac{m}{2} \frac{l^2}{4} (9 \sin^2 \varphi + \cos^2 \varphi) \dot{\varphi}^2 + \frac{ml^2}{24} \dot{\varphi}^2 = \frac{ml^2}{3} (1 + 3 \sin^2 \varphi) \dot{\varphi}^2$$

$$J_c = \frac{ml^2}{3} \quad J_M = \frac{ml^2}{12} \quad mgl \sin \varphi_0 = mgl \sin \varphi + \frac{ml^2}{3} (1 + 3 \sin^2 \varphi) \dot{\varphi}^2$$

$$\dot{x}_A = v_A = \sqrt{\frac{12gl(\sin \varphi_0 - \sin \varphi)}{3 + \dfrac{1}{\sin^2 \varphi}}} \qquad \dot{\varphi} = \sqrt{\frac{3g(\sin \varphi_0 - \sin \varphi)}{l(1 + 3 \sin^2 \varphi)}}$$

$$\dot{x}_B = v_{Bx} = \sqrt{\frac{3gl(\sin \varphi_0 - \sin \varphi)}{3 + \dfrac{1}{\sin^2 \varphi}}} \qquad \dot{y}_B = v_{By} = \sqrt{\frac{3gl(\sin \varphi_0 - \sin \varphi)}{1 + 3 \sin^2 \varphi}} \cos \varphi$$

$$\sqrt{v_{Bx}^2 + v_{By}^2} = v_B = l\dot{\varphi} = \sqrt{\frac{3gl(\sin \varphi_0 - \sin \varphi)}{1 + 3 \sin^2 \varphi}}$$

38. Energie bei Bewegungsbeginn:

$$W_{\text{kin1}} = 0, \qquad W_{\text{pot1}} = mga$$

Energie im Moment der Schwerpunkthöhe h:

$$W_{\text{kin2}} = m \frac{\dot{h}^2}{2} + J \frac{\dot{\varphi}^2}{2}, \qquad W_{\text{pot2}} = mgh$$

$$\cos \varphi = \frac{h}{a}, \quad -\sin \varphi \, \dot{\varphi} = \frac{\dot{h}}{a}, \quad \dot{\varphi} = -\frac{\dot{h}}{\sqrt{a^2 - h^2}}, \quad J = m \frac{a^2}{3}$$

Energiesatz: $W_{\text{kin1}} + W_{\text{pot1}} = W_{\text{kin2}} + W_{\text{pot2}}$

Daraus: $\dot h = v = (a - h)\sqrt{\dfrac{6g(a+h)}{4a^2 - 3h^2}}$

39. Energiesatz: (1. Weg)

a) $W_{\text{kin}} = \displaystyle\int_0^l \frac{\mathrm{d}m}{2}\,(\dot\varphi r)^2 = \int_0^l \frac{\varrho A}{2}\,\dot\varphi^2 r^2\,\mathrm{d}r = \dot\varphi^2\,\frac{ml^2}{6}$

$W_{\text{kin}} + W_{\text{pot}} = \text{konst.}$

Ausgangsstellung: $W_{\text{kin}} = 0$; $\;W_{\text{pot}} = \dfrac{mgl}{2}\,(1 - \cos\varphi)$ (bezogen auf beliebiges φ)

Beliebiges φ: $\quad W_{\text{kin}} = \dfrac{\dot\varphi^2 m l^2}{6}$; $\quad W_{\text{pot}} = 0$

$(W_{\text{kin}} + W_{\text{pot}})_1 = (W_{\text{kin}} + W_{\text{pot}})_2 \Rightarrow \dfrac{mgl}{2}\,(1 - \cos\varphi) = \dfrac{\dot\varphi^2 m l^2}{6}$

$\dot\varphi^2 = \dfrac{3g}{l}\,(1 - \cos\varphi)$

$v_B = l\dot\varphi = \sqrt{3gl(1 - \cos\varphi)}$

b) v_B für $180°$; $\quad v_B = \sqrt{6gl}$

c) Auflager:

$F_{Ay} = mg - m\ddot y$; $\quad y = \dfrac{l}{2} - \dfrac{l}{2}\cos\varphi \quad \ddot y = \dfrac{l}{2}\,(\ddot\varphi \sin\varphi + \dot\varphi^2 \cos\varphi)$

$F_{Ax} = m\ddot x$; $\quad x = \dfrac{l}{2}\sin\varphi$; $\quad \ddot x = \dfrac{l}{2}\,(\ddot\varphi \cos\varphi - \dot\varphi^2 \sin\varphi)$

$\ddot\varphi = \dfrac{\mathrm{d}\dot\varphi}{\mathrm{d}\varphi}\dfrac{\mathrm{d}\varphi}{\mathrm{d}t} = \dfrac{1}{2\sqrt{\dfrac{3g}{l}\,(1 - \cos\varphi)}}\,\dfrac{3g}{l}\sin\varphi\,\dot\varphi = \dfrac{3g}{2l}\sin\varphi$

$F_{Ax} = m\ddot x = mg\left[\dfrac{3}{4}\sin\varphi\cos\varphi - \dfrac{3}{2}\,(1 - \cos\varphi)\sin\varphi\right] =$

$\qquad = \dfrac{3}{2}\,mg\sin\varphi\left(\dfrac{3}{2}\cos\varphi - 1\right)$

$F_{Ay} = m(g - \ddot y) = mg\left[1 - \dfrac{3}{4}\sin^2\varphi - \dfrac{3}{2}\,(1 - \cos\varphi)\cos\varphi\right]$

$$F_{Ax(0)} = 0 \qquad\qquad F_{Ay(0)} = mg$$

$$F_{Ax}\left(\tfrac{\pi}{2}\right) = -\frac{3}{2}\,mg \qquad F_{Ay}\left(\tfrac{\pi}{2}\right) = \frac{mg}{4}$$

$$F_{Ax(\pi)} = 0 \qquad\qquad F_{Ay(\pi)} = 4mg$$

Momentengleichung: (2. Weg)

$$\overset{\curvearrowleft}{A}:\; J_A\ddot{\varphi} - mg\,\frac{l}{2}\,\sin\varphi = 0$$

$$\ddot{\varphi} = \frac{3}{2}\,\frac{g}{l}\,\sin\varphi$$

$$\dot{\varphi} = \sqrt{3\,\frac{g}{l}\,(1 - \cos\varphi)}$$

$$\nearrow:\; F_{A\varphi} + \frac{m}{2}\,l\dot{\varphi}^2 - mg\cos\varphi = 0$$

$$\nwarrow:\; F_{A\varphi+\frac{\pi}{2}} + \frac{m}{2}\,l\ddot{\varphi} - mg\sin\varphi = 0$$

$$F_{A\varphi} = \frac{mg}{2}\,(5\cos\varphi - 3)$$

$$F_{A\varphi+\frac{\pi}{2}} = \frac{mg}{4}\,\sin\varphi$$

40. Stellung I: $W_{\text{kin}} = \dfrac{m}{2}\,v'^2 + \dfrac{J_\text{s}}{2}\,\dfrac{v_A^2}{l^2} \qquad W_{\text{pot}} = mg\,\dfrac{l}{2}$

Stellung II: $W_{\text{kin}} = 0 \qquad\qquad W_{\text{pot}} = mgl$

$$W_{\text{kinI}} + W_{\text{potI}} = W_{\text{kinII}} + W_{\text{potII}} \qquad J_\text{s} = \frac{ml^2}{12} \quad v' = \frac{v_A}{2}$$

$$v_A = \sqrt{3gl} = 5{,}43 \text{ ms}^{-1}$$

41. Drehimpulssatz: $B = M,\qquad B = (mr^2 + J)\,\omega = Mt + C_1$

$$\dot{r} = v;$$
$$r = vt + C_2 \qquad \omega = \frac{Mt + \omega_0(mr_0^2 + J)}{m(vt + r_0)^2 + J}$$

42. Gleichgewicht in r-Richtung:

$$\ddot{r} - \omega^2 r = 0 \tag{1}$$

Momentengleichgewicht:

$$M = (J\dot{\varphi})^{\cdot} = mr^2\ddot{\varphi} + 2mr\dot{r}\dot{\varphi} \tag{2}$$

Lösung von (1): $\qquad r = a \cosh \omega t$

Momentenverlauf: $\qquad M = m\omega^2 a^2 \sinh 2\omega t$

43. Energiesatz:

$$W_{\text{kin1}} + W_{\text{pot1}} = W_{\text{kin2}} + W_{\text{pot2}} = \text{konst.}$$

$$2(m_1 + m)\, ag \sin \alpha = \left(m_1 + \frac{3}{4}\,m\right) \frac{v_E^2}{2}$$

$$v_E = 4 \sqrt{\frac{m_1 + m}{4m_1 + 3m}\, ag \sin \alpha}$$

44. Gleichgewichtsbedingung:

$$m\ddot{y} - \frac{mg}{L}\, y = 0$$

$$\ddot{y} - \alpha^2 y = 0$$

$$\alpha^2 = \frac{g}{L}$$

Lösung der Differentialgleichung:

$$y = A \sinh \alpha t + B \cosh \alpha t$$

Randbedingungen: $t = 0 \quad y = y_0$

$$\dot{y} = 0$$

Bewegungsgleichung: $\qquad y = y_0 \cosh \alpha t$

$$y = L = y_0\, \alpha T$$

$$\cosh \alpha T = \frac{L}{y_0} \Rightarrow T \approx 0{,}7 \text{ s}$$

2.3.3. Schwingungen

2.3.3.1. Einfache Schwingungen

45. $\stackrel{\frown}{A}\colon J_A\ddot{\varphi} + ca^2\varphi + 2mg\,\frac{a}{4}\,\sqrt{2}\,\varphi = 0 \qquad \ddot{\varphi} + \left(\dfrac{ca^2 + \dfrac{mga}{2}\,\sqrt{2}}{J_A}\right)\varphi = 0$

$$J_A = \frac{2}{3}\,ma^2 \qquad T = 2\pi \sqrt{\frac{4ma}{3(2ca + mg\,\sqrt{2})}}$$

46. $\overset{\frown}{A}: J_A\ddot{\varphi} + c\left(x_{st} + a\sqrt{2}\,\varphi\right)a\sqrt{2} - mg\left(\dfrac{a}{2}\sqrt{2} + \overline{AS}\sin\alpha\cdot\varphi\right) = 0$

$cx_{st}\cdot a\sqrt{2} = mg\dfrac{a}{2}\sqrt{2}$ (Statisches Gleichgewicht)

$J_A\ddot{y} + (c\,2a^2 - mg\,\overline{AS}\sin\alpha)\,\varphi = 0$

$J_A = \dfrac{2}{3}\,ma^2; \quad \overline{AS} = \dfrac{1}{3}\sqrt{5}\,a; \quad \sin\alpha = \dfrac{1}{\sqrt{10}} = \dfrac{a\sqrt{2}}{6s}$

$\overline{AS}\sin\alpha = \dfrac{a}{6}\sqrt{2}$

folglich: $\ddot{\varphi} + \dfrac{12ca - mg\sqrt{2}}{4ma}\,\varphi = 0$

und $\qquad T = 2\pi\sqrt{\dfrac{4ma}{12ca - mg\sqrt{2}}}$

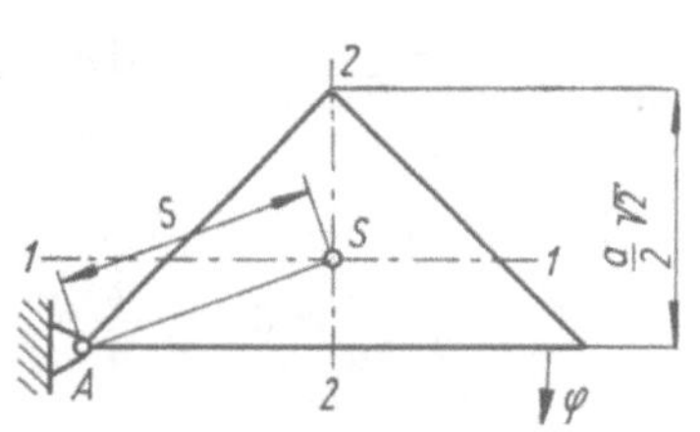

47. Für kleine Winkel φ gilt: $x_1 = a\varphi \quad x_2 = 2a\varphi \quad \cos\varphi = 1$

$\overset{\frown}{I}: J_I\ddot{\varphi} + ca\varphi a + m_2\ddot{\varphi}\,2a\,2a - G_1\dfrac{a}{2} - G_2\,2a = 0$

$\ddot{\varphi}(J_I + m_2\,4a^2) + \varphi ca^2 - \left(\dfrac{a}{2}\,G_1 + 2a\,G_2\right) = 0$

$\ddot{\varphi} + \varphi\,\dfrac{ca^2}{J_I + m_2\,4a^2} - a\,\dfrac{\dfrac{1}{2}\,G_1 + 2G_2}{J_I + m_2\,4a^2} = 0$

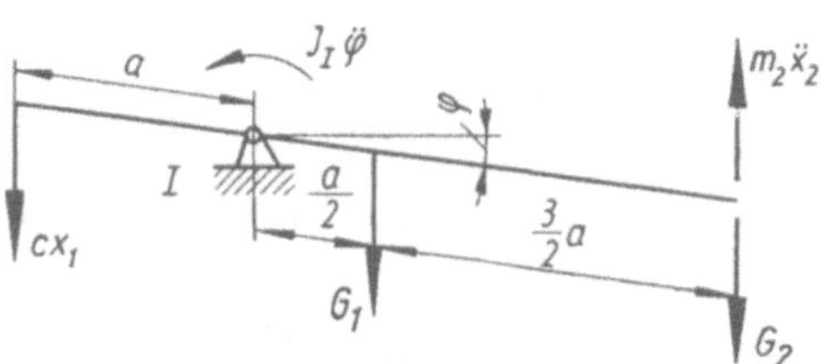

$J_I = J_S + m_1\left(\dfrac{1}{2}\,a\right)^2$

$J_S = \displaystyle\int r^2\,dm = \int_0^{l/2} 2\varrho A r^2\,dr = \varrho A\cdot 2\,\dfrac{r^3}{3}\bigg|_0^{\frac{l}{2}} = \varrho A\,\dfrac{l^3}{12} = m_1\,\dfrac{l^2}{12} \quad l = 3a$

$J_S = \dfrac{G_1}{g}\,\dfrac{9a^2}{12}$

$$J_\mathrm{I} = m_1 \left(\frac{9a^2}{12} + \frac{a^2}{4}\right) = 5{,}1 \cdot 10^4 \ \mathrm{kgcm}^2$$

$$\omega = \sqrt{\frac{c\,a^2}{J_\mathrm{I} + m_2\,4a^2}} = 20{,}9 \ \mathrm{s}^{-1}$$

$$T = \frac{2\pi}{\omega} = \frac{2\pi}{20{,}9} \ \mathrm{s} = 0{,}3 \ \mathrm{s}$$

Bei Schwingung um die statische Ruhelage ergibt sich eine homogene Differentialgleichung mit gleicher Periodendauer.

48.
$$J_4 = \int\limits_{-2a}^{+2a} r^2 \, \mathrm{d}m \qquad \frac{\mathrm{d}m}{m} = \frac{\mathrm{d}r}{4a} \quad \mathrm{d}m = \frac{m}{4a}\,\mathrm{d}r$$

$$J_4 = \int\limits_{-2a}^{+2a} \frac{m_4}{4a}\, r^2 \, \mathrm{d}r = \frac{4}{3}\, m_4 a^2$$

$$J_5 = m_5 \frac{a^2}{2}$$

$$x = r\varphi \qquad\qquad \ddot\varphi_4 = \frac{\ddot x}{2a}$$

$$\dot x = x\dot\varphi \quad \ddot\varphi = \frac{\ddot x}{r}$$

$$\ddot x = r\ddot\varphi \qquad\qquad \ddot\varphi_5 = \frac{\ddot x}{2a}$$

Momentengleichgewicht:

$$(G_1 + G_2 + G_3)\,2a - (m_1 + m_2 + m_3)\,\ddot x\,2a - cx\,2a - G_5\,2a - J_4\ddot\varphi_4 -$$
$$- 2a\,m_5\ddot x - J_5\ddot\varphi_5 = 0$$

$$G_1 + G_2 + G_3 - G_5 - (m_1 + m_2 + m_3 + m_5)\ddot x - cx - \frac{4}{3} m_4 \frac{a^2 \ddot x}{4a^2} - m_5 \frac{a^2}{8a^2}\ddot x = 0$$

$$G_1 + G_2 + G_3 - G_5 - \left(m_1 + m_2 + m_3 + m_5 + \frac{m_4}{3} + \frac{m_5}{8}\right)\ddot x - cx = 0$$

a) Scheibe lose: $J_5\ddot\varphi_5 = 0$

$$\ddot x + x\, \frac{c}{m_1 + m_2 + m_3 + \dfrac{m_4}{3} + m_5} - \frac{G_1 + G_2 + G_3 - G_5}{m_1 + m_2 + m_3 + \dfrac{m_4}{3} + m_5} = 0$$

$$\omega = \sqrt{\dfrac{c}{m_1 + m_2 + m_3 + \dfrac{m_4}{3} + m_5}} =$$

$$= \sqrt{\dfrac{5 \cdot 981}{10 + 2 + 1 + \dfrac{4}{3} + 5}} = 16{,}0 \text{ s}^{-1}$$

$$T = \frac{2\pi}{\omega} = 0{,}394 \text{ s}$$

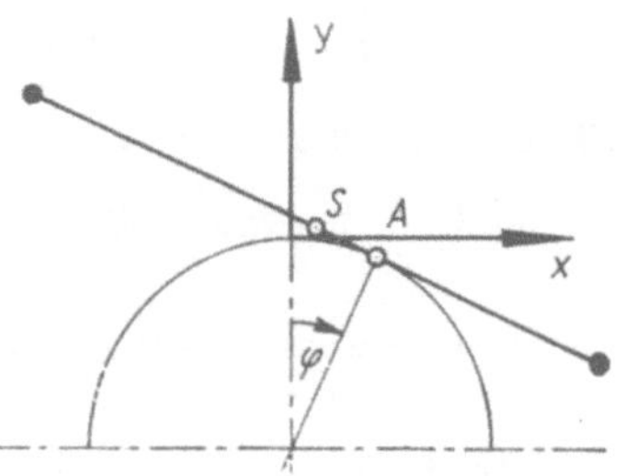

b) Scheibe fest:

$$\ddot{x} + x\,\dfrac{c}{m_1 + m_2 + m_3 + \dfrac{m_4}{3} + \dfrac{9}{8}\,m_5} - \dfrac{G_1 + G_2 + G_3 - G_5}{m_1 + m_2 + m_3 + \dfrac{m_4}{3} + \dfrac{9}{8}\,m_5} = 0$$

$$\omega = \sqrt{\dfrac{c}{m_1 + m_2 + m_3 + \dfrac{m_4}{3} + \dfrac{9}{8}\,m_5}} = 15{,}7 \text{ s}^{-1}$$

$$T = \frac{2\pi}{\omega} = 0{,}4 \text{ s}$$

Bei Schwingung um die statische Ruhelage ergibt sich eine homogene Differentialgleichung mit gleicher Periodendauer.

49. $L = W_{\text{kin}} - W_{\text{pot}}$ (LAGRANGEsche Funktion)

Definition: $W_{\text{pot}} = 0$ für $\varphi = 0$,

d. h. Punkt A in S.

Index S: Auf Schwerpunkt bezogen.

Index A: Auf Berührungspunkt A bezogen.

$$y_s = R(\varphi \sin \varphi + \cos \varphi - 1)$$

$$J_A = J_s + (R\varphi)^2\,(2m_1 + m_2)$$

$$J_s = 2m_1\left(\frac{l}{2}\right)^2 + \frac{m_2}{3}\left(\frac{l}{2}\right)^2 = \frac{l^2}{4}\left(2m_1 + \frac{m_2}{3}\right)$$

$$L = \left[\frac{l^2}{4}\left(2m_1 + \frac{m_2}{3}\right) + R^2(2m_1 + m_2)\,\varphi^2\right]\frac{\dot{\varphi}^2}{2} - Rg\,(2m_1 + m_2)\;\times$$

$$\times\;(\varphi \sin + \cos \varphi - 1)$$

LAGRANGEsche Gleichung:

$$\left(\frac{\partial L}{\partial \dot{\varphi}}\right)^{\cdot} - \frac{\partial L}{\partial \varphi} = 0$$

Durch Ausführen der Differentiation und leichte Umformung erhält man:

$$\ddot{\varphi} + \frac{4R^2}{l^2}\frac{2m_1 + m_2}{2m_1 + \dfrac{m_2}{3}}(\ddot{\varphi}\varphi^2 + \dot{\varphi}^2\varphi) + \frac{4Rg}{l^2}\frac{2m_1 + m_2}{2m_1 + \dfrac{m_2}{3}}\varphi \cos \varphi = 0$$

Vereinfachung für kleine Ausschläge: $\ddot{\varphi}\varphi^2 + \dot{\varphi}^2\varphi \ll \dfrac{\varphi g}{R}$, $\cos \varphi \approx 1$

$$\ddot{\varphi} + \frac{4Rg}{l^2}\frac{2m_1 + m_2}{2m_1 + \dfrac{m_2}{3}}\varphi \approx 0$$

Allg. Lösung dieser vereinfachten Differentialgleichung:

$$\varphi = C_1 \sin \omega t + C_2 \cos \omega t$$

$$\ddot{\varphi} = -\omega^2\varphi \quad \text{ergibt:} \quad \omega^2 = \frac{4Rg}{l^2}\frac{2m_1 + m_2}{2m_1 + \dfrac{m_2}{3}}$$

Wenn für $t = t_0$ $\varphi = \varphi_0$ ist, muß für $t = t_0 + \tau$ wieder $\varphi = \varphi_0$ sein.

Daraus folgt $\omega T = 2\pi$, $\quad T = \dfrac{2\pi}{\omega}$

$$T = \pi \sqrt{\frac{l^2}{Rg}\frac{6 + \dfrac{m_2}{m_1}}{6 + \dfrac{3m_2}{m_1}}} = 2{,}65 \text{ s}$$

50. Bewegungsgleichung:

$$\varrho A l \ddot{x} + 2\varrho A g x = 0$$

$$\ddot{x} + \frac{2g}{l}x = 0 = \ddot{x} + \omega^2 x$$

l Gesamtlänge der Säule

$$\omega^2 = 35{,}25 \text{ s}^{-2} \Rightarrow T = \frac{2\pi}{\omega} = 1{,}06 \text{ s}$$

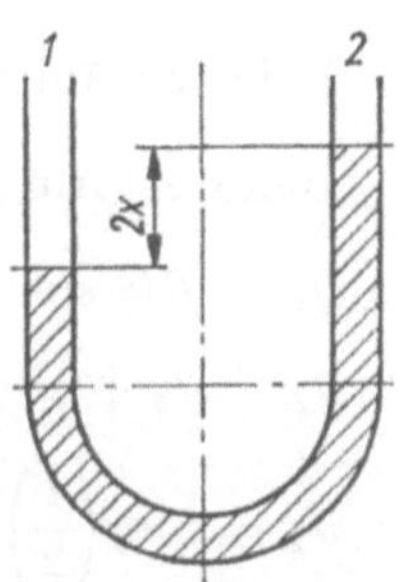

51. Aus dem Momentengleichgewicht um B erhält man:

$$J_B \ddot{\varphi} + r_s mg \sin \varphi = 0$$

$$\ddot{\varphi} + r_s \frac{mg}{J_B} \sin \varphi = 0$$

Damit: $\omega = \sqrt{\dfrac{mgr_s}{J_B}}$; $\qquad T = \dfrac{2\pi}{\omega} = 2\pi \sqrt{\dfrac{J_B}{r_s mg}}$

(Für kleine φ ist $\sin \varphi \approx \varphi$)

Bestimmung des Schwerpunktes:

$$y_s = \frac{\int y\,ds}{l}$$

$$y_{s1} = -\int\limits_0^{\pi} \frac{a^2 \sin \varphi\,d\varphi}{a\pi} = -\frac{2a}{\pi}$$

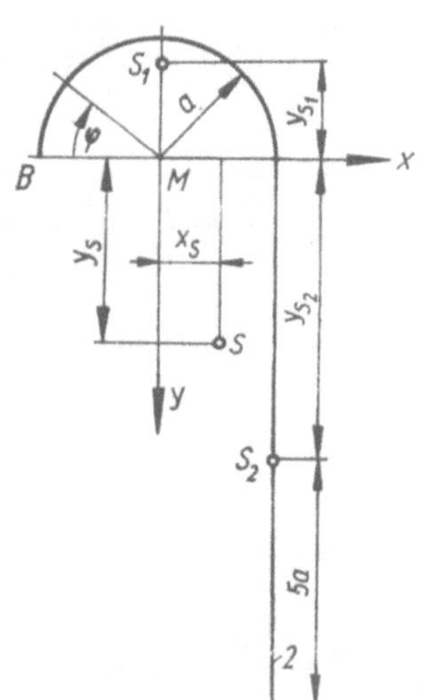

$$y_s = \frac{y_{s1} l_1 + y_{s2} l_2}{l_1 + l_2} = \frac{-\dfrac{2a}{\pi} a\pi + \dfrac{5}{2} a \, 5a}{a\pi + 5a}$$

$$y_s = \frac{21a}{2(5 + \pi)} \approx 1{,}29a$$

$$x_s = \frac{x_{s1} l_1 + x_{s2} l_2}{l_1 + l_2} = \frac{5a}{\pi + 5} \approx 0{,}615a$$

Berechnung des Trägheitsmomentes:

$$J = \int r^2\,dm$$

$$J_{1M} = \int a^2\,dm = \int\limits_0^{\pi} a^2 \varrho A a\,d\varphi = \varrho A a^3 \pi$$

$$J_{2M} = \int r^2\,dm = \int\limits_0^{5a} (a^2 + y^2)\,dy \varrho A = \varrho A \left[a^2 y + \frac{y^3}{3} \right]_0^{5a}$$

$$J_{2M} = \frac{140}{3} \varrho A a^3 \qquad J_M = J_{1M} + J_{2M} = \varrho A a^3 \left[\pi + \frac{140}{3} \right]$$

$$J_B = J_M - mb^2 + mr_s^2 = J_M - m[x_s^2 + y_s^2 - (a + x_s)^2 - y_s^2]$$

$$J_B = J_M + ma[a + 2x_s] = J_M + ma \left[a + \frac{10a}{5 + \pi} \right]$$

$$J_B = \varrho A a^3 \left[2\pi + \frac{185}{3} \right] \approx 67{,}9\,\varrho A a^3 \qquad m = (5 + \pi)\,\varrho A a \approx 8{,}14\,\varrho A a$$

$$r_s = \sqrt{(x_s + a)^2 + y_s^2} \approx 2{,}06\,a \qquad\qquad T \approx 12{,}6 \sqrt{\frac{a}{g}}$$

52. Momentengleichgewicht um Auflagerpunkt:

$$J_A \ddot{\varphi} + m_1 g x = 0 \qquad x \approx R\varphi$$

$$J_A = \frac{m R^2}{2} + m R^2 + m_1 \frac{R^2}{3} + R^2 \varphi^2 m_1$$

$$(\sin \varphi \to \varphi; \qquad \cos \varphi \to 1; \qquad \varphi^2 \ll 1)$$

$$\left(\frac{3}{2}\, m R^2 + m_1 \frac{R^2}{3} \right) \ddot{\varphi} + m_1 g R \varphi = 0$$

$$\omega^2 = \frac{m_1 g}{\dfrac{3}{2}\, m R + \dfrac{1}{3}\, m_1 R}; \qquad T = \frac{2\pi}{\omega}$$

53.
$$J_A \ddot{\varphi} + m g \overline{OS} \varphi = 0 \qquad\qquad \overline{OS} = \frac{4R}{3\pi} = l$$

$$\ddot{\varphi} + \frac{mgl}{J_A}\, \varphi = 0 \qquad\qquad J_A = J_0 - m l^2 + m(R - l)^2$$

$$\omega^2 = \frac{mgl}{J_A} \qquad\qquad J_A = \frac{9\pi - 16}{6\pi}\, m R^2$$

$$T = \frac{2\pi}{\omega} = \frac{\pi}{2} \sqrt{\frac{2R}{g}\,(9\pi - 16)}$$

54. Schwerpunktabstand:

$$\pi (r_1^2 - r_2^2)(e - s) = \pi r_2^2 r_2 \Rightarrow (e - s) = \frac{1}{3}\, r_2, \qquad s = r_2$$

Trägheitsmoment um den Schwerpunkt:

$$J_S = \frac{\pi}{2}\, r_1^4 + \pi r_1^2 \left(\frac{r_2}{3} \right)^2 - \frac{\pi}{2}\, r_2^4 - \pi r_2^2 \left(\frac{4}{3}\, r_2 \right)^2 \Rightarrow J_s = \frac{37\pi}{6}\, r_2^4$$

Trägheitsmoment um den Aufhängepunkt:

$$J_A = J_S + s^2 A = \frac{37\pi}{6}\, r_2^4 + r_2^2\, 3\pi r_2^2 = \frac{55}{6}\, \pi r_2^4$$

Reduzierte Pendellänge:

$$l_0 = \frac{i^2}{s} = \frac{J_A}{A\,s} = \frac{55\pi r_2^4}{6 \cdot 3\pi r_2^2 r_2} = \frac{55}{18}\, r_2$$

Periodendauer:

$$T = 2\pi \sqrt{\frac{l_0}{g}} = 2\pi \sqrt{\frac{55 r_2}{18 g}} = 1{,}21 \text{ s}$$

Abstand der Aufhängepunkte vom Schwerpunkt:

$$s = \frac{i^2}{l_0} = \frac{55 \cdot 18 r_2^2}{18 \cdot 55 r_2} = r_2 \quad \text{(Kreis um den Schwerpunkt)}$$

55. Gleichgewicht des Systems:

(1) $\rightarrow$: $m_2 \ddot{x} + m_1 \ddot{x} + m_1 \ddot{\varphi} l \cos \varphi = 0$

(2) $\overset{\frown}{A}$: $m_1 g l \sin \varphi + m_1 \ddot{x} l \cos \varphi + m_1 \ddot{\varphi} l^2 = 0$

Kleine φ: $\cos \varphi \approx 1$, $\quad \sin \varphi \approx \varphi$

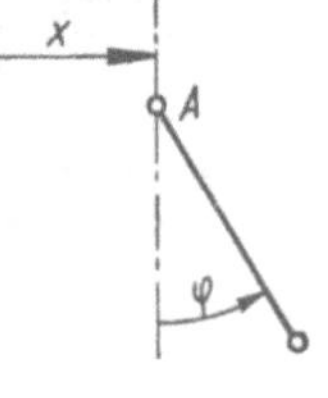

(1) $\ddot{x} = -\ddot{\varphi} l \dfrac{m_1}{m_1 + m_2}$

(2) $\ddot{\varphi}\left(1 - \dfrac{m_1}{m_1 + m_2}\right) + \dfrac{g}{l}\varphi = 0; \qquad \ddot{\varphi} + \varphi \underbrace{\dfrac{g}{l\left(1 + \dfrac{m_1}{m_2}\right)^{-1}}}_{\omega^2} = 0$

a) $T = \dfrac{2\pi}{\omega} = 2\pi \sqrt{\dfrac{l}{g}\left(1 + \dfrac{m_1}{m_2}\right)^{-1}}$

b) Für festgehaltenen Wagen: $m_2 \to \infty$

$$T = 2\pi \sqrt{\frac{l}{g}}$$

56. $J_0 \ddot{\varphi} + m g e \varphi = 0$

$$\omega^2 = \sqrt{\frac{mge}{J_\mathrm{S} + m e^2}}$$

$$T = 2\pi \sqrt{\frac{J_\mathrm{S} + m e^2}{mge}}$$

$$\frac{\partial \left(\dfrac{T}{2\pi}\right)^2}{\partial e} = 0 \Rightarrow e^2 = \frac{J_\mathrm{S}}{m} = i^2$$

i ist der Trägheitsradius des Pendels.

57. Momentengleichgewicht um A:

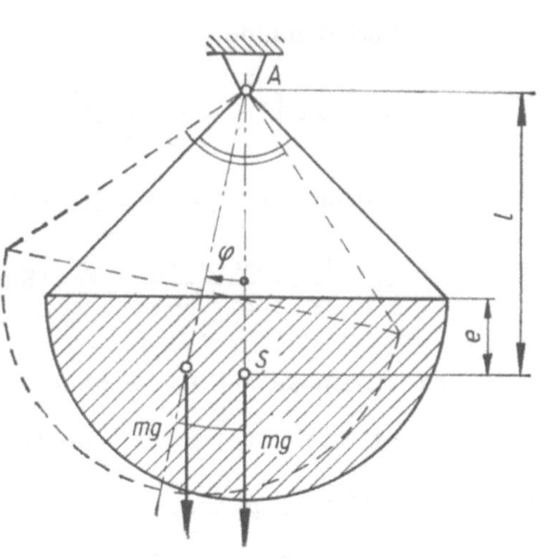

$$J_A \ddot{\varphi} + mgl\varphi = 0$$

$$J_A = J_S + ml^2 = \frac{ma^2}{2} - me^2 + ml^2$$

$$e = \frac{4a}{3\pi} \quad l = a\left(1 + \frac{4}{3\pi}\right)$$

$$J_A = ma^2\left(\frac{1}{2} + 1 + \frac{8}{3\pi}\right) = \frac{ma^2}{6\pi}(9\pi + 16)$$

$$\ddot{\varphi} + \frac{mgl}{J_A}\varphi = \ddot{\varphi} + \frac{2(3\pi + 4)}{9\pi + 16}\frac{g}{a}\varphi = 0$$

$$T = 2\pi\sqrt{\frac{9\pi + 16}{2(3\pi + 4)}\frac{a}{g}}$$

58. $\stackrel{\frown}{A}: J_A \ddot{\varphi} + 2cf(a + h) = 0 \quad$ (kleine φ)

$$J_A = J_0 + ma^2 = \frac{3}{2}ma^2$$

Federweg f für beliebige Ausschläge:

$$f = x - a\sin\varphi + b\sin(\alpha + \varphi) - b\sin\alpha =$$

$$= a(\varphi - \sin\varphi) + b(\sin\alpha\cos\varphi + \cos\alpha\sin\varphi - \sin\alpha)$$

Für kleine φ: $\sin\varphi \approx \varphi$

$$\cos\varphi \approx 1$$

$$f \approx b\varphi\cos\alpha \approx (a + h)\varphi$$

$$J_A\ddot{\varphi} + 2c(a + h)^2\varphi = 0$$

$$\ddot{\varphi} + \varphi\underbrace{\frac{2c(a + h)^2}{\frac{3}{2}ma^2}}_{\omega^2} = 0$$

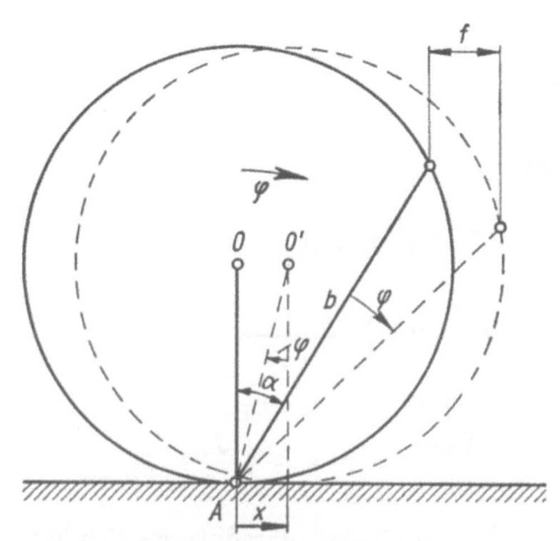

Gesuchte Periodendauer:

$$T = \frac{2\pi}{\omega} = 2\pi\sqrt{\frac{3m}{4c\left(1 + \dfrac{h}{a}\right)^2}}$$

59. Federreihenschaltung:

$$x = x_1 + x_2$$

x_1 Durchbiegung des Balkens

x_2 Verschiebung von m infolge Verlängerung der Feder

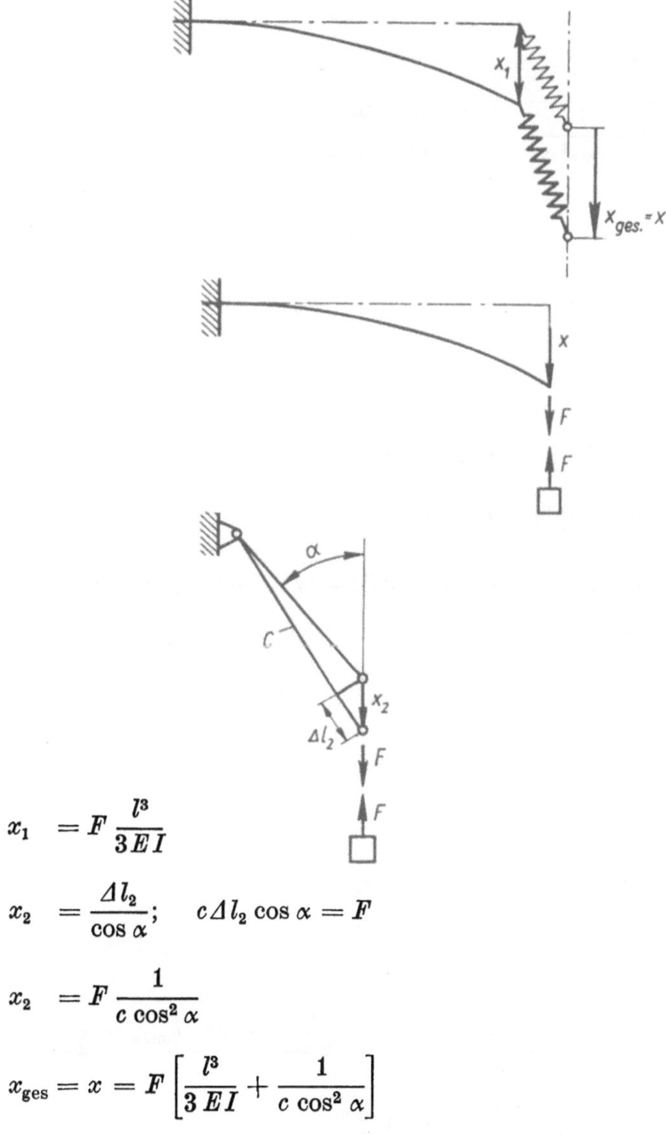

$$x_1 \;= F\,\frac{l^3}{3\,E\,I}$$

$$x_2 \;= \frac{\varDelta l_2}{\cos \alpha}; \quad c\,\varDelta l_2 \cos \alpha = F$$

$$x_2 \;= F\,\frac{1}{c \cos^2 \alpha}$$

$$x_{\text{ges}} = x = F\left[\frac{l^3}{3\,E\,I} + \frac{1}{c \cos^2 \alpha}\right]$$

F ist die auf einer Seite des Systems wirkende Kraft.

19*

Kräftegleichgewicht an der Masse:

$$\uparrow:\ m\ddot{x} + 2F = 0 \Rightarrow \ddot{x} + x\,\underbrace{\frac{2g}{G}\,\frac{1}{\dfrac{l^3}{3EI} + \dfrac{1}{c\cos^2\alpha}}}_{\omega^2} = 0$$

Periodendauer: $T = \dfrac{2\pi}{\omega}$

$$T = 2\pi\sqrt{\frac{G}{2g}\left(\frac{l^3}{3EI} + \frac{1}{c\cos^2\alpha}\right)}\quad\begin{aligned}&= 0{,}204\ \text{s für } \alpha = \ \ 0^\circ\\&= 0{,}217\ \text{s für } \alpha = 30^\circ\end{aligned}$$

60. $J_I = J_{II} = J_s + ms^2$

$$J_s = \frac{m}{12}\,4a^2 = \frac{m}{3}\,a^2$$

$$J_I = \frac{m}{3}\,a^2 + ma^2 = \frac{4}{3}\,ma^2 = J_{II}$$

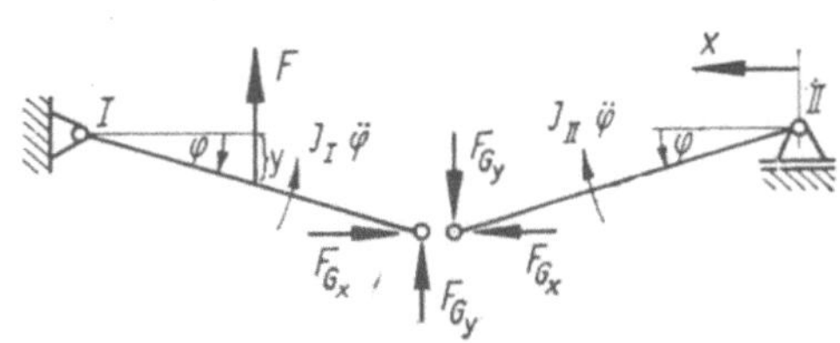

Für kleine φ bleibt Lager II praktisch in Ruhe;

damit ist $m\ddot{x} \approx 0$, und es folgt: $F_{Gx} = 0$

$\overset{\curvearrowleft}{\text{I}}$: $\ Fa\cos\varphi + F_{Gy}\,2a\cos\varphi + J_I\ddot{\varphi} = 0$ $(F = cy = ca\sin\varphi \approx ca\varphi)$

$\qquad J_I\ddot{\varphi} + ca^2\varphi + 2aF_{Gy} = 0$ $\qquad\varphi = A\sin\omega t + B\cos\omega t$

$\qquad\qquad\qquad\qquad\qquad$ für $t = 0 \Rightarrow \varphi = 0 \Rightarrow B = 0$

$\overset{\curvearrowright}{\text{II}}$: $\ J_{II}\ddot{\varphi} - F_{Gy}\,2a\cos\varphi = 0$ $\qquad\dot{\varphi} = A\omega\cos\omega t$

$\qquad(\cos\varphi \approx 1)$

$\qquad F_{Gy}2a = J_{II}\ddot{\varphi} = J_I\ddot{\varphi}$ $\qquad\dfrac{v_0}{2a} = A\omega\quad A = \dfrac{v_0}{2a\omega}$

$\qquad 2J_I\ddot{\varphi} + ca^2\varphi = 0$

$\qquad\ddot{\varphi} + \dfrac{ca^2}{2J_I}\,\varphi = 0$ $\qquad\varphi = \dfrac{v_0}{2a\omega}\sin\omega t\quad \varphi_{\max} = \dfrac{v_0}{2a\omega}$

$$\omega = \sqrt{\frac{ca^2}{2J_I}} = \sqrt{\frac{3c}{8m}} \Rightarrow T = \frac{2\pi}{\omega} = 2\pi\sqrt{\frac{8m}{3c}}$$

$$-ca^2\varphi = 2aF_{Gy} + 2aF_{Gy}$$

$$4aF_{Gy} = -ca^2\varphi \Rightarrow F_{Gy} = -\frac{ca}{4}\varphi$$

$$F_{Gy\max} = -\frac{cv_0}{8\omega}$$

61. $\overset{\frown}{A}:\ J_A\ddot{\varepsilon} + G\,\frac{a}{2}\sin\varphi = 0$

$$\varepsilon = \psi - \varphi;$$

$$R\varphi = \frac{a}{2}\,\psi \Rightarrow \varepsilon = \left(\frac{2R}{a} - 1\right)\varphi$$

$$J_A = J_0 + m_{\text{ges}}\left(\frac{a}{2}\right)^2 \qquad\qquad J_0 = 2\,\frac{m_1}{2}\left(\frac{a}{2}\right)^2 + \frac{m_2}{2}\,a^2 = \frac{9}{24}\,ma^2$$

$$m_{\text{ges}} = m = 2m_1 + m_2 = \frac{3}{2}\,\pi\varrho a^3 \quad J_A = \left(\frac{9}{24} + \frac{1}{4}\right)ma^2 = \frac{5}{8}\,ma^2$$

$$m_1 = \frac{1}{4}\,m_2 = \frac{1}{6}\,m; \qquad m_2 = \frac{2}{3}\,m$$

Damit wird für kleine φ ($\sin\varphi \approx \varphi$) die Dgl. zu

$$\ddot{\varphi} + \varphi\,\frac{G\,\dfrac{a}{2}}{J_A\left(\dfrac{2R}{a} - 1\right)} = 0 = \ddot{\varphi} + \varphi\,\underbrace{\frac{g\,\dfrac{a}{2}}{\dfrac{5}{8}\,a^2\left(\dfrac{2R}{a} - 1\right)}}_{\omega^2}$$

Periodendauer:

$$T = \frac{2\pi}{\omega} = 2\pi\,\sqrt{\frac{a}{g}\,\frac{5}{4}\left(\frac{2R}{a} - 1\right)} \approx 2{,}2\ \text{s}$$

62. Momentengleichgewichte:

$\overset{\frown}{A}:\ J_{Am1}\ddot{\varphi} + Fa = 0$ $\qquad\qquad$ (F Kraft, die bei C angreift)

$\overset{\frown}{B}:\ 2Fa = cxa + J_{Bm2}\ddot{\varphi}_1$ $\qquad \varphi_1 = \dfrac{\varphi}{2} \quad x = a\varphi_1 = \dfrac{a\varphi}{2}$

$$J_{Am1}\ddot{\varphi} + \frac{ca^2}{4}\,\varphi + \frac{J_{Bm2}\ddot{\varphi}}{4} = 0 \quad J_{Am1} = \frac{m_1R^2}{2} + \frac{m_1a^2}{4} = \frac{3m_1a^2}{4}$$

$$\ddot{\varphi}\left(J_{Am1} + \frac{J_{Bm2}}{4}\right) + \frac{ca^2}{4}\,\varphi = 0 \quad J_{Bm2} = \frac{m_2l^2}{12} + m_2a^2 = \frac{4}{3}\,m_2a^2$$

Differentialgleichung: $\ddot{\varphi}\left(\dfrac{3}{4}\,m_1 + \dfrac{1}{3}\,m_2\right) + \dfrac{c}{4}\,\varphi = 0$

$$\omega^2 = \frac{c}{3m_1 + \dfrac{4}{3}\,m_2}, \qquad T = \frac{2\pi}{\omega}$$

63. Aus $\Sigma M_A = 0$ folgt:

$$J_A\ddot{\varphi} + c\,(x_{\mathrm{st}} + b\varphi)\,b - mg\left(\frac{b}{2} + \frac{a}{2}\,\varphi\right) = 0$$

$$cx_{\mathrm{st}}b = mg\,\frac{b}{2} \quad \text{(statische Ruhelage)}$$

Folglich $J_A\ddot{\varphi} + \left(cb^2 - mg\,\dfrac{a}{2}\right)\varphi = 0$

$$\ddot{\varphi} + \frac{cb^2 - mg\,\dfrac{a}{2}}{J_A}\,\varphi = 0 = \ddot{\varphi} + \omega^2\varphi = 0$$

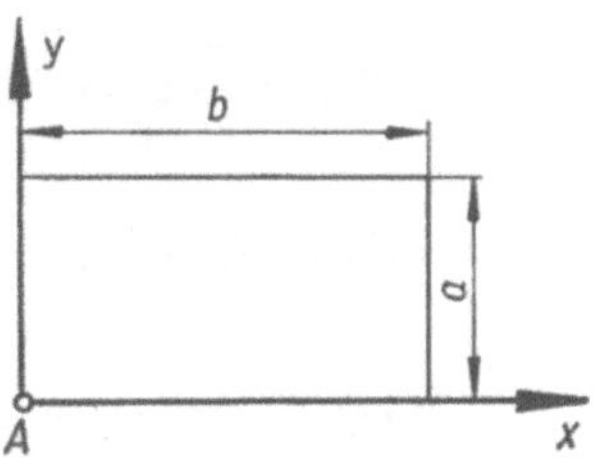

$$J_A = \int\limits_{y=0}^{a}\int\limits_{x=0}^{b}(x^2 + y^2)\,\mathrm{d}m = \frac{a^2 + b^2}{3}\,m \qquad T = \frac{2\pi}{\omega} = 2\pi\sqrt{\frac{(a^2 + b^2)\,m}{3\left(cb^2 - mg\,\dfrac{a}{2}\right)}}$$

64. Die Durchbiegung des Stabes ist der Belastung proportional.

$$c\eta = F$$

$$F_A = F\,\frac{a + b}{a}$$

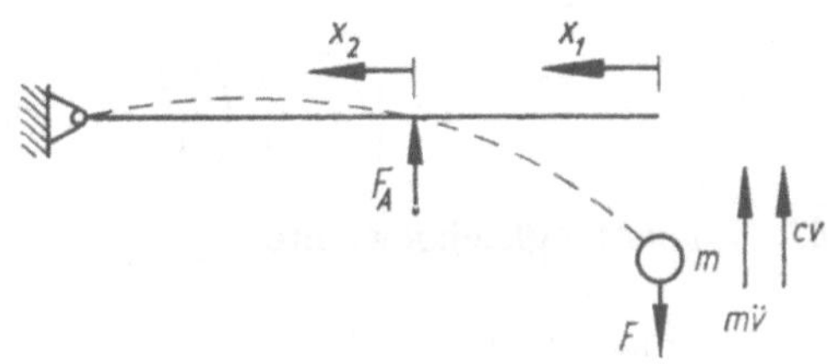

M_i	$\dfrac{\partial M_i}{\partial F}$	Grenzen
Fx_1	x_1	$0 \cdots b$
$F(b + x_2) - F_A x_2 = F\,\dfrac{b}{a}\,(a - x_2)$	$\dfrac{b}{a}\,(a - x_2)$	$0 \cdots a$

$$\frac{\partial W}{\partial F} = v_F = \frac{1}{EI}\left[\int\limits_0^b Fx_1^2\,\mathrm{d}x_1 + \int\limits_0^a F\,\frac{b^2}{a^2}\,(a - x_2)^2\,\mathrm{d}x_2\right] = \frac{1}{EI}\left[\frac{b^3}{3} + \frac{b^2 a}{3}\right]F$$

$$v_F = \frac{Fb^2}{3EI}\,(a + b) = \frac{F}{c} \Rightarrow \frac{1}{c} = \frac{b^2(a + b)}{3EI}$$

Schwingungsgleichung:

$$m\ddot{v} + cv = 0 \qquad \ddot{v} + \frac{c}{m}\,v = 0 \qquad \omega^2 = \frac{c}{m}$$

$$T = \frac{2\pi}{\omega} = 2\pi\,\sqrt{\frac{m}{c}} = 2\pi\,\sqrt{\frac{Gb^2(a + b)}{g\,3EI}}$$

65. Die beiderseitige Einspannung wirkt wie die Parallelschaltung zweier Federn

$$J\ddot{\varphi} + (c_a + c_b)\,\varphi = 0$$

$$\omega^2 = \frac{c_a + c_b}{J}$$

$$T = 2\pi\,\frac{1}{\omega} = 2\pi\,\sqrt{\frac{J}{c_a + c_b}} \qquad \varphi c_a = \varphi\,\frac{GI_t}{a}$$

$$c_a = \frac{GI_t}{a} \qquad \text{analog} \qquad c_b = \frac{GI_t}{b}$$

$$T = 2\pi\,\sqrt{\frac{Jab}{GI_t(a + b)}}$$

66. Momentengleichung um Aufhängepunkt:

$$(J_{m2} + J_{m1})\,\ddot{\varphi} + m_2 g R\left(1 - \frac{2}{\pi}\right)\sin\varphi + 2m_1 g R\sin\varphi = 0$$

$$\sin\varphi \approx \varphi$$

$$(J_{m2} + J_{m1})\,\ddot{\varphi} + g R\left[m_2\left(1 - \frac{2}{\pi}\right) + 2m_1\right]\varphi = 0$$

$$J_{m2} = m_2 R^2\left[1 - \left(\frac{2}{\pi}\right)^2 + \left(1 - \frac{2}{\pi}\right)^2\right] =$$

$$= m_2 R^2\left(1 - \frac{2}{\pi}\right)$$

$$J_{m1} = 2m_1\left(\sqrt{2}\,R\right)^2 = 4m_1 R^2$$

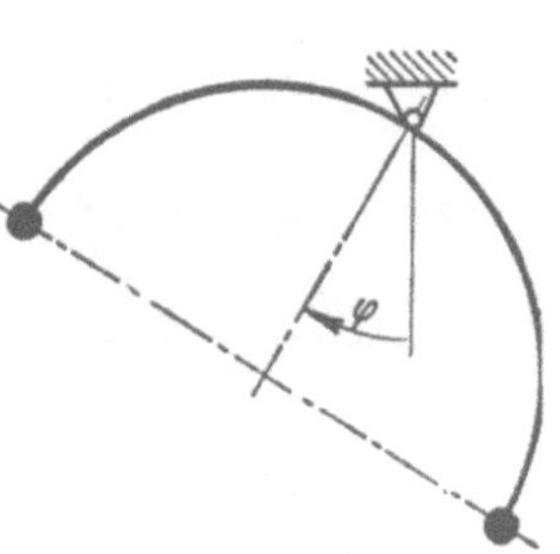

Damit:

$$2R\ddot{\varphi} + g\varphi = 0$$

$$T = 2\pi \sqrt{\frac{2R}{g}}$$

67. a) $J = m_{st}\dfrac{l^2}{3} + m_m l^2$

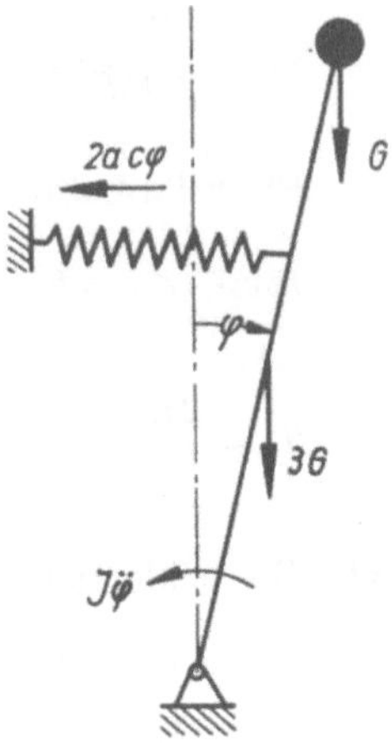

$$J = \frac{3G}{g}\frac{9a^2}{3} + \frac{G}{g}\, 9a^2 = 18\,\frac{G}{g}\,a^2$$

Bewegungsgleichung:

$$J\ddot{\varphi} + 4a^2 c\varphi - \left(3aG + \frac{9a}{2}\,G\right)\sin\varphi = 0$$

$$J\ddot{\varphi} + \left(4ac - \frac{15}{2}\,G\right)a\varphi = 0 \quad \sin\varphi \approx \varphi$$

$$\ddot{\varphi} + \frac{4ac - \dfrac{15}{2}\,G}{18Ga}\,g\varphi = 0$$

$$\omega^2 = \frac{\left(4ac - \dfrac{15G}{2}\right)g}{18Ga} = \frac{g}{4a}$$

$$\varphi = \varphi_0 \cos\omega t$$

$$\ddot{\varphi} = -\varphi_0\omega^2 \cos\omega t$$

$$T = \frac{2\pi}{\omega} = 2\pi\sqrt{\frac{18a}{g\left(\dfrac{4ac}{G} - \dfrac{15}{2}\right)}} = 4\pi\sqrt{\frac{a}{g}}$$

b) $F_{Q\,max} = -\dfrac{G}{g}\,l\ddot{\varphi}_{max} + G\varphi_0$

$$F_{Q\,max} = \frac{G}{g}\,7a\varphi_0\,\frac{g}{4a}$$

$$F_{Q\,max} = \frac{7}{4}\,G\varphi_0 \quad \text{Querkraft}$$

68. $cx_0 = G - \dfrac{1}{3}\,lA\varphi_w$

$$m\ddot{x} + cx_0 - G + \frac{1}{3}\,lA\varrho_w + xA\varrho_w + cx = 0 \qquad \left(m = \frac{G}{g}\right)$$

$$m\ddot{x} + cx + A\varrho_w x = 0$$

$$\ddot{x} + x\,\frac{c + A\varrho_w}{m} = 0 \qquad T = \frac{2\pi}{\omega}$$

$$\omega = \sqrt{\frac{c + A\varrho_w}{m}} \qquad T = 2\pi\sqrt{\frac{G}{g(c + A\varrho_w)}}$$

69. a) Momentengleichgewicht um den Aufhängepunkt:

$$J\ddot{\varphi} + \varrho\,l^2\dot{\varphi} + \frac{l^2}{2}\,c\varphi + m_1 g l\varphi + m_2 g\,\frac{l}{2}\,\varphi = 0 \qquad \left(J = m_1 l^2 + \frac{m_2 l^2}{3}\right)$$

$$\ddot{\varphi} + \frac{\varrho\,l^2}{J}\,\dot{\varphi} + \frac{l}{2J}\,(lc + 2m_1 g + m_2 g)\varphi = 0$$

Lösungsansatz:

$$\varphi = A\,e^{\lambda t}$$

$$\lambda_{1,2} = -\frac{\varrho\,l^2}{2J} \pm \sqrt{\frac{\varrho^2 l^4}{4J^2} - \frac{l}{2J}\,(lc + 2m_1 g + m_2 g)} = -\delta \pm i\nu$$

$$\nu = \sqrt{\frac{l}{2J}\,(lc + 2m_1 g + m_2 g) - \frac{\varrho^2 l^4}{4J^2}} \;\Rightarrow\; T = \frac{2\pi}{\nu}$$

b) $\varphi = e^{-\delta t}(A \cos \nu t + B \sin \nu t)$

$$t = 0; \quad \varphi = 0 = A$$

$$\dot{\varphi} = \frac{v_0}{l} = \nu B$$

$$\varphi = \frac{v_0}{l\nu}\,e^{-\delta t} \sin \nu t$$

φ_{max} wird für $\sin \nu t = 1$, also $\nu t = \dfrac{\pi}{2}$ erreicht.

$$\varphi_{\mathrm{max}} = \frac{v_0}{l\nu}\,e^{-\delta\pi/2\nu}$$

70. Gleichgewicht: $m\ddot{x} + cx \pm mg\mu \cos \alpha = 0$

Oberes Vorzeichen für Bewegung von unten nach oben,

unteres Vorzeichen für Bewegung von oben nach unten.

Differentialgleichung: $\qquad \ddot{x} + \dfrac{c}{m}\,x = \mp\,g\mu \cos \alpha$

Lösung: $\quad x = A \cos \omega t + B \sin \omega t \mp \dfrac{mg\mu \cos \alpha}{c} \qquad \omega = \sqrt{\dfrac{c}{m}}$

$$\ddot{x} = -A\omega \sin \omega t + B\omega \cos \omega t \qquad\qquad T = \frac{2\pi}{\omega}$$

Infolge der ständigen Umkehr der Reibungskraft kann man nur jeweils für eine Halbperiode der Schwingung eine Gleichung angeben.

$$\text{Lage 0: } t = 0; \qquad x_0 = -a$$

$$\left.\text{Lage 1: } t = \frac{1}{2}\,T; \quad x = x_1 = ?\;\right\} \quad \text{Schwingung } 0{-}1 \Rightarrow x_{0/1}$$

$$\text{Lage 2: } t = \frac{2}{2}\,T; \quad x = x_2 \ldots \text{ usw. Schwingung } 1{-}2 \Rightarrow x_{1/2} \text{ usw.}$$

Zweiter Index von x gibt Nummer der Halbschwingung an.

$$x_{0/1}: \; t = 0 \Rightarrow -a = A_{01} - R \Rightarrow A_{01} = -a + R$$

$$t = \frac{1}{2}\,T \Rightarrow +x_1 = A_{01} - R \Rightarrow x_1 = +a - 2R \text{ usw.}$$

$$x_{1/2}: \; t = \frac{1}{2}\,T \Rightarrow +x_1 = -A_{12} + R \Rightarrow A_{12} = -a + 3R \text{ usw.}$$

$$R = \frac{mg\mu \cos \alpha}{c}$$

Allgemeines Ergebnis:

$$x_{n-1/n} = [-a + (2n - 1)\,R] \cdot$$
$$\cdot \cos \omega t + (-1)^n R$$
$$x_n = (-1)^n [-a + 2nR]$$

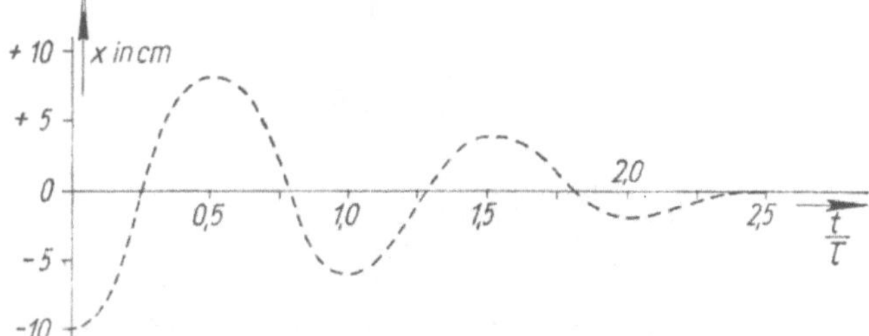

$$R = 1 \text{ cm} \qquad a = -10 \text{ cm} \qquad T = 2\pi \sqrt{\frac{G}{gc}} = 0{,}634 \text{ s}$$

71. Differentialgleichung:

$$m_1 \ddot{x} + \varrho (\dot{x} - \dot{s}) + 2c(x - s) = 0 \qquad \frac{\varrho}{m_1} = 2\delta; \qquad \omega = \sqrt{\frac{2c}{m_1}}$$

$$\ddot{x} + 2\delta \dot{x} + \omega^2 x = \omega^2 s_0 \sin \nu t + 2\delta \nu s_0 \cos \nu t = \alpha \sin \nu t + \beta \cos \nu t$$

Ansatz: $x_p = A \sin \nu t + B \cos \nu t$

$$\dot{x}_p = \nu A \cos \nu t - \nu B \sin \nu t$$

$$\ddot{x}_p = -\nu^2 A \sin \nu t - \nu^2 B \cos \nu t$$

$$-\nu^2 (A \sin \nu t + B \cos \nu t) + 2\delta \nu (A \cos \nu t - B \sin \nu t) +$$

$$+ \omega^2 (A \sin \nu t + B \cos \nu t) = \alpha \sin \nu t + \beta \cos \nu t$$

Durch Koeffizientenvergleich erhält man:

$$A(\omega^2 - \nu^2) - 2B\delta\nu = \alpha$$

$$2A\delta\nu + B(\omega^2 - \nu^2) = \beta$$

$$A = \frac{2\delta\nu\beta + \alpha(\omega^2 - \nu^2)}{(\omega^2 - \nu^2)^2 + 4\delta^2\nu^2} \qquad B = -\frac{2\delta\nu\alpha - \beta(\omega^2 - \nu^2)}{(\omega^2 - \nu^2)^2 + 4\delta^2\nu^2}$$

$$x_p = \frac{1}{(\omega^2 - \nu^2)^2 + 4\delta^2\nu^2}\{[2\delta\nu\beta + \alpha(\omega^2 - \nu^2)]\sin\nu t -$$

$$- [2\delta\nu\alpha - \beta(\omega^2 - \nu^2)]\cos\nu t\} =$$

$$= \frac{\sqrt{\alpha^2 + \beta^2}}{\sqrt{(\omega^2 - \nu^2)^2 + 4\delta^2\nu^2}}\sin(\nu t - \varphi)$$

Homogene Gleichung: $\ddot{x} + 2\delta\dot{x} + \omega^2 x = 0$

Lösung: $\qquad\qquad x_h = \mathrm{e}^{-\delta t}(C_1 \sin\omega t + C_2 \cos\omega t)$

Die Konstanten C_1 und C_2 müssen aus Anfangsbedingungen bestimmt werden.

$$x = x_p + x_h = \frac{\sqrt{\alpha^2 + \beta^2}}{\sqrt{(\omega^2 - \nu^2)^2 + 4\delta^2\nu^2}}\sin(\nu t - \varphi) + \mathrm{e}^{-\delta t}(C_1 \sin\omega t + C_2 \cos\omega t)$$

72. a) $\ddot{x} + \dfrac{k}{m}\dot{x} + \dfrac{c}{4m}x = 0$

Substitution: $\quad \dfrac{k}{m} = 2n \qquad \dfrac{c}{4m} = \nu^2$

$\ddot{x} + 2n\dot{x} + \nu^2 x = 0 \qquad\qquad$ Ansatz $x = A\,\mathrm{e}^{pt}$ gibt

charakteristische Gleichung $p^2 + 2np + \nu^2 = 0$

mit $p_{1,2} = -n \pm \mathrm{i}\sqrt{\nu^2 - n^2} = -n \pm \mathrm{i}\omega$

$x = \mathrm{e}^{-nt}(C_1 \cos\omega t + C_2 \sin\omega t)$

$t = 0:\quad x = x_0 = C_1$

$\qquad\qquad \dot{x} = 0 = C_2\omega - C_1 n$

$x = x_0\mathrm{e}^{-nt}\left(\cos\omega t + \dfrac{n}{\omega}\sin\omega t\right)$

$n = \dfrac{k}{2m} = 4{,}9\ \mathrm{s}^{-1} \qquad\qquad \omega = \sqrt{\nu^2 - n^2} = 14{,}9\ \mathrm{s}^{-1}$

b) $T = \dfrac{2\pi}{\omega} = \dfrac{2\pi}{14{,}9}\ \mathrm{s} = 0{,}422\ \mathrm{s}$

c) $x = e^{-nt}(C_1 \cos \omega t + C_2 \sin \omega t)$ $\omega = \sqrt{\dfrac{c}{4m} - \left(\dfrac{k}{2m}\right)^2}$

für $t = 0$ gilt $x_0 = C_1$

und für $t = 10\,T = \dfrac{10 \cdot 2\pi}{\omega}$ $x_{10\,T} = \dfrac{1}{5} = e^{-n \cdot 10T}\,C_1$

$\ln 1 - \ln 5 = \ln 1 - 10\,n\,T \ln e$

$\dfrac{nT}{2} = \dfrac{1}{20} \ln 5 = 0{,}0804$

$n = \dfrac{k}{2m} \Rightarrow \dfrac{k}{4m}\,T = 0{,}0804$

$T = \dfrac{2\pi}{\omega} = 0{,}0804 \cdot \dfrac{4m}{k} = \dfrac{2\pi}{\sqrt{\dfrac{c}{4m} - \left(\dfrac{k}{2m}\right)^2}}$ $0{,}0804^2 \left(\dfrac{c}{4m} - \dfrac{k^2}{4m^2}\right) = \dfrac{\pi^2 k^2}{4m^2}$

$k = \sqrt{\dfrac{0{,}0804^2\,c\,m}{\pi^2 + 0{,}0804^2}}$ $\qquad k = 0{,}0082$ Ns mm^{-1}

73. Differentialgleichung: $m\ddot{x} + cx = c\,U \sin \Omega t$

Partikuläre Lösung: $x_\mathrm{p} = A_\mathrm{p} \sin \Omega t$

$$A_\mathrm{p} = \frac{c\,U}{m} \left|\frac{1}{\omega^2 - \Omega^2}\right| = U \left|\frac{\omega^2}{\omega^2 - \Omega^2}\right| = U \left|\frac{1}{1 - \eta^2}\right|$$

$$\eta = \frac{\Omega}{\omega} \qquad \omega = \sqrt{\frac{c}{m}} \qquad \Omega = \frac{\pi n}{30} \qquad U = \frac{a}{b}\,r$$

1. Unterkritisch: Schwingung in Phase $\eta < 1$

Gesamtfederweg $f_\mathrm{ges} = A_\mathrm{p} - U + \dfrac{G}{c}$

$$f_\mathrm{ges}\,c = q\,G = c\,U \left(\frac{1}{1 - \eta^2} - 1\right) + G \quad \text{(Grenze)}$$

$$\frac{1}{1 - \eta^2} = 1 + \frac{G(q - 1)}{c\,U} \qquad \eta^2 = \frac{-1}{\dfrac{G(q - 1)}{c\,U} + 1} + 1$$

$$n_{1\,\mathrm{Grenz}} = \frac{30}{\pi} \sqrt{\frac{c}{m} \left(1 - \frac{1}{\dfrac{G(q - 1)\,b}{a\,r\,c} + 1}\right)}$$

(untere Grenze des kritischen Drehzahlbereichs)

2. Überkritisch: Schwingung in Gegenphase $\eta > 1$

$$f_{\text{ges}} = A_{\text{p}} + U + \frac{G}{c} \qquad \frac{1}{1 - \eta^2} = -\left[\frac{G(q-1)}{cU} - 1\right]$$

$$\eta^2 = \frac{1}{\dfrac{G(q-1) - 1}{cU}} + 1$$

$$n_{2\,\text{Grenz}} = \frac{30}{\pi} \sqrt{\frac{c}{m}\left(1 + \frac{1}{\dfrac{bG(q-1)}{arc} - 1}\right)}$$

(obere Grenze des kritischen Drehzahlbereichs)

nur für $\dfrac{bG(q-1)}{arc} \geqq 1$

74. Für n_{kr} muß erfüllt sein: $\nu = \omega_0 = \nu_{\text{kr}}$

$$\omega_0 = \sqrt{\frac{c}{m}}; \qquad c = \frac{mg}{v_s}$$

Aus der Gleichung für die elastische Linie folgt:

$$v_s = \frac{Gl^3}{48EI}$$

$$n_{\text{kr}} = \frac{30}{\pi}\,\nu_{\text{kr}} = \frac{30}{\pi}\sqrt{\frac{48EIg}{l^3G}} = 4650\ \text{U/min}^{-1} \qquad \nu_{\text{kr}} = 485\ \text{s}^{-1}$$

Bewegungsgleichung: (die horizontalen Komponenten heben sich auf)

$$F = 2m_1 r\nu^2 \sin \nu t$$

$$\ddot{x} + \omega_0^2 x = 2\,\frac{m_1}{m}\,r\nu^2 \sin \nu t$$

Ansatz für Partikulärlösung:

$$x_{\text{p}} = A \sin \nu t + B \cos \nu t$$

$$\ddot{x}_{\text{p}} = -A\nu^2 \sin \nu t - B\nu^2 \cos \nu t$$

$$-A\nu^2 \sin \nu t - B\nu^2 \cos \nu t + A\omega_0^2 \sin \nu t + B\omega_0^2 \cos \nu t = 2\,\frac{m_1}{m}\,r\nu^2 \sin \nu t$$

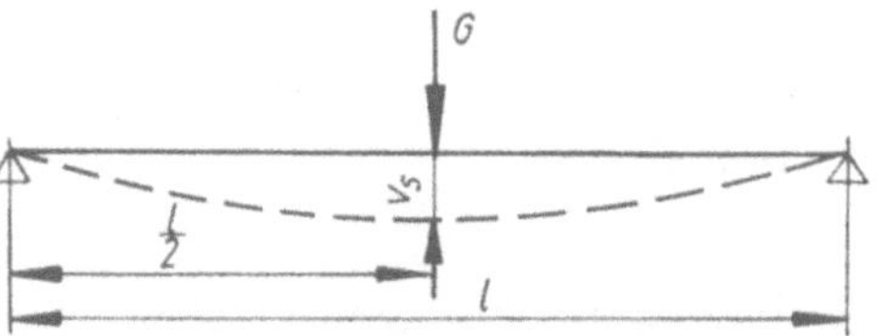

Koeffizientenvergleich ergibt:

$$A = \frac{2m_1 r\nu^2}{m(\omega_0^2 - \nu^2)} \qquad x_{\text{p}} = \frac{2m_1 r\nu^2}{m(\omega_0^2 - \nu^2)}\sin \nu t$$

Homogene Gleichung: $\ddot{x} + \omega_0^2 x = 0 \Rightarrow x_{\mathrm{h}} = C_1 \sin \omega_0 t + C_2 \cos \omega_0 t$

$$x_{\mathrm{ges}} = x_{\mathrm{p}} + x_{\mathrm{h}} = \underbrace{\frac{2m_1 r v^2}{m(\omega_0^2 - v^2)} \sin v t}_{\substack{\text{erzwungene} \\ \text{Schwingung}}} + \underbrace{C_1 \sin \omega_0 t + C_2 \cos \omega_0 t}_{\substack{\text{ungedämpfte} \\ \text{Eigenschwingung}}}$$

Amplitude für $n = 4000\ \mathrm{U\ min^{-1}}$: $\quad x_A = \dfrac{2m_1 r v^2}{m(\omega_0^2 - v^2)} = 2{,}89\ \mathrm{mm}$

75. $m\ddot{x} = -2cx + F_{\mathrm{Z}} \sin \varphi$

$F_{\mathrm{Z}} = m\omega^2 \dfrac{a}{\cos \varphi}$

$x = a \sin \varphi \approx a\varphi \qquad \varphi \ll 1$

$\ddot{x} \approx a\ddot{\varphi}$

$ma\ddot{\varphi} + 2ca\varphi - m\omega^2 a \tan \varphi = 0$

$\tan \varphi \approx \varphi \ll 1$

$\ddot{\varphi} m + \varphi (2c - m\omega^2) = 0$

$\overline{w} = \sqrt{\dfrac{2c - m\omega^2}{m}}$

$T = \dfrac{2\pi}{\overline{w}} = 2\pi \sqrt{\dfrac{m}{2c - m\omega^2}}$

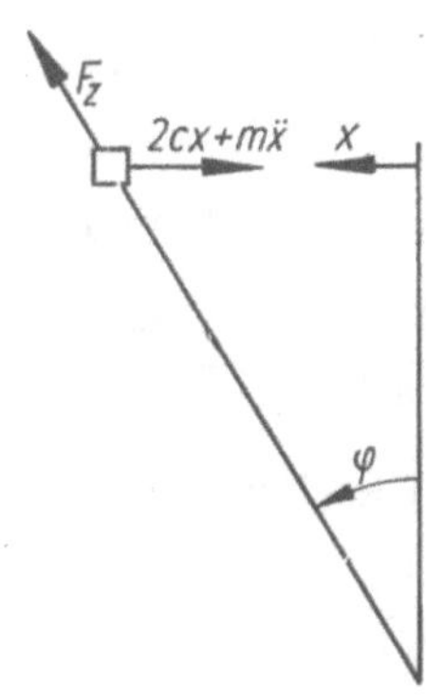

76. Kräftegleichgewicht:

$m\ddot{r} + c(r + a) - mr\omega^2 - mg \cos \omega t = 0$

Dgl.: $\ddot{r} + r(\alpha^2 - \omega^2) = \alpha^2 a + g \cos \omega t$

mit $\alpha^2 = \dfrac{c}{m}$

Lösung der homogenen Dgl.:

$r_{\mathrm{h}} = A \cos \lambda t + B \sin \lambda t\ $ mit $\ \lambda = \sqrt{\alpha^2 - \omega^2}$

Partikuläre Lösung:

$r_{\mathrm{p}} = D + E \cos \omega t;$

$\ddot{r}_{\mathrm{p}} = -E\omega^2 \cos \omega t$

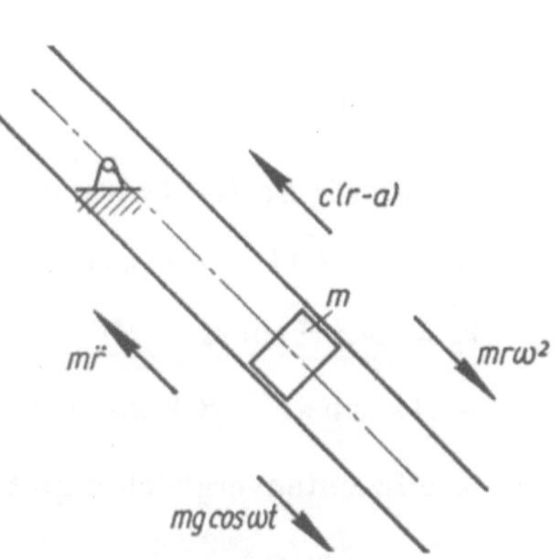

$$D = \frac{\alpha^2 a}{\alpha^2 - \omega^2};$$

$$E = \frac{g}{\alpha^2 - 2\omega^2}$$

$$r_p = \frac{a^2 \alpha}{\alpha^2 - \omega^2} + \frac{g}{\alpha^2 - 2\omega^2}\cos\omega t$$

Mit Anfangsbedingungen: $t = 0$: $r = a$; $\dot r = 0$

Allg. Lösung der Dgl.:

$$r = A\cos\lambda t + B\sin\lambda t + \frac{\alpha^2 a}{\alpha^2 - \omega^2} + \frac{g}{\alpha^2 - 2\omega^2}\cos\omega t$$

$$t = 0; \qquad a = A + \frac{\alpha^2 a}{\alpha^2 - \omega^2} + \frac{g}{\alpha^2 - 2\omega^2}$$

$$0 = \lambda B \Rightarrow B = 0$$

$$A = a - \frac{\alpha^2 a}{\alpha^2 - \omega^2} - \frac{g}{\alpha^2 - 2\omega^2}$$

$$r = \left(a - \frac{a\alpha^2}{\alpha^2 - \omega^2} - \frac{g}{\alpha^2 - 2\omega^2}\right)\cos\left(\sqrt{\alpha^2 - \omega^2}\right)t + \frac{\alpha^2 a}{\alpha^2 - \omega^2} + \frac{g}{\alpha^2 - 2\omega^2}\cos\omega t$$

77.
$$\ddot y = a\omega^2 \sin\omega t = -\omega^2 y$$

$$m\ddot y = mg$$

$$\ddot y_{\max} = \omega^2 y_{\max} = \omega^2 a = g$$

$$\omega^2 = \frac{g}{a} = \frac{981\ \text{cm}}{5\ \text{cms}^2} \Rightarrow \omega = 14\ \text{s}^{-1}$$

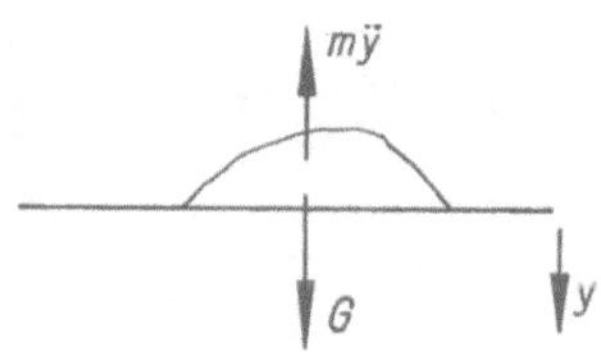

78. Bewegungsgleichung: $+ m\ddot x + \varrho\dot x + cx = 0$

Die Lösung $x = K_0 e^{kt}$ eingesetzt in die Differentialgleichung

$$+ k^2 + \frac{\varrho}{m}k + \frac{c}{m} = 0 \qquad k = -\frac{\varrho}{2m} \pm \sqrt{\left(\frac{\varrho}{2m}\right)^2 - \frac{c}{m}} = -\delta \pm \mathrm{i}\nu$$

(Wenn periodische Schwingung auftritt, muß ν reell sein!)

Die Bewegungsgleichung lautet damit:

$$x = e^{-\delta t}[A\cos\nu t + B\sin\nu t]$$

$$\frac{x_2}{x_1} = \frac{e^{-\delta t_2}}{e^{-\delta t_1}} = e^{-\delta(t_2 - t_1)} = e^{-\delta T}$$

$$\ln\frac{x_2}{x_1} = -\delta T = -\frac{\varrho T}{2m}; \qquad \varrho = +\frac{2m}{T}\ln\frac{x_1}{x_2}$$

$$T = \frac{2\pi}{\nu} \qquad \nu = \frac{2\pi}{T} = \sqrt{\frac{c}{m} - \left(\frac{\varrho}{2m}\right)^2}$$

Hieraus folgt:

$$c = m\left[\left(\frac{2\pi}{T}\right)^2 + \left(\frac{\varrho}{2m}\right)^2\right] = \frac{m}{T^2}\left[(2\pi)^2 + \left(\ln\frac{x_1}{x_2}\right)^2\right]$$

Zahlenwerte:

$$c \approx 0{,}49 \ \text{Nmm}^{-1}$$

$$\varrho = 0{,}00848 \ \text{Ns mm}^{-1}$$

2.3.3.2. Gekoppelte Schwingungen

79. Differentialgleichungen: Beziehungen:

$$m\ddot{x}_s + c_1 x_1 + c_2 x_2 = 0 \qquad x_s = x_1 + \frac{3}{2}\,a\varphi \qquad x_1 = x_s - \frac{3}{2}\,a\varphi$$

$$\frac{3}{4}\,ma\ddot{\varphi} + c_2 x_2 \frac{1}{2} - \frac{3}{2}\,c_1 x_1 = 0 \qquad 2a\varphi = x_2 - x_1 \qquad x_2 = x_s + \frac{1}{2}\,a\varphi$$

$$1.\ \text{Weg:}\ \frac{3}{4}\,ma\ddot{\varphi} - x_s\left(\frac{3}{2}\,c_1 - \frac{1}{2}\,c_2\right) + a\varphi\left(\frac{9}{4}\,c_1 + \frac{1}{4}\,c_2\right) = 0 \tag{1}$$

$$m\ddot{x}_s + x_s(c_1 + c_2) - a\varphi\left(\frac{3}{2}\,c_1 - \frac{1}{2}\,c_2\right) = 0 \tag{2}$$

aus (2):

$$a\varphi = \frac{m\ddot{x}_s}{\frac{3}{2}\,c_1 - \frac{1}{2}\,c_2} + x_s\,\frac{c_1 + c_2}{\frac{3}{2}\,c_1 - \frac{1}{2}\,c_2};$$

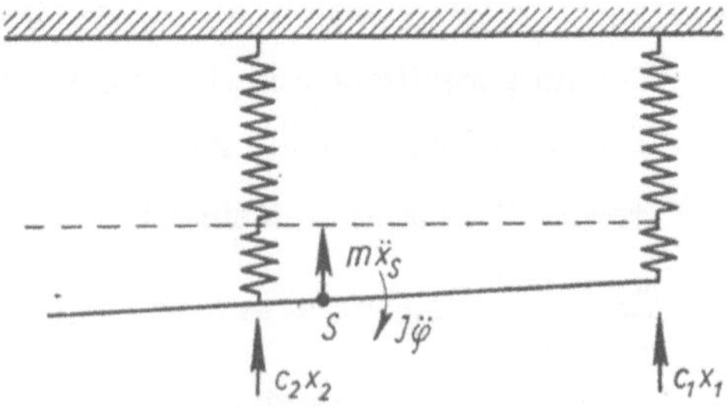

$$a\ddot{\varphi} = \frac{m\ddddot{x}_s}{\frac{3}{2}\,c_1 - \frac{1}{2}\,c_2} + \ddot{x}_s\,\frac{c_1 + c_2}{\frac{3}{2}\,c_1 - \frac{1}{2}\,c_2}$$

$$\ddddot{x}_s + \ddot{x}_s\,\frac{4}{3}\,\frac{(3c_1 + c_2)}{m} + x_s\,\frac{16}{3}\,\frac{c_1 c_2}{m^2} = 0$$

Ansatz: $x_s = A_1 \sin(\omega_1 t + \varepsilon_1) + A_2 \sin(\omega_2 t + \varepsilon_2)$

$$\omega_{1,2}^4 - \frac{4}{3}\frac{3c_1 + c_2}{m}\,\omega_{1,2}^2 + \frac{16}{3}\frac{c_1 c_2}{m^2} = 0 \qquad \omega_1 = \sqrt{\frac{4c_1}{m}}\,; \qquad \omega_2 = \sqrt{\frac{4}{3}\frac{c_2}{m}}$$

2. Weg: $\left.\begin{array}{l} m\ddot{x}_1 + 3m\ddot{x}_2 + 4c_1 x_1 + 4c_2 x_2 = 0 \\[2ex] 3m\ddot{x}_1 - 3m\ddot{x}_2 + 12c_1 x_1 - 4c_2 x_2 = 0 \end{array}\right\}$ $\begin{array}{l} 3m\ddot{x}_2 + 4c_2 x_2 = 0 \Rightarrow \omega_2 = \sqrt{\dfrac{4c_2}{3m}} \\[2ex] m\ddot{x}_1 + 4c_1 x_1 = 0 \Rightarrow \omega_1 = \sqrt{\dfrac{4c_1}{m}} \end{array}$

80. a) $m_1 \ddot{s}_1 + c(s_1 - s_2) = (m_1 + m_2)\,g\sin\alpha$ (Gilt für $s_1 = s_2 = 0$ bei $t = 0$)

$m_2 \ddot{s}_2 + c(s_2 - s_1) = 0$

$m_1 \ddot{s}_1 + m_2 \ddot{s}_2 = (m_1 + m_2)\,g\sin\alpha$

$$(\ddot{s}_1 - \ddot{s}_2) + \left(\frac{c}{m_1} + \frac{c}{m_2}\right)(s_1 - s_2) = \frac{m_1 + m_2}{m_1}\,g\sin\alpha;\quad \text{(Dgl. für } s_1 - s_2)$$

$$s_1 - s_2 = A\cos\omega t + B\sin\omega t + \frac{\left(1 + \dfrac{m_2}{m_1}\right)g\sin\alpha}{\dfrac{c}{m_1} + \dfrac{c}{m_2}}$$

$$\frac{1 + \dfrac{m_2}{m_1}}{c\left(\dfrac{1}{m_1} + \dfrac{1}{m_2}\right)}\,g\sin\alpha = \frac{m_2(m_1 + m_2)}{c(m_1 + m_2)}\,g\sin\alpha = \frac{m_2}{c}\,g\sin\alpha$$

$$s_1 - s_2 = A\cos\omega t + B\sin\omega t + \frac{m_2}{c}\,g\sin\alpha$$

$$\ddot{s}_1 - \ddot{s}_2 = -\omega^2(A\cos\omega t + B\sin\omega t)$$

$$\omega^2 = c\left(\frac{1}{m_1} + \frac{1}{m_2}\right) = c\,\frac{m_1 + m_2}{m_1 m_2}$$

mit $\ddot{s}_2 = \dfrac{m_1 + m_2}{m_2}\,g\sin\alpha - \dfrac{m_1}{m_2}\,\ddot{s}_1$ folgt:

$$\ddot{s}_1 = -\frac{m_2}{m_1 + m_2}\,\omega^2(A\cos\omega t + B\sin\omega t) + g\sin\alpha$$

analog: $\ddot{s}_2 = +\dfrac{m_1}{m_1 + m_2}\,\omega^2(A\cos\omega t + B\sin\omega t) + g\sin\alpha$

$$\dot{s}_1 = \frac{m_2\,\omega}{m_1 + m_2}\,(-A\sin\omega t + B\cos\omega t) + gt\sin\alpha + c_1$$

$$s_1 = \frac{m_2}{m_1 + m_2}\,(A\cos\omega t + B\sin\omega t) + \frac{gt^2}{2}\sin\alpha + c_1 t + c_2$$

b) $t = 0$

$$s_1 = 0 \qquad \frac{m_2}{m_1 + m_2} A + c_2 = 0$$

$$\dot{s}_1 = 0 \qquad \frac{m_2\,\omega}{m_1 + m_2} B + c_1 = 0$$

$$s_2 = -\frac{m_1}{m_1 + m_2}\,(A \cos \omega t + B \sin \omega t) + \frac{g\,t^2}{2} \sin \alpha + c_3 t + c_4$$

$t = 0$

$$s_2 = 0 \qquad -\frac{m_1}{m_1 + m_2} A + c_4 = 0$$

$$\dot{s}_2 = 0 \qquad -\frac{m_1\,\omega}{m_1 + m_2} B + c_3 = 0$$

$$\dot{s}_2 = \frac{m_1\,\omega}{m_1 + m_2}\,(A \sin \omega t - B \cos \omega t) + g t \sin \alpha + c_3$$

$$c_1 = -B\omega\,\frac{m_2}{m_1 + m_2} \qquad\qquad c_3 = +B\omega\,\frac{m_1}{m_1 + m_2}$$

$$c_2 = -A\,\frac{m_2}{m_1 + m_2} \qquad\qquad c_4 = +A\,\frac{m_1}{m_1 + m_2}$$

$$s_1 = \frac{g\,t^2}{2} \sin \alpha + \frac{m_2}{m_1 + m_2}\,[A\,(\cos \omega t - 1) + B(\sin \omega t - \omega t)]$$

$$s_2 = \frac{g\,t^2}{2} \sin \alpha - \frac{m_1}{m_1 + m_2}\,[A\,(\cos \omega t - 1) + B(\sin \omega t - \omega t)]$$

Durch Einsetzen in $m_2 \ddot{s}_2 + c\,(s_2 - s_1) = 0$ folgt:

$m_2 g \sin \alpha + (A + B\omega t)\,c = 0$

Damit $B = 0$ und $A = -\dfrac{m_2 g}{c} \sin \alpha$

$$s_1 = \frac{m_2{}^2 g \sin \alpha}{(m_1 + m_2)\,c}\,(1 - \cos \omega t) + \frac{g\,t^2}{2} \sin \alpha$$

$$s_2 = \frac{m_1 m_2 g \sin \alpha}{(m_1 + m_2)\,c}\,(\cos \omega t - 1) + \frac{g\,t^2}{2} \sin \alpha$$

c) Schwerpunktsatz: $m_1 s_1 + m_2 s_2 = (m_1 + m_2)\,s$

$$s = \frac{g\,t^2}{2} \sin \alpha$$

d) $\omega = \sqrt{\dfrac{c}{m_1} + \dfrac{c}{m_2}} \Rightarrow T = 2\pi \sqrt{\dfrac{m_1 m_2}{c(m_1 + m_2)}} = 0{,}518 \text{ s}$

e) Es muß $\cos \omega t = 1$ sein. Daraus $t = \dfrac{2\pi}{\omega} k \quad (k = 0, 1, 2, \ldots)$

$t_1 = 0{,}518 \text{ s} \qquad s_1 = s_2 = 0{,}228 \text{ m}$

81. Es gilt:

$$v_V = \alpha_{VV} F_V + \alpha_{VH} F_H$$

$$v_H = \alpha_{HV} F_V + \alpha_{HH} F_H$$

Daraus folgen die Bewegungsgleichungen:

$$v_V + \alpha_{VV} m \ddot{v}_V + \alpha_{VH} m \ddot{v}_H = 0$$

$$v_H + \alpha_{HV} m \ddot{v}_V + \alpha_{HH} m \ddot{v}_H = 0$$

$$\begin{vmatrix} \alpha_{VV} m - \dfrac{1}{\omega^2} & \alpha_{VH} m \\[2ex] \alpha_{HV} m & \alpha_{HH} m - \dfrac{1}{\omega^2} \end{vmatrix} = 0$$

Mit den Ansätzen $v_k = A_k \sin(\omega t + \varphi)$ erhält man ein homogenes Gleichungssystem für die A_k, welches nur dann eine Lösung hat, wenn die Koeffizientendeterminante der A_k verschwindet.

$$\frac{1}{\omega^4} - \frac{m}{\omega^2}(\alpha_{HH} + \alpha_{VV}) + m^2(\alpha_{HH}\alpha_{VV} - \alpha_{HV}^2) = 0$$

$$\frac{1}{\omega^2} = \frac{m}{2}\left[\alpha_{HH} + \alpha_{VV} \pm \sqrt{(\alpha_{HH} - \alpha_{VV})^2 + (2\alpha_{HV})^2}\right]$$

Berechnung der Einflußzahlen:

$$\alpha_{kl} = \sum_{i=1}^{3} \frac{1}{EI} \int_0^{l_i} \frac{\partial M_i}{\partial F_k} \frac{\partial M_i}{\partial F_l} \, dx_i$$

Be-reich	M_i	$\dfrac{\partial M_i}{\partial F_H}$	$\dfrac{\partial M_i}{\partial F_V}$	Grenzen
1	$F_H x_1$	x_1	0	$0 \cdots a$
2	$F_H a - F_V x_2$	a	$-x_2$	$0 \cdots 2a$
3	$F_H(a - x_3) - F_V \cdot 2a$	$a - x_3$	$-2a$	$0 \cdots 2a$

$$\alpha_{HH} = \frac{a^3}{EI} \left(\frac{1}{3} + 2 + 2 + \frac{8}{3} - 4 \right) = 3 \frac{a^3}{EI}$$

$$\alpha_{VV} = \frac{a^3}{EI} \left(\frac{8}{3} + 8 \right) \qquad\qquad = \frac{32}{3} \frac{a^3}{EI}$$

$$\alpha_{HV} = \frac{a^3}{EI} (-2 - 4 + 4) \qquad\qquad = -2 \frac{a^3}{EI}$$

Damit

$$\frac{1}{\omega^2} = \frac{ma^3}{6EI} \left[41 \pm \sqrt{673} \right] \qquad \omega_1 = 0{,}299 \sqrt{\frac{EI}{ma^3}} \qquad \omega_2 = 0{,}632 \sqrt{\frac{EI}{ma^3}}$$

82. A. *Statik und Festigkeitslehre*:

Gleichgewichtsbedingungen:

$$F_{S1} = F_x + \tan \alpha \cdot F_y$$

$$F_{S2} = -\frac{1}{\cos \alpha} F_y$$

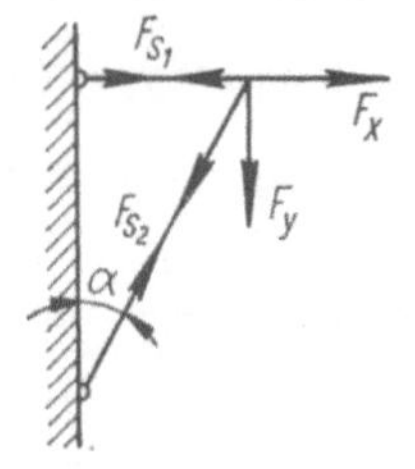

Hookesches Gesetz:

$$\Delta l_1 = \frac{F_{S1} l_1}{E A_1} = \frac{l}{EA} (F_x + \tan \alpha \cdot F_y)$$

$$\Delta l_2 = \frac{l}{2 E A \sin \alpha} \left(-\frac{1}{\cos \alpha} F_y \right)$$

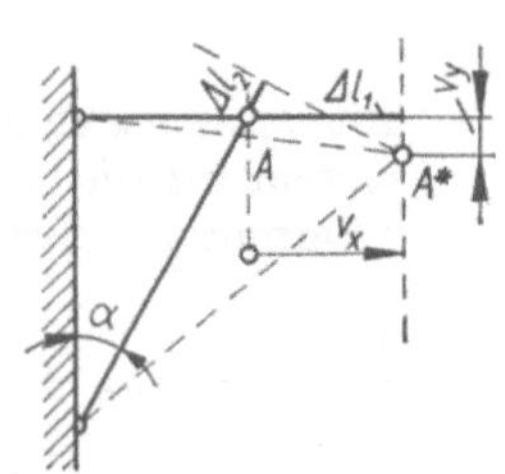

Verschiebungen:

$$v_x = \Delta l_1$$

$$v_y = \Delta l_1 \tan \alpha - \Delta l_2 \frac{1}{\cos \alpha}$$

$$v_x = \frac{l}{EA} F_x + \frac{l \tan \alpha}{EA} F_y$$

$$v_y = \frac{l \tan \alpha}{EA} F_x + \frac{l}{EA} \left(\tan^2 \alpha + \frac{1}{2 \sin \alpha \cos^2 \alpha} \right) F_y$$

Wir schreiben:

$$v_x = \alpha_{11} F_x + \alpha_{12} F_y; \quad v_y = \alpha_{12} F_x + \alpha_{22} F_y \quad \text{und} \quad \alpha_{kl} = a_{kl} \frac{l}{EA} \qquad (1)$$

Für $\alpha = 30°$ erhält man:

$$a_{11} = 1 \qquad a_{12} = \frac{\sqrt{3}}{3} \qquad a_{22} = \frac{5}{3} \tag{2}$$

B. *Dynamik*:

D'ALEMBERTsches Prinzip:

$$F_x = -m\,\frac{d^2 v_x}{dt^2} = -m\ddot{v}_x$$

$$F_y = -m\,\frac{d^2 v_y}{dt^2} = -m\ddot{v}_y \qquad (3)$$

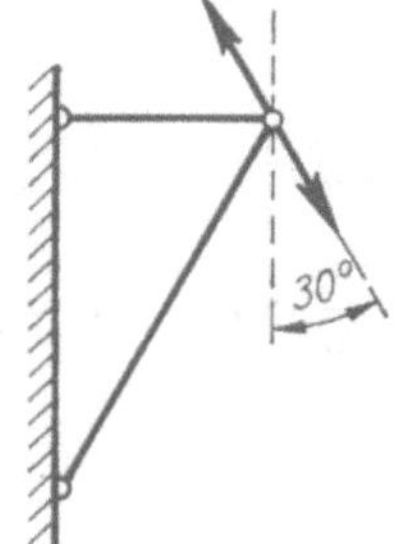
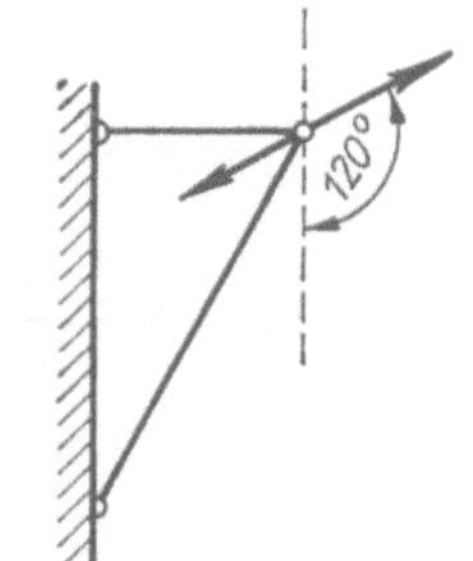

(3) in (1) eingesetzt, ergibt gekoppeltes Differentialgleichungssystem:

$$v_x + \alpha_{11}m\ddot{v}_x + \alpha_{12}m\ddot{v}_y = 0 \qquad \alpha_{12}m\ddot{v}_x + v_y + \alpha_{22}m\ddot{v}_y = 0$$

Lösung durch Ansatz: $v_x = C \cos(\omega t + \gamma) \qquad v_y = D \cos(\omega t + \gamma)$

Mit $Z^2 = \dfrac{ml\omega^2}{EA}$ erhält man

$$(1 - Z^2)\,C - \frac{\sqrt{3}}{3}\,DZ^2 = 0 \qquad -\frac{\sqrt{3}}{3}\,Z^2 C + \left(1 - \frac{5}{3}\,Z^2\right)D = 0 \tag{4}$$

Nur Lösung $C \neq 0$ und $D \neq 0$, wenn

$$\begin{vmatrix} 1 - Z^2 & -\dfrac{\sqrt{3}}{3}\,Z^2 \\[2ex] -\dfrac{\sqrt{3}}{3}\,Z^2 & 1 - \dfrac{5}{3}\,Z^2 \end{vmatrix} = 0 \qquad Z^4 - 2Z^2 + \frac{3}{4} = 0$$

$$Z_1^2 = \frac{1}{2}, \qquad \omega_1^2 = \frac{EA}{2ml}$$

$$Z_2^2 = \frac{3}{2} \qquad \omega_2^2 = \frac{3EA}{2ml}$$

Aus (4) folgt $\dfrac{C}{D} = \dfrac{\sqrt{3}}{3}\,\dfrac{Z^2}{1 - Z^2} = \dfrac{v_x}{v_y}$

$$\omega = \omega_1; \quad \left(\frac{C}{D}\right)_1 = \frac{\sqrt{3}}{3} = \left(\frac{v_x}{v_y}\right)_1 \qquad \omega = \omega_2; \qquad \left(\frac{C}{D}\right)_2 = -\sqrt{3} = \left(\frac{v_x}{v_y}\right)_2$$

83. a) $L = W_\text{kin} - W_\text{pot}$ $\qquad$ $W_\text{kin} = m_1 \dfrac{\dot{y}_1{}^2}{2} + m_2 \dfrac{\dot{y}_2{}^2}{2}$

Definition: $W_\text{pot} = 0$ für Gleichgewichtslage $y_1 = y_2 = 0$

$$W_\text{pot} = -m_1 g y_1 - m_2 g y_2 + \frac{c_1}{2}\,\bar{y}_1{}^2 + \frac{c_2}{2}\,\bar{y}_2{}^2$$

$$\bar{y}_1 = y_2 + \frac{b+d}{a+b+d}\,(y_1 - y_2) = \frac{1}{l}\,[(b+d)\,y_1 + a y_2]$$

$$\bar{y}_2 = y_2 + \frac{d}{a+b+d}\,(y_1 - y_2) = \frac{1}{l}\,[d y_1 + (a+b)\,y_2]$$

$$l = a + b + d$$

$$L = m_1 \frac{\dot{y}_1{}^2}{2} + m_2 \frac{\dot{y}_2{}^2}{2} + m_1 g y_1 + m_2 g y_2 - \frac{c_1}{2 l^2}\,[(b+d)\,y_1 + a y_2]^2 -$$

$$- \frac{c_2}{2 l^2}\,[d y_1 + (a+b)\,y_2]^2$$

b) Differentialgleichungen:

$$1.\ \left(\frac{\partial L}{\partial \dot{y}_1}\right)^{\!\cdot} - \frac{\partial L}{\partial y_1} = 0$$

$$2.\ \left(\frac{\partial L}{\partial \dot{y}_2}\right)^{\!\cdot} - \frac{\partial L}{\partial y_2} = 0$$

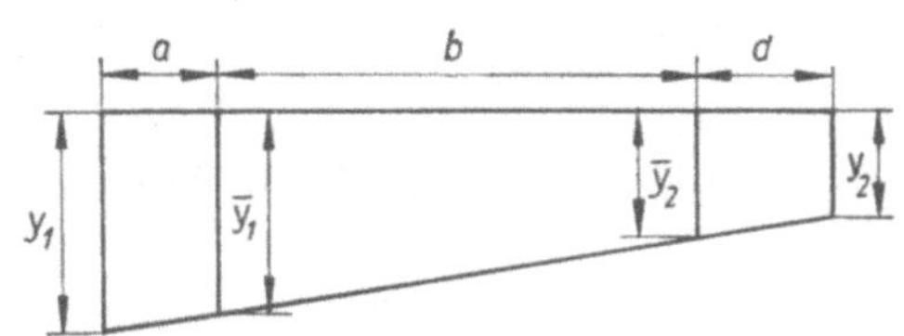

$$1.\ m_1 \ddot{y}_1 + y_1 \frac{(b+d)^2 c_1 + d^2 c_2}{l^2} + y_2 \frac{a(b+d)c_1 + (a+b)dc_2}{l^2} = m_1 g$$

$$2.\ m_2 \ddot{y}_2 + y_2 \frac{a^2 c_1 + (a+b)^2 c_2}{l^2} + y_1 \frac{a(b+d)c_1 + (a+b)dc_2}{l^2} = m_2 g$$

Lösungsansatz: $\quad y \quad = y_\text{hom} + y_\text{inh}$

$$y_{1\,\text{hom}} = k_1 \sin \omega t + k_2 \cos \omega t$$

$$y_{2\,\text{hom}} = k_3 \sin \omega t + k_2 \cos \omega t$$

$$y_{1\,\text{inh}} = k_5$$

$$y_{2\,\text{inh}} = k_6$$

Homogene Lösungen liefern Gleichungssystem:
(Partikuläre Lösung y_inh für ω unbedeutend)

$$1.\ y_1 \left[\frac{(b+d)^2 c_1 + d^2 c_2}{l^2} - \omega^2 m_1\right] + y_2 \left[\frac{a(b+d)c_1 + (a+b)dc_2}{l^2}\right] = 0$$

$$2.\ y_1 \left[\frac{a(b+d)c_1 + (a+b)dc_2}{l^2}\right] + y_2 \left[\frac{a^2 c_1 + (a+b)^2 c_2}{l^2} - \omega^2 m_2\right] = 0$$

Für $y_1, y_2 \neq 0$ muß Koeffizientendeterminante verschwinden, also

$$\omega_{1,2}^2 = \frac{m_1[a^2 c_1 + (a+b)^2 c_2] + m_2[(b+d)^2 c_1 + d^2 c]}{2 l^2 m_1 m_2} \times$$

$$\times \left[1 \pm \sqrt{1 - \frac{4 l^2 b^2 m_1 m_2 c_1 c_2}{\{m_1[a^2 c_1 + (a+b)^2 c_2] + m_2[(b+d)^2 c_1 + d^2 c_2]\}^2}} \right]$$

c) $\omega_1^2 = \dfrac{c}{m} \qquad \omega_2^2 = \dfrac{c}{4m}$

84. (1a) $m_1 \ddot{y}_1 = F_1$ (1b) $-y_1 = \alpha_{11} F_1 + \alpha_{12} F_2$

(2a) $m_2 \ddot{y}_2 = F_2$ (2b) $-y_2 = \alpha_{21} F_1 + \alpha_{22} F_2$

$$\alpha_{kl} = \text{Einflußzahlen für Biegung}$$

Berechnung der α-Werte: $\quad \alpha_{kl} = \sum \int \dfrac{\partial M_b}{\partial F_k} \dfrac{\partial M_b}{\partial F_l} \dfrac{\mathrm{d}x}{EI}$

Bereich	Grenzen	M_b	$\dfrac{\partial M_b}{\partial F_1}$	$\dfrac{\partial M_b}{\partial F_2}$
1	$x_1 = 0 \cdots b$	$F_2 x_1$	0	x_1
2	$x_2 = 0 \cdots a$	$F_2(x_2 + b) + F_1 x_2$	x_2	$x_2 + b$

$$\alpha_{11} = \int_0^a x_2^2 \, \frac{\mathrm{d}x_2}{EI} = \frac{a^3}{3EI}$$

$$\alpha_{22} = \int_0^b x_1^2 \, \frac{\mathrm{d}x_1}{EI} + \int_0^a (x_2 + b)^2 \, \frac{\mathrm{d}x_2}{EI} = \frac{(a+b)^3}{3EI}$$

$$\alpha_{12} = \alpha_{21} = \int_0^a x_2 (x_2 + b) \, \frac{\mathrm{d}x_2}{EI} = \frac{a^2}{EI}\left(\frac{a}{3} + \frac{b}{2}\right)$$

Aus Gl. (1a), (1b), (2a), (2b) erhält man durch Eliminieren von F_1 und F_2 und durch Einsetzen von α_{11}, α_{22}, $\alpha_{12} = \alpha_{21}$ folgende Differentialgleichungen:

(1) $m_1 \ddot{y}_1 + \left(1 + \dfrac{3b}{2a}\right) m_2 \ddot{y}_2 + \dfrac{3EI}{a^3} y_1 = 0$

(2) $\left(1 + \dfrac{3b}{2a}\right) m_1 \ddot{y}_1 + \left(1 + \dfrac{b}{a}\right)^3 m_2 \ddot{y}_2 + \dfrac{3EI}{a^3} y_2 = 0$

Lösungsansatz:

$$y_1 = A_1 \cos \omega t + B_1 \sin \omega t$$

$$y_2 = A_2 \cos \omega t + B_2 \sin \omega t$$

$$\ddot{y}_1 = -y_1 \omega^2; \quad \ddot{y}_2 = -y_2 \omega^2$$

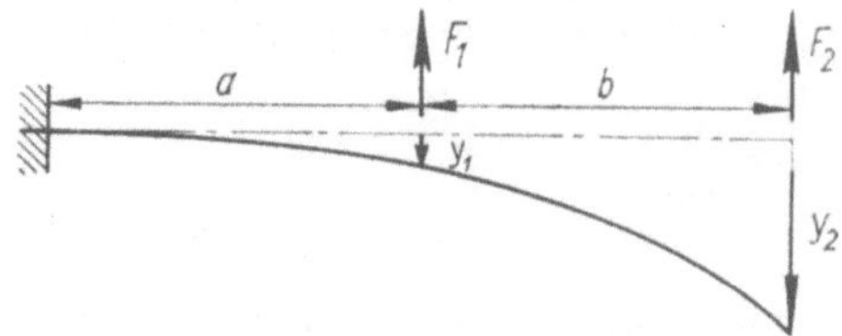

Gleichungssystem für ω:

$$(1) \quad y_1 \left[-\omega^2 m_1 + \frac{3EI}{a^3} \right] + y_2 \left[-\omega^2 m_2 \left(1 + \frac{3b}{2a} \right) \right] = 0$$

$$(2) \quad y_1 \left[-\omega^2 m_1 \left(1 + \frac{3b}{2a} \right) \right] + y_2 \left[-\omega^2 m_2 \left(1 + \frac{b}{a} \right)^3 + \frac{3EI}{a^3} \right] = 0$$

Die Koeffizientendeterminante dieses Systems muß verschwinden.

$$\omega^4 m_1 m_2 \cdot \frac{1}{4} \left(\frac{b}{a} \right)^2 \left[3 + 4\frac{b}{a} \right] - \omega^2 m_1 \frac{3EI}{a^3} \left[1 + \frac{m_2}{m_1} \left(1 + \frac{b}{a} \right)^3 \right] + \left(\frac{3EI}{a^3} \right)^2 = 0$$

$$\omega^2_{1,2} = \frac{6EI}{m_2 a^3} \left(\frac{a}{b} \right)^2 \frac{1 + \frac{m_2}{m_1} \left(1 + \frac{b}{a} \right)^3}{3 + 4 \left(\frac{b}{a} \right)} \left\{ 1 \pm \sqrt{ 1 - \frac{m_2}{m_1} \left(\frac{b}{a} \right)^2 \frac{3 + 4 \left(\frac{b}{a} \right)}{\left[1 + \frac{m_2}{m_1} \left(1 + \frac{b}{a} \right)^3 \right]^2} } \right\}$$

$$\omega^2_{1,2} = \frac{6EI}{7 m a^2} \left(9 \pm \sqrt{74} \right)$$

85. a) $W_{\text{pot}} = mgr(1 - \cos \varphi) + mgd[1 - \cos (\varphi + \psi) \cos \psi]$

$$W_{\text{kin}} = \frac{2mr^2}{2} \dot{\varphi}^2 + \frac{m}{2} d^2 \cos^2(\varphi + \psi) \dot{\psi}^2$$

$$W_{\text{pot}} = mgr[3 - \cos \varphi - 2 \cos(\varphi + \psi) \cos \psi]$$

$$W_{\text{kin}} = mr^2 [\dot{\varphi}^2 + 2 \cos^2(\psi + \varphi) \dot{\psi}^2]$$

$$L = W_{\text{kin}} - W_{\text{pot}} = mr[r\dot{\varphi}^2 + 2r \cos^2(\psi + \varphi) \dot{\psi}^2 - 3g + g \cos \varphi$$
$$+ 2g \cos(\varphi - \psi) \cos \psi]$$

b) $$\left(\frac{\partial L}{\partial \dot{\varphi}}\right)^{\cdot} - \frac{\partial L}{\partial \varphi} = 0$$

$$2r\ddot{\varphi} + 4r \cos(\psi + \varphi) \sin(\psi + \varphi)\, \dot{\psi}^2 + g \sin \varphi + 2g \cos \psi \sin(\varphi + \psi) = 0$$

$$\ddot{\varphi} + \frac{3}{2}\frac{g}{r}\varphi + \frac{g}{r}\psi = 0 \tag{1}$$

$$\left(\frac{\partial L}{\partial \dot{\psi}}\right)^{\cdot} - \frac{\partial L}{\partial \psi} = 0$$

$$4r \cos^2(\psi + \varphi)\, \ddot{\psi} - 4r \sin(\varphi + \psi) \cos(\varphi + \psi)(\dot{\psi}^2 + 2\dot{\psi}\dot{\varphi}) + 2g \cos(\varphi + \psi) \times$$

$$\times \sin \psi + 2g \sin(\varphi + \psi) \cos \psi = 0$$

$$\ddot{\psi} + \frac{g}{r}\psi + \frac{g}{2r}\varphi = 0 \tag{2}$$

aus (1) $\quad \psi = -\dfrac{r}{g}\ddot{\varphi} - \dfrac{3}{2}\varphi; \quad \ddot{\psi} = -\dfrac{r}{g}\ddddot{\varphi} - \dfrac{3}{2}\ddot{\varphi}$

in (2) $$\quad -\frac{r}{g}\ddddot{\varphi} - \frac{3}{2}\ddot{\varphi} + \frac{g}{2r}\varphi - \ddot{\varphi} - \frac{3g}{2r}\varphi = 0;$$

$$\ddddot{\varphi} + \frac{5}{2}\frac{g}{r}\ddot{\varphi} + \left(\frac{g}{r}\right)^2 \varphi = 0 \tag{3}$$

c) Lösungsansatz: zu (3) $\varphi = c\,e^{\lambda t} \Rightarrow \lambda^4 + \dfrac{5}{2}\dfrac{g}{r}\lambda^2 + \left(\dfrac{g}{r}\right)^2 = 0$

$$\Rightarrow \lambda_1{}^2 = -2\frac{g}{r}; \qquad \lambda_2{}^2 = -\frac{1}{2}\frac{g}{r}$$

mit $\lambda = i\omega$ ergibt sich:

$$\omega_1 = \sqrt{\frac{2g}{r}}; \qquad \omega_2 = \sqrt{\frac{g}{2r}}$$

mit $r = 50\,\text{cm};\qquad g = 981\ \text{cm s}^{-2}$

$$\omega_1 = 6{,}26\,\text{s}^{-1}; \qquad \omega_2 = \frac{1}{2}\,\omega_1 = 3{,}13\,\text{s}^{-1}$$

d) Allgemeine Lösungen der Dgl.:

$$\varphi = A_1 \cos \omega_1 t + B_1 \sin \omega_1 t + C_1 \cos \omega_2 t + D_1 \sin \omega_2 t$$

$$\psi = A_2 \cos \omega_1 t + B_2 \sin \omega_1 t + C_2 \cos \omega_2 t + D_2 \sin \omega_2 t$$

Abhängigkeit der A_1 und A_2 usw.:

$$\ddot{\varphi} = -(A_1 \omega_1{}^2 \cos \omega_1 t + B_1 \omega_1{}^2 \sin \omega_1 t + C_1 \omega_2{}^2 \cos \omega_2 t + D_1 \omega_2{}^2 \sin \omega_2 t)$$

$$\psi = -\frac{r}{g}\,\ddot{\varphi} - \frac{3}{2}\,\varphi$$

$$A_2 = \left(\frac{r}{g}\,\omega_1{}^2 - \frac{3}{2}\right) A_1 = \frac{1}{2}\,A_1$$

$$B_2 = \left(\frac{r}{g}\,\omega_1{}^2 - \frac{3}{2}\right) B_1 = \frac{1}{2}\,B_1$$

$$C_2 = \left(\frac{r}{g}\,\omega_2{}^2 - \frac{3}{2}\right) C_1 = -C_1$$

$$D_2 = \left(\frac{r}{g}\,\omega_2{}^2 - \frac{3}{2}\right) D_1 = -D_1$$

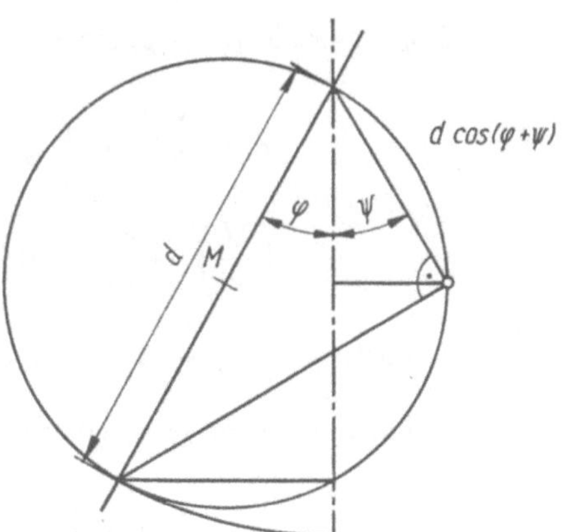

86. Kräftegleichgewicht: $\quad \alpha m \ddot{y} + \gamma J_s \ddot{\varphi} + y = 0$

Momentengleichgewicht: $\quad \delta m \ddot{y} + \beta J_s \ddot{\varphi} + \varphi = 0$

Einflußzahlen: $\quad \alpha = \dfrac{l^3}{3EI}; \quad \gamma = \delta = \dfrac{l^2}{2EI}; \quad \beta = \dfrac{l}{EI}$

Trägheitsmoment: $\quad J_s = \dfrac{ma^2}{4}$

Lösungsansatz: $\quad y = A \sin \omega t \qquad \varphi = B \sin \omega t$

Charakteristische Gleichungen:

$$A\,(1 - \alpha m \omega^2) - B \gamma J_s \omega^2 = 0$$

$$-A\,\delta m \omega^2 + B\,(1 - \beta J_s \omega^2) = 0$$

Frequenzgleichung:

$$\frac{1}{\omega^4} - (\alpha m + \beta J_s)\,\frac{1}{\omega^2} + m J_s (\alpha \beta - \gamma \delta) = 0$$

Lösung:

$$\frac{1}{\omega^2} = \frac{\alpha m + \beta J_s}{2} \pm \frac{1}{2}\,\sqrt{(\alpha m + \beta J_s)^2 - 4 m J_s (\alpha \beta - \gamma \delta)} =$$

$$= \frac{m l^3}{2EI} \left\{\frac{1}{3} + \frac{1}{4}\left(\frac{a}{l}\right)^2 \pm \sqrt{\frac{1}{9} + \frac{1}{12}\left(\frac{a}{l}\right)^2 + \frac{1}{16}\left(\frac{a}{l}\right)^4}\right\}$$

$$\frac{1}{\omega_1{}^2} = 0{,}6704\,\frac{m l^3}{2EI} \qquad \frac{1}{\omega_2{}^2} = 0{,}0012\,\frac{m l^3}{2EI}$$

87. Momentengleichgewicht:

$$J_1 \ddot{\varphi}_1 + c_1 (\varphi_1 - \varphi_2) = 0$$

$$J_2 \ddot{\varphi}_2 + c_2 (\varphi_2 - \varphi_3) - c_1 (\varphi_1 - \varphi_2) = 0$$

$$J_3 \ddot{\varphi}_3 + c_2 (\varphi_3 - \varphi_2) = 0$$

Koeffizientendeterminante:

$$\begin{vmatrix} -\omega^2 J_1 + c_1 & -c_1 & 0 \\ -c_1 & -\omega^2 J_2 + c_1 + c_2 & -c_2 \\ 0 & -c_2 & -\omega^2 J_3 + c_2 \end{vmatrix} = 0$$

Daraus folgt für $J_K = \text{konst.} = J$; $\quad c_K = \text{konst.} = c$

$$\omega_1 = \sqrt{\frac{c}{J}} \qquad \omega_2 = \sqrt{3 \frac{c}{J}}$$

Der Übergang zur massebelegten Welle folgt aus

$$J_K \ddot{\varphi}_K - c_K (\varphi_{K+1} - 2\varphi_K + \varphi_{K-1}) = 0$$

mit $J_K = I_\mathrm{p} \varrho \varDelta x$ und $c_K = \dfrac{G I_\mathrm{p}}{\varDelta x}$

zu

$$\ddot{\varphi}_K - \frac{G}{\varrho} \frac{\dfrac{\varphi_{K+1} - \varphi_K}{\varDelta x} - \dfrac{\varphi_K - \varphi_{K-1}}{\varDelta x}}{\varDelta x} = \ddot{\varphi} - \frac{G}{\varrho} \varphi'' = 0$$

88. $L = W_\mathrm{kin} - W_\mathrm{pot}$;

Definition: $W_\mathrm{pot} = 0$ für $\varphi = 0$, $\psi = 0$

$$W_\mathrm{pot} = + \frac{c}{2} (a\psi + 2a\varphi)^2 + \frac{c}{2} (4a\varphi - a\psi)^2 - g(m_3 4a\varphi + m_1 2a\varphi)$$

$$W_\mathrm{kin} = + \frac{1}{2} (J_{1A} + J_{3A}) \dot{\varphi}^2 + \frac{1}{2} J_{2B} \dot{\psi}^2$$

Trägheitsmomente um Lager A:

$$J_{1A} = \frac{1}{3} m_1 (4a)^2 = \frac{16}{3} m_1 a^2$$

$$J_{3A} = m_3 (4a)^2 = 16 m_3 a^2$$

$$L = \frac{\dot{\varphi}^2}{2} (J_{1A} + J_{3A}) + \frac{\dot{\psi}^2}{2} J_{2B} - ca^2 (10\varphi^2 - 2\varphi\psi + \psi^2) + g\varphi a (2m_1 + 4m_3)$$

Gleichungen (1) $\left(\dfrac{\partial L}{\partial \dot{\varphi}}\right)^{\cdot} - \dfrac{\partial L}{\partial \varphi} = 0,$

(2) $\left(\dfrac{\partial L}{\partial \dot{\psi}}\right)^{\cdot} - \dfrac{\partial L}{\partial \psi} = 0$ liefern System von Dgl.:

(1.) $\ddot{\varphi}(J_{1A} + J_{3A}) + ca^2(20\varphi - 2\psi) = 2ga(m_1 + 2m_3)$

(2.) $\ddot{\psi}J_{2B} + ca^2(2\psi - 2\varphi) = 0$

Lösungsansatz:

$$\varphi = A_1 \sin \omega t + B_1 \cos \omega t + K_1;$$

$$\psi = A_2 \sin \omega t + B_2 \cos \omega t + K_2$$

Homogene Lösungsanteile liefern:

(1.) $\varphi[20ca^2 - \omega^2(J_{1A} + J_{3A})] + \psi(-2ca^2) = 0;$

(2.) $\varphi(-2ca^2) + \psi(2ca^2 - \omega^2 J_{2B}) = 0;$

Partikuläre Lösungsanteile ergeben:

(1.) $2ca^2(10K_1 - K_2) = 2ga(m_1 + 2m_3)$

(2.) $2ca^2(K_1 - K_2) = 0$

$$K_1 = K_2 = k = \frac{(m_1 + 2m_3)g}{9ca}$$

Für $\varphi, \psi \neq 0$: Koeffizientendeterminante $= 0$

Man erhält:

$$\omega_{1,2}^2 = ca^2 \frac{(J_{1A} + J_{3A}) + 10J_{2B}}{(J_{1A} + J_{3A}) \cdot J_{2B}} \left[1 \pm \sqrt{1 - 36 \frac{(J_{1A} + J_{3A})\,J_{2B}}{[(J_{1A} + J_{3A}) + 10J_{2B}]^2}}\right]$$

Allgemeine Lösung:

$$\varphi = A_{11} \sin \omega_1 t + B_{11} \cos \omega_1 t + A_{12} \sin \omega_2 t + B_{12} \cos \omega_2 t + k$$

$$\psi = A_{21} \sin \omega_1 t + B_{21} \cos \omega_1 t + A_{22} \sin \omega_2 t + B_{22} \cos \omega_2 t + k$$

Von den 8 Koeffizienten sind nur 4 frei wählbar (oder durch Randbedingungen festlegbar); es bestehen durch Gleichung (1) oder (2) Zusammenhänge:

Nach (1) $\psi = \left[10 - \omega^2 \left(\dfrac{J_{1A} + J_{3A}}{2ca^2}\right) \varphi\right]$

Abkürzung: $\varrho_1 = 10 - \omega_1^2 \dfrac{J_{1A} + J_{3A}}{2ca^2}; \quad \varrho_2 = 10 - \omega_2^2 \dfrac{J_{1A} + J_{3A}}{2ca^2}$

Anfangsbedingungen liefern:

$$A_{11} = A_{12} = A_{21} = A_{22} = 0$$

$$B_{11} = +\frac{k + \varrho_2(\varphi_0 - k)}{\varrho_2 - \varrho_1}; \quad B_{12} = -\frac{k + \varrho_1(\varphi_0 - k)}{\varrho_2 - \varrho_1}$$

$$B_{21} = \varrho_1 B_{11}; \qquad B_{22} = \varrho_2 B_{12}$$

2.3.3.3. Nichtlineare Schwingung

89. Bewegungsgleichung:

$$J_A \ddot{\varphi} + mgs \cos(\alpha + \varphi) = 0$$

$$J_A \ddot{\varphi} + mg(a \cos\varphi - b \sin\varphi) = 0$$

Problem ist nichtlinear.

1. Näherung: $\cos\varphi \approx 1 \quad \sin\varphi \approx 0$

$$\ddot{\varphi} = -\frac{mga}{J_A}$$

$$\dot{\varphi} = -\frac{mga}{J_A}\, t + C_1 = -\frac{mga}{J_A}\, t$$

$$\varphi = -\frac{mga}{J_A}\cdot\frac{t^2}{2} + C_1 t + C_2 = -\frac{mga}{J_A}\cdot\frac{t^2}{2} + \varphi_0$$

Gleichung gilt nur für $0 \leq \varphi \leq \varphi_0$ bzw. $0 \leq t \leq t_0$. Für $t = t_0$ wird $\varphi = 0$, und eine Viertelperiode des Schwingungsvorganges ist beendet.

Periodendauer: $t_1 = \sqrt{\dfrac{2 J_A \varphi_0}{mga}}$

(Periodendauer ist vom Ausschlag abhängig!)

2. Näherung: $\cos\varphi \approx 1 \quad \sin\varphi \approx \varphi$

$$\ddot{\varphi} - \frac{mgb}{J_A}\varphi = -\frac{mga}{J_A} = \ddot{\varphi} - \lambda^2 \varphi = -\lambda^2 \frac{a}{b}$$

Lösung:

$$\varphi = \frac{a}{b} + A \sinh \lambda t + B \cosh \lambda t$$

$$t = 0; \quad \dot{\varphi} = 0 \Rightarrow A = 0$$

$$\varphi = \varphi_0 \Rightarrow B = \varphi_0 - \frac{a}{b}$$

$$\varphi = \frac{a}{b} + \left(\varphi_0 - \frac{a}{b}\right) \cosh \lambda t$$

Dauer einer Viertelperiode:

$$t_2 = \frac{1}{\lambda} \operatorname{arcosh} \frac{a}{a - b\varphi_0}$$

2.3.4. Massenträgheitsmoment

90. a) Trägheitsmomente J_{kl}

$$J_{kl} = \int\limits_{m} (\delta_{kl} r^2 - x_k x_l)\, \mathrm{d}m$$

$$\delta_{kl} = \begin{Bmatrix} 1 \\ 0 \end{Bmatrix} \text{ für } \begin{cases} k = l \\ k \neq l \end{cases} \quad r^2 = x^2 + y^2 + z^2 \quad \mathrm{d}m = \mu\, \mathrm{d}s$$

$$J_{xx} = \int (y^2 + z^2)\, \mathrm{d}m = \frac{10}{3}\, \mu a^3$$

$$J_{yy} = \int (x^2 + z^2)\, \mathrm{d}m = \frac{16}{3}\, \mu a^3$$

$$J_{zz} = \int (x^2 + y^2)\, \mathrm{d}m = \frac{22}{3}\, \mu a^3$$

$$J_{xy} = J_{yx} = -\int xy\, \mathrm{d}m = -\frac{9}{3}\, \mu a^3$$

$$J_{yz} = J_{zy} = -\int yz\, \mathrm{d}m = -\frac{3}{3}\, \mu a^3$$

$$J_{xz} = J_{zx} = -\int xz\, \mathrm{d}m = -\frac{3}{3}\, \mu a^3$$

b) Hauptträgheitsmomente folgen aus

$$\begin{vmatrix} J_{xx} - J & J_{xy} & J_{xz} \\ J_{yx} & J_{yy} - J & J_{yz} \\ J_{zx} & J_{zy} & J_{zz} - J \end{vmatrix} = 0$$

$$\vartheta^3 - \frac{48}{3}\,\vartheta^2 + \frac{211}{3}\,\vartheta - \frac{1342}{27} = 0$$

$$\left(\vartheta_{kl}\,\frac{\mu a^3}{3} = J_{kl} \right)$$

zu $J_{1,3} = \dfrac{13 \pm 6\sqrt{3}}{3}\,\mu a^3$

$$J_2 = \frac{22}{3}\,\mu a^3$$

c) Es gelten die Beziehungen:

$$(J_{xx} - J_\lambda)\,c_{x\lambda} - J_{yx}c_{y\lambda} + J_{zx}c_{z\lambda} = 0$$

$$J_{xy}c_{x\lambda} + (J_{yy} - J_\lambda)\,c_{y\lambda} + J_{zy}c_{z\lambda} = 0$$

$$J_{xz}c_{x\lambda} + J_{yz}c_{y\lambda} + (J_{zz} - J_\lambda)\,c_{z\lambda} = 0$$

und $c_{x\lambda}^2 + c_{y\lambda}^2 + c_{z\lambda}^2 = 1$

Daraus folgt:

λ	$c_{x\lambda}$	$c_{y\lambda}$	$c_{z\lambda}$
1	$\dfrac{3 - \sqrt{3}}{6}$	$-\dfrac{\sqrt{3}}{3}$	$\dfrac{3 + \sqrt{3}}{6}$
2	$\dfrac{\sqrt{3}}{3}$	$-\dfrac{\sqrt{3}}{3}$	$-\dfrac{\sqrt{3}}{3}$
3	$\dfrac{3 + \sqrt{3}}{6}$	$\dfrac{\sqrt{3}}{3}$	$\dfrac{3 - \sqrt{3}}{6}$

d) Kinetische Energie:

$$W_{\mathrm{kin}} = \frac{J_{xx}\,\omega_x^2}{2}$$

e) Auflagerkraft:

$$M = \sqrt{M_y{}^2 + M_z{}^2} = \omega_x{}^2 \sqrt{J_{xz}^2 + J_{xy}^2} = \sqrt{10}\,\omega^2 a^3 \mu$$

$$F_B = F_C = \frac{M}{a} = 197 \text{ N}$$

Vektoriell:

Drall:

$$\vec{B} = \int (\vec{r} \times \vec{v})\,\mathrm{d}m = \int [\vec{r} \times (\vec{u} \times \vec{r})]\,\mathrm{d}m =$$
$$= \omega_x(J_{xx}\mathfrak{i} + J_{xy}\mathfrak{j} + J_{xz}\mathfrak{k})$$

Moment:

$$\vec{M} = \frac{\mathrm{d}\vec{B}}{\mathrm{d}t} = \frac{\partial\vec{B}}{\partial t} + \vec{u} \times \vec{B} =$$

$$= \omega_x{}^2 \begin{vmatrix} \mathfrak{i} & \mathfrak{j} & \mathfrak{k} \\ 1 & 0 & 0 \\ J_{xx} & J_{xy} & J_{xz} \end{vmatrix} = \omega_x{}^2(-J_{xz}\mathfrak{j} + J_{xy}\mathfrak{k})$$

$$M = \omega_x{}^2 \sqrt{J_{xy}^2 + J_{xz}^2}$$

Bemessungstafel
für Biegung (M, M + N)
gemäß DIN 1045 (Ausg. Jan. 1972)

Krafteinheit:
kN

1	Abmessungen von Betonstabstahl
2	Querschnitte von Deckenbewehrungen
3	Querschnitte von Balkenbewehrungen
4	Größte Anzahl von Stahleinlagen in einer Lage
5	Bemessungstafel für Biegung (Rechteckquerschnitte)
5a	Erläuterung zu 5
5b	Durchführung von Bemessungsaufgaben gem. 5
6	Versatzmaße v
7	Verankerungsmaße für Betonrippenstahl III
8	Verankerung von Betonrippenstahl III
8a	Verankerung an Endauflagern
8b	Verankerung von Schubaufbiegungen
8c	Verankerung an Zwischenauflagern

1 — Abmessungen von Betonstabstahl

der Sorten BSt 420/500 RU und BSt 420/500 RK (Nennwerte) nach DIN 488

Nenndurchmesser d_e mm	Nennumfang U cm	Nennquerschnitt F_e cm²	Nenngewicht je lfd. m G kg/m
6	1,89	0,283	0,222
8	2,51	0,503	0,395
10	3,14	0,785	0,617
12	3,77	1,13	0,888
14	4,40	1,54	1,21
16	5,03	2,01	1,58
18	5,65	2,54	2,00
20	6,28	3,14	2,47
22	6,91	3,80	2,98
25	7,85	4,91	3,85
28	8,80	6,16	4,83

Unterlagen und technische Auskünfte:

BETONSTAHLGEMEINSCHAFT DEUTSCHER HÜTTENWERKE GMBH

4 Düsseldorf 1, Kasernenstraße 36 · Telefon (0211) 82 91 · Fernschreiber 08 581 811

Best.-Nr. 7602 · Alle Rechte vorbehalten · Nachdruck nicht gestattet · Bearbeitung: Prof. Dr.-Ing. Wommelsdorff

max $a = 15 + d/10$ (d = Deckenstärke [cm]), Querbewehrung: $f_{eq} \geq f_e/5$
Mindestquerbewehrung: BSt 420/500: mind. 3⌀6/m, BSt 220/340: mind. 3⌀7/m

Stababstand a cm	Stabdurchmesser in mm											Stäbe pro m
	6	8	10	12	14	16	18	20	22	25	28	
6,0	4,71	8,38	13,09	18,85	25,66	33,52	42,41	52,36	63,36	81,83	102,67	16,7
6,5	4,35	7,73	12,08	17,40	23,68	30,95	39,15	48,33	58,48	75,54	94,77	15,4
7,0	4,04	7,18	11,22	16,16	21,99	28,73	36,36	44,87	54,30	70,14	88,00	14,3
7,5	3,77	6,70	10,47	15,08	20,52	26,81	33,93	41,88	50,81	65,47	82,13	13,4
8,0	3,53	6,28	9,82	14,14	19,24	25,14	31,81	39,26	47,51	61,38	77,00	12,5
8,5	3,33	5,91	9,24	13,31	18,11	23,66	29,94	36,95	44,72	57,76	72,47	11,8
9,0	3,14	5,59	8,73	12,57	17,10	22,34	28,28	34,90	42,23	54,56	68,44	11,1
9,5	2,98	5,29	8,27	11,90	16,20	21,17	26,79	33,06	40,01	51,68	64,84	10,5
10,0	2,83	5,00	7,85	11,31	15,39	20,11	25,45	31,41	38,01	49,10	61,60	10,0
10,5	2,69	4,79	7,48	10,77	14,66	19,15	24,24	29,91	36,20	46,76	58,67	9,5
11,0	2,57	4,57	7,14	10,28	13,99	18,28	23,14	28,55	34,55	44,64	56,00	9,1
11,5	2,46	4,37	6,83	9,84	13,39	17,49	22,13	27,31	33,05	42,70	53,57	8,7
12,0	2,36	4,19	6,54	9,42	12,83	16,76	21,21	26,17	31,67	40,92	51,33	8,3
12,5	2,26	4,02	6,28	9,05	12,32	16,09	20,36	25,13	30,41	39,28	49,28	8,0
13,0	2,17	3,87	6,04	8,70	11,84	15,47	19,58	24,16	29,24	37,77	47,38	7,7
13,5	2,09	3,72	5,82	8,38	11,40	14,90	18,85	23,27	28,16	36,37	45,63	7,4
14,0	2,02	3,59	5,61	8,08	11,00	14,36	18,18	22,44	27,15	35,07	44,00	7,1
14,5	1,95	3,47	5,42	7,80	10,62	13,87	17,55	21,66	26,21	33,86	42,48	6,9
15,0	1,89	3,35	5,24	7,54	10,26	13,41	16,97	20,94	25,34	32,73	41,07	6,7
15,5	1,82	3,24	5,07	7,30	9,93	12,97	16,42	20,27	24,52	31,68	39,74	6,5
16,0	1,77	3,14	4,91	7,07	9,62	12,57	15,90	19,64	23,76	30,69	38,50	6,3
16,5	1,71	3,05	4,76	6,85	9,33	12,19	15,42	19,04	23,04	29,76	37,33	6,1
17,0	1,66	2,96	4,62	6,65	9,05	11,83	14,97	18,48	22,36	28,88	36,24	5,9
17,5	1,62	2,87	4,49	6,46	8,79	11,49	14,54	17,95	21,72	28,06	35,20	5,7
18,0	1,57	2,79	4,36	6,28	8,55	11,17	14,14	17,46	21,12	27,28	34,22	5,6
18,5	1,53	2,72	4,25	6,11	8,32	10,87	13,76	16,94	20,55	26,54	33,30	5,4
19,0	1,49	2,65	4,13	5,95	8,10	10,58	13,39	16,54	20,01	25,84	32,42	5,3
19,5	1,45	2,58	4,03	5,80	7,89	10,31	13,05	16,11	19,49	25,18	31,59	5,1
20,0	1,41	2,51	3,93	5,65	7,69	10,05	12,72	15,71	19,01	24,55	30,80	5,0

Stabdurchmesser d_e [mm]	Stabanzahl n									
	1	2	3	4	5	6	7	8	9	10
6	0,3	0,6	0,9	1,1	1,4	1,7	2,0	2,3	2,5	2,8
8	0,5	1,0	1,5	2,0	2,5	3,0	3,5	4,0	4,5	5,0
10	0,8	1,6	2,4	3,1	3,9	4,7	5,5	6,3	7,1	7,9
12	1,1	2,3	3,4	4,5	5,7	6,8	7,9	9,1	10,2	11,3
14	1,5	3,1	4,6	6,2	7,7	9,2	10,8	12,3	13,9	15,4
16	2,0	4,0	6,0	8,0	10,1	12,1	14,1	16,1	18,1	20,1
18	2,5	5,1	7,6	10,2	12,7	15,3	17,8	20,4	22,9	25,5
20	3,1	6,3	9,4	12,6	15,7	18,8	22,0	25,1	28,3	31,4
22	3,8	7,6	11,4	15,2	19,0	22,8	26,6	30,4	34,2	38,0
25	4,9	9,8	14,7	19,6	24,6	29,5	34,4	39,3	44,2	49,1
28	6,2	12,3	18,5	24,6	30,8	36,9	43,1	49,3	55,4	61,6

4 — Größte Anzahl von Stahleinlagen in einer Lage

Balkenbreite b_0 in cm	Durchmesser der Stahleinlagen d_e in mm								
	10	12	14	16	18	20	22	25	28
10	2	2	1	1	1	1	1	1	1
15	3	3	3	3	3	2	2	2	2
20	5	5	(5)	4	4	4	3	3	3
25	7	6	6	(6)	5	5	(5)	4	(4)
30	(9)	8	7	7	(7)	6	(6)	5	4
35	10	(10)	9	8	8	(8)	7	6	5
40	12	11	10	10	9	9	8	7	6
45	(14)	(13)	12	11	(11)	10	9	8	7
50	15	14	13	(13)	12	11	10	9	8
60	(19)	17	16	15	(15)	14	12	11	10
Angesetzter Bügel-ϕ d_B:	$d_B = 8$ mm						$d_B = 10$ mm		

Betondeckung der Bügel: $x_B = 2,0$ cm (DIN 1045, Tabelle 10, Zeile 2 — Beton $\geq$ B 25)
Bei den Werten in ( ) werden die geforderten Abstände geringfügig unterschritten.

5 — Bemessungstafel für Biegung (Rechteckquerschnitte)

Richtwerte k_h					(Erschöpfungszustand)			Beiwerte k_e bei		
Betonfestigkeitsklasse					$-\varepsilon_{b1}/\varepsilon_e$			BSt 220/340	BSt 420/550	BSt 500/550
B 15	B 25	B 35	B 45	B 55	[‰]	k_x	k_z	I	III	IV
9,09	7,04	6,14	5,67	5,38	0,5/5,0	0,09	0,97	8,2	4,3	3,6
5,49	4,25	3,71	3,43	3,25	0,9/5,0	0,15	0,95	8,4	4,4	3,7
4,14	3,21	2,80	2,58	2,45	1,3/5,0	0,21	0,93	8,6	4,5	3,8
3,33	2,58	2,25	2,08	1,97	1,8/5,0	0,26	0,90	8,8	4,6	3,9
2,98	2,31	2,01	1,86	1,76	2,2/5,0	0,31	0,88	9,0	4,7	4,0
2,75	2,13	1,86	1,72	1,63	2,6/5,0	0,34	0,87	9,2	4,8	4,1
2,60	2,01	1,75	1,62	1,54	3,0/5,0	0,38	0,85	9,4	4,9	4,1
2,51	1,94	1,69	1,56	1 48	3,3/5,0	0,40	0,84	9,5	5,0	4,2
2,46	1,90	1,66	1,53	1,45	3,5/5,0	0,41	0,83	9,6	5,0	4,2
2,40	1,86	1,62	1,50	1,42	3,5/4,5	0,44	0,82	9,7	5,1	4,3
2,34	1,81	1,58	1,46	1,38	3,5/4,0	0,47	0,81	9,9	5,2	4,4
2,28	1,77	1,54	1,42	1,35	3,5/3,5	0,50	0,79	10,0	5,3	4,4
k_h^* 2,22	1,72	1,50	1,38	1,31	3,5/3,0	0,54	0,78	10,2	5,4	4,5

6 — Tafel der Versatzmaße v

Schubsicherung durch	Versatzmaß v bei				
	Balken im Schubbereich			**Platten** im Schubbereich	
	1	2	3	1	2
Schrägbügel allein	$0,75 \cdot h$	$0,50 \cdot h$	$0,25 \cdot h$	Keine	$0,50 \cdot h$
Aufgebogene Stäbe allein	Nicht zulässig!			Schubbewehrung	$0,50 \cdot h$
Aufbiegungen und lotrechte Bügel	$0,75 \cdot h$	$0,75 \cdot h$	$0,50 \cdot h$		$0,75 \cdot h$
Lotrechte Bügel allein	$0,75 \cdot h$	$1,00 \cdot h$	$0,75 \cdot h$	erforderlich	$1,00 \cdot h$
Kein Nachweis d. Schubbewehrung	$0,75 \cdot h$	Nicht zulässig!		$0,75 \cdot h$	Nicht
Bauteile ohne Schubbewehrung	im allg. nicht zulässig!			$1,50 \cdot h$	zulässig!

Hinweis: Wenn im Schubbereich 2 mit „voller Schubdeckung" gearbeitet wird, gelten die Versatzmaße des Schubbereiches 3!

Schnittkräfte   Querschnitt (Rechteck)   Querschnitt Plattenbalken

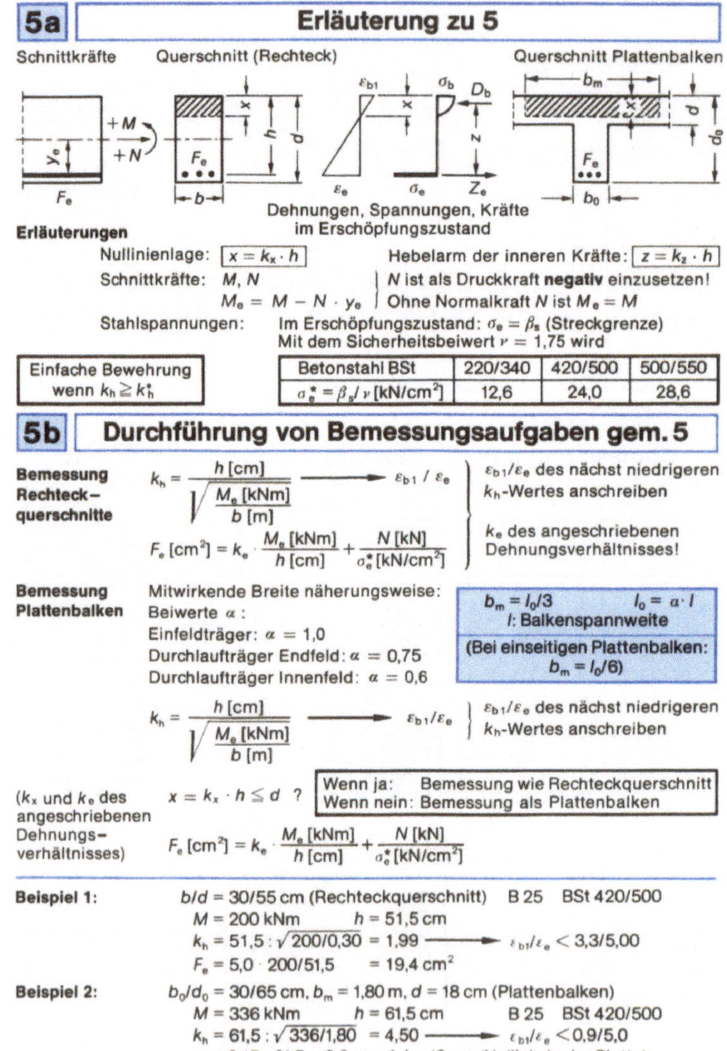

Dehnungen, Spannungen, Kräfte
im Erschöpfungszustand

Erläuterungen

Nullinienlage: $\boxed{x = k_x \cdot h}$ Hebelarm der inneren Kräfte: $\boxed{z = k_z \cdot h}$

Schnittkräfte: M, N N ist als Druckkraft **negativ** einzusetzen!

$M_e = M - N \cdot y_e$ Ohne Normalkraft N ist $M_e = M$

Stahlspannungen: Im Erschöpfungszustand: $\sigma_e = \beta_s$ (Streckgrenze)
Mit dem Sicherheitsbeiwert $\nu = 1{,}75$ wird

Einfache Bewehrung wenn $k_h \geqq k_h^*$	Betonstahl BSt	220/340	420/500	500/550
	$\sigma_e^* = \beta_s / \nu$ [kN/cm^2]	12,6	24,0	28,6

Bemessung Rechteckquerschnitte

$$k_h = \frac{h\,[\text{cm}]}{\sqrt{\dfrac{M_e\,[\text{kNm}]}{b\,[\text{m}]}}} \longrightarrow \varepsilon_{b1}/\varepsilon_e$$

$\varepsilon_{b1}/\varepsilon_e$ des nächst niedrigeren k_h-Wertes anschreiben

$$F_e\,[\text{cm}^2] = k_e \cdot \frac{M_e\,[\text{kNm}]}{h\,[\text{cm}]} + \frac{N\,[\text{kN}]}{\sigma_e^*\,[\text{kN/cm}^2]}$$

k_e des angeschriebenen Dehnungsverhältnisses!

Bemessung Plattenbalken

Mitwirkende Breite näherungsweise:
Beiwerte α :
Einfeldträger: $\alpha = 1{,}0$
Durchlaufträger Endfeld: $\alpha = 0{,}75$
Durchlaufträger Innenfeld: $\alpha = 0{,}6$

$$b_m = l_0/3 \qquad l_0 = a \cdot l$$
l: Balkenspannweite

(Bei einseitigen Plattenbalken: $b_m = l_0/6$)

$$k_h = \frac{h\,[\text{cm}]}{\sqrt{\dfrac{M_e\,[\text{kNm}]}{b\,[\text{m}]}}} \longrightarrow \varepsilon_{b1}/\varepsilon_e$$

$\varepsilon_{b1}/\varepsilon_e$ des nächst niedrigeren k_h-Wertes anschreiben

(k_x und k_e des angeschriebenen Dehnungsverhältnisses)

$x = k_x \cdot h \leqq d$?

Wenn ja: Bemessung wie Rechteckquerschnitt
Wenn nein: Bemessung als Plattenbalken

$$F_e\,[\text{cm}^2] = k_e \cdot \frac{M_e\,[\text{kNm}]}{h\,[\text{cm}]} + \frac{N\,[\text{kN}]}{\sigma_e^*\,[\text{kN/cm}^2]}$$

Beispiel 1: $b/d = 30/55$ cm (Rechteckquerschnitt)   B 25   BSt 420/500
$M = 200$ kNm $h = 51{,}5$ cm
$k_h = 51{,}5 : \sqrt{200/0{,}30} = 1{,}99 \longrightarrow \varepsilon_{b1}/\varepsilon_e < 3{,}3/5{,}00$
$F_e = 5{,}0 \cdot 200/51{,}5 = 19{,}4$ cm^2

Beispiel 2: $b_0/d_0 = 30/65$ cm, $b_m = 1{,}80$ m, $d = 18$ cm (Plattenbalken)
$M = 336$ kNm $h = 61{,}5$ cm   B 25   BSt 420/500
$k_h = 61{,}5 : \sqrt{336/1{,}80} = 4{,}50 \longrightarrow \varepsilon_{b1}/\varepsilon_e < 0{,}9/5{,}0$
$x \approx 0{,}15 \cdot 61{,}5 = 9{,}2$ cm $< d = 18$ cm (Nullinie in der Platte)
$F_e = 4{,}4 \cdot 336/61{,}5 = 24{,}0$ cm^2

Grundmaß der Verankerungslänge a_0 [cm]

Nenndurchmesser d_e [mm]	Stablage	Betonfestigkeitsklasse				
		B 15	B 25	B 35	B 45	B 55
	A	$86\,d_e$	$67\,d_e$	$55\,d_e$	$46\,d_e$	$40\,d_e$
	B	$43\,d_e$	$33{,}5\,d_e$	$27{,}5\,d_e$	$23\,d_e$	$20\,d_e$
6	A	52	40	33	28	24
	B	26	20	17	14	12
8	A	69	54	44	37	32
	B	35	27	22	18	16
10	A	86	67	55	46	40
	B	43	34	28	23	20
12	A	103	80	66	55	48
	B	52	40	33	28	24
14	A	120	94	77	64	56
	B	60	47	39	32	28
16	A	138	107	88	74	64
	B	69	54	44	37	32
18	A	155	120	99	83	72
	B	78	60	50	42	36
20	A	172	134	110	92	80
	B	86	67	55	46	40
22	A	189	147	121	101	88
	B	95	74	61	51	44
25	A	215	167	137	115	100
	B	108	84	69	58	50
28	A	241	188	154	129	112
	B	120	94	77	64	56

Verankerungsmaß $a = a_0 \dfrac{\text{erf } F_e}{\text{vorh } F_e} \begin{array}{l} \geq a_0/3 \\ \geq 10\,d_e \end{array}$ $\boxed{a = k \cdot d_e}$

$a = $ Tafelwert $(k) \cdot$ Stabdurchmesser (d_e)

$\dfrac{\text{erf } F_e}{\text{vorh } F_e}$	Stablage	Beiwerte k bei Betonfestigkeitsklasse				
		B 15	B 25	B 35	B 45	B 55
1,0	A	86	67	55	46	40
	B	43	33,5	27,5	23	20
0,9	A	77,5	60,5	49,5	41,5	36
	B	38,5	30	25	21	18
0,8	A	69	53,5	44	37	32
	B	34,5	27	22	18,5	16
0,7	A	60	47	38,5	32,2	28
	B	30	23,5	19,5	16	14
0,6	A	51,5	40	33	27,5	24
	B	26	20	16,5	14	12
0,5	A	43	33,5	27,5	23	20
	B	21,5	17	14	11,5	10
0,4	A	34,5	27	22	18,5	16
	B	17	13,5	10	10	10
0,33	A	29	22,5	18,5	15,5	13,5
	B	14,5	11	10	10	10

Stablage: A gilt für „oben" liegende, B für „unten" liegende Stäbe gemäß DIN 1045, Abschnitt 18.3.2. Vgl. auch „Anwendungsbeispiele", Abb. 15 (Best.-Nr. 7401)

8a   Verankerung an Endauflagern

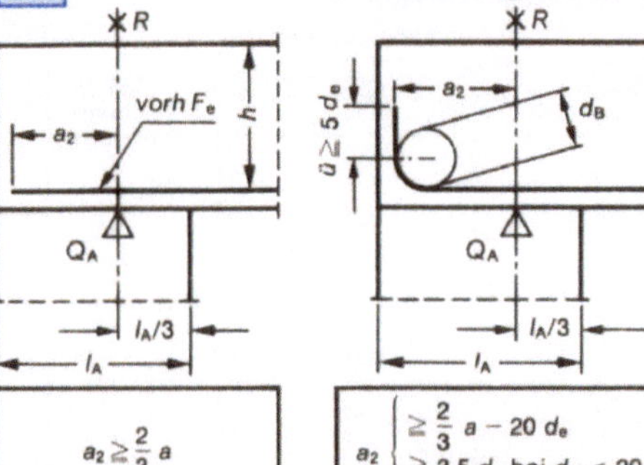

Verankerung am Endauflager bei direkter Lagerung für Betonrippenstahl BSt 420/500

R: Rechnerische Auflagerlinie
l_A: Auflagerlänge

$Z_A = Q_A \cdot v/h$ (DIN 1045, Gl. 30)
v: Versatzmaß gemäß **6**

$erf\,F_e = Z_A/\sigma_e^*$, σ_e^* nach **5a**

Mit $erf\,F_e/vorh\,F_e$: a nach **7**

$$a_2 \geq \frac{2}{3}\,a$$

$$a_2 \begin{cases} \geq \dfrac{2}{3}\,a - 20\,d_e \\[4pt] \geq 3{,}5\,d_e \text{ bei } d_e < 20 \\[2pt] \geq 4{,}5\,d_e \text{ bei } d_e \geq 20 \end{cases}$$

Biegerollendurchmesser d_B gemäß DIN 1045, Tab. 19 für Winkelhaken:
$d_e < 20$ mm: $d_B \geq 5\,d_e$
$d_e \geq 20$ mm: $d_B \geq 7\,d_e$

8b   Verankerung von Schubaufbiegungen

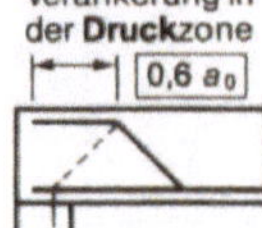

Verankerung in der **Druck**zone

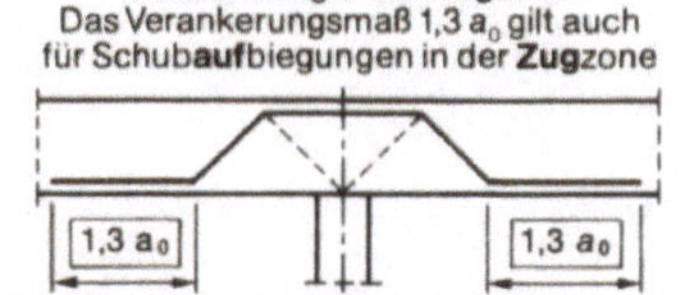

Verankerung in der **Zug**zone
Das Verankerungsmaß 1,3 a_0 gilt auch für Schub**auf**biegungen in der **Zug**zone

Bei Anordnung von Winkelhaken verkürzen sich die Ankerlängen um 20 d_e

Verankerungsmaß (d_e : Stabdurchmesser)	Stab-lage	Beiwerte k_2 k_3 für Rippenstahl BSt 420/500 und Beton der Betonfestigkeitsklasse				
		B 15	B 25	B 35	B 45	B 55
$0{,}6 \cdot a_0 = k_2 \cdot d_e$	A	51,5	40	33	27,5	24
	B	26	20	16,5	14	12
$1{,}3 \cdot a_0 = k_3 \cdot d_e$	A	112	87	71,5	60	52
	B	56	43,5	36	30	26

8c   Verankerung an Zwischenauflagern

Bei **direkter** Lagerung gilt: $a_4 = \dfrac{2}{3}\dfrac{a_0}{3} - a_0' \geq d_B/2 + d_e$

Ohne Winkelhaken ($a_0' = 0$) ist $a_4 = \dfrac{2}{3}\dfrac{a_0}{3} \geq d_B/2 + d_e$

$a_4 = k_4 \cdot d_e$ d_e: Nenndurchmesser

Verankerungsmaß bei direkter Lagerung	Stab-lage	Beiwert k_4 für Rippenstahl BSt 420/500 und Beton der Betonfestigkeitsklasse				
		B 15	B 25	B 35	B 45	B 55
$a_4 = k_4 \cdot d_e$	A	19	15	12	10	9
	B	9,5	7,5	6	5	4,5

Bemessungstafel für Schub
(Schub infolge Querkraft)
gemäß DIN 1045 (Ausg. Jan. 1972)

Literatur

[1] Anwendungsbeispiele für Betonstahl III. Unter Best.-Nr. 7401 von der Betonstahlgemeinschaft anzufordern.
[2] Grasser: Bemessung auf Biegung und Schub. Beitrag im Betonkalender 1976, Berlin/München/Düsseldorf: Verlag W. Ernst & Sohn.
[3] Wommelsdorff: Stahlbetonbau – Bemessung und Konstruktion, Teil 1 (4. Auflage), und Teil 2 (2. Auflage), Werner-Verlag, Düsseldorf.
[4] Hilfsmittel zur Berechnung der Schnittgrößen und Formänderungen von Stahlbetontragwerken, Heft 240 des Deutschen Ausschusses für Stahlbeton, Berlin/München/Düsseldorf: Verlag W. Ernst & Sohn.

Hinweis:

In vorliegender Bemessungstafel werden nur noch die nach Umstellung der DIN 1045 auf die neuen gesetzlichen Einheiten (SI-System) zu erwartenden Bezeichnungen verwendet (z. B. B 15 statt Bn 150, BSt 420/500 statt BSt 42/50).

Bearbeitung: Prof. Dr.-Ing. Wommelsdorff, Prüfung: Prof. Dr.-Ing. Dr.-Ing. E.h. Zerna.

Unterlagen und technische Auskünfte:

BETONSTAHLGEMEINSCHAFT DEUTSCHER HÜTTENWERKE GMBH

Kasernenstr. 36, 4000 Düsseldorf 1, Tel. (02 11) 82 91, Telex 08 581 811

<table>
<tr><td>**1**</td><td colspan="2"><h1>Vorschriften</h1></td></tr>
</table>

<table>
<tr><td>**1.1**</td><td colspan="2">**Grenzen der Rechenwerte der Schubspannung [MN/m²]**</td></tr>
</table>

	Bauteil	Schub-bereich	Bezeichn.	B 15	B 25	B 35	B 45	B 55	Schubdeckung Nachweis	Art
1a	Platten	1	τ_{011}	0,25	0,35	0,4	0,5	0,55	Nicht erforderlich	Keine
1b				0,35	0,5	0,6	0,7	0,8		
2		2	τ_{02}	1,2	1,8	2,4	2,7	3,0	Erforderlich	Vermindert
3	Balken	1	τ_{012}	0,5	0,75	1,0	1,1	1,25	Nicht erforderl.	Konstrukt. 2
4		2	τ_{02}	1,2	1,8	2,4	2,7	3,0	Erforderlich	Vermindert
5		3	τ_{03}	2,0	3,0	4,0	4,5	5,0		Voll

Hinweis: Zeile 1a gilt bei gestaffelter Bewehrung! Schubbereich 3 (Zeile 5) nur zulässig bei Rippenstahl und $d_0 > 45$ cm

<table>
<tr><td>**1.2**</td><td>**Maßgebende Querkraft Q' (vgl. DIN 1045, 17.5.2)**</td></tr>
</table>

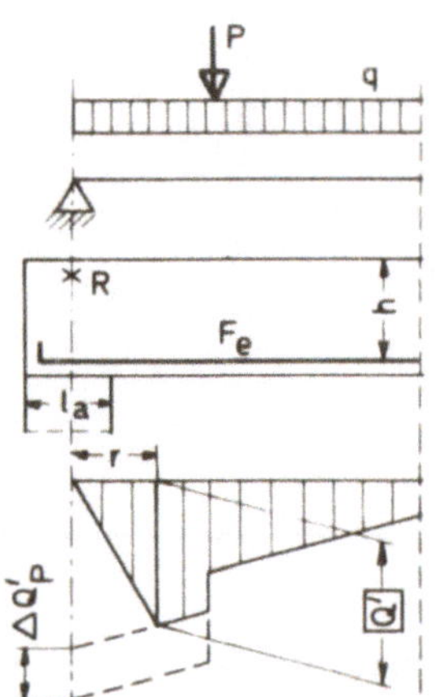

Q' ist die maßgebende Querkraft im Abstand r von der rechnerischen Auflagerlinie R. Für r gilt:

Lager:	Endauflager		Zwischenauflager	
	direkt	indirekt	direkt	indirekt
$r =$	$\dfrac{l_a}{3} + \dfrac{h}{2}$	$\dfrac{l_a}{3}$	$\dfrac{l_a}{2} + \dfrac{h}{2}$	$\dfrac{l_a}{2}$

Direkte Stützung liegt vor, wenn die Auflagerkraft von unten auf die Balkenunterseite wirkt oder wenn Einbindung in der oberen Balkenhälfte erfolgt.

Auflagernahe Einzellasten
Bei Einzellasten im Abstand $a < 2h$ darf der Querkraftanteil der Einzellast (Q_P) um ΔQ_P reduziert werden.

$$\Delta Q_P = \left(1 - \frac{a}{2h}\right) \cdot Q_P$$

<table>
<tr><td>**1.3**</td><td>**Der Rechenwert der Schubspannung τ_0 (DIN 1045, 17.5.3)**</td></tr>
</table>

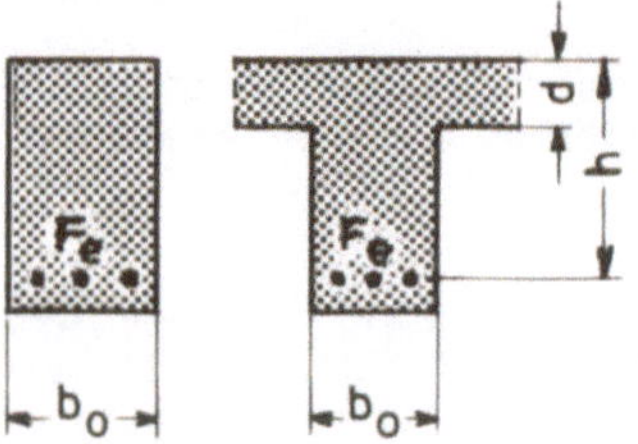

Rechenwert der Schubspannung τ_0 (bei $N = 0$):

$$\tau_0 = \frac{Q}{b_0 \cdot z}$$

$$\max \tau_0 = \frac{Q'}{b_0 \cdot z}$$

Q' vgl. **1.2**

Hebelarm der inneren Kräfte z näherungsweise:

bei Plattenbalken: $z \approx h - d/2$
bei Rechteckquerschnitten: $z \approx 0{,}85 \cdot h$

<table>
<tr><td>**1.4**</td><td>**Zuordnung zu einem Schubbereich (Balken)**</td></tr>
</table>

Maßgebend: Größtwert des Rechenwertes der Schubspannung $\max \tau_0$ gem. **1.3**

Beachten: Die Zuordnung gilt für den gesamten Bereich ohne Vorzeichenwechsel der Querkraft

$$\max \tau_0 \leqq \tau_{012} \quad \text{Schubbereich 1}$$

$$\max \tau_0 \genfrac{}{}{0pt}{}{>}{\leqq} \genfrac{}{}{0pt}{}{\tau_{012}}{\tau_{02}} \quad \text{Schubbereich 2}$$

$$\max \tau_0 \genfrac{}{}{0pt}{}{>}{\leqq} \genfrac{}{}{0pt}{}{\tau_{02}}{\tau_{03}} \quad \text{Schubbereich 3}$$

2.1 — Mindestbügelbewehrung BSt 420/500 (DIN 1045, 18.5.3.1)

Betonfestigkeitsklasse	Mindestbügelbewehrung min f_{eB} [cm²/m] (b_0 in [cm])	Randeinfassung freier Plattenränder min f_e [cm²/m]	
		$d \leqq 30$ cm	$d \geqq 80$ cm
B 15	$0{,}100 \cdot b_0$	1,00	2,80
B 25	$0{,}125 \cdot b_0$	1,25	3,50
B 35	$0{,}150 \cdot b_0$	1,50	4,20
B 45	$0{,}175 \cdot b_0$	1,75	4,90
B 55	$0{,}200 \cdot b_0$	2,00	5,60

2.2 — Höchstbügelabstände (DIN 1045, 18.5.3.3)

Balkenlängsrichtung:

Im Schubbereich		
1	2	3
$a_B \leqq 0{,}8\,d_0$ $a_B \leqq 30$ cm	$a_B \leqq 0{,}5\,d_0$ $a_B \leqq 25$ cm	$a_B \leqq 0{,}3\,d_0$ $a_B \leqq 20$ cm

Balkenquerrichtung:

$$e \leqq 0{,}8\,d_0$$
$$e \leqq 40 \text{ cm}$$

2.3 — Anschlußbewehrung bei indirekter Lagerung (DIN 1045, 18.5.5.2)

Anschlußbewehrung bei indirekter Auflagerung von Balken und Decken:
Anschlußbewehrung nicht auf Schubbewehrung des Hauptträgers anrechnen!

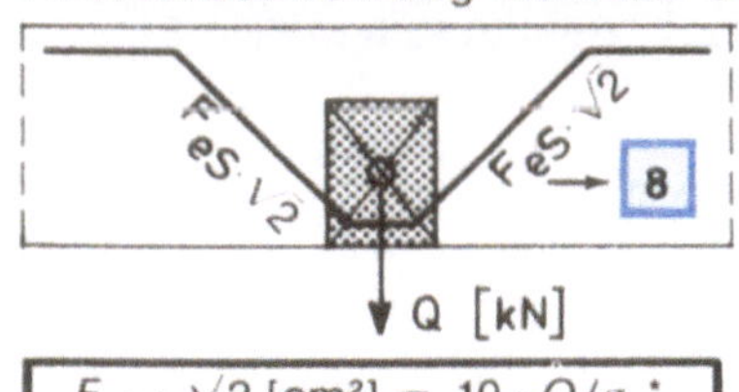

Anschluß mit
Schrägstäben Bügeln

BSt 420/500
$\sigma_e^* = 240$ MN/m²

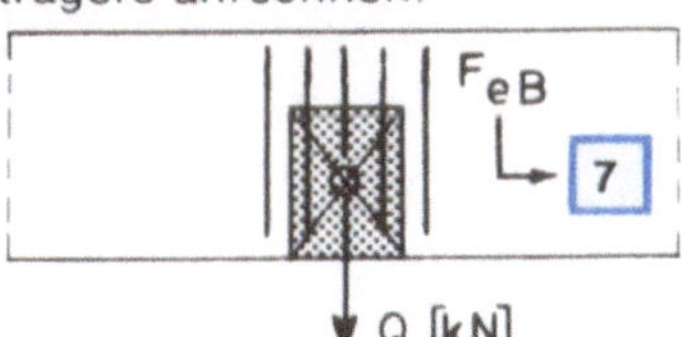

$$F_{eS} \cdot \sqrt{2}\ [\text{cm}^2] = 10 \cdot Q / \sigma_e^*$$

$$F_{eB}\ [\text{cm}^2] = 10 \cdot Q / \sigma_e^*$$

3 — Der Bemessungswert τ der Schubspannung

Schubbereich 1: Aus der Mindestbügelbewehrung **2.1** folgt:

Betonfestigkeitsklasse:	B 15	B 25	B 35	B 45	B 55
Bemessungswert min $\tau \left[\dfrac{\text{MN}}{\text{m}^2}\right] =$	0,24	0,30	0,36	0,42	0,48

Schubbereich 2:
Bei verminderter Schubdeckung gilt als
Bemessungswert

$$\tau = \tau_0^2 / \tau_{02} \geqq 0{,}4 \cdot \tau_0$$

τ_0 vgl. **1.3**

Schubbereich 3:
Bei voller Schubdeckung gilt
als Bemessungswert

$$\tau = \tau_0$$

In Balkenbereichen mit $\tau_0 \leqq \tau_{012}$ ist zu setzen: $\tau = \min \tau$

Verfahren zur Durchführung des Schubdeckungsnachweises

4.1 Konstruktive Schubdeckung (Schubbereich 1)

Rechnungsgang: Erforderlicher Bügelquerschnitt erf f_{eB} gem. **2.1**

Bügel wählen! Nachweis: vorh $f_{eB} \geqq$ erf f_{eB} vgl. **6**

Höchstbügelabstände beachten vgl. **2.2**

4.2 Schubdeckung über die Schubkraftfläche (Schubbereich 2 + 3)

System, Belastung, Querkraftfläche   Ansicht   Querschnitt

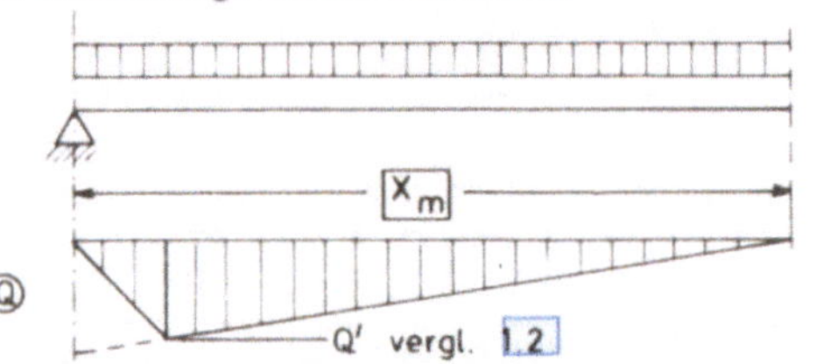

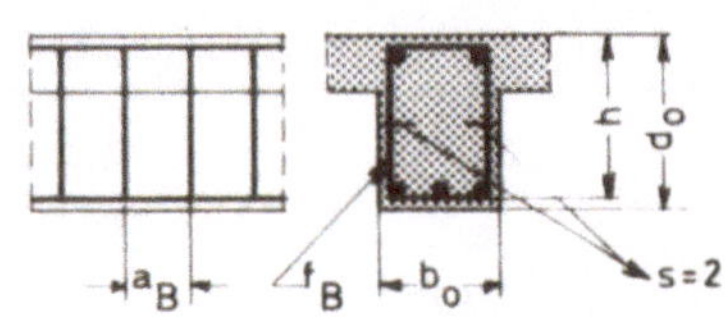

Schubkraftfläche

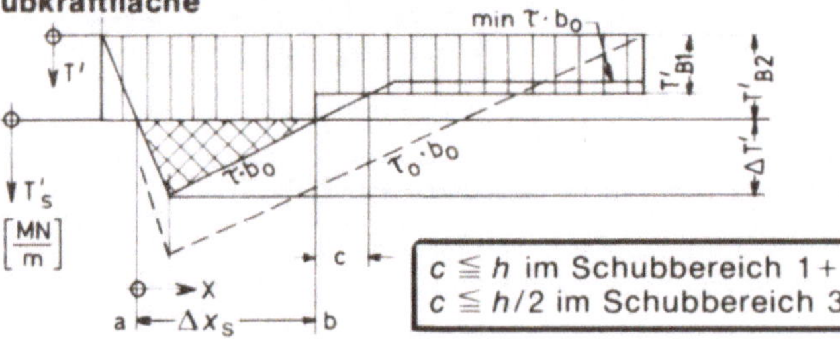

a_B: Bügelabstand
f_B: Querschnitt eines Bügel-schenkels
s: Schnittigkeit i. allg. $s = 2$

$c \leqq h$ im Schubbereich 1 + 2
$c \leqq h/2$ im Schubbereich 3

Schraffiert: Von Schräg-stäben abzudeckender Schubkraftanteil!

Konstruktion der Schubkraftfläche

$$T' \left[\frac{MN}{m}\right] = \tau \left[\frac{MN}{m^2}\right] \cdot b_0 \,[m] \qquad \tau \text{ vgl. } \boxed{3}$$

Tragfähigkeit von Bügeln

$$T'_B \left[\frac{MN}{m}\right] = \frac{s}{100 \cdot a_B \,[cm]} \cdot f_B \,[cm^2] \cdot \sigma_{e\tau} \left[\frac{MN}{m^2}\right]$$

BSt 420/500
$\sigma_{e\tau} = 240$ MN/m²

Beispiel (vgl. Schubkraftfläche)

Bügel III $\varnothing$ 8
zweischnittig
$s = 2$, $f_B = 0{,}5$ cm²

$a_B = 25$ cm: $T'_{B1} = \dfrac{2}{100 \cdot 25} \cdot 0{,}5 \cdot 240 = 0{,}096 \dfrac{MN}{m}$

$a_B = 15$ cm: $T'_{B2} = \dfrac{2}{100 \cdot 15} \cdot 0{,}5 \cdot 240 = 0{,}160 \dfrac{MN}{m}$

Schubsicherung durch Bügel + Schrägstäbe (Aufbiegewinkel 45°)

1. T'-Fläche zeichnen, Bügel wählen, Bügeltragkraft T'_B errechnen.
2. Von Schrägstäben abzudeckender Schubkraftanteil:

$$T_S = \int_a^b T'_S \cdot dx \qquad \text{Im Beispiel: } T_S \,[MN] \approx \tfrac{1}{2} \cdot \Delta T' \left[\frac{MN}{m}\right] \cdot \Delta x_S \,[m]$$

3. Erforderlicher Stahlquerschnitt $\boxed{F_S \cdot \sqrt{2} = T_S / \sigma_{e\tau}}$ $F_S \cdot \sqrt{2}$ vgl. **8**

Schrägstäbe im Bereich Δx_S verlegen, vgl. [1], Abb. 8

Das Verfahren ist anwendbar bei Konstruktion ohne und mit Schrägstäben. Eine Aussage über die richtige Lage der Schrägstäbe ist mit diesem Verfahren nicht möglich (vgl. hierzu „Anwendungsbeispiele", Bestell-Nr. 7401, Abb. 8). Auch die zulässige Einschnittslänge c (vgl. 4.2) kann nicht erfaßt werden.

Erforderliche Schubbewehrung F_{eT} [cm²] für eine Feldseite

	Belastung	Schubbereich 2	Schubbereich 3
1	Gleichlast q	erf $F_{eT} = \varkappa \,(F_{e,\text{Feld}} + F_{e,\text{Stütze}})$	erf $F_{eT} = \varkappa \,(F_{e,\text{Feld}} + F_{e,\text{Stütze}})$
2	**Wesentlich** andere Belastung	erf $F_{eT} \approx \dfrac{\max \tau_0}{\tau_{02}} \,(F_{e,\text{Feld}} + F_{e,\text{Stütze}})$	erf $F_{eT} \approx F_{e,\text{Feld}} + F_{e,\text{Stütze}}$

Hierin ist:	$F_{e,\text{Feld}}$:	Erforderliche Bewehrung im Feld
	$F_{e,\text{Stütze}}$:	Erforderliche Bewehrung über der Stützung
	$\varkappa$:	Abminderungszahlen gem. Diagramm unten
		$\max \tau_0$ vgl. 1.3 Grenzwerte τ_{02} vgl. 1.1
Hinweis:		In Zeile 2 ist die Mindestbügelbewehrung min f_{eB} gem. 2.1 nicht erfaßt! erf F_{eT} wird daher etwas größer als angegeben!

Abdeckung der erforderlichen Schubbewehrung

1	Bügeldurchmesser d_B und Bügelabstand a_B wählen! 2.2 beachten! min f_{eB} gem. 2.1 **nicht** unterschreiten und nur wenig **über**schreiten!
2	Vorhandene Bügelbewehrung je Feldseite errechnen: Anzahl der Bügel: $n \approx x_m/a_B$; Gem. 4.1 : vorh $F_{eB} \approx \dfrac{x_m}{a_B} \cdot s \cdot f_B$; Für n Bügel: vorh F_{eB} aus 7
3	Fehlende Schubbewehrung ΔF_{eT} im Bereich hoher Schubkräfte abdecken durch: $\Delta F_{eT} = \text{ert } F_{eT} - \text{vorh } F_{eB}$ a) Zulagebügel: $\Delta F_{eB} \geqq \Delta F_{eT}$; ΔF_{eB} aus 7 **oder** b) Schrägstäbe: $\sqrt{2} \cdot F_{eS} \geqq \Delta F_{eT}$; $\sqrt{2} \cdot F_{eS}$ aus 8 **oder** c) Zulagebügel + Schrägstäbe: $\Delta F_{eB} + \sqrt{2} \cdot F_{eS} \geqq \Delta F_{eT}$

Abminderungszahlen $\varkappa$ [2]

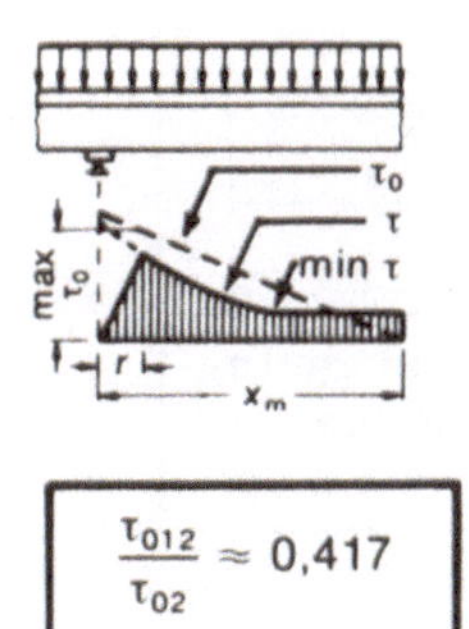

$$\frac{\tau_{012}}{\tau_{02}} \approx 0,417$$

$$\frac{\tau_{03}}{\tau_{02}} \approx 1,67$$

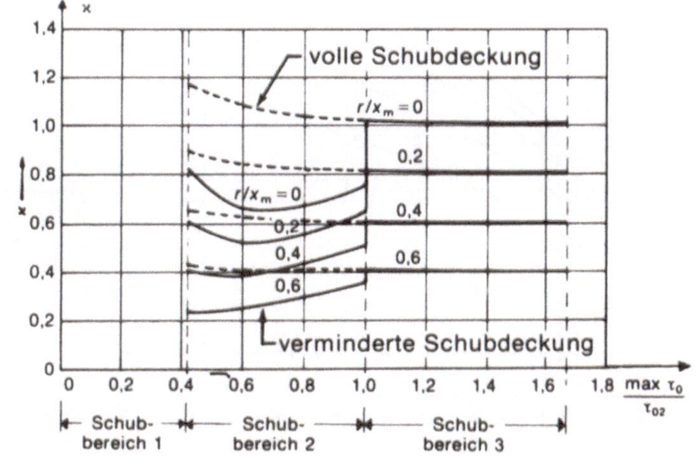

<table>
<tr><td>4.4</td><td>Bestimmung der Bügelbewehrung bei Schubdeckung
ohne Schrägstäbe</td></tr>
</table>

Das Verfahren liefert bei Konstruktion ohne Schrägstäbe den erforderlichen Bügelquerschnitt an beliebig wählbaren Trägerabschnitten. Die Mindestbügelbewehrung
gem. 2.1 wird erfaßt.

Rechenschema:

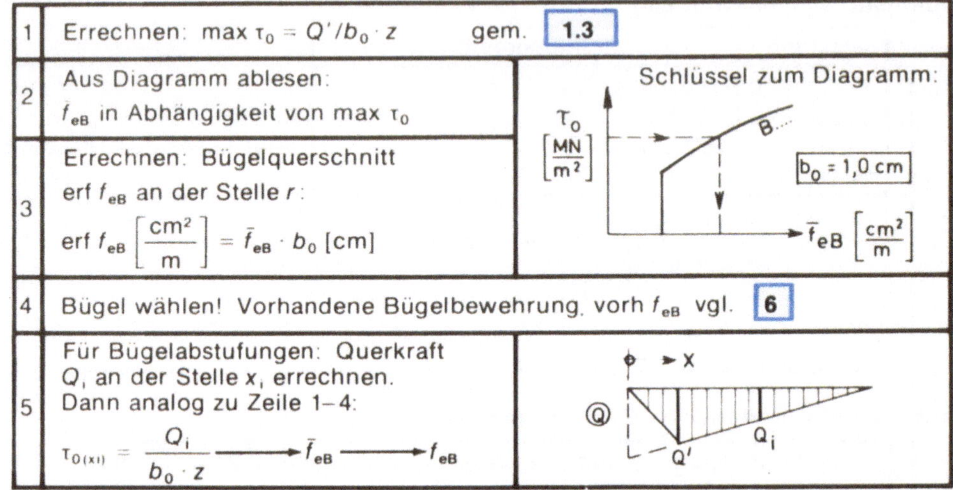

1	Errechnen: $\max \tau_0 = Q'/b_0 \cdot z$ gem. **1.3**	
2	Aus Diagramm ablesen: $\bar{f}_{eB}$ in Abhängigkeit von $\max \tau_0$	**Schlüssel zum Diagramm:** $\tau_0 \left[\dfrac{MN}{m^2}\right]$ B... $b_0 = 1{,}0$ cm $\bar{f}_{eB} \left[\dfrac{cm^2}{m}\right]$
3	Errechnen: Bügelquerschnitt erf f_{eB} an der Stelle r: erf $f_{eB} \left[\dfrac{cm^2}{m}\right] = \bar{f}_{eB} \cdot b_0$ [cm]	
4	Bügel wählen! Vorhandene Bügelbewehrung. vorh f_{eB} vgl. **6**	
5	Für Bügelabstufungen: Querkraft Q_i an der Stelle x_i errechnen. Dann analog zu Zeile 1–4: $\tau_{0(x_i)} = \dfrac{Q_i}{b_0 \cdot z} \longrightarrow \bar{f}_{eB} \longrightarrow f_{eB}$	

Diagramm der $\bar{f}_{eB}$ –Werte:

Im Schubbereich 3
$$\bar{f}_{eB} \left[\frac{cm^2}{m}\right] = 0{,}417 \cdot \tau_0 \left[\frac{MN}{m^2}\right]$$

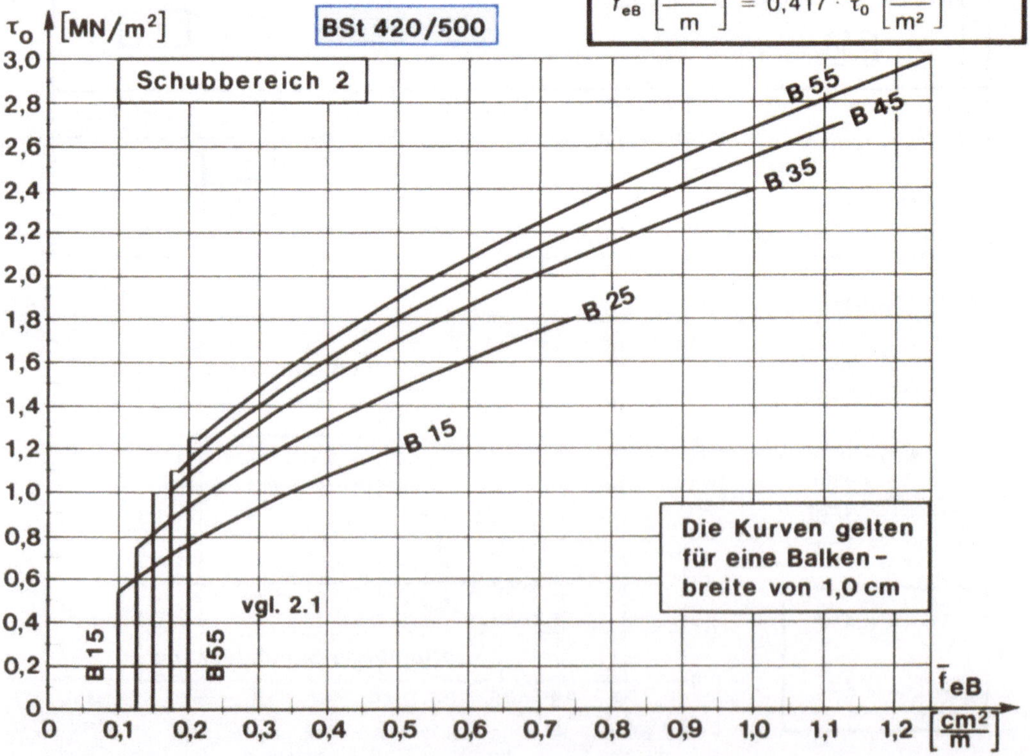

Bezeichnungen

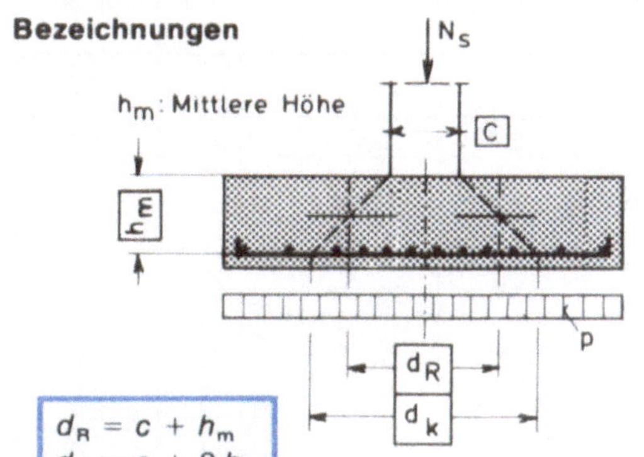

$$d_R = c + h_m$$
$$d_k = c + 2\,h_m$$

Rechteckige Stützen:

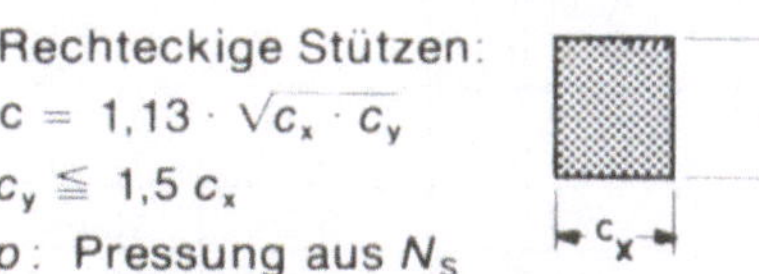

$$c = 1,13 \cdot \sqrt{c_x \cdot c_y}$$
$$c_y \leqq 1,5\,c_x$$

p: Pressung aus N_S

Nachweise

Schubspannung im Rundschnitt:

$$\tau_R = Q_R / u \cdot h_m$$

Querkraft im Rundschnitt:
$$Q_R = N_S - p \cdot d_k^2 \cdot \pi/4$$
Umfangslänge $u = d_R \cdot \pi$

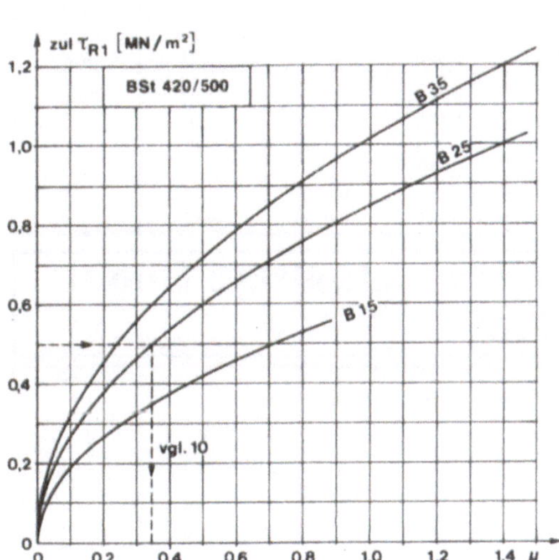

$$\mu = \frac{f_{ex} + f_{ey}}{2 \cdot h_m}$$

f_{ex}, f_{ey}: Bewehrung [cm²/m] unter
der Stütze im Bereich d_R

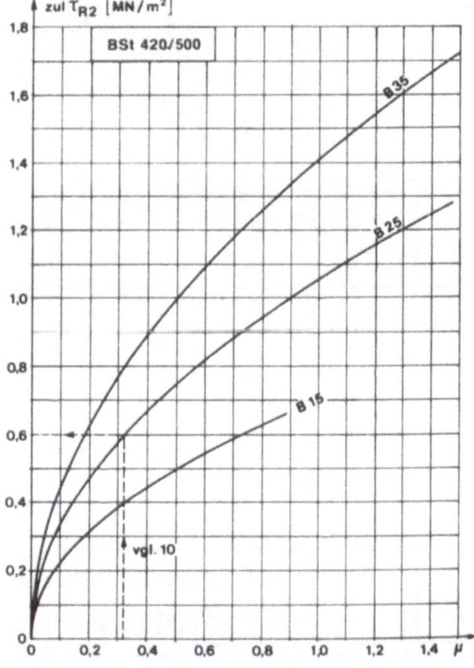

Grenzwerte: $\tau_R \leqq$ zul τ_{R1}:   Keine Schubbewehrung erforderlich

$\tau_R \left. \begin{array}{l} > \text{zul } \tau_{R1} \\ \leqq \text{zul } \tau_{R2} \end{array} \right\}$ Schubbewehrung gem. Heft 240 [4], Abschn. 2.5.2.2
einbauen

Hinweise: 1. Die Tafeln zul τ_{R1} und zul τ_{R2} gelten auch für Flachdecken, wenn
$\mu \geqq 0,5\%$ ist und wenn für μ der Bewehrungssatz in den Gurtstreifen
gem. DIN 1045, 22.5.1.2 eingesetzt wird.
2. Für BSt 500/550: Tafelwerte zul τ_{R1} und zul τ_{R2} mit 1,077 multiplizieren! Grenzwerte: B 15 ⟶ $\mu \leqq 0,75$; B 25 ⟶ $\mu \leqq 1,25$

Anwendungsbeispiel vgl. Abschnitt **10**

<table>
<tr><td rowspan="2">6</td><td colspan="8">Zweischnittige Bügelquerschnitte
je Längeneinheit: f_{eB} [cm²/m]</td></tr>
</table>

6 — Zweischnittige Bügelquerschnitte je Längeneinheit: f_{eB} [cm²/m]

vgl. 2.2

$a_B \leq 30$ cm (bzw. 0,8 d_0) i. Schubbereich 1 · $a_B \leq 25$ cm (0,5 d_0) i. Schubbereich 2 · $a_B \leq 20$ cm (0,3 d_0) i. Sch.B 3

Abstand a_B [cm]	| Bügeldurchmesser d_B [mm] 6	8	10	12	14	16	Anzahl pro m
8,0	7,07	12,57	19,63	28,27	38,48	50,27	12,5
9,0	6,28	11,17	17,45	25,13	34,21	44,68	11,1
10,0	5,65	10,05	15,71	22,62	30,79	40,21	10,0
11,0	5,14	9,14	14,28	20,56	27,99	36,56	9,1
12,0	4,71	8,38	13,09	18,85	25,66	33,51	8,3
13,0	4,35	7,73	12,08	17,40	23,68	30,93	7,7
14,0	4,04	7,18	11,22	16,16	21,99	28,72	7,1
15,0	3,77	6,70	10,47	15,08	20,53	26,81	6,7
16,0	3,53	6,28	9,82	14,14	19,24	25,13	6,3
17,0	3,33	5,91	9,24	13,31	18,11	23,65	5,9
18,0	3,14	5,59	8,73	12,57	17,10	22,34	5,6
19,0	2,98	5,29	8,27	11,90	16,20	21,16	5,3
20,0	2,83	5,03	7,85	11,31	15,39	20,11	5,0
21,0	2,69	4,79	7,48	10,77	14,66	19,15	4,8
22,0	2,57	4,57	7,14	10,28	13,99	18,28	4,5
23,0	2,46	4,37	6,83	9,83	13,39	17,48	4,3
24,0	2,36	4,19	6,54	9,42	12,83	16,76	4,2
25,0	2,26	4,02	6,28	9,05	12,32	16,08	4,0
26,0	2,17	3,87	6,04	8,70	11,84	15,47	3,8
27,0	2,09	3,72	5,82	8,38	11,40	14,89	3,7
28,0	2,02	3,59	5,61	8,08	11,00	14,36	3,6
29,0	1,95	3,47	5,42	7,80	10,62	13,87	3,4
30,0	1,88	3,35	5,24	7,54	10,26	13,40	3,3

7 — Querschnittswerte für zweischnittige Bügel F_{eB} [cm²]

Stabdurchmesser d_B [mm]	Anzahl n der Bügel (zweischnittig) 1	2	3	4	5	6	7	8	9	10	11	12
6	0,57	1,13	1,70	2,26	2,83	3,39	3,96	4,52	5,09	5,65	6,22	6,79
8	1,01	2,01	3,02	4,02	5,03	6,03	7,04	8,04	9,05	10,05	11,06	12,06
10	1,57	3,14	4,71	6,28	7,85	9,42	11,00	12,57	14,14	15,71	17,28	18,85
12	2,26	4,52	6,79	9,05	11,31	13,57	15,83	18,10	20,36	22,62	24,88	27,14
14	3,08	6,16	9,24	12,32	15,39	18,47	21,55	24,63	27,71	30,79	33,87	36,95
16	4,02	8,04	12,06	16,08	20,11	24,13	28,15	32,17	36,19	40,21	44,23	48,25

8 — Querschnittswerte $F_{eS} \cdot \sqrt{2}$ [cm²] für Schrägstäbe, Aufbiegewinkel 45°

Stabdurchmesser d_e [mm]	Anzahl n der Schubaufbiegungen (45°) 1	2	3	4	5	6	7	8
10	1,11	2,22	3,33	4,44	5,55	6,66	7,78	8,89
12	1,60	3,20	4,80	6,40	8,00	9,60	11,20	12,80
14	2,18	4,35	6,53	8,71	10,89	13,06	15,24	17,42
16	2,84	5,69	8,53	11,37	14,22	17,06	19,90	22,75
18	3,60	7,20	10,80	14,39	17,99	21,59	25,19	28,79
20	4,44	8,89	13,33	17,77	22,21	26,66	31,10	35,54
22	5,38	10,75	16,13	21,50	26,88	32,26	37,63	43,01
25	6,94	13,88	20,83	27,77	34,71	41,65	48,59	55,54
28	8,71	17,42	26,12	34,83	43,54	52,25	60,96	69,66

60°-Aufbiegungen: Tafelwerte mit 0,966 multiplizieren!

Anwendungsbeispiel: Schubdeckung Biegeträger

System + Belastung

| B 25   BSt 420/500 |

$q = 75\ kN/m$ $(g/q = 0{,}7)$

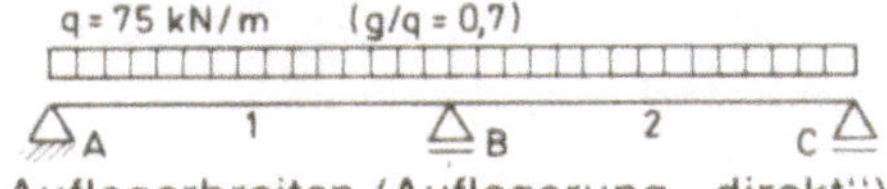

A   1   B   2   C

Auflagerbreiten (Auflagerung „direkt")

20 | 10   15 | 15   10 | 20

6,50   6,50

Querschnitt

16

65

30 = b_0

Biegebemessung:
$F_{e1} = F_{e2} = 17{,}7\ cm^2$
$F_{eB} = 30{,}4\ cm^2$

Querkräfte Q (Vollast, vgl. DIN 1045, 15.6)

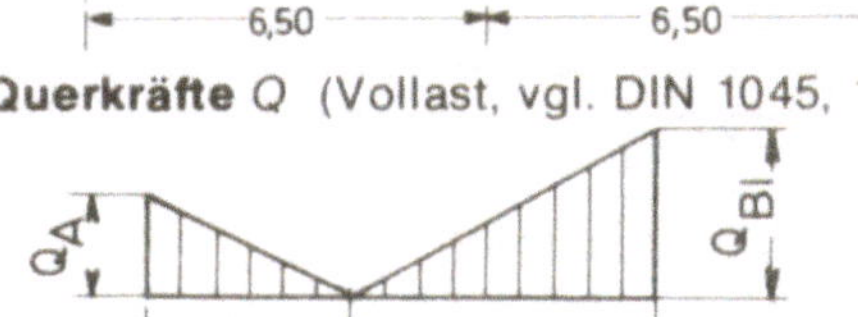

Q_A Q_{BI}

2,44   4,06

X   X'

Bei A : Q_A $= 183\ kN \triangleq 0{,}183\ MN$
r $= 0{,}30/3 + 0{,}61/2 = 0{,}41\ m$
Q' $= 183 - 75 \cdot 0{,}41 = 152\ kN \triangleq 0{,}152\ MN$

Bei B_{BI} : Q_{BI} $= 305\ kN \triangleq 0{,}305\ MN$
r $= 0{,}30/2 + 0{,}61/2 = 0{,}46\ m$
Q' $= 305 - 75 \cdot 0{,}46 = 271\ kN \triangleq 0{,}271\ MN$

Schubdeckung mit dem $\varkappa$-Verfahren (vgl. 4.3)

Bei $A + C$

$Q' = 0{,}152\ MN$, $h - d/2 = 0{,}57\ m$

$\tau_0 = \dfrac{0{,}152}{0{,}30 \cdot 0{,}57} = 0{,}88\ \dfrac{MN}{m^2}\ {>0{,}75 \atop <1{,}80}$

Schubbereich 2!

$r/x_m = 0{,}41/2{,}44$ $= 0{,}17$ } $\varkappa \approx$
max $\tau_0/\tau_{02} = 0{,}88/1{,}8 = 0{,}49$ } $0{,}6$
erf $F_{e\tau} \approx 0{,}6 \cdot 17{,}7$ $= 10{,}6\ cm^2$

Bügel $\varnothing\ 8$, $a_B = 25\ cm$ } $F_{eB} =\ 9{,}1\ cm^2$
$n = 244/25 \approx 9$ }

3 Zusatzbügel   }
III $\varnothing\ 8$, $a_B = 25\ cm$ } $\Delta F_{eB} =\ 3{,}0\ cm^2$

vorh $F_{eB} = 12{,}1\ cm^2$

Bei $B_I + B_r$

$Q' = 0{,}271\ MN$

$\tau_0 = \dfrac{0{,}271}{0{,}30 \cdot 0{,}85 \cdot 0{,}61} = 1{,}74\ \dfrac{MN}{m^2}\ {>0{,}75 \atop <1{,}80}$

$r/x_m = 46/406$ $= 0{,}11$ } $\varkappa \approx$
max $\tau_0/\tau_{02} = 1{,}74/1{,}8 = 0{,}96$ } $0{,}68$
erf $F_{e\tau} = 0{,}68 \cdot (17{,}7 + 30{,}4)$ $= 32{,}7\ cm^2$

Bügel $\varnothing\ 8$, $a_B = 25\ cm$ } $F_{eB} = 16{,}1\ cm^2$
$n = 406/25 = 16$ }

5 Zusatzbügel   }
III $\varnothing\ 10$, $a_B = 25\ cm$ } $\Delta F_{eB} =\ 7{,}9\ cm^2$

Schrägstäbe $2\ \varnothing\ 22$, $F_{eS} \cdot \sqrt{2}$ $= 10{,}8\ cm^2$

vorh $F_{e\tau} = 34{,}8\ cm^2$

Schubdeckung nur mit vertikalen Bügeln ($\bar{f}_{eB}$-Verfahren, vgl. 4.4)

Bei $A + C$

Schnitt $x = r$ (siehe oben!):

$\tau_0 = 0{,}88\ \dfrac{MN}{m^2} \longrightarrow \bar{f}_{eB} \approx 0{,}18\ cm^2/m$

erf $f_{eB} = 0{,}18 \cdot 30$ $= 5{,}40\ cm^2$
Büg. $\varnothing\ 8$, $a_B = 18$, $f_{eB} = 5{,}59\ cm^2$

Schnitt $x = 0{,}85\ m$: $Q = 0{,}119\ MN$

$\tau_0 = \dfrac{0{,}119}{0{,}30 \cdot 0{,}57}$ $= 0{,}70\ MN/m^2 < \tau_{012}$

erf $f_{eB} = 0{,}125 \cdot 30$ $= 3{,}75\ cm^2$
Büg. $\varnothing\ 8$, $a_B = 25$, $f_{eB} = 4{,}02\ cm^2$

Bei $B_I + B_r$

Schnitt $x' = r$:

$\tau_0 = 1{,}74\ \dfrac{MN}{m^2} \longrightarrow \bar{f}_{eB} \approx 0{,}70\ cm^2/m$

erf $f_{eB} = 0{,}70 \cdot 30$ $= 21{,}0\ cm^2$
Büg. $\varnothing\ 10$,   }
$a_B = 15\ cm$ } $f_{eB} = 20{,}94\ cm^2$
vierschnittig   }

Schnitt $x' = 1{,}50\ m$: $Q = 0{,}193\ MN$

$\tau_0 = 1{,}24\ \dfrac{MN}{m^2} \longrightarrow \bar{f}_{eB} \approx 0{,}35\ cm^2/m$

erf $f_{eB} = 0{,}35 \cdot 30$ $= 10{,}5\ cm^2$
Büg. $\varnothing\ 10$,   } $f_{eB} = 10{,}47\ cm^2$
$a_B = 15\ cm$ }

Schnitt $x' = 2{,}50\ m$: $Q = 0{,}118\ MN$

$\tau_0 \approx 0{,}75\ MN/m^2$ $= \tau_{012}$
Büg. $\varnothing\ 8$, $a_B = 25\ cm$

Anwendungsbeispiel:
Schubdeckung Biegeträger (Fortsetzung)

a) Konstruktion mit Aufbiegungen (x-Verfahren)

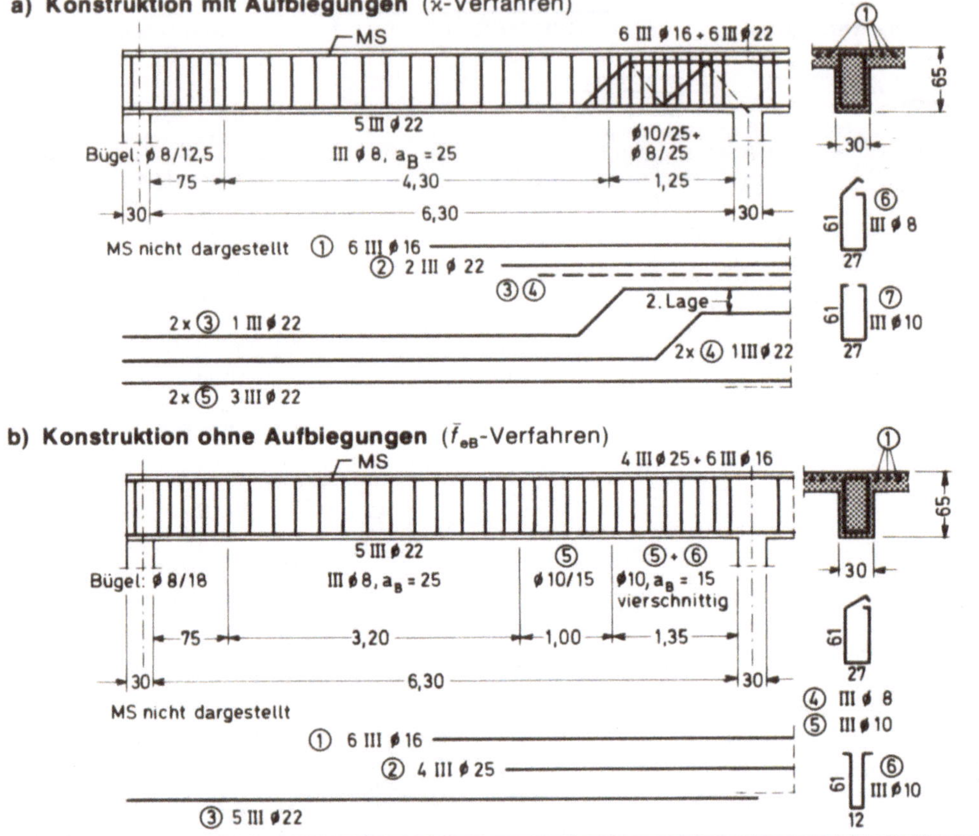

b) Konstruktion ohne Aufbiegungen ($\bar{f}_{eB}$-Verfahren)

Anwendungsbeispiel:
Sicherheit gegen Durchstanzen

Gegeben: Fundament d = 65 cm, h_m = 60 cm

Baustoffe: B 25   BSt 420/500,   Bodenpressung $p = 0,24 \dfrac{MN}{m^2}$

Stützenlast N_S = 1500 kN = 1,5 MN,   Stütze c = 45 cm
Biegebewehrung: erf f_{ex} = erf f_{ey} = 19,0 cm² im Bereich d_R

Nachweis Durchstanzen: $d_R = c + h_m$ = 1,05 m, $d_k = c + 2\,h_m$ = 1,65 m

$Q_R = N_S - p \cdot d_k^2 \cdot \pi/4 = 1,5 - 0,24 \cdot 1,65^2 \cdot \pi/4 = 0,99$ MN

$\tau_R = 0,99/1,05 \cdot \pi \cdot 0,60 = 0,50$ MN/m² ⎫
$\mu = \dfrac{2 \cdot 19,0}{2 \cdot 60,0} = 0,32\%$ ⎬ Hiermit gem. Abschnitt 5

a) vorh $\tau_R = 0,50 \dfrac{MN}{m^2}$ > zul τ_{R1} = 0,48 MN/m² ⎫ Schubbewehrung
  < zul τ_{R2} = 0,60 MN/m² ⎭ erforderlich!

b) Wenn Schubbewehrung ⎱ erf μ = 0,35% bei τ_R = zul τ_{R1}
  vermieden werden soll ⎰ erf f_{ex} = erf f_{ey} = 0,35 · 60 = 21,0 cm²
  im Bereich d_R